JN097118

毒物劇物取扱者試験問題集

序

　毒物及び劇物取締法は、日常流通している有用な化学物質のうち、毒性の著しいものについて、化学物質そのものの毒性に応じて毒物又は劇物に指定し、製造業、輸入業、販売業について登録にかからしめ、毒物劇物取扱責任者を置いて管理させるとともに、保健衛生上の見地から所要の規制を行っています。

　毒物劇物取扱責任者は、毒物劇物の製造業、輸入業、販売業及び届け出の必要な業務上取扱者において設置が義務づけられており、現場の実務責任者として十分な知識を有し保健衛生上の危害の防止のために必要な管理業務に当たることが期待されています。

　毒物劇物取扱者試験は、毒物劇物取扱責任者の資格要件の一つとして、各都道府県の知事が概ね一年に一度実施するものであり、本書は、直近一年間に実施された全国の試験問題を道府県別、試験の種別に編集し、解答・解説を付けたものであります。

　なお、解説については、この書籍の編者により編集作成いたしました。この様なことから、各道府県へのお問い合わせはご容赦いただきますことをお願い申し上げます。

　毒物劇物取扱者試験の受験者は、本書をもとに勉学に励み、毒物劇物に関する知識を一層深めて試験に臨み、合格されるとともに、毒物劇物に関する危害の防止についてその知識をいかんなく発揮され、ひいては、化学物質の安全の確保と産業の発展に貢献されることを願っています。

　最後にこの場をかりて試験問題の情報提供等にご協力いただいた各道府県の担当の方々に深く謝意を申し上げます。

　２０２３年７月

〔毒物及び劇物に関する法規〕
（一般・農業用品目・特定品目共通）

問1～問10　次の文は、毒物及び劇物取締法の条文の一部である。
　　　　　　□□□にあてはまる語句として正しいものはどれか。

　ア　この法律は、毒物及び劇物について、保健衛生上の見地から必要な 問1 を行うことを目的とする。

　イ　次の各号に掲げる者でなければ、前条の毒物劇物取扱責任者となることができない。
　　一　 問2
　　二　厚生労働省で定める学校で、 問3 に関する学課を修了した者
　　三　都道府県知事が行う毒物劇物取扱者試験に合格した者

　ウ　毒物劇物営業者は、毒物又は劇物を他の毒物劇物営業者に販売し、又は授与したときは、 問4 、次に掲げる事項を書面に記載しておかなければならない。
　　一　毒物又は劇物の名称及び 問5
　　二　販売又は授与の 問6
　　三　譲受人の氏名、 問7 及び住所（法人にあつては、その名称及び 問8 ）

　エ　毒物劇物営業者は、政令で定める毒物又は劇物については、厚生労働省令で定める方法により 問9 したものでなければ、これを 問10 として販売し、又は授与してはならない。

<下欄>
	1	2	3	4
問1	取締	制限	監視	規制
問2	医師	薬剤師	登録販売者	危険物取扱者
問3	応用化学	基礎化学	分析化学	無機化学
問4	直ちに	3日以内に	事前に	その都度
問5	形状	数量	製造者	主成分
問6	場所	目的	年月日	方法
問7	勤務先	職業	性別	年齢
問8	1 主たる事務所の所在地　　2 代表者氏名　　3 電話番号　　4 毒物劇物取扱責任者氏名			
問9	包装	着色	着香	表示
問10	農業用	工業用	家庭用	医療用

問11　毒物及び劇物取締法第3条の3の条文に関する以下の記述について、□□□にあてはまる語句として、正しい組合せはどれか。

　　 ア 、幻覚又は麻酔の作用を有する毒物又は劇物（これらを含有する物を含む。）であつて政令で定めるものは、みだりに イ し、若しくは ウ し、又はこれらの目的で エ してはならない。

	ア	イ	ウ	エ
1	興奮	販売	授与	貯蔵
2	幻聴	販売	吸入	貯蔵
3	幻聴	摂取	授与	所持
4	興奮	摂取	吸入	所持

問12 次のうち、毒物及び劇物取締法第22条第1項の規定により、事業場の所在地の都道府県知事に、業務上取扱者の届出をしなければならない事業として、正しいものはどれか。

1 亜鉛を使用して、電気めっきを行う事業
2 シアン化カリウムを使用して、金属熱処理を行う事業
3 アジ化ナトリウムを使用して、しろあり防除を行う事業
4 最大積載量2,000kgの自動車を用いて、ジメチル硫酸を運送する事業

問13 次のうち、毒物及び劇物取締法の規定を踏まえ、正しい組合せはどれか。

ア 販売業の登録の種類である特定品目とは、特定毒物のことである。
イ 毒物劇物営業者は、16歳の者に対して毒物又は劇物を交付することができる。
ウ 毒物又は劇物の製造業者は、販売業の登録を受けなくとも、自ら製造した毒物又は劇物を、他の毒物劇物営業者に販売できる。
エ 特定毒物を所持できるのは、毒物劇物営業者、特定毒物研究者又は特定毒物使用者である。

1（ア、イ）　　2（ア、エ）　　　3（イ、ウ）　　　4（ウ、エ）

問14 次のうち、毒物及び劇物取締法第10条第1項及び同法施行規則第10条の2の規定により、毒物又は劇物の販売業者が30日以内に届出をしなければならない事項として、正しい組合せはどれか。

ア 毒物又は劇物の貯蔵する設備の重要な部分を変更したとき
イ 毒物又は劇物の販売業者が法人にあつては、その代表者を変更したとき
ウ 店舗の名称を変更したとき
エ 毒物又は劇物の販売業者が販売する毒物又は劇物の品目を変更したとき

1（ア、イ）　　2（ア、ウ）　　　3（イ、ウ）　　　4（ウ、エ）

問15 毒物及び劇物取締法施行令第8条の規定について、□□の中に入るべき語句はどれか。

加鉛ガソリンの製造業者又は輸入業者は、□□色（第7条の厚生労働省令で定める加鉛ガソリンにあつては、厚生労働省令で定める色）に着色されたものでなければ、加鉛ガソリンを販売し、又は授与してはならない。

1 赤　　　　2 オレンジ　　　3 青　　　4 緑

問16 水酸化ナトリウムを含有する製剤（水酸化ナトリウム5％以下を含有する製剤を除く。）で液体状のものを1回につき5,000kg以上を運搬する車両の前後に掲げなければならない標識として、正しいものはどれか。

1 0.3メートル平方の板に地を白色、文字を赤色として「毒」と表示
2 0.3メートル平方の板に地を赤色、文字を白色として「毒」と表示
3 0.3メートル平方の板に地を黒色、文字を白色として「毒」と表示
4 0.3メートル平方の板に地を白色、文字を黒色として「毒」と表示

問17 毒物劇物営業者が、販売のため毒物又は劇物の容器及び被包に表示しなければならない事項として、正しい組合せはどれか。

ア 毒物又は劇物の使用期限
イ 毒物又は劇物の名称
ウ 毒物又は劇物の成分及びその含量
エ 毒物又は劇物の容器の材質

1（ア、イ）　　　2（ア、ウ）　　　3（イ、ウ）　　　4（ウ、エ）

問18 毒物及び劇物取締法第3条の4に定める引火性、発火性又は爆発性のある毒物又は劇物として、正しい組合せはどれか。

ア ピクリン酸を50％含有する製剤　　　イ 塩素酸塩類を35％含有する製剤
ウ ニトログリセリン　　　　　　　　　　エ 亜塩素酸ナトリウムを30％含有する製剤

1（ア、イ）　　　2（ア、ウ）　　　3（イ、ウ）　　　4（イ、エ）

問19 毒物及び劇物取締法第4条の規定に基づく毒物劇物営業者と登録権者の組合せについて、正しいものはどれか。

	毒物劇物営業者	－	登録権者
1	製造業	－	都道府県知事
2	輸入業	－	厚生労働大臣
3	一般販売業	－	地方厚生局長
4	農業用品目販売業	－	農林水産大臣

問20 毒物劇物営業者が、毒物又は劇物を販売したとき、譲受人から提出を受ける書面の保存期間として、正しいものはどれか。

1 販売の日から1年間　　　2 販売の日から3年間
3 販売の日から5年間　　　4 販売の日から6年間

〔基礎化学〕
（一般・農業用品目・特定品目共通）

問21 次のうち、最もイオン化傾向が大きい金属はどれか。

1 Fe　　　2 Pt　　　3 Na　　　4 Ni

問22 次のうち、酸性で赤色を呈し、アルカリ性で青色を呈する指示薬はどれか。

1 リトマス　　　2 フェノールフタレイン　　　3 メチルオレンジ
4 フェノールレッド

問23 次のうち、単体であるものはどれか。

1 海水　　　2 塩酸　　　3 空気　　　4 ダイヤモンド

問24 次のうち、紫色の炎色反応を示すものはどれか。

1 Li　　　2 K　　　3 Sr　　　4 Cu

問25 次の物質のうち、互いに同素体であるものの正しい組合せはどれか。

1 ダイヤモンドと黒鉛　　　2 エタンとメタン　　　3 一酸化窒素と二酸化窒素
4 金と白金

問26 次の器具のうち、析出した結晶を吸引ろ過するときに使う器具として、誤っているものはどれか。

1 吸引びん　　　2 分液ろうと　　　3 アスピレーター　　　4 ブフナーろうと

問27 次の塩の水溶液のうち、塩基性を示すものはどれか。

1 $Cu(NO_3)_2$　　　2 K_2SO_4　　　3 NH_4Cl　　　4 CH_3COONa

問28 ～問31 次の反応で生成する気体として、最も適当なものはどれか。

問28 亜鉛と希硫酸を作用させる。

1 塩素　　　2 硫化水素　　　3 二酸化硫黄　　　4 水素

問29 硫化鉄と希硫酸を作用される。

1 塩素　　　2 硫化水素　　　3 二酸化硫黄　　　4 水素

問30 亜硫酸ナトリウムと希硫酸を作用される。

1 塩素　　　2 硫化水素　　　3 二酸化硫黄　　　4 水素

問31 酸化マンガンに濃塩酸を加えて熱する。

1 塩素　　　2 硫化水素　　　3 二酸化硫黄　　　4 水素

問32 次亜塩素酸ナトリウム($NaClO$)における Cl の酸化数として、正しいものはどれか。

1 0　　　2 -1　　　3 +1　　　4 -2

問33 次の熱化学方程式であらわされる可逆反応が平衡状態にある時、この反応の平衡を右向きに移動させるものとして、正しいものはどれか。

N_2(気体) ＋ $3H_2$(気体) ＝ $2NH_3$(気体) ＋ 92KJ

1 温度を高くする　　　　2 触媒を加える　　　　3 圧力を高くする
4 NH_3 を加える

問34 次のうち、遷移元素に関する記述として、正しいものはどれか。

1 遷移元素の単体はすべて金属であるため、遷移金属とも呼ばれる。
2 周期表3～15族の元素を遷移元素といい、横に並んだ元素の性質はお互いによく似ている。
3 一般に密度は大きいが、アルミニウムやニッケルのような、いわゆる軽金属も含まれている。
4 有色のイオン水溶液が多く、Cu^{2+}は青色を Ag^+は赤褐色を示す。

問35 次の文中の □□□ 内にあてはまる正しい語句はどれか。

アミノ酸の水溶液に □□□ 試液を加えて温めると、赤紫～青紫色になる。この反応は □□□ 反応とよばれ、アミノ酸の検出に利用される。

1 ニンヒドリン　　　　2 ペプチド　　　　3 ビューレット(ビウレット)
4 フェーリング

問36 次の化学反応式は、プロパンの燃焼を表したものである。標準状態で 1.0L のプロパンを使用したとき、二酸化炭素は何 L 生成するか。

C_3H_8 ＋ $5O_2$ → $3CO_2$ ＋ $4H_2O$

1 2.0L　　　2 3.0L　　　3 5.0L　　　4 6.0L

問37 次のうち、物質の三態に関する記述として、**誤っているもの**はどれか。

1 液体が気体になる変化を蒸発という。
2 固体が液体になる変化を融解という。
3 固体が気体になる変化を昇華という。
4 気体が液体になる変化を凝固という。

問 38　硫酸 20mL を 0.10mol/L の水酸化ナトリウム水溶液で中和するのに 40mL を要した。
　　　硫酸の濃度として、正しいものはどれか。

　　1　0.10mol/L　　　　2　0.20mol/L　　　　3　0.40mol/L　　　4　1.00mol/L

問 39　次のうち、三重結合をもつものはどれか。

　　1　C_2H_4　　　　2　O_2　　　　3　N_2　　　4　Cl_2

問 40　60 ℃における硝酸ナトリウムの飽和水溶液 200g を、20 ℃に冷却すると析出する結晶の質量の値として最も適当なものはどれか。
　　　ただし、硝酸ナトリウムは 100g の水に、60 ℃において 150g、20 ℃において 80g 溶けるものとする。

　　1　56g　　　　2　84g　　　　3　120g　　　4　140g

〔毒物及び劇物の性質及び貯蔵その他取扱方法〕
（一般）

問 1 ～問 3　次の物質を含有する製剤について、劇物の扱いから除外される濃度の上限としとて、正しいものはどれか。

　ア　2 －アミノエタノール　　　　問 1 　　以下
　イ　クレゾール　　　　　　　　　　問 2 　　以下
　ウ　フェノール　　　　　　　　　　問 3 　　以下

問 1　1　0.1 ％　　　2　1 ％　　　3　10 ％　　　4　20 ％
問 2　1　1 ％　　　　2　5 ％　　　3　10 ％　　　4　70 ％
問 3　1　1 ％　　　　2　2 ％　　　3　3 ％　　　4　5 ％

問 4　次のうち、化合物の「特定毒物、毒物、劇物の区分」として、正しいものはどれか。

	化　合　物	区　　分
1	ホウフッ化カリウム	毒　　物
2	モノフルオール酢酸アミド	劇　　物
3	硫化カドミウム	特定毒物
4	ジニトロフェノール	毒　　物

問 5　次のうち、硫化バリウムに関する記述として、誤っているものはどれか。
　　1　分子式は BaS であり、白色の結晶性粉末である。
　　2　水により加水分解し、水酸化バリウムと水硫化バリウムを生成してアルカリ性を示す。
　　3　アルコールには不溶である。
　　4　二酸化炭素を吸収しやすく、空気中で還元されて黒色となる。

問6　アニリンに関する以下の記述の正誤について、最も適当な組合せはどれか。

ア　純品は、ほとんど白色無臭の結晶で、有機溶媒に可溶である。
イ　タールの中間物の製造原料として、使用される。
ウ　血液に作用してメトヘモグロビンをつくり、チアノーゼを引き起こす。急性中毒では、顔面や指先などにチアノーゼが現れる。

	ア	イ	ウ
1	正	正	正
2	誤	正	正
3	正	誤	正
4	正	正	誤

問7　次のうちギ酸に関する以下の記述のうち、最も適当な組合せはどれか。

ア　無色透明な液体で、弱い特有のオゾン臭がある。
イ　廃棄方法として、活性汚泥法がある。
ウ　作業の際には、必ず酸性ガス用防毒マスク及びその他保護具を着用する。
エ　ギ酸を含有する製剤について、劇物の扱いから除外される濃度の上限は、10％以下である。

1（ア、ウ）　　2（ア、エ）　　3（イ、ウ）　　4（イ、エ）

問8～問10　次の物質の貯蔵方法について、最も適当なものはどれか。

ア　黄リン　　　　　　　　　問8
イ　カリウム　　　　　　　　問9
ウ　アクリルニトリル　　　　問10

1　硫酸や硝酸などの強酸と激しく反応するので、強酸と安全な距離を保つ必要がある。できるだけ直接空気に触れることを避け、窒素のような不活性ガスの中に貯蔵する。
2　空気や光線に触れると赤変するため、遮光して貯蔵する。
3　空気に触れると発火すしやすいので、水中に沈めて瓶に入れ、さらに砂を入れた缶中に固定して、冷暗所に貯蔵する。
4　空気中にそのまま貯蔵することはできないので、石油中に貯蔵する。また、水分の混入や火気を避けて貯蔵する。

問11～問13　次の物質の性状として、最も適当なものはどれか。

ア　重クロム酸カリウム　　　問11
イ　トルエン　　　　　　　　問12
ウ　クロロホルム　　　　　　問13

1　水に溶けやすく、橙赤色の柱状結晶である。
2　白色、結晶性の固体である。水と二酸化炭素を吸収する性質が強く、空気中に放置すると、潮解する。
3　無色、揮発性の液体で、特異な香気とかすかな甘味を有する。
4　無色、可燃性のベンゼン臭を有する液体である。

問14　1，3－ジカルバモイルチオ－2－(N,N－ジメチルアミン)－プロパン塩酸塩（別名：カルタップ）に関する以下の記述の正誤について、最も適当な組合せはどれか。

ア　2％以下を含有するものは、劇物ではない。
イ　ネライストキシン系の殺虫剤である。
ウ　吸入した場合、吐き気、振戦などの症状を呈し、重症な場合には全身けいれんや呼吸困難を起こすことがある。

	ア	イ	ウ
1	正	正	正
2	誤	正	正
3	正	誤	正
4	正	正	誤

問15 （RS）－α－シアノ－3－フェノキシベンジル＝（1 RS, 3 RS）－（1 RS, 3 SR）
－3－（2，2－ジクロロビニル）－2，2－ジメチルシクロプロパンカルボキシ
ラート（別名：シペルメトリン）に関する以下の記述の正誤について、最も適当な
組合せはどれか。

ア　本品は、劇物である。
イ　本品は、白色の結晶性粉末で、水にほとんど溶けない。
ウ　本品は、有機リン系の農薬に分類され、用途は野菜、果
　　樹等の殺虫剤として用いられる。

	ア	イ	ウ
1	正	正	誤
2	誤	誤	正
3	正	正	正
4	誤	正	誤

問16　次のうち、キシレンに関する記述として、**誤っているも
の**はどれか。
　1　無色透明な液体で芳香がある。
　2　吸入すると、眼、鼻、のどを刺激する。
　3　蒸気は空気より軽く引火しにくい。
　4　オルト、メタ、パラの異性体がである。

問17　次のうち、クロム酸ナトリウムに関する記述として、**最も適当なもの**はどれか。
　1　黒色の結晶である。
　2　十水和物は、潮解性がある。
　3　アルコールによく溶けるが、水には溶けない。
　4　廃棄方法は、燃焼法を利用する。

問18〜問20　次の物質の毒性や中毒の症状として、最も適当なものはどれか。

ア　ブロムメチル（別名：臭化メチル、メチルブロマイド）　　問18
イ　モノフルオール酢酸ナトリウム　　　　　　　　　　　　　問19
ウ　トリクロルヒドロキシエチルジメチルホスホネイト
　　（別名：トリクロルホン、DEP）　　　　　　　　　　　　問20

　1　主な中毒症状は激しいおう吐が繰り返され、胃の疼痛、意識混濁、けいれん、
　　徐脈が起こり、チアノーゼ、血圧低下をきたす。
　2　通常の燻蒸濃度では臭気を感じにくく、中毒を起こすおそれがある。吸入した
　　場合、吐き気、おう吐、頭痛、歩行困難、けいれん、視力障害、瞳孔散大等の
　　症状を起こすことがある。
　3　コリンエステラーゼを阻害作用により、神経系に影響を与え、頭痛、めまい、
　　おう吐、縮瞳、けいれん等を起こす。
　4　皮膚に触れた場合、激しいやけどを引き起こす。

（農業用品目）

問1〜問4　次の物質を含有する製剤について、毒物の扱いから除外される濃度の上限として、正しいものはどれか。

ア　アバメクチン　　　　　　　　　　　　　　　　　　　　　　問1 ☐ 以下

イ　O－エチル－O－（2－イソプロキシカルボニルフェニル）－N－イソプロピ
　ルチオホスホルアミド（別名：イソフェンホス）　　　　　問2 ☐ 以下

ウ　エチルパラニトロフェニルチオノベンゼンホスホネイト
　（別名：EPN）　　　　　　　　　　　　　　　　　　　　問3 ☐ 以下

エ　O－エチル＝S，S－ジプロピル＝ホスホロジチオアート
　（別名：エトプロホス）　　　　　　　　　　　　　　　　　問4 ☐ 以下

問1	1 0.8％	2 1.5％	3 1.8％	4 5％
問2	1 0.8％	2 1.5％	3 1.8％	4 5％
問3	1 0.8％	2 1.5％	3 1.8％	4 5％
問4	1 0.8％	2 1.5％	3 1.8％	4 5％

問5〜問7　次の化合物の分類として、あてはまるものはどれか。

ア　S－メチル－N－[（メチルカルバモイル）－オキシ]－チオトイミデート
　（別名：メトミル、メソミル）　　　　　　　　　　　　　　問5 ☐

イ　ジエチル－3，5，6－トリクロル－2－ピリジルチオホスフェイト
　（別名：クロルピリホス）　　　　　　　　　　　　　　　　問6 ☐

ウ　（RS）－α－シアノ－3－フェノキシベンジル＝N－（2－クロロ－α，α，
　α－トリフルオロ－パラトリル）－D－バリナート
　（別名：フルバリネート）　　　　　　　　　　　　　　　　問7 ☐

1　カーバメイト系殺虫剤　　　　　　　　　2　ピレスロイド系殺虫剤
3　ネオニコチノイド系殺虫剤　　　　　　　4　有機リン系殺虫剤

問8〜問9　次の物質の性状として、最も適当なものはどれか。

ア　S，S－ビス（1－メチルプロピル）＝O－エチル＝ホスホロジチオアート
　（別名：カズサホス）　　　　　　　　　　　　　　　　　　問8 ☐

イ　ニコチン　　　　　　　　　　　　　　　　　　　　　　　問9 ☐

1　重い白色の粉末で、吸湿性があり、酢酸の臭いを有する。冷水にはたやすく
　溶けるが、有機溶媒には溶けない。
2　無色、無臭の油状液体で、空気中で速やかに褐変する。
3　五水和物は、濃い藍色の結晶で、風解性がある。水に溶けやすく、水溶液は
　酸性である。
4　硫黄臭のある淡黄色液体で、有機溶媒に溶けやすい。

問10〜問11　1－（6－クロロ－3－ピリジルメチル）－N－ニトロイミダゾリジン
　－2－イリデアミン（別名：イミダクロプリド）の性状及び用途について、最も適
　当なものはどれか。

ア　性状：　問10 ☐　　イ　用途：　問11 ☐

問10
1　弱い特異臭のある液体で、水に溶けやすい。
2　弱い特異臭のある液体で、水に溶けにくい。
3　弱い特異臭のある結晶で、水に溶けやすい。
4　弱い特異臭のある結晶で、水に溶けにくい。

問11
1　殺虫剤　　　2　除草剤　　　3　植物成長調整剤　　　4　燻蒸剤

問12　1，3－ジカルバモイルチオ－2－(N，N－ジメチルアミン)－プロパン塩酸塩
　　　(別名：カルタップ)に関する以下の記述の正誤について、最も適当な組合せはど
　　　れか。

ア　2％以下を含有するものは、劇物ではない。
イ　ネライストキシン系の素殺虫剤である。
ウ　吸入した場合、吐き気、振戦などの症状を呈し、重症な
　　場合には全身けいれんや呼吸困難を起こすことがある。

	ア	イ	ウ
1	正	正	正
2	誤	正	正
3	正	誤	正
4	正	正	誤

問13　5－メチル－1，2，4－トリアゾロ[3，4－b]ベンゾチアゾール(別名：
　　　トリシクラゾール)について、最も適当な組合せはどれか。

	形　状	溶解性	その他特徴
1	結晶	水に難溶	無臭
2	吸湿性液体	水に難溶	アーモンド臭
3	結晶	水に易溶	アーモンド臭
4	吸湿性液体	水に易溶	

問14　(RS)－α－シアノ－3－フェノキシベンジル＝(1 RS，3 RS)－(1 RS，3 SR)
　　　α，α，α－トリフルオロ－パラトリル)－D－バリナート－3－(2，2－ジ
　　　クロロビニル)－2，2－ジメチルシクロプロパンカルボキシラート(別名：シペ
　　　ルメトリン)に関する以下の記述の正誤について、最も適当なものはどれか。

ア　本品は、劇物である。
イ　本品は、白色の結晶性粉末で、水にほとんど溶けない。
ウ　本品は、有機リン系の農薬に分類され、用途は野菜、果
　　樹等の殺虫剤として用いられる。

	ア	イ	ウ
1	正	正	誤
2	誤	誤	正
3	正	正	正
4	誤	正	誤

問15～問17　次の物質の毒性や中毒の症状として、最も適当なものはどれか。

ア　ブロムメチル(別名：臭化メチル、メチルブロマイド)　　|問15|
イ　モノフルオール酢酸ナトリウム　　　　　　　　　　　　|問16|
ウ　トリクロルヒドロキシエチルジメチルホスホネイト
　　(別名：トリクロルホン、DEP)　　　　　　　　　　　　|問17|

1　主な中毒症状は激しいおう吐が繰り返され、胃の疼痛、意識混濁、けいれん、
　徐脈が起こり、チアノーゼ、血圧低下をきたす。
2　通常の燻蒸濃度では臭気を感じにくく、中毒を起こすおそれがある。吸入した
　場合、吐き気、おう吐、頭痛、歩行困難、けいれん、視力障害、瞳孔散大等の症
　状を起こすことがある。
3　コリンエステラーゼを阻害作用により、神経系に影響を与え、頭痛、めまい、
　おう吐、縮瞳、けいれん等を起こす。
4　皮膚に触れた場合、激しいやけどを引き起こす。

問18〜問19　物質の貯蔵法について、最も適当なものはどれか。

　　ア　シアンナトリウム　　　　　　　　　　　　　　　　　　　　| 問18 |
　　イ　ブロムメチル(別名：臭化メチル、メチルブロマイド)　　　　| 問19 |

　　1　少量ならガラスびんを用いるが、多量ならばブリキ缶あるいは鉄ドラム缶を
　　　用い、酸類とは離して、風通しのよい乾燥した冷所に密封して貯蔵する。
　　2　酸素によって分解されるので、空気と光線を遮断して貯蔵する。
　　3　圧縮冷却し、圧力容器に入れ、直射日光その他、温度上昇の原因を避けて、
　　　冷暗所に貯蔵する。
　　4　揮発しやすいので、よく密栓をして貯蔵する。

問20　次の毒物又は劇物について、農業用品目販売業の登録を受けた者が、**販売できないもの**はどれか。

　　1　1，1'−イミノクジ(オクタメチレン)ジグアニジン(別名：イミノクタジン)
　　2　ヨウ化メチル(別名：ヨードメチル)
　　3　アジ化ナトリウム
　　4　2−メチリデンブタン二酸(別名：メチレンコハク酸)

(特定品目)

問1〜問4　次の物質を含有する製剤について、劇物の扱いから除外される濃度の上
　　限として、正しいものはどれか。

　　ア　水酸化ナトリウム　　| 問1 |　以下
　　イ　水酸化カリウム　　　| 問2 |　以下
　　ウ　過酸化水素　　　　　| 問3 |　以下
　　エ　ホルムアルデヒド　　| 問4 |　以下

　　＜下欄＞
　　問1　1　5％　　　2　6％　　　3　10％　　　4　17％
　　問2　1　1％　　　2　5％　　　3　10％　　　4　70％
　　問3　1　5％　　　2　6％　　　3　7％　　　4　8％
　　問4　1　1％　　　2　5％　　　3　6％　　　4　70％

問5　酢酸エチルに関する以下の記述の正誤について、最も適当な組合せはどれか。

　　ア　強い果実様の香気ある可燃性無色の液体である。
　　イ　蒸気は粘膜を刺激する。
　　ウ　酸化剤として用いられる。

	ア	イ	ウ
1	正	正	正
2	誤	正	正
3	正	誤	正
4	正	正	誤

問6　硝酸に関する以下の記述の正誤について、最も適当な組合せはどれか。

　　ア　極めて純粋な水分を含まないものは、無色の液体で、特
　　　有な臭気がある。
　　イ　金・白金その他白金族の金属を除く諸金属を溶解し、硝
　　　酸塩を生じる。
　　ウ　硝酸蒸気は、眼や呼吸器などの粘膜及び皮膚に強い刺激
　　　性をもつ。

	ア	イ	ウ
1	正	正	正
2	誤	正	正
3	正	誤	正
4	正	正	誤

問7　次のうち、キシレンに関する記述として、**誤っているもの**はどれか。

1　無色透明な液体で芳香がある。
2　吸入すると、眼、鼻、のどを刺激する。
3　蒸気は空気より軽く引火しにくい。
4　オルト、メタ、パラの異性体がある。

問8　次のうち、クロム酸ナトリウムに関する記述として、最も適当なものはどれか。

1　黒色の結晶である。
2　十水和物は、潮解性がある。
3　アルコールによく溶けるが、水には溶けない。
4　廃棄方法は、燃焼法を利用する。

問9　次のうち、塩酸の性状に関する記述として、最も適当なものはどれか。

1　白色、結晶性の硬いかたまりで、空気中に放置すると潮解する。
2　無色透明の液体で、芳香族炭化水素特有の臭いがある。
3　無色透明の液体で、25％以上のものは、湿った空気中でいちじるしく発煙、刺激臭がある。
4　無色透明、揮発性の液体で、鼻をさすような臭気があり、アルカリ性を呈する。

問10　次のうち、硫酸に関する以下の記述として、最も適当な組合せはどれか。

ア　希薄水溶液に塩化バリウムを加えると、白色の硫酸バリウムを沈殿するが、この沈殿は塩酸や硝酸に溶けない。
イ　強い腐食性と吸湿性を有しもガラス瓶を溶かすため、プラスチック容器に密栓して冷暗所に保管する。
ウ　5％を超える硫酸を含む製剤は、劇物に該当する。
エ　工業上の用途としては、化学薬品の製造、石油の精製、冶金や塗料などの製造がある。

1（ア、ウ）　　2（ア、エ）　　3（イ、ウ）　　4（イ、エ）

問11〜問13　次の物質の性状として、最も適当なものはどれか。

ア　重いクロム酸カリウム	問11
イ　トルエン	問12
ウ　クロロホルム	問13

1　水に溶けやすく、橙赤色の柱状結晶である。
2　白色、結晶性の固体である。水と二酸化炭素を吸収する性質が強く、空気中に放置すると、潮解する。
3　無色、揮発性の液体で、特異な香気とかすかな甘味を有する。
4　無色、可燃性のベンゼン臭を有する液体である。

問14〜問17　次の物質の毒性や中毒の症状として、最も適当なものはどれか。

ア　メチルエチルケトン　　　問14
イ　クロム酸カリウム　　　　問15
ウ　シュウ酸　　　　　　　　問16
エ　メタノール　　　　　　　問17

1　血液中の石灰分を奪取し、神経系をおかす。急性中毒症状は、胃痛、おう吐、口腔、咽喉に炎症を起こし、腎臓がおかされる。
2　頭痛、めまい、おう吐、下痢、腹痛などを起こし、致死量に近ければ麻酔状態になり、視神経がおかされ、目がかすみ、ついには失明することがある。
3　吸入すると、眼、鼻、のどの粘膜を刺激し、重症の場合は昏睡や意識不明になる。皮膚に触れると、乾性の炎症を起こす。
4　口と食道が赤黄色に染まり、のちに青緑色に変化する。腹痛が生じ、緑色のものを吐き出し、血の混じった便をする。

問18〜問20　次の物質の貯蔵方法として、最も適当なものはどれか。

ア　アンモニア水　　　　問18　　　　　イ　過酸化水素水　　　　問19
ウ　水酸化ナトリウム　　問20

1　日光の直射は避け、冷所に有機物、金属塩、樹脂、その他有機性蒸気を放出する物質と引き離して貯蔵する。また、安定剤として少量の三類を添加する。
2　鼻をさすような臭気があり、揮発しやすいため、密栓して貯蔵する。
3　二酸化炭素と水を吸収する性質が強いことから、密栓して保管する。
4　純品は空気と日光によって変質するので、少量のアルコールを加えて分解を防止する。

〔実　　地〕

（一般）

問21　二硫化炭素に関する以下の記述の正誤について、最も適当な組合せはどれか。

ア　引火点−30℃、発火点100℃の極めて燃焼しやすい液体で、電球の表面に触れるだけで発火することがある。
イ　静電気に対する対策を十分配慮する。
ウ　少量ならば共栓ガラス瓶、多量ならば鋼製ドラムを使用する。いったん開封したものは、蒸留水を混ぜておくと安全である。

	ア	イ	ウ
1	正	正	誤
2	正	正	正
3	正	誤	正
4	誤	正	正

問22〜問24　次の物質の取扱い上の注意事項として、最も適当なものはどれか。

ア　メタクリル酸　　　　問22
イ　過酸化尿素　　　　　問23
ウ　ジボラン　　　　　　問24

1　二酸化マンガンなどの重金属塩により、分解が促進されることがある。
2　湿った空気中では、急激に分解、発熱し、自然発火することがある。
3　重合防止剤が添付されているが、加熱、直射日光、過酸化物、鉄錆などにより重合が始まり、爆発することがある。
4　加熱すると、有害な酸化窒素ガスが発生する。

問25〜問28　次の物質の識別方法として、最も適当なものはどれか。

　ア　トリクロル酢酸　| 問 25 |　　イ　ベタナフトール　| 問 26 |
　ウ　臭素　| 問 27 |　　エ　ヨウ化水素酸　| 問 28 |

　1　外観と臭気によって、容易に識別できる。
　2　水酸化ナトリウム水溶液を加えて熱すれば、クロロホルム臭がする。
　3　硝酸銀溶液を加えると淡黄色の沈殿が生じ、この沈殿はアンモニア水にわずかに溶け、硝酸には溶けない。
　4　水溶液にアンモニア水を加えると、紫色の蛍石彩を放つ。

問29〜問30　次の物質の漏えい時の措置について、「毒物及び劇物の運搬事故時における応急措置に関する基準」に照らし、最も適当なものはどれか。

　ア　水素化ヒ素　| 問 29 |　　イ　ピクリン酸　| 問 30 |

　1　流動パラフィン浸漬品の場合、露出したものは、速やかに拾い集めて灯油又は流動パラフィンに入った容器に回収する。
　2　漏えいしたボンベ等を多量の水酸化ナトリウム水溶液と酸化剤(次亜塩素酸ナトリウム、さらし粉等)の水溶液の混合溶液に容器ごと投入して気体を吸収させ、酸化処理し、この処理液を処理施設に持ち込み、毒物及び劇物の廃棄の方法に関する基準に従って処理する。
　3　飛散したものは空容器にできるだけ回収し、そのあとを多量の水を用いて洗い流す。なお、回収の際は飛散したものが乾燥しないよう、適量の水を散布して行い、また、回収物の保管、輸送に際しても十分に水分を含んだ状態を保つようにする。用具及び容器は金属製のものを使用してはならない。
　4　漏えいした液は、土砂等でその流れを止め、安全な場所へ導き、液の表面を泡で覆い、できるだけ空容器に回収する。

問31〜問33　次の物質の廃棄方法として、最も適当なものはどれか。

　ア　ジメチル−4−メチルメルカプト−3−メチルフェニルチオホスフェイト
　　　　　　　　　　　　　　(別名：フェンチオン、MMP)　| 問 31 |
　イ　クロルピクリン　| 問 32 |　　ウ　塩素酸カリウム　| 問 33 |

　1　還元剤(チオ硫酸ナトリウム等)の水溶液に希硫酸を加えて酸性にし、この中に少量ずつ投入する。反応終了後、反応液を中和し多量の水で希釈して処理する。
　2　木粉(おが屑)等に吸収させてアフターバーナー及びスクラバーを具備した焼却炉で焼却する。
　3　水酸化ナトリウム水溶液等でアルカリ性とし、高温加圧下で加水分解する。
　4　少量の界面活性剤を加えた亜硫酸ナトリウムと炭酸ナトリウムの混合溶液中で、攪拌し分解させた後、多量の水で希釈して処理する。

問34〜問35　次の物質の特徴について、最も適当なものはどれか。

　ア　O−エチル＝S−1−メチルプロピル＝(2−オキソ−3−チアゾリジニル)ホスホノチオアート(別名：ホスチアゼート)　| 問 34 |
　イ　(RS)−α−シアノ−3−フェノキシベンジル(RS)−2−(4−クロロフェニル)−3−メチルブタノアート(別名：フェンバレート)　| 問 35 |

　1　黄褐色の稠性液体又は固体で、ピレスロイド系殺虫剤に分類される。魚毒性が強いので、廃液が河川等へ流入しないよう注意する。
　2　弱いカプタン臭のある淡褐色の液体で、野菜などのネコブセンチュウ等の害虫の防除に用いられる。
　3　淡黄色の油状液体で、除草剤として用いられる。
　4　純品は無色の油状液体で、市販品は通常微黄色を呈しており、催涙性があり、土壌燻蒸剤として用いられる。

問 36 〜問 39　次の物質の取扱い上の注意事項として、最も適当なものはどれか。

ア　トルエン　　　　　問 36　　　イ　ホルマリン　　　　問 37
ウ　硫酸　　　　　　　問 38　　　エ　酢酸鉛　　　　　　問 39

1　引火しやすいので、静電気に対する対策を十分に考慮する。
2　水で薄めたものは、各種の金属を腐食して水素ガスを発生し、これが空気と混合して引火爆発することがある。
3　強熱すると煙霧及びガスを発生する。煙霧及びガスは、有害なので注意する。
4　それ自体は引火性でないが、溶液が高温に熱せられると含有アルコールがガス状となって揮散し、これに着火して燃焼する場合がある。

問 40　次のうち、水酸化カリウムに関する以下の記述として、最も適当な組合せはどれか。

ア　無色無臭の結晶で、アルコールに難溶である。
イ　密栓して貯蔵する。
ウ　極めて腐食性が強いので、作業の際には必ず防護具を着用し、少量漏洩した場合は、多量の水を用いて十分に希釈して洗い流す。
エ　炎色反応は、黄色になり、長時間続く。

1（ア、イ）　　2（ア、ウ）　　3（イ、ウ）　　4（イ、エ）

（農業用品目）

問21〜問23　次の物質の廃棄として、最も適当なものはどれか。

ア　ジメチル－4－メチルカプト－3－メチルフェニルチオホスフェイト
　　（別名：フェンチオン、MPPP）　　　　　　　　　　　　　問 21
イ　クロルピクリン　　　　　　　　　　　　　　　　　　　　問 22
ウ　塩素酸カリウム　　　　　　　　　　　　　　　　　　　　問 23

1　還元剤(チオ硫酸ナトリウム等)の水溶液に希硫酸を加えて酸性にし、この中に少量ずつ投入する。反応終了後、反応液を中和し多量の水で希釈して処理する。
2　木粉(おが屑)等に吸収させてアフターバーナー及びスクラバーを具備した焼却炉で焼却する。
3　水酸化ナトリウム水溶液等でアルカリ性とし、高温加圧下で加水分解する。
4　少量の界面活性剤を加えた亜硫酸ナトリウムと炭酸ナトリウムの混合溶液中で、撹拌し分解させた後、多量の水で希釈して処理する。

問24〜問27　次の物質の識別方法として、最も適当なものはどれか。

ア　塩化亜鉛　　　　　問 24　　　イ　硫酸第二銅　　　　　問 25
ウ　ニコチン　　　　　問 26　　　エ　アンモニア水　　　　問 27

1　ホルマリン1滴を加えた後、濃硝酸を加えると、バラ色を呈する。
2　水に溶かし、硝酸銀を加えると、白色の沈殿物を生じる。
3　水に溶かし、硝酸バリウムを加えると、白色の沈殿を生じる。
4　濃硝酸を潤したガラス棒を近づけると、白い霧を生じる。

問35～問38　次の物質の取扱い上の注意事項として、最も適当なものはどれか。

ア　トルエン　　　　　　　問35
イ　ホルマリン　　　　　　問36
ウ　硫酸　　　　　　　　　問37
エ　酢酸鉛　　　　　　　　問38

1　引火しやすいので、静電気に対する対策を十分に考慮する。
2　水で薄めたものは、各種の金属を腐食して水素ガスを発生し、これが空気と混合して引火爆発をすることがある。
3　強熱すると煙霧及びガスを発生する。煙霧及びガスは、有害なので注意する。
4　それ自体は引火性ではないが、溶液が高温に熱せられると含有アルコールがガス状となって揮散し、これに着火して燃焼する場合がある。

問39　アンモニア水に関する以下の記述の正誤について、最も適当な組合せはどれか。

ア　アンモニアガスと同様な鼻をさすような臭気があり、酸性で揮発性の液体である。
イ　廃棄方法として、水で希薄な水溶液とし、希塩酸で中和させた後、多量の水で希釈して処理する方法がある。
ウ　硝酸銀溶液を加えると、白色沈殿を生じる。

	ア	イ	ウ
1	誤	正	誤
2	正	正	誤
3	正	誤	誤
4	誤	誤	正

問40　次のうち、水酸化カリウムに関する記述として、最も適当な組合せはどれか。

ア　無色無臭の結晶で、アルコールに難溶である。
イ　密栓して貯蔵する。
ウ　極めて腐食性が強いので、作業の際には必ず防護具を着用し、少量漏洩した場合は、多量の水を用いて十分に希釈して処理する。
エ　炎色反応は、黄色になり、長時間続く。

1（ア、イ）　　2（ア、ウ）　　3（イ、ウ）　　4（イ、エ）

問28～問30　次の物質の漏えい時の措置について「毒物及び劇物の運搬事故時における応急措置に関する基準」に照らし、最も適当なものはどれか。

ア　アンモニア水　　　　　　　　　　　　　　　　問28
イ　エチルパラニトロフェニルチオノベンゼンホスホネイト
　　（別名：EPN）　　　　　　　　　　　　　　問29
ウ　硫酸　　　　　　　　　　　　　　　　　　　　問30

1　漏えい箇所を濡れムシロ等で覆い、ガス状の物質に対しては遠くから霧状の水をかけ吸収させる。この場合、濃厚な廃液が河川等に排出されないよう注意する。
2　多量に漏えいした場合、漏洩した液は土砂等でその流れを止め、これに吸着させるか、又は安全な場所に導いて、遠くから徐々に注水してある程度希釈した後、消石灰、ソーダ灰等で中和し、多量の水を用いて洗い流す。
3　多量に漏えいした場合、漏えいした液は、土砂等でその流れを止め、液が拡がらないようにして蒸発させる。
4　漏えいした液は、土砂等でその流れを止め、安全な場所に導き、空容器にできるだけ回収し、そのあとを消石灰等の水溶液を用いて処理し、多量の水を用いて洗い流す。洗い流す場合には、中性洗剤等の分散剤を使用して洗い流す。この場合、濃厚な廃液が河川等に排出されないよう注意する。

問31　1，1′－ジメチル－4，4′－ジピリジニウムジクロリド(別名：パラコート)に関する以下の記述の正誤について、最も適当なものはどれか。

ア　結晶で、水に非常に溶けやすい。
イ　廃棄方法として、燃焼性がある。
ウ　誤って飲み込んだ場合、すぐに吐き気や下痢などの症状を起こすため、症状がない場合は、医師の診察を受ける必要はない。

	ア	イ	ウ
1	誤	正	誤
2	誤	正	正
3	正	誤	正
4	正	正	誤

問32　2－（1－メチルプロピル）フェニル－N－メチルカルバメート(別名：フェノブカルブ、BPMC)に関する以下の記述の正誤について、最も適当なものはどれか。

ア　有機リン系殺虫剤である。
イ　稲のツマグロヨコバイやウンカ類の駆除に用いられる。
ウ　常温・常圧では、無色透明の液体又はプリズム状の結晶であり、水に極めて溶けにくい。

	ア	イ	ウ
1	正	正	正
2	誤	正	正
3	正	誤	正
4	正	正	誤

問33～問35　塩素酸ナトリウムの化学式、性状、識別方法として、最も適当なものはどれか。

ア　化学式：　　問33
イ　性　状：　　問34
ウ　識別方法：　問35

問33　1　$NaClO_3$
　　　2　$NaClO_2$
　　　3　Na_2ClO
　　　4　$NaHClO$

問34
1 白色の針状結晶で、水にほとんど溶けない。
2 青色の針状結晶で、水にほとんど溶けない。
3 白色の正方単斜状の結晶で、潮解性がある。
4 青色の正方単斜状の結晶で、潮解性がある。

問35
1 熱すると酸素を発生する。炭の上に小さな穴をつくり、試料を入れて吹管炎で熱灼すると、パチパチ音を立てて分解する。
2 エーテルに溶かしてヨードのエーテル溶液を加えると、褐色の液状沈殿を生じ、これを放置すると赤色の針状結晶となる。
3 水に溶かして硫化水素を通じると、白色の沈殿を生じる。
4 濃塩酸をうるおしたガラス棒を近づけると、白い霧を生じる。

問36～問37 トリクロルヒドロキシエチルジメチルホスホネイト(別名：トリクロルホン、DEP)の用途及び廃棄方法について、最も適当なものはどれか。

ア 用途： 問36   イ 廃棄方法： 問29

問36 1 殺虫剤   2 除草剤   3 殺鼠剤   4 燻蒸剤
問37 1 燃焼法   2 分解沈殿法   3 固化隔離法
      4 活性汚泥法

問38 2－イソプロピルフェニル－N－メチルカルバメート(別名：イソプロカルブ、MIPC)の中毒時に用いられる解毒剤として、最も適当なものはどれか。

1 硫酸アトロピン   2 亜硝酸ナトリウム
3 ビタミンK   4 抗けいれん剤

問39～問40 次の物質の特徴について、最も適当なものはどれか。

ア O－エチル＝S－1－メチルプロピル＝(2－オキソ－3－チアゾリジニル)ホスホノチオアート(別名：ホスチアゼート)   問39

イ (RS)－α－シアノ－3－フェノキシベンジル(RS)－2－(4－クロロフェニル)－3－メチルブタノアート(別名：フェンバレレート)   問40

1 黄褐色の稠性液体又は固体で、ピレスロイド系殺虫剤に分類される。魚毒性が強いので、廃液が河川等へ流入しないよう注意する。
2 弱いメルカプタン臭のある淡褐色の液体で、野菜などのネコブセンチュウ等の害虫の防除に用いられる。
3 淡黄色の油状液体で、除草剤として用いられる。
4 純品は無色の油状液体で、市販品は通常微黄色を呈しており、催涙性があり、土壌燻蒸剤として用いられる。

（特定品目）

問21～問24 次の物質の廃棄方法として、最も適当なものはどれか。

ア ケイフッ化ナトリウム   問21
イ 塩素   問22
ウ クロロホルム   問23
エ 硫酸   問24

1 多量のアルカリ水溶液中に吹き込んだ後、多量の水で希釈して処理す
2 過剰の可燃性溶剤等の燃料とともに、アフターバーナーを具備した焼火室に噴霧してできるかぎり高温で焼却する。
3 水に溶かし、消石灰等の水溶液を加えて処理した後、希硫酸を加えて中沈殿ろ過して埋立処分する。
4 徐々に石灰乳などの攪拌溶液に加え中和させた後、多量の水で希釈しする。

問25～問28 次の物質の鑑別方法として、最も適当なものはどれか。

ア シュウ酸   問25
イ 一酸化鉛   問26
ウ 四塩化炭素   問27
エ 水酸化カリウム 問28

1 希硝酸に溶かすと、無色の液となり、これに硫化水素を通すと、黒色のを生じる。
2 水溶液に酒石酸溶液を過剰に加えると、白色結晶性の沈殿を生じる。
3 アルコール性の水酸化カリウムと銅粉とともに煮沸すると、黄赤色の沈生ずる。
4 水溶液は、過マンガン酸カリウムの溶液の赤紫色を退色する。

問29～問31 次の物質の用途として、最も適当なものはどれか。

ア 塩素   問29   イ ケイフッ化ナトリウム   問30
ウ 酢酸エチル   問31

1 香料   2 せっけん製造   3 釉薬   4 紙・パルプの漂白剤

問32～問34 次の物質の漏えい時の措置について、「毒物及び劇物の運搬事故時における応急措置に関する基準」に照らし、最も適当なものはどれか。

ア メチルエチルケトン   問32
イ クロム酸ナトリウム   問33
ウ 液化塩素   問34

1 多量漏えいした液は、水酸化カルシウムを十分に散布し、シート等を被せ、の上にさらに水酸化カルシウムを散布して吸収させる。また、漏えいした容器は散布しない。
2 付近の着火源となるものを速やかに取り除き、漏えいした液は、土砂等でそ流れを止め、安全な場所に導き、液の表面に泡で覆い、できるだけ空容器に回する。
3 漏えいしたものは、速やかに拾い集めて灯油又は流動パラフィンに入った容に回収する。砂利や石などが附着している場合は、砂利や砂ごと回収する。
4 飛散したものはできるだけ回収し、そのあと還元剤(硫酸第一鉄等)の水溶液散布し、消石灰、ソーダ灰等の水溶液で処理した後、多量の水で洗い流す。

東北六県統一〔青森県・岩手県・宮城県・秋田県・山形県・福島県〕

令和4年度実施

〔毒物及び劇物に関する法規〕
（一般・農業用品目・特定品目共通）

問1　以下の記述は、毒物及び劇物取締法の条文の一部である。（　）の中に入る字句として、正しいものの組み合わせはどれか。

第1条
　この法律は、毒物及び劇物について、（　a　）の見地から必要な取締を行うことを目的とする。
第2条第1項
　この法律で「毒物」とは、別表第一に掲げる物であつて、（　b　）以外のものをいう。

番号	a	b
1	公衆衛生上	医薬品及び医薬部外品
2	公衆衛生上	毒薬及び劇薬
3	保健衛生上	毒薬及び劇薬
4	保健衛生上	医薬品及び医薬部外品

問2　次のうち、毒物及び劇物取締法第3条の2の規定に基づく、特定毒物の品目と毒物及び劇物取締法施行令で定める用途として、正しいものの組み合わせはどれか。

番号	特定毒物の品目	用途
1	四アルキル鉛を含有する製剤	野ねずみの駆除
2	モノフルオール酢酸の塩類を含有する製剤	かんきつ類などの害虫の防除
3	ジメチルエチルメルカプトエチルチオホスフエイトを含有する製剤	かんきつ類などの害虫の防除
4	モノフルオール酢酸アミドを含有する製剤	野ねずみの駆除

問3　次のうち、毒物及び劇物取締法第3条の2第9項の規定に基づく、四アルキル鉛を含有する製剤の着色の基準として、毒物及び劇物取締法施行令で定められていないものはどれか。

　1　赤色　　　2　青色　　　3　黄色　　　4　黒色

問4　次のうち、毒物及び劇物取締法第3条の3の規定に基づく、興奮、幻覚又は麻酔の作用を有する毒物又は劇物（これらを含有する物を含む。）であつて毒物及び劇物取締法施行令で定められているものとして、正しいものの組み合わせはどれか。

　a　クロロホルムを含有する接着剤
　b　エタノールを含有するシンナー
　c　酢酸エチルを含有する閉そく用の充てん料
　d　メタノールを含有する塗料

　1（a、b）　　　2（a、d）　　　3（b、c）　　　4（c、d）

問5　次のうち、毒物及び劇物取締法第3条の4の規定に基づく、引火性、発火性又は爆発性のある毒物又は劇物であって毒物及び劇物取締法施行令で定めるものとして、正しいものはどれか。

　　1　トルエン　　　2　メタノール　　　3　カリウム　　　4　ナトリウム

問6　次のうち、毒物及び劇物取締法第4条第1項の規定による登録について、その登録の種類と登録権者として、正しいものの組み合わせはどれか。

番号	登録の種類	登録権者
1	特定品目販売業	地方厚生局長
2	一般販売業	厚生労働大臣
3	製造業	厚生労働大臣
4	輸入業	都道府県知事

問7　以下の記述は、毒物及び劇物取締法の条文の一部である。（　）の中に入る字句として、正しいものの組み合わせはどれか。

第8条第2項
　　次に掲げる者は、前条の毒物劇物取扱責任者となることができない。
　　一　（　a　）未満の者
　　二　心身の障害により毒物劇物取扱責任者の業務を適正に行うことができない者として厚生労働省令で定めるもの
　　三　麻薬、大麻、あへん又は覚せい剤の中毒者
　　四　毒物若しくは劇物又は薬事に関する罪を犯し、罰金以上の刑に処せられ、その執行を終り、又は執行を受けることがなくなつた日から起算して（　b　）を経過していない者

番号	a	b
1	十八歳	三年
2	二十歳	二年
3	二十歳	三年
4	十八歳	二年

問8　以下の記述は、毒物及び劇物取締法の条文の一部である。（　）の中に入る字句として、正しいものはどれか。

第9条第1項
　　毒物又は劇物の製造業者又は輸入業者は、登録を受けた毒物又は劇物以外の毒物又は劇物を製造し、又は輸入しようとするときは、（　　）、第六条第二号に掲げる事項につき登録の変更を受けなければならない。

参考：毒物及び劇物取締法第6条第2号
　　製造業又は輸入業の登録にあつては、製造し、又は輸入しようとする毒物又は劇物の品目

　　1　あらかじめ　　　2　十五日以内に　　　3　三十日以内に
　　4　五十日以内に

問9 以下の記述は、毒物及び劇物取締法施行規則の条文の一部である。（　）の中に入る字句として、正しいものはどれか。

毒物及び劇物取締法施行規則第11条の4
　法第十一条第四項に規定する劇物は、（　）とする。

参考：毒物及び劇物取締法第11条第4項
　毒物劇物営業者及び特定毒物研究者は、毒物又は厚生労働省令で定める劇物については、その容器として、飲食物の容器として通常使用される物を使用してはならない。

1　塩化水素、硝酸又は硫酸を含有する製剤
2　水酸化カリウム又は水酸化ナトリウムを含有する製剤
3　有機燐化合物及びこれを含有する製剤
4　すべての劇物

問10　次のうち、毒物及び劇物取締法第13条の規定に基づく、「硫酸タリウムを含有する製剤たる劇物」及び「燐化亜鉛を含有する製剤たる劇物」の着色方法として、正しいものの組み合わせはどれか。

番号	硫酸タリウムを含有する製剤たる劇物	燐化亜鉛を含有する製剤たる劇物
1	あせにくい黒色	あせにくい黒色
2	あせにくい黒色	深紅色
3	深紅色	深紅色
4	深紅色	あせにくい黒色

問11　次のうち、毒物及び劇物取締法第14条第1項の規定により、毒物劇物営業者が、毒物又は劇物を他の毒物劇物営業者に販売したとき、書面に記載しておかなければならない事項として、正しいものの組み合わせはどれか。

a　使用目的　　　b　販売の年月日　　　c　毒物又は劇物の数量　　　d　譲受人の年齢

1（a、b）　　　2（a、d）　　　3（b、c）　　　4（c、d）

問12 以下の記述は、毒物及び劇物取締法の条文の一部である。（　）の中に入る字句として、正しいものはどれか。

第15条第2項
　毒物劇物営業者は、厚生労働省令の定めるところにより、その交付を受ける者の氏名及び住所を確認した後でなければ、第三条の四に規定する政令で定める物を交付してはならない。
第15条第3項
　毒物劇物営業者は、帳簿を備え、前項の確認をしたときは、厚生労働省令の定めるところにより、その確認に関する事項を記載しなければならない。
第15条第4項
　毒物劇物営業者は、前項の帳簿を、最終の記載をした日から（　）間、保存しなければならない。

参考：毒物及び劇物取締法第3条の4
　引火性、発火性又は爆発性のある毒物又は劇物であつて政令で定めるものは、業務その他正当な理由による場合を除いては、所持してはならない。

1　一年　　2　二年　　3　三年　　4　五年

問 13 以下の記述は、毒物及び劇物取締法施行令及び毒物及び劇物取締法施行規則の条文の一部である。（　　）の中に入る字句として、正しいものの組み合わせはどれか。

毒物及び劇物取締法施行令第40条の6第1項
　毒物又は劇物を車両を使用して、又は鉄道によつて運搬する場合で、当該運搬を他に委託するときは、その荷送人は、運送人に対し、あらかじめ、当該毒物又は劇物の名称、成分及びその含量並びに数量並びに（　a　）を記載した書面を交付しなければならない。ただし、厚生労働省令で定める数量以下の毒物又は劇物を運搬する場合は、この限りでない。

毒物及び劇物取締法施行規則第13条の7
　令第四十条の六第一項に規定する厚生労働省令で定める数量は、一回の運搬につき（　b　）キログラムとする。

番号	a	b
1	事故の際に講じなければならない応急の措置の内容	五千
2	事故の際に講じなければならない応急の措置の内容	千
3	重量	五千
4	重量	千

問 14 以下の記述は、毒物及び劇物取締法の条文の一部である。（　　）の中に入る字句として、正しいものはどれか。

第17条第2項
　毒物劇物営業者及び特定毒物研究者は、その取扱いに係る毒物又は劇物が盗難にあい、又は紛失したときは、（　　）、その旨を警察署に届け出なければならない。

1　直ちに　　2　三日以内に　　3　五日以内に　　4　七日以内に

問 15 毒物及び劇物取締法に基づく特定毒物及び毒物の販売に関する次の記述のうち、誤っているものはどれか。

1　一般販売業の登録を受けた者は、すべての毒物を販売できる。
2　一般販売業の登録を受けた者は、モノフルオール酢酸を販売できる。
3　農業用品目販売業の登録を受けた者は、農業上必要なモノフルオール酢酸を販売できる。
4　特定品目販売業の登録を受けた者は、モノフルオール酢酸を販売できる。

問 16 以下の記述は、毒物及び劇物取締法施行令の条文の一部である。（　　）の中に入る字句として、正しいものの組み合わせはどれか。なお、2つの（　a　）には同じ字句が入るものとする。

毒物及び劇物取締法施行令第38条
　法第十一条第二項に規定する政令で定める物は、次のとおりとする。
一　無機（　a　）化合物たる毒物を含有する液体状の物（（　a　）含有量が一リツトルにつき一ミリグラム以下のものを除く。）
二　塩化水素、硝酸若しくは硫酸又は水酸化カリウム若しくは水酸化ナトリウムを含有する液体状の物（水で十倍に希釈した場合の水素イオン濃度が水素指数（　b　）までのものを除く。）

参考：毒物及び劇物取締法第11条第2項
　毒物劇物営業者及び特定毒物研究者は、毒物若しくは劇物又は毒物若しくは劇物を含有する物であつて政令で定めるものがその製造所、営業所若しくは店舗又は研究所の外に飛散し、漏れ、流れ出、若しくはしみ出、又はこれらの施設の地下にしみ込むことを防ぐのに必要な措置を講じなければならない。

番号	a	b
1	シアン	二・〇から十二・〇
2	シアン	一・〇から十三・〇
3	水銀	二・〇から十二・〇
4	水銀	一・〇から十三・〇

問 17 以下の記述は、毒物及び劇物取締法の条文の一部である。（　）の中に入る字句として、正しいものはどれか。

第12条第2項
　毒物劇物営業者は、その容器及び被包に、左に掲げる事項を表示しなければ、毒物又は劇物を販売し、又は授与してはならない。
一　毒物又は劇物の名称
二　毒物又は劇物の成分及びその含量
三　厚生労働省令で定める毒物又は劇物については、それぞれ厚生労働省令で定めるその（　）
四　毒物又は劇物の取扱及び使用上特に必要と認めて、厚生労働省令で定める事項

　1　用途　　　2　解毒剤の名称　　　3　保管方法　　　4　廃棄方法

問 18 次のうち、毒物及び劇物取締法第 10 条第 1 項の規定に基づき、毒物及び劇物の販売業者が届け出なければならない場合として、<u>誤っているもの</u>はどれか。

　1　法人の場合、法人の名称を変更したとき
　2　法人の場合、法人の代表者を変更したとき
　3　店舗の名称を変更したとき
　4　当該店舗における営業を廃止したとき

問 19 次のうち、毒物及び劇物取締法第 22 条第 1 項の規定に基づく、業務上取扱者の届出が必要な事業であって毒物及び劇物取締法施行令で定められているものとして、正しいものはどれか。

　1　硫酸を用いて、電気めっきを行う事業
　2　最大積載量が五百キログラムの自動車に固定された容器を用いて、硫酸の運送を行う事業
　3　砒素化合物たる毒物を用いて、試験研究を行う事業
　4　砒素化合物たる毒物を用いて、しろありの防除を行う事業

問 20 以下の記述は、毒物及び劇物取締法の条文の一部である。（　）の中に入る字句として、正しいものはどれか。

第18条第1項
　都道府県知事は、保健衛生上必要があると認めるときは、（中略）試験のため必要な最小限度の分量に限り、毒物、劇物、第十一条第二項の政令で定める物若しくはその疑いのある物を（　）させることができる。

　1　調査　　　2　焼却　　　3　提供　　　4　収去

〔基礎化学〕
(一般・農業用品目・特定品目共通)

問21 次のうち、化学変化であるものの正しい組み合わせとして、最も適当なものはどれか。

a 水を加熱すると、水蒸気になる。
b 空気中で水素に火をつけると、音を立てて燃え、水ができる。
c 新しい十円硬貨を長時間放置すると、次第に光沢が失われる。
d 水に水性インクをたらすと、全体に色がつく。

1 (a、b)　　2 (a、d)　　3 (b、c)　　4 (c、d)

問22 次のうち、ナトリウムの炎色反応の色として、最も適当なものはどれか。

1 黄色　　2 赤色　　3 赤紫色　　4 青緑色

問23 次の同位体に関する記述のうち、正しい組み合わせとして、最も適当なものはどれか。

a 互いに同位体である原子は、中性子の数が等しく、質量数が異なる。
b 塩素の同位体は、天然にはほとんど存在しない。
c 同一元素の同位体の化学的性質は、ほぼ同じである。
d 同位体のなかには、放射線を出して壊れ、他の原子に変わるものがある。

1 (a、b)　　　2 (a、c)　　　3 (b、d)　　　4 (c、d)

問24 次のうち、純物質であるものとして、最も適当なものはどれか。

1 エタノール　　2 牛乳　　3 食塩水　　4 塩酸

問25 次のうち、最外殻電子の数が2であるものの正しい組み合わせとして、最も適当なものはどれか。

a ベリリウム　　b 酸素　　c マグネシウム　　d カリウム

1 (a、c)　　2 (a、d)　　3 (b、c)　　4 (b、d)

問26 次のうち、金属の性質に関する記述として、最も適当なものはどれか。

1 金属元素の原子は、イオン化エネルギーが大きい。
2 金属の単体は、常温ではすべて固体であり、金属結晶をつくっている。
3 金属の固体は、電気伝導性や熱伝導性が大きい。
4 薄く広げて箔はくにすることができる性質のことを延性という。

問27 次のうち、電気陰性度が最も大きいものはどれか。

1 ホウ素　　2 フッ素　　3 ケイ素　　4 ヨウ素

問28 次のうち、二酸化炭素11gの標準状態における体積として、最も適当なものはどれか。
　　ただし、原子量はC = 12、O = 16とし、標準状態での1 molの気体は22.4 Lとする。

1 0.49 L　　2 1.96 L　　3 5.6 L　　4 22.4 L

問 29　次のうち、ネオン(Ne)と同じ電子配置となるものとして、最も適当なものはどれか。

1　Cl^-　　　2　Ca^{2+}　　　3　O^{2-}　　　4　Be^{2+}

問 30　次のうち、0.01mol ／ L の水酸化ナトリウム水溶液を水で 100 倍に希釈したときの pH として、最も適当なものはどれか。なお、水酸化ナトリウム水溶液の電離度は 1.0 とする。

1　4　　　2　8　　　3　10　　　4　12

問 31　次のうち、pH 指示薬及び万能 pH 試験紙に関する記述として、最も適当なものはどれか。

1　pH 2 の水溶液にメチルオレンジを加えると、黄色になる。
2　pH11 の水溶液にブロモチモールブルーを加えると、赤色になる。
3　フェノールフタレインは酸性水溶液中では無色である。
4　万能 pH 試験紙は、水溶液の pH の正確な値を広範囲にわたって知ることができる。

問 32　次のうち、硝酸銀水溶液を白金電極を用いて電気分解したとき、陽極に生成するものとして、最も適当なものはどれか。

1　Pt　　　2　Ag　　　3　N_2　　　4　O_2

問 33　電池に関する以下の記述について、（　　）の中に入る字句の正しい組み合わせとして、最も適当なものはどれか。

　電池において、酸化反応が起こって電子が流れ出す電極を（　a　）、電子が流れ込んで還元反応が起こる電極を（　b　）という。
　また、素焼き板を隔てて、銅板を浸した硫酸銅（Ⅱ）の水溶液と、亜鉛板を浸した硫酸亜鉛の水溶液を組み合わせた電池を（　c　）電池という。

番号	a	b	c
1	正極	負極	ボルタ
2	正極	負極	ダニエル
3	負極	正極	ボルタ
4	負極	正極	ダニエル

問 34　次の塩のうち、その塩の水溶液の液性が酸性を示すものとして、最も適当なものはどれか。

1　硫酸水素ナトリウム　　　2　炭酸水素ナトリウム　　　3　硝酸ナトリウム
4　酢酸ナトリウム

問 35　ブレンステッド・ローリーの酸・塩基の定義に関する以下の記述について、（　　）の中に入る字句の正しい組み合わせとして、最も適当なものはどれか。なお、2 つの（　a　）には同じ字句が入るものとする。

　酸とは（　a　）を（　b　）分子・イオンであり、塩基とは、（　a　）を（　c　）分子・イオンである。

番号	a	b	c
1	酸素イオン	与える	受け取る
2	酸素イオン	受け取る	与える
3	水素イオン	与える	受け取る
4	水素イオン	受け取る	与える

問 36　次のうち、コロイドに関する記述として、最も適当なものはどれか。

1　同じ物質からなるコロイド溶液のうち、流動性のあるものをゲル、ゲルが流動性を失ったものをゾルという。
2　コロイド粒子を分散させている物質を分散媒といい、固体のものがある。
3　コロイド粒子は、半透膜を通過できる。
4　疎水コロイドに少量の電解質を加えると沈殿を生じる現象を塩析という。

問 37　次のアルカンに関する記述のうち、正しい組み合わせとして、最も適当なものはどれか。

a　枝分かれのない直鎖状のアルカンの沸点は、炭素原子の数が増加するにつれて高くなる。
b　枝分かれのあるアルカンは、同じ炭素原子の数を持つ直鎖状のアルカンに比べ、沸点が高い。
c　アルカンは極性が小さいため水によく溶ける。
d　枝分かれのない直鎖状のアルカンでは、常温(25℃)・常圧で、炭素原子の数が 18 以上のものは固体である。

1（a、b）　　　2（a、d）　　　3（b、c）　　　4（c、d）

問 38　次のうち、ヨードホルム反応を示すものとして、最も適当なものはどれか。

1　ホルムアルデヒド　　2　アセチレン　　3　酢酸　　4　エタノール

問 39　次のうち、希ガス(貴ガス)元素の正しい組み合わせとして、最も適当なものはどれか。

a　Ar　　b　Br　　c　Kr　　d　Sr

1（a、b）　　　2（a、c）　　　3（b、d）　　　4（c、d）

問 40　以下の熱化学方程式で表される反応熱の名称として、最も適当なものはどれか。

$C_3H_8(気) + 5O_2(気) = 3CO_2(気) + 4H_2O(液) + 2,219kJ$

1　燃焼熱　　2　生成熱　　3　溶解熱　　4　中和熱

〔毒物及び劇物の性質及び貯蔵その他取扱方法〕
(一般)

問 41　次のうち、フェノールの毒性として、最も適当なものはどれか。

1　皮膚や粘膜につくとやけどを起こし、その部分は白色となる。経口摂取した場合、尿は特有の暗赤色を呈する。
2　血液中のカルシウム分を奪取し、神経系を侵す。急性中毒症状は、胃痛、嘔吐、口腔、咽頭に炎症を起こし、腎臓が侵される。
3　はじめ、頭痛、悪心などをきたし、黄疸のように角膜が黄色となり、次第に尿毒症様を呈する。
4　四肢の運動麻痺に始まり、ついで胸腹部、頭部に及び、呼吸麻痺で死に至る。

問 42　次のうち、亜硝酸カリウムに関する記述として、誤っているものはどれか。

1　潮解性がある。　　　　　　　2　アルコールによく溶ける。
3　白色または微黄色の固体である。　　4　350℃以上で分解する。

問 43　以下の記述は、キノリンについて述べたものである。（　　　）の中に入る字句の組み合わせとして、最も適当なものはどれか。

キノリンは、無色または淡黄色の（　a　）の（　b　）で、吸湿性がある。また、主な用途は（　c　）である。

番号	a	b	c
1	無臭	固体	繊維等の漂白
2	不快臭	液体	界面活性剤
3	無臭	液体	界面活性剤
4	不快臭	固体	繊維等の漂白

問 44　次のうち、カリウムの貯蔵方法として、最も適当なものはどれか。

1　火気に対し安全で隔離された場所に、ガソリン、アルコール等と離して保管する。鉄、銅、鉛等の金属容器を使用しない。
2　亜鉛または錫メッキをした鋼鉄製容器で保管し、高温に接しない場所に保管する。
3　空気中にそのまま貯蔵することはできないので、通常、石油中に貯蔵する。水分の混入、火気を避け貯蔵する。
4　冷暗所に貯蔵する。純品は空気と日光によって変質するので、少量のアルコールを加えて分解を防止する。

問 45　２－イソプロピル－４－メチルピリミジル－６－ジエチルチオホスフエイト（別名：ダイアジノン）の中毒症状について、最も適当なものはどれか。

1　体内に吸収されて、コリンエステラーゼを阻害し、神経の正常な機能を妨げる。
2　主な中毒症状は、振戦、呼吸困難である。肝臓に核の膨大及び変性、腎臓には糸球体、細尿管のうっ血、脾臓には脾炎が認められる。また散布に際して、眼刺激性が特に強いので注意を要する。
3　主な中毒症状として、激しい嘔吐、胃の疼痛、意識混濁、てんかん性痙攣、脈拍の緩徐、チアノーゼ、血圧下降がある。心機能の低下により死亡する場合もある。
4　蒸気は眼、呼吸器などの粘膜及び皮膚に強い刺激性を有する。作用が強いものが皮膚に触れると、気体を生成して、組織ははじめ白く、次第に深黄色となる。

問 46　次のうち、物質の名称とその主な用途の正しい組み合わせとして、最も適当なものはどれか。

	名称	主な用途
a	シアン酸ナトリウム	殺菌剤
b	燐化亜鉛	殺鼠剤
c	ブロムメチル	燻蒸剤
d	１・１′－ジメチル－４・４′－ジピリジニウムヒドロキシド（別名：パラコート）	殺虫剤

1（a、b）　　2（a、c）　　3（b、c）　　4（c、d）

問 47　硫酸を含有する製剤について、劇物の指定から除外される上限の濃度として、正しいものはどれか。

1　5％　　2　8％　　3　10％　　4　20％

問48　次のうち、塩化水素の性質に関する正しい組み合わせとして、最も適当なものはどれか。

　　a　気体の状態では、無色で刺激臭を有する。
　　b　塩化水素自体が爆発性を有する。
　　c　水溶液は鉄を溶解し水素を生成する。
　　d　水溶液はコンクリートを腐食しない。

　　1（a、b）　　　2（a、c）　　　3（b、d）　　　4（c、d）

問49　次のうち、過酸化水素水の性質及び貯蔵方法に関する正しい組み合わせとして、最も適当なものはどれか。

　　a　強い酸化力と還元力を併せ持っている。
　　b　少量ならば褐色ガラス瓶、大量ならばカーボイなどを使用し、3分の1の空間を保って貯蔵する。
　　c　常温において、徐々に水素と水に分解する。
　　d　不安定な化合物だが、アルカリ性物質を添加することでその分解を抑えられる。

　　1（a、b）　　　2（a、c）　　　3（b、d）　　　4（c、d）

問50　次のうち、一酸化鉛の性質及び用途に関する正しい組み合わせとして、最も適当なものはどれか。

　　a　青色の結晶である。
　　b　鉛ガラスの原料や、ゴムの加硫促進剤として使用される。
　　c　酸素がない環境で光化学反応を起こすと金属鉛を生成する。
　　d　空気中に放置しておくと、有毒な煙霧を生成する。

　　1（a、b）　　　2（a、d）　　　3（b、c）　　　4（c、d）

（農業用品目）

問41　次のうち、トランス－N－（6－クロロ－3－ピリジルメチル）－N′－シアノ－N－メチルアセトアミジン（別名：アセタミプリド）の分類として、最も適当なものはどれか。

　　1　有機リン系農薬　　　　2　カーバメート系農薬　　　3　ピレスロイド系農薬
　　4　ネオニコチノイド系農薬

問42～問44　次の物質の中毒症状について、最も適当なものはどれか。

　　問42　ブラストサイジンSベンジルアミノベンゼンスルホン酸塩
　　問43　モノフルオール酢酸ナトリウム
　　問44　2－イソプロピル－4－メチルピリミジル－6－ジエチルチオホスフエイト
　　　　（別名：ダイアジノン）

　　1　体内に吸収されて、コリンエステラーゼを阻害し、神経の正常な機能を妨げる。
　　2　主な中毒症状は、振戦、呼吸困難である。肝臓に核の膨大及び変性、腎臓には糸球体、細尿管のうっ血、脾臓には脾炎が認められる。また散布に際して、眼刺激性が特に強いので注意を要する。
　　3　主な中毒症状として、激しい嘔吐、胃の疼痛、意識混濁、てんかん性痙攣、脈拍の緩徐、チアノーゼ、血圧下降がある。心機能の低下により死亡する場合もある。
　　4　蒸気は眼、呼吸器などの粘膜及び皮膚に強い刺激性を有する。作用が強いものが皮膚に触れると、気体を生成して、組織ははじめ白く、次第に深黄色となる。

問 45 次のうち、燐化アルミニウムとその分解促進剤とを含有する製剤の貯蔵方法として、最も適当なものはどれか。

1 酸素によって分解し、効力を失うため、空気と光を遮断して貯蔵する。
2 常温では気体であるため、圧縮冷却して液化し、圧縮容器に入れ、冷暗所に貯蔵する。
3 大気中の湿気に触れると、徐々に分解して有毒ガスを発生するため、密閉した容器に貯蔵する。
4 少量ならば褐色ガラス瓶を用い、多量ならば銅製シリンダーを用いる。日光及び加熱を避け、風通しのよい冷所に貯蔵する。極めて猛毒であるため、爆発性、燃焼性のものと隔離する。

問 46 次のうち、物質の名称とその主な用途の正しい組み合わせとして、最も適当なものはどれか。

	名称	主な用途
a	シアン酸ナトリウム	殺菌剤
b	燐化亜鉛	殺鼠剤
c	ブロムメチル	燻蒸剤
d	1・1′－ジメチル－4・4′－ジピリジニウムヒドロキシド（別名：パラコート）	殺虫剤

1（a、b）　2（a、c）　3（b、c）　4（c、d）

問 47 硫酸を含有する製剤について、劇物の指定から除外される上限の濃度として、正しいものはどれか。

1　5％　　2　8％　　3　10％　　4　20％

問 48 2・2－ジメチル－2・3－ジヒドロ－1－ベンゾフラン－7－イル＝N－〔N－(2－エトキシカルボニルエチル)－N－イソプロピルスルフェナモイル〕－N－メチルカルバマート(別名：ベンフラカルブ)を含有する製剤について、劇物の指定から除外される上限の濃度として、正しいものはどれか。

1　1％　　2　6％　　3　10％　　4　20％

問 49 以下の物質のうち、劇物に該当する正しい組み合わせはどれか。

a S－メチル－N－〔(メチルカルバモイル)－オキシ〕－チオアセトイミデート(別名：メトミル)を45％含有する製剤
b 1－(6－クロロ－3－ピリジルメチル)－N－ニトロイミダゾリジン－2－イリデンアミン(別名：イミダクロプリド)を1％含有する製剤
c ジエチル－(5－フェニル－3－イソキサゾリル)－チオホスフェイト(別名：イソキサチオン)を2％含有する製剤
d 塩素酸塩類を50％含有する製剤

1（a、b）　　2（a、d）　　3（b、c）　　4（c、d）

問 50　次のうち、ジメチルー２・２－ジクロルビニルホスフエイト(別名：DDVP)による中毒症状の治療に使用する解毒剤の正しい組み合わせとして、最も適当なものはどれか。

a　硫酸アトロピン
b　亜硝酸アミル
c　２－ピリジルアルドキシムメチオダイド(別名：PAM)
d　ジメルカプロール(別名：ＢＡＬ)

1 (a 、b)　　　2 (a 、c)　　　3 (b 、d)　　　4 (c 、d)

（特定品目）

問 41　次のうち、塩化水素の性質に関する正しい組み合わせとして、最も適当なものはどれか。

a　気体の状態では、無色で刺激臭を有する。
b　塩化水素自体が爆発性を有する。
c　水溶液は鉄を溶解し水素を生成する。
d　水溶液はコンクリートを腐食しない。

1 (a 、b)　　　2 (a 、c)　　　3 (b 、d)　　　4 (c 、d)

問 42　次の記述のうち、過酸化水素水の性質及び貯蔵方法に関する正しい組み合わせとして、最も適当なものはどれか。

a　強い酸化力と還元力を併せ持っている。
b　少量ならば褐色ガラス瓶、大量ならばカーボイなどを使用し、３分の１の空間を保って貯蔵する。
c　常温において、徐々に水素と水に分解する。
d　不安定な化合物だが、アルカリ性物質を添加することでその分解を抑えられる。

1 (a 、b)　　　2 (a 、c)　　　3 (b 、d)　　　4 (c 、d)

問 43　次のクロロホルムの性質及び毒性に関する記述のうち、誤っているものはどれか。

1　純粋なクロロホルムは、空気に触れ、同時に日光の作用を受けると分解する。
2　水に難溶である。
3　吸入した場合は強い麻酔作用が現れるが、皮膚に触れた場合に麻酔作用が現れることはない。
4　火災などで強熱されるとホスゲンを生成するおそれがある。

問 44　次のうち、酢酸エチルの性質及び用途に関する正しい組み合わせとして、最も適当なものはどれか。

a　果実様の芳香を有するが、香料としては用いられない。
b　無色透明の液体である。
c　蒸気は空気より重く、引火性である。
d　水には溶解せず、水よりも沸点が高い。

1 (a 、c)　　　2 (a 、d)　　　3 (b 、c)　　　4 (b 、d)

問 45 次のうち、一酸化鉛の性質及び用途に関する正しい組み合わせとして、最も適当なものはどれか。

a 青色の結晶である。
b 鉛ガラスの原料や、ゴムの加硫促進剤として使用される。
c 酸素がない環境で光化学反応を起こすと金属鉛を生成する。
d 空気中に放置しておくと、有毒な煙霧を生成する。

1 (a、b)　　2 (a、d)　　3 (b、c)　　4 (c、d)

問 46 次のうち、ホルマリンの性質、毒性及び貯蔵方法に関する正しい組み合わせとして、最も適当なものはどれか。

a 無臭のため、気付かないうちに大量に吸入し中毒症状を起こすことが多い。
b 高濃度の液が眼に入った場合、眼の粘膜を刺激し催涙するが、失明のおそれはない。
c 濃ホルマリンは皮膚に付着した場合、壊疽を起こさせることがある。
d 低温ではパラホルムアルデヒドが析出するため、常温で保管する。

1 (a、b)　　2 (a、d)　　3 (b、c)　　4 (c、d)

問 47 次のうち、硫酸の性質に関する正しい組み合わせとして、最も適当なものはどれか。

a ショ糖に濃硫酸を加えると黒変する。
b 希硫酸と金属が反応して発生する酸素は、爆発の原因となる。
c 水で希釈する際は、吸熱反応が起こる。
d 無色透明で油状の液体であるが、粗製のものは褐色を帯びていることがある。

1 (a、b)　　2 (a、d)　　3 (b、c)　　4 (c、d)

問 48 次のうち、アンモニアの性質及び貯蔵方法に関する記述として、誤っているものはどれか。

1 酸素中では黄色の炎をあげて燃焼する。
2 特有の刺激臭のある無色の気体である。
3 圧縮すると、常温でも液化する。
4 水溶液は揮発しやすく、密栓して保管すると内圧が上昇し危険であるため、密栓を避ける。

問 49 次のうち、メタノールに関する記述として、最も適当なものはどれか。

1 経口摂取で失明のおそれがあるが、高濃度の蒸気に長時間暴露されても失明のおそれはない。
2 摂取すると神経細胞内でメタノールから蟻酸が生成し、視神経を侵すことがある。
3 爆発性があり危険であるため、燃料として使用されることはない。
4 蒸気は空気より軽く、引火しやすい。

問 50 次のうち、メチルエチルケトンに関する記述として、誤っているものはどれか。

1 吸入すると、鼻、のど等の粘膜を刺激する。
2 高濃度のものを吸入すると麻酔状態となる。
3 捺染剤、木、コルク、綿、藁製品等の漂白剤として使用される。
4 引火しやすく、蒸気は空気と混合して爆発性の混合ガスとなる。

〔毒物及び劇物の識別及び取扱方法 〕

(一般)

問 51 次のうち、メタクリル酸を取り扱う際の注意事項として、最も適当なものはどれか。

1 極めて反応性が強く、水素又は炭化水素(特にアセチレン)と爆発的に反応する。
2 大部分の金属、ガラス、コンクリート等と反応する。直接中和剤を散布すると発熱し、酸が飛散することがあるので、ある程度希釈してから中和する。
3 重合防止剤が添加されているが、加熱、直射日光、過酸化物、鉄錆等により重合が始まり、爆発することがある。
4 臭いは極めて弱く、蒸気は空気より重いため、吸入による中毒を起こしやすい。

問 52 次のうち、物質とその中毒時に用いられる解毒剤又は拮抗剤の正しい組み合わせとして、最も適当なものはどれか。

番号	物質	解毒剤又は拮抗剤
1	水銀	ジメルカプロール(別名:BAL)
2	メタノール	2-ピリジルアルドキシムメチオダイド(別名:PAM)
3	水酸化トリフェニル錫	ペニシラミン
4	弗化水素	チオ硫酸ナトリウム

問 53 次のうち、ホスゲンの廃棄方法として、最も適当なものはどれか。なお、廃棄方法は厚生労働省で定める「毒物及び劇物の廃棄の方法に関する基準」に基づくものとする。

1 アルカリ法　　2 燃焼法　　3 活性汚泥法　　4 固化隔離法

問 54 次のうち、酸化カドミウムの識別方法として、誤っているものはどれか。

1 水溶液にシアン化カリウムを加えると、白色の沈殿を生ずるが、過剰のシアン化カリウムに溶けて無色となる。
2 水溶液にさらし粉を加えると、紫色を呈する。
3 炭の上に小さな孔をつくり、無水炭酸ナトリウムの粉末とともに吹管炎で熱灼すると、褐色の塊となる。
4 水溶液に硫化水素を加えると、黄色または橙色の沈殿を生ずる。

問 55～問 57 次の物質の漏えい時の措置として、最も適当なものはどれか。なお、措置は厚生労働省で定める「毒物及び劇物の運搬事故時における応急措置に関する基準」に基づくものとする。

問 55 シアン化水素

問 56 S-メチル-N-〔(メチルカルバモイル)-オキシ〕-チオアセトイミデート(別名:メトミル)

問 57 1・1'-ジメチル-4・4'-ジピリジニウムヒドロキシド(別名:パラコート)

1 漏えいした液は土壌等でその流れを止め、安全な場所に導き、空容器にできる
　だけ回収し、そのあとを土壌で覆って十分接触させた後、土壌を取り除き、多量
　の水を用いて洗い流す。
2 飛散したものは空容器にできるだけ回収し、そのあとを水酸化カルシウム(消石
　灰)等の水溶液を用いて処理し、多量の水で洗い流す。
3 付近の着火源となるものを速やかに取り除く。漏えい量が少量の場合、漏えい
　箇所を濡れたむしろ等で覆い、遠くから多量の水をかけて洗い流す。
4 漏えいした容器ごと多量の水酸化ナトリウム水溶液(20w ／ v ％以上)に投入し
　てガスを吸収させ、酸化剤の水溶液で酸化処理を行い、多量の水を用いて洗い流す。

問 58　硝酸の識別方法に関する以下の記述について、(　　)の中に入る最も適当なも
　のはどれか。
　銅屑を加えて熱すると、溶解する際に蒸気を生成し、その蒸気の色調は(　)である。

1 藍色　　　　2 赤褐色　　　3 紫色　　　　　4 白色

問 59　次のうち、ホルマリンの廃棄方法として、誤っているものはどれか。なお、廃
　棄方法は厚生労働省で定める「毒物及び劇物の廃棄の方法に関する基準」に基づ
　くものとする。

1 酸化法　　　2 燃焼法　　　3 活性汚泥法　　　4 希釈法

問 60　次のうち、キシレンの性質及び取扱方法として、誤っているものはどれか。
1 パラキシレンは冬期に固結することがある。
2 静電気への対策を十分に考慮する。
3 水によく溶ける。
4 無色透明の液体である。

(農業用品目)

問 51 ～問 53　次の物質の漏えい時の措置として、最も適当なものはどれか。なお、措
　　　　置は厚生労働省で定める「毒物及び劇物の運搬事故時における応急措置に関する
　　　　基準」に基づくものとする。

問 51　シアン化水素
問 52　S－メチル－N－［(メチルカルバモイル)－オキシ］－チオアセトイミデート
　　　(別名：メトミル)
問 53　1・1′－ジメチル－4・4′－ジピリジニウムヒドロキシド
　　　(別名：パラコート)

1 漏えいした液は土壌等でその流れを止め、安全な場所に導き、空容器にできる
　だけ回収し、そのあとを土壌で覆って十分接触させた後、土壌を取り除き、多量
　の水を用いて洗い流す。
2 飛散したものは空容器にできるだけ回収し、そのあとを水酸化カルシウム(消石
　灰)等の水溶液を用いて処理し、多量の水で洗い流す。
3 付近の着火源となるものを速やかに取り除く。漏えい量が少量の場合、漏えい
　箇所を濡れたむしろ等で覆い、遠くから多量の水をかけて洗い流す。
4 漏えいした容器ごと多量の水酸化ナトリウム水溶液(20w ／ v ％以上)に投入し
　てガスを吸収させ、酸化剤の水溶液で酸化処理を行い、多量の水を用いて洗い流す。

問54～問56　次の物質の識別方法として、最も適当なものはどれか。

　　問54 硫酸銅（Ⅱ）　　　問55 アンモニア水　　　問56 塩素酸カリウム

1　水に溶かして硝酸銀を加えると、白色の沈殿を生じる。
2　濃塩酸で潤したガラス棒を近づけると、白い霧を生じる。
3　水に溶かして硝酸バリウムを加えると、白色の沈殿を生じる。
4　熱すると酸素を生成し、残留物に塩酸を加えて熱すると、塩素を生成する。水溶液に酒石酸を多量に加えると、白色の結晶を生成する。

問57～問59　次の物質の性状として、最も適当なものはどれか。

　　問57　　ロテノン
　　問58　　弗化スルフリル
　　問59　　３・７・９・１３－テトラメチル－５・１１－ジオキサ－２・８・１４－トリチア－４・７・９・１２－テトラアザペンタデカ－３・１２－ジエン－６・１０－ジオン（別名：チオジカルブ）

1　白色結晶性の粉末である。
2　無色無臭の気体で、アセトンに可溶である。
3　黄色油状の液体で、水及びすべての有機溶媒に可溶である。
4　斜方六面体結晶で、水に難溶、ベンゼン、アセトンに可溶、クロロホルムに易溶である。

問60　次のうち、ジメチル－４－メチルメルカプト－３－メチルフエニルチオホスフエイト（別名：フェンチオン、MPP）の廃棄方法として、最も適当なものはどれか。なお、廃棄方法は厚生労働省で定める「毒物及び劇物の廃棄の方法に関する基準」に基づくものとする。

1　セメントを用いて固化し、埋立処分する。
2　多量の次亜塩素酸ナトリウムと水酸化ナトリウムの混合水溶液を撹拌しながら少量ずつ加えて酸化分解する。過剰の次亜塩素酸ナトリウムをチオ硫酸ナトリウム水溶液等で分解した後、希硫酸を加えて中和し、沈殿濾過して埋立処分する。
3　おが屑等に吸収させてアフターバーナー及びスクラバーを備えた焼却炉で焼却する。
4　水に溶かし、水酸化カルシウム（消石灰）、炭酸ナトリウム（ソーダ灰）等の水溶液を加えて処理し、沈殿濾過して埋立処分する。

（特定品目）

問51　次のうち、四塩化炭素の性質及び毒性として、誤っているものはどれか。

1　揮発性の蒸気を吸入した際、黄疸のように角膜が黄色になることがある。
2　高熱下で酸素と水分が共存するとき、ホスゲンを生成することがある。
3　揮発性が高く、可燃性ガスとなる。
4　水分が存在するとき、金属を腐食することがある。

問 52　キシレンの漏えい時の措置として、最も適当なものはどれか。なお、措置は厚生労働省で定める「毒物及び劇物の運搬事故時における応急措置に関する基準」に基づくものとする。

1　飛散したものは空容器にできるだけ回収し、そのあとを硫酸第二鉄等の水溶液を散布し、水酸化カルシウム（消石灰）、炭酸ナトリウム（ソーダ灰）等の水溶液を用いて処理した後、多量の水を用いて洗い流す。
2　漏えいしたボンベ等を多量の水酸化ナトリウム水溶液に容器ごと投入してガスを吸収させ処理し、この処理液を処理設備に持ち込み処理を行う。
3　多量の場合、漏えいした液は、土砂等でその流れを止め、安全な場所に導き、液の表面を泡で覆いできるだけ空容器に回収する。
4　飛散したものは空容器にできるだけ回収し、そのあとを希硫酸にて中和し、多量の水を用いて洗い流す。

問 53　トルエンの性質、毒性及び漏えい時の措置として、誤っているものはどれか。なお、措置は厚生労働省で定める「毒物及び劇物の運搬事故時における応急措置に関する基準」に基づくものとする。

1　褐色、ベンゼン臭のある液体である。
2　蒸気を大量に吸入した場合、緩和な大赤血球性貧血をきたすことがある。
3　漏えいが少量の場合、漏えいした液は土砂等に吸着させて空容器に回収する。
4　着火し大規模火災となった場合、泡消火剤等を用いて空気を遮断することが有効である。

問 54　硝酸の識別方法に関する以下の記述について、（　　）の中に入る最も適当なものはどれか。
銅屑（くず）を加えて熱すると、溶解する際に蒸気を生成し、その蒸気の色調は（　　）である。

1　藍色　　　2　赤褐色　　　3　紫色　　　4　白色

問 55　次のうち、塩酸の識別方法の正しい組み合わせとして、最も適当なものはどれか。

a　赤色リトマス紙を青色に変える。
b　硝酸銀溶液を加えると白い沈殿を生じる。この沈殿物は希硝酸を加えても溶けないが、多量のアンモニア試液には溶ける。
c　液面にアンモニア試液で潤したガラス棒を近づけると、白煙を生じる。
d　硫酸及び過マンガン酸カリウムを加えて加熱すると、水素ガスを発生させる。

1（a、c）　　　2（a、d）　　　3（b、c）　　　4（b、d）

問 56　次のうち、ホルマリンの廃棄方法として、誤っているものはどれか。なお、廃棄方法は厚生労働省で定める「毒物及び劇物の廃棄の方法に関する基準」に基づくものとする。

1　酸化法　　　2　燃焼法　　　3　活性汚泥法　　　4　希釈法

問 57　次のうち、トルエンの用途の正しい組み合わせとして、最も適当なものはどれか。

a　爆薬の原料　　　b　せっけん製造　　　c　酸化剤、紙・パルプの漂白剤
d　染料、香料、合成高分子材料の原料

1（a、c）　　　2（a、d）　　　3（b、c）　　　4（b、d）

問 58 以下に示す３つの方法で識別される物質として、最も適当なものはどれか。

・水溶液を酢酸で弱酸性にして酢酸カルシウムを加えると、結晶性の沈殿を生成する。
・水溶液は過マンガン酸カリウムの溶液の赤紫色を退色する。
・水溶液をアンモニア水で弱アルカリ性にして塩化カルシウムを加えると、白色の沈殿を生成する。

1 蓚酸(しゅう)　　2 硅弗化ナトリウム(けいふつ)　　3 水酸化ナトリウム　　4 過酸化水素

問 59 次のうち、キシレンの性質及び取扱方法として、誤っているものはどれか。

1 パラキシレンは冬期に固結することがある。
2 静電気への対策を十分に考慮する。
3 水によく溶ける。
4 無色透明の液体である。

問 60 次のうち、塩素の性質として誤っているものはどれか。

1 多量に吸入した場合、皮膚や粘膜が青黒くなるチアノーゼを起こすことがある。
2 皮膚に触れた場合、ガスは皮膚を激しく侵す。
3 鉄やアルミニウムの燃焼を阻害する。
4 水分の存在下では、各種の金属を腐食する。

茨城県
令和4年度実施

〔毒物及び劇物に関する法規〕
（一般・農業用品目・特定品目共通）

(問1)から(問 15)までの各問について、最も適切なものを選択肢1～5の中から1つ選べ。
この問題において、「法」とは毒物及び劇物取締法(昭和 25 年法律第 303 号)を、「政令」とは毒物及び劇物取締法施行令(昭和 30 年政令第 261 号)を、「省令」とは毒物及び劇物取締法施行規則(昭和 26 年厚生省令第4号)をいうものとする。
また、毒物劇物営業者とは、毒物又は劇物の製造業者、輸入業者又は販売業者をいう。

(問1) 次の記述は、法第1条及び第2条の条文の一部である。(ア)及び(イ)にあてはまる語句の組合せとして正しいものはどれか。

第1条 この法律は、毒物及び劇物について、保健衛生上の見地から必要な(ア)を行うことを目的とする。
第2条 この法律で「毒物」とは、別表第一に掲げる物であつて、医薬品及び(イ)以外のものをいう。
（以下、略）

	（ ア ）	（ イ ）
1	取締	医薬部外品
2	取締	化粧品
3	規制	医薬部外品
4	規制	化粧品
5	許可	化粧品

(問2) 毒物劇物営業者、特定毒物研究者又は特定毒物使用者に関する次のア～エの記述について、正しいものの組合せはどれか。

ア 毒物又は劇物の製造業の登録を受けた者でなければ、毒物又は劇物を販売又は授与の目的で製造してはならない。
イ 毒物又は劇物の輸出業の登録を受けた者でなければ、毒物又は劇物を輸出してはならない。
ウ 特定毒物研究者は、特定毒物を学術研究以外の用途にも使用することができる。
エ 特定毒物使用者は、その使用することができる特定毒物以外の特定毒物を譲り受け、又は所持してはならない。

　　1（ア、イ）　　2（ア、エ）　　3（イ、ウ）　　4（イ、エ）　　5（ウ、エ）

（問3）　毒物劇物営業者の登録に関する次のア～エの記述について、正誤の組合せとして正しいものはどれか。

ア　販売業の登録は、店舗ごとに厚生労働大臣が行う。
イ　製造業の登録は、5年ごとに更新を受けなければ、その効力を失う。
ウ　販売業者は、登録票の記載事項に変更を生じたときは、登録票の書換え交付を申請しなければならない。
エ　輸入業者は、登録を受けた劇物以外の劇物を輸入しようとするときは、あらかじめ登録の変更を受けなければならない。

	ア	イ	ウ	エ
1	正	正	誤	誤
2	正	誤	正	誤
3	正	誤	誤	正
4	誤	正	誤	正
5	誤	誤	正	正

（問4）　法第3条の4において、「引火性、発火性又は爆発性のある毒物又は劇物であって政令で定めるものは、業務その他正当な理由による場合を除いては、所持してはならない。」と定められている。
　　　　この「政令で定めるもの」として、誤っているものはどれか。

　1　ピクリン酸　　　2　塩素酸塩類　　　3　亜塩素酸ナトリウム
　4　ナトリウム　　　5　酢酸エチル

（問5）　毒物劇物取扱責任者に関する次のア～エの記述のうち、正しいものはいくつあるか。

ア　毒物劇物営業者が、毒物若しくは劇物の製造業及び販売業を併せて営む場合、その製造所及び店舗が互いに隣接しているとき、毒物劇物取扱責任者は、製造所と店舗を通じて1人で足りる。
イ　18歳未満の者は、毒物劇物取扱責任者となることができない。
ウ　毒物又は劇物の製造業者が、毒物劇物取扱責任者を変更したときは、15日以内に、その製造所の所在地の都道府県知事に届け出なければならない。
エ　農業用品目毒物劇物取扱者試験に合格した者は、農業用品目のみを取り扱う製造業の製造所において、毒物劇物取扱責任者となることができる。

　1　なし　　2　1つ　　3　2つ　　4　3つ　　5　4つ

（問6）　次のア～エのうち、毒物劇物取扱責任者になることができる者の組合せとして正しいものはどれか。

ア　医師
イ　薬剤師
ウ　厚生労働省令で定める学校で、応用化学に関する学課を修了した者
エ　毒物劇物営業所において、5年以上毒物劇物取扱業務に従事した者

　1（ア、ウ）　　2（ア、エ）　　3（イ、ウ）　　4（イ、エ）　　5（ウ、エ）

(問7) 毒物劇物営業者の届出に関する次のア〜ウの記述について、正誤の組合せとして正しいものはどれか。

	ア	イ	ウ
1	正	正	正
2	誤	正	誤
3	正	誤	誤
4	正	誤	正
5	誤	誤	誤

ア 製造業者は、毒物を製造する設備の重要な部分を変更したとき、変更後 30 日以内に届け出なければならない。
イ 販売業者は、不要になった毒物を廃棄したとき、廃棄後 30 日以内に届け出なければならない。
ウ 販売業者は、営業を廃止したとき、廃止後 30 日以内に届け出なければならない。

(問8) 毒物又は劇物の取扱いに関する次のア〜エの記述のうち、正しいものはいくつあるか。

ア 特定毒物研究者は、毒物又は劇物が盗難にあうことを防ぐのに必要な措置を講じなければならない。
イ 毒物又は劇物の販売業者は、毒物若しくは劇物がその店舗の外に飛散したり、漏れることを防ぐのに必要な措置を講じなければならない。
ウ 毒物又は劇物の製造業者は、その製造所の外において毒物若しくは劇物を運搬する場合には、毒物若しくは劇物が飛散したり、漏れることを防ぐのに必要な措置を講じなければならない。
エ 毒物劇物営業者は、毒物又は劇物の容器として、飲食物の容器として通常使用される物を使用してはならない。ただし、相手方の求めに応じて毒物又は劇物を開封し、小分けして販売する場合はこの限りではない。

　1 なし　　2 1つ　　3 2つ　　4 3つ　　5 4つ

(問9) 次の記述は、法第 12 条の条文の一部である。(ア)及び(イ)にあてはまる語句の組合せとして正しいものはどれか。

第 12 条 毒物劇物営業者及び特定毒物研究者は、毒物又は劇物の容器及び被包に、「医薬用外」の文字及び毒物については(ア)をもって「毒物」の文字、劇物については(イ)をもって「劇物」の文字を表示しなければならない。

	（ ア ）	（ イ ）
1	赤地に白色	白地に赤色
2	白地に赤色	赤地に白色
3	黒地に白色	白地に赤色
4	赤地に白色	黒地に白色
5	黒地に白色	赤地に白色

(問 10) 毒物劇物営業者が毒物又は劇物を毒物劇物営業者以外の者に販売するとき、譲受人から提出を受ける書面に記載されていなければならない事項はどれか。

　1 譲受人の職業　　　　　　　　2 譲受人の電話番号
　3 毒物又は劇物の使用目的　　　4 譲受人の健康保険証の番号
　5 譲受人の年齢又は生年月日

（問11）　次の記述は、毒物又は劇物の交付に関する法第15条の条文である。（　ア　）～（　ウ　）にあてはまる語句の組合せとして正しいものはどれか。

第15条　毒物劇物営業者は、毒物又は劇物を次に掲げる者に交付してはならない。
　一　（　ア　）歳未満の者
　二　心身の障害により毒物又は劇物による保健衛生上の危害の防止の措置を適正に行うことができない者として厚生労働省令で定めるもの
　三　麻薬、大麻、あへん又は（　イ　）の中毒者
2　毒物劇物営業者は、厚生労働省令の定めるところにより、その交付を受ける者の氏名及び住所を確認した後でなければ、第3条の4に規定する政令で定める物を交付してはならない。
3　毒物劇物営業者は、帳簿を備え、前項の確認をしたときは、厚生労働省令の定めるところにより、その確認に関する事項を記載しなければならない。
4　毒物劇物営業者は、前項の帳簿を、最終の記載をした日から（　ウ　）年間、保存しなければならない。

	（ア）	（イ）	（ウ）
1	16	アルコール	3
2	18	覚せい剤	5
3	18	覚せい剤	3
4	20	アルコール	5
5	20	覚せい剤	3

（問12）　次の記述は、毒物又は劇物の廃棄に関する政令第40条の条文の一部である。（　ア　）～（　エ　）にあてはまる語句の組合せとして正しいものはどれか。

　法第15条の2の規定により、毒物若しくは劇物又は法第11条第2項に規定する政令で定める物の廃棄の方法に関する技術上の基準を次のように定める。
　一　中和、（　ア　）、酸化、還元、（　イ　）その他の方法により、毒物及び劇物並びに法第11条第2項に規定する政令で定める物のいずれにも該当しない物とすること。
　二　ガス体又は揮発性の毒物又は劇物は、保健衛生上危害を生ずるおそれがない場所で、少量ずつ（　ウ　）し、又は揮発させること。
　三　（　エ　）の毒物又は劇物は、保健衛生上危害を生ずるおそれがない場所で、少量ずつ燃焼させること。

	（ア）	（イ）	（ウ）	（エ）
1	電気分解	稀釈	揮散	可燃性
2	電気分解	溶解	放出	引火性
3	加水分解	稀釈	揮散	引火性
4	加水分解	溶解	放出	可燃性
5	加水分解	稀釈	放出	可燃性

(問 13) 法、政令及び省令の規定に照らし、「毒物又は劇物を車両を使用して運搬する場合で、当該運搬を他に委託し、その1回の運搬数量が 1,000 キログラムを超えるとき、その荷送人が、運搬人に対し、あらかじめ、書面を交付しなければならない事項」として、次のア〜エのうち、正しいものの組合せはどれか。

ア　運搬する毒物又は劇物の名称
イ　運搬する毒物又は劇物の製造年月日
ウ　運搬を委託する年月日
エ　事故の際に講じなければならない応急の措置の内容

　　1（ア、イ）　　2（ア、ウ）　　3（ア、エ）　　4（イ、エ）　　5（ウ、エ）

(問 14) 次の記述は、毒物又は劇物の事故の際の措置に関する法第17条の条文の一部である。（ ア ）〜（ ウ ）にあてはまる語句の組合せとして正しいものはどれか。

第 17 条　毒物劇物営業者及び特定毒物研究者は、その取扱いに係る毒物若しくは劇物又は第 11 条第2項の政令で定める物が飛散し、漏れ、流れ出し、染み出し、又は地下に染み込んだ場合において、不特定又は多数の者について保健衛生上の危害が生ずるおそれがあるときは、（ ア ）、その旨を（ イ ）、（ ウ ）又は消防機関に届け出るとともに、保健衛生上の危害を防止するために必要な応急の措置を講じなければならない。

	（ ア ）	（ イ ）	（ ウ ）
1	3日以内に	保健所	市町村
2	3日以内に	厚生労働省	警察署
3	直ちに	厚生労働省	市町村
4	直ちに	保健所	市町村
5	直ちに	保健所	警察署

(問 15) 次のア〜エのうち、法第 22 条第1項の規定により、都道府県知事（その事業場の所在地が保健所を設置する市又は特別区の区域にある場合においては、市長又は区長）に業務上取扱者の届出をしなければならない者として、正しいものはいくつあるか。

ア　硫酸を使用して、しろありの防除を行う事業者
イ　アクリルニトリルを使用して、電気めっきを行う事業者
ウ　シアン化ナトリウムを使用して、金属熱処理を行う事業者
エ　四アルキル鉛を含有する製剤を使用して、石油の精製を行う事業者

　　1　なし　　　2　1つ　　　3　2つ　　　4　3つ　　　5　4つ

〔基礎化学〕
（一般・農業用品目・特定品目共通）

（問 16）から（問 30）までの各問について，最も適切なものを選択肢 1 〜 5 の中から 1 つ選べ。

（問 16）　二酸化炭素分子を電子式で表したものとして正しいものはどれか。

	電子式
1	:C::O::O:
2	O::C::O
3	O::C::O
4	O:C:O
5	:O:C:O:

（問 17）　ある水溶液を白金線に付け、ガスバーナーの外炎に入れたところ炎が黄色になった。この水溶液に含まれている元素はどれか。

　1　Na　　　　2　K　　　　3　Li　　　　4　Cu　　　　5　Ba

（問 18）　一般家庭で使われているプロパンガスに含まれるプロパンの化学式はどれか。

　1　CH_4　　2　C_2H_2　　3　C_2H_4　　4　C_2H_6　　5　C_3H_8

（問 19）　塩酸にも水酸化ナトリウム水溶液にも溶ける金属はどれか。

　1　銅　　2　銀　　3　鉄　　4　アルミニウム　　5　金

（問 20）　水の検出には塩化コバルト紙が用いられる。塩化コバルト紙が水にふれたときの色の変化はどれか。

　1　赤色から青色　　　　2　青色から赤色　　　　3　青色から白色
　4　白色から青色　　　　5　黄色から青色

（問 21）　下図の器具の名称はどれか。

　1　ホールピペット　　　　2　ビュレット　　　　3　メスシリンダー
　4　メスフラスコ　　　　　5　デシケーター

（問 22）　10 ％の食塩水を作りたい。水 45 g に対して食塩は何 g 必要か。

　1　1 g　　2　4.5 g　　3　5 g　　4　10 g　　5　45 g

（問 23）　0.5 mol/L の水酸化ナトリウム水溶液を 0.1L 作りたい。水酸化ナトリウムは何 g 必要か。
　　　　　ただし、水酸化ナトリウムの式量は 40 とする。

　1　2 g　　2　4 g　　3　8 g　　4　10 g　　5　20 g

- 44 -

(問 24)　酸素が発生する反応はどれか。

　　1　亜鉛に希塩酸を加える。　　2　アルミニウムに希硫酸を加える。
　　3　銅に濃硝酸を加える。　　　4　酸化マンガン(Ⅳ)に薄い過酸化水素水を加える。
　　5　炭酸カルシウムに希塩酸を加える。

(問 25)　二次電池はどれか。

　　1　リチウム電池　　2　アルカリマンガン電池　　　3　燃料電池(リン酸形)
　　4　マンガン電池　　5　リチウムイオン電池

(問 26)　白金を電極に用いて硝酸銀 $AgNO_3$ 水溶液を電気分解すると、陰極に銀が
　　10.8g 析出した。このとき流れた電気量は何 C(クーロン)か。
　　　　ただし、このとき起こる反応は $Ag^+ + e^- → Ag$ で表され、銀の原子量
　　は 108 ファラデー定数は $9.65 × 10^4$ C/mol とする。

　　1　$9.65 × 10$ C　　　　2　$9.65 × 10^2$ C　　　3　$9.65 × 10^3$ C
　　4　$9.65 × 10^4$ C　　　5　$9.65 × 10^5$ C

(問 27)　アルミニウム原子 $1.2 × 10^{23}$ 個の質量はどれか。
　　　　ただし、アルミニウムの原子量は 27、アボガドロ定数は $6.0 × 10^{23}$ /mol とす
　　る。

　　1　1.2 g　　　2　2.7 g　　　3　5.4 g　　　4　6.0 g　　　5　8.1 g

(問 28)　酸化剤である過マンガン酸カリウムは、硫酸酸性の条件で、次の反応式で表
　　される反応をする。(　)にあてはまる係数の組合せはどれか。

　　$MnO_4^- + (a)H^+ + (b)e^- → Mn^{2+} + (c)H_2O$

	(a)	(b)	(c)
1	4	3	2
2	4	3	4
3	4	5	2
4	8	5	2
5	8	5	4

(問 29)　酸化剤にも還元剤にもなる物質はどれか。

　　1　ニクロム酸カリウム　　2　硫化水素　　　3　ヨウ化カリウム
　　4　過酸化水素　　　　　　5　オゾン

(問 30)　ハロゲンの単体の酸化作用を比較したもので、正しいものはどれか。
　　　　例：(強)A > B > C(弱)

　　1　$Cl_2 > Br_2 > I_2$　　　2　$Cl_2 > I_2 > Br_2$　　　3　$Br_2 > I_2 > Cl_2$
　　4　$Br_2 > Cl_2 > I_2$　　　5　$I_2 > Br_2 > Cl_2$

茨城県

〔毒物及び劇物の性質及び
貯蔵その他取扱方法〕
（一般）

（問 31）から（問 40）までの各問について，最も適切なものを選択肢 1 ～ 5 の中から 1 つ選べ。

（**問 31**）　ベタナフトールに関する次のア～ウの記述について、正誤の組合せとして正しいものはどれか。

ア　無色揮発性の液体である。 イ　弱いフェノール臭がある。 ウ　クロロホルムによく溶ける。

	ア	イ	ウ
1	誤	正	正
2	正	正	誤
3	正	誤	誤
4	誤	正	誤
5	誤	誤	正

（**問 32**）　次の文章は、硝酸銀についての記述である。（　ア　）、（　イ　）に入る色の組合せとして最も適切なものはどれか。

　　硝酸銀は（　ア　）色の結晶、光によって分解して（　イ　）色に変色する。

	（ア）	（イ）
1	無	黒
2	無	黄
3	白	赤
4	白	黄
5	黄	黒

（問題）次の物質の用途として、最も適切なものを下欄から選べ。

　　（**問 33**）シアン酸ナトリウム

　　（**問 34**）無水クロム酸

【下欄】

1　溶剤	2　乾燥剤	3　酸化剤	4　防腐剤	5　除草剤

（**問 35**）　臭素の取扱い及び貯蔵に関する次のア～ウの記述について、正誤の組合せとして正しいものはどれか。

ア　保護具を使用し、ドラフト内などの換気の良い場所で取り扱う。 イ　濃塩酸、アンモニア水、アンモニアガスなどと離して冷所に貯蔵する。 ウ　空気中にそのまま保存することができないので、通常石油中に貯蔵する。

	ア	イ	ウ
1	誤	正	正
2	正	正	誤
3	正	誤	誤
4	誤	正	誤
5	誤	誤	正

茨城県

(問題) 次の文章は、ある物質の毒性や中毒症状について述べたものである。最も適切なものを下欄から選べ。

(問 36) 血液中のカルシウム分を奪取し、神経系を侵す。急性中毒症状は、胃痛、嘔吐、口腔・咽喉の炎症、腎障害などである。

(問 37) 嘔吐、めまい、胃腸障害、腹痛、下痢または便秘などを起こし、運動失調、麻痺、腎臓炎、尿量減退、ポルフィリン尿として現れる。

〔下欄〕

1 ピクリン酸　　　2 メタノール　　　3 アニリン　　　4 スルホナール	
5 蓚酸	

(問 38) 中毒時の解毒剤としてペニシラミンが用いられる物質はどれか。
　1 シアン化合物　　　2 沃素　　　3 水銀　　　4 弗化水素
　5 ジメチル－2,2－ジクロルビニルホスフエイト

(問題) 次の物質に関する記述として、最も適切なものを下欄から選べ。

(問 39) クロルメチル

(問 40) 弗化水素酸

〔下欄〕

1 無色またはわずかに着色した透明の液体。不燃性で、高濃度なものは空気中で白煙を生じる。ガラスのつや消し、半導体のエッチング剤に用いられる。
2 揮発性、麻酔性の芳香を有する無色の重い液体。水に難溶。高熱下で酸素と水分が共存するときは、ホスゲンを生成する。
3 無色の気体。エーテル様の臭いと甘味を有する。水に可溶。空気中で爆発する恐れもあることから、濃厚液の取扱いには注意を要する。
4 淡黄色の光沢ある小葉状あるいは針状結晶。徐々に熱すると昇華するが、急熱あるいは衝撃により爆発する。
5 無色の単斜晶系板状結晶。水に可溶。燃えやすい物質と混合して、摩擦すると爆発する。

（農業用品目）

(問 31) モノフルオール酢酸塩類に関する次のア〜ウの記述について、正誤の組合せとして正しいものはどれか。

	ア	イ	ウ
1	正	正	正
2	誤	正	正
3	誤	誤	誤
4	正	誤	誤
5	正	正	誤

ア　劇物に指定されている。
イ　黒色に着色される。
ウ　爆発物の原料に用いられる。

茨城県

(問 32)　燐化アルミニウムとその分解促進剤とを含有する製剤について、正しいものはいくつあるか。

```
ア　特定毒物に指定されている。
イ　燐化アルミニウムが分解する場合に悪臭を発生するように定められている。
ウ　防カビ剤として用いられる。
エ　大気中の水分に触れた場合に燐化水素を発生し、著しい危害を生ずるおそれがある。
```

　　1　なし　　2　1つ　　3　2つ　　4　3つ　　5　4つ

（問 題）　次のア～オの物質について、(問 33)～(問 36)に答えなさい。

```
ア　1,1′－ジメチル－4,4′－ジピリジニウムジクロリド(別名　パラコート)
イ　2,2′－ジピリジリウム－1,1′－エチレンジブロミド(別名　ジクワット)
ウ　ブチル＝(R)－2－[4－(4－シアノ－2－フルオロフェノキシ)フエノキシ]プロピオナート(別名　シハロホツプブチル)
エ　2－(4－クロル－6－エチルアミノ－S－トリアジン－2－イルアミノ)－2－メチル－プロピオニトリル(別名　シアナジン)
オ　(1R,2S,3R,4S)－7－オキサビシクロ[2,2,1]ヘプタン－2,3－ジカルボン酸(別名　エンドタール)
```

（問 33)　毒物に指定されているものはどれか。
　　1　ア　　2　イ　　3　ウ　　4　エ　　5　オ

（問 34)　製剤がすべて劇物に指定されているものはどれか。
　　1　ア　　2　イ　　3　ウ　　4　エ　　5　オ

（問 35)　毒物及び劇物に該当しないものはどれか。
　　1　ア　　2　イ　　3　ウ　　4　エ　　5　オ

（問 36)　これらの物質の共通の用途はどれか。
　　1　殺虫剤　　2　除草剤　　3　殺菌剤　　4　植物成長調整剤　　5　殺そ剤

（問 37)　シアン化水素の性状として、最も適切なものはどれか。
　　1　淡黄褐色の液体で水に難溶。
　　2　濃い藍色の結晶で水に可溶。風解性がある。
　　3　白色から淡黄色の粉体で水に難溶。特異臭を帯びている。
　　4　無色の液体または気体。特異臭(焦げたアーモンド臭)を帯びている。
　　5　斜方六面体結晶。水に難溶。

（問 38)　次のア～エのうち、有機燐化合物を含有する製剤の解毒剤として、正しいものの組合せはどれか。

```
ア　ジメルカプロール　　　　　　　　イ　ヒドロキソコバラミン
ウ　プラリドキシムヨウ化物(PAM)　　エ　硫酸アトロピン
```

　　1(ア、イ)　　2(ア、ウ)　　3(ア、エ)　　4(イ、ウ)　　5(ウ、エ)

茨城県

（問 題）　次の文章は、ある物質の毒性や中毒症状について述べたものである。最も適切なものを下欄から選べ。

（問 39）　吸入した場合、重症の場合には、縮瞳、意識混濁、全身けいれん等を起こすことがある。

（問 40）　誤って飲み込んだ場合、消化器障害、ショックのほか、数日遅れて肝臓、腎臓、肺等の機能障害を起こすことがある。

〔下欄〕

```
1  ジ（2－クロルイソプロピル）エーテル（別名　DCIP）
2  シアン化ナトリウム
3  アンモニア水
4  1，1′－ジメチル－4，4′－ジピリジニウムジクロリド（別名　パラコート）
5  トリクロルヒドロキシエチルジメチルホスホネイト（別名　DEP、トリクロルホン）
```

（特定品目）

（問 題）　次の物質の性状として、最も適切なものを下欄から選べ。

（問 31）　蓚酸
（問 32）　一酸化鉛
（問 33）　ホルマリン

〔下欄〕

```
1  重い粉末で黄色から赤色までのものがある。酸、アルカリに易溶。空気中に
   放置しておくと徐々に炭酸を吸収する。
2  無色の催涙性透明液体で、刺激臭を有する。水、アルコールにはよく混和す
   るが、エーテルには混和しない。
3  白色、結晶性の硬い固体で、繊維状結晶様の破砕面を現す。水と炭酸を吸収
   する性質が強く、空気中に放置すると、潮解して徐々に炭酸塩の皮層を生成す
   る。
4  無水物は無色無臭の吸湿性物質で、空気中で二水和物となる。二水和物は無
   色の稜柱状結晶で、乾燥空気中で風化する。
5  無色の揮発性の液体で、特異臭と甘味を有する。水に難溶で、純アルコール、
   エーテル、脂肪酸、揮発油とはよく混和する。
```

（問 題）　次の物質の用途として、最も適切なものを下欄から選べ。

（問 34）　硝酸
（問 35）　硅弗化ナトリウム

〔下欄〕

```
1  冶金、爆薬・肥料等の原料、エッチング剤
2  さらし粉の原料、紙・パルプの漂白剤、殺菌剤、消毒剤
3  染料その他有機化合物の原料、樹脂・塗料などの溶剤、燃料
4  獣毛、羽毛、綿糸、絹糸、象牙などの漂白剤
5  ガラス乳濁剤、ほうろうの釉薬、防腐剤、フォームラバーのゲル化安定剤、
   殺虫剤
```

（問 題） 次の物質の貯蔵方法として、最も適切なものを下欄から選べ。

（問 36） クロロホルム

（問 37） 水酸化カリウム

（問 38） メタノール

〔下欄〕

1 引火しやすく、またその蒸気は空気と混合して爆発性混合ガスとなるので、火気を避けて密栓した容器で貯蔵する。
2 少量ならば褐色ガラス瓶、大量ならばカーボイなどを使用し、3分の1の空間を保って貯蔵する。有機物、金属塩等と離して冷暗所に貯蔵する。
3 分解を防ぐため、少量のアルコールを加え、容器を密栓して換気の良い冷暗所で貯蔵する。
4 二酸化炭素と水を強く吸収するため、密栓して貯蔵する。
5 塩基性で刺激性のある気体を発生するので容器を密栓し、酸とは隔離して保管する。

茨城県

（問 題） 次の文章は、ある物質の毒性や中毒症状について述べたものである。最も適切なものを下欄から選べ。

（問 39） 頭痛、悪心などをきたし、黄疸のように角膜が黄色となり、しだいに尿毒症様を呈し、重症なときは死亡する。

（問 40） 口と食道が赤黄色に染まり、のち青緑色に変化する。腹部が痛くなり、緑色のものを吐き出し、血の混じった便をする。

〔下欄〕

1 四塩化炭素	2 アンモニア	3 蓚酸
4 クロム酸カリウム	5 水酸化カリウム	

〔毒物及び劇物の識別及び取扱方法〕

（一般）

（問 41）から（問 50）までの各問について、最も適切なものを選択肢1〜5の中から1つ選べ。

（問 41） 次のア〜オのうち、気体であるものの組合せとして正しいものはどれか。

ア 燐化水素	イ ニトロベンゼン	ウ 二硫化炭素
エ 塩化水素	オ クロロホルム	

1（ア、イ）　2（ア、エ）　3（イ、ウ）　4（ウ、オ）　5（エ、オ）

（問 42） 次の物質のうち、硫酸酸性水溶液にして、ピクリン酸溶液を加えると黄色沈殿を生じるものはどれか。

1 塩化亜鉛	2 ホルマリン	3 アンモニア水
4 アニリン	5 ニコチン	

(問 43) 次の性状を全て有する物質はどれか。

> ・白色または微黄色の結晶性粉末、粒状または棒状である。
> ・水に可溶であるが、アルコールには難溶である。
> ・潮解性があり、空気中で徐々に酸化される。
> ・酸類を接触させると有毒な酸化窒素ガスを発生する。

　1　酢酸タリウム　　　　2　アジ化ナトリウム　　　3　亜硝酸ナトリウム
　4　アクリルニトリル　　5　重クロム酸カリウム

(問題) 次の物質の識別方法として、最も適切なものを下欄から選べ。

　　(問 44) クロルピクリン
　　(問 45) 沃素
　　(問 46) 一酸化鉛

【下欄】

> 1　希硝酸に溶かすと、無色の液となり、これに硫化水素を通じると黒色の沈殿を生じる。
> 2　水溶液に金属カルシウムを加え、これにベタナフチルアミン及び硫酸を加えると赤色の沈殿を生じる。
> 3　塩化バリウム水溶液を加えると黄色の沈殿を生じる。
> 4　でんぷん水溶液を加えると藍色を呈し、熱すると退色し、冷えると再び藍色を呈する。
> 5　酢酸鉛水溶液を加えると黄色沈殿を生じる。

(問 47)　「毒物及び劇物の廃棄の方法に関する基準」の内容に照らし、硝酸バリウムの廃棄方法として最も適切なものはどれか。
　1　回収法　　2　活性汚泥法　　3　希釈法　　4　中和法　　5　沈殿法

(問 48)　クロルエチルを燃焼法で廃棄する場合の適切な方法はどれか。
　1　珪そう土等に吸収させて開放型の燃焼炉で焼却する。
　2　スクラバーを備えた焼却炉の火室へ噴霧して焼却する。
　3　焼却炉でそのまま焼却する。
　4　木片等に吸収させて、焼却炉で焼却する。
　5　砂、または土の中で少量ずつ場所を変えて焼却する。

(問 49)　ラベルのはがれた試薬びんに、ある物質が入っている。その物質について調べたところ、次のようであった。試薬びんに入っている物質として最も適切なものはどれか。

> ・無色の液体で、芳香がある。
> ・蒸気は空気より重く、引火しやすい。
> ・水、有機溶媒に可溶である。

　1　メチルエチルケトン　　2　濃硫酸　　　　3　濃アンモニア水
　4　濃塩酸　　　　　　　　5　トルエン

茨城県

(問50) 次の記述は、「毒物及び劇物の運搬事故時における応急措置に関する基準」に示される漏えい時の措置について述べたものである。この応急措置が最も適切なものはどれか。

> 風下の人を退避させ、漏えいした場所の周辺にはロープを張るなどして人の立入りを禁止する。付近の着火源となるものを速やかに取り除く。作業の際は必ず保護具を着用し、風下で作業をしない。液体が多量に漏えいしたときは、土砂等でその流れを止め、安全な場所に導き、液の表面を泡で覆い、できるだけ空容器に回収する。

1 クロロホルム　　　2 メタクリル酸　　　3 エチレンオキシド
4 キシレン　　　　　5 ピクリン酸

（農業用品目）

(問題) 次の性状を有する物質として、最も適切なものを下欄から選べ。

(問41) 無色の気体。水に難溶。アセトン、クロロホルムに可溶。

(問42) 水和物は青色の結晶で、風解性がある。水に可溶。

(問43) 無色無臭、油様の液体。

〔下欄〕

1 硫酸　　　　　　　2 弗化スルフリル　　　3 硫酸第二銅
4 アンモニア水　　　5 硫酸亜鉛

(問題) 次の物質に関する記述として、最も適切なものを下欄から選べ。

(問44) N－メチル－1－ナフチルカルバメート(別名 NAC、カルバリル)

(問45) 2－イソプロピル－4－メチルピリミジル－6－ジエチルチオホスフエイト
(別名 ダイアジノン)

(問46) ブロムメチル

〔下欄〕

1 純品は無色(市販品は通常微黄色)の液体で、催涙性、金属腐食性、粘膜刺激臭を有する。アルコール、エーテルなどに溶ける。土壌燻蒸に用いられる。
2 無色無臭の結晶で潮解性がある。強い酸化剤で有機物、イオウ、金属粉等の可燃物が混在すると、加熱、摩擦又は衝撃により爆発する。除草剤として使用される。
3 白色の結晶またはさまざまな形状の固体。水に極めて溶けにくい。有機溶剤に溶けやすい。殺虫剤として使用される。
4 無色の気体でわずかに甘いクロロホルム様の臭いを有する。圧縮又は冷却すると無色又は淡黄緑色の液体を生成する。ガスは空気より重い。地球温暖化ガスとして全廃され、検疫など不可欠用途にのみ使用が認められている。
5 純品は無色液体。水にほとんど溶けない。有機溶剤に溶けやすい。工業製品は純度 90 ％で、淡褐色透明でやや粘稠、かすかなエステル臭を有している。有機リン系の接触性殺虫剤として使用される。

(問題)　「毒物及び劇物の廃棄の方法に関する基準」の内容に照らし、廃棄方法が最も適切な物質を下欄から選べ。

(問 47) 燃焼法とアルカリ法の両法の適用が示されている物質
(問 48) 沈殿法と焙焼法の両法の適用が示されている物質

〔下欄〕

```
1  硫酸第二銅     2  燐化亜鉛     3  ブロムメチル     4  クロルピクリン
5  ２－イソプロピルフエニル－Ｎ－メチルカルバメート
   （別名　MIPC、イソプロカルブ）
```

(問題)　「毒物及び劇物の運搬事故時における応急措置に関する基準」に示される、漏えい時・出火時の対応について、**(問 49)**～**(問 50)**に示す措置が最も適切な物質を下欄から選べ。

(問 49)
　　漏えい時
　　　　飛散したものは速やかに掃き集めて空容器にできるだけ回収し、そのあとは多量の水を用いて洗い流す。この場合、高濃度の廃液が河川等に排出されないように注意する。
　　出火時（周辺火災の場合）
　　　　速やかに容器を安全な場所に移す。移動不可能の場合は、容器及び周囲に散水して冷却する。容器が火炎に包まれた場合は、爆発の恐れがあるので近寄らない。

(問 50)
　　漏えい時
　　　　少量の場合、漏えいした液は布でふきとるか又はそのまま風にさらして蒸発させる。多量の場合、漏えいした液は土砂等でその流れを止め、多量の活性炭又は水酸化カルシウムを散布して覆い、至急関係先に連絡し専門家の指示により処理する。河川等に排出されないよう注意する。
　　出火時（周辺火災の場合）
　　　　速やかに容器を安全な場所に移す。移動不可能の場合は、容器及び周囲に散水して冷却する。

〔下欄〕

```
1  塩素酸ナトリウム
2  クロルピクリン
3  ジメチルジチオホスホリルフエニル酢酸エチル
   （別名　PAP、フェントエート）
4  Ｓ－メチル－Ｎ－［(メチルカルバモイル)－オキシ］－チオアセトイミデート
   （別名　メトミル）
5  燐化アルミニウム
```

（特定品目）

（問題）　次の物質の共通する性状として、最も適切なものを下欄から選べ。

（問41）　アンモニアと塩化水素

（問42）　メチルエチルケトンとトルエン

〔下欄〕

1　無色の液体であり、水と任意の割合で混ざる。
2　無色の液体で芳香臭があり、蒸気は空気より重く引火しやすい。
3　無色の液体であり、難燃性である。
4　有色の気体であり、刺激臭が強い。
5　無色の気体であり、水に溶けやすい。

（問43）次の物質のうち、黄色の固体であるものはどれか。

1　塩基性酢酸鉛　　　2　水酸化カリウム　　3　クロム酸カリウム
4　硅弗化ナトリウム　　5　蓚酸ナトリウム

（問題）　次の物質を識別する方法として、最も適切なものを下欄から選べ。

（問44）酸化第二水銀

（問45）ホルマリン

〔下欄〕

1　水溶液は過マンガン酸カリウムの溶液の赤紫色を消す。
2　フェーリング溶液とともに熱すると、赤色の沈殿を生成する。
3　小さな試験管に入れて熱すると、始めに黒色に変わり、後に分解して金属を残す。さらに熱すると完全に揮散する。
4　希釈水溶液に塩化バリウムを加えると、白い沈殿を生じ、この沈殿は塩酸や硝酸に溶けない。
5　銅屑を加えて加熱すると藍色を呈して溶け、その際赤褐色の蒸気を発生する。

（問題）　「毒物及び劇物の廃棄の方法に関する基準」の内容に照らし、次の物質の廃棄方法として、最も適切なものを下欄から選べ。

（問46）酢酸エチル

（問47）クロム酸ナトリウム

〔下欄〕

1　多量のアルカリ水溶液中に吹き込んだ後、多量の水で希釈して処理する。
2　セメントを用いて固化し、溶出試験を行い、溶出量が判定基準以下であることを確認して埋立処分する。
3　希硫酸に溶かし、還元剤の水溶液を過剰に用いて還元した後、水酸化カルシウム、炭酸ナトリウム等の水溶液で処理し、沈殿ろ過する。溶出試験を行い、溶出量が判定基準以下であることを確認して埋立処分する。
4　多量の水で希釈して処理する。
5　珪そう土等に吸収させて開放型の焼却炉で焼却する。

（問題）　「毒物及び劇物の事故時における応急措置に関する基準」の内容に照らし、次の物質の漏えい時の措置として最も適切なものを下欄から選べ。

（問 48）　メタノール

（問 49）　アンモニア水

（問 50）　四塩化炭素

〔下欄〕

1　空容器にできるだけ回収し、そのあとを水酸化カルシウム、炭酸ナトリウム等の水溶液で処理し、多量の水で洗い流す。
2　付近の着火源となるものを速やかに取り除く。少量漏えいした場合は多量の水で十分に希釈して洗い流す。多量漏えいした場合は、漏洩した液の流れを土砂等で止め、安全な場所に導き、多量の水で十分に希釈して洗い流す。
3　少量漏えいした場合、漏えい箇所は濡れむしろ等で覆い、遠くから多量の水をかけて洗い流す。多量漏えいした場合、土砂等でその流れを止め、安全な場所に導いて遠くから多量の水をかけて洗い流す。
4　空容器にできるだけ回収し、そのあとを多量の水及び中性洗剤等の分散剤を使用して洗い流す。
5　空容器にできるだけ回収し、そのあと還元剤（硫酸第一鉄等）の水溶液を散布し、水酸化カルシウム、炭酸ナトリウム等の水溶液で処理したあと、多量の水で洗い流す。

茨城県

〔法規・共通問題〕
(一般・農業用品目・特定品目共通)

問1　次の記述は、法の条文の一部である。(　　)の中に入れるべき字句として、正しいものはどれか。

法第1条
　この法律は、毒物及び劇物について、(　　)の見地から必要な取締を行うことを目的とする。

　1：保健衛生上　　　2：健康福祉上　　　3：環境衛生上
　4：カーボンニュートラル　　　　　　　5：危機管理上

問2　次の記述は、法の条文の一部である。(　　)の中に入れるべき字句として、正しいものの組み合わせはどれか。

法第3条第3項
　毒物又は劇物の販売業の登録を受けた者でなければ、毒物又は劇物を販売し、(A)し、又は販売若しくは(A)の目的で(B)し、運搬し、若しくは(C)してはならない。

	A	B	C
1	譲渡	貯蔵	陳列
2	譲渡	保管	陳列
3	授与	貯蔵	陳列
4	授与	保管	保管
5	授与	貯蔵	保管

問3　次の記述について、正しいものはどれか。

　1：毒物又は劇物の輸入業の登録を受けていれば、毒物又は劇物の販売業の登録を受けなくても、その輸入した毒物又は劇物を、他の毒物劇物営業者に販売することができる。
　2：毒物又は劇物の販売業の登録は、同一都道府県内の同一法人が営業する店舗の場合、主たる店舗(本店)が販売業の登録を受けていれば、他の店舗(支店)は、販売業の登録を受けなくても、毒物又は劇物を販売することができる。
　3：毒物又は劇物の製造業又は輸入業の登録は、6年ごとに、販売業の登録は、5年ごとに、更新を受けなければ、その効力を失う。
　4：毒物又は劇物の製造業者又は輸入業者は、登録を受けた毒物又は劇物以外の毒物又は劇物を製造し、又は輸入したときは、30日以内に厚生労働大臣又は都道府県知事に対して、新たに製造し、又は輸入した品目を届け出なければならない。

問4　次の記述は、法の条文の一部である。（　　）の中に入れるべき字句として、正しいものの組み合わせはどれか。

法第12条第2項
　毒物劇物営業者は、その容器及び被包に、左に掲げる事項を表示しなければ、毒物又は劇物を販売し、又は授与してはならない。
　一　毒物又は劇物の名称
　二　毒物又は劇物の（ A ）及びその（ B ）
　三　厚生労働省令で定める毒物又は劇物については、それぞれ厚生労働省令で定めるその（ C ）の名称

	A	B	C
1	成分	性状	解毒剤
2	別名	性状	中和剤
3	成分	含量	解毒剤
4	別名	含量	中和剤
5	成分	含量	中和剤

問5　次の記述は、法の条文の一部である。（　　）の中に入れるべき字句として、正しいものの組み合わせはどれか。

法第8条第2項
　次に掲げる者は、前条の毒物劇物取扱責任者となることができない。
　一　（ A ）歳未満の者
　二　心身の障害により毒物劇物取扱責任者の業務を適正に行うことができない者として厚生労働省令で定めるもの
　三　麻薬、（ B ）、あへん又は覚せい剤の中毒者
　四　毒物若しくは劇物又は薬事に関する罪を犯し、罰金以上の刑に処せられ、その執行を終り、又は執行を受けることがなくなつた日から起算して（　 C ）年を経過していない者

	A	B	C
1	18	大麻	2
2	18	大麻	3
3	18	向精神薬	2
4	20	大麻	3
5	20	向精神薬	2

問6　次の記述は、法、政令及び省令の条文の一部である。（　　）の中に入れるべき字句として、正しいものの組み合わせはどれか。

法第13条
　毒物劇物営業者は、政令で定める毒物又は劇物については、厚生労働省で定める方法により着色したものでなければ、これを（ A ）用として販売し、又は授与してはならない。

政令第39条
　法第13条に規定する政令で定める劇物は、次のとおりとする。
　一　硫酸タリウムを含有する製剤たる劇物
　二　燐化亜鉛を含有する製剤たる劇物

省令第 12 条
　法第 13 条に規定する厚生労働省令で定める方法は、あせにくい（　B　）で着色する方法とする。

	A	B
1	農業	黒色
2	農業	紅色
3	工業	黒色
4	工業	紅色
5	工業	青色

問7　政令に関する次の記述の正誤について、正しいものの組み合わせはどれか。

　A：毒物劇物営業者は、登録票の記載事項に変更を生じたときは、登録票の書換え交付を申請することができる。
　B：毒物劇物営業者が、登録票を汚したため、登録票の再交付を申請する場合、申請書にその登録票を添える必要はない。
　C：毒物劇物営業者は、登録票の再交付を受けた後、失った登録票を発見したときは、その登録票を直ちに破棄しなければならない。

	A	B	C
1	正	誤	正
2	正	正	正
3	正	誤	誤
4	誤	正	誤
5	誤	誤	誤

問8　法第 22 条に規定する業務上取扱者の届出の必要性について、正しいものの組み合わせはどれか。

　A：シアン化ナトリウムたる毒物を使用して電気めっきを行う事業
　B：無機シアン化合物たる毒物を使用して金属熱処理を行う事業
　C：劇物である農薬を使用する農家
　D：砒素化合物たる毒物を使用してねずみの防除を行う事業

	A	B	C	D
1	要	要	不要	要
2	要	要	不要	不要
3	要	不要	不要	不要
4	不要	要	要	要
5	不要	不要	要	要

問9　次の記述について、毒物又は劇物の販売業の店舗の設備の基準に該当しないものはどれか。

　1：毒物又は劇物の運搬用具は、毒物又は劇物が飛散し、漏れ、又はしみ出るおそれがないものであること。
　2：毒物又は劇物を保管する場所は 3.3 平方メートル以上であること。
　3：毒物又は劇物を貯蔵するタンク、ドラムかん、その他の容器は、毒物又は劇物が飛散し、漏れ、又はしみ出るおそれのないものであること。
　4：毒物又は劇物を貯蔵する場所が、性質上かぎをかけることができないものであるときは、その周囲に、堅固なさくが設けてあること。
　5：毒物又は劇物の貯蔵設備は、毒物又は劇物とその他の物とを区分して貯蔵できるものであること。

問 10　毒物又は劇物の販売業者が、毒物劇物営業者以外の者に劇物を販売するときに、その譲受人から提出を受けなければならない書面に記載等が必要な事項として、法及び省令に規定されていないものはどれか。

　1：劇物の名称及び数量　　　2：劇物の使用目的　　　3：販売年月日
　4：譲受人の氏名、職業及び住所　　　5：譲受人の押印

問 11　政令別表第二に掲げる毒物又は劇物を車両を使用して1回につき 5,000 キログラム以上運搬する場合、その車両に掲げなければならない標識として、正しいものはどれか。

　1：0.3 メートル平方の板に地を黒色、文字を白色として「毒」と表示する。
　2：0.3 メートル平方の板に地を白色、文字を黒色として「毒」と表示する。
　3：0.3 メートル平方の板に地を赤色、文字を白色として「劇」と表示する。
　4：0.3 メートル平方の板に地を白色、文字を赤色として「劇」と表示する。

問 12　法第 17 条に規定する事故の際の措置として、正しいものの組み合わせはどれか。

　A：毒物劇物営業者は、その取扱いに係る毒物を紛失したときは、直ちに、その旨を警察署に届け出なければならない
　B：法第 22 条に規定する業務上取扱者は、その取扱いに係る毒物が盗難にあったときは、直ちに、その旨を警察署に届け出なければならない
　C：特定毒物劇物研究者は、取り扱っている特定毒物を紛失したときは、直ちに、その旨を警察署に届け出なければならない

	A	B	C
1	誤	誤	正
2	正	正	誤
3	誤	正	正
4	誤	正	誤
5	正	正	正

問 13　次の記述は、毒物劇物営業者の登録が失効した場合等の措置に関する記述である。（　）の中に入れるべき字句として、正しいものはどれか。

　毒物劇物営業者は、その営業の登録が効力を失ったときは、（　）日以内に、現に所有する特定毒物の品名及び数量を届け出なければならない。

　1：5　　　2：10　　　3：15　　　4：20　　　5：30

問 14　毒物劇物営業者が毒物又は劇物を販売するときまでに、譲受人に対し提供しなければならない情報の内容について、省令第 13 条の 12 により規定されている事項として、正しいものの組み合わせはどれか。

　A：応急措置　　　B：物理的及び化学的性質
　C：有効期限　　　D：盗難時の連絡先

1	A と B
2	A と C
3	B と D
4	C と D

問 15　毒物又は劇物の販売業者が、毒物劇物営業者以外の者に劇物を販売するときに、譲受人から提出を受ける書面の保存期間として、正しいものはどれか。

　1：販売の日から1年間　　　2：販売の日から3年間
　3：販売の日から5年間　　　4：販売の日から6年間

〔基礎化学・共通問題〕
（一般・農業用品目・特定品目共通）

問 16　原子番号2の元素は、次のうちどれか。

　　1：H　　2：He　　3：O　　4：C

問 17　次のうち、原子の質量数を示すものはどれか。

　　1：陽子の数　　　　2：中性子の数　　　3：陽子の数と電子の数の和
　　4：陽子の数と中性子の数の和

問 18　次の記述に該当する化学の法則はどれか。

　　「すべての気体は、同温・同圧のもとでは、同体積中に同数の分子を含む。」
　　1：アボガドロの法則　　　　2：ボイルの法則　　　　3：シャルルの法則
　　4：ヘンリーの法則

問 19　6 mol/L の水酸化ナトリウム水溶液 50 mL 中に含まれる水酸化ナトリウムの質量は何 g か。
　　　　ただし、原子量は、Na＝23、O＝16、H＝1 とする。

　　1：6　　2：12　　3：18　　4：24

問 20　0.1 mol/L の硫酸水溶液 10 mL を中和するのに必要な 0.05 mol/L の水酸化ナトリウム水溶液は何 mL か。

　　1：4　　　2：10　　　3：20　　　4：40

問 21　水 100g に塩化ナトリウム 20g を加えて溶かした塩化ナトリウム水溶液の質量パーセント濃度は何%か。次のうち最も近い値を選べ。

　　1：12.5　　　2：14.3　　　3：16.7　　　4：20.0

問 22　次の記述のうち、正しいものはどれか。

　　1：酢酸は強酸に分類される。
　　2：アンモニアの電離度は1に近い値である。
　　3：水酸化ナトリウムは強塩基に分類される。
　　4：塩酸の電離度は0に近い値である。

問 23　次の物質のうち、構造式に二重結合を有するものはどれか。

　　1：水素　　　2：二酸化炭素　　　3：窒素　　　4：メタン
　　5：アンモニア

問 24　酸化還元反応に関する次の記述について、正しいものの組み合わせはどれか。

　　A：物質が酸素と化合する反応を酸化という。
　　B：物質が水素と化合する反応を酸化という。
　　C：酸化と還元は同時に起こる。
　　D：物質が電子を失ったとき、その物質は還元されたという。

　　1：(A、C)　　　2：(A、D)　　　3：(B、C)　　　4：(B、D)
　　5：(C、D)

問 25　カリウムの炎色反応の色として、最も適当な色はどれか。

　　1：黄色　　　2：赤紫色　　　3：青緑色　　　4：無色

問 26　硫化水素に関する次の記述について、正しいものの組合せはどれか。

　　A：強力な酸化剤である。
　　B：人体に対して有毒である。
　　C：酢酸鉛(Ⅱ)水溶液を染みこませたろ紙を黒変させる。
　　D：常温・常圧では黄色・腐卵臭の気体である。

　　1：(A、C)　　2：(A、D)　　3：(B、C)　　4：(B、D)　　5：(C、D)

問 27　次の記述について、誤っているものの組合せはどれか。

　　A：コロイド溶液に強い光線を当てて、側面から見ると、光の通路が明るく輝いて
　　　見える。これをチンダル現象という。
　　B：親水コロイドに多量の電解質を加えると凝析が起こる。
　　C：疎水コロイドに少量の電解質を加えると塩析が起こる。
　　D：熱運動によって分散媒分子がコロイド粒子に衝突して起こる不規則な運動をブ
　　　ラウン運動という。

　　1：(A、B)　　2：(A、C)　　3：(B、C)　　4：(B、D)　　5：(C、D)

問 28　次の物質のうち、極性分子であるものはどれか。

　　1：水素　　2：メタン　　3：二酸化炭素　　4：アンモニア

問 29　次の炭化水素のうち、アルカンはどれか。正しい組合せを選べ。

　　A：メタン　　　B：アセチレン　　　C：ブタン　　　D：エチレン

　　1：(A、C)　　　2：(A、D)　　　3：(B、C)　　　4：(B、D)

問 30　次のうち、フェノールがもつ官能基はどれか。

　　1：カルボキシ基　　2：ニトロ基　　3：アミノ基　　4：ヒドロキシ基

〔実地試験・選択問題〕

(一般)

問 31　ジメチル－2，2－ジクロルビニルホスフエイト(別名DDVP)に関する次の
　　記述のうち、誤っているものはどれか。

　　1：経口または気管から体内に摂取されるばかりでなく、皮膚からも吸収される
　　2：血液中のコリンエステラーゼの働きを増強させ、アセチルコリンを蓄積させる
　　3：主に殺虫剤として用いる
　　4：解毒剤として、2-ピリジルアルドキシムメチオダイド(別名PAM)を用いる

問 32 ～問 34　次の物質の性状として、最も適当なものを下の選択肢から選びなさい。

　　問 32 ニコチン　　　問 33 クレゾール　　　問 34 ナトリウム

【選択肢】

1：純品は無色、無臭の油状液体であるが、空気中では速やかに褐変する。
2：一般には異性体の混合物で、無色～黄褐色～ピンクの液体である。
3：銀白色の重い流動性のある液体の金属で常温でもわずかに揮発する。
4：軽い銀白色の軟かい固体であり、切断すると切断面は金属光沢を示すが、空気に触れると鈍い灰色となる。

問 35 ～問 37　次の物質の廃棄方法として、最も適当なものを下の選択肢から選びなさい。

　　問 35 水酸化ナトリウム　　　問 36 塩酸　　　問 37 ピクリン酸

【選択肢】

1：徐々に石灰乳等の撹拌溶液に加えて中和させたあと、多量の水で希釈して処理する。
2：水で希薄な水溶液とし、酸で中和させたあと、多量の水で希釈して処理する。
3：炭酸水素ナトリウムと混合したものを少量ずつ紙等で包み、他の木材、紙等と一緒に危害を生ずる恐れがない場所で、開放状態で焼却する。

問 38 ～問 39　次の物質を多量に漏えいした時の措置として、最も適切なものを下の選択肢から選びなさい。

　　問 38 アクロレイン　　　問 39 硝酸

【選択肢】

1：漏えいした液は土砂等でその流れを止め、これに吸着させるか、または安全な場所に導いて、遠くから徐々に注水してある程度希釈したあと、消石灰、ソーダ灰等で中和し多量の水を用いて洗い流す。
2：漏えいした液は、土砂等でその流れを止め、安全な場所に導き、液の表面を泡で覆い、できるだけ空容器に回収する。
3：漏えいした液は土砂等でその流れを止め、安全な場所に穴を掘るなどしてこれをためる。これに亜硫酸水素ナトリウム水溶液(約 10 ％)を加え、時々撹拌して反応させた後、多量の水を用いて十分に希釈して洗い流す。

問 40 ～ 41 次の物質の主な用途として、最も適当なものを下の選択肢から選びなさい。

　　問 40　1，1’－ジメチル－4，4’－ジピリジニウムヒドロキシド
　　　（別名パラコート）
　　問 41　エチルパラニトロフエニルチオノベンゼンホスホネイト(別名ＥＰＮ)

【選択肢】

1：土壌燻蒸剤　　　2：殺虫剤　　　3：除草剤

問 42 〜 44 次の物質の識別方法として、最も適当なものを下の選択肢から選びなさい。

問 42 クロルピクリン　　問 43 ベタナフトール　　問 44 アニリン

【選択肢】

1：水溶液に金属カルシウムを加えこれにベタナフチルアミン及び硫酸を加えると、赤色の沈殿を生ずる。
2：水溶液にアンモニア水を加えると、紫色の蛍石彩を放つ。
3：水溶液にさらし粉を加えると、紫色を呈する。

問 45 〜 47　次の物質の毒性として、最も適当なものを下の選択肢から選びなさい。

問 45 クロム酸カリウム　　問 46 トルエン　　問 47 メタノール

【選択肢】

1：蒸気の吸入により頭痛、食欲不振等がみられる。大量では緩和な大赤血球性貧血を来す。
2：慢性中毒症として、接触性皮膚炎、穿孔性潰瘍(特に鼻中隔穿孔)、アレルギー性湿疹等があげられる。
3：頭痛、めまい、嘔吐、下痢、腹痛等を起こし、致死量に近ければ麻酔状態になり、視神経が侵され、目がかすみ、ついには失明することがある。

問 48 〜 50 次の物質の貯蔵方法として、最も適当なものを下の選択肢から選びなさい。

問 48 ブロムメチル　　問 49 黄燐　　問 50 四塩化炭素

【選択肢】

1：常温では気体なので、圧縮冷却して液化し、圧縮容器に入れ、直射日光、その他温度上昇の原因を避けて、冷暗所に貯蔵する。
2：亜鉛または錫メッキをした鋼鉄製容器で保管し、高温に接しない場所に保管する。
3：空気に触れると発火しやすいので、水中に沈めて瓶に入れ、さらに砂を入れた缶中に固定して、冷暗所に貯える。

栃木県

問 31　次のうち、毒物劇物農業用品目販売業者が販売又は授与できるものはいくつあ
るか、下の選択肢から選びなさい。

A：20％アンモニア水　　　B：黄燐　　　C：塩化亜鉛　　　D：35％塩酸

1：1個　　　2：2個　　　3：3個　　　4：ない

問 32　硫酸を含有する製剤が劇物の指定から除外される上限となる硫酸の濃度(%)は
どれか。

1：20　　　2：15　　　3：10　　　4：5

問 33　ジメチル－2，2－ジクロルビニルホスフエイト(別名 DDVP)に関する次の記
述について、誤っているものはどれか。

1：経口または気管から体内に摂取されるばかりでなく、皮膚からも吸収される
2：血液中のコリンエステラーゼの働きを増強させ、アセチルコリンを蓄積させる
3：主に殺虫剤として用いる
4：解毒剤として、2-ピリジルアルドキシムメチオダイド(別名 PAM)を用いる

問 34　ニコチンに関する次の記述について、正しいものはどれか。

1：純品は、淡い緑色の結晶である
2：猛烈な神経毒である
3：ニコチンの製剤は、除草剤として用いられる
4：ニコチンとして1％以下を含有する製剤は、毒物又は毒物に該当しない

問 35　塩素酸ナトリウムに関する次の記述について、正しいものはどれか。

1：常温では透明な液体である
2：有機リンの一種である
3：その製剤は、土壌燻蒸に用いられる
4：有機物その他酸化されやすいものと混合すると加熱、摩擦、衝撃により爆発す
ることがある

問 36 ～ 38　次の物質の貯蔵方法として、最も適当なものを下の選択肢から選びなさい。

問 36　シアン化カリウム　　　問 37　アンモニア水　　　問 38　ブロムメチル

【選択肢】

1：光を遮り少量ならばガラス瓶、多量ならばブリキ缶あるいは鉄ドラム缶を用い、
酸類とは離して、空気の流通の良い乾燥した冷所に密封して貯蔵する。
2：常温では気体なので、圧縮冷却して液化し、圧縮容器に入れ、直射日光、その
他温度上昇の原因を避けて、冷暗所に貯蔵する。
3：揮発しやすいため、良く密栓して貯蔵する。

問 39 ～ 40　次の物質の主な用途として、最も適当なものを下の選択肢から選びなさい。

問 39　1，1’－ジメチル－4，4’－ジピリジニウムヒドロキシド
(別名パラコート)
問 40　エチルパラニトロフエニルチオノベンゼンホスホネイト(別名 EPN)

【選択肢】

1：土壌燻蒸剤　　　2：殺虫剤　　　3：除草剤

栃木県

問 41 ～ 43　次の物質の毒性として、最も適当なものを下の選択肢から選びなさい。

　　問 41 塩素酸ナトリウム　　　問 42 シアン化ナトリウム
　　問 43 モノフルオール酢酸ナトリウム

【選択肢】

1 ：	急性毒性の当初は顔面蒼白等の貧血症状が主体であり、次いで、数時間の潜伏期のあとにチアノーゼが現れる。さらに腎臓の尿路系症状(乏尿、無尿、腎不全)を誘発する。
2 ：	主にミトコンドリアの呼吸酵素の阻害作用が誘発されるため、エネルギー消費の多い中枢神経に影響が現れる。吸入すると、頭痛、めまい、悪心、意識不明、呼吸麻痺を起こす。
3 ：	激しい嘔吐が繰り返され、胃の疼痛を訴え、しだいに意識が混濁し、てんかん性痙攣、脈拍の遅緩が起こり、チアノーゼ、血圧下降を来す。

問 44 ～ 46 次の物質の鑑別方法として、最も適当なものを下記の選択肢から選びなさい。

　　問 44 クロルピクリン　　　問 45 ニコチン　　　問 46 塩化亜鉛

【選択肢】

1 ：	本品を水に溶かし、硝酸銀を加えると、白色の沈殿を生じる。
2 ：	本品のアルコール溶液にジメチルアニリン及びブルシンを加えて溶解し、これにブロムシアン溶液を加えると、緑色ないし赤紫色を呈する。
3 ：	濃塩酸をうるおしたガラス棒を近づけると白い霧を生じる。
4 ：	本品のエーテル溶液に、ヨードのエーテル溶液を加えると、褐色の液状沈殿を生じ、これを放置すると、赤色の針状結晶となる。

問 47 ～ 48 次の物質の廃棄方法として、最も適当なものを下記の選択肢から選びなさい。

　　問 47 シアン化ナトリウム　　　問 48 塩素酸ナトリウム

【選択肢】

1 ：	チオ硫酸ナトリウムなどの還元剤の水溶液に希硫酸を加えて酸性にし、この中に少量ずつ投入する。反応終了後、反応液を中和し多量の水で希釈して処理する。
2 ：	水酸化ナトリウム水溶液等でアルカリ性とし、高温加圧下で加水分解する。
3 ：	可燃性溶剤とともにアフターバーナー及びスクラバーを備えた焼却炉の火室へ噴霧して焼却する。

問 49 ～ 50　次の物質が漏えいした時の措置として、最も適当なものを下の選択肢から選びなさい。

　　問 49 硫酸　　　問 50 ブロムメチル

【選択肢】

1：少量の場合は、土砂等に吸着させて取り除くか、またはある程度水で徐々に希釈したあと、消石灰、ソーダ灰等で中和し、多量の水を用いて洗い流す。多量の場合は、土砂等でその流れを止め、これに吸着させるか、または安全な場所に導いて、遠くから徐々に注水してある程度希釈したあと、消石灰、ソーダ灰等で中和し、多量の水を用いて洗い流す。

2：飛散したものは速やかに掃き集めて空容器にできるだけ回収し、そのあとは多量の水を用いて洗い流す。

3：少量であれば、周辺に近づかず蒸発させる。多量の場合は、土砂等で流れを止めて蒸発させる。

（特定品目）

問 31 次のうち、特定品目の毒物又は劇物に該当するものはどれか。

1：アンモニア５％を含有する製剤　　2：過酸化水素５％を含有する製剤
3：ホルムアルデヒド５％を含有する製剤　　4：硫酸５％を含有する製剤

問 32 〜 34 次の物質の廃棄方法として、最も適当なものを下の選択肢から選びなさい。

　　問 32 アンモニア　　　問 33 酢酸エチル　　　問 34 一酸化鉛

【選択肢】

1：硅そう土等に吸収させて開放型の焼却炉で焼却する。

2：水で希薄な水溶液とし、酸で中和させたあと、多量の水で希釈して処理する。

3：セメントを用いて固化し、溶出試験を行い、溶出量が判定基準以下であることを確認して埋立処分する。

問 35 〜 36 次の物質を多量に漏えいした時の措置として、最も適切なものを下の選択肢から選びなさい。

　　問 35 硝酸　　　問 36 メチルエチルケトン

【選択肢】

1：漏えいした液は土砂等でその流れを止め、これに吸着させるか、または安全な場所に導いて、遠くから徐々に注水してある程度希釈したあと、消石灰、ソーダ灰等で中和し多量の水を用いて洗い流す。

2：漏えいした液は、土砂等でその流れを止め、安全な場所に導き、液の表面を泡で覆い、できるだけ空容器に回収する。

3：漏えいガスは多量の水をかけて吸収させる。多量にガスが噴出する場合は遠くから霧状の水をかけ吸収させる。

問 37 〜 39 次の物質の用途として、当てはまるものを下の選択肢から選びなさい。

　　問 37 硅弗化ナトリウム　　　問 38 トルエン　　　問 39 過酸化水素

【選択肢】

1：獣毛、羽毛、綿糸の漂白　　2：爆薬、染料、香料の原料　　3：釉薬

問 40 〜 41　次の物質の識別方法として、最も適当なものを下の選択肢から選びなさい。

問 40 塩酸　　問 41 水酸化ナトリウム

【選択肢】

```
1：硝酸銀溶液を加えると、白い沈殿を生ずる。
2：水溶液を白金線につけて無色の火炎中に入れると、火炎は著しく黄色に染まり、
　　長時間続く。
3：水で薄めると激しく発熱し、ショ糖、木片等に触れると、それらを炭化して黒
　　変させる。
```

問 42 〜 44　次の物質の性状等として、最も適当なものを下の選択肢から選びなさい。

問 42 キシレン　　問 43 蓚酸　　問 44 水酸化カリウム

【選択肢】

```
1：一般には３種の異性体の混合物で、流動性のある引火性の無色液体である。
2：白色ペレット状または固体で、空気の二酸化炭素、湿気を吸収して潮解する。
3：一般に流通しているのは二水和物で無色の結晶である。
```

問 45 〜 47　次の物質の毒性について、最も適当なものを下の選択肢から選びなさい。

問 45 クロム酸カリウム　　問 46 トルエン　　問 47 メタノール

【選択肢】

```
1：蒸気の吸入により頭痛、食欲不振等がみられる。大量では緩和な大赤血球性貧
　　血を来す。
2：慢性中毒症として、接触性皮膚炎、穿孔性潰瘍(特に鼻中隔穿孔)、アレルギー
　　性湿疹等があげられる。
3：頭痛、めまい、嘔吐、下痢、腹痛等を起こし、致死量に近ければ麻酔状態にな
　　り、視神経が侵され、目がかすみ、ついには失明することがある。
```

問 48 〜 49　次の物質の貯蔵方法について、最も適当なものを下の選択肢から選びな
さい。

問 48 過酸化水素　　問 49 クロロホルム

【選択肢】

```
1：空気中にそのまま貯えることはできないので、通常石油中に貯える。
2：冷暗所に貯える。純品は空気と日光によって変質するので、少量のアルコール
　　を加えて分解を防止する。
3：少量ならば褐色ガラス瓶、大量ならばカーボイ等を使用し、３分の１の空間を
　　保って貯蔵する。
```

問 50　塩素に関する次の記述の正誤について、正しい組み合わ
せはどれか。

A：紙・パルプの漂白剤として用いられる。
B：窒息性の臭気をもつ無色の気体である。
C：多量のアルカリ水溶液中に吹き込んだあと、多量の水で
希釈して廃棄する。

	A	B	C
1	正	正	正
2	正	誤	正
3	正	正	誤
4	誤	正	正
5	誤	誤	誤

〔法　規〕

（一般・農業用品目・特定品目共通）

問1　次の文は、毒物及び劇物取締法第4条に規定する、営業の登録について記述したものである。記述の正誤について、正しい組合せはどれか。

ア　毒物又は劇物の製造業の登録は、製造所ごとに厚生労働大臣が行う。

イ　毒物又は劇物の輸入業の登録は、営業所ごとにその営業所の所在地の都道府県知事が行う。

ウ　毒物又は劇物の販売業の登録は、店舗ごとにその店舗の所在地の都道府県知事（その店舗の所在地が、地域保健法第5条第1項の政令で定める市又は特別区の区域にある場合においては、市長又は区長。）が行う。

エ　製造業、輸入業又は販売業の登録は、6年ごとに更新を受けなければ、その効力を失う。

	ア	イ	ウ	エ
1	正	正	正	誤
2	正	誤	誤	誤
3	誤	誤	正	正
4	誤	正	正	誤

問2　次のうち、毒物及び劇物取締法第3条の4の規定により、引火性、発火性又は爆発性のある毒物又は劇物として政令で定められており、業務その他正当な理由による場合を除いては、所持してはならないものはどれか。正しいものの組合せを選びなさい。

ア　亜塩素酸ナトリウム　　イ　次亜塩素酸ナトリウム
ウ　塩素酸ナトリウム　　　エ　過塩素酸ナトリウム

1　（ア，イ）　　　2　（ア，ウ）　　　3　（イ，エ）　　　4　（ウ，エ）

問3　次の文は、毒物劇物営業者の設備の基準について記述したものである。記述の正誤について、正しい組合せはどれか。

ア　貯水池その他容器を用いないで毒物又は劇物を貯蔵する設備は、毒物又は劇物が飛散し、地下にしみ込み、又は流れ出るおそれがないものであること。

イ　毒物又は劇物を貯蔵する場所にかぎをかける設備があること。ただし、その場所が性質上かぎをかけることができないものであるときは、この限りではない。

ウ　毒物又は劇物を陳列する場所が性質上かぎをかけることができないものであるときは、その周囲に、堅固なさくが設けてあること。

エ　毒物又は劇物の製造作業を行なう場所は、毒物又は劇物を含有する粉じん、蒸気又は廃水の処理に要する設備又は器具を備えていること。

	ア	イ	ウ	エ
1	誤	正	正	誤
2	誤	正	誤	正
3	正	正	誤	正
4	正	誤	正	正

問4　次の文は、毒物劇物取扱責任者について記述したものである。記述の正誤について、正しい組合せはどれか。

ア　農業用品目毒物劇物取扱者試験に合格した者は、農業用品目販売業者が販売することのできる毒物又は劇物のみを製造する製造所において、毒物劇物取扱責任者となることができる。

イ　厚生労働省令で定める学校で、応用化学に関する学課を修了した者は毒物劇物取扱責任者となることができる。

ウ　都道府県知事が行う毒物劇物取扱者試験に合格した者でも、18歳の者は毒物劇物取扱責任者となることができない。

エ　一般毒物劇物取扱者試験に合格した者は、一般販売業の店舗において、毒物劇物取扱責任者となることができるが、農業用品目販売業や特定品目販売業の店舗においては、毒物劇物取扱責任者となることができない。

	ア	イ	ウ	エ
1	誤	正	正	正
2	正	正	誤	誤
3	誤	正	誤	誤
4	正	誤	正	誤

問5　次のうち、毒物及び劇物取締法第10条に規定する、毒物劇物販売業者が変更の届出をしなければならないものとして、正しいものの組合せはどれか。

　ア　当該店舗の名称を変更したとき
　イ　当該店舗を他の場所へ移転したとき
　ウ　取り扱う毒物又は劇物の品目を変更したとき
　エ　毒物劇物販売業者が法人の場合、その名称を変更したとき

　　1　（ア，ウ）　　　2　（ア，エ）　　　3　（イ，ウ）　　　4　（イ，エ）

問6　次の文は、毒物劇物営業者が毒物及び劇物取締法上、遵守しなければならない事項について記述したものである。記述の正誤について、正しい組合せはどれか。

　ア　毒物又は劇物が盗難にあった場合だけでなく、紛失した場合であっても、直ちに、その旨を警察署に届け出なければならない。
　イ　引火性、発火性又は爆発性のある毒物又は劇物であって政令で定めるものを交付する際は、厚生労働省令の定めるところにより、その交付を受ける者の氏名及び職業を確認しなければならない。
　ウ　毒物又は劇物を廃棄する場合は、政令で定める技術上の基準に従わなければ廃棄してはならない。
　エ　通常飲食物に用いる容器を毒物又は劇物の容器として使用する場合は、その容器に毒物又は劇物の名称、成分及びその含量を表示しなければならない。

	ア	イ	ウ	エ
1	誤	誤	正	誤
2	誤	正	正	正
3	正	誤	正	誤
4	正	正	誤	誤

問7　次の文は、毒物及び劇物取締法第14条第1項の記述である。（　）にあてはまる語句の組合せのうち、正しいものはどれか。

　毒物劇物営業者は、毒物又は劇物を他の毒物劇物営業者に販売し、又は授与したときは、その都度、次に掲げる事項を書面に記載しておかなければならない。
　一　毒物又は劇物の名称及び（　ア　）
　二　販売又は授与の（　イ　）
　三　譲受人の氏名、（　ウ　）及び住所（法人にあっては、その名称及び主たる事務所の所在地）

	ア	イ	ウ
1	数量	年月日	職業
2	使用期限	目的	年齢
3	数量	年月日	年齢
4	使用期限	目的	職業

問8　次の文は、毒物及び劇物取締法第18条に規定する、立入検査等について記述したものである。記述の正誤について、正しい組合せはどれか。

　ア　都道府県知事は、犯罪捜査上必要があると認めるときは、毒物劇物営業者又は特定毒物研究者から必要な報告を徴することができる。
　イ　都道府県知事は、保健衛生上必要があると認めるときは、毒物劇物監視員に、特定毒物研究者の研究所に立ち入り、帳簿その他の物件を検査させることができる。
　ウ　都道府県知事は、保健衛生上必要があると認めるときは、毒物劇物監視員に、毒物又は劇物の販売業者の店舗に立ち入り、試験のため必要な最小限度の分量に限り、法第11条第2項の政令で定める物を収去させることができる。
　エ　毒物劇物監視員は、その身分を示す証票を携帯し、関係者の請求があるときは、これを提示しなければならない。

	ア	イ	ウ	エ
1	正	正	誤	誤
2	正	誤	正	正
3	誤	正	正	正
4	誤	正	正	誤

群馬県

問9 次の文は、毒物劇物営業者が、毒物又は劇物を販売し、又は授与するときに、譲受人に対して行わなければならない当該毒物又は劇物の性状及び取扱いに関する情報（以下「情報」という。）の提供について記述したものである。記述の正誤について、正しい組合せはどれか。

ア 提供した情報の内容に変更を行う必要が生じたときは、30 日以内に、当該譲受人に対し、変更後の情報を提供しなければならない。

イ 1回につき 200 mg以下の劇物を販売するときは、譲受人に対して情報の提供を行う義務はない。

ウ 譲受人に対し、既に、情報の提供が行われている場合であっても、譲受人に対し、必ず当該毒物又は劇物の情報を提供しなければならない。

エ 情報の提供は、邦文で行わなければならない。

	ア	イ	ウ	エ
1	誤	正	誤	正
2	誤	誤	誤	正
3	正	正	誤	誤
4	正	誤	正	正

問10 次の事業を行う者のうち、毒物及び劇物取締法第22条の規定により、事業場ごとに、当該事業場の所在地の都道府県知事に届け出なければならないものはどれか。正しいものの組合せを選びなさい。

ア 砒素化合物たる毒物及びこれを含有する製剤を取り扱う、電気めっきを行う事業

イ 無機シアン化合物たる毒物及びこれを含有する製剤を取り扱う、金属熱処理を行う事業

ウ 無機シアン化合物たる毒物及びこれを含有する製剤を取り扱う、しろありの防除を行う事業

エ 最大積載量が 5,000 kg以上の自動車に固定された容器を用いて、弗化水素を運送する事業

1 （ア，ウ）　　2 （ア，エ）　　3 （イ，ウ）　　4 （イ，エ）

〔基礎化学〕

（一般・農業用品目・特定品目共通）

問1 次の文は、原子について記述したものである。正しいものの組合せはどれか。

ア 原子は、原子核と複数の中性子からできている。

イ 質量数は、陽子の数と中性子の数の和をいう。

ウ 原子核に含まれる陽子の数を原子番号という。

エ 原子番号が同じで、電子数が異なる原子を互いに同位体という。

1 （ア，イ）　　2 （ア，エ）　　3 （イ，ウ）　　4 （ウ，エ）

問2 「同一圧力、同一温度、同一体積のすべての種類の気体には同じ数の分子が含まれる」という法則の名称として、正しいものはどれか。

1 ボイル・シャルルの法則　　2 ルシャトリエの法則
3 アボガドロの法則　　　　　4 ヘンリーの法則

問3 水酸化ナトリウム水溶液 100mL を中和するのに、0.2mol/L の塩酸 500mL を要した。この際、中和するのに要した塩酸中の塩化水素量（g）と、水酸化ナトリウム水溶液 100mL 中の水酸化ナトリウム量（g）の組合せのうち、正しいものはどれか。ただし、分子量は水酸化ナトリウム 40、塩化水素 36 とする。

	塩化水素量（g）	水酸化ナトリウム量（g）
1	3.6	2.0
2	3.6	4.0
3	7.2	4.0
4	7.2	8.0

問4　次の文は、酸化還元反応について記述したものである。記述の正誤について、正しい組合せはどれか。

ア　還元剤は、反応相手の物質より還元されやすい物質である。
イ　物質が水素を失ったとき、その物質は酸化されたという。
ウ　過酸化水素水は、必ず酸化剤として働き、還元剤として働くことはない。
エ　物質が酸素と化合したとき、その物質は酸化されたという。

	ア	イ	ウ	エ
1	正	誤	誤	誤
2	誤	誤	正	正
3	誤	正	正	誤
4	誤	正	誤	正

問5　次のうち、芳香族化合物はどれか。

1　トルエン　　2　メタノール　　3　酢酸エチル　　4　アセトン

〔性質及び貯蔵その他取扱方法〕

※ 注意事項
　問題文中の薬物の性状等に関する記述について、特に温度等の条件に関する記載がない場合は、常温常圧下における性状等について記述しているものとする。

（一般）

問1　次の薬物のうち、劇物に該当するものとして、正しいものの組合せはどれか。

ア　アンモニア８％を含有する製剤　　イ　ベタナフトール８％を含有する製剤
ウ　フェノール８％を含有する製剤　　エ　アクリル酸８％を含有する製剤
オ　過酸化水素８％を含有する製剤

1　（ア，ウ，エ）　　　　　2　（ア，ウ，オ）　　　　　3　（イ，ウ，オ）
4　（イ，エ，オ）

問2　次の薬物とその適切な解毒剤又は治療薬の組合せのうち、正しいものはどれか。

	薬物		解毒剤又は治療薬
1	水銀	―	ジメルカプロール（別名：BAL）
2	有機燐化合物	―	亜硝酸アミル
3	砒素	―	２－ピリジルアルドキシムメチオダイド（別名：PAM）
4	シアン化合物	―	硫酸アトロピン

問3　次の薬物とその適切な貯蔵方法の組合せの正誤について、正しい組合せはどれか。

薬物　　　　　　　　　貯蔵方法
ア　沃素　　　　　―　冷暗所に貯蔵する。純品は空気と日光によって変質するので、少量のアルコールを加えて分解を防止する。

イ　ナトリウム　　―　空気中にそのまま保存することはできないので、通常石油中に保管する。冷所で雨水などの漏れが絶対にない場所に保存する。

ウ　クロロホルム　―　常温では気体なので、圧縮冷却して液化し、圧縮容器に入れ、直射日光その他、温度上昇の原因を避けて、冷暗所に貯蔵する。

エ　二硫化炭素　　―　少量ならば共栓ガラス瓶びん、多量ならば鋼製ドラムなどを使用する。可燃性、発熱性、自然発火性のものから十分に引き離し、直射日光を受けない冷所で保管する。

	ア	イ	ウ	エ
1	誤	正	正	誤
2	誤	誤	正	正
3	正	誤	正	誤
4	誤	正	誤	正

群馬県

問4 次の文は、薬物の鑑別方法について記述したものである。<u>正しいもの</u>の組合せはどれか。

ア 四塩化炭素は、水溶液に金属カルシウムを加え、これにベタナフチルアミン及び硫酸を加えると、赤色の沈殿を生じる。

イ スルホナールは、木炭とともに加熱すると、メルカプタンの臭気を放つ。

ウ クロルピクリンは、アルコール性の水酸化カリウムと銅粉とともに煮沸すると、黄赤色の沈殿を生じる。

エ クロロホルムは、ベタナフトールと高濃度水酸化カリウム溶液を加えて熱すると藍色を呈し、空気に触れて緑より褐色に変化し、酸を加えると赤色の沈殿を生じる。

1 （ア，イ）　　2 （ア，ウ）　　3 （イ，エ）　　4 （ウ，エ）

問5 次の薬物とその用途の組合せのうち、<u>正しいもの</u>の組合せはどれか。

薬物		用途
ア シアン酸ナトリウム	―	除草剤、鋼の熱処理
イ 酢酸タリウム	―	鉄錆の汚れ落とし、銅の研磨
ウ アクリルアミド	―	水処理剤及び紙力増強剤の原料、土質安定剤
エ 蓚酸	―	野ネズミを対象とした殺鼠剤

1 （ア，イ）　　2 （ア，ウ）　　3 （イ，エ）　　4 （ウ，エ）

問6 次の薬物とその性質の組合せのうち、<u>正しいもの</u>の組合せはどれか。

薬物		性質
ア メチルアミン	―	無色で魚臭の気体。水に溶けやすい。蒸気は空気より重く、引火しやすい。腐食性が強い。
イ モノクロル酢酸	―	無色透明結晶。光によって分解して黒変する。強力な酸化剤であり、また腐食性がある。水に極めて溶けやすい。アセトン、グリセリンに溶ける。
ウ 硝酸銀	―	無色の結晶で、潮解性がある。水に溶けやすい。アルコール、ベンゼンに溶ける。
エ 四メチル鉛	―	常温において無色、ハッカ実臭をもつ可燃性の液体。ガソリンに全溶、水にわずかに溶け、日光によって分解する。

1 （ア，イ）　　2 （ア，エ）　　3 （イ，ウ）　　4 （ウ，エ）

問7 次の文は、水銀の性質等について記述したものである。（　）にあてはまる語句の組合せのうち、<u>正しいもの</u>はどれか。

水銀は、常温では液体である。（　ア　）には溶けるが、（　イ　）には溶けない。また、（　ウ　）とアマルガムを生成するが、（　エ　）とはアマルガムを生成しない。

	ア	イ	ウ	エ
1	硝酸	塩酸	鉄	金
2	塩酸	硝酸	鉄	金
3	硝酸	塩酸	金	鉄
4	塩酸	硝酸	金	鉄

群馬県

問8　次の文は、過酸化水素水の性質等について記述したものである。記述の正誤について、正しい組合せはどれか。

ア　常温でも徐々に分解して酸素と水素を生成する。
イ　温度の上昇や動揺などによって爆発することがあるので、注意を要する。
ウ　安定剤としてアルカリを添加して貯蔵する。
エ　強く冷却すると稜柱状の結晶に変化する。

	ア	イ	ウ	エ
1	正	誤	誤	誤
2	誤	誤	正	正
3	誤	正	正	誤
4	誤	正	誤	正

問9　次の薬物とその適切な廃棄方法の組合せの正誤について、正しい組合せはどれか。

	薬物		廃棄方法
ア	水銀	—	ケイソウ土等に吸収させ、開放型の焼却炉で焼却する。
イ	クロルピクリン	—	少量の界面活性剤を加えた亜硫酸ナトリウムと炭酸ナトリウムの混合溶液中で、攪拌し分解させた後、多量の水で希釈して処理する。
ウ	硫化バリウム	—	水酸化ナトリウム水溶液を加えてpH11以上とし、酸化剤（次亜塩素酸ナトリウム等）の水溶液を加えて酸化分解する。
エ	珪弗化水素酸	—	多量の水酸化カルシウム水溶液に攪拌しながら少しずつ加えて中和し、沈殿ろ過して埋立処分する。

	ア	イ	ウ	エ
1	正	正	正	誤
2	誤	誤	正	正
3	正	誤	誤	正
4	誤	正	誤	正

群馬県

問10　次の文は、薬物の取扱い上の注意事項について記述したものである。正しいものの組合せはどれか。

ア　亜硝酸ナトリウムは、酸類を接触させると有毒な酸化窒素の気体を生成する。
イ　トルエンは、引火しやすく、また、その蒸気は空気と混合して爆発性混合気体となるので火気に近づけない。
ウ　メタクリル酸は、極めて反応性が強く、水素又は炭化水素（特にアセチレン）と爆発的に反応する。
エ　ブロムメチルは、引火性ではないが、溶液が高温に熱せられると含有アルコールがガス状となって揮散し、これに着火して燃焼する場合がある。

1　（ア，イ）　　2　（ア，エ）　　3　（イ，ウ）　　4　（ウ，エ）

（農業用品目）

問1　次のうち、2'，4—ジクロロ—α，α，α—トリフルオロ—4'—ニトロメタトルエンスルホンアニリド（別名：フルスルファミド）を含有する製剤が、劇物の指定から除外される濃度の上限として、正しいものはどれか。

1　5％　　2　3％　　3　0.5％　　4　0.3％

問2　次の毒物又は劇物のうち、毒物又は劇物の農業用品目販売業者が販売できるものとして、正しいものの組合せはどれか。

ア　ロテノン　　イ　クロロホルム　　ウ　シアン酸ナトリウム
エ　チオメトン　　オ　クロム酸ナトリウム

1　（ア，ウ，エ）　　2　（ア，ウ，オ）　　3　（イ，ウ，オ）
4　（イ，エ，オ）

問3　次の文は、硫酸の毒性について記述したものである。最も適当なものはどれか。

1　極めて猛毒で、希薄な蒸気でもこれを吸入すると、呼吸中枢を刺激し、麻痺させる。

2　濃度が高いものは、人体に触れると、激しい火傷を起こす。

3　吸入した場合、血液に入ってメトヘモグロビンをつくり、また、中枢神経や心臓、眼結膜をおかし、肺にも強い障害を与える。

4　激しい嘔吐が繰り返され、胃の疼痛を訴え、しだいに意識が混濁し、てんかん性痙攣、脈拍の遅緩ちかんが起こり、チアノーゼ、血圧下降をきたす。

問4　次の薬物とその主な用途の組合せのうち、正しいものはどれか。

	薬物		用途
1	燐化アルミニウムとその分解促進剤とを含有する製剤	―	殺菌剤
2	ナラシン	―	漂白剤
3	ジエチル―3，5，6―トリクロル―2―ピリジルチオホスフェイト（別名：クロルピリホス）	―	殺虫剤
4	2―チオ―3，5―ジメチルテトラヒドロ―1，3，5―チアジアジン（別名：ダゾメット）	―	飼料添加物

問5　次の文は、塩素酸カリウムの廃棄方法について記述したものである。正しいものはどれか。

1　水酸化ナトリウム水溶液を加えてアルカリ性（ｐＨ 11 以上）とし、次亜塩素酸ナトリウム等の酸化剤の水溶液を加えて、酸化分解する。

2　チオ硫酸ナトリウム等の還元剤の水溶液に希硫酸を加えて酸性にし、この中に少量ずつ投入する。反応終了後、反応液を中和し大量の水で希釈して処理する。

3　水に溶かし、消石灰、ソーダ灰等の水溶液を加えて処理し、沈殿ろ過して埋立処理する。

4　少量の界面活性剤を加えた亜硫酸ナトリウムと炭酸ナトリウムの混合溶液中で、攪拌し分解させた後、多量の水で希釈して処理する。

問6　次の薬物とその分類の組合せの正誤について、正しい組合せはどれか。

	薬物		分類
ア	テフルトリン	―	ピレスロイド系農薬
イ	イミダクロプリド	―	有機塩素系農薬
ウ	ジメトエート	―	有機燐系農薬
エ	メトミル	―	カーバメート系農薬

	ア	イ	ウ	エ
1	誤	正	正	誤
2	正	正	誤	正
3	正	誤	正	正
4	誤	誤	正	正

問7　次の製剤のうち、農業用劇物として販売する際に、あせにくい黒色で着色しなければならないものはどれか。

1　燐化アルミニウムを含有する製剤　　2　燐化亜鉛を含有する製剤
3　硝酸タリウムを含有する製剤　　4　硫酸亜鉛を含有する製剤

問8　次の文は、薬物とその主な鑑別方法について記述したものである。記述の正誤について、正しい組合せはどれか。

ア　燐化アルミニウムとその分解促進剤とを含有する製剤は、大気中の湿気に触れると有毒なガスを発生し、そのガスは、5～10％硝酸銀溶液を吸着させたろ紙を黒変させる。

イ　アンモニア水は、濃塩酸をうるおしたガラス棒を近づけると、白い霧を生じる。

ウ　ニコチンは、希釈した水溶液に塩化バリウムを加えると、塩酸や硝酸に溶けない白色の沈殿を生じる。

	ア	イ	ウ
1	正	正	誤
2	正	誤	誤
3	誤	正	誤
4	誤	誤	正

問9　次の（a）から（c）の薬物と、その主な解毒剤又は治療薬の組合せのうち、正しいものはどれか。

| （a）有機塩素化合物　　　（b）無機シアン化合物　　　（c）有機燐化合物 |

ア　ジアゼパム又はフェノバルビタール
イ　亜硝酸ナトリウム及びチオ硫酸ナトリウム
ウ　アトロピン及び2―ピリジルアルドキシムメチオダイド（別名：PAM）

	（a）	（b）	（c）
1	ア	イ	ウ
2	ア	ウ	イ
3	イ	ウ	ア
4	ウ	ア	イ

問10　次のうち、クロルピクリンが多量に漏えいした場合の措置に関する記述として、最も適当なものはどれか。

1　飛散したものは空容器にできるだけ回収し、多量の水で洗い流す。

2　漏えいした容器等を多量の水酸化ナトリウム水溶液（20％以上）に容器ごと投入してガスを吸収させ、更に酸化剤（次亜塩素酸ナトリウム、さらし粉等）の水溶液で酸化処理を行い、多量の水を用いて洗い流す。

3　付近の着火源となるものを速やかに取り除き、土砂等でその流れを止め、安全な場所に導き、空容器にできるだけ回収し、そのあとを消石灰の水溶液を用いて処理し、多量の水を用いて洗い流す。洗い流す場合には中性洗剤等の分散剤を使用して洗い流す。

4　土砂等でその流れを止め、多量の活性炭又は消石灰を散布して覆う。また、至急関係先に連絡して専門家の指示により処理する。

（特定品目）

問1　次の毒物又は劇物のうち、毒物又は劇物の特定品目販売業者が販売できるものとして、正しいものの組合せはどれか。

ア　亜砒酸　　イ　キシレン　　ウ　硅弗化カリウム　　エ　蓚酸

　1　（ア，ウ）　　　2　（ア，エ）　　　3　（イ，ウ）　　　4　（イ，エ）

問2　次の文は、薬物の用途について記述したものである。正しいものの組合せはどれか。

ア　塩素は、酸化剤、パルプの漂白剤、殺菌剤、消毒剤、漂白剤原料、金属チタンの製造など広い需要を有する。

イ　ホルマリンは、化学工業用として、せっけん製造、パルプ工業、染料工業、レーヨン工業、諸種の合成化学などに使用されるほか、試薬、農薬として用いられる。

ウ　水酸化ナトリウムは、温室の燻蒸剤、フィルムの硬化、人造樹脂、人造角、色素合成などの製造に用いられるほか、試薬として使用される。

エ　メタノールは、染料その他有機合成原料、樹脂、塗料などの溶剤、燃料、試薬、標本保存用などにも用いられる。

1　（ア，ウ）　　　　2　（ア，エ）　　　　3　（イ，ウ）　　　　4　（イ，エ）

問3　次の文は、ある薬物の貯蔵方法について記述したものである。該当する薬物はどれか。

亜鉛又は錫メッキをした鋼鉄製容器で保管し、高温に接しない場所に保管する。

1　酢酸エチル　　2　四塩化炭素　　3　クロロホルム　　4　酸化水銀

問4　次の文は、薬物とその主な鑑別方法について記述したものである。該当する薬物の組合せとして、正しいものはどれか。

ア　濃塩酸をうるおしたガラス棒を近づけると、白い霧を生じる。

イ　アンモニア水を加え、さらに硝酸銀溶液を加えると、徐々に金属銀を析出する。また、フェーリング溶液とともに熱すると、赤色の沈殿を生じる。

ウ　あらかじめ熱した酸化銅を加えると、ホルムアルデヒドができ、酸化銅は還元されて金属銅色を呈する。

	ア	イ	ウ
1	メタノール	ホルマリン	アンモニア水
2	メタノール	水酸化カリウム	アンモニア水
3	アンモニア水	水酸化カリウム	メタノール
4	アンモニア水	ホルマリン	メタノール

問5　次の文は、メタノールの毒性について記述したものである。（　）にあてはまる語句の組合せのうち、正しいものはどれか。

致死量に近づくと、（　ア　）になり、（　イ　）が侵され、（　ウ　）ことがある。

中毒の原因は、排出が緩慢で、蓄積作用によるとともに、（　エ　）中毒症、すなわち神経細胞内で（　エ　）が発生することによる。

解毒法としては、（　オ　）剤による中和療法がある。

	ア	イ	ウ	エ	オ
1	脱水症状	内耳神経	聴覚障害になる	アルカリ	酸
2	麻酔状態	視神経	失明する	酸	アルカリ
3	麻酔状態	内耳神経	聴覚障害になる	酸	アルカリ
4	脱水症状	視神経	失明する	アルカリ	酸

問6　次の薬物とその適切な廃棄方法の組合せの正誤について、正しい組合せはどれか。

　　　　薬物　　　　　　　　　　　　　廃棄方法
ア　硅弗化ナトリウム　　　—　水に溶かし、消石灰等の水溶液を加えて処理した後、
　　　　　　　　　　　　　　　　希硫酸を加えて中和し、沈殿ろ過して埋立処分する。
イ　硫酸　　　　　　　　　　—　徐々に石灰乳などの撹拌溶液に加え中和させた後、
　　　　　　　　　　　　　　　　多量の水で希釈して処理する。
ウ　一酸化鉛　　　　　　　　—　ナトリウム塩とした後、活性汚泥で処理する。
エ　メチルエチルケトン　　　—　セメントを用いて固化し、溶出試験を行い、溶出量
　　　　　　　　　　　　　　　　が判定基準以下であることを確認して埋立処分する。

	ア	イ	ウ	エ
1	誤	誤	正	誤
2	誤	正	正	正
3	誤	正	誤	正
4	正	正	誤	誤

問7　次の文は、ホルムアルデヒドの性質等について記述したものである。（　　）に
あてはまる語句の組合せのうち、正しいものはどれか。

　　ホルムアルデヒド（化学式：（　ア　））の水溶液は、無色あるいはほとんど無色透
明の液体で、刺激性の臭気をもつ。空気中の酸素によって一部酸化されて、（　イ　）
を生じる。
　　ホルムアルデヒドを含有する製剤のうち、ホルムアルデヒド（　ウ　）以下を含
有するものは、劇物として指定されているものから除外される。

	ア	イ	ウ
1	HCHO	酢酸	10 %
2	CH₃CHO	酢酸	1 %
3	HCHO	ぎ酸	1 %
4	CH₃CHO	ぎ酸	10 %

問8　次の文は、酢酸エチルの性質等について記述したものである。記述の正誤につ
いて、正しい組合せはどれか。

ア　無色透明の液体で、果実様の芳香がある。
イ　吸入した場合、麻酔状態に陥ることがある。
ウ　蒸気は粘膜を刺激する。
エ　蒸気は空気より軽く、引火しやすい。

	ア	イ	ウ	エ
1	正	誤	誤	誤
2	正	正	正	誤
3	誤	誤	正	正
4	正	正	誤	正

問9　次の文は、塩化水素の性質等について記述したものである。記述の正誤につい
て、正しい組合せはどれか。

ア　化学式は、HClO である。
イ　吸湿すると、大部分の金属、コンクリート等を腐食する。
ウ　冷却すると、黄色溶液を経て黄白色固体となる。
エ　不安定な化合物で、微量の不純物が混入すると爆発する。

	ア	イ	ウ	エ
1	正	誤	誤	誤
2	誤	正	誤	誤
3	正	誤	正	誤
4	誤	誤	正	正

群馬県

問10 次の文は、薬物の漏えい時の措置について記述したものである。正しいものはどれか。

1 重クロム酸ナトリウム水溶液が漏えいした場合、土砂等でその流れを止め、できるだけ空容器に回収し、そのあとを還元剤の水溶液を散水し、消石灰、ソーダ灰等の水溶液で処理したのち、多量の水を用いて洗い流す。

2 ホルマリンが多量に漏えいした場合、土砂等でその流れを止め、これに吸着させるか、又は安全な場所に導いて遠くから徐々に注水してある程度希釈した後、消石灰、ソーダ灰等で中和し、多量の水を用いて洗い流す。

3 トルエンが多量に漏えいした場合、土砂等でその流れを止め、安全な場所に導いて遠くからホース等で多量の水をかけ十分に希釈して洗い流す。

4 塩酸が多量に漏えいした場合、付近の着火源となるものを速やかに取り除き、漏えいした液は、土砂等でその流れを止め、安全な場所に導き、液の面を泡で覆いできるだけ空容器に回収する。

〔識別及び取扱方法〕

(一般)

次の薬物の常温常圧下における主な性状について、最も適当なものを下欄から一つ選びなさい。

問1 塩素　　　問2 ベタナフトール　　　問3 無水クロム酸
問4 メチルエチルケトン　　　　　　問5 硫酸銅

下欄

番号	性　状
1	赤褐色の重い液体で、刺激性の臭気を持ち、揮発性を有する。
2	無色の液体で、アセトン様のにおいを有する。
3	無色の光沢のある結晶あるいは白色の結晶性粉末で、かすかにフェノール臭がある。
4	無色又は帯黄色の液体で、刺激臭及び催涙性を有する。
5	暗赤色の結晶で、潮解性を有する。
6	濃い藍色の結晶で、風解性を有する。
7	黄緑色の気体で、激しい刺激臭を有する。

（農業用品目）

次の薬物の常温常圧下における主な性状について、最も適当なものを下欄から一つ選びなさい。

問1 DDVP　　**問2** モノフルオール酢酸ナトリウム　　**問3** 硫酸銅
問4 塩素酸ナトリウム　　**問5** ブロムメチル

下欄

番号	性　　状
1	白色の粉末で、吸湿性があり酢酸のにおいを有する。
2	無色の気体で、クロロホルム様のにおいを有する。
3	暗灰色又は暗赤色の光沢を持つ粉末で、空気中で分解する。
4	淡黄色透明の液体で、メルカプタン臭を有する。
5	濃い藍色の結晶で、風解性を有する。
6	無色油状の液体で、微臭を有する。
7	白色の正方単斜状の結晶で、潮解性を有する。

（特定品目）

次の薬物の常温常圧下における主な性状について、最も適当なものを下欄から一つ選びなさい。

問1 硝酸　　**問2** 四塩化炭素　　**問3** 塩素　　**問4** 一酸化鉛
問5 水酸化ナトリウム

下欄

番号	性　　状
1	白色の固体で、潮解性を有する。
2	黄緑色の気体で、激しい刺激臭を有する。
3	無色の液体で、特有な臭気がある。空気に接すると、刺激性白霧を生じる。
4	無色の重い液体で、揮発性があり、麻酔性の芳香を有する。
5	橙赤色の柱状結晶である。
6	無色の稜柱状結晶で、乾燥空気中で風解する。
7	淡黄色又は帯赤黄色の粉末である。

〔毒物及び劇物に関する法規〕
（一般・農業用品目・特定品目共通）

問1　次のうち、毒物及び劇物取締法第2条の条文として、正しいものを選びなさい。

 1　この法律で「毒物」とは、別表第一に掲げる物であつて、医薬品及び医薬部外品以外のものをいう。

 2　この法律で「劇物」とは、別表第二に掲げる物であつて、医薬品以外のものをいう。

 3　この法律で「劇物」とは、別表第二に掲げる物であつて、医薬品及び化粧品以外のものをいう。

 4　この法律で「特定劇物」とは、劇物であつて、別表第三に掲げるものをいう。

問2　次のうち、毒物及び劇物取締法第2条第1項に規定する毒物として、**正しいもの**を選びなさい。

 1　メタノール　　2　クロロホルム　　3　シアン酸ナトリウム　　4　四アルキル鉛

問3　次の記述は、毒物及び劇物取締法第3条の4の条文である。□□□内に入る**正しい語句**を選びなさい。

> 引火性、発火性又は爆発性のある毒物又は劇物であつて政令で定めるものは、業務その他正当な理由による場合を除いては、□□□してはならない。

 1　販売又は授与　　2　所持　　3　吸入　　4　製造

問4　次のうち、毒物及び劇物取締法に規定する毒物劇物取扱責任者に関する記述として、**正しいもの**を選びなさい。

 1　20歳未満の者は毒物劇物取扱責任者となることができない。

 2　毒物劇物営業者は、毒物又は劇物を直接に取り扱う店舗ごとに、専任の毒物劇物取扱責任者を置かなければならない。

 3　毒物劇物営業者は、毒物劇物取扱責任者を置こうとするときは、その15日前までに届け出なければならない。

 4　一般毒物劇物取扱者試験に合格した者は、特定品目販売業の登録を受けた店舗の毒物劇物取扱責任者となることができない。

問5　次のうち、毒物及び劇物取締法に規定する登録等に関する記述として、**正しいもの**を選びなさい。

 1　毒物劇物販売業の登録は、厚生労働大臣が行う。

 2　毒物劇物販売業の登録は、5年ごとに更新を受けなければ、その効力を失う。

 3　毒物劇物製造業又は輸入業の登録にあっては、製造し、又は輸入しようとする毒物又は劇物の品目を登録しなければならない。

 4　毒物劇物営業者は、その営業を廃止しようとするときは、廃止する15日前までに届け出なければならない。

問6　次の記述は、毒物及び劇物取締法第 11 条第 4 項及び同法施行規則第 11 条の 4 の条文である。　内に入る**正しい語句**を選びなさい。

（毒物及び劇物取締法第 11 条第 4 項）

> 毒物劇物営業者及び特定毒物研究者は、毒物又は厚生労働省令で定める劇物については、その容器として、飲食物の容器として通常使用される物を使用してはならない。

（毒物及び劇物取締法施行規則第 11 条の 4 ）

> 法第十一条第四項に規定する劇物は、　とする。

1　興奮、幻覚又は麻酔の作用を有する劇物
2　引火性、発火性又は爆発性のある劇物
3　農業用劇物
4　すべての劇物

問7　次のうち、毒物及び劇物取締法第 12 条に規定する毒物又は劇物の容器及び被包に表示しなければならない事項として、**正しいもの**を選びなさい。

1　毒物又は劇物の毒性
2　「医薬部外品」の文字
3　有機燐化合物においては、解毒剤の名称
4　劇物については赤地に白色をもつて「劇物」の文字

問8　次のうち、毒物及び劇物取締法第 15 条の 2 に規定する毒物又は劇物の廃棄に関する記述として、**適切なものの組合せ**を選びなさい。

A　毒物又は劇物は、廃棄の方法について政令に定める技術上の基準に従わなければ、廃棄してはならない。
B　揮発性の毒物又は劇物は、保健衛生上危害を生ずるおそれがない場所で、少量ずつ揮発させて廃棄する。
C　ガス体の毒物又は劇物は、保健衛生上危害を生ずるおそれがない場所で、一度に全量を燃焼させて廃棄する。
D　可燃性の毒物又は劇物は、保健衛生上危害を生ずるおそれがない場所で、一度に全量を放出して廃棄する。

1　(A、B)　　2　(A、C)　　3　(B、D)　　4　(C、D)

問9　次のうち、毒物及び劇物取締法施行令第 40 条の 9 に規定する毒物又は劇物の性状及び取扱いに関する情報(以下、「情報」という)として、**誤っているもの**を選びなさい。

1　毒物劇物営業者は、毒物又は劇物を販売し、又は授与する時までに、譲受人に対し情報を提供しなければならない。
2　情報の提供は、譲受人の求める言語で行わなければならない。
3　情報の内容に変更が生じたときは、速やかに当該譲受人に変更後の情報を提供するよう努めなければならない。
4　提供しなければならない情報の内容に、安定性及び反応性がある。

埼玉県

問 10　次のうち、毒物及び劇物取締法第 22 条第 1 項で規定する、業務上取扱者として届け出なければならない者として、**正しいもの**を選びなさい。

1　無機シアン化合物を使用して電気めつきを行う事業者
2　黄燐を使用して金属熱処理を行う事業者
3　塩素を使用してしろありの防除を行う事業者
4　クロルピクリンを使用してねずみの防除を行う事業者

（農業用品目）

問 11　次のうち、毒物及び劇物取締法第 13 条に基づき、燐化亜鉛を含有する製剤たる劇物を農業用品目として販売する場合に、着色しなければならない色として、**正しいもの**を選びなさい。

1　あせにくい赤色　　2　あせにくい黄色　　3　あせにくい緑色　　4　あせにくい黒色

（特定品目）

問 11　次のうち、毒物及び劇物取締法施行規則第 4 条の 4 に規定する販売業の店舗の設備の基準に関する記述として、**誤っているもの**を選びなさい。

1　興奮、幻覚又は麻酔の作用を有する毒物又は劇物とその他の毒物又は劇物とを区分して貯蔵できるものであること。
2　毒物又は劇物を貯蔵する場所にかぎをかける設備があること。ただし、その場所が性質上かぎをかけることができないものであるときは、この限りでない。
3　毒物又は劇物を陳列する場所にかぎをかける設備があること。
4　毒物又は劇物の運搬用具は、毒物又は劇物が飛散し、漏れ、又はしみ出るおそれがないものであること。

問 12　次のうち、毒物及び劇物取締法第 14 条に規定する、毒物劇物営業者が毒物又は劇物を他の毒物劇物営業者に販売し、又は授与したときに、その都度、書面に記載しなければならない事項として、**正しいもの**を選びなさい。

1　譲受人の本籍地
2　譲受人の登録番号
3　毒物又は劇物の名称及び数量
4　毒物又は劇物の保管場所

問 13　次の記述は、毒物及び劇物取締法第 15 条第 1 項の条文である。　　内に入る**正しい語句**を選びなさい。

毒物劇物営業者は、毒物又は劇物を次に掲げる者に交付してはならない。
一　　　　の者
二　心身の障害により毒物又は劇物による保健衛生上の危害の防止の措置を適正に行うことができない者として厚生労働省令で定めるもの
三　麻薬、大麻、あへん又は覚せい剤の中毒者

1　十六歳以下　　　2　十六歳未満　　　3　十八歳以下　　　4　十八歳未満

〔基礎化学〕

(注)「基礎化学」の設問には、(一般・農業用品目・特定品目)において共通の設問が
　あることから編集の都合上、(一般)の設問番号を通し番号(基本)として、(農業用
　品目・特定品目)における設問番号をそれぞれ繰り下げの上、読み替えいただきま
　すようお願い申し上げます。

(一般・農業用品目・特定品目共通)

問 11　次のうち、□□□内に入る正しい語句の組合せを選びなさい。

　2種類以上の　　A　　の混合物を、　B　　の違いを利用して蒸留により各成分に
分離する操作を分留という。

```
      A      B
1  液体    沸点
2  液体   凝固点
3  固体   凝固点
4  固体   溶解度
```

問 12　次のうち、物質の状態に関する記述として、誤っているものを選びなさい。

　1　物質の種類は変化せず、その状態だけが変化する現象を物理変化という。
　2　固体が液体になっていく過程では固体と液体が共存し、温度は変化しない。
　3　気体の体積は、同じ質量の固体や液体に比べて大きい。
　4　液体の温度を上げると、液体中の粒子の熱運動がおだやかになる。

問 13　次のうち、同位体の特徴として、最も適切なものを選びなさい。

　1　原子番号が異なる。　　2　中性子の数が異なる。
　3　陽子の数が異なる。　　4　電子の数が異なる。

問 14　次のうち、極性分子として、正しいものを選びなさい。

　1　二酸化炭素　　2　塩素　　3　ベンゼン　　4　メタノール

問 15　次のうち、水 100g に塩化ナトリウムを 25g 溶かした水溶液の質量パーセント
　濃度として、正しいものを選びなさい。

　1　15%　　2　20%　　3　25%　　4　30%

問 16　次のうち、過酸化水素(H_2O_2)に触媒を加え、水と酸素が生成する化学反応式と
　して、正しいものを選びなさい。

1　$H_2O_2 \rightarrow H_2O + O_2$
2　$H_2O_2 \rightarrow H_2O + 2 O_2$
3　$2 H_2O_2 \rightarrow 2 H_2O + O_2$
4　$2 H_2O_2 \rightarrow 2 H_2O + 2 O_2$

問 17　次のうち、中和滴定に関する記述として、最も適切なものを選びなさい。

　1　中和点での pH は常に 7 である。
　2　塩酸を水酸化ナトリウム水溶液で中和すると強酸の塩が生成する。
　3　酢酸を水酸化ナトリウム水溶液で中和する場合、pH 指示薬としてメチルオレン
　　ジが適当である。
　4　硫酸 10mL を水酸化ナトリウム水溶液で中和する場合、硫酸と同じモル濃度の
　　水酸化ナトリウム水溶液は 20 mL 必要である。

埼玉県

問 18　次のうち、酸化還元反応に関する記述の 　　　 内に入る**正しい語句の組合せ**を選びなさい。

> 酸化還元反応において、相手の物質を酸化する物質を酸化剤という。酸化剤自身は 　A　 され、相手の 　B　 を奪う性質を持つ。

　　　A　　B
1　還元　酸素
2　還元　電子
3　酸化　酸素
4　酸化　電子

問 19　次のうち、0.10mol/L 塩酸の pH として、**正しいもの**を選びなさい。なお、温度は 25 ℃、電離度は 1.0 とする。

1　pH 1　　2　pH 2　　3　pH 3　　4　pH 4

問 20　次のうち、セッケンに関する記述として、**最も適切なもの**を選びなさい。
1　グリセリンに水酸化ナトリウムを加えるとセッケンが生じる。
2　セッケンは、水溶液中で弱い酸性を示す。
3　セッケンは、カルシウムイオンやマグネシウムイオンを含む硬水中では、洗浄力が低下する。
4　セッケンは、水中ではイオンになり、親水性の部分を内側にして集まりミセルを形成する。

（農業用品目）
問 22　次のうち、分子結晶に関する記述として、**最も適切なもの**を選びなさい。
1　融点が低いものが多い。
2　例として、塩化ナトリウムが挙げられる。
3　分子間に働く分子間力は、共有結合やイオン結合より強い力である。
4　展性、延性に富むものが多い。

（特定品目）
問 24　次のうち、アンモニア性硝酸銀水溶液を加え、その溶液を温めると、銀が析出する銀鏡反応を示す化合物として、**正しいもの**を選びなさい。

1　アセトアルデヒド　　2　ジメチルエーテル　　3　エタノール　　4　酢酸

問 25　次のうち、イオン化傾向が鉄(Fe)より大きい金属として、**正しいもの**を選びなさい。
1　ニッケル(Ni)　　　2　銀(Ag)　　　3　亜鉛(Zn)　　　4　銅(Cu)

〔毒物及び劇物の性質及び 貯蔵その他の取扱方法〕

(一般)

問 21　次のうち、2－アミノエタノールに関する記述として、**最も適切なもの**を選びなさい。

1　無臭の液体である。　　　　2　酸性を示す。
3　主に染料として用いられる。　4　水に溶ける。

問 22　次のうち、重クロム酸ナトリウムに関する記述として、**最も適切なもの**を選びなさい。

1　強力な酸化剤である。
2　体内に吸収されると中枢神経抑制作用を示す。
3　一般に流通している二水和物は空気中に放置すると風解する。
4　水に溶けない。

問 23　次のうち、一酸化鉛に関する記述として、**最も適切なもの**を選びなさい。

1　白色の粉末である。
2　水によく溶ける。
3　希硝酸に溶かすと無色の液になる。
4　水に入れると水素ガスを発生し爆発する。

問 24　　次のうち、ジメチル－2，2－ジクロルビニルホスフェイト(別名：ジクロルボス、DDVP)に関する記述として、**最も適切なもの**を選びなさい。

1　刺激が少ない無臭の油状液体で、揮発しにくい。
2　アルカリで急激に分解すると発熱する。
3　有機燐化合物の一種で、解毒剤にチオ硫酸ナトリウム水溶液が有効である。
4　水と激しく反応するため接触させない。

問 25　次のうち、アクリルニトリルに関する記述として、**最も適切なもの**を選びなさい。

1　ニコチン様骨格を有する化合物である。
2　黄色の液体である。
3　引火しやすい。
4　酸や空気、光に対し安定である。

問 26　次のうち、四塩化炭素に関する記述として、**最も適切なもの**を選びなさい。

1　揮発性を有する、空気より軽い気体である。
2　アルコールには溶けるがエーテルには溶けにくい。
3　引火しやすいため火気や静電気に注意する。
4　高熱下で酸素と水が共存すると、ホスゲンを生成する。

問 27　次のうち、フェノールに関する記述として、**最も適切なもの**を選びなさい。

1　無色あるいは白色の結晶である。
2　強い酸性を示す。
3　空気中で容易に昇華する。
4　アンモニアと重曹を加えて加熱すると紫色を呈する。

埼玉県

問 28　次のうち、クロルメチルの用途と廃棄方法の組合せとして、**最も適切なもの**を選びなさい。

```
　　　　用途　　　廃棄方法
1　溶媒　　－　燃焼法
2　溶媒　　－　分解法
3　煙霧剤　－　燃焼法
4　煙霧剤　－　分解法
```

問 29　次のうち、メタクリル酸に関する記述の　　　　内に入る語句の組合せとして、**最も適切なもの**を選びなさい。

> メタクリル酸は　 A 　や日光により　 B 　し爆発することがあるため、市販品には　 B 　防止剤が添加されていることがある。

```
　　A　　　B
1　加熱　　重合
2　水分　　重合
3　加熱　　酸化
4　水分　　酸化
```

問 30　次のうち、アンチモン化合物に関する記述として、**誤っているもの**を選びなさい。

1　ヒ素と同族のため類似の毒性を発揮するが、ヒ素より毒性は弱い。
2　三塩化アンチモンは淡黄色の結晶で潮解性がある。
3　水溶液は、硫化水素や硫化ナトリウムなどを加えることにより、橙赤色の硫化物が沈殿する。
4　通常、アンチモン化合物は燃焼法で廃棄する。

（農業用品目）
問 23　次のうち、2，3－ジシアノ－1，4－ジチアアントラキノン(別名：ジチアノン)に関する記述として、**最も適切なもの**を選びなさい。

1　暗褐色の結晶性粉末である。
2　有機フッ素化合物に該当し、フッ素原子を有する。
3　解毒剤にアセトアミドが用いられる。
4　主に除草剤として使用される。

問 24　次のうち、燐化アルミニウムに関する記述として、**適切でないもの**を選びなさい。

1　これを含有する製剤は特定毒物に該当する。
2　徐々に分解して燐化水素が発生する。
3　あらかじめ水に溶解させ、散布する。
4　発生した気体を吸入した場合、頭痛、吐き気、めまい等の症状を起こす。

問 25　次のうち、2－(1－メチルプロピル)－フェニル－N－メチルカルバメート(別名：フェノブカルブ)に関する記述として、**最も適切なもの**を選びなさい。

1　ガラスを腐食するためガラス容器中で貯蔵してはならない。
2　水に溶けやすい。
3　無色透明の液体又はプリズム状の結晶である。
4　水酸化ナトリウム水溶液を加えて加温すると重合する。

問 26　次のうち、アンモニア水に関する記述として、**最も適切なもの**を選びなさい。

1　赤色透明の液体である。
2　吸入した場合、細胞の代謝酵素を阻害し、てんかん性痙攣をおこす。
3　廃棄は主に燃焼法で行う。
4　アンモニアが揮発しやすいため、密栓して保管する。

問 27　次のうち、1，3－ジカルバモイルチオー2－(N，N－ジメチルアミノ)－プ
　　ロパン塩酸塩(別名：カルタップ)の用途と廃棄方法の組合せとして、**最も適切な
　　もの**を選びなさい。

```
      用途　　廃棄方法
1　殺虫剤　－　還元法
2　殺虫剤　－　燃焼法
3　除草剤　－　還元法
4　除草剤　－　燃焼法
```

問 28　次のうち、1－(6－クロロ－3－ピリジルメチル)－N－ニトロイミダゾリジ
　　ン－2－イリデンアミン(別名：イミダクロプリド)に関する記述として、**最も適
　　切なもの**を選びなさい。

1　特有の刺激臭のある無色の液体である。
2　水に溶けやすい。
3　アンモニウム塩と混合すると爆発することがある。
4　ネオニコチノイド系農薬に該当する。

問 29　次のうち、2，3－ジヒドロ－2，2－ジメチル－7－ベンゾ［b］フラニル
　　－N－ジブチルアミノチオ－N－メチルカルバマート(別名：カルボスルファン)
　　の解毒剤として、**最も適切なもの**を選びなさい。

1　ヨウ化プラリドキシム(PAM)　　2　炭酸水素ナトリウム
3　硫酸アトロピン　　　　　　　　4　ジアゼパム

問 30　次のうち、1，1′－ジメチル－4，4′－ジピリジニウムジクロリド(別名
　　：パラコート)に関する記述として、**最も適切なもの**を選びなさい。

1　黄褐色油状の液体である。
2　誤って嚥下した場合には、数日遅れて肝臓や腎臓等の機能障害を起こすことが
　　ある。
3　廃棄は主に分解法で行う。
4　土壌等に強く吸着されて活性化する。

(特定品目)

問 26　次のうち、水酸化カリウムに関する記述として、**最も適切なもの**を選びなさい。

1　無色透明の結晶である。
2　炎色反応は緑色を呈する。
3　水溶液は亜鉛と反応して水素ガスを生じる。
4　水溶液を経口摂取すると皮膚や粘膜が青黒くなるチアノーゼ症状を引き起こす。

問 27　次のうち、硝酸に関する記述として、**最も適切なもの**を選びなさい。

1　強力な酸化剤で白金を酸化する。
2　空気に接すると刺激性白霧を生じる。
3　ガラスと反応するため、ポリ塩化ビニル製容器で貯蔵する。
4　硝酸の工業的製法にハーバー・ボッシュ法がある。

埼玉県

問 28　次のうち、重クロム酸ナトリウムに関する記述として、**最も適切なもの**を選び
　　　なさい。

1　強力な酸化剤である。
2　体内に吸収されると中枢神経抑制作用を示す。
3　一般に流通している二水和物は空気中に放置すると風解する。
4　水に溶けない。

問 29　次のうち、一酸化鉛に関する記述として、**最も適切なもの**を選びなさい。

1　白色の粉末である。
2　水によく溶ける。
3　希硝酸に溶かすと無色の液になる。
4　水に入れると水素ガスを発生し爆発する。

問 30　次のうち、四塩化炭素に関する記述として、**最も適切なもの**を選びなさい。

1　揮発性を有する、空気より軽い気体である。
2　アルコールには溶けるがエーテルには溶けにくい。
3　引火しやすいため火気や静電気に注意する。
4　高熱下で酸素と水が共存すると、ホスゲンを生成する。

〔毒物及び劇物の識別及び取扱方法〕

(一般)

問 31　ヒドラジンについて、次の問題に答えなさい。

(1) 性状として、**正しいもの**を別紙から選びなさい。
(2) 用途として、**適切なもの**を次のうちから選びなさい。

1　土壌消毒剤　　2　ロケット燃料

問 32　ニトロベンゼンについて、次の問題に答えなさい。

(1) 性状として、**正しいもの**を別紙から選びなさい。
(2) 廃棄方法として、**適切なもの**を次のうちから選びなさい。

1　燃焼法　　　　2　酸化法

問 33　パラフェニレンジアミンについて、次の問題に答えなさい。

(1) 性状として、**正しいもの**を別紙から選びなさい。
(2) 用途として、**適切なもの**を次のうちから選びなさい。

1　樹脂硬化剤　　2　染料

問 34　スルホナールについて、次の問題に答えなさい。

(1) 性状として、**正しいもの**を別紙から選びなさい。
(2) 鑑別法に関する記述として、**適切なもの**を次のうちから選びなさい。

1　木炭と共に加熱すると、メルカプタンの臭気を放つ。
2　銅屑を加えて熱すると、藍色を呈して溶け、その際赤褐色の蒸気を生じる。

問 35　ヨウ化第二水銀について、次の問題に答えなさい。

(1) 性状として、**正しいものを別紙から選びなさい。**
(2) **鑑別法に関する記述として、適切なもの**を次のうちから選びなさい。

1　水酸化ナトリウム水溶液にヨウ化第二水銀と乳糖を加えて熱すると、水銀が生じる。
2　ヨウ化第二水銀にアンモニア水を加えると、青緑色沈殿が生じる。

別　紙
1　白色又は微赤色の板状結晶。アルコール、エーテルに溶ける。
2　アンモニア臭を有する無色の液体で、強力な還元作用がある。空気中で発煙する。
3　紅色の粉末で、126 ℃以上の高温では黄色に変化する。
4　無色又は微黄色の液体で、吸湿性がある。水より重い。
5　無色の稜柱状結晶性粉末で、約 300 ℃に熱するとほとんど分解しないで沸騰し、これに点火すると亜硫酸ガスを生成する。

（農業用品目）

問 31　Ｓ−メチル−Ｎ−［(メチルカルバモイル)−オキシ］−チオアセトイミデート（別名：メソミル、メトミル）について、次の問題に答えなさい。

(1) 性状として、**正しいものを別紙から選びなさい。**
(2) **廃棄方法として、適切なもの**を次のうちから選びなさい。

1　固化隔離法　　2　燃焼法

問 32　5−メチル−1，2，4−トリアゾロ［3，4−b］ベンゾチアゾール(別名：トリシクラゾール)について、次の問題に答えなさい。

(1) 性状として、**正しいものを別紙から選びなさい。**
(2) **用途として、適切なもの**を次のうちから選びなさい。

1　農業用殺菌剤　　2　成長調整剤

問 33　クロルピクリンについて、次の問題に答えなさい。

(1) 性状として、**正しいものを別紙から選びなさい。**
(2) **鑑別法に関する記述として、適切なもの**を次のうちから選びなさい。

1　酒石酸溶液を過剰に加えると、白色の沈殿を生じる。
2　水溶液に金属カルシウムを加え、これにベタナフチルアミン及び硫酸を加えると、赤色の沈殿を生じる。

問 34　塩素酸ナトリウムについて、次の問題に答えなさい。

(1) 性状として、**正しいものを別紙から選びなさい。**
(2) **鑑別法に関する記述として、適切なもの**を次のうちから選びなさい。

1　加熱により分解して酸素を生じる。　　2　濃硫酸と反応して硫化水素を生じる。

問 35　ジエチル−Ｓ−(エチルチオエチル)−ジチオホスフェイト(別名：エチルチオメトン)について、次の問題に答えなさい。

(1) 性状として、**正しいものを別紙から選びなさい。**
(2) **用途として、適切なもの**を次のうちから選びなさい。

1　除草剤　　2　殺虫剤

（特定品目）

問31　塩素について、次の問題に答えなさい。

(1) 性状として、**正しいもの**を別紙から選びなさい。
(2) 廃棄方法として、**適切なもの**を次のうちから選びなさい。

　1　アルカリ法　　2　酸化法

問32　クロム酸ナトリウムについて、次の問題に答えなさい。

(1) 性状として、**正しいもの**を別紙から選びなさい。
(2) 鑑別法に関する記述として、**適切なもの**を次のうちから選びなさい。

　1　水溶液に硝酸バリウムを加えると、黄色の沈殿を生じる。
　2　水溶液に硝酸銀を加えると、白色の沈殿を生じる。

問33　メチルエチルケトンについて、次の問題に答えなさい。

(1) 性状として、**正しいもの**を別紙から選びなさい。
(2) 廃棄方法として、**適切なもの**を次のうちから選びなさい。

　1　中和法　　　2　燃焼法

問34　硅弗化ナトリウムについて、次の問題に答えなさい。

(1) 性状として、**正しいもの**を別紙から選びなさい。
(2) 鑑別法に関する記述として、**適切なもの**を次のうちから選びなさい。

　1　水溶液にバリウム化合物の溶液を加えると、黒色沈殿が生じる。
　2　水溶液に水酸化カルシウム水溶液を加えると、ゲル状沈殿が生じる。

問35　酢酸エチルについて、次の問題に答えなさい。

(1) 性状として、**正しいもの**を別紙から選びなさい。
(2) 用途として、**適切なもの**を次のうちから選びなさい。

　1　溶剤　　2　樹脂硬化剤

〔筆記：毒物及び劇物に関する法規〕
（一般・農業用品目・特定品目共通）

問１　次の各設問に答えなさい。

（１）次の文章は、毒物及び劇物取締法の条文である。文中の（　）に当てはまる語句の組み合わせとして、正しいものを下欄から一つ選びなさい。

（第一条）

　　この法律は、毒物及び劇物について、（　ア　）の見地から必要な（　イ　）を行うことを目的とする。

（第二条第三項）

　　この法律で「特定毒物」とは、（　ウ　）であつて、別表第三に掲げるものをいう。

〔下欄〕

	ア	イ	ウ
1	保健衛生上	取締	特定の用途に供するもの
2	保健衛生上	取締	毒物
3	保健衛生上	管理	毒物
4	公衆衛生上	取締	特定の用途に供するもの
5	公衆衛生上	管理	毒物

（２）次の文章は、毒物及び劇物取締法及び同法施行令の条文である。文中の（　）に当てはまる語句の組み合わせとして、正しいものを下欄から一つ選びなさい。

（法第三条の四）

　　引火性、発火性又は爆発性のある毒物又は劇物であつて政令で定めるものは、業務その他正当な理由による場合を除いては、所持してはならない。

（施行令第三十二条の三）

　　法第三条の四に規定する政令で定める物は、亜塩素酸ナトリウム及びこれを含有する製剤（亜塩素酸ナトリウム（　ア　）パーセント以上を含有するものに限る。）、塩素酸塩類及びこれを含有する製剤（塩素酸塩類（　イ　）パーセント以上を含有するものに限る。）、（　ウ　）とする。

〔下欄〕

	ア	イ	ウ
1	三十	三十五	マグネシウム並びにピクリン酸
2	三十	三十五	ナトリウム並びにピクリン酸
3	三十	四十五	ナトリウム並びに酒石酸
4	四十	四十五	マグネシウム並びに酒石酸
5	四十	四十五	ナトリウム並びに酒石酸

（3）　次の文章は、毒物及び劇物取締法の条文である。文中の（　）に当てはまる語句の組み合わせとして、正しいものを下欄から一つ選びなさい。

（第四条第三項）

　　（　ア　）又は輸入業の登録は、（　イ　）ごとに、（　ウ　）の登録は、（　エ　）ごとに、更新を受けなければ、その効力を失う。

〔下欄〕

	ア	イ	ウ	エ
1	販売業	三年	製造業	五年
2	販売業	三年	製造業	六年
3	製造業	三年	販売業	五年
4	製造業	五年	販売業	六年
5	輸出業	五年	販売業	六年

(4) 次の文章は、毒物及び劇物取締法の条文である。文中の（　）に当てはまる語句の組み合わせとして、正しいものを下欄から一つ選びなさい。

（第八条第一項）
　　次の各号に掲げる者でなければ、前条の毒物劇物取扱責任者となることができない。
　　一　薬剤師
　　二　厚生労働省令で定める学校で、（　ア　）に関する学課を修了した者
　　三　都道府県知事が行う毒物劇物取扱者試験に合格した者

（第八条第二項抜粋）
　　次に掲げる者は、前条の毒物劇物取扱責任者となることができない。
　　一　（　イ　）歳未満の者
　　二　心身の障害により毒物劇物取扱責任者の業務を適正に行うことができない者として厚生労働省令で定めるもの
　　三　麻薬、大麻、あへん又は覚せい剤の（　ウ　）

〔下欄〕

	ア	イ	ウ
1	基礎化学	十八	使用者
2	基礎化学	十六	使用者
3	応用化学	十八	使用者
4	応用化学	十六	中毒者
5	応用化学	十八	中毒者

(5) 次の文章は、毒物及び劇物取締法及び同法施行規則の条文である。文中（　）に当てはまる語句の組み合わせとして、正しいものを下欄から一つ選びなさい。

（法第十一条抜粋）
　2　毒物劇物営業者及び特定毒物研究者は、毒物若しくは劇物又は毒物若しくは劇物を含有する物であつて政令で定めるものがその製造所、営業所若しくは店舗又は研究所の外に飛散し、漏れ、流れ出、若しくはしみ出、又はこれらの施設の地下にしみ込むことを防ぐのに必要な措置を講じなければならない。
　3　毒物劇物営業者及び特定毒物研究者は、その製造所、営業所若しくは店舗又は研究所の外において毒物若しくは劇物又は前項の政令で定める物を（　ア　）する場合には、これらの物が飛散し、漏れ、流れ出、又はしみ出ることを防ぐのに必要な措置を講じなければならない。
　4　毒物劇物営業者及び特定毒物研究者は、毒物又は厚生労働省令で定める劇物については、その容器として、（　イ　）の容器として通常使用される物を使用してはならない。

（施行規則第十一条の四）
　　法第十一条第四項に規定する劇物は、（　ウ　）とする。

〔下欄〕

	ア	イ	ウ
1	運搬	飲食物	すべての劇物
2	運搬	飲食物	液体状の劇物
3	保管	飲食物	すべての劇物
4	保管	生活用	液体状の劇物
5	保管	生活用	すべての劇物

(6) 次の文章は、毒物及び劇物取締法の条文である。文中の（　）に当てはまる語句の組み合わせとして、正しいものを下欄から一つ選びなさい。

（第十二条第二項）
　　毒物劇物営業者は、その容器及び（ ア ）に、左に掲げる事項を表示しなければ、毒物又は劇物を販売し、又は授与してはならない。
　　一　毒物又は劇物の名称
　　二　毒物又は劇物の（ イ ）及びその含量
　　三　厚生労働省令で定める毒物又は劇物については、それぞれ厚生労働省令で定めるその（ ウ ）の名称
　　四　毒物又は劇物の取扱及び使用上特に必要と認めて、厚生労働省令で定める事項

〔下欄〕

	ア	イ	ウ
1	包装	組成式	解毒剤
2	包装	成分	解毒剤
3	包装	成分	中和剤
4	被包	成分	解毒剤
5	被包	組成式	中和剤

(7) 次の文章は、毒物及び劇物取締法の条文である。文中の（　）に当てはまる語句の組み合わせとして、正しいものを下欄から一つ選びなさい。

（第十三条）
　　毒物劇物営業者は、政令で定める毒物又は劇物については、厚生労働省令で定める方法により（ ア ）したものでなければ、これを（ イ ）として（ ウ ）し、又は授与してはならない。

〔下欄〕

	ア	イ	ウ
1	着色	農業用	販売
2	着色	農業用	輸入
3	着色	工業用	輸入
4	着香	工業用	販売
5	着香	工業用	輸入

千葉県

(8)　次の文章は、毒物及び劇物取締法の条文である。文中の(　　)に当てはまる語句の組み合わせとして、正しいものを下欄から一つ選びなさい。

（第十四条第一項）

　　毒物劇物営業者は、毒物又は劇物を他の毒物劇物営業者に販売し、又は授与したときは、(　ア　)、次に掲げる事項を書面に記載しておかなければならない。

　一　毒物又は劇物の名称及び(　イ　)
　二　販売又は授与の年月日
　三　譲受人の(　ウ　)及び住所(法人にあつては、その名称及び主たる事務所の所在地)

〔下欄〕

	ア	イ	ウ
1	必要に応じ	製造番号	氏名
2	必要に応じ	数量	氏名、職業
3	必要に応じ	数量	氏名
4	その都度	数量	氏名、職業
5	その都度	製造番号	氏名

(9)　次の文章は、毒物及び劇物取締法の条文である。文中の(　)に当てはまる語句の組み合わせとして、正しいものを下欄から一つ選びなさい。

　　なお、2か所の(　ア　)にはどちらも同じ語句が入る。

（第二十二条第一項）

　　政令で定める事業を行う者であつてその業務上(　ア　)又は政令で定めるその他の毒物若しくは劇物を取り扱うものは、事業場ごとに、その業務上これらの毒物又は劇物を取り扱うこととなつた日から三十日以内に、厚生労働省令で定めるところにより、次に掲げる事項を、その事業場の所在地の都道府県知事(その事業場の所在地が保健所を設置する市又は特別

区の区域にある場合においては、市長又は区長。第三項において同じ。)に届け出なければならない。

　一　氏名又は住所(法人にあつては、その名称及び主たる事務所の所在地)
　二　(　ア　)又は政令で定めるその他の毒物若しくは劇物のうち取り扱う毒物又は劇物の(　イ　)
　三　事業場の(　ウ　)
　四　その他厚生労働省令で定める事項

〔下欄〕

	ア	イ	ウ
1	シアン化ナトリウム	品目	所在地
2	シアン化ナトリウム	品目	平面図
3	シアン化ナトリウム	名称	平面図
4	水酸化ナトリウム	名称	所在地
5	水酸化ナトリウム	名称	平面図

千葉県

(10) 次の文章は、毒物及び劇物取締法施行令及び同法施行規則の条文である。
　　　文中の（　）に当てはまる語句の組み合わせとして、正しいものを下欄から一
　　つ選びなさい。なお、２か所の（　ア　）及び（　イ　）にはどちらも同じ語句が入る。

（施行令第四十条の九第一項）
　　毒物劇物営業者は、毒物又は劇物を販売し、又は授与するときは、その販売し、
又は授与する時までに、（　ア　）に対し、当該毒物又は劇物の（　イ　）に関する情報を
提供しなければならない。ただし、当該毒物劇物営業者により、当該（　ア　）に対し、
既に当該毒物又は劇物の（　イ　）に関する情報の提供が行われている場合その他厚生
労働省令で定める場合は、この限りでない。

（施行規則第十三条の十）
　　令第四十条の九第一項ただし書に規定する厚生労働省令で定める場合は、次のと
おりとする。
一　一回につき（　ウ　）以下の劇物を販売し、又は授与する場合
二　令別表第一の上欄に掲げる物を主として生活の用に供する一般消費者に対して
　　販売し、又は授与する場合

〔下欄〕

	ア	イ	ウ
1	買受人	性状及び取扱い	二百グラム
2	買受人	保管及び使用	二百ミリグラム
3	譲受人	保管及び使用	二百ミリグラム
4	譲受人	保管及び使用	二百グラム
5	譲受人	性状及び取扱い	二百ミリグラム

(11) 次のうち、毒物及び劇物取締法第二条第三項に規定する「特定毒物」に該当
　　するものの組み合わせとして、正しいものを下欄から一つ選びなさい。

ア モノフルオール酢酸　　イ 水銀　　ウ テトラエチルピロホスフエイト
エ ペンタクロルフエノール

〔下欄〕

1（ア・イ）　　2（ア・ウ）　　3（イ・ウ）　　4（イ・エ）　　5（ウ・エ）

(12) 毒物及び劇物取締法の規定に照らし、次の記述の正誤の組み合わせとして、
　　正しいものを下欄から一つ選びなさい。

ア 毒物劇物監視員は、その身分を示す証票を携帯し、関係
　者の請求があるときは、これを提示しなければならない。
イ 毒物又は劇物の一般販売業の登録を受けた者は、特定毒
　物を販売することはできない。
ウ 特定毒物研究者は、その許可が効力を失ったときは、15
　日以内に、現に所有する特定毒物の品目及び数量を届け出
　なければならない。

〔下欄〕

	ア	イ	ウ
1	正	誤	誤
2	正	正	誤
3	正	誤	正
4	誤	正	誤
5	誤	正	正

(13) 次のうち、毒物及び劇物取締法第三条の三及び同法施行令第三十二条の二に
　　規定された、興奮、幻覚又は麻酔の作用を有する物に該当するものの組み合わ
　　せとして、正しいものを下欄から一つ選びなさい。

ア メタノールを含有するシンナー　　　イ スチレンを含有するシンナー
ウ ホルムアルデヒドを含有する塗料　　エ トルエンを含有する塗料

〔下欄〕

1（ア・イ）　　2（ア・ウ）　　3（ア・エ）　　4（イ・ウ）　　5（イ・エ）

千葉県

(14) 毒物及び劇物取締法の規定に照らし、次のアからウの記述の正誤の組み合わせとして、正しいものを下欄から一つ選びなさい。

ア 特定毒物研究者は、特定毒物を学術研究以外の用途に供することができる。
イ 毒物劇物営業者、特定毒物研究者又は特定毒物使用者でなければ、特定毒物を所持してはならない。
ウ 毒物又は劇物の販売業の登録を受けた者は、毒物又は劇物を販売の目的で輸入することができる。

〔下欄〕

	ア	イ	ウ
1	正	正	正
2	正	誤	正
3	誤	正	正
4	誤	正	誤
5	誤	誤	誤

(15) 毒物及び劇物取締法第二十二条第一項、同法施行令第四十一条及び第四十二条の規定により、業務上取扱者としての届出が必要な事業の組み合わせとして、正しいものを下欄から一つ選びなさい。

ア 硝酸を使用して電気めつきを行う事業
イ クレゾールを使用して清掃を行う事業
ウ 亜ヒ酸ナトリウムを使用してねずみの駆除を行う事業
エ シアン化カリウムを使用して金属熱処理を行う事業

〔下欄〕

	ア	イ	ウ	エ
1	正	正	正	誤
2	正	誤	誤	正
3	誤	正	誤	正
4	誤	正	正	誤
5	誤	誤	誤	正

(16) 毒物及び劇物取締法施行令及び同法施行規則の規定に照らし、クロルスルホン酸 7,000 キログラムを、車両を使用して一回で運搬する場合の基準に関する次の記述のうち、正しい組み合わせを下欄から一つ選びなさい。

ア 一人の運転手による運転時間が一日当たり九時間を超える場合は、交替して運転する者を同乗させること。
イ 車両の前後の見やすい箇所に、〇・三メートル平方の板に地を白色、文字を黒色として「毒」と表示した標識を掲げること。
ウ 車両には、防毒マスク、ゴム手袋その他事故の際に応急の措置を講ずるために厚生労働省令で定める保護具を少なくとも一人分以上備えること。
エ 車両には、運搬する毒物又は劇物の名称、成分及びその含量並びに事故の際に講じなければならない応急の措置の内容を記載した書面を備えること。

〔下欄〕

1（ア・イ）	2（ア・エ）	3（イ・ウ）	4（イ・エ）	5（ウ・エ）

(17) 毒物及び劇物取締法及び同法施行規則の規定に照らし、届出に関する次の記述の正誤の組み合わせとして、正しいものを下欄から一つ選びなさい。

ア 毒物劇物製造業者は、製造所における営業を廃止したときは、三十日以内に、その旨を届け出なければならない。
イ 毒物劇物輸入業者は、毒物又は劇物を貯蔵する設備の重要な部分を変更したときは、三十日以内に、その旨を届け出なければならない。
ウ 毒物劇物販売業者は、営業時間を変更したときは、十五日以内に、その旨を届け出なければならない。

〔下欄〕

	ア	イ	ウ
1	正	正	正
2	正	誤	正
3	正	正	誤
4	誤	正	誤
5	誤	誤	正

千葉県

(18) 毒物及び劇物取締法の規定に照らし、毒物又は劇物の表示に関する次の記述の正誤の組み合わせとして、正しいものを下欄から一つ選びなさい。

ア 特定毒物研究者は、毒物を貯蔵する場所に、「医薬用外」の文字及び「毒物」の文字を表示しなければならない。
イ 毒物劇物製造業者は、劇物の容器及び被包に、「医薬用外」の文字及び白地に赤色をもって「劇物」の文字を表示しなければならない。
ウ 毒物劇物輸入業者は、毒物の容器及び被包に、「医薬用外」の文字及び白地に黒色をもって「毒物」の文字を表示しなければならない。

〔下欄〕

	ア	イ	ウ
1	正	正	正
2	誤	正	正
3	正	誤	正
4	正	正	誤
5	誤	誤	誤

(19) 毒物及び劇物取締法施行規則の規定に照らし、毒物又は劇物の製造所の設備に関する次の記述の正誤の組み合わせとして、正しいものを下欄から一つ選びなさい。

〔下欄〕

ア 毒物又は劇物を陳列する場所については、かぎをかける設備が必要である。
イ 貯蔵設備にかぎをかけることができる場合は、毒物又は劇物とその他の物とを区分しなくてもよい。
ウ 毒物又は劇物を貯蔵する場所が、性質上かぎをかけることができないものであるときは、その周囲に、堅固なさくを設けてあること。

	ア	イ	ウ
1	正	正	誤
2	正	正	正
3	正	誤	正
4	誤	誤	正
5	誤	正	誤

(20) 毒物及び劇物取締法及び同法施行規則の規定に照らし、次の記述のうち、毒物又は劇物の製造業者が製造した硫酸を含有する製剤たる劇物(住宅用の洗浄剤で液状のものに限る。)を販売する場合、取扱い及び使用上特に必要な事項として、その容器及び被包に表示しなければならないものの組み合わせとして、正しいものを下欄から一つ選びなさい。

ア 使用後、一定時間室内の換気を確保しなければならない旨
イ 皮膚に触れた場合には、石けんによりよく洗い流す必要がある旨
ウ 小児の手の届かないところに保管しなければならない旨
エ 眼に入った場合は、直ちに流水でよく洗い、医師の診断を受けるべき旨
オ 使用の際、手足や皮膚、特に眼にかからないように注意しなければならない旨

〔下欄〕

1 (ア・イ・ウ)	2 (ア・イ・オ)	3 (ア・ウ・エ)	4 (イ・エ・オ)
5 (ウ・エ・オ)			

〔筆記：基礎化学〕
(一般・農業用品目・特定品目共通)

問2 次の各設問に答えなさい。

(21) 大気圧下(1.01 × 10⁵Pa)の水の沸点を絶対温度 K(単位：ケルビン)で示したものとして、正しいものを下欄から一つ選びなさい。

〔下欄〕

1 − 196K	2 − 78K	3 173K	4 273K	5 373K

千葉県

(22) 次の物質のうち、二価アルコールであるものはどれか。正しいものを下欄から一つ選びなさい。

〔下欄〕

1 エチレングリコール 2 エタノール 3 グリセリン 4 イソプロパノール
5 フェノール

(23) メタン(CH_4)分子の立体構造はどれか。正しいものを下欄から一つ選びなさい。

〔下欄〕

1 直線形 2 正四面体形 3 正六面体形 4 正八面体形 5 折れ線形

(24) 次の物質のうち、分子中の単結合の数が最も多い化合物はどれか。正しいものを下欄から一つ選びなさい。

〔下欄〕

1 メタノール 2 アセチレン 3 エチレン 4 ぎ酸 5 二酸化炭素

(25) 次の塩のうち、水に溶かしたときに酸性を示すものはどれか。最も適切なものを下欄から一つ選びなさい。

〔下欄〕

1 CH_3COONa 2 K_2CO_3 3 NH_4Cl 4 $NaCl$ 5 $NaNO_3$

(26) pH2 の塩酸の水素イオン濃度は、pH3 の塩酸の水素イオン濃度の何倍か。正しいものを下欄から一つ選びなさい。

〔下欄〕

1 0.1倍 2 1.5倍 3 10倍 4 50倍 5 100倍

(27) 窒素に関する次の記述のうち、正しいものの組み合わせを下欄から一つ選びなさい。

ア 単体は、空気の約78%(体積)を占める気体である。
イ 酸化物は SO_x(ソックス)と総称され、大気汚染物質として酸性雨の原因の一つとなる。
ウ 単体の窒素中で無声放電を行ったり、紫外線を当てることで、オゾンが発生する。
エ 周期表の15族に属し、同族にリンがある。

〔下欄〕

1 (ア・ウ) 2 (ア・エ) 3 (イ・ウ) 4 (イ・エ) 5 (ウ・エ)

(28) グルコース(化学式:$C_6H_{12}O_6$)9.0gを水に溶かして100mLにした。
この水溶液のモル濃度は何 mol/L か。正しいものを下欄から一つ選びなさい。
ただし、原子量を H=1、C=12、O=16 とする。

〔下欄〕

1 0.2mol/L 2 0.5mol/L 3 0.9mol/L 4 2.0mol/L 5 5.0mol/L

(29) フッ素原子の最外殻電子の数はいくつか。正しいものを下欄から一つ選びなさい。

〔下欄〕

| 1 1個 | 2 2個 | 3 5個 | 4 7個 | 5 8個 |

(30) 次の記述の正誤の組み合わせとして、正しいものを下欄から一つ選びなさい。

ア リチウムとバリウムは、アルカリ金属である。
イ ナトリウムとカリウムは、アルカリ土類金属である。
ウ クリプトンとキセノンは、ハロゲンである。
エ フッ素と臭素は、希ガスである。

〔下欄〕

	ア	イ	ウ	エ
1	正	正	正	正
2	正	誤	正	誤
3	誤	誤	正	正
4	誤	正	誤	誤
5	誤	誤	誤	誤

(31) 次の分子のうち、無極性分子はいくつあるか。正しいものを下欄から一つ選びなさい。

ア H_2　イ Cl_2　ウ H_2O　エ CO_2　オ NH_3

〔下欄〕

| 1 1個 | 2 2個 | 3 3個 | 4 4個 | 5 5個 |

(32) 50ppm を百分率で表したものはどれか。正しいものを下欄から一つ選びなさい。

〔下欄〕

| 1 0.0005% | 2 0.005% | 3 0.05% | 4 0.5% | 5 5% |

(33) 純水に不揮発性の溶質を溶かした希薄溶液について、次の記述の正誤の組み合わせとして、正しいものを下欄から一つ選びなさい。

ア 希薄溶液の蒸気圧は、純水の蒸気圧より上昇する。
イ 希薄溶液の沸点は、純水の沸点より上昇する。
ウ 希薄溶液の凝固点は、純水の凝固点より上昇する。

〔下欄〕

	ア	イ	ウ
1	正	正	誤
2	正	正	正
3	正	誤	誤
4	誤	正	誤
5	誤	誤	正

(34) プロパン 2mol が完全燃焼したときに発生する二酸化炭素の量は何 g か。正しいものを下欄から一つ選びなさい。ただし、原子量を H=1、C=12、O=16 とする。

〔下欄〕

| 1 32g | 2 64g | 3 88g | 4 176g | 5 264g |

(35) 次のうち、分子量が最も大きいものはどれか。正しいものを下欄から一つ選びなさい。ただし、原子量を H=1、C=12、O=16、S=32 とする。

〔下欄〕

| 1 ホルムアルデヒド | 2 フェノール | 3 硫化水素 | 4 酢酸エチル | 5 硫酸 |

(36) 次のうち、プロピオン酸の官能基はどれか。正しいものを下欄から一つ選び
なさい。

〔下欄〕

1 ニトロ基　　2 スルホニル基　　3 カルボキシル基　　4 アミノ基 5 アルデヒド基	

(37) 次のうち、単体であるものの組み合わせはどれか。正しいものを下欄から一
つ選びなさい。

〔下欄〕

1 亜鉛、アンモニア　　　　2 水銀、ヘリウム　　　　3 水、氷
4 塩化ナトリウム、銅　　　5 アルゴン、二酸化炭素

(38) 次の記述の正誤の組み合わせとして、正しいものを下欄から一つ選びなさい。

ア 疎水コロイドに少量の電解質を加えると沈殿する現象を
　凝析という。
イ コロイド溶液に、直流電圧をかけると、陽極又は陰極に
　コロイド粒子が移動する。この現象を電気泳動という。
ウ コロイド粒子を取り巻く溶媒分子が、粒子に衝突するこ
　とで起こる不規則粒子運動をブラウン運動という。

〔下欄〕

	ア	イ	ウ
1	正	正	正
2	正	誤	正
3	誤	正	正
4	誤	正	誤
5	誤	誤	誤

(39) 次のうち、$Cr_2O_7^{2-}$ 中のクロム原子の酸化数はどれか。正しいものを下欄から
一つ選びなさい。

〔下欄〕

1 −4　　　2 −2　　　3 +4　　　4 +6　　　5 +8	

(40) 次のイオン結晶に関する記述の正誤の組み合わせとして、正しいものを下欄
から一つ選びなさい。

ア 分子間力による結晶であり、昇華しやすいものもあ
　る。
イ 結晶中では陽イオンと陰イオンが規則正しく並んで
　いる。
ウ 自由電子をもち、展性、延性を示す。
エ 非常に硬い。水に溶けにくく電気を通す。

〔下欄〕

	ア	イ	ウ	エ
1	誤	正	誤	誤
2	正	誤	誤	正
3	正	誤	正	正
4	誤	正	正	誤
5	正	正	誤	誤

千葉県

〔筆記：毒物及び劇物の性質及び貯蔵その他取扱方法〕

（一般）

問3　次の物質の貯蔵方法等について、最も適切なものを下欄からそれぞれ一つ選びなさい。

(41)過酸化水素水　　　(42)クロロホルム　　　(43)ベタナフトール

(44)水酸化ナトリウム　　　(45)黄燐（りん）

〔下欄〕

1　空気や光線に触れると赤変するため、遮光して貯蔵する。
2　二酸化炭素と水を吸収する性質が強いため、密栓して保管する。
3　空気に触れると発火しやすいので、水中に沈めて瓶に入れ、さらに砂を入れた缶中に固定して、冷暗所に保管する。
4　少量ならば褐色ガラス瓶、大量ならばカーボイなどを使用し、3分の1の空間を保って貯蔵する。日光の直射を避け、冷所に有機物、金属塩、樹脂、油類、その他有機性蒸気を放出する物質と引き離して貯蔵する。特に、温度の上昇、動揺等によって爆発することがあるため、注意を要する。
5　冷暗所に貯蔵する。純品は空気と日光によってホスゲン等に分解するので、一般に少量のアルコールを添加してある。

問4　次の物質の性状等について、最も適切なものを下欄からそれぞれ一つ選びなさい。

(46)沃素（よう）　　　(47)アニリン　　　(48)アンモニア　　　(49)塩素酸ナトリウム

(50)硝酸銀

〔下欄〕

1　無色透明結晶。光によって分解して黒変する。強力な酸化剤であり、また腐食性がある。水に易溶。アセトン、グリセリンに可溶。
2　黒灰色、金属様の光沢ある稜板状結晶（りょうばん）であり、常温でも多少不快な臭気を有する蒸気を放って揮散する。水には黄褐色を呈して難溶、アルコール、エーテルには赤褐色を呈して可溶。
3　無色無臭の正方単斜状の結晶で、強い酸化剤である。水に溶けやすく、潮解性がある。
4　無色透明な油状の液体で、特有の臭気がある。空気に触れて赤褐色を呈する。水に難溶、アルコール、エーテル、ベンゼンに易溶。
5　特有の刺激臭がある無色の気体で、圧縮することによって、常温でも簡単に液化する。

問5　次の物質の代表的な用途について、最も適切なものを下欄からそれぞれ一つ選びなさい。

(51)臭化銀　　　(52)アクリルニトリル　　　(53)三酸化二砒素（ひ）

(54)五酸化バナジウム　　　(55)アジ化ナトリウム

〔下欄〕

1　写真感光材料
2　殺虫剤、殺鼠剤（そ）、除草剤、皮革の防虫剤、陶磁器の釉薬（ゆうやく）
3　試薬、試薬・医療検体の防腐剤、エアバッグのガス発生剤
4　合成繊維、合成ゴム、合成樹脂、塗料、農薬、医薬、染料の原料
5　触媒、塗料、顔料、蓄電池。蛍光体

千葉県

問6　次の物質の毒性について、最も適切なものを下欄からそれぞれ一つ選びなさい。

(56) クロルピクリン　　　(57) 硝酸　　　　　(58) ＥＰＮ※
(59) 水素化アンチモン　　(60) メタノール

〔下欄〕

1　蒸気は眼、呼吸器などの粘膜及び皮膚に強い刺激性を有する。高濃度溶液が皮膚に触れると、気体を発生して、組織ははじめ白く、次第に深黄色となる。
2　吸入するとコリンエステラーゼ阻害作用により、頭痛、めまい、嘔吐等の症状を呈し、重症の場合には、縮瞳、意識混濁、全身痙攣等を起こす。
3　頭痛、めまい、嘔吐、下痢、腹痛等を起こし、致死量に近ければ麻酔状態になり、視神経が侵され、眼がかすみ、失明することがある。
4　ヘモグロビンと結合し急激な赤血球の低下を導き、強い溶血作用が現れる。また、肺水腫や肝臓、腎臓にも影響し、頭痛、吐気、衰弱、呼吸低下等の兆候が現れる。
5　吸入すると、分解されずに組織内に吸収され、各器官が障害される。血液中でメトヘモグロビンを生成、また中枢神経や心臓、眼結膜を侵し、肺も強く障害する。

※　エチルパラニトロフエニルチオノベンゼンホスホネイト

（農業用品目）

問3　次の物質の性状等について、最も適切なものを下欄からそれぞれ一つ選びなさい。

(41) 沃化メチル　　　　　(42) 塩素酸ナトリウム　　　(43) 燐化亜鉛

〔下欄〕

1　暗赤色又は暗灰色の光沢ある粉末。希酸に溶解する。
2　無色無臭の正方単斜状の結晶で、潮解性がある。有機物、硫黄、金属粉等の可燃物が混在すると、加熱、摩擦又は衝撃により爆発する。
3　常温においては臭気を有する黄緑色の気体である。冷却すると、黄色溶液を経て黄白色固体となる。
4　無色又は淡黄色透明の液体で、エーテル様臭がある。水に可溶。
5　常温で気体。可燃性で、点火すれば緑色の辺縁を有する炎をあげて燃焼する。水に可溶。アルコール、エーテルに易溶。

問4　次の物質の毒性等について、最も適切なものを下欄からそれぞれ一つ選びなさい。

(44) クロルピクリン　　　(45) パラコート※1　　　(46) ジメトエート※2　　　(47) 硫酸

〔下欄〕

1　生体内で活性酸素イオンを生じることで組織に障害を与える。特に肺が影響を受ける。
2　　強酸であり、人体に触れると、激しい火傷を起こす。
3　コリンエステラーゼ阻害作用により副交感神経及び中枢神経刺激症状を呈する。症状は、振戦、流涙、痙攣様呼吸、軽度の麻痺状を呈し、時間とともに間代性、体温の低下を呈して死亡する。
4　接触した場合、皮膚・粘膜に凍結壊え死を起こす。
5　吸入すると、分解されずに組織内に吸収され、各器官が障害される。血液中でメトヘモグロビンを生成、また中枢神経や心臓、眼結膜を侵し、肺も強く障害する。

※1　1・1'−ジメチル−4・4'−ジピリジニウムジクロリド
※2　ジメチル−（N−メチルカルバミルメチル）−ジチオホスフェイト

問5　次の物質の代表的な用途について、最も適切なものを下欄からそれぞれ一つ選びなさい。

(48)クロロファシノン※1　　(49)トリシクラゾール※2
(50)ジクワット※3　　(51)フェンプロパトリン※4
(52)クロルメコート※5

〔下欄〕

1　植物成長調整剤　　2　除草剤　　3　殺虫剤　　4　殺菌剤　　5　殺鼠剤

※1　2−（フエニルパラクロルフエニルアセチル）−1・3−インダンジオン
※2　5−メチル−1・2・4−トリアゾロ［3・4−b］ベンゾチアゾール
※3　2・2'−ジピリジリウム−1・1'−エチレンジブロミド
※4　（RS）−シアノ−（3−フエノキシフエニル）メチル＝2・2・3・3−テトラ
　　メチルシクロプロパンカルボキシラート
※5　2−クロルエチルトリメチルアンモニウムクロリド

問6　次の物質の貯蔵方法等について、最も適切なものを下欄からそれぞれ一つ選びなさい。

(53)アンモニア水　　　　(54)シアン化ナトリウム　　　　(55)ロテノン

〔下欄〕

1　空気中にそのまま保存することはできないので、通常石油中に保管する。冷所で雨水などの漏れが絶対にない場所に保存する。 2　冷暗所に貯蔵する。純品は空気と日光によってホスゲン等に分解するので、一般に少量のアルコールを添加してある。 3　酸素によって分解するので、空気と光線を遮断して保管する。 4　少量ならばガラス瓶、多量ならばブリキ缶又は鉄ドラムを用い、酸類とは離して、風通しのよい乾燥した冷所に密封して保存する。 5　揮発しやすいので、密栓して保管する。

問7　次の物質の解毒・治療方法等について、最も適切なものを下欄からそれぞれ一つ選びなさい。

(56)硫酸第二銅　　　(57)イソキサチオン※　　　(58)クロルピクリン
(59)硫酸タリウム　　　(60)シアン化ナトリウム

〔下欄〕

1　解毒療法として、ヘキサシアノ鉄（Ⅱ）酸鉄（Ⅲ）水和物（別名プルシアンブルー）を投与する。 2　解毒剤・拮抗剤はなく、呼吸管理、循環管理などの対症療法を行う。 3　解毒療法として、ジメルカプロール（別名 BAL）を投与する。 4　解毒療法として、2−ピリジルアルドキシムメチオダイド（別名 PAM）製剤又は硫酸アトロピン製剤を投与する。 5　解毒療法として、亜硝酸ナトリウム水溶液とチオ硫酸ナトリウム水溶液を投与する。

※　ジエチル−（5−フエニル−3−イソキサゾリル）−チオホスフェイト

（特定品目）

問3　次の物質の性状について、最も適切なものを下欄からそれぞれ一つ選びなさい。

(41)アンモニア　　　(42)塩素　　　(43)トルエン　　　(44)重クロム酸カリウム
(45)蓚酸

〔下欄〕

1　無色、可燃性のベンゼン臭を有する液体。エタノール、ベンゼン、エーテルに
　　可溶である。
2　常温においては臭気を有する黄緑色の気体である。冷却すると、黄色溶液を経
　　て黄白色固体となる。
3　橙赤色の柱状結晶である。水に可溶。アルコールには不溶。
4　特有の刺激臭がある無色の気体で、圧縮することによって、常温でも簡単に液
　　化する。
5　２モルの結晶水を有する無色又は白色、稜柱状の結晶で、乾燥空気中で風化
　　する。加熱すると昇華、急に加熱すると分解する。

問4　次の物質の貯蔵方法等について、最も適切なものを下欄からそれぞれ一つ選び
　　なさい。

(46)ホルマリン　　　(47)水酸化カリウム　　　(48)過酸化水素水
(49)クロロホルム　　(50)四塩化炭素

〔下欄〕

1　少量ならば褐色ガラス瓶、大量ならばカーボイなどを使用し、３分の１の空間
　　を保って貯蔵する。日光の直射を避け、冷所に有機物、金属塩、樹脂、油類、
　　その他有機性蒸気を放出する物質と引き離して貯蔵する。特に、温度の上昇、
　　動揺等によって爆発することがあるため、注意を要する。
2　低温では混濁することがあるので、常温で保存する。一般にメタノール等を13
　　％以下（大部分は８〜10％）添加してある。
3　冷暗所に貯蔵する。純品は空気と日光によってホスゲン等に分解するので、一
　　般に少量のアルコールを添加してある。
4　亜鉛又は錫メッキをした鋼鉄製容器で保管する。沸点は76℃のため、高温に
　　接しない場所に保管する。
5　二酸化炭素と水を強く吸収するから、密栓をして保管する。

問5　次の物質の毒性について、最も適切なものを下欄からそれぞれ一つ選びなさい。

(51)メチルエチルケトン　　(52)クロム酸ナトリウム　　(53)過酸化水素
(54)塩素　　　　　　　　　(55)蓚酸

〔下欄〕

1　溶液、蒸気いずれも刺激性が強い。35％以上の溶液は皮膚に水疱を作りやす
　　い。眼には腐食作用を及ぼす。蒸気は低濃度でも刺激性が強い。
2　口と食道が赤黄色に染まり、後に青緑色に変化する。腹痛を起こし、血の混じ
　　った便をする。重症になると、尿に血が混ざり、痙攣を起こしたり、さらに気
　　を失う。
3　皮膚に触れた場合、皮膚を刺激して乾性の炎症（鱗状症）を起こす。
4　吸入により、窒息感、喉頭及び気管支筋の強直をきたし、呼吸困難に陥る。
5　血液中のカルシウム分を奪取し、神経系を侵す。急性中毒症状は、胃痛、嘔吐、
　　口腔・咽喉の炎症、腎障害である。

問6　次の物質の代表的な用途について、最も適切なものを下欄からそれぞれ一つ選
　　びなさい。
　　(56) 蓚酸　　　(57) 塩素　　　(58) 酢酸エチル　　　(59) 硫酸
　　(60) ホルマリン
〔下欄〕

1　香料、溶剤、有機合成原料に用いられる。
2　農薬として種子の消毒、温室の燻蒸剤に用いられる。また、工業用としてフィ
　　ルムの硬化、人造樹脂等の製造に用いられる。
3　酸化剤、紙・パルプの漂白剤、殺菌剤、消毒剤に用いられる。
4　肥料、各種化学薬品の製造、石油の精製、冶金、塗料、顔料などの製造に用い
　　られる。また、乾燥剤、試薬として用いられる。
5　鉄錆による汚れを落とすことに使用され、また、真鍮や銅の研磨に用いられ
　　る。

〔実地：毒物及び劇物の識別及び取扱方法〕
（一般）
問7　次の物質の鑑別方法について、最も適切なものを下欄からそれぞれ一つ選びな
　　さい。
　　(61) 沃素　　　　　(62) ニコチン　　　　(63) 黄燐　　　　(64) クロロホルム
　　(65) 硫酸
〔下欄〕

1　暗室内で酒石酸又は硫酸酸性で水蒸気蒸留を行う。その際、冷却器あるいは流
　　出管の内部に青白色の光が認められる。
2　デンプンと反応すると藍色を呈し、これを熱すると退色し、冷える と再び藍
　　色を現し、さらにチオ硫酸ナトリウムの溶液と反応すると脱色する。
3　この物質のエーテル溶液に、ヨードのエーテル溶液を加えると、褐色の液状沈
　　殿を生じ、これを放置すると、赤色の針状結晶となる。
4　ベタナフトールと高濃度水酸化カリウム溶液を加えて熱すると藍色を呈し、空
　　気に触れて緑より褐色に変化し、酸を加えると赤色の沈殿を生じる。
5　希釈水溶液に塩化バリウムを加えると、白色沈殿を生ずるが、この沈殿は塩酸
　　や硝酸に溶けない。

問8　次の物質の廃棄方法について、「毒物及び劇物の廃棄の方法に関する基準」の内容に照らし、最も適切なものを下欄からそれぞれ一つ選びなさい。

(66) 四アルキル鉛　　　　　　　　(67) 重クロム酸カリウム
(68) 過酸化ナトリウム　　　　　　(69) クロルピクリン
(70) イソプロカルブ(MIPC)※

〔下欄〕

1　多量の次亜塩素酸塩水溶液を加えて分解させた後、消石灰(水酸化カルシウム)、ソーダ灰(炭酸ナトリウム)等を加えて処理し、沈殿濾過し、さらにセメントを加えて固化し、溶出試験を行い、溶出量が判定基準以下であることを確認して埋立処分する。(酸化隔離法)
2　少量の界面活性剤を加えた亜硫酸ナトリウムと炭酸ナトリウムの混合溶液中で、攪拌し分解させた後、多量の水で希釈して処理する。(分解法)
3　水に加えて希薄な水溶液とし、酸(希塩酸、希硫酸等)で中和した後、多量の水で希釈して処理する。(中和法)
4　水酸化ナトリウム水溶液等と加温して加水分解する。(アルカリ法)
5　希硫酸に溶かし、還元剤(硫酸第一鉄等)の水溶液を過剰に用いて還元した後、消石灰(水酸化カルシウム)、ソーダ灰(炭酸ナトリウム)等の水溶液で処理し、水酸化物として沈殿濾過する。溶出試験を行い、溶出量が判定基準以下であることを確認して埋立処分する。(還元沈殿法)

※　2－イソプロピルフエニル－Ｎ－メチルカルバメート

問9　次の物質の漏えい時の措置について、「毒物及び劇物の運搬事故時における応急措置に関する基準」に照らし、最も適切なものを下欄からそれぞれ一つ選びなさい。

(71) アクロレイン　　　　　　　　(72) ジクロルボス(DDVP)※1
(73) エチレンオキシド　　　　　　(74) パラコート※2
(75) ニッケルカルボニル

〔下欄〕

1　付近の着火源となるものを速やかに取り除く。漏えいした液は土砂等でその流れを止め、安全な場所に導き、空容器にできるだけ回収し、そのあとを消石灰(水酸化カルシウム)等の水溶液を用いて処理した後、中性洗剤等の分散剤を使用して多量の水で洗い流す。
2　着火源は速やかに取り除く。漏えいした液は水で覆った後、土砂等 に吸着させ空容器に回収し、水封後密栓する。そのあとを多量の水で洗い流す。
3　漏えいした液は土壌などでその流れを止め、安全な場所に導き、空容器にできるだけ回収し、そのあとを土壌で覆って十分に接触させた後、土壌を取り除き、多量の水で洗い流す。
4　付近の着火源となるものは速やかに取り除く。漏えいしたボンベ等を多量の水に容器ごと投入して気体を吸収させ、処理し、その処理液を多量の水で希釈して流す。
5　多量の場合、漏えいした液は土砂等でその流れを止め、安全な場所に穴を掘る等してためる。これに亜硫酸水素ナトリウム水溶液(約10％)を加え、時々攪拌して反応させた後、多量の水で十分に希釈して洗い流す。この際、蒸発した本物質が大気中に拡散しないよう霧状の水をかけて吸収させる。

※1　ジメチル－2・2－ジクロルビニルホスフエイト
※2　1・1'－ジメチル－4・4'－ジピリジニウムジクロリド

問 10　次の物質の注意事項等について、最も適切なものを下欄からそれぞれ一つ選びなさい。

(76) 弗化水素酸　　　　(77) 塩素　　　　(78) 無水クロム酸
(79) メタクリル酸

〔下欄〕

1　潮解しやすく直ちに薬傷を起こす。また、潮解している場合でも可燃物と混合すると常温でも発火することがある。
2　それ自体は不燃性であるが、分解が起こると激しく酸素を発生し、周囲に易燃物があると火災になる恐れがある。
3　加熱、直射日光、過酸化物、鉄錆等により重合が始まり、爆発することがある。
4　大部分の金属、ガラス、コンクリート等と反応する。本物質は爆発性でも引火性でもないが、各種の金属と反応して気体の水素が発生し、これが空気と混合して引火爆発することがある。
5　極めて反応性が強く、水素又は炭化水素(特にアセチレン)と爆発的に反応する。

問 11　次の物質に関する記述の正誤の組み合わせとして、正しいものを下欄から一つ選びなさい。

(80) 臭素

ア　廃棄する際は、アルカリ水溶液(水酸化ナトリウム水溶液等)中に少量ずつ滴下し、多量の水で希釈して処理する。
イ　本物質を白金線につけて無色の火炎中に入れると、火炎は著しく黄色に染まり、長時間続く。
ウ　引火しやすく、また、その蒸気は空気と混合して爆発性の混合ガスとなるので火気は近づけない。

〔下欄〕

	ア	イ	ウ
1	正	正	誤
2	正	誤	誤
3	正	誤	正
4	誤	正	正
5	誤	誤	正

(農業用品目)

問 8　次の物質の鑑別方法について、最も適切なものを下欄からそれぞれ一つ選びなさい。

(61) アンモニア水　　(62) 無水硫酸銅　　　　(63) ニコチン
(64) 硫酸亜鉛　　　　(65) 燐化アルミニウムとその分解促進剤とを含有する製剤

〔下欄〕

1　この物質に濃塩酸を潤したガラス棒を近づけると、白い霧を生じる。
2　この物質を水に溶かして硫化水素を通じると、白色の沈殿を生成する。また、水に溶かして塩化バリウムを加えると、白色の沈殿を生成する。
3　この物質に水を加えると青くなる。
4　この物質のエーテル溶液に、ヨードのエーテル溶液を加えると、褐色の液状沈殿を生じ、これを放置すると赤色針状結晶となる。
5　この物質から発生したガスは、5 ～ 10 %硝酸銀溶液を吸着させた濾紙を黒変させる。

問9　次の物質の漏えい時の措置について、「毒物及び劇物の運搬事故時における応急措置に関する基準」に照らし、最も適切なものを下欄からそれぞれ一つ選びなさい。

(66) シアン化ナトリウム　　　　(67) ブロムメチル　　　　　　(68) ＥＰＮ※
(69) クロルピクリン　　　　　　(70) アンモニア水

〔下欄〕

1　付近の着火源となるものを速やかに取り除く。漏えいした液は土砂等でその流れを止め、安全な場所に導き、空容器にできるだけ回収し、そのあとを消石灰(水酸化カルシウム)等の水溶液を用いて処理し、中性洗剤等の分散剤を使用して多量の水で洗い流す。
2　多量に漏えいした液は、土砂等でその流れを止め、液が広がらないようにして蒸発させる。
3　多量の場合、漏えいした液は土砂等でその流れを止め、多量の活性炭又は消石灰(水酸化カルシウム)を散布して覆い、至急関係先に連絡し専門家の指示により処理する。
4　飛散したものは空容器にできるだけ回収する。砂利等に付着している場合は、砂利等を回収し、そのあとに水酸化ナトリウム、ソーダ灰(炭酸ナトリウム)等の水溶液を散布してアルカリ性(ｐＨ 11 以上)とし、さらに酸化剤(次亜塩素酸ナトリウム、さらし粉等)の水溶液で酸化処理を行い、多量の水を用いて洗い流す。
5　少量の場合、漏えい箇所は濡れむしろ等で覆い遠くから多量の水をかけて洗い流す。多量の場合、漏えいした液は土砂等でその流れを止め、安全な場所に導いて遠くから多量の水をかけて洗い流す。

※　エチルパラニトロフエニルチオノベンゼンホスホネイト

問 10　次の物質の廃棄方法について、「毒物及び劇物の廃棄の方法に関する基準」に照らし、最も適切なものを下欄からそれぞれ一つ選びなさい。

(71) 塩素酸ナトリウム　　　　(72) メトミル※　　　　　　(73) 硫酸亜鉛
(74) クロルピクリン　　　　　(75) アンモニア

〔下欄〕

1　還元剤(チオ硫酸ナトリウム等)の水溶液に希硫酸を加えて酸性にし、この中に少量ずつ投入する。反応終了後、反応液を中和し多量の水で希釈して処理する。(還元法)
2　水酸化ナトリウム水溶液と加温して加水分解する。(アルカリ法)
3　少量の界面活性剤を加えた亜硫酸ナトリウムと炭酸ナトリウムの混合溶液中で、攪拌(かくはん)し分解させた後、多量の水で希釈して処理する。(分解法)
4　水で希薄な水溶液とし、酸(希塩酸、希硫酸等)で中和させた後、多量の水で希釈して処理する。(中和法)
5　水に溶かし、消石灰(水酸化カルシウム)、ソーダ灰(炭酸ナトリウム)等の水溶液を加えて処理し、沈殿濾過(ろ)して埋立処分する。(沈殿法)

※　Ｓ－メチル－Ｎ－［(メチルカルバモイル)－オキシ］－チオアセトイミデート

問 11　次の物質の取扱い上の注意事項等について、最も適切なものを下欄からそれぞれ一つ選びなさい。

(76) ジクロルボス(DDVP)※　　(77) ブロムメチル　　　　　(78) 燐(りん)化亜鉛
(79) 硫酸

1	アルカリで急激に分解すると発熱するので、分解させるときは希薄な水酸化カルシウム等の水溶液を用いる。
2	加熱、直射日光、過酸化物、鉄等により重合が始まり、爆発することがある。
3	火災等で燃焼すると、煙霧及びホスフィンガスを発生する。煙霧及びガスは有毒なので注意する。
4	わずかに甘いクロロホルム様の臭いを有するが、臭いは極めて弱く、蒸気は空気より重いため、吸入による中毒を起こしやすい。
5	水で希釈したものは、各種の金属を腐食して水素ガスを生成し、これが空気と混合して引火爆発をすることがある。

※ ジメチル－２・２－ジクロルビニルホスフエイト

問 12 次の物質に関する記述の正誤の組み合わせとして、正しいものを下欄から一つ選びなさい。

(80) ジクワット※

ア 廃棄する際は、おが屑(くず)等に吸着させてアフターバーナー及びスクラバーを備えた焼却炉で焼却する。

イ 誤って嚥下した場合には、消化器障害、ショックの他、数日遅れて腎臓の機能障害、肺の軽度の障害を起こすことがあるので、特に症状がない場合にも至急医師による手当てを受ける。

ウ 潮解しやすく直ちに薬傷を起こす。また、潮解している場合でも可燃物と混合すると常温でも発火することがある。

〔下欄〕

	ア	イ	ウ
1	正	正	正
2	正	正	誤
3	正	誤	誤
4	誤	正	正
5	誤	誤	正

※ ２・２’－ジピリジリウム－１・１’－エチレンジブロミド

千葉県

（特定品目）

問 7 次の物質の漏えい時の措置について、「毒物及び劇物の運搬事故時における応急措置に関する基準」に照らし、最も適切なものを下欄からそれぞれ一つ選びなさい。

(61) 重クロム酸カリウム　　(62) クロロホルム　　(63) 過酸化水素水
(64) 硝酸　　　　　　　　　(65) メチルエチルケトン

〔下欄〕

1	漏えいした液は土砂等でその流れを止め、安全な場所に導き、空容器にできるだけ回収し、そのあとを中性洗剤等の分散剤を使用して多量の水で洗い流す。
2	多量の場合、漏えいした液は土砂等でその流れを止め、安全な場所に導き多量の水で十分に希釈して洗い流す。
3	付近の着火源となるものを速やかに取り除く。多量の場合、漏えいした液は、土砂等でその流れを止め、安全な場所に導き、液の表面を泡で覆い、できるだけ空容器に回収する。
4	多量の場合、漏えいした液は土砂等でその流れを止め、これに吸着させるか、又は安全な場所に導いて、遠くから徐々に注水してある程度希釈した後、消石灰(水酸化カルシウム)、ソーダ灰(炭酸ナトリウム)等で中和し多量の水で洗い流す。
5	空容器にできるだけ回収し、そのあとを還元剤(硫酸第一鉄等)の水溶液を散布し、消石灰(水酸化カルシウム)、ソーダ灰(炭酸ナトリウム)等の水溶液で処理した後、多量の水で洗い流す。

問8 次の物質の廃棄方法について、「毒物及び劇物の廃棄の方法に関する基準」に照らし、最も適切なものを下欄からそれぞれ一つ選びなさい。

(66)硫酸　　　　　　(67)一酸化鉛　　　　　(68)硅弗化ナトリウム
(69)ホルマリン　　　(70)酸化第二水銀

〔下欄〕

1　徐々に石灰乳などの撹拌溶液に加え中和させた後、多量の水で希釈して処理する。(中和法)
2　セメントを用いて固化し、溶出試験を行い、溶出量が判定基準以下であることを確認して埋立処分する。(固化隔離法)
3　水に懸濁し硫化ナトリウムの水溶液を加え、沈殿を生成した後、セメントを加えて固化し、溶出試験を行い、溶出量が判定基準以下であることを確認して埋立処分する。(沈殿隔離法)
4　水に溶かし、消石灰(水酸化カルシウム)等の水溶液を加えて処理した後、希硫酸を加えて中和し、沈殿濾過して埋立処分する。(分解沈殿法)
5　多量の水を加え希薄な水溶液とした後、次亜塩素酸塩水溶液を加え分解させ廃棄する。(酸化法)

問9 次の物質の取扱い上の注意事項について、最も適切なものを下欄からそれぞれ一つ選びなさい。

(71)クロム酸鉛　　　(72)塩素　　　　　(73)水酸化カリウム水溶液
(74)キシレン　　　　(75)過酸化水素水

〔下欄〕

1　アルミニウム、スズ、亜鉛等の金属を腐食して水素ガスを生成し、これが空気と混合して引火爆発することがある。
2　反応性が強く、水素又は炭化水素(特にアセチレン)と爆発的に反応する。
3　引火しやすく、また、その蒸気は空気と混合して爆発性混合ガスとなるので火気は絶対に近づけない。
4　分解が起こると激しく酸素を生成し、周囲に易燃物があると火災になるおそれがある。
5　乾性油と不完全混合し、放置すると乾性油が発火することがある。

問10 次の物質の鑑別方法について、最も適切なものを下欄からそれぞれ一つ選びなさい。

(76)メタノール　　　(77)アンモニア　　　　(78)四塩化炭素
(79)水酸化ナトリウム　(80)硫酸

〔下欄〕

1　あらかじめ熱灼した酸化銅を加えると、ホルムアルデヒドができ、酸化銅は還元されて金属銅色を呈する。
2　希釈水溶液に塩化バリウムを加えると、白色の沈殿を生じる。この沈殿は塩酸や硝酸に溶けない。
3　水溶液を濃塩酸で潤したガラス棒に近づけると、白い霧を生じる。
4　アルコール性の水酸化カリウムと銅粉とともに煮沸すると、黄赤色の沈殿を生じる。
5　水溶液を白金線につけて無色の火炎中に入れると、火炎は著しく黄色に染まり、長時間続く。

〔毒物及び劇物に関する法規〕
（一般・農業用品目・特定品目共通）

問１～問５　毒物及び劇物取締法の規定に関する次の記述について、正しいものは１を、誤っているものは２を選びなさい。

問1 医薬部外品は、法第２条に規定する別表第一又は別表第二に該当するものであっても、毒物又は劇物には該当しない。

問2 特定毒物は、毒物であって、別表第三に掲げるものをいい、販売する場合は、特定品目販売業の登録を行う必要がある。

問3 毒物又は劇物の製造業、輸入業又は販売業の登録は、製造所、営業所又は店舗ごとに登録が必要である。

問4 毒物劇物製造業又は輸入業の登録は６年ごとに、毒物劇物販売業の登録は５年ごとに、更新を受けなければ、その効力を失う。

問5 毒物劇物製造業者又は輸入業者は、製造又は輸入する毒物又は劇物の品目を登録する必要がある。

問６～問10　次の文章は、毒物及び劇物取締法の条文である。（　）の中に入れるべき字句の番号をそれぞれ下欄から選びなさい。

ア　この法律は、毒物及び劇物について、（ 問6 ）の見地から必要な取締を行うことを目的とする。（法第１条）

【下欄：問6】
1 危害防止上　　2 保健衛生上　　3 環境保全上

イ　次の各号に掲げる者でなければ、前条の毒物劇物取扱責任者となることができない。（法第８条第１項）
一 （ 問7 ）
二 厚生労働省令で定める学校で、（ 問8 ）に関する学課を修了した者
三 都道府県知事が行う毒物劇物取扱者試験に合格した者

【下欄：問7～問8】
1 医師　　　2 薬剤師　　　3 危険物取扱者　　　4 医学　　　5 生化学
6 応用化学

ウ　次に掲げる者は、前条の毒物劇物取扱責任者となることができない。（法第８条第２項）
一 （ 問9 ）の者
二 心身の障害により毒物劇物取扱責任者の業務を適正に行うことができない者として厚生労働省令で定めるもの
三 麻薬、大麻、あへん又は（ 問10 ）の中毒者
四 毒物若しくは劇物又は薬事に関する罪を犯し、罰金以上の刑に処せられ、その執行を終り、又は執行を受けることがなくなつた日から起算して三年を経過していない者

【下欄：問9～問10】
1 十五歳未満　　2 十八歳未満　　3 二十歳未満　　4 向精神薬
5 覚せい剤　　　6 アルコール

問 11 ～問 15　毒物及び劇物取締法の規定に関する次の記述について、正しいものは
　　1 を、誤っているものは 2 を選びなさい。
　　　なお、毒物劇物営業者とは、毒物又は劇物の製造業者、輸入業者及び販売業者の
　　ことをいう。

問 11　毒物劇物営業者は、毒物又は劇物が盗難にあい、又は紛失することを防ぐの
　　　　に必要な措置を講じなければならない。

問 12　毒物劇物営業者は、法に定められた表示をすれば、毒物又は劇物の容器とし
　　　　て、どのような容器を使用してもよい。

問 13　毒物劇物営業者は、毒物又は劇物を貯蔵し、又は陳列する場所に、「医薬用
　　　　外」の文字及び毒物については「毒物」、劇物については「劇物」の文字を表
　　　　示しなければならない。

問 14　毒物劇物営業者は、他の毒物劇物営業者に毒物又は劇物を販売したときに、
　　　　「毒物又は劇物の名称及び数量」、「販売年月日」及び「譲受人の氏名、職業及
　　　　び住所」を書面に記載した場合には、その書面を販売の日から 5 年間保存しな
　　　　ければならない。

問 15　毒物劇物営業者は、16 歳の者に、毒物又は劇物を交付することができる。

問 16 ～問 20　毒物及び劇物取締法第 22 条第 1 項で規定される届出が必要な業務上取
　　扱者に該当するものは 1 を、該当しないものは 2 を選びなさい。

法第 22 条第 1 項
　　　政令で定める事業を行う者であつてその業務上シアン化ナトリウム又は政令で定
　　めるその他の毒物若しくは劇物を取り扱うものは、事業場ごとに、その業務上これ
　　らの毒物又は劇物を取り扱うことになつた日から三十日以内に、(中略)その事業場
　　の所在地の都道府県知事に届け出なければならない。

問 16　無機シアン化合物たる毒物を取り扱う電気めつきを行う事業者
問 17　無機シアン化合物たる毒物を取り扱う金属熱処理を行う事業者
問 18　最大積載量が五千キログラム以上の自動車又は被牽引自動車に固定された容
　　　　器を用い、アクリルニトリルを運送する事業者
問 19　砒素化合物たる毒物を取り扱う試験研究を行う事業者
問 20　砒素化合物たる毒物を取り扱うしろありの防除を行う事業者

問 21 ～問 25　次の物質について、劇物に該当するものは 1 を、毒物(特定毒物を除く。)
　　に該当するものは 2 を、特定毒物に該当するものは 3 を、これらのいずれにも該
　　当しないものは 4 を選びなさい。

問 21 ニコチン
問 22 次亜塩素酸ナトリウム 6 パーセント溶液
問 23 ブロムエチル
問 24 クレゾール
問 25 ジエチルパラニトロフエニルチオホスフエイト【別名：パラチオン】

〔基礎化学〕
(一般・農業用品目・特定品目共通)

問26～問30　次の設問の答えとして最も適当なものの番号をそれぞれ下欄から選びなさい。

問26 次のうち、ハロゲン元素はどれか。

【下欄】
1 Ar　　　2 Be　　　3 Cl　　　4 Li　　　5 Ne

問27 ファラデー定数を 9.65×10^4 C /mol とした場合、19300 C は何 mol の電子がもつ電気量か。

【下欄】
1 0.2 mol　　　2 0.4 mol　　　3 0.6 mol　　　4 0.8 mol　　　5 1.0 mol

問28 酸・塩基に関する次の記述のうち、誤っているものはどれか。

【下欄】
1 強酸と弱塩基の中和滴定では指示薬としてメチルオレンジを用いる。
2 中和滴定において、中和点の水溶液は必ず中性を示す。
3 ブレンステッド・ローリーの定義によると、酸とは水素イオンを他に与える物質であり、塩基とは水素イオンを他から受け取る物質である。
4 中和点の前後では水溶液のpHは急激に変化する。
5 溶けている酸・塩基の物質量に対する電離している酸・塩基の物質量の割合を電離度という。電離度は一般に濃度が小さいほど、温度が高いほど、値が大きくなる。

問29 フェノールに関する次の記述のうち、誤っているものはどれか。

【下欄】
1 官能基としてヒドロキシ基をもつ。
2 水溶液は弱酸性を示す。
3 水酸化ナトリウムと反応しない。
4 塩化鉄水溶液と反応して、青紫～赤紫色を呈する。
5 ナトリウムと反応して水素が発生する。

問30 次のうち、極性分子はどれか。

【下欄】
1 二酸化炭素　　2 四塩化炭素　　3 アンモニア　　4 水素　　5 メタン

問31～問35　次の文章は、物質の状態変化について記述したものである。(　　)の中に入る最も適当なものの番号を下欄から選びなさい。
　　なお、2箇所の(問32)(問33)内にはそれぞれ同じ字句が入る。

　固体から液体への変化を(問31)という。逆に液体から固体への変化を(問32)といい、その時の温度を(問33)という。

　液体を冷却していくと(問33)以下の温度になってもすぐには(問32)が起こらないことがある。この状態を(問34)という。

　また、固体から気体へ、液体を経由しないで直接変化することを(問35)という。

【下欄】
1 沸点　　2 昇華　　3 融解　　4 凝固点降下　　5 凝縮　　6 凝固
7 沸騰　　8 過冷却　　9 蒸発　　0 凝固点

問 36 〜問 40　次の設問の答えとして最も適当なものの番号をそれぞれ下欄から選びなさい。

　　ただし、質量数は、H＝1、He＝2、C＝12、O＝16、Na＝23、S＝32とする。

問36　鉛蓄電池の放電により、負極の鉛が 0.5 mol 反応すると、何 mol の電子が流れるか。

【下欄】

1　0.2 mol　　　　2　0.4 mol　　　　3　0.6 mol　　　　4　0.8 mol　　　　5　1.0 mol

問37　水酸化ナトリウム 4.0 g を少量の水で溶かした後、水を加えて 200 mL の水溶液にした。この水溶液のモル濃度は何 mol/L か。

【下欄】

1　0.2 mol/L　　　　2　0.5 mol/L　　　　3　1.0 mol/L　　　　4　1.5 mol/L
5　2.0 mol/L

問38　1.0×10^5 Pa で 6.0 L の気体は、温度を一定に保ちながら体積を 2.0 L に圧縮すると、圧力は何 Pa になるか。

【下欄】

1　1.0×10^5 Pa　　2　2.0×10^5 Pa　　3　3.0×10^5 Pa　　4　4.0×10^5 Pa
5　5.0×10^5 Pa

問39　酢酸 18 g の物質量は何 mol か。

【下欄】

1　0.1 mol　　2　0.3 mol　　3　0.5 mol　　4　1.0 mol　　5　1.5 mol

問40　各気体 10 g を比較したとき、物質量が最も大きいものはどれか。

【下欄】

1　He　　　　2　CO_2　　　　3　SO_2　　　　4　CH_4　　　　5　C_3H_8

問 41 〜問 45　次の記述の下線部が正しいものは1を、誤っているものは2を選びなさい。

問41　カルボン酸とアルコールが縮合して生じる化合物を、<u>エステル</u>という。

問42　周期表の3〜11 族の元素を<u>典型元素</u>という。

問43　シス形とトランス形からなる異性体を、互いに<u>光学異性体</u>という。

問44　オストワルト法は<u>硝酸</u>の工業的製造方法である。

問45　スクロース(ショ糖)やマルトース(麦芽糖)は<u>単糖</u>に分類される。

神奈川県

問 46 ～問 50　下表は脂肪族カルボン酸の分類を示している。（　　　）の中に入る最も適当なものの番号を下欄から選びなさい。

飽和モノカルボン酸	ギ酸
	（問 46）
不飽和モノカルボン酸	アクリル酸
	（問 47）
飽和ジカルボン酸	アジピン酸
	（問 48）
不飽和ジカルボン酸	マレイン酸
	（問 49）
ヒドロキシ酸	乳酸
	（問 50）

【下欄】
1　フマル酸　　　2　サリチル酸　　3　酒石酸　　　4　酢酸
5　リン酸　　　　6　シュウ酸　　　7　リノール酸　8　フタル酸
9　硝酸　　　　　0　安息香酸

〔毒物及び劇物の性質及び貯蔵その他の取扱方法〕
（一般）

問 51 ～問 55　次の物質について、貯蔵方法の説明として最も適当なものの番号を下欄から選びなさい。

問 51 アクロレイン　　　　問 52 四塩化炭素　　　　問 53 黄燐

問 54 ベタナフトール　　　問 55 カリウム

【下欄】
1　空気や光線に触れると赤変するため、遮光して貯蔵する。
2　空気中にそのまま貯蔵することはできないので、通常石油中に貯蔵する。
3　亜鉛又は錫すずメッキをした鋼鉄製容器で保管し、高温に接しない場所に保管する。ドラム缶で保管する場合は、雨水が漏入しないようにし、直射日光を避け冷所に貯蔵する。
4　火気厳禁。非常に反応性に富む物質なので、安定剤を加え、空気を遮断して貯蔵する。
5　空気に触れると発火しやすいので、水中に沈めて瓶に入れ、さらに砂を入れた缶中に固定して、冷暗所に貯蔵する。

問 56 ～問 60　次の物質について、その主な用途として最も適当なものの番号を下欄から選びなさい。

問 56 六弗化タングステン　　　問 57 ヒドラジン　　　問 58 塩素酸カリウム

問 59 クロム酸亜鉛カリウム　　　問 60 パラフエニレンジアミン

【下欄】
1　ロケット燃料　　　2　半導体配線の原料　　　3　さび止め下塗り塗料
4　工業用のマッチ、煙火、爆発物の原料、酸化剤、抜染剤、医療用外用消毒剤
5　染料製造、毛皮の染色、ゴム工業、染毛剤、試薬

問 61 ～問 65　次の物質について、性状の説明として最も適当なものの番号を下欄から選びなさい。

　問 61　三塩化アンチモン　　　問 62　水銀　　　問 63　セレン化鉄
　問 64　燐化水素　　　　　　　問 65　メチルメルカプタン

【下欄】
　1　淡黄色の結晶で、水分により分解して、オキシ塩化物と白煙(塩化水素の気体)を生成する。
　2　腐ったキャベツ様の悪臭を有する気体で、水に可溶で結晶性の水化物を生成する。
　3　黒色塊状で、空気中高温で分解する。
　4　無色の気体で、腐った魚の臭いを有する。
　5　銀白色、金属光沢を有する重い液体。

問 66 ～問 70　次の物質について、毒性の説明として最も適当なものの番号を下欄から選びなさい。

　問 66　アニリン　　　問 67　トルエン　　　問 68　硫酸タリウム　　　問 69　ブロム水素酸
　問 70　蓚酸

【下欄】
　1　吸入した場合、頭痛、食欲不振等がみられる。大量に吸入した場合、緩和な大赤血球性貧血を起こす。
　2　接触部位の激痛、皮膚の潰瘍を起こすほか、眼接触では疼痛、結膜浮腫から失明することもある。蒸気の吸入によって頭痛、めまい、肺浮腫を起こす。
　3　血液毒と神経毒を有しているため、血液に作用してメトヘモグロビンを作り、チアノーゼを引き起こす。
　4　疝痛、嘔吐、振戦、痙攣、麻痺等の症状に伴い、次第に呼吸困難となり、虚脱症状となる。
　5　血液中のカルシウム分を奪取し、神経系を侵す。急性中毒症状は、胃痛、嘔吐、口腔・咽喉の炎症、腎障害である。

問 71 ～問 75　次の文章はメタノールについて記述したものである。(　　)の中に入る最も適当なものの番号をそれぞれ下欄から選びなさい。

化学式：(　問 71　)　　　　分　類：(　問 72　)
性　状：無色透明、(　問 73　)で、特異な香気を有する。
用　途：(　問 74　)　　　　毒　性：(　問 75　)

【問 71 下欄】
　1　CH_4O　　　　　　2　C_2H_6O　　　　　　3　C_3H_8O

【問 72 下欄】
　1　劇物　　　　　　2　毒物(特定毒物を除く。)　　　3　特定毒物

【問 73 下欄】
　1　潮解性のある固体　　2　揮発性のある液体　　　3　腐食性のある気体

【問 74 下欄】
　1　手指用消毒薬　　　2　金属石鹸　　　　3　塗料等の溶剤

【問 75 下欄】
　1　頭痛、めまい、嘔吐、下痢、腹痛等を起こし、致死量に近ければ麻酔状態になり、視神経が侵され、眼がかすみ、失明することがある。
　2　極めて猛毒で、希薄な蒸気でも吸入すると呼吸中枢を刺激し、次いで麻痺させる。
　3　原形質毒であり、脳の節細胞を麻酔させ、赤血球を溶解する。吸収すると、はじめは嘔吐、瞳孔の縮小、運動性不安が現れる。

（農業用品目）

問 51 ～問 55　次の物質について、原体の性状及び製剤の用途の説明として最も適当なものの番号を下欄から選びなさい。

問 51　5－メチル－1，2，4－トリアゾロ［3，4－b］ベンゾチアゾール【別名：トリシクラゾール】

問 52　O－エチル＝S－プロピル＝［(2 E)－2－(シアノイミノ)－3－エチルイミダゾリジン－1－イル］ホスホノチオアート【別名：イミシアホス】

問 53　N－(4－t－ブチルベンジル)－4－クロロ－3－エチル－1－メチルピラゾール－5－カルボキサミド【別名：テブフエンピラド】

問 54　2，3，5，6－テトラフルオロ－4－メチルベンジル＝(Z)－(1 R S，3 R S)－3－(2－クロロ－3，3，3－トリフルオロ－1－プロペニル)－2，2－ジメチルシクロプロパンカルボキシラート【別名：テフルトリン】

問 55　トランス－N－(6－クロロ－3－ピリジルメチル)－N'－シアノ－N－メチルアセトアミジン【別名：アセタミプリド】

【下欄】

1　淡黄色結晶。水に難溶。有機溶媒に可溶。野菜類、果樹類等のハダニ類等の害虫を防除する殺虫剤として用いられる。

2　無色の結晶。水、有機溶媒に難溶。稲のいもち病を防除する殺菌剤として用いられる。

3　淡褐色の固体。水に難溶。有機溶媒に可溶。野菜等のコガネムシ類、ネキリムシ類、キスジノミハムシ、ハリガネムシ類などの土壌害虫を防除する殺虫剤として用いられる。

4　白色の結晶固体。有機溶媒に可溶。果樹類、野菜類、茶、花き等のアブラムシ類、アザミウマ類、チョウ目害虫を防除する殺虫剤として用いられる。

5　無色透明の液体。野菜類、花き類等のセンチュウ類、ネダニ類を防除する殺虫剤として用いられる。

問 56 ～問 60　次の製剤について、劇物に該当するものは1を、毒物(特定毒物を除く。)に該当するものは2を、特定毒物に該当するものは3を、これらのいずれにも該当しないものは4を選びなさい。

問 56　モノフルオール酢酸ナトリウムを1パーセント含有する製剤

問 57　1，1'－イミノジ(オクタメチレン)ジグアニジン【別名：イミノクタジン】を25パーセント含有する製剤

問 58　メチル＝(E)－2－［2－［6－(2－シアノフエノキシ)ピリミジン－4－イルオキシ］フエニル］－3－メトキシアクリレート【別名：アゾキシストロビン】を50パーセント含有する製剤

問 59　1，1'－ジメチル－4，4'－ジピリジニウムジクロリド【別名：パラコート】を5パーセント含有する製剤

問 60　2，3－ジヒドロ－2，2－ジメチル－7－ベンゾ〔b〕フラニル－N－ジブチルアミノチオ－N－メチルカルバマート【別名：カルボスルファン】を5パーセント含有する製剤

神奈川県

問 61 ～問 65　次の物質の化学組成等を踏まえた分類の説明について、正しいものは
1を、誤っているものは2を選びなさい。

|問 61|　Ｓ－メチル－Ｎ－［(メチルカルバモイル)－オキシ］－チオアセトイミデー
ト【別名：メトミル、メソミル】は、有機リン系殺虫剤である。

|問 62|　１－(６－クロロ－３－ピリジルメチル)－Ｎ－ニトロイミダゾリジン－２－
イリデンアミン【別名：イミダクロプリド】は、ネオニコチノイド系殺虫剤で
ある。

|問 63|　ジエチル－３，５，６－トリクロル－２－ピリジルチオホスフエイト【別名
：クロルピリホス】は、カーバメート系殺虫剤である。

|問 64|　５－ジメチルアミノ－１，２，３－トリチアン蓚酸塩【別名：チオシクラ
ム】は、ネライストキシン系殺虫剤である。

|問 65|　α－シアノ－４－フルオロ－３－フエノキシベンジル＝３－(２，２－ジクロ
ロビニル)－２，２－ジメチルシクロプロパンカルボキシラート【別名：シフル
トリン】は、ピレスロイド系殺虫剤である。

問 66 ～問 70　次の文章は、４－クロロ－３－エチル－１－メチル－Ｎ－［４－(パラ
トリルオキシ)ベンジル］ピラゾール－５－カルボキサミド【別名：トルフェン
ピラド】について述べたものである。(　　)の中に入る最も適当なものの番号を
下欄から選びなさい。

本品は、(|問 66|)の(|問 67|)で、水に(|問 68|)。
毒物及び劇物取締法では(|問 69|)に指定されている。(|問 70|)として用いられる。

【問 66 下欄】
　1　褐色　　　　　　　2　類白色　　　　　　3　淡緑色
【問 67 下欄】
　1　粉末　　　　　　　2　油状液体　　　　　3　気体
【問 68 下欄】
　1　溶けやすい　　　　2　溶けにくい
【問 69 下欄】
　1　劇物　　　　　　　2　毒物(特定毒物を除く。)　　3　特定毒物
【問 70 下欄】
　1　殺虫剤　　　　　　2　殺鼠剤　　　　　　3　除草剤

問 71 ～問 75　次の物質の性状の説明について、正しいものは1を、誤っているもの
は2を選びなさい。

|問 71|　(ＲＳ)－α－シアノ－３－フエノキシベンジル＝Ｎ－(２－クロロ－α，α，
α－トリフルオロ－パラトリル)－Ｄ－バリナート【別名：フルバリネート】は、
淡黄色又は黄褐色の液体で水に溶けやすい。

|問 72|　４－ブロモ－２－(４－クロロフエニル)－１－エトキシメチル－５－トリフ
ルオロメチルピロール－３－カルボニトリル【別名：クロルフエナピル】は、類
白色の粉末固体で水にほとんど溶けない。

|問 73|　１－ｔ－ブチル－３－(２，６－ジイソプロピル－４－フエノキシフエニル)
チオウレア【別名：ジアフェンチウロン】は、白～灰白色結晶固体で、化学式は、
$C_{23}H_{32}N_2OS$ である。

|問 74|　２－ｔ－ブチル－５－(４－ｔ－ブチルベンジルチオ)－４－クロロピリダジ
ン－３(２Ｈ)－オン【別名：ピリダベン】は、赤色の結晶性の粉末で、水にきわ
めて溶けにくい。

|問 75|　Ｓ，Ｓ－ビス(１－メチルプロピル)＝Ｏ－エチル＝ホスホロジチオアート【別
名：カズサホス】は、硫黄臭のある淡黄色の液体で、有機溶媒に溶けやすい。

（特定品目）

問51～問55　次の物質について、毒性の説明として最も適当なものの番号を下欄から選びなさい。

問51 ホルムアルデヒド　　問52 水酸化ナトリウム　　問53 蓚酸

問54 四塩化炭素　　問55 クロム酸ナトリウム

【下欄】

1　血液中のカルシウム分を奪取し、神経系を侵す。急性中毒症状は、胃痛、嘔吐、口腔・咽喉の炎症、腎障害である。

2　口と食道が赤黄色に染まり、のちに青緑色に変化する。腹痛が生じ、緑色のものを吐き出し、血の混じった便をする。

3　蒸気は粘膜を刺激し、鼻カタル、結膜炎、気管支炎等を起こさせる。高濃度水溶液は、皮膚に対し壊疽を起こさせ、しばしば湿疹を生じさせる。

4　吸入した場合、はじめ頭痛、悪心等をきたし、また黄疸のように角膜が黄色となり、しだいに尿毒症様を呈し、重症なときは死亡する。

5　皮膚に触れると激しく侵し、また高濃度溶液を経口摂取すると、口内、食道、胃等の粘膜を腐食して死亡する。

問56～問60　次の物質について、貯蔵方法の説明として最も適当なものの番号を下欄から選びなさい。

問56 アンモニア水　　問57 過酸化水素水　　問58 水酸化カリウム

問59 ホルマリン　　問60 メチルエチルケトン

【下欄】

1　引火しやすく、また、その蒸気は空気と混合して爆発性の混合ガスとなるので、火気は絶対に近づけないようにして貯蔵する。

2　二酸化炭素と水を吸収する性質が強いため、密栓して貯蔵する。

3　低温では混濁することがあるので、常温で貯蔵する。

4　少量ならば褐色ガラス瓶、大量ならばカーボイ等を使用し、3分の1の空間を保って貯蔵する。直射日光を避け、冷所に有機物、金属塩、樹脂、油類、その他有機性蒸気を放出する物質と引き離して貯蔵する。

5　温度の上昇により空気より軽いガスを生成し、また、揮発しやすいので、密栓して貯蔵する。

問61～問65　次の物質について、その主な用途として最も適当なものの番号を下欄から選びなさい。

問61 メタノール　　問62 重クロム酸カリウム　　問63 硝酸

問64 硅弗化ナトリウム　　問65 一酸化鉛

【下欄】

1　工業用の酸化剤、媒染剤、製革用、電池調整用、顔料原料

2　樹脂、燃料、試薬

3　顔料、ゴムの加硫促進剤、ガラスの原料

4　釉薬

5　冶金、ピクリン酸やニトログリセリンの製造

問 66 ～問 70　次の物質について、性状の説明として最も適当なものの番号を下欄から選びなさい。

問66 塩酸　　　　問67 過酸化水素水　　　問68 クロム酸ストロンチウム
問69 酸化第二水銀　　問70 キシレン

【下欄】
1　無色透明の液体。25 パーセント以上のものは湿った空気中で発煙し、刺激臭がある。
2　赤色または黄色の粉末で、製法によって色が異なる。500 ℃で分解する。
3　淡黄色粉末で、水に溶けにくく、酸、アルカリに可溶。
4　無色透明の高濃度な液体。強く冷却すると稜柱状の結晶に変化する。
5　無色透明の液体。芳香族炭化水素特有の臭いがある。

問 71 ～問 75　次の文章はトルエンについて記述したものである。（　）の中に入る最も適当なものの番号をそれぞれ下欄から選びなさい。

分　類：(問71)
化 学 式：(問72)
規　制：トルエンを含有するシンナーは、毒物及び劇物取締法第 3 条の 3 に規定する(問73)とされている。
性　状：(問74)
廃棄方法：(問75)

【問 71 下欄】
1　劇物　　　　　2　毒物(特定毒物を除く。)　　　3　特定毒物

【問 72 下欄】
1　$C_6H_5CH_3$　　2　$C_6H_5NH_2$　　3　C_6H_5OH

【問 73 下欄】
1　興奮、幻覚又は麻酔の作用を有する物に該当し、みだりに摂取し、若しくは吸入し、又はこれらの目的で所持してはならない
2　引火性、発火性又は爆発性のある物に該当し、業務その他正当な理由による場合を除いては、所持してはならない
3　着色すべき物に該当し、厚生労働省令で定める方法により着色したものでなければ、これを農業用として販売し、又は授与してはならない

【問 74 下欄】
1　気体　　　　2　液体　　　　3　固体

【問 75 下欄】
1　中和法　　　2　燃焼法　　　3　希釈法

〔実　地〕

（一般）

問 76 ～問 80　次の物質について、廃棄方法として最も適当なものの番号を下欄から
選びなさい。
なお、廃棄方法は「毒物及び劇物の廃棄の方法に関する基準」によるものとする。

問 76 モノクロル酢酸　　問 77 過酸化ナトリウム　　問 78 過酸化尿素

問 79 塩化バリウム　　　問 80 エチレンオキシド

【下欄】
1　水に加えて希薄な水溶液とし、酸（希塩酸、希硫酸等）で中和した後、多量の水
で希釈して処理する。
2　可燃性溶剤とともにアフターバーナー及びスクラバーを備えた焼却炉の火室へ
噴霧し焼却する。
3　多量の水で希釈して処理する。
4　水に溶かし、硫酸ナトリウムの水溶液を加えて処理し、沈殿濾過して埋立処分
する。
5　多量の水に少量ずつガスを吹き込み溶解し希釈した後、少量の硫酸を加え、ア
ルカリ水で中和し、活性汚泥で処理する。

問 81 ～問 85　次の物質について、鑑識法として最も適当なものの番号を下欄から選び
なさい。

問 81 水酸化ナトリウム　　問 82 臭素　　問 83 硝酸鉛　　問 84 アンモニア水

問 85 セレン

【下欄】
1　水溶液を白金線につけて無色の火炎中に入れると、火炎は著しく黄色に染まり、
長時間続く。
2　でんぷんのり液を橙黄色に染め、沃化カリウムでんぷん紙を藍変し、フルオレ
ッセン溶液を赤変する。
3　少量を磁製のルツボに入れて熱すると、小爆鳴を発し、赤褐色の蒸気を出す。
4　炭の上に小さな孔をつくり、無水炭酸ナトリウムの粉末とともに試料を吹管炎
で熱灼すると、特有のニラ臭を出し、冷えると赤色の塊となる。これに濃硫酸を
加えると緑色に溶ける。
5　濃塩酸を潤したガラス棒を近づけると、白い霧を生じる。

問 86 ～問 90　次の物質について、漏えい時の措置として最も適当なものの番号を下
欄から選びなさい。
なお、作業にあたっては、風下の人を退避させ周囲の立入禁止、保護具の着用、
風下での作業を行わないことや廃液が河川等に排出されないよう注意する等の基
本的な対応のうえ実施することとする。

問 86 クロロホルム　　問 87 シアン化カリウム　　問 88 過酸化水素水

問 89 弗化水素酸　　問 90 硝酸銀

神奈川県

- 121 -

【下欄】
1　飛散したものは空容器にできるだけ回収する。砂利等に付着している場合は、砂利等を回収し、そのあとに水酸化ナトリウム、炭酸水素ナトリウム等の水溶液を散布してアルカリ性とし、さらに酸化剤の水溶液で酸化処理を行い、多量の水で洗い流す。
2　多量に漏えいした場合、漏えいした液は土砂等でその流れを止め、安全な場所に導き多量の水で十分に希釈して洗い流す。
3　飛散したものは空容器にできるだけ回収し、そのあと食塩水を用いて処理し、多量の水で洗い流す。
4　空容器にできるだけ回収し、そのあとを中性洗剤等の分散剤を使用して多量の水で洗い流す。
5　空容器にできるだけ回収し、そのあとを徐々に注水してある程度希釈した後、水酸化カルシウム等の水溶液で処理し、多量の水で洗い流す。発生する気体は霧状の水をかけて吸収させる。

問 91 ～ 問 95　次の文章は、塩酸について記述したものである。（　　）の中に入る最も適当なものの番号をそれぞれ下欄から選びなさい。
　　なお、廃棄方法は「毒物及び劇物の廃棄の方法に関する基準」によるものとする。

分　　類：（ 問 91 ）。（ただし、塩化水素 10 パーセント以下を含有するものを除く。）
性　　状：無色透明の液体。種々の金属を溶解し、（ 問 92 ）を生成。
廃棄方法：（ 問 93 ）
鑑 識 法：硝酸銀溶液を加えると、塩化銀の（ 問 94 ）沈殿を生じる。
硫酸及び過マンガン酸カリウムを加えて加熱すると、（ 問 95 ）を発生させる。

【問 91 下欄】
1　劇物　　　　2　毒物(特定毒物を除く。)　　　3　特定毒物
【問 92 下欄】
1　水素　　　　2　酸素　　　3　塩素
【問 93 下欄】
1　燃焼法　　　2　中和法　　　3　沈殿隔離法
【問 94 下欄】
1　赤色　　　　2　黒色　　　3　白色
【問 95 下欄】
1　水素　　　　2　酸素　　　3　塩素

問 96 ～ 問 100　次の文章は、硫酸第二銅について記述したものである。（　　）の中に入る最も適当なものの番号をそれぞれ下欄から選びなさい。
　　なお、廃棄方法は「毒物及び劇物の廃棄の方法に関する基準」によるものとする。

性　　状：（ 問 96 ）の結晶。150 ℃で結晶水を失って、（ 問 97 ）の無水硫酸銅の粉末を生成する。
用　　途：工業用電解液の原料、媒染剤、（ 問 98 ）
鑑 識 法：水に溶かして硝酸バリウムを加えると、（ 問 99 ）の沈殿を生じる。
廃棄方法：焙焼法、（ 問 100 ）

【問 96 下欄】
1　赤褐色　　　　2　濃い藍色　　　　3　無色
【問 97 下欄】
1　金属銅色　　　　2　青色　　　　3　白色
【問 98 下欄】
1　漂白剤　　　　2　界面活性剤　　　　3　農薬

【問 99 下欄】
1 青色　　　　　2 白色　　　　　3 黒色
【問 100 下欄】
1 沈殿法　　　　2 活性汚泥法　　　3 中和法

（農業用品目）

問 76 ～問 80　次の物質について、廃棄方法として最も適当なものの番号を下欄から選びなさい。
　　なお、廃棄方法は「毒物及び劇物の廃棄の方法に関する基準」によるものとする。

問76 シアン化カリウム
問77 塩素酸ナトリウム
問78　2－イソプロピル－4－メチルピリミジル－6－ジエチルチオホスフエイト
　　【別名：ダイアジノン】
問79 硫酸
問80 硫酸第二銅

【下欄】
1 水酸化ナトリウム水溶液等でアルカリ性とし、高温加圧下で加水分解する。
2 水に溶かし、水酸化カルシウム、炭酸ナトリウム等の水溶液を加えて処理し、沈殿濾過して埋立処分する。
3 還元剤の水溶液に希硫酸を加えて酸性にし、この中に少量ずつ投入する。反応終了後、反応液を中和し多量の水で希釈して処理する。
4 徐々に石灰乳等の攪拌溶液に加え中和させた後、多量の水で希釈して処理する。
5 可燃性溶剤とともにアフターバーナー及びスクラバーを備えた焼却炉の火室に噴霧し、焼却する。

問 81 ～問 85　次の物質について、漏えい時の措置として最も適当なものの番号を下欄から選びなさい。
　　なお、作業にあたっては、風下の人を退避させ周囲の立入禁止、保護具の着用、風下での作業を行わないことや廃液が河川等に排出されないよう注意する等の基本的な対応のうえ実施することとする。

問81 ジメチルジチオホスホリルフエニル酢酸エチル
　　【別名：フェントエート、ＰＡＰ】
問82 シアン化ナトリウム
問83 クロルピクリン
問84 燐化亜鉛
問85 液化アンモニア

神奈川県

【下欄】
1 少量の場合は、漏えいした液は布で拭き取るか、またはそのまま風にさらして蒸発させる。多量の場合は、漏えいした液は土砂等でその流れを止め、多量の活性炭または水酸化カルシウムを散布して覆い、至急関係先に連絡し専門家の指示により処理する。
2 飛散したものは、表面を速やかに土砂等で覆い、密閉可能な空容器にできるだけ回収して密閉する。汚染された土砂等も同様の措置をし、そのあとを多量の水で洗い流す。
3 飛散したものは空容器にできるだけ回収する。砂利等に付着している場合は、砂利等を回収し、そのあとに水酸化ナトリウム、炭酸ナトリウム等の水溶液を散布してアルカリ性(pH11以上)とし、さらに酸化剤(次亜塩素酸ナトリウム、さらし粉等)の水溶液で酸化処理を行い、多量の水で洗い流す。
4 付近の着火源となるものを速やかに取り除き、少量の場合は、漏えい箇所を濡れむしろ等で覆い、遠くから多量の水をかけて洗い流す。多量の場合は、漏えい箇所を濡れむしろ等で覆い、ガス状の本物質に対しては遠くから霧状の水をかけ吸収させる。
5 付近の着火源となるものを速やかに取り除き、漏えいした液は土砂等でその流れを止め、安全な場所に導き、空容器にできるだけ回収し、そのあとを水酸化カルシウム等の水溶液を用いて処理し、中性洗剤等の分散剤を使用して多量の水で洗い流す。

問86 ～問90 次の文章は、N－メチル－1－ナフチルカルバメート【別名：カルバリル、NAC】について記述したものである。（ ）の中に入る最も適当なものの番号を下欄から選びなさい。

分　　類：(問86)（ただし、N－メチル－1－ナフチルカルバメート5パーセント以下を含有するものを除く。）

性　　状：水に(問87)。

用　　途：(問88)

廃棄方法：燃焼法、(問89)
　　　　　なお、廃棄方法は「毒物及び劇物の廃棄の方法に関する基準」によるものとする。

漏えい時の措置：(問90)
　　　　　なお、作業にあたっては、周囲の立入禁止、保護具の着用、風下での作業を行わないこと等の基本的な対応のうえ実施することとする。

【問86 下欄】
1 劇物　　　　　2 毒物(特定毒物を除く。)　3 特定毒物

【問87 下欄】
1 溶けやすい　　2 溶けにくい

【問88 下欄】
1 除草剤　　　　2 リンゴの摘果剤　　　3 土壌殺菌剤

【問89 下欄】
1 酸化法　　　　2 分解沈殿法　　　　　3 アルカリ法

【問90 下欄】
1 空容器にできるだけ回収し、そのあとを水酸化カルシウム等の水溶液を用いて処理し、多量の水を用いて洗い流す。
2 土壌等でその流れを止め、安全な場所に導き、空容器にできるだけ回収し、そのあとを土壌で覆って十分接触させた後、土壌を取り除き、多量の水を用いて洗い流す。
3 土砂等でその流れを止め、液が広がらないようにして蒸発させる。

問91～問95　次の文章は、2，2'－ジピリジリウム－1，1'－エチレンジブロミド【別名：ジクワット】について記載したものである。（　　）の中に入る最も適当なものの番号をそれぞれ下欄から選びなさい。
　　　なお、廃棄方法は「毒物及び劇物の廃棄の方法に関する基準」によるものとする。

分　　類：（ 問91 ）
性　　状：（ 問92 ）の（ 問93 ）で、水に可溶。
用　　途：（ 問94 ）
廃棄方法：（ 問95 ）

【問91 下欄】
　1　劇物　　　　　2　毒物(特定毒物を除く。)　3　特定毒物

【問92 下欄】
　1　無色透明　　2　青色　　　　　　　　3　淡黄色

【問93 下欄】
　1　液体　　　　2　結晶　　　　　　　　3　樹脂状固体

【問94 下欄】
　1　殺菌剤　　　2　殺虫剤　　　　　　　3　除草剤

【問95 下欄】
　1　燃焼法　　　2　中和法　　　　　　　3　還元法

問96～問100　次の文章は、燐化アルミニウムとその分解促進剤とを含有する製剤について記述したものである。（　　）の中に入る最も適当なものの番号をそれぞれ下欄から選びなさい。
　　　なお、廃棄方法は「毒物及び劇物の廃棄の方法に関する基準」によるものとする。

分　　類：（ 問96 ）
用　　途：（ 問97 ）
鑑　識　法：本剤より発生したガスは、5～10パーセント硝酸銀溶液を吸着させた濾紙を（ 問98 ）させる。
廃棄方法：（ 問99 ）
注意事項：火災等での燃焼や、酸との接触、水との反応によって有毒な（ 問100 ）を発生する。

【問96 下欄】
　1　劇物　　　　　2　毒物(特定毒物を除く。)　3　特定毒物

【問97 下欄】
　1　除草剤　　　2　殺菌剤　　　　　3　倉庫燻蒸剤

【問98 下欄】
　1　黒変　　　　2　赤変　　　　　　3　青変

【問99 下欄】
　1　徐々に石灰乳等の攪拌溶液に加えて中和させた後、多量の水で希釈して処理する。
　2　木粉(おが屑)等の可燃物に混ぜて、スクラバーを備えた焼却炉で処理する。
　3　多量の水酸化ナトリウム水溶液に吹き込んだのち、高温加圧化で加水分解する。

【問100 下欄】
　1　亜硫酸ガス　　2　ホスゲン　　　　3　ホスフィン

（特定品目）

問 76 ～問 80　次の物質について、鑑識法として最も適当なものの番号を下欄から選びなさい。

問 76　クロロホルム　　問 77　塩酸　　問 78　四塩化炭素

問 79　ホルマリン　　　問 80　水酸化ナトリウム

【下欄】

1　レゾルシンと 33 パーセントの水酸化カリウム溶液と熱すると黄赤色を呈し、緑色の蛍石彩を放つ。

2　硝酸銀溶液を加えると、白い沈殿を生成する。

3　フェーリング溶液とともに熱すると、赤色の沈殿を生成する。

4　アルコール性の水酸化カリウムと銅粉とともに煮沸すると、黄赤色の沈殿を生成する。

5　水溶液を白金線につけて無色の火炎中に入れると、火炎は著しく黄色に染まり、長時間続く。

問 81 ～問 85　次の物質について、廃棄方法として最も適当なものの番号を下欄から選びなさい。

なお、廃棄方法は「毒物及び劇物の廃棄の方法に関する基準」によるものとする。

問 81　クロロホルム　　問 82　一酸化鉛　　問 83　硅弗化ナトリウム

問 84　アンモニア　　　問 85　塩素

【下欄】

1　セメントを用いて固化し、溶出試験を行い、溶出量が判定基準以下であることを確認して埋立処分する。

2　水で希薄な水溶液とし、酸(希塩酸、希硫酸等)で中和させた後、多量の水で希釈して処理する。

3　多量のアルカリ水溶液(石灰乳又は水酸化ナトリウム水溶液等)中に吹き込んだ後、多量の水で希釈して処理する。

4　水に溶かし、水酸化カルシウム等の水溶液を加えて処理した後、希硫酸を加えて中和し、沈殿濾過して埋立処分する。

5　過剰の可燃性溶剤又は重油等の燃料と共にアフターバーナー及びスクラバーを備えた焼却炉の火室へ噴霧してできるだけ高温で焼却する。

問 86 ～問 90　5 種類の物質Ａ、Ｂ、Ｃ、Ｄ及びＥについて、識別するための実験 1 ～ 5 を行ったところ、結果は次のとおりだった。この結果から、それぞれの物質として最も適当なものの番号を下欄から選びなさい。

実験 1 ：物質Ａにあらかじめ熱灼した酸化銅を加えると、酸化銅が還元されて金属銅色を呈した。

実験 2 ：物質Ｂを水で薄めると激しく発熱し、木片等に触れるとそれらを炭化して黒変させた。

実験 3 ：物質Ｂ及び物質Ｃの水溶液に青色のリトマス試験紙を浸すと、リトマス試験紙が赤変した。

実験 4 ：物質Ｃは無色、物質Ｅは黄色の結晶である。物質Ｃを乾燥空気中に置いたところ風化し、物質Ｅを空気中に置いたところ潮解した。

実験 5 ：物質Ｄ及び物質Ｅの水溶液に赤色のリトマス試験紙を浸すと、リトマス試験紙が青変した。

物質Ａ：（ 問 86 ）　　物質Ｂ：（ 問 87 ）　　物質Ｃ：（ 問 88 ）

物質Ｄ：（ 問 89 ）　　物質Ｅ：（ 問 90 ）

【下欄】
  1 クロム酸ナトリウム   2 メタノール   3 アンモニア水

  4 硫酸   5 蓚酸

問91～問95 次の文章は、重クロム酸カリウムについて記述したものである。
（ ）の中に入る最も適当なものの番号をそれぞれ下欄から選びなさい。
なお、廃棄方法は「毒物及び劇物の廃棄の方法に関する基準」によるものとする。

分   類：(問91)

化 学 式：(問92)

性   状：(問93)の結晶

廃 棄 方 法：(問94)

漏えい時の措置：(問95)なお、作業にあたっては、風下の人を退避させ周囲の立
              入禁止、保護具の着用、風下での作業を行わないことや廃液が河川等に
              排出されないよう注意する等の基本的な対応のうえ実施することとする。

【問91 下欄】
  1 劇物   2 毒物(特定毒物を除く。)   3 特定毒物

【問92 下欄】
  1 K_2CrO_4 2 $CaCrO_4$ 3 $K_2Cr_2O_7$

【問93 下欄】
  1 白色   2 橙赤色   3 黒色

【問94 下欄】
  1 燃焼法   2 還元沈殿法   3 中和法

【問95 下欄】
  1 空容器にできるだけ回収し、その後を還元剤(硫酸第一鉄等)の水溶液を散布し、
    水酸化カルシウム、炭酸ナトリウム等の水溶液で処理した後、多量の水で洗い
    流す。
  2 空容器にできるだけ回収し、その後を中性洗剤等の分散剤を使用して多量の水
    で洗い流す
  3 土砂等に吸着させて取り除くか、又はある程度水で徐々に希釈した後、水酸化
    カルシウム、炭酸ナトリウム等で中和し、多量の水で洗い流す。

問96～問100 次の品目について、毒物及び劇物取締法で規定する特定品目販売業の
登録を受けた者が、登録を受けた店舗において、販売することができる品目は1を、
販売できない品目は2を選びなさい。
ただし、含有量の記載がない品目は原体とする。

問96 塩基性酢酸鉛

問97 酸化水銀を6パーセント含有する製剤

問98 過酸化尿素

問99 塩化水素を20パーセント含有する製剤

問100 二硫化炭素

〔毒物及び劇物に関する法規〕
(一般・農業用品目・特定品目共通)

問1　次の記述のうち、毒物及び劇物取締法上、正しいものの組合せはどれか。

ア　毒物及び劇物取締法は、毒物及び劇物について、保健衛生上の見地から必要な取締を行うことを目的としている。

イ　「劇物」とは、毒物及び劇物取締法別表第二に掲げる物であって、医薬品以外のものをいう。

ウ　毒物又は劇物の製造業者が、自ら製造した毒物又は劇物を一般の消費者に販売する場合には、毒物又は劇物の販売業の登録は必要ない。

エ　毒物劇物営業者、特定毒物研究者又は特定毒物使用者でなければ、特定毒物を所持してはならない。

1　ア、イ　　　2　ア、エ　　　3　イ、ウ　　　4　ウ、エ

問2　次のうち、毒物及び劇物取締法第3条の3で規定されている興奮、幻覚又は麻酔の作用を有し、みだりに摂取し、若しくは吸入し、又はこれらの目的で所持してはならない劇物はどれか。

1　キシレン　　　2　クロロホルム　　　3　トルエン　　　4　ホルムアルデヒド

問3　次の記述のうち、毒物及び劇物取締法上、正しいものの組合せどれか。

ア　毒物又は劇物の製造業の登録は6年ごとに、販売業の登録は5年ごとに更新を受けなければ、その効力を失う。

イ　農業用品目販売業の登録を受けた者は、農業上必要な毒物又は劇物であって厚生労働省令で定めるもの以外の毒物又は劇物を販売してはならない。

ウ　毒物劇物営業者は、飲食物の容器として通常使用される物を毒物の容器として使用してはならない。

エ　毒物劇物営業者及び特定毒物研究者は、その取扱いに係る毒物又は劇物が盗難にあい、又は紛失したときは、直ちに、その旨を保健所に届け出なければならない。

1　ア、ウ　　　2　ア、エ　　　3　イ、ウ　　　4　イ、エ

問4　次の記述のうち、毒物及び劇物取締法上、正しいものの組合せはどれか。

ア　毒物劇物営業者は、毒物の容器及び被包に「医薬用外」の文字及び白地に赤色をもって「毒物」の文字を表示しなければならない。

イ　車両を使用して、劇物である水酸化ナトリウムを1回につき 8,000 キログラム運搬する場合、車両に掲げる標識は、0.3 メートル平方の板に地を黒色、文字を白色として「毒」と表示し、車両の前後の見やすい箇所に掲げなければならない。

ウ　毒物劇物営業者は、ナトリウムを販売するときには、毒物及び劇物取締法第15条第2項の規定に基づき、購入者の氏名及び住所を確認した後でなければ販売してはならない。

エ　毒物又は劇物の販売業者は、毒物又は劇物を直接取り扱わない店舗においても、専任の毒物劇物取扱責任者を置かなければならない。

1　ア、イ　　　2　ア、エ　　　3　イ、ウ　　　4　ウ、エ

問5　次の記述のうち、毒物及び劇物取締法上、正しいものはどれか。

1　毒物又は劇物の販売業者は、毒物劇物取扱責任者が婚姻により氏名が変更したときには30日以内に、店舗の所在地の都道府県知事(店舗の所在地が保健所を設置する市又は特別区の区域にある場合は、市長又は区長)に届け出なければならない。
2　毒物劇物取扱者試験に合格した20歳の者は、毒物劇物取扱責任者になることができる。
3　毒物劇物取扱者試験に合格した者でなければ、毒物劇物取扱責任者になることができない。
4　特定品目毒物劇物取扱者試験に合格した者は、毒物及び劇物取締法第4条の3第2項に規定する厚生労働省令で定める劇物のみを製造する製造所において毒物劇物取扱責任者になることができる。

問6　次のうち、毒物及び劇物取締法第10条の規定により、毒物又は劇物の販売業者が30日以内に届出をしなければならない事項として、誤っているものはどれか。

1　店舗における営業を廃止したとき
2　毒物又は劇物を貯蔵する設備の重要な部分を変更したとき
3　店舗の名称を変更したとき
4　販売する毒物又は劇物の品目を変更したとき

問7　次のうち、毒物及び劇物取締法第12条第2項の規定により、毒物又は劇物の製造業者が自ら製造した毒物又は劇物を他の毒物劇物営業者に販売するとき、その容器及び被包に表示しなければならない事項の組合せとして正しいものはどれか。

ア　毒物又は劇物の名称　　　　　イ　製造所の名称及び所在地
ウ　毒物又は劇物の製造番号　　　エ　毒物又は劇物の成分及びその含量

1　ア、イ　　　2　ア、エ　　　3　イ、ウ　　　4　ウ、エ

問8　次の記述のうち、毒物及び劇物取締法上、正しいものはどれか。

1　毒物劇物営業者が毒物又は劇物を毒物劇物営業者以外の者に販売するとき、毒物及び劇物取締法第14条第2項の規定により、譲受人が作成する書面には譲受人の押印は必要ない。
2　毒物劇物営業者が毒物又は劇物を毒物劇物営業者以外の者に販売するとき、毒物及び劇物取締法第14条第2項の規定により譲受人から提出を受けた書面は、販売した日から5年間保存しなければならない。
3　毒物又は劇物の販売業者は、15歳の者に毒物又は劇物を販売することができる。
4　毒物劇物営業者は、毒物又は劇物を他の毒物劇物営業者に販売したときは、その都度、毒物又は劇物の使用目的を書面に記載しなければならない。

問9　次のうち、毒物及び劇物取締法第22条第1項の規定により、事業場の所在地の都道府県知事(事業場の所在地が保健所を設置する市又は特別区の区域にある場合は、市長又は区長)に業務上取扱者の届出をしなければならない者として、正しいものはどれか。

1　シアン化ナトリウムを使用して、電気めっきを行う事業者
2　無水クロム酸を使用して、金属熱処理を行う事業者
3　亜砒酸を使用して、野ねずみの防除を行う事業者
4　最大積載量1,000キログラムのタンクローリー車を使用して、濃硫酸を運送する事業者

新潟県

問 10　次のうち、毒物及び劇物取締法第 13 条の規定により、厚生労働省令で定める
あせにくい黒色で着色したものでなければ、農業用として販売し、又は授与して
はならないものはどれか。

　　1　ジメチルエチルメルカプトエチルチオホスフェイト(別名：メチルジメトン)を
　　　含有する製剤たる毒物
　　2　モノフルオール酢酸の塩類を含有する製剤たる毒物
　　3　燐化亜鉛を含有する製剤たる劇物
　　4　モノフルオール酢酸アミドを含有する製剤たる毒物

〔基礎化学〕
(一般・農業用品目・特定品目共通)

問11　次のうち、アルカリ土類金属元素はどれか。

　　1　ヘリウム　　2　リチウム　　3　カルシウム　　4　アルミニウム

問 12　次のうち、銅が炎色反応によって示す色はどれか。

　　1　黄　　　2　赤紫　　3　赤　　4　青緑

問13　次のうち、黒鉛と同素体の関係にあるものはどれか。

　　1　マグネシウム　　2　黄リン　　3　ダイヤモンド　　4　亜鉛

問14　次の　A　及び　B　に当てはまる語句の組合せとして正しいものはどれか。

> 塩化ナトリウム水溶液に硝酸銀水溶液を加えると　A　沈殿が生じる反応は、
> B　の確認に利用される。

　　　　　A　　　　　B
　　1　白色　－　塩素元素(Cl)
　　2　黒色　－　塩素元素(Cl)
　　3　白色　－　ナトリウム元素(Na)
　　4　黒色　－　ナトリウム元素(Na)

問15　次のうち、硝酸0.3molの質量として正しいものはどれか。ただし、原子量は、
水素を 1 、窒素を14、酸素を16とする。

　　1　9.3 g　　　2　14.1 g　　3　18.9 g　　　4　93 g

問 16　次のうち、正しい記述はどれか。

　　1　溶液を加熱して発生した蒸気を冷却することにより、目的の物質(液体)を取り
　　　出す操作を蒸留という。
　　2　混合物から目的の物質を適切な溶媒に溶かして分離する操作を再結晶という。
　　3　液体とそれに溶けない固体の混合物を、ろ紙や漏斗を用いて分離する操作をク
　　　ロマトグラフィーという。
　　4　温度による溶解度の差を利用して物質を分離・精製する操作を抽出という。

問17　次のうち、物質とその結合の組合せとして正しいものはどれか。

　　　　　A　　　　　　　B
　　1　水酸化鉄　　－　金属結合
　　2　塩化カリウム　－　配位結合
　　3　アルミニウム　－　イオン結合
　　4　二酸化炭素　　－　共有結合

新潟県

問18 次のうち、正しい記述はどれか。
1 水酸化ナトリウム水溶液は、青色リトマス紙を赤色に変える。
2 電離度が1に近い酸を強酸という。
3 pH指示薬であるフェノールフタレインは、酸性側に変色域がある。
4 塩基性では、pHは7より小さくなる。

問19 次のうち、下線をつけた原子の酸化数が最も大きいものはどれか。
1 $\underline{N}_2$ 2 $\underline{N}O_2$ 3 $\underline{N}O_3^-$ 4 $\underline{N}H_3$

問20 次のうち、Ag(銀)、Fe(鉄)、K(カリウム)をイオン化傾向の大きい順に並べると正しいものはどれか。
1 K > Fe > Ag   2 K > Ag > Fe
3 Ag > K > Fe   4 Fe > K > Ag

〔毒物及び劇物の性質及び 貯蔵その他取扱方法〕

(一般)

問21 次のうち、特定毒物に該当するものはどれか。
1 モノフルオール酢酸アミド   2 トルエン   3 砒(ひ)素
4 アセタミプリド

問22 次の A 及び B に当てはまる語句の組合せとして正しいものはどれか。

四塩化炭素は麻酔性の芳香を有する無色の重い液体で、 A ある。アルコール性の水酸化カリウムと銅粉とともに煮沸すると、 B の沈殿を生成する。

　　　A　　　B
1 不燃性 － 白色
2 不燃性 － 黄赤色
3 可燃性 － 白色
4 可燃性 － 黄赤色

問23 次の記述のうち、正しいものはどれか。
1 沃(よう)素は、空気中に保管すると昇華しやすいので、エーテル中に保管する。
2 黄燐(りん)は、空気に触れると発火しやすいので、石油中に保管する。
3 カリウムは、空気中にそのまま貯蔵することはできないので、通常石油中に保管する。
4 ピクリン酸は、火気に対し安全で隔離された場所に、鉄、銅、鉛等の金属容器を使用して保管する。

問24 次の記述のうち、正しいものはどれか。
1 硫酸の希釈水溶液に塩化バリウムを加えると、赤褐色の沈殿が生じる。
2 アニリンの水溶液にさらし粉を加えると、淡黄色を呈する。
3 シアン化ナトリウムの水溶液は強酸性であり、アルカリと反応すると有毒かつ引火性のシアン化水素を生成する。
4 臭素は、燃焼性はないが強い腐食作用を有し、濃塩酸と反応すると高熱を発する。

問 25　常温常圧下で固体のものはどれか。
　　1　亜硝酸ナトリウム　　2　イミダクロプリド　　3　四メチル鉛
　　4　弗化バリウム

問 26　次のうち、トリクロル酢酸の廃棄方法として最も適切なものはどれか。
　　1　燃焼法　　　2　沈殿法　　　3　活性汚泥法　　　4　酸化法

問 27　次のうち、引火性を有するものはどれか。
　　1　キシレン　　2　クロルピクリン　　3　弗化水素酸　　4　ホスゲン

問 28　次の鑑識法により同定される物質はどれか。

> 　水に溶かして塩酸を加えると、白色の沈殿が生じる。その液に硫酸と銅粉を加
> えて熱すると、赤褐色の蒸気が生じる。

　　1　セレン　　2　硝酸銀　　3　ニコチン　　4　酢酸鉛

問 29　次のうち、アンモニアに関する記述として誤っているものはどれか。
　　1　特有の刺激臭のある無色の気体であり、圧縮することによって、常温でも簡単
　　　に液化する。
　　2　空気中では燃焼しないが、酸素中では黄色の炎を上げて燃焼し、主に窒素及び
　　　水を生成する。
　　3　水に可溶であるが、エタノール及びエーテルには不溶である。
　　4　廃棄方法として、水で希薄な水溶液とし、酸で中和させた後、多量の水で希釈
　　　して処理する。

問 30　次のうち、イソキサチオンの中毒治療薬として、主に用いられるものはどれか。
　　1　ジメルカプロール(別名：BAL)　　　2　亜硝酸ナトリウム
　　3　グルコン酸カルシウム　　　　　　　4　硫酸アトロピン

新潟県

（農業用品目）

問 21　次のうち、カルボスルファンの中毒治療薬として、主に用いられるものはどれ
　　か。
　　1　チオ硫酸ナトリウム
　　2　2－ピリジルアルドキシムメチオダイド(別名：PAM)
　　3　硫酸アトロピン
　　4　エデト酸カルシウム二ナトリウム

問 22　次の　A　、　B　及び　C　に当てはまる語句の組合せとして正しいものは
　　どれか。

> 　メトミルは、　A　、常温常圧で　B　である。主に　C　として用いら
> れる。

　　　　　　　　A　　　　　　　　B　　　　　C
　　1　強い刺激臭があり　－　固体　－　除草剤
　　2　弱い硫黄臭があり　－　固体　－　殺虫剤
　　3　強い刺激臭があり　－　液体　－　殺虫剤
　　4　弱い硫黄臭があり　－　液体　－　除草剤

問 23　次のうち、塩素酸ナトリウムの廃棄方法として、最も適切なものはどれか。

　　1　燃焼法　　2　中和法　　3　焙焼法　　4　還元法

問 24　次のうち、1パーセントを含有する製剤が劇物に該当するものはどれか。

　　1　エチル＝（Z）－3－［N－ベンジル－N－［［メチル（1－メチルチオエチリデ
　　　ンアミノオキシカルボニル）アミノ］チオ］アミノ］プロピオナート
　　　（別名：アラニカルブ）
　　2　イミノクタジン　　　3　チアクロプリド　　4　イソキサチオン

問 25　次のうち、クロルピクリンに関する記述として正しいものはどれか。

　　1　引火性がある。　　　2　催涙性がある。　　　3　無臭である。
　　4　酸に不安定である。

問 26　次の性質を有する物質として最も適当なものはどれか。

> 殺虫剤として用いられ、常温常圧下において白色の結晶性粉末であり、水に不
> 溶である。熱、酸に安定であり、紫外線により分解する。

　　1　ベンフラカルブ
　　2　ホスチアゼート
　　3　2－ジフェニルアセチル－1・3－インダンジオン（別名：ダイファシノン）
　　4　（RS）－α－シアノ－3－フェノキシベンジル＝（1RS・3RS）－（1RS
　　　・3SR）－3－（2・2－ジクロロビニル）－2・2－ジメチルシクロプロパン
　　　カルボキシラート（別名：シペルメトリン）

問 27　次のうち、有機燐化合物に分類されるものはどれか。

　　1　2－チオ－3・5－ジメチルテトラヒドロ－1・3・5－チアジアジン
　　　（別名：ダゾメット）
　　2　メチル－N’・N’－ジメチル－N－［（メチルカルバモイル）オキシ］－1－
　　　チオオキサムイミデート（別名：オキサミル）
　　3　ジメトエート
　　4　クロルフェナピル

問 28　次のうち、アセタミプリドに関する記述として正しいものはどれか。

　　1　カーバメイト系の化合物である。
　　2　除草剤として用いられる。
　　3　白色の結晶である。
　　4　エタノールに不溶である。

問 29　次のうち、物質とその常温常圧下での性質に関する記述として正しいものはど
　　　れか。

　　1　テブフェンピラドは、淡黄色の結晶であり、有機溶媒に可溶である。
　　2　ダイアジノンは、淡褐色の結晶であり、水に難溶である。
　　3　4－クロロ－3－エチル－1－メチル－N－［4－（パラトリルオキシ）ベンジ
　　　ル］ピラゾール－5－カルボキサミド（別名：トルフェンピラド）は、黄色の粉末
　　　結晶であり、メタノールに不溶である。
　　4　（RS）－α－シアノ－3－フェノキシベンジル＝（RS）－2－（4－クロロフ
　　　ェニル）－3－メチルブタノアート（別名：フェンバレレート）は、無色の粘稠性
　　　液体であり、水に可溶である。

問 30 次のうち、ジメチルジチオホスホリルフェニル酢酸エチル(別名：フェントエート)に関する記述として正しいものはどれか。

1 芳香性の刺激臭を有する。 2 無色の液体である。
3 アルカリに安定である。 4 除草剤として用いられる。

（特定品目）

問 21 次のうち、5％製剤が劇物に該当するものはどれか。

1 過酸化水素 2 水酸化カリウム 3 クロム酸鉛 4 酸化水銀

問 22 次のうち、硫酸の鑑識法として正しいものはどれか。

1 銅屑(くず)を加えて熱すると、藍色を呈して溶け、その際赤褐色の蒸気が生じる。
2 希釈水溶液に塩化バリウムを加えると、白色沈殿が生じるが、この沈殿は塩酸や硝酸に溶けない。
3 アルコール性の水酸化カリウムと銅粉とともに煮沸すると、黄赤色の沈殿が生じる。
4 フェーリング溶液とともに熱すると、赤色沈殿が生じる。

問 23 次のうち、不燃性を有するものはどれか。

1 クロロホルム 2 トルエン 3 メタノール 4 キシレン

問 24 多量に漏えいした場合に、次の措置を行うことが最も適切な物質はどれか。

風下の人を退避させ、漏えいした場所の周辺にはロープを張るなどして人の立入りを禁止する。付近の着火源となるものを速やかに取り除く。作業の際は必ず保護具を着用し、風下で作業をしない。漏えいした液は、土砂等でその流れを止め、安全な場所に導き、液の表面を泡で覆いできるだけ空容器に回収する。

1 過酸化水素 2 キシレン 3 塩素 4 硫酸

問 25 次のうち、毒物劇物特定品目販売業の登録を受けた者が販売できるものはどれか。

1 ぎ酸 2 酢酸タリウム 3 ホルマリン 4 水酸化バリウム

問 26 次のうち、メチルエチルケトンの廃棄方法として最も適切なものはどれか。

1 燃焼法 2 中和法 3 沈殿隔離法 4 還元法

問 27 次の毒性を有する物質として最も適当なものはどれか。

口と食道が赤黄色に染まり、のちに青緑色に変化する。腹部が痛くなり、緑色のものを吐き出し、血の混じった便をする。重症になると、尿に血が混じり、けいれんを起こしたり、さらに気を失う。

1 クロロホルム 2 一酸化鉛 3 蓚酸(しゅう) 4 クロム酸カリウム

問 28　次の　A　及び　B　に当てはまる語句の組合せとして正しいものはどれか。

> アンモニアは、空気中では燃焼しないが、酸素中では　A　の炎を上げて燃焼し、主として　B　及び水を生成する。

```
      A      B
1  黄色 － 硝酸
2  黄色 － 窒素
3  青色 － 硝酸
4  青色 － 窒素
```

問 29　次のうち、塩化水素に関する記述として正しいものの組合せはどれか。

ア　吸湿すると金属への腐食性がなくなる。
イ　空気に対する比重は１より小さい。
ウ　濃い水溶液は湿った空気中で発煙し、刺激臭がある。
エ　水、メタノール、エタノール及びエーテルに溶けやすい。

1　ア、イ　　　2　ア、ウ　　　3　イ、エ　　　4　ウ、エ

問 30　次の記述のうち、正しいものの組合せはどれか。

ア　濃硫酸は比重が極めて大きく、水で薄めると発熱する。
イ　トルエンの蒸気は空気より重く、引火しやすい。
ウ　水酸化カリウムは、空気中に放置すると風解する。
エ　過酸化水素は安定な化合物で、アルカリ存在下でも分解しない。

1　ア、イ　　　2　ア、ウ　　　3　イ、エ　　　4　ウ、エ

〔毒物及び劇物の識別及び取扱方法〕

（一般）

問 31　次の記述のうち、炭酸バリウムの常温常圧下での性状として正しいものはどれか。

1　白色の粉末で、アルコールに溶ける。
2　赤褐色の粉末で、アルコールに溶ける。
3　白色の粉末で、アルコールに溶けない。
4　赤褐色の粉末で、アルコールに溶けない。

問 32　次のうち、炭酸バリウムの用途として最も適するものはどれか。

1　香料　　　2　界面活性剤　　　3　消毒剤　　　4　釉薬

問 33　次の記述のうち、１・３－ジカルバモイルチオ－２－（N・N－ジメチルアミノ）－プロパン塩酸塩（別名：カルタップ）の常温常圧下での性状として正しいものはどれか。

1　黄色の結晶で、水に溶ける。
2　黄色の結晶で、水に溶けない。
3　無色の結晶で、水に溶ける。
4　無色の結晶で、水に溶けない。

新潟県

問 34 次のうち、1・3－ジカルバモイルチオ－2－（N・N－ジメチルアミノ）－プロパン塩酸塩(別名：カルタップ)の用途として最も適するものはどれか。

  1　除草剤　　2　殺菌剤　　3　殺虫剤　　4　殺鼠剤

問 35 次の記述のうち、アジ化ナトリウムの常温常圧下での性状として正しいものはどれか。

  1　黒色の結晶で、水に溶けないが、エーテルには溶ける。
  2　黒色の結晶で、水に溶けるが、エーテルには溶けない。
  3　無色の結晶で、水に溶けないが、エーテルには溶ける。
  4　無色の結晶で、水に溶けるが、エーテルには溶けない。

問 36 次のうち、アジ化ナトリウムの用途として最も適するものはどれか。

  1　界面活性剤　　2　防腐剤　　3　香料　　4　洗浄剤

問 37 次の記述のうち、塩素の常温常圧下での性状として正しいものはどれか。

  1　窒息性臭気をもつ黄緑色の気体である。
  2　窒息性臭気をもつ無色の気体である。
  3　窒息性臭気をもつ黄緑色の液体である。
  4　窒息性臭気をもつ無色の液体である。

問 38 次のうち、塩素の用途として最も適するものはどれか。

  1　酸化剤　　2　防錆剤　　3　還元剤　　4　界面活性剤

問 39 次の記述のうち、塩化亜鉛の常温常圧下での性状として正しいものはどれか。

  1　白色の結晶で、風解性がある。　　2　白色の結晶で、潮解性がある。
  3　黒色の結晶で、風解性がある。　　4　黒色の結晶で、潮解性がある。

問 40 次のうち、塩化亜鉛の用途として最も適するものはどれか。

  1　消火剤　　2　界面活性剤　　3　乾電池材料　　4　ガラスのつや消し

（農業用品目）

問 31 次の記述のうち、2・2’－ジピリジリウム－1・1’－エチレンジブロミド(別名：ジクワット)の常温常圧下での性状として正しいものはどれか。

  1　腐食性があり、水に可溶である。
  2　刺激臭があり、水に可溶である。
  3　腐食性があり、酸に不安定である。
  4　刺激臭があり、酸に不安定である。

問 32 次のうち、2・2’－ジピリジリウム－1・1’－エチレンジブロミド(別名：ジクワット)の用途として最も適するものはどれか。

  1　殺菌剤　　2　殺鼠剤　　3　殺虫剤　　4　除草剤

問 33 次の記述のうち、燐化亜鉛の常温常圧下での性状として正しいものはどれか。

  1　暗赤色で光沢のある粉末であり、希酸に不溶である。
  2　暗赤色で光沢のある粉末であり、ベンゼンに可溶である。
  3　白色で光沢のある粉末であり、ベンゼンに可溶である。
  4　白色で光沢のある粉末であり、希酸に不溶である。

新潟県

問 34　次のうち、燐化亜鉛の用途として最も適するものはどれか。

　　1　殺菌剤　　　2　土壌燻蒸剤　　　3　殺虫剤　　　4　殺鼠剤

問 35　次の記述のうち、1・3－ジカルバモイルチオ－2－(N・N－ジメチルアミ
　　　ノ)－プロパン塩酸塩(別名：カルタップ)の常温常圧下での性状として正しいも
　　　のはどれか。

　　1　無色の結晶であり、水に可溶である。
　　2　淡黄色の液体であり、水に可溶である。
　　3　無色の結晶であり、ベンゼンに可溶である。
　　4　淡黄色の液体であり、ベンゼンに可溶である。

問 36　次のうち、1・3－ジカルバモイルチオ－2－(N・N－ジメチルアミノ)－プ
　　　ロパン塩酸塩(別名：カルタップ)の用途として最も適するものはどれか。

　　1　殺菌剤　　　2　除草剤　　　3　殺虫剤　　　4　殺鼠剤

問 37　次の記述のうち、イミダクロプリドの常温常圧下での性状として正しいものは
　　　どれか。

　　1　赤褐色の結晶であり、水に難溶である。
　　2　赤褐色の結晶であり、水に易溶である。
　　3　無色の結晶であり、水に難溶である。
　　4　無色の結晶であり、水に易溶である。

問 38　次のうち、イミダクロプリドの用途として最も適するものはどれか。

　　1　殺鼠剤　　　2　殺虫剤　　　3　除草剤　　　4　植物成長調整剤

問 39　次の記述のうち、ジチアノンの常温常圧下での性状として正しいものはどれか。

　　1　暗褐色の結晶性粉末であり、水に難溶である。
　　2　暗褐色の結晶性粉末であり、水に易溶である。
　　3　白色の液体であり、水に難溶である。
　　4　白色の液体であり、水に易溶である。

問 40　次のうち、ジチアノンの用途として最も適するものはどれか。

　　1　除草剤　　　2　殺鼠剤　　　3　殺菌剤　　　4　殺虫剤

(特定品目)

問 31　次の記述のうち、塩素の常温常圧下での性状として正しいものはどれか。

　　1　窒息性臭気をもつ黄緑色の液体である。
　　2　窒息性臭気をもつ黄緑色の気体である。
　　3　窒息性臭気をもつ無色の液体である。
　　4　窒息性臭気をもつ無色の気体である。

問 32　次のうち、塩素の用途として最も適するものはどれか。

　　1　還元剤　　　2　防錆剤　　　3　界面活性剤　　　4　酸化剤

新潟県

問 33　次の記述のうち、硅弗化ナトリウムの常温常圧下での性状として正しいものは
　　　どれか。

1　赤褐色の結晶で、アルコールに溶ける。
2　赤褐色の結晶で、アルコールに溶けない。
3　白色の結晶で、アルコールに溶ける。
4　白色の結晶で、アルコールに溶けない。

問 34　次のうち、硅弗化ナトリウムの用途として最も適するものはどれか。

1　殺菌剤　　2　漂白剤　　3　釉薬　　4　染料

問 35　次の記述のうち、重クロム酸カリウムの常温常圧下での性状として正しいもの
　　　はどれか。

1　橙赤色の結晶で、水に溶けない。
2　橙赤色の結晶で、水に溶ける。
3　黒色の結晶で、水に溶けない。
4　黒色の結晶で、水に溶ける。

問 36　次のうち、重クロム酸カリウムの用途として最も適するものはどれか。

1　漂白剤　　2　酸化剤　　3　還元剤　　4　香料

問 37　次の記述のうち、硝酸の常温常圧下での性状として正しいものはどれか。

1　極めて純粋で水分を含まないものは、無色の液体で、空気に接すると刺激性
　　黒煙を発する。
2　極めて純粋で水分を含まないものは、暗褐色の液体で、空気に接すると刺激性
　　黒煙を発する。
3　極めて純粋で水分を含まないものは、無色の液体で、空気に接すると刺激性白
　　霧を発する。
4　極めて純粋で水分を含まないものは、暗褐色の液体で、空気に接すると刺激性
　　白霧を発する。

問 38　次のうち、硝酸の用途として最も適するものはどれか。

1　殺菌剤　　2　漂白剤　　3　消火剤　　4　冶金

問 39　次の記述のうち、水酸化ナトリウムの常温常圧下での性状として正しいものは
　　　どれか。

1　白色の固体で、風解性がある。
2　白色の固体で、潮解性がある。
3　赤褐色の固体で、風解性がある。
4　赤褐色の固体で、潮解性がある。

問 40　次のうち、水酸化ナトリウムの用途として最も適するものはどれか。

1　せっけん製造原料
2　金属鍍金
3　界面活性剤
4　殺菌剤

〔法　規〕
（一般・農業用品目・特定品目共通）

問1　次の文章は、毒物及び劇物取締法の条文の抜粋である。（　　）内にあてはまる語句の正しいものの組み合わせを≪選択肢≫から選びなさい。

（目的）

第1条　この法律は、毒物及び劇物について、保健衛生上の見地から必要な（**問1**）を行うことを目的とする。

≪選択肢≫

問1　1　取締　　2　措置　　3　規制　　4　指導　　5　管理

問2～問3　次の文章は、毒物及び劇物取締法の条文の抜粋である。（　　）内にあてはまる語句を≪選択肢≫から選びなさい。

第2条第2項

この法律で「劇物」とは、別表第二に掲げる物であつて、（**問2**）及び（**問3**）以外のものをいう。

≪選択肢≫

問2　1　医薬品　2　指定薬物　　3　化粧品　　4　医薬部外品　　5　食品

問3　1　医薬品　2　指定薬物　　3　化粧品　　4　医薬部外品　　5　食品

問4　次の文章は、毒物及び劇物取締法の条文の抜粋である。（　　）内にあてはまる語句の正しい組み合わせを≪選択肢≫から選びなさい。

（禁止規定）

第3条の3　興奮、幻覚又は（　a　）の作用を有する毒物又は劇物（これらを含有する物を含む。）であって政令で定めるものは、みだりに（　b　）し、若しく は吸入し、又はこれらの目的で（　c　）してはならない。

≪選択肢≫

	a	b	c
1	催眠	摂取	所持
2	催眠	使用	所持
3	催眠	使用	授与
4	麻酔	摂取	所持
5	麻酔	使用	授与

問5　次の毒物及び劇物取締法に関する記述の正誤について、正しい組み合わせを≪選択肢≫から選びなさい。

a　毒物又は劇物を自家消費する目的で製造する場合であっても、毒物又は劇物の製造業の登録が必要である。

b　薬局の開設許可を受けた者は、毒物又は劇物の販売業の登録を受けた者とみなされる。

c　毒物又は劇物の製造業者は、販売業の登録を受けなくても、その製造した毒物又は劇物を、他の毒物又は劇物の製造業者に販売することができる。

d　毒物又は劇物の一般販売業の登録を受けた者は、毒物及び劇物取締法施行規則で農業用品目に定められている劇物を販売することはできない。

≪選択肢≫

	a	b	c	d
1	正	正	誤	正
2	誤	誤	正	誤
3	誤	誤	正	正
4	誤	正	誤	正
5	正	正	正	誤

問6　次の毒物及び劇物取締法第 10 条の規定により毒物劇物営業者が行う届出について、正しいものの組み合わせを≪選択肢≫から選びなさい。

　a　法人である毒物劇物営業者が、法人の代表者を変更したときは、30 日以内に その旨を届け出なければならない。
　b　毒物劇物営業者が、当該営業所における営業を廃止したときは、30 日以内に その旨を届け出なければならない。
　c　毒物又は劇物の製造業者は、登録を受けた毒物又は劇物以外の毒物又は劇物 を製造したときは、30 日以内にその旨を届け出なければならない。
　d　法人である毒物劇物営業者が、法人の名称を変更したときは、30 日以内にそ の旨を届け出なければならない。

　≪選択肢≫
　　1（a、b）　　2（b、c）　　3（c、d）　　4（a、d）　　5（b、d）

問7　次の毒物又は劇物の製造業の登録基準に関する記述の正誤について、正しい組み合わせを≪選択肢≫から選びなさい。

　a　貯水池その他容器を用いないで毒物又は劇物を貯蔵する設備は、毒物又は劇物が飛散し、地下にしみ込み、又は流れ出るおそれがないものであること。
　b　毒物又は劇物の製造作業を行う場所は、毒物又は劇物を含有する粉じん、蒸気又は廃水の処理に要する設備又は器具を備えていること。
　c　毒物又は劇物の運搬用具は、毒物又は劇物が飛散し、漏れ、又はしみ出るおそれがないものであること。
　d　毒物又は劇物を陳列する場所にかぎをかける設備があること。ただし、盗難等に対する措置を講じているときは、この限りでない。

≪選択肢≫

	a	b	c	d
1	正	正	誤	正
2	誤	正	正	誤
3	誤	誤	正	正
4	誤	正	誤	正
5	正	正	正	誤

問8　次の毒物及び劇物取締法第 21 条第 1 項の規定による登録が失効した場合等の措置に関する記述について、（　）内にあてはまる語句の正しい組み合わせを≪選択肢≫から選びなさい。

　　毒物劇物営業者、特定物研究者又は特定毒物使用者は、その営業の登録若しくは特定毒物研究者の許可が効力を失い、又は特定毒物使用者でなくなったときは、（　a　）以内に、（　b　）特定毒物。（　c　）を届け出なければならない。

　≪選択肢≫

	a	b	c
1	15 日	現に所有する	品名
2	15 日	現に所有する	品名及び数量
3	15 日	廃棄した	品名及び数量
4	30 日	現に所有する	品名及び数量
5	30 日	廃棄した	品名

問9　次のうち、引火性、発火性又は爆発性のある毒物又は劇物であって、業務その他正当な理由による場合を除いては、所持してはならないものとして、毒物及び劇物取締法施行令で定められているものの正しい組み合わせを≪選択肢≫から選びなさい。

　a　亜塩素酸ナトリウム 30％を含有する製剤　　b　トリニトロトルエン
　c　ピクリン酸　　　　　　　　　　　　　　　d　亜硝酸カリウム

　≪選択肢≫
　　1（a、b）　　　2（a、c）　　　3（a、d）　　　4（b、d）　　　5（c、d）

問 10　次の毒物没び劇物取締法に関する記述の正誤について、正しい組み合わせを≪選択肢≫から選びなさい。

a　毒物又は劇物の現物を取り扱うことなく、伝票処理のみの方法によって販売又は授与しようとする場合、毒物劇物取扱責任者を置けば、毒物劇物販売業の登録を受ける必要はない。

b　毒物又は劇物の製造業、輸入業又は販売業の登録は、製造所、営業所又は店舗ごとに、その製造所、営業所又は店舗の所在地の都道府県知事（販売業にあってはその店舗の所在地が、保健所を設置する市又は特別区の区域にある場合においては、市長又は区長。）が行う。

c　毒物又は劇物の製造業の登録は、5年ごとに、更新を受けなければ、その効力を失う。

d　毒物劇物特定品目販売業者は、特定毒物を販売することができる。

≪選択肢≫

	a	b	c	d
1	正	正	誤	正
2	誤	正	正	誤
3	誤	誤	正	正
4	誤	正	誤	正
5	正	正	正	誤

問 11　次のうち、特定毒物に指定されていないものを≪選択肢≫から選びなさい。

≪選択肢≫

1　燐化アルミニウムとその分解促進剤とを含有する製剤
2　四アルキル鉛
3　モノフルオール酢酸
4　テトラエチルピロホスフェイト
5　酢酸タリウム

問 12　次の毒物劇物取扱責任者に関する記述の正誤について、正しい組み合わせを≪選択肢≫から選びなさい。

a　一般毒物劇物取扱者試験の合格者は、特定品目販売業の店舗の毒物劇物取扱責任者となることはできない。

b　毒物劇物営業者は、自ら毒物劇物取扱責任者となることができる。

c　毒物劇物営業者が、毒物劇物製造業及び毒物劇物販売業を併せ営む場合において、その製造所及び店舗が互いに隣接している場合であっても、毒物劇物取扱責任者は、それぞれ専任の者を置かなければならない。

d　毒物劇物営業者が、毒物劇物取扱責任者を変更したときは、30 日以内に、その毒物劇物取扱責任者の氏名を届け出なければならない。

≪選択肢≫

	a	b	c	d
1	正	正	誤	正
2	誤	正	正	誤
3	誤	誤	正	正
4	誤	正	誤	正
5	正	正	正	誤

問 13　次の毒物及び劇物取締法第 8 条の規定に関する記述について、正しいものの組み合わせを≪選択肢≫から選びなさい。

a　18 歳未満の者は、毒物劇物取扱者試験に合格しても、毒物劇物取扱責任者になることができない。

b　厚生労働省令で定める学校で、応用化学に関する学課を修了した者は、毒物劇物取扱責任者になることができる。

c　毒物又は劇物を取り扱う製造所、営業所又は店舗において、毒物又は劇物を 直接に取り扱う業務に 2 年以上従事した経験があれば、毒物劇物取扱責任者に なることができる。

d　医師は、毒物劇物取扱者試験に合格することなく、毒物劇物取扱責任者になる ことができる。

≪選択肢≫

1（a、 b）　　　2（b、 c）　　　3（c、 d）　　　4（a、 d）　　　5（b、 d）

富山県

問 14　次の特定毒物に関する記述のうち、正しいものの組み合わせを≪選択肢≫から選びなさい。

a 特定毒物研究者は、取り扱う特定毒物の品目ごとに許可を受けなければならない。
b 毒物若しくは劇物の輸入業者又は特定毒物研究者でなければ、特定毒物を輸入してはならない。
c 毒物劇物営業者、特定毒物研究者又は特定毒物使用者でなければ、特定毒物を譲り渡し、又は譲り受けてはならない。
d 学術研究のために、特定毒物を製造し、又は使用する場合に限り、その主たる研究所の所在地の都道府県知事又は指定都市の長の許可を受けなくても特定毒物を製造できる。

≪選択肢≫
　1 (a、b)　　　2 (a、c)　　　3 (b、c)　　　4 (b、d)　　　5 (c、d)

問 15　次の記述は、毒物及び劇物取締法等の条文の抜粋である。（　）内にあてはまる語句の正しい組み合わせを≪選択肢≫から選びなさい。

法第 11 条第 4 項
　毒物劇物営業者及び特定毒物研究者は、毒物又は厚生労働省令で定める劇物については、その容器として、（　a　）を使用してはならない。

省令第 11 条の 4
　法第 11 条第 4 項に規定する劇物は、（　b　）とする。

≪選択肢≫

	a	b
1	密閉できない構造の物	すべての劇物
2	衝撃に弱い構造の物	常温・常圧下で液体の劇物
3	飲食物の容器として通常使用される物	すべての劇物
4	密閉できない構造の物	興奮、幻覚作用のある劇物
5	飲食物の容器として通常使用される物	常温・常圧下で液体の劇物

問 16　次の文章は、毒物及び劇物取締法施行令の条文の抜粋である。（　）内にあてはまる語句の正しい組み合わせを≪選択肢≫から選びなさい。

（毒物又は劇物を含有する物）
　第 38 条 法第 11 条第 2 項に規定する政令で定める物は、次のとおりとする。
　一 無機シアン化合物たる（　a　）を含有する液体状の物（シアン含有量が 1 リットルにつき 1 ミリグラム以下のものを除く。）
　二 （　b　）、硝酸若しくは硫酸又は水酸化カリウム若しくは水酸化ナトリウムを含有する液体状の物（水で十倍に希釈した場合の水素イオン濃度が水素指 数（　c　）までのものを除く。）
　2　前項の数値は、厚生労働省令で定める方法により定量した場合における数値 とする。

≪選択肢≫

	a	b	c
1	毒物	アンモニア	1.0 から 10.0
2	劇物	塩化水素	2.0 から 12.0
3	毒物	塩化水素	1.0 から 10.0
4	毒物	塩化水素	2.0 から 12.0
5	劇物	アンモニア	1.0 から 10.0

富山県

問 17　次のうち、毒物及び劇物取締法第 12 条第 1 項の規定に基づく毒物の容器及び
　　　被包の表示として正しいものを≪選択肢≫から選びなさい。

　　　1　「医療用外」の文字に、赤地に白色で「毒物」の文字を表示
　　　2　「医療用外」の文字に、白地に赤色で「毒物」の文字を表示
　　　3　「医薬用外」の文字に、赤地に白色で「毒物」の文字を表示
　　　4　「医薬用外」の文字に、白地に赤色で「毒物」の文字を表示
　　　5　「医薬部外」の文字に、赤地に白色で「毒物」の文字を表示

問 18　次のうち、毒物及び劇物取締法の規定により、毒物劇物営業者が硫酸タリウム
　　　を含有する製剤たる劇物を農業用劇物として販売する場合の着色方法として正し
　　　いものを≪選択肢≫から選びなさい。

　　≪選択肢≫
　　　1　あせにくい青色で着色する方法　　　2　あせにくい黄色で着色する方法
　　　3　あせにくい黒色で着色する方法　　　4　あせにくい緑色で着色する方法
　　　5　あせにくい赤色で着色する方法

問 19　次のうち、毒物及び劇物取締法第 14 条の規定により、毒物劇物営業者が、毒
　　　物又は劇物を毒物劇物営業者以外の者に販売し、又は授与するに当たって譲受人
　　　から提出を受ける書類に記載されなければならないとされている事項として、
　　　正しいものの組み合わせを≪選択肢≫から選びなさい。

　　a 譲受人の年齢　　　b 譲受人の職業　　　c 毒物又は劇物の使用目的
　　d 販売又は授与の年月日

　≪選択肢≫
　　　1（a、b）　　　2（b、c）　　　3（c、d）　　　4（a、d）　　　5（b、d）

問 20　次の毒物及び劇物取締法施行令第 40 条の規定に基づく廃棄の方法に関する記述
　　　の正誤について、正しい組み合わせを≪選択肢≫から選びなさい。

　　a　地下 50 センチメートルで、かつ、地下水を汚染するおそれがない地中に確実に
　　　埋めた。
　　b　ガス体の毒物を保健衛生上の危害を生ずるおそれが
　　　ない場所で、大量に放出した。
　　c　可燃性の毒物を保健衛生上の危害を生ずるおそれが
　　　ない場所で、少量ずつ燃焼させた。
　　d　液体の毒物を稀釈し、毒物及び劇物並びに法第 11
　　　条第 2 項に規定する政令で定める物のいずれにも該
　　　当しない物とした。

≪選択肢≫

	a	b	c	d
1	誤	誤	正	正
2	正	誤	正	正
3	正	正	誤	誤
4	正	正	正	誤
5	誤	正	正	正

問 21　次の毒物及び劇物取締法第 15 条の規定に基づく毒物又は劇物の交付の制限に関
　　　する記述の正誤について、正しいものの組み合わせを≪選択肢≫から選びなさい。

　　a 毒物劇物営業者は、16 歳の者に、毒物又は劇物を交付してもよい。
　　b 毒物劇物営業者は、大麻の中毒者に、毒物又は劇物を交付してはならない。
　　c　毒物劇物営業者が、法第 3 条の 4 に規定する引火性、発火性又は爆発性のある
　　　劇物を交付する場合は、その交付を受ける者の氏名及び住所を確認した後で なけ
　　　れば、交付してはならない。
　　d　毒物劇物営業者が、法第 3 条の 4 に規定する引火性、発火性又は爆発性のある劇
　　　物を交付した場合、帳簿を備え、最終の記載をした日から 3 年間、保存しなけれ
　　　ばならない。

　　≪選択肢≫
　　　1（a、b）　　　2（b、c）　　　3（c、d）　　　4（a、d）　　　5（b、d）

富山県

問22 次の文章は、毒物及び劇物取締法の条文の抜粋である。(　　　)内にあてはまる語句の正しい組み合わせを≪選択肢≫から選びなさい。

(事故の際の措置)

第17条 毒物劇物営業者及び特定毒物研究者は、その取扱いに係る毒物若しくは劇物又は第11条第2項の政令で定める物が飛散し、漏れ、流れ出し、染み出し、又は地下に染み込んだ場合において、不特定又は多数の者について保健衛生上の危害が生ずるおそれがあるときは、直ちに、その旨を(　a　)に届け出るとともに、保健衛生上の危害を防止するために必要な応急の措置を講じなければならない。

2 毒物劇物営業者及び特定毒物研究者は、その取扱いに係る毒物又は劇物が盗難にあい、又は紛失したときは、直ちに、その旨を(　b　)に届け出なければならない。

≪選択肢≫

	a	b
1	保健所、警察署又は消防機関	警察署
2	警察署又は消防機関	警察署又は保健所
3	保健所、警察署又は消防機関	警察署又は保健所
4	警察署又は消防機関	警察署
5	保健所、警察署又は消防機関	保健所

問23 次の毒物及び劇物取締法に基づいて都道府県知事(その店舗の所在地が、保健所を設置する市又は特別区の区域にある場合においては、市長又は区長。)が行う監視指導及び処分に関する記述について、正しいものの組み合わせを≪選択肢≫から選びなさい。

a 毒物劇物販売業者の有する設備が毒物及び劇物取締法第5条の規定に基づく登録基準に適合しなくなったと認めるときは、その者の登録を取り消さなければならない。

b 犯罪捜査上必要があると認めるときは、毒物劇物監視員に毒物劇物販売業者の店舗、その他業務上毒物又は劇物を取り扱う場所に立ち入り、帳簿その他の物件を検査させ、関係者に質問させることができる。

c 毒物劇物販売業の毒物劇物取扱責任者に、毒物及び劇物取締法に違反する行為があったときは、その販売業者に対して、毒物劇物取扱責任者の変更を命ずることができる。

d 毒物劇物販売業の登録を受けている者に、毒物及び劇物取締法に違反する行為があったときは、期間を定めて、業務の全部若しくは一部の停止を命ずることができる。

≪選択肢≫

1 (a、b)　　2 (b、c)　　3 (c、d)　　4 (a、d)　　5 (b、d)

問24 毒物及び劇物取締法や関連する法令の規定により、劇物であるアクリルニトリルを、車両1台を使用して1回につき5,000キログラム以上運搬する場合の運搬方法に関する記述の正誤について、正しい組み合わせを≪選択肢≫から選びなさい。

a 1人の運転者による連続運転時間(1回が連続10分以上で、かつ、合計が30分以上の運転の中断をすることなく連続して運転する時間をいう。)が、9時間を超える場合には、交替して運転する者を同乗させなければならない。

b 車両には、防毒マスク、ゴム手袋その他事故の際に応急の措置を講ずるために必要な保護具で厚生労働省令で定めるものを2人分以上備えなければならない。

c 車両には、運搬する劇物の名称、成分及びその含量並びに事故の際に講じなければならない応急の措置の内容を記載した書面を備えなければならない。

d 車両の前後の見やすい箇所に、0.3メートル平方の板に地を黒色、文字を白色として「劇」と表示した標識を掲げなければならない。

≪選択肢≫
	a	b	c	d
1	正	正	誤	誤
2	正	誤	正	正
3	正	誤	正	正
4	誤	正	正	誤
5	誤	正	正	正

問 25　次のうち、毒物及び劇物取締法第 22 条の規定に基づき、業務上取扱者の届出が必要な事業者に関する記述の正誤について、正しい組み合わせを≪選択肢≫から選びなさい。

a　毒物又は劇物の運送を行う事業者であって、その業務上、内容積が 200L の容器を大型自動車に積載して硫酸を運送する者

b　しろあり防除を行う事業者であって、その業務上、亜砒酸を取り扱う者

c　金属熱処理を行う事業者であって、その業務上、シアン化ナトリウムを取り扱う者

d　電気めっきを行う事業者であって、その業務上、シアン酸カリウムを取り扱う者

≪選択肢≫
	a	b	c	d
1	正	正	誤	誤
2	誤	正	正	誤
3	誤	誤	正	正
4	誤	誤	誤	正
5	正	誤	誤	誤

〔基礎化学〕
（一般・農業用品目・特定品目共通）

問 26　原油を分離・精製する工場を製油所といい、原油は石油ガス、ナフサ（粗製ガソリン）、灯油、軽油等に分離される。このときに利用される分離操作に関する記述として最も適当なものはどれか。≪選択肢≫から選びなさい。

≪選択肢≫
1　混合物を加熱し、固体から直接気体になった成分を冷却して分離する操作
2　混合物を加熱し、成分の沸点の違いを利用して、各成分に分離する操作
3　溶媒への溶けやすさの差を利用して、混合物から特定の物質を溶媒に溶かし出して分離する操作
4　温度によって物質の溶解度が異なることを利用して、混合物の溶液から純粋な物質を析出させて分離する操作
5　吸着剤等に対する成分の吸着力の差を利用して、混合物から特定の物質を分離する操作

問 27　次の a ～ e の物質の名称とその元素記号の組み合わせとして、正しいものはいくつあるか。≪選択肢≫から選びなさい。

a　リン　　　　　　－　Li
b　ホウ素　　　　　－　B
c　金　　　　　　　－　Au
d　鉛　　　　　　　－　Pb
e　ベリリウム　　　－　Br

≪選択肢≫
1　1つ　　　2　2つ　　　3　3つ　　　4　4つ　　　5　5つ

富山県

問 28　希塩酸に大理石を溶解させた溶液は、橙赤色の炎色反応を示した。この操作で確認された元素はどれか。≪選択肢≫から選びなさい。

≪選択肢≫
1　Mg　　　2　Na　　　3　Sr　　　4　Ba　　　5　Ca

問 29　次の a 〜 c の物質の状態変化に関する記述とその名称の正しい組み合わせはどれか。≪選択肢≫から選びなさい。

a　固体が液体になる変化　　　b　気体が液体になる変化　　　c　液体が気体になる変化

≪選択肢≫

	a	b	c
1	融解	凝固	昇華
2	凝固	凝縮	蒸発
3	融解	凝縮	昇華
4	昇華	凝固	蒸発
5	融解	凝縮	蒸発

問 30　次の記述 a 〜 e のうち、化学変化であるものはいくつあるか。≪選択肢≫から選びなさい。

a　水が凍る。　　　　　b　砂糖が水に溶ける。　　　c　紙が燃える。
d　鉄くぎがさびる。　　e　湯気で鏡がくもる。

≪選択肢≫
1　1つ　　　2　2つ　　　3　3つ　　　4　4つ　　　5　5つ

問 31　セシウム ^{137}Cs の半減期は 30 年である。1000 個のセシウム ^{137}Cs のうち、90 年後にセシウム ^{137}Cs として残っているのは何個か。≪選択肢≫から選びなさい。

≪選択肢≫
1　1000 個　　　2　750 個　　　3　500 個　　　4　250 個　　　5　125 個

問 32　次の a 〜 e は原子の電子配置の模式図である。a 〜 e の電子配置をもつ原子の性質に関する記述として誤りを含むものはどれか。≪選択肢≫から選びなさい。

a　　　　b　　　　c　　　　d　　　　e

🔘 原子核　　・ 電子

≪選択肢≫
1　a の電子配置をもつ原子は、他の原子と結合をつくる際、単結合だけでなく、二重結合や三重結合もつくることができる。
2　b の電子配置をもつ原子は非常に安定であり、他の原子と反応しにくい。
3　c の電子配置をもつ原子は d の電子配置をもつ原子と比べてイオン化エネルギーが小さい。
4　d の電子配置をもつ原子の価電子の数は 1 である。
5　e の電子配置をもつ原子は 2 価の陽イオンになりやすい。

富山県

問 33　次の物質のうち、イオン結晶<u>でないもの</u>はどれか。≪選択肢≫から選びなさい。

≪選択肢≫
　　1　二酸化ケイ素　　　2　硝酸ナトリウム　　　3　塩化銀　　　4　硫酸銅
　　5　炭酸カルシウム

問 34　三重結合をもつ分子はどれか。≪選択肢≫から選びなさい。

≪選択肢≫
　　1　酸素　　　2　ヨウ素　　　3　水　　　4　窒素　　　5　エチレン

問 35　次の a ～ c の身近に使われている金属に関する記述と金属の名称の正しい組み
　　　合わせはどれか。≪選択肢≫から選びなさい。
　a 電気を良く通し、導線に使われている。
　b 最も生産量が多く、橋やビル等の構造材料に使われている。
　c 軽く、飲料の缶やサッシ(窓枠)に使われている。

≪選択肢≫

	a	b	c
1	鉄	アルミニウム	銅
2	アルミニウム	銅	鉄
3	銅	鉄	アルミニウム
4	鉄	銅	アルミニウム
5	アルミニウム	鉄	銅

問 36　結晶の電気伝導性に関する次の文中の a ～ c に当てはまる語句の組み合わせと
　　　して最も適当なものはどれか。≪選択肢≫から選びなさい。

　　結晶の電気伝導性には、結晶内を自由に動くことのできる電子が重要な役割を果
たす。例えば(a)結晶は自由電子をもち電気をよく通すが、ヨウ素の結晶のような(
b)結晶は、一般に自由電子をもたず電気を通さない。また(c)　結晶は電気を通さ
ないものが多いが、黒鉛は炭素原子がつくる網目状の平面構造の中を自由に動く電
子があるために電気をよく通す。

≪選択肢≫

	a	b	c
1	金属	共有結合の	分子
2	金属	分子	共有結合の
3	共有結合の	金属	分子
4	分子	共有結合の	金属
5	分子	金属	共有結台の

問 37　質量パーセント濃度が 15%の塩化ナトリウム水溶液を 250g つくるには、何 g
　　　の塩化ナトリウムが必要か。≪選択肢≫から選びなさい。

≪選択肢≫
　　1　15. 0 g　　　2　22. 5 g　　　3　30. 5 g　　　4 37. 5 g　　　5 40. 0 g

問 38 から 問 50 の設問において、必要ならば次の原子量を用いなさい。
H :1. 0　　C :12 N :14　　O :16　　Na : 23　　A 1:27 また、標準状態(0 ℃、 1 気圧)の
気体の体積は 22. 4L/mol とする。

問 38　2. 0g の水酸化ナトリウム NaOH を水に溶かして 200mL にした溶液のモル濃度
　　　は何 mol/L か。最も適当な数値を≪選択肢≫から選びなさい。

≪選択肢≫
　　1　0. 05 mol/L　　　2　0. 15 mol/L　　　3　0. 25 mol/L　　　4　0. 35 mol/L
　　5　0. 45 mol/L

富山県

問 39　次の化学式で表される物質の分子量、式量の値が最も大きいのはどれか。≪選択肢≫から選びなさい。

≪選択肢≫
1　N_2　　2　NH_4^+　　3　H_2O_2　　4　CN^-　　5　C_2H_4

問 40　次の記述で示された酸素のうち、含まれる酸素原子の物質量が最も大きいものはどれか。正しいものを≪選択肢≫から選びなさい。

≪選択肢≫
1　0 ℃、気圧の状態で体積が 22. 4L の酸素
2　水 18g に含まれる酸素
3　過酸化水素 1 mol に含まれる酸素
4　黒鉛 12g の完全燃焼で発生する二酸化炭素に含まれる酸素
5　オゾン 1 mol に含まれる酸素

問 41　次の記述のうち下線部の数値が最も大きいものを≪選択肢≫から選びなさい。

≪選択肢≫
1　標準状態のアンモニア 22. 4L に含まれる水素原子の数
2　メタノール 1 mol に含まれる炭素原子の数
3　ヘリウム 1 mol に含まれる電子の数
4　1 mol/L の塩化カルシウム水溶液 1 L 中に含まれる塩化物イオンの数
5　二酸化炭素 44g に含まれる酸素原子の数

問 42　アルミニウムに塩酸を加えたときの、化学反応式は次のようになる。アルミニウム 5.4g を完全に反応させたとき生成する水素の体積は標準状態で何 L か。最も適当な数値を≪選択肢≫から選びなさい。

$$2Al + 6 HCl → 2AlCl_3 + 3H_2$$

≪選択肢≫
1　2. 24 L　　2　4. 48 L　　3　6. 72 L　　4　8. 96 L　　5　11. 2 L

問 43　次の反応 a ～ e のうち、下線の分子やイオンが塩基としてはたらいているものは どれか。正しいものを≪選択肢≫から選びなさい。

a　$\underline{CO_3^{2-}}$ + H_2O ⇌ HCO_3^- + OH^-
b　CH_3COO^- + $\underline{H_2O}$ ⇌ CH_3COOH + OH^-
c　$\underline{HSO_4^-}$ + H_2O ⇌ SO_4^{2-} + H_3O+
d　$\underline{HCl}$ + NH_3 → NH_4Cl
e　$\underline{H_2SO_4}$ + $2KOH$ → K_2SO_4 + $2H_2O$

≪選択肢≫
1　a　　2　b　　3　c　　4　d　　5　e

問 44　電離度 0.02 でモル濃度 0.05mol/L のアンモニア水の pH はいくつになるか。正しいものを≪選択肢≫から選びなさい。

≪選択肢≫
1　pH3　　　2　pH 5　　　3　pH7　　　4　pH9　　　5　pH11

問 45　次の a ～ e の塩のうち、正塩はどれか。すべてを正しく選択しているものとして 最も適当なものを≪選択肢≫から選びなさい。

a　CH_3COONa　　b　$MgCl(OH)$　　c　$NaCl$　　d　Na_2SO_4　　e　$NaHCO_3$

≪選択肢≫
1　a、b　　2　c、d　　3　e　　4　a、c、d　　5　b、c、e

富山県

問 46 右の図は 0.1mol/L の酸の水溶液に 0.1mol/L の塩基の水溶液を加えたと童の滴
定曲線である。酸・塩基の種類と中和点を判断するための指示薬の組み合わせと
して正しいものはどれか。≪選択肢≫から選びなさい。

≪選択肢≫
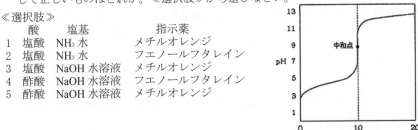

	酸	塩基	指示薬
1	塩酸	NH₃ 水	メチルオレンジ
2	塩酸	NH₃ 水	フエノールフタレイン
3	塩酸	NaOH 水溶液	メチルオレンジ
4	酢酸	NaOH 水溶液	フエノールフタレイン
5	酢酸	NaOH 水溶液	メチルオレンジ

問 47 次の文章の空欄 a ～ c に当てはまる数値の組み合わせとして正しいものはどれ
か。≪選択肢≫から選びなさい。

化学カイロ等で利用されている鉄の酸化反応は次のような化学反応式で表される。
$4Fe + 3O_2 \rightarrow 2Fe_2O_3$
この化学反応式において、鉄原子の酸化数は 0 から（ a ）へ変化し、一方、酸素原
子の酸化数は（ b ）から（ c ）へ変化している。

≪選択肢≫

	a	b	c
1	+2	0	+2
2	+2	0	-2
3	+2	-2	0
4	+3	-2	+2
5	+3	0	-2

問 48 次の記述のうち、下線の物質が酸化を防止する目的で用いられているものはど
れか。最も適当なものを≪選択肢≫から選びなさい。

≪選択肢≫
1 せんべいの袋に、生石灰 CaO を入れた小袋を入れる。
2 プールの水を、塩素 Cl₂ で処理する。
3 鉄板の表面を、亜鉛 Zn でめっきする。
4 ケーキの生地に、重曹(炭酸水素ナトリウム)NaHCO₃ を入れる。
5 消毒用アルコールにグリセリン C₃H₅(OH)₃ を混ぜる。

問 49 次の金属とイオンの組み合わせで反応が起こらないものはどれか。≪選択肢≫
から選びなさい。

≪選択肢≫
1 Zn と Ag⁺   2 Fe²⁺ と Cu   3 Cu²⁺ と Zn   4 Ag⁺ と Cu
5 Pb²⁺ と Zn

問 50 金属には常温の水とは反応せず、熱水や高温の水蒸気と反応して水素を発生す
るものがある。そのため、これらの金属を扱っている場所で火災が発生した場合
には、消火方法に注意が必要である。
アルミニウム Al、マグネシウム Mg、銅 Cu のうちで、高温の水蒸気と反応す
る金属はどれか。すべてを正しく選択しているものとして最も適当なものを≪選
択肢≫がら選びなさい。

≪選択肢≫
1 Al   2 Mg   3 Cu   4 Al、Mg   5 Mg、Cu

富山県

〔性質及び貯蔵その他取扱方法〕

（一般）

問1～問5　次の物質の毒性として、最も適当なものを≪選択肢≫から選びなさい。

問1　シアン化水素　　　問2　チメロサール　　　問3　硝酸
問4　ニコチン　　　　　問5　キシレン

≪選択肢≫

1　急性中毒では、よだれ、吐気、悪心、嘔吐があり、次いで脈拍緩徐不整となり、発汗、瞳孔縮小、意識喪失、呼吸困難、痙攣をきたす。慢性中毒では、咽頭、喉頭等のカタル、心臓障害、視力減弱、めまい、動脈硬化等をきたいときに精神異常を引き起こす。
2　吸入すると、眼、鼻、のどを刺激する。嵩濃度で興奮、麻酔作用あり。
3　蒸気は眼、呼吸器等の粘膜及び皮膚に強い刺激性をもつ。作用が強いものが皮膚に触れると気体を生成して、組織ははじめ白く、次第に深黄色となる。
4　吸入した場合、鼻、のど、気管支の粘膜に炎症を起こし、水銀中毒を起こす。
5　極めて猛毒で、希薄な蒸気でも吸入すると、呼吸中枢を刺激し、次いで麻痺させる。

問6～問10　次の物質の主な用途として、最も適当なものを≪選択肢≫から選びなさい。

問6　エチレンオキシド
問7　メタクリル酸
問8　燐化亜鉛
問9　S－メチル－N－［(メチルカルバモイル)－オキシ］－チオアセトイミデート（別名メトミル(メソミル)）
問10　1,1'－ジメチル－4,4'－ジピリジニウムジクロリド(別名　パラコート)

≪選択肢≫

1　殺虫剤。キャベツ等のアブラムシ、アオムシ、ヨトウムシ、ハスモンヨトウ、稲のニカメイチュウ、ツマグロヨコバイ、ウンカの駆除
2　アルキルエーテル等の有機合成原料、燻蒸消毒、殺菌剤
3　熱硬化性塗料、接着剤
4　殺そ剤
5　除草剤

問11～問15　次の物質の貯蔵方法として、最も適当なものを≪選択肢≫から選びなさい。

問11　黄燐　　　　問12　ピクリン酸　　　　問13　メチルエチルケトン
問14　ナトリウム　　問15　臭素

≪選択肢≫

1　火気に対し安全で隔離された場所に、硫黄、沃素(ヨード)、ガソリン、アルコール等と離して保管する。鉄、銅、鉛等の金属容器を使用しない。
2　少量ならば共栓ガラス瓶、多量ならばカーボイ、陶製壺等に保管し、直射日光を避けて、通風をよくする。
3　空気に触れると発火しやすいので、水中に沈めて瓶に入れ、さらに砂を入れた缶中に固定して、冷暗所に保管する。
4　引火しやすく、また、その蒸気は空気と混合して爆発性の混合ガスとなるので火気は近づけないで保管する。
5　空気中にそのまま保存することはできないので、通常、石油中に保管する。

問16 〜問20　次の物質の漏えい時又は飛散時の措置として、最も適当なものを≪選択肢≫から選びなさい。

問16　ブロムメチル
問17　トルエン
問18　アンモニア水
問19　ジメチル-2, 2-ジクロルビエルホスフェイト(別名　DDVP)
問20　塩化第二金

≪選択肢≫
1　少量漏えいした場合、漏えいした液は、速やかに蒸発するので周辺に近づかないようにする。多量に漏えいした場合、漏えいした液は、土砂等でその流れを止め、液が広がらないにして蒸発させる。
2　漏えいした液は土砂等でその流れを止め、安全な場所に導き、空容器にできるだけ回収し、そのあとを水酸化カルシウム等の水溶液を用いて処理した後、中性洗剤等の分散剤を使用して多量の水で洗い流す。
3　飛散したものは空容器にできるだけ回収し、炭酸ナトリウム、水酸化カルシウム等の水溶液を用いて処理し、そのあと食塩水を用いて処理し、多量の水で洗い流す。
4　付近の着火源となるものを速やかに取り除く。少量漏えいした場合、漏えいした液は、土砂等に吸着させて空容器に回収する。
5　少量漏えいした場合、漏えい箇所は濡れムシロ等で覆い遠くから多量の水を かけて洗い流す。多量に漏えいした場合、漏えいした液は土砂等でその流れを止め、安全な場所に導いて遠くから多量の水をかけて洗い流す。

問21 〜問22　次の物質を含有する製剤で、毒物及び劇物取締法や関連する法令により劇物の指定から除外される含有濃度の上限として最も適当なものを≪選択肢≫から選びなさい。

問21　ぎ酸　　　　問22　過酸化水素

≪選択肢≫
　1　6%　　　2　10%　　　3　30%　　　4　50%　　　5　90%

問23 〜問25　次の文章は、一酸化鉛について記述したものである。それぞれの(　　)内にあてはまる最も適当なものを≪選択肢≫から選びなさい。
　　一酸化鉛の化学式は(　問23　)であり、希硝酸に溶かすと、(　問24　)の液となり、これに硫化水素を通じると、(　問25　)の硫化鉛が生じて沈殿する。

≪選択肢≫
問23　1　PbCO₃　　2　PbO　　3　PbO₂　　4　TlCl　　5　Tl₂O
問24　1　黄色　　2　青色　　3　無色　　4　赤褐色　　5　黒色
問25　1　黄色　　2　青色　　3　無色　　4　赤褐色　　5　黒色

(農業用品目)
問1〜問5　次の物質の主な用途として、最も適当なものを≪選択肢≫から選びなさい。
問1　2-クロルエチルトリメチルアンモニウムクロリド(別名クロルメコート)
問2　S-メチル-N-［(メチルカルバモイル)-オキシ］-チオアセトイミデート(別名メトミル(メソミル))
問3　2-ジフェニルアセチル-1, 3-インダンジオン(別名　ダイファシノン)
問4　シアン酸ナトリウム
問5　ブロムメチル

≪選択肢≫
1 除草剤
2 殺そ剤
3 殺虫剤。キャベツ等のアブラムシ、アオムシ、ヨトウムシ、ハスモンヨトウ、稲のニカメイチュウ、ツマグロヨコバイ、ウンカの駆除
4 果樹、種子、貯蔵食糧等の病害虫の燻蒸剤
5 植物成長調整剤

問6〜問10 次の物質の貯蔵方法として、最も適当なものを≪選択肢≫から選びなさい。
問6 アンモニア水 問7 ロテノン 問8 クロルピクリン
問9 塩化亜鉛 問10 シアン化ナトリウム

≪選択肢≫
1 酸素によって分解し、殺虫効力を失うため、空気と光線を遮断して保管する。
2 成分が揮発しやすいので、密栓して保管する。
3 金属腐食性及び揮発性があるため、耐腐食性容器に入れ、密栓して冷暗所に保管する。
4 少量ならばガラス瓶、多量ならばブリキ缶は鉄ドラムを用い、酸類とは離して、風通しのよい乾燥した冷所に密封して保管する。
5 潮解性があるため、密栓して保管する。

問11〜問15 次の物質の注意事項等として、最も適当なものを≪選択肢≫から選びなさい。
問11 燐化アルミニウムとその分解促進剤とを含有する製剤
問12 塩化亜鉛
問13 硫酸
問14 ブロムメチル
問15 ジメチル－2,2-ジクロルビニルホスフェイト(別名 DDVP)

≪選択肢≫
1 火災等で強熱されると有毒な煙霧及び気体を生成するので、注意する。
2 水で薄めたものは、各種の金属を腐食して水素ガスを生成し、空気と混合して引火爆発することがある。
3 わずかに甘いクロロホルム様の臭いを有するが、臭いは極めて弱く、蒸気は空気より重いため、吸入による中毒を起こしやすい。
4 アルカリで急激に分解すると発熱するので、分解させるときは希薄な水酸化カルシウム等の水溶液を用いる。
5 火災等で燃焼すると有毒な気体を生成する。また、水と徐々に反応することによっても有毒な気体を生成する。その気体は少量の吸入であっても危険である。

問16〜問20 次の物質の漏えい時又は飛散時の措置として、最も適当なものを≪選択肢≫から選びなさい。
問16 1,1-ジメチル-4,4'-ジピリジニウムジクロリド(別名 パラコート)
問17 ジメチル－2,2-ジクロルビニルホスフェイト(別名 DDVP)
問18 アンモニア水
問19 クロルピクリン
問20 硫酸

≪選択肢≫
1 土壌等でその流れを止め、安全な場所に導き、空容器にできるだけ回収し、そのあとを土壌で覆って十分に接触させた後、土壌を取り除き、多量の水で洗い流す。
2 少量漏えいした場合、漏えい箇所は濡れムシロ等で覆い遠くから多量の水をかけて洗い流す。多量に漏えいした場合、漏えいした液は土砂等でその流れを止め、安全な場所に導いて遠くから多量の水をかけて洗い流す。
3 少量漏えいした場合、漏えいした液は土砂等に吸着させて取り除くか、又は、ある程度水で徐々に希釈した後、水酸化カルシウム、炭酸ナトリウム等で中和し、多量の水で洗い流す。
4 漏えいした液は土砂等でその流れを止め、安全な場所に導き、空窖器にできるだけ回収し、そのあとを水酸化カルシウム等の水溶液を用いて処理した後、中性洗剤等の分散剤を使用して多量の水で洗い流す。
5 少量漏えいした場合、漏えいした液は布で拭き取るか、又はそのまま風にさらして蒸発させる。多量に漏えいした場合、漏えいした液は土砂等でその流れを止め、多量の活性炭又は水酸化カルシウムを散布して覆い、至急関係先に連絡し専門家の指示により処理する。

問21～問22 次の文章の(　)内にあてはまる最も適当な語句を≪選択肢≫から選びなさい。

　ジメチルジチオホスホリルフェニル酢酸エチルは、別名フェントエートと呼ばれ、主に(　問21　)に用いられる。
　ジメチルジチオホスホリルフェニル酢酸エチル(　問22　)以下を含有する製剤は劇物から除外される。

問21　1　殺そ剤　2　殺虫剤　3　除草剤　4　植物成長調整剤　5　殺菌剤
問22　1　0.2％　2　1％　3　3％　4　5％　5　10％

問23～問25 次の文章の(　)内にあてはまる最も適当な語句を≪選択肢≫から選びなさい。

　2-イソプロピル-4-メチルピリミジル-6-ジエチルチオホスフェイト(別名　ダイアジノン)の純品は(　問23　)の液体である。主に(　問24　)に用いられる。本品に対する解毒療法として、(　問25　)を投与する。

≪選択肢≫
問23　1　無色　2　黄色　3　赤色　4　青色　5　黒色
問24　1　植物成長調整剤　2　殺菌剤　3　除草剤　4　殺そ剤
　　　5　殺虫剤
問25　1　ジメルカプロール(別名　BAL)
　　　2　エデト酸カルシウムニナトリウム
　　　3　亜硝酸ナトリウム水溶液とチオ硫酸ナトリウム水溶液
　　　4　ヘキサシアノ鉄(II)酸鉄(III)水和物(別名　プルシアンブルー)
　　　5　2-ピリジルアルドキシムメチオダイド(別名　PAM)製剤又は硫酸アトロピン製剤

富山県

（特定品目）

問1～問5 次の物質の主な用途として、最も適当なものを≪選択肢≫から選びなさい。

問1　トルエン
問2　蓚酸
問3　硝酸
問4　塩化水素
問5　四塩化炭素

≪選択肢≫
1 木、コルク、綿等の漂白剤、鉄錆（さび）による汚れ落とし、合成染料、試薬、その他真鍮、銅の研磨。
2 爆薬、染料、香料、サッカリン、合成高分子材料の原料、溶剤に用いられる。
3 無水物は塩化ビニルの原料。
4 冶金、ピクリン酸やニトログリセリン等の製造。
5 洗浄剤及び種々の清浄剤の製造。

問6〜問10 次の物質の貯蔵方法として、最も適当なものを≪選択肢≫から選びなさい。

問6 四塩化炭素　　　　問7 過酸化水素水　　　問8 クロロホルム
問9 水酸化ナトリウム　問10 アンモニア水

≪選択肢≫
1 冷暗所に貯蔵する。純品は空気と日光によって変質するので、少量のアルコールを加えて分解を防止する。
2 二酸化炭素と水を吸収する性質が強いため、密栓して保管する。
3 少量ならば褐色ガラス瓶、大量ならばカーボイ等を使用し、3分の1の空間を保って貯蔵する。
4 成分が揮発しやすいので、密栓して保管する。
5 亜鉛又はスズメッキをした鋼鉄製容器で保管し、高温に接しない場所に保管する。

問11〜問15 次の物質の毒性として、最も適当なものを≪選択肢≫から選びなさい。

問11 クロロホルム　　　問12 水酸化ナトリウム　　問13 蓚（しゅう）酸
問14 酢酸エチル　　　　問15 塩素

≪選択肢≫
1 脳の節細胞を麻酔させ、赤血球を溶解する。筋肉の張力は失われ、反射機能は消失し、瞳孔は散大する。
2 腐食性が極めて強いので、皮膚に触れると激しく侵し、また高濃度溶液を経口摂取すると、口内、食道、胃等の粘膜を腐食して死亡することがある。
3 血液中のカルシウム分を奪取し、神経系を侵す。急性中毒症状は、胃痛、嘔吐（おうと）、口腔・咽喉の炎症、腎障害である。
4 蒸気は粘膜を刺激し、持続的に吸入するときは、肺、腎臓及び心臓を障害する。
5 粘膜接触により刺激症状を呈し、眼、鼻、咽喉及び口腔粘膜を障害する。吸入により、窒息感、喉頭及び気管支筋の強直をきたい呼吸困難に陥る。

問16〜問20 次の物質の漏えい時又は飛散時の措置として、最も適当なものを≪選択肢≫から選びなさい。

問16 硅弗（けいふつ）化ナトリウム　　問17 トルエン　　問18 塩化水素
問19 硝酸　　　　　　　　　　　　　　問20 重クロム酸カリウム

≪選択肢≫
1 飛散したものは空容器にできるだけ回収し、そのあとを硫酸第一鉄等の還元剤の水溶液を散布し、水酸化カルシウム、炭酸ナトリウム等の水溶液で処理した後、多量の水で洗い流す。
2 付近の着火源となるものを速やかに取り除き、少量の場合、漏えいした液は土砂等に吸着させて空容器に回収する。
3 多量に漏えいした場合、漏えいした液は土砂等で流れを止めて、これに吸着させるか、又は安全な場所に導いて遠くから徐々に注水してある程度に希釈した後、水酸化カルシウム、炭酸ナトリウム等で中和し、多量の水で洗い流す。
4 飛散したものは空容器にできるだけ回収し、そのあとを多量の水で洗い流す。
5 多量に漏えいした場合、漏えいしたガスは多量の水をかけて吸収させる。多量にガスが噴出する場合は遠くから霧状の水をかけて吸収させる。この場合、高濃度の廃液が河川等に排出されないよう注意する。

問 21 ～問 25　次の物質を取り扱う時の注意事項として、最も適当なものを≪選択肢≫から選びなさい。

問 21　過酸化水素　　問 22　硫酸　　問 23　メチルエチルケトン
問 24　塩素　　　　問 25　クロロホルム

≪選択肢≫
1　引火しやすく、また、その蒸気は空気と混合して爆発性の混合ガスとなるので火気は近づけない。
2　火災等で強熱されるとホスゲンを生成するおそれがある。
3　分解が起こると激しく酸素を生成し、周囲に易燃物があると火災になるおそれがある。
4　不燃性を有し、鉄、アルミニウム等の燃焼を助ける。また、水素又は炭化水素（特にアセチレン）と爆発的に反応する。
5　水で薄めたものは、各種の金属を腐食して水素ガスを生成し、空気と混合して引火爆発することがある。

〔識別及び取扱方法〕

（一般）

問 26 ～問 30　次の物質の性状について、最も適当なものを≪選択肢≫から選びなさい。

問 26　モノフルオール酢酸ナトリウム　　問 27　硫化カドミウム
問 28　ナラシン　　問 29　ジメチル硫酸　　問 30　1,3-ジクロロプロペン

≪選択肢≫
1　淡黄褐色透明の液体。アルミニウム、マグネシウム、亜鉛、カドミウム及びそれらの合金性容器との接触で金属の腐食がある。
2　白色の重い粉末で、吸湿性。冷水に易溶。有機溶剤に不溶。
3　黄橙色の粉末。水に不溶。熱硝酸、熱濃硫酸に可溶。
4　無色の油状の液体。水に不溶。水との接触で、徐々に加水分解する。
5　白色から淡黄色の粉末。特異な臭い。水に難溶。酢酸エチル、クロロホルム、アセトン、ベンゼンに可溶。

問 31 ～問 35　次の物質の性状について、最も適当なものを≪選択肢≫から選びなさい。

問 31　蓚酸　　問 32　セレン　　問 33　ジボラン
問 34　エチルジフェニルジチオホスフェイト（別名　エジフェンホス）
問 35　2，2'-ジピリジリウム-1,1'-エチレンジブロミド（別名　ジクワット）

≪選択肢≫
1　無色、稜柱状の結晶。加熱すると昇華。エーテルに難溶。
2　無色のビタミン臭のある気体。可燃性。水により速やかに加水分解する。
3　淡黄色の吸湿性結晶。水に可溶。
4　黄色から淡褐色の液体。特異臭。水に難溶。有機溶剤に易溶。アルカリ性で不安定、酸性で比較的安定、高温で不安定。
5　灰色の金属光沢を有するペレット又は黒色の粉末。水に不溶、硫酸に可溶。

問 36 〜問 40　次の物質の識別方法として、最も適当なものを≪選択肢≫から選びな
さい。
　　問 36　沃素　　　　　　　問 37　カリウム　　　　　問 38　ブロム水素酸
　　問 39　スルホナール　　　問 40　ホルムアルデヒド

≪選択肢≫
　1　白金線に試料をつけて溶融炎で熱し、炎の色をみると青紫色となる。
　2　硝酸銀溶液を加えると、淡黄色の沈殿を生成する。この沈殿は硝酸に不溶、ア
　　ンモニア水には塩化銀に比べて難溶。
　3　アンモニア水を加え、さらに硝酸銀溶液を加えると、徐々に金属銀を析出する。
　　また、フェーリング溶液とともに熱すると、赤色の沈殿を生成する。
　4　デンプンと反応すると藍色を呈し、これを熱すると退色し、冷えると再び藍色
　　を現し、さらにチオ硫酸ナトリウムの溶液と反応すると脱色する。
　5　木炭とともに加熱すると、メルカプタンの臭気を放つ。

問 41 〜問 45　次の物質の廃棄方法として、最も適当なものを≪選択肢≫から選びなさい。
　　問 41　ニッケルカルボニル　　　問 42　硅弗化ナトリウム　　　問 43　過酸化尿素
　　問 44　シアン化ナトリウム　　　問 45　重クロム酸カリウム

≪選択肢≫
　1　水に溶かし、水酸化カルシウム等の水溶液を加えて処理した後、希硫酸を加
　　えて中和し、沈殿濾過して埋立処分する。
　2　多量の水で希釈して処理する。
　3　希硫酸に溶かし、還元剤（硫酸第一鉄等）の水溶液を過剰に用いて還元した後、
　　水酸化カルシウム、炭酸ナトリウム等の水溶液で処理し、水酸化物として 沈殿濾
　　過する。溶出試験を行い、溶出量が判定基準以下であることを確認して 埋立処
　　分する。
　4　水酸化ナトリウム水溶液を加えてアルカリ性（PH11 以上）とし、酸化剤（次亜
　　塩素酸ナトリウム、さらし粉等）の水溶液を加えて酸化分解する。分解したのち
　　硫酸を加え中和し、多量の水で希釈して処理する。
　5　多量の次亜塩素酸ナトリウム水溶液を用いて酸化分解する。そののち過剰の
　　塩素を亜硫酸ナトリウム水溶液等で分解させ、そのあと硫酸を加えて中和し、
　　金属塩を沈殿濾過し埋立処分する。

（農業用品目）

問 26 〜問 30　次の物質の性状として、最も適当なものを≪選択肢≫から選びなさい。
　　問 26　2, 2 '-ジピリジリウム－1, 1'－エチレンジブロミド（別名　ジクワット）
　　問 27　3 -ジメチルジチオホスホリルー S - メチル-5 - メトキシ-1, 3, 4 -チアジア
　　ゾリン-2-オン（別名　メチダチオン）
　　問 28　ジエチル-(5-フェニル-3-ソキサゾリル)-チオホスフェイト
　　（別名イソキサチオン）
　　問 29　沃化メチル
　　問 30　ブラストサイジン S ベンジルアミノベンゼンスルホン酸塩

≪選択肢≫
　1　無色又は淡黄色透明の液体。エーテル様臭あり。水に可溶。
　2　純品は白色、針状の結晶。粗製品は白色又は微褐色の粉末。水、氷酢酸にや や
　　可溶。
　3　灰白色の結晶。水に難溶。有機溶剤に可溶。
　4　淡黄色の吸湿性結晶。水に可溶。中性、酸性下で安定。アルカリ溶液で薄め 名
　　場合には、2 〜3 時間以上貯蔵できない。皮膚腐食性。
　5　淡黄褐色の液体。水に難溶。有機溶剤に可溶。アルカリに不安定。

問 31 ～問 35 次の物質の性状について、最も適当なものを≪選択肢≫から選びなさい。

問 31　ニコチン
問 32　トリクロルヒドロキシエチルジメチルホスホネイト
（別名　トリクロルホン、　DEP）
問 33　燐化亜鉛
問 34　弗化スルフリル
問 35　エチルジフェニルジチオホスフェイト（別名　エジフェンホス）

≪選択肢≫
1　純品は無色・無臭の油状液体。空気中では速やかに褐変する。水、アルコール、エーテル、石油等に易溶。
2　暗赤色の光沢ある粉末。水、アルコールに不溶。希酸に有毒な気体を出して溶解。
3　無色の気体。アセトン、クロロホルムに可溶。
4　純品は白色の結晶。クロロホルム、ベンゼン、アルコールに可溶。水に易溶。
5　黄色から淡褐色の液体。特異臭。水に難溶。有機溶剤に易榕。アルカリ性で不安定、酸性で比較的安定、高温で不安定。

問 36 ～問 40 次の物質の識別方法として、最も適当なものを≪選択肢≫から選びなさい。

問 36　クロルピクリン　　問 37　無水硫酸銅　　問 38　塩素酸カリウム
問 39　硫酸亜鉛　　　　　問 40　ニコチン

≪選択肢≫
1　この物質の水溶液に酒石酸を多量に加えると、白色の結晶を生成する。
2　この物質のアルコール溶液にジメチルアニリン及びブルシンを加えて溶解し、これにブロムシアン溶液を加えると、緑色ないし赤紫色を呈する。
3　この物質である白色の粉末に水を加えると青くなる。
4　この物質を水に溶かして硫化水素を通じると、白色の沈殿を生成する。また、水に溶かして塩化バリウムを加えると、白色の沈殿を生成する。
5　この物質にホルマリン1滴を加えたのち、濃硝酸1滴を加えると、ばら色を呈する。

問 41 ～問 45 次の物質の廃棄方法として、最も適当なものを≪選択肢≫から選びなさい。

問 41　シアン化ナトリウム
問 42　硝酸亜鉛
問 43　N-メチル-1-ナフチルカルバメート（別名　カルバリル）
問 44　アンモニア
問 45　塩素酸ナトリウム

≪選択肢≫
1　水に溶かし、水酸化カルシウム、炭酸ナトリウム等の水溶液を加えて処理し、沈殿濾過して埋立処分する。多量の場合には還元焙焼法により処理し、回収する。
2　水で希薄な水溶液とし、酸（希塩酸等）で中和させた後、多量の水で希釈して処理する。
3　還元剤（チオ硫酸ナトリウム等）の水溶液に希硫酸を加えて酸性にし、この中に少量ずつ投入する。反応終了後、反応液を中和し多量の水で希釈して処理する。
4　可燃性溶剤とともに焼却炉の火室へ噴霧し、焼却する。又は、水酸化ナトリウム水溶液等と加温して加水分解する。
5　水酸化ナトリウム水溶液を加えてアルカリ性（PH11 以上）とし、酸化剤（次亜塩素酸ナトリウム、さらし粉等）の水溶液を加えて酸化分解する。分解したのち硫酸を加え中和し、多量の水で希釈して処理する。

富山県

（特定品目）

問 26 ～問 30　次の物質の性状について、最も適当なものを≪選択肢≫から選びなさい。

　　問 26　水酸化カリウム　　　問 27　一酸化鉛　　　問 28　蓚酸

　　問 29　硅弗化ナトリウム　　　問 30　メタノール

≪選択肢≫
1　白色の固体で、水、アルコールに可溶、熱を発する。アンモニア水に不溶。空気中に放置すると、潮解する。
2　白色の結晶。水に難溶。アルコールに不溶。
3　無色透明、揮発性の液体。特異な香気を有する。蒸気は空気より重く引火しやすい。
4　重い粉末で黄色から赤色までのものがある。水に不溶。酸、アルカリに易溶。
5　2 モルの結晶水を有する無色、稜柱状の結晶。乾燥空気中で風化する。加熱すると昇華、急に加熱すると分解する。

問 31 ～問 32　次の文章は、ホルマリンについて記述したものである。それぞれの（　）内にあてはまる最も適当な語句を≪選択肢≫から選びなさい。

　　ホルマリンは（　問 31　）の液体で刺激臭があり、寒冷下では混濁することがある。水、アルコールによく混和するが、エーテルには混和しない。1％フェノール溶液数滴を加え、硫酸上に層積すると、（　問 32　）の輪層が生じる。

≪選択肢≫

| 問 31 | 1　無色 | 2　淡黄色 | 3　淡褐色 | 4　淡緑色 | 5　淡青色 |
| 問 32 | 1　紫色 | 2　黒色 | 3　黄色 | 4　青色 | 5　赤色 |

問 33 ～問 35　次の文章は、水酸化ナトリウムについて記述したものである。それぞれの（　）内にあてはまる最も適当な語句を≪選択肢≫から選びなさい。

　　水酸化ナトリウムは、（　問 33　）、結晶性の硬い固体で、繊維状結晶様の破砕面を現す。

　　この水溶液を白金線につけて無色の火炎中に入れると、炎は著しく（　問 34　）に染まり、長時間続く。

　　水酸化ナトリウムを廃棄する場合は（　問 35　）で処理する。

≪選択肢≫

問 33	1　白色	2　黄色	3　赤色	4　青色	5　緑色
問 34	1　白色	2　黄色	3　赤色	4　青色	5　緑色
問 35	1　燃焼法	2　中和法	3　沈殿隔離法	4　酸化法	
	5　分解沈殿法				

問 36 ～問 40　次の物質の識別方法として、最も適当なものを≪選択肢≫から選びな
さい。

問 36　硫酸　　　問 37　四塩化炭素　　問 38　一酸化鉛　　　問 39　アンモニア水
問 40　過酸化水素水

≪選択肢≫
1　過マンガン酸カリウムを還元し、クロム酸塩を過クロム酸塩に変える。また、
ヨード亜鉛からヨードを析出する。
2　この物質とアルコール性の水酸化カリウムを銅粉とともに煮沸すると、黄赤色
の沈殿を生成する。
3　この物質に濃塩酸を潤したガラス棒を近づけると、白い霧を生じる。また、こ
の物質に塩酸を加えて中和した後、塩化白金溶液を加えると、黄色、結晶性の
沈殿を生じる。
4　この物質を希硝酸に溶かすと、無色の液となり、これに硫化水素を通すと、黒
色の沈殿を生成する。
5　希釈した水溶液に塩化バリウムを加えると、塩酸や硝酸に不溶の白色沈殿が生
じる。

問 41 ～問 45　次の物質の廃棄方法として、最も適当なものを≪選択肢≫から選びなさい。

問 41　蓚酸　　　問 42　アンモニア　　問 43　塩酸
問 44　一酸化鉛　　問 45　キシレン

≪選択肢≫
1　木粉（おが屑）等に吸収させて焼却炉で焼却する。
2　徐々に石灰乳等の攪拌溶液に加え中和させた後、多量の水で希釈して処理す
る。
3　焼却炉で焼却する。又は、ナトリウム塩とした後、活性汚泥で処理する。
4　水で希薄な水溶液とし、酸（希硫酸等）で中和させた後、多量の水で希釈して
処理する。
5　セメントを用いて固化し、溶出試験を行い、溶出量が判定基準以下であるこ
とを確認して埋立処分する。

富山県

〔法　規〕
（一般・農業用品目・特定品目共通）

問1　次の記述は、法第一条及び第二条第一項の条文である。（　　）の中に入れるべき字句の正しい組み合わせはどれか。

法第一条
　　この法律は、毒物及び劇物について、（　a　）上の見地から必要な取締を行うことを目的とする。

法第二条第一項
　　この法律で「毒物」とは、別表第一に掲げる物であって、医薬品及び（　b　）以外のものをいう。

【下欄】

	a	b
1	保健衛生	医薬部外品
2	保健衛生	医療機器
3	環境衛生	食品
4	環境衛生	医薬部外品
5	公衆衛生	医療機器

問2～問3　次の記述は、毒物及び劇物取締法第三条の三の条文である。（　　）の中に入れるべき字句を下欄からそれぞれ選びなさい。

　　（　**問2**　）幻覚又は麻酔の作用を有する毒物又は劇物（これらを含有する物を含む。）であって政令で定めるものは、みだりに摂取し、若しくは吸入し、又はこれらの目的で（　**問3**　）してはならない。

【下欄】

問2	1	鎮静	2	興奮	3	覚醒	4	睡眠
問3	1	輸入	2	販売	3	製造	4	所持

問4　法第四条第一項に基づく毒物劇物営業者の登録事項について、<u>誤っているもの</u>はどれか。

1　申請者の氏名及び住所
2　製造業又は輸入業の登録にあっては、製造し、又は輸入しようとする毒物又は劇物の品目
3　販売業の登録にあっては、販売又は授与しようとする毒物又は劇物の数量
4　製造所、営業所又は店舗の所在地

石川県

問5　毒物劇物取扱責任者に関する記述の正誤について、正しい組み合わせはどれか。

　　a　毒物劇物販売業者は、毒物又は劇物を直接取り扱わない店舗においても、毒物劇物取扱責任者を置かなければならない。

　　b　毒物劇物営業者は、毒物劇物取扱責任者を変更したときは、30日以内に、その毒物劇物取扱責任者の氏名を届け出なければならない。

　　c　毒物劇物営業者が、毒物劇物製造業と毒物劇物販売業を併せて営む場合、その製造業と店舗が互いに隣接している場合は、毒物劇物取扱責任者はこれらの施設を通じて1人で足りる。

　　d　薬剤師は、法第八条第一項の規定により、毒物劇物取扱責任者となることができる。

	a	b	c	d
1	誤	誤	正	正
2	正	誤	誤	正
3	正	正	誤	誤
4	正	正	正	誤
5	誤	正	正	正

問6〜問8　次の記述は、法第八条第二項の条文の一部である。（　　）の中に入れるべき字句を下欄からそれぞれ選びなさい。

次に掲げる者は、前条の毒物劇物取扱責任者となることができない。
一　（　問6　）未満の者
二　心身の障害により毒物劇物取扱責任者の業務を適正に行うことができない者として厚生労働省令で定めるもの
三　麻薬、大麻、（　問7　）又は覚せい剤の中毒者
四　毒物若しくは劇物又は薬事に関する罪を犯し、罰金以上の刑に処せられ、その執行を終り、又は執行を受けることがなくなった日から起算して（　問8　）を経過していない者

【下欄】

問6	1	14歳	2	16歳	3	18歳	4	20歳
問7	1	あへん	2	シンナー	3	向精神薬	4	アルコール
問8	1	1年	2	2年	3	3年	4	4年

問9　法第十二条第二項により、毒物劇物営業者が、毒物又は劇物の容器及び被包に表示しなければ販売してはならないとされる事項として、誤っているものはどれか。

1　毒物又は劇物の名称
2　毒物又は劇物の成分及びその含量
3　毒物又は劇物の使用期限
4　厚生労働省令で定める毒物又は劇物については、それぞれ厚生労働省令で定めるその解毒剤の名称

問10　削除

問11〜問12　次の記述は、法令及び省令の条文の一部である。（　　）の中に入れるべき正しい字句を下欄からそれぞれ選びなさい。

法第十三条
　毒物劇物営業者は、政令で定める毒物又は劇物については、厚生労働省令で定める方法により着色したものでなければ、これを（　問11　）として販売し、又は授与してはならない。

省令第十二条
　法第十三条に規定する厚生労働省令で定める方法は、あせにくい（　問12　）色で着色する方法とする。

【下欄】

問11	1	家庭用	2	農業用	3	工業用	4	医療用	5	研究用
問12	1	赤	2	青	3	黄	4	黒		

石川県

問13　次のうち、法第十四条第一項の規定により、毒物劇物営業者が、毒物又は劇物を他の毒物劇物営業者に販売したときに、その都度、書面に記載しておかなければならない事項として、正しいものの組み合わせはどれか。

a　販売の年月日　　　b　使用目的　　　c　譲受人の年齢
d　毒物又は劇物の数量

1　（a、b）　　　　2　（b、c）　　　　3　（c、d）　　　　4　（a、d）

問14〜問15　次の記述は、政令第四十条の条文である。（　　）の中に入れるべき正しい字句を下欄からそれぞれ選びなさい。

　　法第十五条の二の規定により、毒物若しくは劇物又は法第十一条第二項に規定する政令で定める物の廃棄の方法に関する技術上の基準を次のように定める。
一　中和、（　問14　）、酸化、還元、稀釈その他の方法により、毒物及び劇物並びに法第十一条第二項に規定する政令で定める物のいずれにも該当しない物とすること。
二　略
三　略
四　前各号により難い場合には、地下（　問15　）以上で、かつ、地下水を汚染するおそれが　ない地中に確実に埋め、海面上に引き上げられ、若しくは浮き上がるおそれがない方法で海水中に沈め、又は保健衛生上危害を生ずるおそれがないその他の方法で処理すること。

【下欄】

問14	1	加熱分解	2	加水分解	3	酸素分解	4	電気分解
問15	1	一メートル	2	二メートル	3	三メートル	4	四メートル

問16〜問17　次の記述は、法第十七条の条文である。（　　）の中に入れるべき正しい字句を下欄からそれぞれ選びなさい。

　　法第十七条
　　毒物劇物営業者及び特定毒物研究者は、その取扱いに係る毒物若しくは劇物又は第十一条第二項の政令で定める物が飛散し、漏れ、流れ出し、染み出し、又は地下に染み込んだ場合において、不特定又は多数の者について保健衛生上の危害が生ずるおそれがあるときは、（　問16　）、その旨を保健所、警察署又は消防機関に届け出るとともに、保健衛生上の危害を防止するために必要な応急の措置を講じなければならない。
2　毒物劇物営業者及び特定毒物研究者は、その取扱いに係る毒物又は劇物が盗難にあい、又は紛失したときは、（　問16　）、その旨を（　問17　）に届け出なければならない。

【下欄】

問16	1	直ちに	2	24時間以内に	3	15日以内に	4	30日以内に
問15	1	保健所	2	警察署			3	消防機関
	4	保健所、警察署又は消防機関					

石川県

- 162 -

問18　劇物である液体状の水酸化ナトリウムを、車両を使用して1回につき5,000キログラム以上運搬する場合の運搬方法に関する記述として、正しい組み合わせはどれか。

　　a　車両には、保護具として、防毒マスク、ゴム手袋等を1人分以上備える。
　　b　0.3メートル平方の板に地を白色、文字を赤色として「劇」と表示し、車両の前後の見やすい箇所に掲げる。
　　c　車両には、運搬する劇物の名称、成分及びその含量並びに事故の際に講じなければならない応急の措置の内容を記載した書面を備える。
　　d　1人の運転者による運転時間が、1日あたり9時間を超える場合には、交替して運転する者を同乗させなければならない。

　　1　（a、b）　　　2　（b、c）　　　3　（c、d）　　　4　（a、d）

問19　特定毒物に関する記述の正誤について、正しい組み合わせはどれか。

　　a　特定毒物研究者の許可期間は6年間である。
　　b　毒物劇物営業者は、その許可が効力を失ったときは、30日以内に、現に所有する特定毒物の品名及び数量を届け出なければならない。
　　c　毒物劇物営業者が、その営業の登録が効力を失った場合は、その営業の登録が効力を失った日から起算して50日以内であれば、所有する特定毒物を他の毒物劇物営業者、特定毒物研究者又は特定毒物使用者に譲り渡すことができる。
　　d　特定毒物使用者は、特定毒物を製造してはならない。

	a	b	c	d
1	正	正	誤	誤
2	正	正	正	誤
3	誤	正	正	正
4	誤	誤	正	正
5	正	誤	誤	正

問20　法第二十二条第一項の規定により届出を要する業務上取扱者に関する記述の正誤について、正しい組み合わせはどれか。

　　a　法第七条第一項に規定する毒物劇物取扱責任者の設置が準用される。
　　b　法第十二条第三項に規定する毒物又は劇物を貯蔵する場所への表示が準用される。
　　c　法第十七条に規定する事故の際の措置が準用される。
　　d　法第十八条に規定する立入検査等が準用される。

	a	b	c	d
1	誤	正	正	正
2	正	誤	正	正
3	正	正	誤	正
4	正	正	正	誤
5	正	正	正	正

〔基礎化学〕

（一般・農業用品目共通）

問21　次のうち、化合物であるものとして、正しい組み合わせはどれか。
　　a　塩化水素　　b　オゾン　　c　二酸化炭素　　d　ダイヤモンド

　　1（a、b）　　　2（a、c）　　　3（b、d）　　　4（c、d）

問22　次のうち、イオン結合の結晶をつくるものはどれか。
　　1　フッ化水素　　2　四塩化炭素　　3　アンモニア　　4　炭酸カルシウム

問23　次のうち、原子の状態で最も化学的に安定な元素はどれか。
　　1　N　　　2　O　　　3　F　　　4　Ne

石川県

問 24 次のうち、液体から固体への状態変化はどれか。

1 凝固 2 凝縮 3 昇華 4 融解

問 25 次のうち、最も電気陰性度が大きい元素はどれか。

1 N 2 O 3 F 4 Ne

問 26 次のうち、硝酸(HNO_3)中の窒素原子の酸化数としとて正しいものはどれか。

1 －1 2 0（ゼロ） 3 ＋1 4 ＋5

問 27 0.1mol/L の硫酸水溶液 50mL を過不足なく中和するために必要な 0.1mol/L の水酸化ナトリウム水溶液は何 mL か。最も適切なものはどれか。

1 10mL 2 50mL 3 100mL 4 500mL

問 28 6 mol/L の水酸化ナトリウム水溶液 100mL と 3 mol/L の水酸化ナトリウム水溶液 200mL を混ぜた時、できた水酸化ナトリウム水溶液のモル濃度（mol/L）として、最も適切なものはどれか。

1 1.2mol/L 2 4 mol/L 3 9 mol/L 4 12mol/L

問 29 0.1mol/L のアンモニア水溶液（電離度＝ 0.01）の pH として最も適当なものはどれか。ただし、水のイオン積を 1.0×10^{-14} とし、アンモニア水溶液中では次の電離平衡反応の式が成立しているものとする。

$$NH_3 + H_2O \rightleftarrows NH_4^+ + ON^-$$

1 pH ＝ 3 2 pH ＝ 7 3 pH ＝ 11 4 pH ＝ 17

問 30 分子式 C_4H_{10} で表される物質の構造異性体の種類として正しいものはどれか。

1 1種類 2 2種類 3 3種類

問 31 炎色反応で紫色の色調を示す物質として、最も適切なものはどれか。

1 カリウム 2 銅 3 カルシウム 4 ナトリウム

問 32 圧力が 1.0×10^5Pa で 100L の気体について、温度が一定の状態で 5.0×10^5Pa にしたときの体積は何 L か、最も適切なものを選びなさい。

1 5 L 2 20L 3 200L 4 5000L

問 33 次のうち、原子の質量数を示す記述として、適切なものはどれか。

1 中性子の数
2 電子の数
3 陽子の数と中性子の数の和
4 陽子の数と電子の数の和

問 34 コロイド溶液に強い光を当てた時に、光の筋がみえる現象として最も適切なものはどれか。

1 凝析 2 塩析 3 チンダル現象 4 ブラウン運動

問 35 次のうち、充電によって繰り返し使用することができる二次電池として、正しい組み合わせはどれか。

a リチウムイオン電池 b 鉛蓄電池 c マンガン乾電池 d 酸化銀電池

1 （a、b） 2 （b、c） 3 （c、d） 4 （a、d）

石川県

問 36　プロパンを完全燃焼させたときの化学反応式は次のとおりである。（　　　）の中にに入る係数の大きい順に並べたものはどれか。

C_3H_8 ＋ （ a ）O_2 → （ b ）CO_2 ＋ （ c ）H_2O

1　a ＞ b ＞ c　　2　a ＞ c ＞ b　　3　b ＞ a ＞ c
4　b ＞ c ＞ a　　5　c ＞ a ＞ b

問 37　次のうち、「混合気体の全圧は、その各成分気体の分圧の和に等しくなる」ことを示す法則はどれか。

1　ドルトンの法則　　　　2　ヘスの法則　　　　3　ファラデーの法則

問 38　次のうち、イオン化傾向の最も大きい元素はどれか。

1　Ag　　　2　Cu　　　3　Na　　　4　Fe

問 39　酢酸メチルを加水分解させたときの化学反応式は次のとおりである。この反応により生じるアルコールの分子量として正しいものはどれか。ただし、原子量をH ＝ 1、C ＝ 12、O ＝ 16 とする。

CH_3COOCH_3 ＋ H_2O → CH_3COOH ＋ CH_3OH

1　18　　　2　32　　　3　60　　　4　74

問 40　次のうち、水酸基（－ OH）をもつ有機化合物として正しいものはどれか。

1　トルエン　　　　2　アニリン　　　3　キシレン　　　4　フェノール

〔各　論・実　地〕

（一般）

問 1 〜問 3　次の物質を含有する製剤は、毒物及び劇物取締法令上、一定濃度以下で劇物から除外される。その上限の濃度として、正しいものを下欄からそれぞれ選びなさい。

問1　メタンスルホン酸　　　　問2　レソルシノール　　　問3　ヘキサン酸

【下欄】

問1	1	0.5 ％	2	1 ％	3	2 ％	4	5 ％
問2	1	5 ％	2	10 ％	3	15 ％	4	20 ％
問3	1	3.3 ％	2	11 ％	3	22 ％	4	44 ％

問 4 〜問 7　次の物質の性状として、最も適当なものを下欄から選びなさい。

問 4　三塩化アルミニウム　　　問 5　ニコチン　　　問 6　メチルアミン
問 7　（S）－ α －シアノ－ 3 －フェノキシベンジルこ（1 R，3 S）－ 2，2 －ジメチル－ 3 －（1，2，2，2 －テトラブロモエチル）シクロプロパンカルボキシラート（別名：トラロメトリン）

【下欄】

1　刺激性の臭気を放って揮発する赤褐色の重い液体。腐食作用がある。でんぷんのり液を橙黄色に染める。
2　橙黄色の樹脂状固体。トルエン、キシレンなど有機溶媒に可溶。熱、酸に安定、アルカリ、光に不安定。
3　無色〜白色の潮解性結晶又は粉末。不燃性。水と激しく反応する。
4　アンモニア臭をもつ気体で、水に溶けやすい。蒸気は空気より重く、引火しやすい。
5　無色・無臭の油状液体で、刺激性の味を有する。空気中では速やかに褐変する。

石川県

問8 ジメチル硫酸に関する次の記述のうち、誤っているものはどれか。
1 無色、油状の液体である。
2 主にメチル化剤として使われる。
3 水分と反応して、鉄を腐食する。
4 少量の液が漏えいした時は、酸性水溶液で分解した後、多量の水で洗い流す。

問9 二硫化炭素に関する次の記述のうち、誤っているものはどれか。
1 水によく溶け、水溶液は黒色となる。
2 人絹工業、ゴム工業、セルロイド工業で使われる。
3 非常に蒸発しやすく、空気と混合して爆発性混合ガスとなる。
4 神経毒であり、工業中毒としては慢性の場合が多い。

問10 メチルエチルケトンに関する次の記述のうち、誤っているものはどれか。
1 無色の液体で、アセトン様の芳香を有する。
2 高濃度のものを吸入すると麻酔状態となる。
3 捺染剤、木、コルク、綿、藁製品等の漂白剤として使用される。
4 引火しやすく、蒸気は空気と混合して爆発性の混合ガスとなる。

問11 1－（6－クロロ－3－ピリジルメチル）－Ｎ－ニトロイミダゾリジン－2－イリデンアミン(別名：イミダクロプリド)に関する次の記述のうち、誤っているものはどれか。
1 10％を含有する水和剤は毒物に該当する。
2 弱い特異臭のある無色の結晶である。
3 ネオニコチノイド系に該当する。
4 野菜等のアブラムシ類などの害虫の防除に用いる。

問12 水素化アンチモン(別名：スチビン)に関する次の記述のうち、正しいものの組み合わせはどれか。
a 無色の油状液体である。
b エピタキシヤル成長に使われる。
c 強い溶血作用がある。
d 不燃性、常温で急速に分解する。
　　1 （a、b）　　　2 （b、c）　　　3 （c、d）　　　4 （a、d）

問13 アジ化ナトリウムに関する次の記述のうち、正しいものの組み合わせはどれか。
a 1％を含有する製剤は劇物である。
b 分子式は NaN_3 である。
c 無色無臭の結晶である。
d アルコールに難溶、エーテルに不溶である。
　　1 （a、b）　　　2 （a、d）　　　3 （b、c）　　　4 （c、d）

問14 塩化水素に関する次の記述のうち、正しいものの組み合わせはどれか。
a 水、メタノール、エタノール及びエーテルに溶けやすい。
b 吸湿すると金属への腐食性がなくなる。
c 廃棄方法として、沈殿隔離法が適当である。
d 濃い水溶液は湿った空気中で発煙し、刺激臭がある。
　　1 （a、b）　　　2 （b、c）　　　3 （c、d）　　　4 （a、d）

石川県

問 15　2',4－ジクロロ－α,α,α－トリフルオロー4'－ニトロメタトルエン
スルホンアニリド(別名：フルスルファミド)に関する次の記述のうち，正しいもの
の組み合わせはどれか。

a　0.5％を含有する製剤は劇物から除外される。
b　有機リン剤に分類される。
c　野菜の根こぶ病等の防除に用いる。
d　淡黄色の結晶性粉末で，水に難溶である。

　　1　(a、b)　　　　2　(b、c)　　　　3　(c、d)　　　　4　(a、d)

問 16　四アルキル鉛を含有する製剤の、政令第 40 条の5第2項第3号に規定する省
令で定める保護具として、(　　)の中にあてはまる最も適当なものはどれか。

保護具：保護手袋・保護長ぐつ・保護衣(以上、(　　)のものに限る。)、有機ガス
用防毒マスク

　　1　赤色　　　　2　黄色　　　　3　黒色　　　　4　白色

問 17〜問 20　次の物質の用途として、最も適当なものを下欄から選びなさい。
　　問 17　アクリルアミド　　　　問 18　シアン化水素　　　　問 19　クロム酸鉛
　　問 20　ジメチル－2,2－ジクロルビニルホスフェイト
　　　　　(別名：ジクロルボス、DDVP)

【下欄】
1	接触性殺虫剤
2	除草剤
3	鍍金用、写真用、試薬
4	土木工事用の土質安定剤、水処理剤、紙力増強剤
5	顔料

問 21 〜問 23　次の物質の運搬事故時における漏えいに対する応急措置として、最も
適当なものを下欄から選びなさい。
　　問 21　ホルマリン　　　　問 22　キシレン
　　問 23　2－イソプロピル－4－メチルピリミジル－6－ジェチルチオホスフェイ
　　　　　ト(別名：ダイアジノン)

【下欄】
1	多量の場合は、土砂等でその流れを止め、安全な場所に導き、遠くからホース等で多量の水をかけ十分に希釈して洗い流す。
2	多量の場合は、土砂等でその流れを止め、安全な場所に導き、液の表面を泡で覆い、できるだけ空容器に回収する。
3	土砂等でその流れを止め、安全な場所に導き、空容器にできるだけ回収し、そのあとを消石灰等の水溶液を用いて処理し、多量の水を用いて洗い流す。洗い流す場合には中性洗剤等の分散剤を使用して洗い流す。

問 24 〜問 25　次の物質の具体的な廃棄方法として、最も適当なものを下欄から選び
なさい。
　　問 24　エチレンオキシド　　　　問 25　四塩化炭素

石川県

- 167 -

1　還元剤の水溶液に希硫酸を加えて酸性にし、この中に少量ずつ投入する。反応終了後、反応液を中和し多量の水で希釈して処理する。（還元法）
2　多量の水に少量ずつガスを吹き込み溶解し希釈した後、少量の硫酸を加え、アルカリ水で中和し、活性汚泥で処理する。（活性汚泥法）
3　過剰の可燃性溶剤又は重油等の燃料と共に、アフターバーナー及びスクラバーを備えた焼却炉の火室へ噴霧してできるだけ高温で焼却する。（燃焼法）
4　セメントを用いて固化し、溶出試験を行い、溶出量が判定基準以下であることを確認して埋立処分する。（固化隔離法）

問 26 ～問 28　次の物質の貯蔵方法として、最も適当なものを下欄から選びなさい。
　　問 26　カリウム　　　　問 27　水酸化カリウム　　　問 28　シアン化ナトリウム
　　【下欄】

1　二酸化炭素と水を吸収する性質が強いので、密栓して貯蔵する。
2　少量ならばガラス瓶、多量ならばブリキ缶又は鉄ドラムを用い、酸類とは離して風通しのよい乾燥した冷所に密封して保存する。
3　自然発火性のため、容器に水を満たして貯蔵する。
4　石油中に保管する。石油も酸素を吸収するため、長時間のうちには、表面に酸化物の白い皮を生じる。水分の混入、火気を避け貯蔵する。

問 29 ～問 31　次の物質の政令第 40 条の５第２項第３号に規定する省令で定める保護具として、（　　　）の中にあてはまる最も適当なものを下欄から選びなさい。
　　問 29　黄リン
　　問 30　過酸化水素を含有する製剤（過酸化水素６％以下を含有するものを除く）
　　問 31　クロルピクリン

　　　　保護具：保護手袋、保護長ぐつ、保護衣、（　　　）

　　【下欄】

1　保護眼鏡　　　　2　有機ガス用防毒マスク　　　3　酸性ガス用防毒マスク
4　アンモニア用防毒マスク

問 32 ～問 34　次の物質による毒性や中毒の症状として、最も適当なものを下欄から選びなさい。
　　問 32　アニリン
　　問 33　シュウ酸
　　問 34　テトラエチルメチレンビスジチオホスフェイト(別名：エチオン)

　　【下欄】

1　コリンエステラーゼと結合し、その働きを阻害することにより、ムスカリン様症状、ニコチン様症状、中枢神経症状が出現する。
2　吸入した場合、血液に作用してメトヘモグロビンをつくり、チアノーゼを引き起こす。頭痛、めまい、吐き気が起こる。重症の場合は、昏睡、意識不明となる。
3　嚥下した場合、消化器障害、ショックのほか、数日遅れて腎臓の機能障害、肺の軽度の障害を起こすことがある。
4　血液中のカルシウム分を奪取し、神経系を侵す。急性中毒症状は、胃痛、嘔吐、口腔・咽喉の炎症、腎障害。

石川県

問 35 ～問 37　次の物質の鑑識方法に関する記述について、最も適当なものを下欄から選びなさい。

問 35　ベタナフトール　　　問 36　水酸化ナトリウム　　　問 34　硝酸銀

【下欄】

1　1％フェノール溶液数滴を加え、硫酸上に層積すると、赤色の輪層を生成する。
2　水に溶かして塩酸を加えると、白色の沈殿が生じる。その液に硫酸と銅粉を加えて熱すると、赤褐色の蒸気が生じる。
3　水溶液を白金線につけて無色の火炎中に入れると、火炎は著しく黄色に染まり、長時間続く。
4　水溶液にアンモニア水を加えると、紫色の蛍石彩を放つ。

問 38 ～問 40　次の物質の注意事項として、最も適当なものを下欄から選びなさい。

問 38　メタクリル酸　　　問 39　無水クロム酸　　　問 40　フッ化水素

【下欄】

1　市販品には重合防止剤が添加されているが、加熱、直射日光、過酸化物、鉄錆等により重合が始まり、爆発することがある。
2　火災などで強熱されるとホスゲンを生成するおそれがある。
3　潮解している場合でも、可燃物と混合すると常温でも発火することがある。
4　水が加わると大部分の金属、ガラス、コンクリート等を激しく腐食する。水と急激に接触すると多量の熱が発生する。

（農業用品目）

問1～問4　次の製剤の毒物劇物の該当性について、正しいものを下欄から選びなさい。なお、同じものを繰り返し選んでもよい。

問1　2,3－ジシアノ－1,4－ジチアアントラキノン(別名：ジチアノン)を 42％含有する液剤

問2　5－ジメチルアミノ－1,2,3－トリチアンシュウ酸塩(別名：チオシクラム)を 50 ％含有する水和剤

問3　フッ化スルフリルを 99 ％含有する燻蒸剤

問4　O －エチル＝ S －プロピル＝ ［(2 E)－2－(シアノイミノ)－3－エチルイミダゾリジン－1－イル］ ホスホノチオアート(別名：イミシアホス)を 1.5％含有する粒剤

【下欄】

| 1　毒物に該当 | 2　劇物に該当 | 3　毒物又は劇物に該当しない |

問5　次の物質のうち、農業用品目販売業の登録を受けた者が、販売又は授与できるものの正しい組み合わせはどれか。

a　1,3－ジクロロプロペン　　　b　メタノール
c　塩酸　　　　　　　　　　　　d　ヨウ化メチル

1　(a、b)　　　2　(b、c)　　　3　(b、d)　　　4　(a、d)

石川県

問6～問9 次の物質の性状として、最も適当なものを下欄から選びなさい。

問6 (S)－α－シアノ－3－フェノキシベンシル＝(1R,3S)－2,2－ジメチ
ルー3－(1,2,2,2－テトラブロモエチル)シクロプロパンカルボキシラート
(別名：トラロメトリン)

問7 ジエチル－(5－フェニル－3－イソキサゾリル)－チオホスフェイト
(別名：イソキサチオン)

問8 リン化亜鉛

問9 ロテノン

【下欄】

1 暗赤色の光沢のある粉末。水、アルコールに不溶であるが、希酸にホスフィ
ンを出して溶ける。空気中で分解。
2 斜方6面体結晶。融点163℃。水に難溶。アセトン、ベンゼンに可溶。クロ
ロホルムに易溶。
3 橙黄色の樹脂状固体。トルエン、キシレンなど有機溶媒に可溶。熱、酸に安
定、アルカリ、光に不安定。
4 淡黄褐色の液体。水に難溶であるが、有機溶剤に可溶。アルカリに不安定。

問10～問12 次の物質の用途として、最も適当なものを下欄から選びなさい。

問10 ジメチル－2,2－ジクロルビニルホスフェイト(別名：ジクロルボス、
DDVP)

問11 ブロムメチル 問12 ナラシン

【下欄】

1 果樹、種孔貯蔵食糧の燻蒸 2 接触性殺虫剤 3 飼料添加物

問13～問15 次の物質の貯蔵方法として、最も適当なものを下欄から選びなさい。

問13 ロテノン 問14 硫酸第二銅 問14 シアン化ナトリウム

【下欄】

1 少量ならば褐色ガラスびんを用い、多量ならば銅製シリンダーを用いる。日
光及び加熱を避け、冷所に貯蔵する。
2 風解性を有するため、直射日光を避け、容器を密閉し保管する。
3 少量ならばガラス瓶、多量ならばブリキ缶または鉄ドラムを用い、酸類とは
離して風通しの よい乾燥した冷所に密封して保存する。
4 酸素によって分解し、殺虫効力を失うため、空気と光線を遮断して保管する。

問16～問18 次の物質の具体的な廃棄方法として、最も適当なものを下欄から選び
なさい。

問16 1,1'－ジメチル－4,4'－ジピリジニウムジクロリド(別名：パラコート)

問17 塩素酸ナトリウム 問18 シアン化カリウム

【下欄】

1 水酸化ナトリウム水溶液等でアルカリ性とし、高温加圧下で加水分解する。
(アルカリ法)
2 おが屑等に吸収させてアフターバーナー及びスクラバーを備えた焼却炉で焼
却する。(燃焼法)
3 還元剤(チオ硫酸ナトリウム等)の水溶液に希硫酸を加えて酸性にし、この中
に少量ずつ投入する。反応終了後、反応液を中和し多量の水で希釈して処理す
る。(還元法)

問 19 〜問 21　次の物質の運搬事故時における漏えいに対する応急措置として、最も
　　適当なものを下欄から選びなさい。

　　問 19　ジメチル－4－メチルメルカプト－3－メチルフェニルチオホスフェイト
　　　　　（別名：フェンチオン、MPP）
　　問 20　液化アンモニア
　　問 21　N－メチル－1－ナフチルカルバメート(別名：カルバリル)

　　【下欄】

> 1　漏えいした液は土砂等で流れをせき止め、空容器にできるだけ回収し、その
> 　あとを水酸化カルシウム等の水溶液を用いて処理し、中性洗剤等の分散剤を使
> 　用して多量の水で洗い流す。
> 2　飛散したものの表面を速やかに土砂等で覆い、密閉可能な空容器に回収して
> 　密閉する。汚染された土砂も同様の措置をし、そのあとを多量の水で洗い流す。
> 3　多量の場合は、漏えい箇所を濡れむしろ等で覆い、遠くから霧状の水をかけ
> 　て吸収させる。
> 4　飛散したものは空容器にできるだけ回収し、その後を水酸化カルシウム等の
> 　水溶液を用いて処理し、多量の水で洗い流す。

問 22 〜問 24　次の物質による毒性や中毒の症状として、最も適当なものを下欄から
　　選びなさい。

　　問 22　1，1'－ジメチル－4，4'－ジピリジニウムジクロリド(別名：パラコート)
　　問 23　テトラエチルメチレンビスジチオホスフェイト(別名：エチオン)
　　問 24　ブロムメチル

　　【下欄】

> 1　誤飲した場合、消化器障害、ショックのほか、数日遅れて臓器障害を起こす
> 　ことがある。
> 2　コリンエステラーゼと結合し、その働きを阻害することにより、ムスカリン
> 　様症状、ニコチン様症状、中枢神経症状が出現する。
> 3　低濃度のガスを長時間吸入した場合、数日を経て痙攣、麻痺、視力障害等の
> 　症状を起こす。重症の場合には数日後に神経障害を起こす。
> 4　吸入した場合、鼻、のどの粘膜を刺激し、悪心、嘔吐、チアノーゼ(皮膚や
> 　粘膜が青黒くなる)、呼吸困難などを起こす。

問 25 〜問 28　次の物質の鑑識方法に関する記述について、(　　　)の中にあてはまる
　　最も適当なものを下欄からそれぞれ選びなさい。ただし、同じ番号を繰り返し選
　　んでもよい。

(硫酸第二銅)
　　　硫酸第二銅を水に溶かして硝酸バリウムを加えると(　問 25　)色の硫酸バリ
　　ウムの沈殿を生成する。
(燐化アルミニウムとその分解促進剤とを含有する製剤)
　　　空気中で分解し発生するガスは5〜10％硝酸銀水溶液を吸着させたろ紙を
　　(　問 26　)変させる。
(ニコチン)
　　ニコチンのエーテル溶液に、ヨードのエーテル溶液を加えると、褐色の液状沈
　殿を生じ、これを放置すると、(　問 27　)色の針状結晶となる。
　　ニコチンの硫酸酸性水溶液に、ピクリン酸溶液を加えると、ピクリン酸ニコチン
　の(　問 28　)色結晶が沈殿する。

　　【下欄】

1 黄	2 黒	3 赤	4 白	5 緑

問 29　次のうち、カーバメート剤に分類されるものはどれか。

1　ジニトロメチルヘプチルフェニルクロトナート(別名：ジノカップ)
2　1，3－ジカルバモイルチオー2－(N，N－ジメチルアミノ)－プロパン
　　(別名：カルタップ)
3　ジメチルエチルメルカプトエチルジチオホスフェイト(別名：チオメトン)
4　N－メチル－1－ナフチルカルバメート(別名：NAC、カルバリル)

問 30　次のうち、カーバメート剤中毒の治療に用いられるものはどれか。

1　プラリドキシムヨウ化物(別名：PAM)
2　ヒドロキソコバラミン
3　硫酸アトロピン
4　ジメルカプロール(別名：BAL)

問 31　2－(1－メチルプロピル)－フェニル－N－メチルカルバメート
　　(別名：フェノブカルブ、BPMC)に関する次の記述のうち、正しいものの組み合
　　わせはどれか。

a　15％を含有するマイクロカプセル製剤は劇物から除外される。
b　赤褐色の液体である。
c　廃棄方法の基準として燃焼法とアルカリ法が定められている。
d　除草剤として用いる。

　　1　(a、b)　　　　2　(a、c)　　　　3　(b、c)　　　　4　(c、d)

問 32　2'，4－ジクロロ－α，α，α－トリフルオロ－4'－ニトロメタトルエン
　　スルホンアニリド(別名：フルスルファミド)に関する次の記述のうち，正しいも
　　のの組み合わせはどれか。

a　0.5％を含有する製剤は劇物から除外される。
b　有機リン剤に分類される。
c　野菜の根こぶ病等の防除に用いる。
d　淡黄色の結晶性粉末で、水に難溶である。

　　1　(a、b)　　　　2　(b、c)　　　　3　(c、d)　　　　4　(a、d)

問 33　次の記述の(　　)の中に入れるべき字句の正しい組み合わせはどれか。

　　　S－メチル－N－[(メチルカルバモイル)－オキシ]－チオアセトイミデート
　　は、別名メトミルと呼ばれ、(　a　)の結晶固体で、殺虫剤として用いられる。(
　　b　)を超えて含有する製剤は毒物に該当し、(　b　)以下を含有する製剤は劇物
　　に該当する。

	a	b
1	暗褐色	45％
2	暗褐色	4.5％
3	白色	45％
4	白色	4.5％

問 34　クロルピクリンについて、政令第 40 条の5第2項第3号の規定により、運搬
　　する車両に備えることとされている保護具として、(　　)の中にあてはまる最も
　　適当なものを下欄から選びなさい。

保護具：保護手袋、保護長ぐつ、保護衣、(　　)

【下欄】

1　普通ガス用防毒マスク	2　有機ガス用防毒マスク	
3　酸性ガス用防毒マスク		

問35　1－(6－クロロ－3－ピリジルメチル)－N－ニトロイミダソリジン－2－イリデンアミン(別名：イミダクロプリド)に関する次の記述のうち、誤っているものはどれか。

1　10％を含有する水和剤は毒物に該当する。
2　弱い特異臭のある無色の結晶である。
3　ネオニコチノイド系に該当する。
4　野菜等のアブラムシ類などの害虫の防除に用いる。

問36　次のうち特定毒物に該当するものはどれか。

1　S,S－ビス(1－メチルプロピル)＝O－エチル＝ホスホロジチオアート
　　(別名：カズサホス)
2　モノフルオール酢酸ナトリウム
3　ジ(2－クロルイソプロピル)エーテル
4　ヘキサキス(β，β－ジメチルフェネチル)ジスタンノキサン
　　(別名：酸化フェンブタスズ)

問37 ～問40　2－イソプロピル－4－メチルピリミジル－6－ジエチルチオホスフェイト(別名：ダイアジノン)を有効成分として含有する製剤について、次の問いに答えなさい。

問37　この農薬の用途として、最も適当なものはどれか。

1　除草剤　　　2　木材防腐剤　　　3　野ねずみの駆除　　　4　接触性殺虫剤

問38　この有効成分の性状及び性質として、正しいものはどれか。

1　無色の液体で、水に難溶、エーテルに可溶。
2　無臭の淡黄色粉末で、水に難溶、ピリジン、メチルセルソルブなどに可溶。
3　無色透明の揮発性の液体で、鼻をさすような臭気がある。水と混和する。
4　無色の吸湿性結晶。アルカリ性で不安定。水溶液中紫外線で分解する。

問39　この物質の運搬事故時における漏えいに対する応急措置として、最も適当なものはどれか。

1　多量の場合は、土砂等でその流れを止め、安全な場所に導き、遠くからホース等で多量の水をかけ十分に希釈して洗い流す。
2　多量の場合は、土砂等でその流れを止め、安全な場所に導き、液の表面を泡で覆い、できるだけ空容器に回収する。
3　土砂等でその流れを止め、空容器にできるだけ回収し、そのあとを消石灰等の水溶液を用いて処理し、多量の水を用いて洗い流す。洗い流す場合には中性洗剤等の分散剤を使用して洗い　流す。

問40　この物質を含む次の製剤のうち、劇物から除外されている製剤はどれか。

1　40％含有する水和剤　　　2　25％含有するマイクロカプセル製剤
3　24％含有する油剤

石川県

（特定品目）

問1〜問5　次の物質を含有する製剤は、毒物及び劇物取締法令上、一定濃度以下で劇物から除外される。その上限の濃度として、正しいものを下欄からそれぞれ選びなさい。なお、同じものを繰り返し選んでもよい。

問1　ホルムアルデヒド　　　問2　過酸化水素　　　問3　水酸化ナトリウム
問4　アンモニア　　　　　　問5　クロム酸鉛

【下欄】

1	1％	2	5％	3	6％	4	10％	5	70％

問6　メチルエチルケトンに関する次の記述のうち、誤っているものはどれか。

1　無色の液体で、アセトン様の芳香を有する。
2　高濃度のものを吸入すると麻酔状態となる。
3　捺染剤、木、コルク、綿、藁製品等の漂白剤として使用される。
4　引火しやすく、蒸気は空気と混合して爆発性の混合ガスとなる。

問7　塩化水素に関する次の記述のうち、正しいものの組み合わせはどれか。

a　水、メタノール、エタノール及びエーテルに溶けやすい。
b　吸湿すると金属への腐食性がなくなる。
c　廃棄方法として、沈殿隔離法が適当である。
d　濃い水溶液は湿った空気中で発煙し、刺激臭がある。

　　1　（a、b）　　　2　（b、c）　　　3　（c、d）　　　4　（a、d）

問8〜問11　次の物質の用途として、最も適当なものを下欄から選びなさい。

問8　過酸化水素　　　　問9　重クロム酸カリウム
問10　トルエン　　　　　問11　クロム酸鉛

【下欄】

1	酸化剤、媒染剤、製革	2	爆薬・合成高分子材料の原料
3	漂白剤	4	顔料

問12〜問16　クロロホルムに関する次の記述について、（　　）の中に入るべき正しい字句を下欄から選びなさい。

示性式：（　問12　）
毒物劇物の別：（　問13　）
性状：（　問14　）、揮発陸の液体で、特異の香気と、かすかな甘味を有する。
貯蔵法：純粋のクロロホルムは、空気に触れ、同時に日光の作用をうけると分解して塩素、（　問15　）、ホスゲン、四塩化炭素を生ずるため、少量の（　問16　）を含有させ、分解を防ぐ。

【下欄】

問12	1	CH₃Cl	2	CHCl₃	3	CH₂Cl₂
問13	1	毒物	2	劇物	3	特定毒物
問14	1	無色	2	藍色	3	赤褐色
問15	1	塩化水素	2	水素	3	一酸化炭素
問16	1	水酸化ナトリウム	2	アルコール	3	水

石川県

問 17 ～問 21　次の物質の性状として、最も適当なものを下欄から選びなさい。

　　問 17　キシレン　　　　　　問 18　酢酸エチル　　　問 19　硫酸
　　問 20　水酸化ナトリウム　　問 21　ホルマリン

　　【下欄】

1　白色、結晶性の硬い固体。空気中に放置すると潮解する。
2　無色透明の刺激臭を有する液体で、低温では混濁することがある。
3　無色透明の芳香族炭化水素特有の臭いを有する液体。高濃度で麻酔作用がある。
4　無色透明の果実様の芳香を有する可燃性の液体。水に可溶。
5　無色透明の油状の液体。高濃度のものは猛烈に水を吸収する。

問 22 ～問 26　次の物質の貯蔵方法として、最も適当なものを下欄から選びなさい。

　　問 22　アンモニア水　　　　問 23　水酸化カリウム　　問 24　過酸化水素水
　　問 25　四塩化炭素　　　　　問 26　トルエン

　　【下欄】

1　二酸化炭素と水を吸収する性質が強いので、密栓して貯蔵する。
2　少量ならば褐色ガラス瓶、大量ならばカーボイ(硬質容器)などを使用し、日光の直射を避け冷所に貯蔵する。温度上昇、動揺などにより爆発することがある。
3　亜鉛またはスズでメッキした鋼鉄製容器を用い、高温に接しない場所に貯蔵する。本品の蒸気は空気より重く、低所に滞留するので、地下室などの換気の悪い場所には保管しない。
4　引火しやすく、また、その蒸気は空気と混合して爆発性混合ガスとなるので火気には近づけない。
5　温度の上昇により鼻をさすような臭気ガスを発生するため、密栓して保管する。

問 27 ～問 30　次の物質の鑑識法として、最も適当なものを下欄から選びなさい。

　　問 27　メタノール　　　　　問 28　硫酸　　　　　　　問 29　アンモニア水
　　問 30　硝酸

　　【下欄】

1　濃塩酸を潤したガラス棒を近づけると、白い霧を生じる。
2　希釈水溶液に塩化バリウムを加えると、白色の沈殿を生じる。この沈殿は塩酸や硝酸に不溶。
3　銅屑を加えて熱すると、藍色を呈して溶け、赤褐色の蒸気が発生する。
4　サリチル酸と濃硫酸とともに熱すると、芳香のあるエステルを生じる。

問 31 ～問 32　次の物質の運搬事故時における漏えいに対する応急措置として、最も適当なものを下欄から選びなさい。

　　問 31　硝酸　　　　　問 32　キシレン

　　【下欄】

1　多量の場合は、土砂等でその流れを止め、これに吸着させるか、または安全な場所に導いて、遠くから徐々に注水してある程度希釈した後、水酸化カルシウム、炭酸ナトリウム等で中和し多量の水で洗い流す。
2　多量の場合は、土砂等でその流れを止め、安全な場所に導き、液の表面を泡で覆い、できるだけ空容器に回収する。
3　飛散したものは、空容器にできるだけ回収し、そのあとを還元剤(硫酸第一鉄等)の水溶液を散布し、水酸化カルシウム、炭酸ナトジウム等の水溶液で処理した後、多量の水で洗い流す。

石川県

問 33 ～問 36　次の物質による毒性や中毒の症状として、最も適当なものを下欄から選びなさい。

問 33　メタノール　　　　　問 34　シュウ酸　　　　　問 35　クロム酸カリウム
問 36　トルエン

【下欄】

1　口と食道が赤黄色に染まり、のちに青緑色に変化する。腹痛が生じ、緑色のものを吐き出し、血の混じった便をする。
2　蒸気を吸入すると、頭痛、食欲不振などがみられ、大量では緩和な大赤血球性貧血をきたす。
3　体内に入ると、ギ酸が生成されることにより、視神経が侵され、目がかすみ、失明することがある。
4　血液中のカルシウム分を奪取し、神経系を侵す。急性中毒症状は、胃痛、嘔吐、口腔・咽喉の炎症、腎障害。

問 37 ～問 40　次の物質の具体的な廃棄方法として、最も適当なものを下欄から選びなさい。

問 37　ケイフッ化ナトリウム　　　問 38　四塩化炭素　　　問 39　塩素
問 40　硫酸

【下欄】

1　多量のアルカリ水溶液中に吹き込んだ後、多量の水で希釈して処理する。(アルカリ法)
2　水に溶かし、水酸化カルシウム等の水溶液を加えて処理した後、希硫酸を加えて中和し、沈殿ろ過して埋立処分する。(分解沈殿法)
3　過剰の可燃性溶剤または重油等の燃料とともに、アフターバーナーおよびスクラバーを備えた焼却炉の火室へ噴霧してできるだけ高温で焼却する。(燃焼法)
4　徐々に石灰乳などの攪拌溶液に加え中和させた後、多量の水で希釈して処理する。(中和法)

石川県

福井県
令和4年度実施
(今年度特定なし)

〔法　規〕

(一般・農業用品目共通)

問1　以下の記述は、毒物及び劇物取締法の条文の一部である。(　)の中に入れるべき字句として、正しい組み合わせはどれか。

第1条
　この法律は、毒物及び劇物について、保健衛生上の見地から必要な(　a　)を行うことを目的とする。

第3条第3項
　毒物又は劇物の販売業の登録を受けた者でなければ、毒物又は劇物を販売し、授与し、又は販売若しくは授与の目的で(　b　)し、運搬し、若しくは(　c　)してはならない。

	a	b	c	
~~1~~	~~取締~~	~~所持~~	~~陳列~~	(重複のため削除)
2	規制	所持	小分け	
3	取締	所持	陳列	
4	規制	貯蔵	小分け	
5	取締	貯蔵	陳列	

問2～問7　以下の記述は、毒物及び劇物取締法の条文の一部である。(　)の中に入れるべき字句として、正しいものはどれか。

第2条
　この法律で「毒物」とは、別表第一に掲げる物であって、医薬品及び(　**問2**　)以外のものをいう。

問2　　1　食品　　2　劇物　　3　医薬部外品　　4　化粧品

第4条第3項
　製造業又は輸入業の登録は、(　**問3**　)ごとに、販売業の登録は、(　**問4**　)ごとに、更新を受けなければ、その効力を失う。

問3　　1　3年　　2　4年　　3　5年　　4　6年
問4　　1　3年　　2　4年　　3　5年　　4　6年

第11条第4項
　毒物劇物営業者及び特定毒物研究者は、毒物又は厚生労働省令で定める劇物については、その容器として、(　**問5**　)の容器として通常使用される物を使用してはならない。

問5　　1　飲食物　　2　医薬品　　3　危険物　　4　洗剤

第15条
　2　毒物劇物営業者は、厚生労働省令の定めるところにより、その交付を受ける者の(　**問6**　)を確認した後でなければ、第3条の4に規定する政令で定める物を交付してはならない。
　3　毒物劇物営業者は、帳簿を備え、前項の確認をしたときは、厚生労働省令の定めるところにより、その確認に関する事項を記載しなければならない。
　4　毒物劇物営業者は、前項の帳簿を、最終の記載をした日から(　**問7**　)保管しなければならない。

福井県

問6　1　氏名及び年齢　　　2　氏名及び住所　　　3　年齢及び職業
　　　4　氏名及び職業
問7　1　1年間　　　　　　2　3年間　　　　　3　5年間　　　　　4　10年間

問8〜問10　以下の記述は、毒物及び劇物取締法第8条第2項である。（　　）の中に
入れるべき字句として、正しいものはどれか。

　次に掲げる者は、前条の毒物劇物取扱責任者となることができない。
　　一　（問8）未満の者
　　二　心身の障害により毒物劇物取扱責任者の業務を適正に行うことができない者
　　　として厚生労働省令で定めるもの
　　三　麻薬、（問9）、あへん又は覚せい剤の中毒者
　　四　毒物若しくは劇物又は薬事に関する罪を犯し、罰金以上の刑に処せられ、そ
　　　の執行を終り、又は執行を受けることがなくなつた日から起算して（問10）を
　　　経過していない者

問8　1　14歳　　　　　2　16歳　　　3　18歳　　　　4　20歳
問9　1　向精神薬　　　2　大麻　　　3　シンナー　　4　指定薬物
問10　1　1年　　　　　2　2年　　　3　3年　　　　4　5年

問11　毒物及び劇物取締法第14条第4項に基づき、毒物または劇物の販売業者が、毒
　　物劇物営業者以外の者に劇物を販売する際、譲受人から提出を受ける書面の保存
　　期間として、正しいものはどれか。

　　1　販売の日から3年間　　　2　販売の日から5年間
　　3　販売の日から6年間　　　4　販売の日から10年間

問12　次の毒物劇物取扱責任者に関する記述のうち、正しいものの組み合わせはどれか。

　a　毒物または劇物の販売業者は、毒物または劇物を直接に取り扱う店舗において、
　　自ら毒物劇物取扱責任者として毒物または劇物による保健衛生上の危害の防止に
　　当たる場合には、他に専任の毒物劇物取扱責任者を置かなくてもよい。
　b　農業用品目毒物劇物取扱者試験に合格した者は、特定品目販売業の店舗において
　　毒物劇物取扱責任者となることができる。
　c　福井県知事が行う毒物劇物取扱者試験に合格した者は、すべての都道府県におい
　　て毒物劇物取扱責任者となることができる。
　d　毒物劇物取扱責任者を変更したときは、毒物劇物営業者は、50日以内に、その
　　毒物劇物取扱責任者の氏名を届け出なければならない。

　　1（a、b）　　2（b、c）　　3（a、c）　　4（b、d）　　5（c、d）

問13　毒物劇物営業者が、毒物または劇物の容器および包装に表示しなければならな
　　いものとして、正しいものの組み合わせはどれか。

　a　「医薬用外」の文字および白地に赤色をもって「毒物」の文字
　b　「医薬用外」の文字および赤地に白色をもって「劇物」の文字
　c　「医薬用外」の文字および白地に赤色をもって「劇物」の文字
　d　「医薬用外」の文字および赤地に白色をもって「毒物」の文字

　　1（a、b）　　　2（a、c）　　　3（b、d）　　　4（c、d）

問14　毒物及び劇物取締法第3条の3で規定されている興奮、幻覚または麻酔の作用を
　　有するものについて、正しいものの組み合わせはどれか。

a　酢酸エチル　　　b　メタノール　　　c　酢酸エチルを含有する接着剤
d　トルエン

　　1（a、b）　　　2（b、c）　　　3（a、d）　　　4（c、d）

問 15 次の物質のうち、特定毒物に指定されていない物質はどれか。

1 四アルキル鉛
2 モノクロル酢酸
3 ジエチルパラニトロフエニルチオホスフエイト
4 燐化アルミニウムとその分解促進剤とを含有する製剤
5 オクタメチルピロホスホルアミド

問 16 以下の記述は、毒物及び劇物取締法第3条の4に規定する引火性、発火性、または爆発性のある毒物または劇物であって政令で定めるものを規定した毒物及び劇物取締法施行令第32条の3である。（　　　）の中に入れるべき字句として、正しい組み合わせはどれか。ただし、（ a ）は同じ字句が入るものとする。

法第3条の4に規定する政令で定める物は、（ a ）及びこれを含有する製剤（（ a ）30パーセント以上を含有するものに限る。）、塩素酸塩類及びこれを含有する製剤（塩素酸塩類35パーセント以上を含有するものに限る。）、（ b ）並びに（ c ）とする。

	a	b	c
1	亜塩素酸ナトリウム	ナトリウム	ピクリン酸
2	亜塩素酸ナトリウム	黄燐	ニトログリセリン
3	亜塩素酸ナトリウム	ナトリウム	リチウム
4	亜硝酸ナトリウム	黄燐	ピクリン酸
5	亜硝酸ナトリウム	ナトリウム	ニトログリセリン

問 17 次のうち、あせにくい黒色で着色したものでなければ、毒物劇物営業者が農業用として販売できないものとして、正しいものの組み合わせはどれか。

a 四アルキル鉛を含有する製剤たる毒物
b 硫酸タリウムを含有する製剤たる劇物
c モノフルオール酢酸アミドを含有する製剤たる毒物
d 燐化亜鉛を含有する製剤たる劇物

1 (a、b)　　　2 (b、c)　　　3 (a、c)　　　4 (b、d)　　　5 (c、d)

問 18 次の物質のうち、毒物劇物営業者が販売するにあたり、容器および被包に、厚生労働省令で定める解毒剤の名称を表示しなければならないものはどれか。

1 有機リン化合物　　2 有機シアン化合物　　3 水酸化ナトリウム
4 硫化水素

問 19 次のうち、毒物及び劇物取締法第22条第1項の規定により、業務上取扱者の届出をしなければならない者として、正しいものの組み合わせはどれか。

a シアン化ナトリウムを使用して金属熱処理を行う事業者
b ヒ素化合物たる毒物を使用してしろあり防除を行う事業者
c 塩酸を使用して電気めっきを行う事業者
d トルエンを使用して塗装を行う事業者

1 (a、b)　　　　2 (a、d)　　　　3 (b、c)　　　　4 (c、d)

福井県

問20　毒物及び劇物取締法第12条第2項第4号の規定により、毒物または劇物の製造業者が、その製造したジメチル－2，2－ジクロルビニルホスフェイト（別名：DDVP）を含有する製剤（衣料用の防虫剤に限る。）を販売するときに、その容器および被包に表示しなければならない事項に関する記述の正誤について、正しい組み合わせはどれか。

a 居間等人が常時居住する室内では使用してはならない旨
b 使用直前に開封し、包装紙等は直ちに処分すべき旨
c 小児の手の届かないところに保管しなければならない旨
d 使用の際、手足や皮膚、特に眼にかからないように注意しなければならない旨
e 皮膚に触れた場合には、石けんを使ってよく洗うべき旨

	a	b	c	d	e
1	誤	正	正	正	正
2	正	誤	正	正	正
3	正	正	誤	正	正
4	正	正	正	誤	正
5	正	正	正	正	誤

問21　毒物及び劇物取締法第18条に規定されている、立入検査に関する以下の記述について、誤っているものはどれか。

1 毒物劇物監視員は、薬事監視員のうちからあらかじめ指定されている。
2 都道府県知事は、保健衛生上必要があると認めるときは、毒物または劇物の販売業者から必要な報告を徴することができる。
3 毒物劇物監視員は、その身分を示す証票を携帯し、関係者から請求があるときは、証票を提示しなければならない。
4 都道府県知事は、犯罪捜査上必要があると認めるときは、毒物劇物監視員に、毒物または劇物の販売店舗に立ち入り、試験のために必要な最小限度の分量に限り、毒物または劇物を収去させることができる。

問22〜問25　以下の毒物または劇物の運搬に関する記述のうち、（　）内に入れるべき字句として、正しいものはどれか。

　車両を使用して、硫酸を1回につき5,000 kg以上運搬する場合、車両には、（問22）メートル平方の板に地を黒色、文字を白色として（問23）と表示し、車両の前後の見やすい箇所に掲げる必要がある。また、車両には、防毒マスク、ゴム手袋その他事故の際に応急の措置を講ずるために必要な保護具で厚生労働省令で定めるものを（問24）以上備えるとともに、運搬する毒物または劇物の名称、（問25）ならびに事故の際に講じなければならない応急の措置の内容を記載した書面を備える必要がある。

問22　1 0.2　　2 0.3　　3 0.4　　4 0.5
問23　1 危　　2 薬　　3 劇　　4 毒
問24　1 1人分　　2 2人分　　3 3人分　　4 4人分
問25　1 成分およびその含量　　2 成分および使用目的
　　　3 毒性およびその含量　　4 使用目的および毒性

問26　毒物及び劇物取締法第17条に規定する、事故の際の措置に関する以下の記述について、（　）の中に入れるべき字句として、正しい組み合わせはどれか。

第17条
　毒物劇物営業者及び特定毒物研究者は、その取扱いに係る毒物若しくは劇物又は第11条第2項の政令で定める物が飛散し、漏れ、流れ出し、染み出し、又は地下に染み込んだ場合において、不特定又は多数の者について保健衛生上の危害が生ずるおそれがあるときは、（a）、その旨を（b）、警察署又は（c）に届け出るとともに、保健衛生上の危害を防止するために必要な応急の措置を講じなければならない。

	a	b	c
1	24 時間以内に	保健所	市町村長
2	24 時間以内に	都道府県知事	消防機関
3	直ちに	保健所	消防機関
4	直ちに	都道府県知事	消防機関
5	直ちに	保健所	市町村長

問27 毒物及び劇物取締法第11条第2項に規定する政令で定める物の廃棄の方法に関する以下の記述の正誤について、正しい組み合わせはどれか。

a 中和、加水分解、酸化、還元、稀釈その他の方法により、毒物および劇物ならびに法第11条第2項に規定する政令で定める物のいずれにも該当しない物とすること。

b ガス体または揮発性の毒物または劇物は、保健衛生上危害を生ずるおそれがない場所で、少量ずつ放出し、または揮発させること。

c 可燃性の毒物または劇物は、保健衛生上危害を生ずるおそれがない場所で、一気に燃焼させること。

d 地下1メートル以内で、かつ、地下水を汚染するおそれがない地中に確実に埋め、海面上に引き上げられ、もしくは浮き上がるおそれがない方法で海水中に沈め、または保健衛生上危害を生ずるおそれがないその他の方法で処理すること。

	a	b	c	d
1	正	誤	正	正
2	正	正	誤	誤
3	正	誤	誤	正
4	誤	正	正	誤
5	誤	誤	誤	正

問28 〜問30 毒物及び劇物取締法第21条第1項に規定する、登録が失効した場合等の措置についての以下の記述のうち、（　　）に入れるべき字句として、正しいものはどれか。

　毒物劇物製造業者は、その製造業の登録が効力を失ったときは、（**問28**）以内に、その製造所の所在地の都道府県知事に、現に所有する（**問29**）の（**問30**）を届け出なければならない。

問28　1　10 日　　　2　15 日　　　3　20 日　　　4　30 日
問29　1　全ての毒物及び劇物　　　　2　全ての危険物
　　　　3　特定毒物　　　　　　　　　4　可燃性の毒物及び劇物
問30　1　品名および廃棄方法　　　2　成分および廃棄方法
　　　　3　品名および毒性　　　　　4　品名および数量

〔基礎化学〕
（一般・農業用品目共通）

> 問51 から問80 までの各問における原子量については次のとおりとする。
> 　H＝1、C＝12、N=14、O＝16、Na＝23、S＝32、Cl＝35、Ca＝40

問51 次のうち、サリチル酸の分子量として、最も適当なものはどれか。

　1　92　　　2　94　　　3　122　　　4　138　　　5　152

問52 原子の構成を $^A_Z M$ と表したとき、中性子の数について、A と Z で表しているものはどれか。

　1　A－Z　　　2　Z　　　3　A　　　4　A＋Z　　　5　2Z

福井県

問 53　次の元素のうち、アルカリ土類金属はどれか。

　　1　Ca　　　2　Cl　　　3　Cr　　　4　Cs　　　5　Cu

問 54　次に示す分子とその形状のうち、誤った組み合わせはどれか。

　　1　F_2：直線型　　　　　2　CO_2：直線型　　　3　H_2O：折れ線型
　　4　NH_3：正四面体型　　5　CH_4：正四面体型

問 55　100kPa、10 ℃の条件で 10L の体積を占める気体を 50kPa、20 ℃の状態にしたとき、この気体の占める体積として、最も適当なものはどれか。

　　1　18L　　　2　21L　　　3　24L　　　4　27L　　　5　30L

問 56　次の元素のうち、炎色反応で黄色を示すものはどれか。

　　1　Li　　　2　Na　　　3　K　　　4　Ca　　　5　Sr

問 57 〜 問 59　電子 e-を用いた反応式が①、②のとき、ニクロム酸イオンと二酸化硫黄の酸化還元反応について、（ 問 57 ）〜（ 問 59 ）に当てはまる係数はどれか。

$Cr_2O_7^{2-} + 14H^+ + 6e^- \rightarrow 2Cr^{3+} + 7H_2O$　・・・①
$SO_2 + 2H_2O \rightarrow SO_4^{2-} + 4H+ + 2e^-$　・・・②
$Cr_2O_7^{2-} + （ 問 57 ）SO_2 + （ 問 58 ）H^+$
　　　　　$\rightarrow 2Cr^{3+} + （ 問 57 ）SO_4^{2-} + （ 問 59 ）H_2O$

問 57	1　1	2　2	3　3	4　4	5　5
問 58	1　1	2　2	3　3	4　4	5　5
問 59	1　1	2　2	3　3	4　4	5　5

問 60　ナトリウム原子の最外殻電子の数として、最も適当なものはどれか。

　　1　1個　　　2　2個　　　3　3個　　　4　4個　　　5　5個

問 61　5 ％の食塩水 600g を希釈して、15 ％の食塩水を調製するために必要な 30 ％の食塩水の量として、正しいものはどれか。

　　1　200g　　　2　250g　　　3　300g　　　4　350g　　　5　400g

問 62　カルボン酸とアルコールの脱水縮合反応により形成される結合として、適切なものはどれか。

　　1　アミド結合　　　2　エステル結合　　3　エーテル結合　　4　ジスルフィド結合
　　5　グリコシド結合

問 63　次の化合物とその化合物が有する官能基の組み合わせとして、正しいものはどれか。

	化合物	化合物が有する官能基
1	トルエン	ヒドロキシ基
2	クレゾール	カルボキシ基
3	スチレン	ニトロ基
4	アニリン	アミノ基
5	クロロベンゼン	スルホ基

問 64　次の元素のうち、イオン化傾向が最も大きいものはどれか。

　　1　Al　　　2　Ag　　　3　Au　　　4　Pb　　　5　Pt

福井県

問 65　pH＝1の水溶液中水素イオン濃度[H^+]は、ｐH＝3の水溶液中水素イオン濃度[H^+]の何倍か。

　　1　10倍　　　2　50倍　　　3　100倍　　　4　500倍　　　5　1,000倍

問 66　メタンを完全燃焼させるとき、次の化学反応式で表される。
　　3.2gのメタンが燃焼したときに生成する水の質量として、最も適当なものはどれか。

　　$CH_4 + 2O_2 \rightarrow CO_2 + 2H_2O$

　　1　1.8g　　　2　3.6g　　　3　7.2g　　　4　10.8g　　　5　14.4g

問 67　濃度不明の水酸化カルシウム水溶液 20mL を中和するために必要な 0.1mol／L の塩酸は、30mL であった。この水酸化カルシウム水溶液の濃度として、最も適当なものはどれか。

　　1　0.075mol／L　　　2　0.10mol／L　　　3　0.15mol／L
　　4　0.20mol／L　　　5　0.30mol／L

問 68　陽極に黒鉛（C）、陰極に鉄（Fe）を用い、両極間を陽イオン交換膜で仕切って塩化ナトリウム水溶液を電気分解したとき、陽極から発生する気体はどれか。

　　1　塩素（Cl_2）　　2　窒素（N_2）　　3　水素（H_2）　　4　酸素（O_2）　　5　発生しない

問 69　1.0mol／L のグルコース（$C_6H_{12}O_6$）水溶液を 400mL 調製するために必要なグルコースの量として、最も適当なものはどれか。

　　1　18g　　　2　36g　　　3　72g　　　4　108g　　　5　144g

問 70　グリシン水溶液のｐHが等電点であるとき、水溶液中に主に存在する分子として、最も適当なものはどれか。

　　1　$H_2N - CH_2 - COOH$　　　　2　$H_3N^+ - CH_2 - COOH$
　　3　$H_2N - CH_2 - COO^-$　　　　4　$H_3N^+ - CH_2 - COO^-$

問 71　次のコロイドに関する記述について、誤っているものはどれか。

　　1　コロイド溶液の横から強い光を当てると光の通路が明るく見える現象のことをチンダル現象という。
　　2　親水コロイドが多量の電解質で沈殿する現象のことを透析という。
　　3　疎水コロイドが少量の電解質で沈殿する現象のことを凝析という。
　　4　コロイド粒子が分散媒分子に衝突して起こる不規則な運動をブラウン運動という。
　　5　コロイド溶液に直流電流をかけると、陰極または陽極にコロイド粒子が移動する現象を電気泳動という。

問 72　化学反応における触媒に関する記述として、誤っているものはどれか。

　　1　触媒は活性化エネルギーを小さくする。
　　2　可逆反応が平衡状態にあるとき、触媒を添加しても平衡は移動しない。
　　3　触媒は、反応の前後でそれ自身変化することがある。
　　4　生体内で触媒作用を示す物質を酵素という。

問 73　以下の記述について、（　）の中に入るべき字句として、最も適当な組み合わせはどれか。

　　電気陰性度は、一般に、周期表の同一周期では18族を除き、原子番号の大きい原子ほど（ a ）なり、同族元素の原子では、原子番号が大きいほど、（ b ）なる。電気陰性度が異なる2原子分子の共有結合では、電気陰性度の（ c ）原子の方に電子が引き寄せられる。

福井県

	a	b	c
1	大きく	大きく	大きい
2	大きく	小さく	大きい
3	小さく	大きく	小さい
4	小さく	小さく	小さい
5	大きく	大きく	小さい

問 74 次の結晶の種類とその結晶の例の組み合わせとして、正しいものはどれか。

	結晶の種類	その結晶の例
1	イオン結晶	ダイヤモンド
2	分子結晶	アルミニウム
3	共有結合の結晶	ドライアイス
4	金属結晶	ナトリウム

問 75、問 76 下の図は、氷を 1,013hPa のもとで一様に熱を外部から加えた時の温度変化を示したものである。次の問いに答えよ。

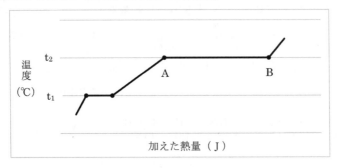

問 75 温度 t_1、t_2 について、最も適当な組み合わせはどれか。

	t_1	t_2
1	昇華点	融点
2	昇華点	沸点
3	融点	沸点
4	融点	昇華点
5	凝固点	昇華点

問 76 点 AB 間では温度上昇がみられない。AB 間で吸収された熱量の呼称と、その間の物質状態について、最も適当な組み合わせはどれか。

	吸収された熱量の呼称	状態
1	融解熱	水のみ
2	融解熱	水と水蒸気
3	溶解熱	水蒸気のみ
4	蒸発熱	水のみ
5	蒸発熱	水と水蒸気

福井県

問 77 ～問 80　（　）に入れるべき字句として、正しいものはどれか。

　　単結合のみからなる鎖式炭化水素を（　問 77　）といい、炭素の数を n として分子式
C_nH_{2n+2} で表される。（　問 77　）のうち炭素数が（　問 78　）以上になる分子には構造
異性体が存在する。一方、分子式 C_nH_{2n} で表される炭化水素のうち、単結合からな
る環式炭化水素を（　問 79　）、二重結合を一つ含むものを（　問 80　）という。

問 77　1　アルカン　　　　2　アルケン　　　3　ケトン　　　4　アルキン
　　　　5　シクロアルカン

問 78　1　1　　　　　　　　2　2　　　　　　　3　3　　　　　　4　4　　　　　5　5

問 79　1　アルカン　　　　2　アルケン　　　3　ケトン　　　4　アルキン
　　　　5　シクロアルカン

問 80　1　アルカン　　　　2　アルケン　　　3　ケトン　　　4　アルキン
　　　　5　シクロアルカン

〔毒物および劇物の性質および
　　　　　貯蔵その他取扱方法〕

（一般）

問 31 ～問 35　次の物質を含有する製剤について、劇物に該当しなくなる濃度を【下
　　欄】からそれぞれ 1 つ選びなさい。ただし、同じ番号を繰り返し選んでもよい。

問 31　ぎ酸　　　　　問 32　過酸化ナトリウム　　問 33　2－アミノエタノール
問 34　シアナミド　　問 35　メチルアミン

【下欄】

1　5％以下　　2　10％以下　　3　20％以下　　4　40％以下　　5　90％以下 6　規定なし

問 36 ～問 40　次の物質の貯蔵方法として最も適当なものを【下欄】からそれぞれ 1
　　つ選びなさい。

問 36　黄燐（りん）　　問 37　四塩化炭素　　　問 38　ヨウ素　　　問 39　水酸化カリウム
問 40　アクロレイン

【下欄】

1　気密容器を用い、通風のよい冷所に貯える。腐食されやすい金属と離して 　　保管する。 2　火気厳禁。非常に反応性に富む物質なので、安定剤を加え、空気を遮断し 　　て貯蔵する。 3　空気に触れると発火しやすいので、水中に沈めて瓶に入れ、さらに砂を入 　　れた缶中に固定して、冷暗所に貯える。 4　亜鉛または錫（すず）メッキをした鋼鉄製容器で保管し、高温に接しない場所に保 　　管する。低所に滞留するので、地下室等換気の悪い場所には保管しない。 5　二酸化炭素と水を強く吸収するので、密栓をして貯蔵する。

福井県

問41　シアン化カリウムによる中毒の解毒または治療剤として、最も適当なものはどれか。
1　硫酸アトロピン　　　2　グルコン酸カルシウム　　　3　亜硝酸アミル
4　ジメルカプロール（BAL）
5　エデト酸カルシウムニナトリウム

問42〜問44　次の物質の廃棄方法として最も適切なものを【下欄】からそれぞれ1つ選びなさい。

　　　問42　クロルピクリン　　　　問43　トルエン　　　　問44　フッ化水素酸
【下欄】

> 1　珪そう土等に吸収させて開放型の焼却炉で少量ずつ焼却する。
> 2　少量の界面活性剤を加えた亜硫酸ナトリウムと炭酸ナトリウムの混合溶液中で、攪拌し分解させたあと、多量の水で希釈して処理する。
> 3　多量の消石灰水溶液に攪拌しながら少量ずつ加えて中和し、沈殿濾過して埋め立て処分する。

問45〜問47　厚生労働省が毒物および劇物の運搬事故時における応急措置の方法を品目ごとに具体的に定めた「毒物及び劇物の運搬事故時における応急措置に関する基準」に基づき、次の物質が漏えいした際の措置として最も適切なものを【下欄】からそれぞれ1つ選びなさい。

　　　問45　クロルメチル　　　問46　メタクリル酸　　　問47　硝酸銀
【下欄】

> 1　付近の着火源となるものを速やかに取り除く。液状で多量に漏えいしたときは、土砂等でその流れを止め、液が広がらないようにして蒸発させる。
> 2　漏えいした液は土砂等でその流れを止め、安全な場所に導き、空容器にできるだけ回収し、そのあとを水酸化カルシウム等の水溶液を用いて処理し、多量の水を用いて洗い流す。
> 3　飛散したものは空容器にできるだけ回収し、そのあとを食塩水を用いて処理し、多量の水で洗い流す。

問48〜問50　次の物質の代表的な毒性について、最も適当なものを【下欄】からそれぞれ1つ選びなさい。

　　　問48　アルシン（ヒ化水素）　　　問49　水銀　　　問50　ニコチン
【下欄】

> 1　猛烈な神経毒で、慢性中毒では咽頭、喉頭等のカタル、心臓障害等を来し、時として精神異常を引き起こすことがある。
> 2　多量にその蒸気を吸入すると呼吸器、粘膜を刺激し、はなはだしい場合は、肺炎を起こすことがある。
> 3　溶血作用があり、中毒症状としては、倦怠感、消化器症状から始まり、数時間後には褐色のヘモグロビン尿症を呈し、その後黄疸が現れる。

福井県

（農業用品目）

問31 ～問35　次の物質を含有する製剤について、劇物に該当しなくなる濃度を【下欄】からそれぞれ1つ選びなさい。ただし、同じ番号を繰り返し選んでもよい。

問31　シアナミド
問32　S－メチル－N－〔(メチルカルバモイル)－オキシ〕－チオアセトイミデート(別名：メトミル)
問33　シアン酸ナトリウム
問34　2－ヒドロキシ－4－メチルチオ酪酸
問35　エマメクチン

【下欄】

1　0.5％以下	2　2％以下	3　5％以下	4　10％以下
5　45％以下	6　規定なし		

問36 ～問40　次の物質の用途として最も適当なものを【下欄】からそれぞれ1つ選びなさい。

問36　2，2'－ジピリジリウム－1，1'－エチレンジブロミド
　　　(別名：ジクワット)
問37　1，1'－イミノジ(オクタメチレン)ジグアニジン(別名：イミノクタジン)
問38　ブロムメチル
問39　燐化亜鉛
問40　アバメクチン

【下欄】

1　殺虫剤	2　殺鼠剤	3　殺菌剤	4　除草剤	5　燻蒸剤

問41　ジメチル－2，2－ジクロルビニルホスフエイト(別名：DDVP)による中毒の治療に使用する解毒剤として最も適切なものはどれか。

1　ジメルカプロール(BAL)
2　亜硝酸アミル
3　チオ硫酸ナトリウム
4　2－ピリジルアルドキシムメチオダイド(PAM)
5　エデト酸カルシウム二ナトリウム

問42 ～問44　次の物質の廃棄方法として最も適切なものを【下欄】からそれぞれ1つ選びなさい。

問42　1，1'－ジメチル－4，4'－ジピリジニウムヒドロキシド
　　　(別名：パラコート)
問43　硫酸　　問44　塩化第一銅

【下欄】

1　徐々に石灰乳等の攪拌溶液に加えて中和させたあと、多量の水で希釈して処理する。
2　セメントを用いて固化し、埋め立て処分する。
3　木粉(おが屑)等に吸収させて、アフターバーナーおよびスクラバーを備えた焼却炉で焼却する。スクラバーの洗浄液には水酸化ナトリウム水溶液を用いる。

福井県

問45～問47 厚生労働省が毒物および劇物の運搬事故時における応急措置の方法を品目ごとに具体的に定めた「毒物及び劇物の運搬事故時における応急措置に関する基準」に基づき、次の物質が漏えいした際の措置として最も適切なものを【下欄】からそれぞれ1つ選びなさい。

問45　クロルピクリン
問46　ジメチル－4－メチルメカプト－3－メチルフェニルチオホスフェイト
　　　（別名：フェンチオン）
問47　アンモニア水

【下欄】

1　漏えいした液は土砂等でその流れを止め、安全な場所に導き、空容器にできるだけ回収し、そのあとを消石灰等の水溶液を用いて処理し、多量の水を用いて洗い流す。洗い流す場合には中性洗剤等の分散剤を使用して洗い流す。
2　少量の場合は、漏えいした液は布でふきとるかまたはそのまま風にさらして蒸発させる。多量の場合は、漏えいした液は土砂等でその流れを止め、多量の活性炭または消石灰を散布して覆い、専門家の指示により処理する。
3　少量の場合は、漏えい箇所は濡れむしろ等で覆い、遠くから多量の水をかけて洗い流す。多量の場合は、漏えいした液は土砂等でその流れを止め、安全な場所に導いて遠くから多量の水をかけて洗い流す。この場合、濃厚な廃液が河川等に排出されないよう注意する。

問48～問50 次の物質の代表的な毒性について、最も適当なものを【下欄】からそれぞれ1つ選びなさい。

問48　2－イソプロピル－4－メチルピリミジル－6－ジエチルチオホスフェイト
　　　（別名：ダイアジノン）
問49　ブラストサイジンS　　問50　塩素酸ナトリウム

【下欄】

1　コリンエステラーゼを阻害し、吸入した場合、倦怠感、頭痛、めまい、吐き気、嘔吐、腹痛、下痢、多汗等の症状を呈し、はなはだしい場合には、縮瞳、意識混濁、全身けいれん等を起こすことがある。
2　中毒症状は振戦、呼吸困難で、本毒により肝臓の核の膨大および変性が認められ、腎臓には糸球体、細尿管のうっ血、脾臓には脾炎が認められる。
3　強い酸化剤であり、吸入した場合、鼻、のどの粘膜を刺激し、悪心、嘔吐、下痢、チアノーゼ、呼吸困難等を起こす。

福井県

- 188 -

〔実地試験（毒物及び劇物の識別及び取扱方法）〕

（一般）

問 81 ～問 85　次の物質の特徴について、正しいものの組み合わせをそれぞれ 1 つ選びなさい。

問81　ブロム水素

	形状	色	その他特徴
1	気体	無色	腐食性があり、不燃性
2	結晶	赤色	腐食性はなく、可燃性
3	気体	無色	腐食性があり、可燃性
4	液体	無色	腐食性があり、不燃性
5	液体	赤色	腐食性はなく、不燃性

問82　重クロム酸カリウム

	形状	色	その他特徴
1	液体	淡黄色	吸湿性および潮解性はない
2	結晶	橙赤色	吸湿性および潮解性はない
3	液体	淡黄色	吸湿性および潮解性がある
4	結晶	橙赤色	吸湿性および潮解性がある
5	結晶	淡黄色	吸湿性および潮解性はない

問83　塩化亜鉛

	色・形状	液性	その他特徴
1	白色固体	水溶液はアルカリ性	風解性
2	黄色固体	水溶液は酸性	風解性
3	黄色液体	水溶液は酸性	潮解性
4	白色固体	水溶液は酸性	潮解性
5	無色液体	水溶液はアルカリ性	風解性

問84　ニトロベンゼン

	形状	臭い	その他特徴
1	気体	酢酸臭	水に溶けにくい
2	油状液体	無臭	水に溶けにくい
3	気体	酢酸臭	水に溶けやすい
4	気体	アーモンド臭	水に溶けやすい
5	油状液体	アーモンド臭	水に溶けにくい

問85　ジエチル－（5－フエニル－3－イソキサゾリル）－チオホスフエイト（別名：イソキサチオン）

	色・形状	用途	その他特徴
1	白色固体	除草剤	水に難溶
2	淡黄褐色液体	害虫駆除	水に難溶
3	白色液体	害虫駆除	水に溶けやすい
4	淡黄褐色固体	害虫駆除	水に難溶
5	淡黄褐色液体	除草剤	水に溶けやすい

福井県

問 86 ～問 90　次の物質の識別方法について、最も適当なものを【下欄】からそれぞれ
　　　　1 つ選びなさい。

　　問 86　アニリン　　　　　問 87　塩化第二水銀　　　問 88　スルホナール
　　問 89　ベタナフトール　　問 90　過酸化水素水

【下欄】

> 1　この物質の溶液に石灰水を加えると、赤色沈殿を生じる。
> 2　この物質の水溶液にさらし粉を加えると、紫色を呈する。
> 3　過マンガン酸カリウムを還元し、過クロム酸を酸化する。また、ヨウ化亜
> 　　鉛からヨウ素を析出する。
> 4　この物質の水溶液にアンモニア水を加えると、紫色の蛍石彩を放つ。
> 5　木炭とともに加熱すると、メルカプタンの臭気を放つ。

（農業用品目）

問 81 ～問 85　次の物質の特徴について、正しいものの組み合わせはどれか。

　　問 81　5 －メチル－1，2，4 －トリアゾロ〔3，4 － b〕ベンゾチアゾール
　　　　　（別名：トリシクラゾール）

	色・形状	臭い	溶解性
1	無色結晶	果実様臭	水に易溶
2	白色結晶	無臭	水に易溶
3	無色液体	果実様臭	水に難溶
4	白色液体	アーモンド臭	水に難溶
5	無色結晶	無臭	水に難溶

　　問 82　沃化メチル

	色	形状	その他特徴
1	無色透明	液体	光により褐色となる。
2	暗赤色	液体	光により無色透明となる。
3	暗赤色	固体	光により無色透明となる。
4	暗赤色	固体	光により褐色となる。
5	無色透明	液体	光により白色となる。

　　問 83　ジエチル－（5 －フエニル－3 －イソキサゾリル）－チオホスフエイト
　　　　　（別名：イソキサチオン）

	色・形状	用途	その他特徴
1	白色固体	除草剤	水に難溶
2	淡黄褐色液体	害虫駆除	水に難溶
3	白色液体	害虫駆除	水に溶けやすい
4	淡黄褐色固体	害虫駆除	水に難溶
5	淡黄褐色液体	除草剤	水に溶けやすい

　　問 84　弗化スルフリル

	色	形状	臭い
1	黄色	気体	刺激臭
2	無色	液体	刺激臭
3	無色	気体	無臭
4	黄色	液体	無臭
5	無色	気体	刺激臭

福井県

問 85　モノフルオール酢酸ナトリウム

	色・形状	臭い	吸湿性
1	緑色結晶	無臭	あり
2	緑色粉末	アーモンド臭	なし
3	白色結晶	酢酸臭	なし
4	白色粉末	酢酸臭	あり
5	白色粉末	無臭	なし

問 86 ～問 90　次の物質の識別方法について、最も適当なものを【下欄】からそれぞ
　　れ 1 つ選びなさい。

　　問 86　無水硫酸銅
　　問 87　ニコチン
　　問 88　塩化亜鉛
　　問 89　塩素酸カリウム
　　問 90　燐化アルミニウムとその分解促進剤とを含有する製剤

【下欄】

　1　この物質を水に加えると、青くなり、この水溶液に硝酸バリウムを加える
　　と白色の沈殿を生じる。
　2　この物質を水に溶かして、硝酸銀を加えると、白色の沈殿を生じる。
　3　この物質のエーテル溶液に、ヨードのエーテル溶液を加えると、褐色の液
　　状沈殿を生じ、これを放置すると赤色の針状結晶となる。
　4　この物質から発生したガスは、5 ～ 10 ％硝酸銀溶液を吸着させたろ紙を黒
　　変させる。
　5　この物質の水溶液に酒石酸を多量に加えると、白色の結晶を生ずる。

福井県

山梨県
令和4年度実施
※特定品目は実施されておりません

〔法 規〕
（一般・農業用品目共通）

問題1 次の文章は、毒物及び劇物取締法第1条の条文である。（　）の中に当てはまる正しい語句の組合せはどれか。下欄の中から選びなさい。

第一条　この法律は、毒物及び劇物について、（　ア　）の見地から必要な（　イ　）を行うことを目的とする。

	ア	イ
1	犯罪防止上	規制
2	保健衛生上	規制
3	犯罪防止上	取締
4	保健衛生上	取締
5	公衆衛生上	取締

問題2 次の文章は、毒物及び劇物取締法第2条の条文である。（　）の中に当てはまる正しい語句の組合せはどれか。下欄の中から選びなさい。

第二条　この法律で「毒物」とは、別表第一に掲げる物であつて、（　ア　）以外のものをいう。
2　この法律で「劇物」とは、別表第二に掲げる物であつて、（　ア　）以外のものをいう。
3　この法律で「特定毒物」とは、（　イ　）であつて、別表第三に掲げるものをいう。

	ア	イ
1	食品及び医薬品	毒物
2	食品及び医薬品	毒薬
3	医薬品及び医薬部外品	毒物
4	医薬品及び医薬部外品	毒薬
5	医薬品及び医薬部外品	毒物及び劇物

問題3 次の物質のうち、別表第三に指定されている特定毒物として誤っているものはどれか。下欄の中から選びなさい。

1	四アルキル鉛
2	モノフルオール酢酸
3	テトラエチルピロホスフェイト
4	ジメチルパラニトロフエニルチオホスフェイト
5	過酸化水素

問題4　次の毒物劇物営業者の登録に関する記述について、正しい正誤の組合せはどれか。下欄の中から選びなさい。

ア　毒物又は劇物の製造業の登録は、製造所ごとにその製造所が所在地の都道府県知事が行う。
イ　毒物又は劇物の輸入業の登録は、営業所ごとに地方厚生局が行う。
ウ　毒物又は劇物の販売業の登録は、店舗ごとにその店舗の所在地の都道府県知事（その店舗の所在地が、保健所を設置する市又は特別区の区域にある場合においては、市長又は区長）が行う。
エ　毒物又は劇物の販売業の登録は、5年ごとに更新を受けなければ、その効力を失う。

	ア	イ	ウ	エ
1	正	誤	正	正
2	誤	誤	正	誤
3	誤	正	誤	正
4	正	誤	正	誤
5	正	正	誤	誤

問題5　次の毒物劇物営業者が行う届出に関する記述について、正しい組合せはどれか。下欄の中から選びなさい。

ア　毒物劇物営業者は、毒物劇物取扱責任者を置いたときは、30日以内に届け出なければならない。
イ　毒物劇物営業者は、製造所、営業所又は店舗の名称を変更しようとするときは、事前に届け出なければならない。
ウ　毒物劇物営業者は、毒物又は劇物を製造し、貯蔵し、又は運搬する設備の重要な部分を変更したときは、30日以内に届け出なければならない。
エ　毒物劇物営業者は、登録に係る毒物又は劇物の品目以外の毒物又は劇物を新たに追加したときは、30日以内に届け出なければならない。

| 1（ア、イ） | 2（ア、ウ） | 3（ア、エ） | 4（イ、ウ） | 5（イ、エ） |

問題6　次の記述のうち、毒物及び劇物取締法の規定に照らし、毒物劇物営業者及び特定毒物研究者が表示しなければならないものとして、正しいものはどれか。下欄の中から選びなさい。

1　劇物の容器及び被包に、「医薬用外」の文字及び白地に赤色をもって「劇物」の文字を表示しなければならない。
2　毒物の容器及び被包に、「医薬部外」の文字及び赤地に白色をもって「毒物」の文字を表示しなければならない。
3　劇物の容器及び被包に、「医薬部外」の文字及び白地に黒色をもって「劇物」の文字を表示しなければならない。
4　毒物の容器及び被包に、「医薬用外」の文字及び白地に赤色をもって「毒物」の文字を表示しなければならない。
5　劇物を貯蔵し、又は陳列する場所に「医薬部外」の文字及び「劇物」の文字を表示しなければならない。

問題7 次の文章は、毒物及び劇物取締法第15条の条文である。（　）の中に当てはまる正しい語句の組合せはどれか。下欄の中から選びなさい。

第十五条　毒物劇物営業者は、毒物又は劇物を次に掲げる者に交付してはならない。
一　（　ア　）未満の者
二　心身の障害により毒物又は劇物による保健衛生上の危害の防止の措置を適正に行うことができない者として厚生労働省令で定めるもの
三　麻薬、大麻、（　イ　）及び覚せい剤の中毒者
2　毒物劇物営業者は、厚生労働省令の定めるところにより、その交付を受ける者の氏名及び住所を確認した後でなければ、第三条の四に規定する政令で定める物を交付してはならない。
3　毒物劇物営業者は、帳簿を備え、前項の確認をしたときは、厚生労働省令の定めるところにより、その確認に関する事項を記載しなければならない。
4　毒物劇物営業者は、前項の帳簿を、最終の記載をした日から（　ウ　）年間、保存しなければならない。

	ア	イ	ウ
1	十六歳	あへん	五
2	十八歳	シンナー	三
3	十八歳	あへん	五
4	十六歳	シンナー	三
5	二十歳	アルコール	五

問題8 次の毒物劇物営業者又は特定毒物研究者への立入検査に関する記述について、正しい正誤の組合せはどれか。下欄の中から選びなさい。

ア　毒物劇物監視員は、保健衛生上必要があると認められるときは、毒物劇物営業者から必要な報告を求めることができる。
イ　毒物劇物監視員は、毒物劇物営業者から身分証の掲示を求められたときは、掲示しなければならない。
ウ　犯罪捜査の場合、都道府県知事は毒物劇物監視員に、試験のため必要最小限度の分量に限り、毒物又は劇物を収去させることができる。

	ア	イ	ウ
1	正	正	正
2	正	誤	正
3	正	正	誤
4	誤	誤	正
5	誤	正	誤

問題9 次のうち、毒物及び劇物取締法の規定に照らし、毒物又は劇物を業務上取り扱う者が、届け出なければならない事業の記述として、正しい組合せはどれか。下欄の中から選びなさい。

ア　無機シアン化合物を使用して、金属熱処理を行う事業
イ　モノフルオール酢酸の塩類を含有する製剤を使用して、野ねずみ駆除を行う事業
ウ　無機シアン化合物を含有する製剤を使用して、しろあり駆除を行う事業
エ　内容積が 200L の容器を大型自動車に積載して、四アルキル鉛を含有する製剤の運送を行う事業

1（ア、イ）	2（ア、ウ）	3（ア、エ）	4（イ、ウ）	5（イ、エ）

問題 10　次の物質のうち、毒物及び劇物取締法第３条の４で、引火性、発火性又は爆発性のある毒物又は劇物であって、政令で定められているものとして誤っているものはどれか。下欄の中から選びなさい。

```
1  シアン化カリウム
2  ピクリン酸
3  亜塩素酸ナトリウム 30%以上を含有する製剤
4  塩素酸塩類 35%以上を含有する製剤
5  ナトリウム
```

問題 11　次の記述について、毒物及び劇物取締法の規定に照らし、毒物又は劇物の製造業の施設基準に関する内容として、誤っているものはどれか。下欄の中か選びなさい。

```
1  毒物又は劇物の製造作業を行う場所は、毒物又は劇物を含有する粉じん、蒸気
   又は廃水の処理に要する設備又は器具を備えていること。
2  毒物又は劇物を貯蔵する場所が性質上かぎをかけることができないものである
   ときは、その周囲に、堅固なさくが設けてあること。
3  毒物又は劇物の運搬用具は、毒物又は劇物が飛散し、漏れ、又はしみ出るおそ
   れがないものであること。
4  毒物又は劇物を陳列する場所に、かぎをかける設備があること。ただし、その
   場所が性質上かぎをかけることができないものであるときは、この限りではない。
5  毒物又は劇物とその他の物とを区分して貯蔵できるものであること。
```

問題 12　次の記述について、毒物及び劇物取締法の規定に照らし、車両の前後の見やすい箇所に掲げる標識として、正しいものはどれか。下欄の中から選びなさい。
　　　　水酸化ナトリウムを６％含む製剤を、車両を使用して１回につき 5,000Kg 以上運搬する場合

```
1  0.5m 平方の板に地を白色、文字を黒色として「毒」と表示した標識
2  0.3m 平方の板に地を白色、文字を赤色として「毒」と表示した標識
3  0.3m 平方の板に地を黒色、文字を白色として「毒」と表示した標識
4  0.5m 平方の板に地を黒色、文字を黄色として「毒」と表示した標識
5  車両に標識を掲げる必要はない
```

問題 13　次のうち、毒物及び劇物取締法第 17 条第２項の規定に照らし、毒物劇物営業者は、その取扱いに係る劇物が紛失したとき、直ちにその旨を届け出なければならないのはどこか。下欄の中から選びなさい。

```
1  厚生労働省
2  都道府県の薬務主管課
3  警察署
4  保健所
5  消防署
```

問題 14　次の物質のうち、毒物及び劇物取締法の規定に照らし、省令で定める方法により着色したものでなければ、これを農業用として販売し、又は授与してはならないと規定されている劇物とその色の正しい組合せはどれか。下欄の中から選びなさい。

1　ジメチルエチルメルカプトエチルチオホスフェイトを含有する製剤　－　紅色
2　燐化亜鉛を含有する製剤　－　深紅色
3　モノフルオール酢酸アミドを含有する製剤　－　青色
4　硫酸タリウムを含有する製剤　－　あせにくい黒色
5　沃化メチル及びこれを含有する製剤　－　黄色

問題 15　次の文章は、毒物及び劇物取締法第 14 条第 1 項の条文である。（　　　）の中に当てはまる正しい語句の組合せはどれか。下欄の中から選びなさい。

　　第十四条　毒物劇物営業者は、毒物又は劇物を（　ア　）に販売し、又は授与したときは、その都度、次に掲げる事項を（イ）しておかなければならない。
　　一　毒物又は劇物の名称及び数量
　　二　販売又は授与の年月日
　　三　譲受人の氏名、（　ウ　）及び住所（法人にあっては、その名称及び主たる事務所の所在地）

	ア	イ	ウ
1	毒物劇物営業者以外	書面として受理	生年月日
2	毒物劇物営業者以外	書面として受理	職業
3	他の毒物劇物営業者	書面として受理	生年月日
4	他の毒物劇物営業者	書面に記載	年齢
5	他の毒物劇物営業者	書面に記載	職業

〔基礎化学〕

（一般・農業用品目共通）

問題 16　次の中で、アルデヒド基はどれか。下欄の中から選びなさい。

1　－ CHO	2　－ COOH	3 － NO$_2$	4 － SO$_3$H	5　－ NH$_2$

問題 17　次の物質のうち、化合物であるものはどれか。下欄の中から選びなさい。

1　亜鉛	2　空気	3　アンモニア	4　石油	5　食塩水

問題 18　酢酸エチルの分子量はいくつか。下欄の中から選びなさい。
　　　　ただし原子量は、H ＝ 1 、C ＝ 12、N ＝ 14、O ＝ 16 とする。

1　41	2　53	3　74	4　88	5　123

問題 19　グルコース（$C_6H_{12}O_6$）1.8g を水に溶かして 100mL とした溶液のモル濃度はいくつか。下欄の中から選びなさい。
　　　ただし原子量は、H = 1、C = 12、O = 16 とする。

1	0.01mol/L	2	0.1mol/L	3	0.2mol/L	4	1 mol/L
5	2 mol/L					

問題 20　次の化学の基本法則は何と呼ばれているか。最も適したものを下欄の中から選びなさい。
　　　同温、同圧、同体積の気体は、気体の種類によらず同数の分子を含む。

1	定比例の法則	2	質量保存の法則
3	シャルルの法則	4	倍数比例の法則
5	アボガドロの法則		

問題 21　次の物質と化学式の組合せのうち、正しいものはどれか。下欄の中から選びなさい。

1	エタノール	－	CH_3OH
2	酢酸	－	C_2H_5COOH
3	アセトン	－	CH_3COCH_3
4	ホルムアルデヒド	－	CH_3CHO
5	ジメチルエーテル	－	$C_2H_5OC_2H_5$

問題 22　次の塩の水溶液のうち、塩基性を示すものはどれか。下欄の中から選びなさい。

1	$NaNO_3$	2	$FeCl_3$	3	NH_4Cl	4	CH_3COONa	5	$CuSO_4$

問題 23　次の文章は、原子の構造に関する記述である。（　　）の中に当てはまる正しい語句の組合せはどれか。下欄の中から選びなさい。

　　　原子の中心には原子核がある。原子核は正の電荷をもつ（　ア　）と電荷をもたない（　イ　）からできている。このため原子核は正の電荷をもつ。この原子核の周りを（　ウ　）の電荷をもつ（　エ　）が取り巻くように存在している。原子核に含まれる（　ア　）の数と（　イ　）の数の和を（　オ　）という。原子番号は（　ア　）の数に等しい。

	ア	イ	ウ	エ	オ
1	電子	中性子	負	陽子	電子数
2	電子	中性子	正	陽子	質量数
3	陽子	電子	負	中性子	電子数
4	陽子	中性子	負	電子	質量数
5	陽子	電子	正	中性子	陽子数

問題 24　3.0mol/L の塩化ナトリウム水溶液 100mL に含まれる塩化ナトリウムの質量は何 g か。最も近いものを下欄の中から選びなさい。
　　　　ただし原子量は Na ＝ 23、Cl ＝ 35.5 とする。

| 1　0.3g | 2　1.8g | 3　5.9g | 4　17.6g | 5　58.5g |

問題 25　塩化ナトリウムは、20 ℃の水 100g に対する溶解度が 35.8g である。
　　　　この水溶液の質量%濃度は何%か。最も近いものを下欄の中から選びなさい。

| 1　3.6 ％ | 2　9.0 ％ | 3　17.9 ％ | 4　26.4 ％ | 5　35.8 ％ |

問題 26　標準状態(0 ℃、1.013×10^5Pa)で 16.8L を占める酸素(O_2)の物質量は何 mol か。下欄の中から選びなさい。
　　　　ただし、標準状態における 1 mol の気体の体積は 22.4L とする。

| 1　0.750mol | 2　1.33mol | 3　1.50mol | 4　2.0mol | 5　3.0mol |

問題 27　濃度不明の希硫酸 10mL を完全に中和するのに 0.10mol/L の水酸化ナトリウム水溶液 4.0mL を要した。希硫酸のモル濃度(mol/L)はいくつか。最も近いものを下欄の中から選びなさい。
　　　　ただし、希硫酸および水酸化ナトリウム水溶液の電離度は 1 とする。

| 1　1.0×10^{-2}mol/L | 2　1.0×10^{-3}mol/L | 3　2.0×10^{-2}mol/L |
| 4　2.0×10^{-3}mol/L | 5　8.0×10^{-2}mol/L | |

問題 28　次の物質の三態変化に関する記述について、(　　)の中に当てはまる語句の正しい組合せはどれか。下欄の中から選びなさい。

　　　　気体を冷却して直ちに固体になることを(　ア　)といい、液体が固体になることを(　イ　)という。
　　　　また、気体が液体になることを(　ウ　)といい、液体が気体になることを(　エ　)という。

	ア	イ	ウ	エ
1	昇 華	凝 固	凝 縮	蒸 発
2	昇 華	凝 縮	凝 固	蒸 発
3	凝 縮	蒸 発	凝 固	昇 華
4	凝 縮	凝 固	昇 華	蒸 発
5	凝 固	蒸 発	凝 縮	昇 華

問題 29　次に掲げる元素とその炎色反応の色について、正しい組合せはどれか。下欄の中から選びなさい。

```
1  K    －  青色
2  Ba   －  赤紫色
3  Li   －  黄色
4  Cu   －  青緑色
5  Na   －  赤色
```

問題 30　4.4g のプロパン(C_3H_8)を完全燃焼させたときに生成する二酸化炭素の体積は標準状態で何 L か。最も近いものを下欄の中から選びなさい。
　　　ただし、原子量は C ＝ 12、H ＝ 1、O ＝ 16 とし、標準状態における 1 mol の気体の体積は 22.4L とする。

1　6.7L	2　11.2L	3　17.9L	4　22.4L	5　44.8L

〔毒物及び劇物の性質及び貯蔵その他取扱方法〕
（一般）

問題 31 〜問題 35　次の物質の性状として、最も適当なものはどれか。下欄の中から選びなさい。

　　問題 31　水素化アンチモン
　　問題 32　酢酸エチル
　　問題 33　N －ブチルピロリジン
　　問題 34　メチルメルカプタン
　　問題 35　クロロスルホン酸

```
1  無色ないし淡黄色の油状の液体で、激しい刺激臭がある。
2  無色透明の液体で、果実様の芳香がある。
3  無色、魚肉腐敗臭の液体である。
4  無色、ニンニク臭の気体である。
5  無色、腐ったキャベツ様の強い不快臭の気体である。
```

問題 36 〜問題 40　次の物質の主な用途として、最も適当なものはどれか。下欄の中から選びなさい。

　　問題 36　硫酸タリウム
　　問題 37　アセトニトリル
　　問題 38　スルホナール
　　問題 39　ヒドラジン
　　問題 40　ジクロルジニトロメタン

```
1  殺鼠剤    2  ロケット燃料    3  有機合成出発原料
4  殺虫剤    5  土壌殺菌剤
```

問題 41 ～問題 45　次の物質の貯蔵方法として、最も適当なものはどれか。下欄の中から選びなさい。

問題 41　シアン化ナトリウム　　　　問題 42　クロロホルム
問題 43　カリウム　　　　　　　　　問題 44　ブロムメチル
問題 45　五塩化燐

1　純品は空気と日光によって変質するので、少量のアルコールを加えて分解を防止し、冷暗所に貯蔵する。
2　空気中にそのまま貯蔵することができないため、通常石油中に貯蔵する。水分の混入、火気を避けて貯蔵する。
3　腐食性が強いので密栓して貯蔵する。
4　常温では気体なので、圧縮冷却して液化し、圧縮容器に入れ、直射日光その他温度上昇の原因を避けて、冷暗所に貯蔵する。
5　光を遮り、少量ならばガラス瓶、多量ならばブリキ缶または鉄ドラム缶を用い、酸類とは離して風通しのよい乾燥した冷所に密封して保管する。

（農業用品目）

問題 31 ～問題 34　次の物質の性状として、最も適当なものはどれか。下欄の中から選びなさい。

問題 31　燐化亜鉛
問題 32　硫酸タリウム
問題 33　ジメチル－4－メチルメルカプト－3－メチルフェニルチオホスフェイト(別名 MPP、フェンチオン)
問題 34　ロテノン

1　淡褐色の弱いニンニク臭のある液体。水にほとんど溶けない。有機溶剤に溶けやすい。
2　斜方六面体結晶で、水にはほとんど不溶。ベンゼン、アセトンに可溶、クロロホルムに易溶である。
3　無色の気体。アセトン、クロロホルムに可溶である。
4　暗赤色の光沢ある粉末で、水、アルコールに溶けないが、希酸にはホスフィンを出して溶解する。
5　無色の結晶で、水にやや溶け、熱湯には溶けやすい。

問題 35 ～問題 37　次の物質の分類として、正しいものはどれか。下欄の中から選びなさい。

問題 35　2－イソプロピル-4-メチルピリミジル－6－ジエチルチオホスフェイト
　　　　（別名　ダイアジノン）
問題 36　2－ジフェニルアセチル－1・3－インダンジオン(別名　ダイファシノン)
問題 37　2・2'－ジピリジリウム－1・1'－エチレンジブロミド
　　　　（別名　ジクワット）

1　接触性殺虫剤　　　2　除草剤　　　3　土壌燻蒸剤または殺菌剤
4　殺鼠剤　　　　　　5　植物成長調整剤

問題 38 ～問題 39　次の物質を含有する製剤で、劇物の指定から除外される上限の濃度について、正しいものはどれか。下欄の中から選びなさい。

問題 38　エマメクチン
問題 39　ジニトロメチルヘプチルフェニルクロトナート(別名　ジノカップ)

1	50%	2	10%	3	2%	4	1%	5	0.2%

問題 40 ～問題 42　次の物質の貯蔵方法として、最も適当なものはどれか。下欄の中から選びなさい。

問題 40　ブロムメチル
問題 41　燐化アルミニウムとその分解促進剤とを含有する製剤
問題 42　アンモニア水

1　少量ならばガラスビン、多量ならばブリキ缶あるいは鉄ドラムを用い、酸類とは離して、空気の流通の良い乾燥した冷所に密封して貯蔵する。
2　常温では気体なので、圧縮冷却して液化し、圧縮容器に入れ、直射日光、その他、温度上昇の原因を避けて、冷暗所に貯蔵する。
3　溶液からガスが揮発しやすいので、よく密栓して貯蔵する。
4　酸素によって分解し殺虫効果を失うので、空気と日光を遮断して貯蔵する。
5　分解すると有害な気体を発生するため、密閉した容器で貯蔵する。

問題 43 ～問題 45　次の物質の毒性・中毒症状として、最も適当なものはどれか。下欄から選びなさい。

問題 43　モノフルオール酢酸ナトリウム
問題 44　ニコチン
問題 42　ジメチル－2・2－ジクロルビニルホスフェイト
　　　（別名　DDVP、ジクロルボス）

1　激しい嘔吐が繰り返され、胃の疼痛を訴え、しだいに意識が混濁し、てんかん性痙攣、脈拍の遅緩がおこり、チアノーゼ、血圧下降を示す。
2　猛烈な神経毒であり、急性中毒では、よだれ、吐き気、悪心、嘔吐があり、ついで発汗、呼吸困難、痙攣等をきたす。慢性中毒では、咽頭、喉頭等のカタル、心臓障害、視力減弱、めまい、動脈硬化等をきたし、時として精神異常を引き起こすことがある。
3　緑色または青色のものを吐き、のどがやけるように熱くなり、よだれが流れ、また、しばしば痛むことがある。急性の胃腸カタルを起こし血便を出す。
4　有機リン化合物であり、体内に吸収されるとコリンエステラーゼの作用を阻害し、頭痛、めまい、意識の混濁等の症状を引き起こす。
5　酸と反応すると有毒ガスを発生し、吸入した場合、頭痛、めまい、悪心、意識不明、呼吸麻痺を起こす。

〔実　地〕

（一般）

問題 46 ～問題 50　次の表の毒物又は劇物について、該当する性状を A 欄から、用途を B 欄から、それぞれ最も適当なものを一つ選びなさい。

毒物又は劇物	性状	用途
フェノール	問題 46	問題 51
弗化水素	問題 47	問題 52
クレゾール	問題 48	問題 53
ピクリン酸	問題 49	問題 54
ニトロベンゼン	問題 50	問題 55

A欄（性状）

```
1　オルト、メタ、パラの３異性体があり、オルト及びパラ異性体は無色の結晶、
　　メタ異性体は無色または淡褐色の液体
2　無色または微黄色の吸湿性の液体、強い苦扁桃様香気、光線を屈折
3　水溶液は無色またはわずかに着色した透明の液体、特有の刺激臭
4　淡黄色の光沢ある小葉状あるいは針状結晶、急熱あるいは衝撃により爆発
5　無色の針状結晶あるいは白色の放射状結晶塊、空気中で容易に赤変
```

B欄（用途）

```
1　フロンガスの製造原料、金属の酸洗浄、半導体のエッチング剤など
2　アニリンなどの製造原料、合成化学の酸化剤、特殊溶媒など
3　サリチル酸など様々な医薬品などの製造原料、防腐剤、試薬など
4　試薬、染料、塩類は爆発薬
5　消毒、殺菌、木材の防腐剤など
```

問題 56 ～問題 58　次の硝酸銀の鑑識法に関する記述について、（　　）の中にあてはまる最も適当なものはどれか。下欄の中から選びなさい。

【鑑識法】水に溶かして塩酸を加えると、（問題 56）の塩化銀を沈殿する。その液に（問題 57）と銅粉を加えて熱すると、（問題 58）の蒸気を生成する。

問題 56

```
1　黒色　　2　緑色　　3　藍色　　4　白色　　5　橙色
```

問題 57

```
1　エタノール　　2　硫酸　　3　水　　4　エーテル　　5　アセトン
```

問題 58

```
1　黄緑色　　2　灰白色　　3　淡緑色　　4　濃青色　　5　赤褐色
```

問題 59　次の黄燐<ruby>燐<rt>りん</rt></ruby>の貯法と廃棄方法に関する記述について、最も適当なものの組合せはどれか。下欄の中から選びなさい。

【貯法】
　　ア　亜鉛またはスズメッキをした鋼鉄製容器で保管し、高温に接しない場所に保管する。
　　イ　二酸化炭素と水を吸収する性質が強いため、密栓して保管する。
　　ウ　少量ならば共栓ガラス瓶、多量ならば鋼製ドラムなどを使用する。
　　エ　空気に触れると発火しやすいので、水中に沈めて瓶に入れ、さらに砂を入れた缶中に固定して、冷暗所に保管する。
　　オ　常温では気体なので、圧縮冷却して液化し、圧縮容器に入れ、直射日光その他、温度上昇の原因を避けて、冷暗所に貯蔵する。

【廃棄方法】
　　ア　燃焼法、　　イ　中和法、　　ウ　還元法、　　エ　沈殿法、　　オ　酸化法

	貯法	廃棄方法
1	ア	オ
2	エ	ア
3	イ	エ
4	オ	ウ
5	ウ	イ

問題 60　次のナトリウムに関する注意事項の記述について、（　　　）の中にあてはまる最も適当なものはどれか。下欄の中から選びなさい。

【注意事項】ナトリウムは、水、(**問題 60**)などと激しく反応するので、これらと接触させない。

1　灯油　　2　窒素　　3　パラフィン　　4　アルゴン
5　ハロゲン化炭化水素

（農業用品目）

問題 46　次の毒物又は劇物のうち、農業用品目販売業の登録を受けた者が販売できるものとして、正しいものの組合せはどれか。下欄の中から選びなさい。

　　ア　ホルムアルデヒド
　　イ　弗化スルフリル
　　ウ　硫酸
　　エ　水酸化ナトリウム

1（ア、イ）　　2（ア、ウ）　　3（ア、エ）　　4（イ、ウ）　　5（イ、エ）

問題47〜問題49　次の物質の廃棄方法として、最も適当なものはどれか。下欄の中から選びなさい。

問題47　クロルピクリン　　　問題48　硫酸亜鉛　　　問題49　アンモニア

1　木粉(おが屑)等に吸収させてアフターバーナー及びスクラバーを具備した焼却炉で焼却する。
2　水に溶かし、消石灰、ソーダ灰等の水溶液を加えて処理し、沈殿ろ過して埋立処分する。
3　少量の界面活性剤を加えた亜硫酸ナトリウムと炭酸ナトリウムの混合溶液中で、攪拌し分解させた後、多量の水で希釈して処理する。分解は液中の油滴及び刺激臭が消失するまで行う。
4　多量の次亜塩素酸ナトリウムと水酸化ナトリウムの混合水溶液を攪拌しながら少量ずつ加えて酸化分解する。過剰の次亜塩素酸ナトリウムをチオ硫酸ナトリウム水溶液等で分解した後、希硫酸を加えて中和し、沈殿ろ過して埋立処分する。
5　水で希薄な水溶液とし、酸(希塩酸、希硫酸など)で中和させた後、多量の水で希釈して処理する。

問題50〜問題57　次の物質について、該当する性状をA欄から、識別法をB欄から、それぞれ最も適当なものを一つ選びなさい。

物質	性状	識別法
硫酸第二銅	問題50	問題54
クロルピクリン	問題51	問題55
塩素酸カリウム	問題52	問題56
シアン化ナトリウム	問題53	問題57

A欄(性状)

1　無色、無臭、透明な油状液体で腐食性が大である。水、アルコールとは混和するが多量の熱を発生する。
2　無色〜淡黄色の油状液体で強い刺激臭がある。催涙性がある。
3　水に溶けるがアルコールにはほとんど溶けない。有機物その他酸化されやすいものと混合すると加熱、摩擦、衝撃により爆発することがある。
4　一般に流通している五水和物は、青色〜濃い藍色の結晶で、風解性がある。
5　白色の粉末、粒状またはタブレット状の固体で、水溶液は強アルカリ性である。

B欄(識別法)

1　アルコール溶液にジメチルアニリン及びブルシンを加えて溶解し、これにブロムシアン溶液を加えると、緑色ないし赤紫色を呈する。
2　この物質から発生するガスは、5〜10%硝酸銀溶液を吸着したろ紙を黒変させる。
3　熱すると酸素を発生する。水溶液に酒石酸を多量に加えると、白色の結晶を生じる。
4　酸と反応すると独特な臭気を有する有毒でかつ引火性のガスを発生する。
5　水に溶かして硝酸バリウムを加えると、白色の沈殿を生じる。

問題 58 〜問題 60　次のジエチルー S −(2 −オキソー 6 −クロルベンゾオキサゾロメ
　　　　チル)−ジチオホスフェイト(別名：ホサロン)の記述について最も適当な語句
　　　　はどれか。下欄の中から選びなさい。

　　純品は(**問題 58**)の結晶で、(**問題 59**)の臭気を有し、(**問題 60**)には不溶である。

問題 58

1　黒色		2　白色		3　青色		4　黄色		5　赤色

問題 59

1　果実様　　2　アーモンド様　　3　カビ様　　4　ネギ様
5　腐ったキャベツ様

問題 60

1　アセトン　　　2　メタノール　　　3　水　　　　4　クロロホルム
5　アセトニトリル

〔法 規〕

設問中の法令とは、毒物及び劇物取締法、毒物及び劇物取締法施行令(政令)、毒物及び劇物指定令(政令)、毒物及び劇物取締法施行規則(省令)を指す。

(一般・農業用品目・特定品目共通)

第1問 次の文は、毒物及び劇物取締法の条文の一部である。( )の中に入る字句として、正しいものの組合せはどれか。

この法律は、毒物及び劇物について、( )の見地から必要な( )を行うことを目的とする。

a 公衆衛生上　　b 保健衛生上　　c 監視　　d 取締　　e 規制

1 (a、d)　　2 (a、e)　　3 (b、c)　　4 (b、d)　　5 (b、e)

第2問 次の文は、毒物及び劇物取締法の条文の一部である。( )の中に入る字句として、正しいものはどれか。

この法律で「劇物」とは、別表第2に掲げる物であって、( )以外のものをいう。

1 毒物　　　2 化粧品　　　3 危険物　　　4 食品及び食品添加物
5 医薬品及び医薬部外品

第3問 次の文は、毒物及び劇物取締法の条文の一部である。( )の中に入る字句として、正しいものの組合せはどれか。

毒物又は劇物の販売業の(a)を受けた者でなければ、毒物又は劇物を販売し、授与し、又は販売若しくは授与の目的で(b)し、運搬し、若しくは(c)してはならない。

解答番号	a	b	c
1	承認	貯蔵	陳列
2	承認	所持	広告
3	登録	貯蔵	広告
4	登録	所持	広告
5	登録	貯蔵	陳列

第4問 次のうち、特定毒物を取扱う者に関する記述として、正しいものはどれか。

1 特定毒物研究者のみが、特定毒物を製造することができる。
2 毒物劇物営業者は、特定毒物を所持してはならない。
3 特定毒物研究者は、6年ごとに許可の更新を受けなければならない。
4 特定毒物使用者は、特定毒物を品目ごとに政令で定める用途以外の用途に供してはならない。
5 医師、薬剤師又は都道府県知事が行う毒物劇物取扱者試験に合格した者でなければ、特定毒物使用者になることができない。

第5問　次の特定毒物を含有する製剤のうち、法令で着色の基準が定められていない
　　　ものはどれか。

　　1　オクタメチルピロホスホルアミド　　　2　四アルキル鉛
　　3　ジメチルエチルメルカプトエチルチオホスフェイト
　　4　モノフルオール酢酸塩類　　　5　モノフルオール酢酸アミド

第6問　次のうち、興奮、幻覚又は麻酔の作用を有する毒物又は劇物（これらを含有す
　　　るものを含む。）であって、みだりに摂取し、若しくは吸入し、又はこれらの目
　　　的で所持してはならないものとして、政令で定められているものはどれか。

　　1　キシレン　　　2　ナトリウム　　　3　トルエン　　　4　アンモニア
　　5　クロロホルム

第7問　次の文は、毒物及び劇物取締法の条文の一部である。（　　）の中に入る字句と
　　　して、正しいものの組合せはどれか。

　　引火性、（　　）又は爆発性のある毒物又は劇物であって政令で定めるものは、業
　　務その他正当な理由による場合を除いては、（　　）してはならない。

　　a　刺激性　　　b　発火性　　　c　可燃性　　　d　所持　　　e　譲渡

　　1（a、d）　　2（b、d）　　3（b、e）　　4（c、d）　　5（c、e）

第8問　次のうち、毒物劇物農業用品目に該当しないものはどれか。

　　1　アンモニア　　　2　ニコチン　　　3　クロルエチル　　　4　沃化メチル
　　5　ロテノン

第9問　次のうち、毒物劇物特定品目に該当しないものはどれか。

　　1　塩素　　　2　クロロホルム　　　3　酢酸エチル　　　4　ニトロベンゼン
　　5　メタノール

第10問　毒物劇物営業者に関する次の記述の正誤について、正しいものの組合せはど
　　　れか。

　　a　毒物又は劇物の製造業者が、その製造した毒物又は劇物を、他の毒物劇物営業
　　　者に販売するときは、毒物又は劇物の販売業の登録を受けなければならない。
　　b　毒物又は劇物の輸入業の登録は、6年ごとに、更新を受けなければ、その効力
　　　を失う。
　　c　毒物又は劇物の販売業の登録は、「一般販売業」「農業用品目販売業」「特定毒
　　　物販売業」の3種類がある。

解答番号	a	b	c
1	正	正	正
2	正	正	誤
3	誤	正	誤
4	誤	誤	正
5	誤	誤	誤

長野県

第 11 問　次のうち、毒物又は劇物の販売業の店舗の設備基準として、法令で定められていないものはどれか。

1　毒物又は劇物を販売する場所の天井及び床は、コンクリートであること。
2　毒物又は劇物の貯蔵設備は、毒物又は劇物とその他の物とを区分して貯蔵できるものであること。
3　毒物又は劇物を貯蔵する場所が性質上かぎをかけることができないものであるときは、その周囲に、堅固なさくが設けてあること。
4　毒物又は劇物を陳列する場所にかぎをかける設備があること。
5　毒物又は劇物の運搬用具は、毒物又は劇物が飛散し、漏れ、又はしみ出るおそれがないものであること。

第 12 問　次のうち、毒物劇物取扱責任者に関する記述として、正しいものはどれか。

1　すべての毒物劇物業務上取扱者は、毒物劇物取扱責任者を設置しなければならない。
2　毒物劇物取扱責任者になるためには、1 年以上の実務経験が必要である。
3　毒物劇物営業者は、毒物劇物取扱責任者を変更したときは、30 日以内に、その毒物劇物取扱責任者の氏名を届け出なければならない。
4　農業用品目毒物劇物取扱者試験に合格した者は、農業用品目の毒物又は劇物のみを製造する製造所の毒物劇物取扱責任者になることができる。
5　毒物劇物取扱者試験に合格しても、20 歳未満の者は毒物劇物取扱責任者になることはできない。

第 13 問　次の文は、毒物及び劇物取締法の条文の一部である。（　　）の中に入る字句として、正しいものの組合せはどれか。

次の各号に掲げる者でなければ、前条の毒物劇物取扱責任者となることができない。
一　（ a ）
二　厚生労働省令で定める学校で、（ b ）に関する学課を修了した者
三　（ c ）が行う毒物劇物取扱者試験に合格した者

解答番号	a	b	c
1	薬剤師	有機化学	都道府県知事
2	薬剤師	応用化学	都道府県知事
3	薬剤師	有機化学	厚生労働大臣
4	危険物取扱者	応用化学	都道府県知事
5	危険物取扱者	有機化学	厚生労働大臣

第 14 問　次のうち、毒物劇物販売業者が、30 日以内にその旨を届け出なければならない場合として、正しいものの組合せはどれか。

a　毒物又は劇物を貯蔵する設備の重要な部分を変更したとき。
b　毒物又は劇物の購入元を変更したとき。
c　法人の代表者を変更したとき。
d　店舗における営業を廃止したとき。

1（a 、c）　　2（a 、d）　　3（b 、c）　　4（b 、d）　　5（c 、d）

第15問　次の文は、毒物及び劇物取締法の条文の一部である。（　　）の中に入る字句
　　　　として、正しいものはどれか。

　　毒物劇物営業者及び特定毒物研究者は、毒物又は厚生労働省令で定める劇物について
　は、その容器として、（　　）を使用してはならない。

　　1　飲食物の容器として通常使用される物
　　2　再利用された物
　　3　破損しやすい又は腐食しやすい物
　　4　遮光性がない物
　　5　密封できない構造の物

第16問　次のうち、毒物劇物製造業者が毒物の容器及び被包に表示しなければならな
　　　　い文字として、正しいものはどれか。

　　1　「医薬用外」の文字及び白地に赤色をもって「毒物」の文字
　　2　「医薬用外」の文字及び黒地に白色をもって「毒物」の文字
　　3　「医薬用外」の文字及び赤地に白色をもって「毒物」の文字
　　4　「医薬用外」の文字及び白地に赤色をもって「毒」の文字
　　5　「医薬用外」の文字及び赤地に白色をもって「毒」の文字

第17問　次の文は、毒物及び劇物取締法の条文の一部である。（　　）の中に入る字句
　　　　として、正しいものの組合せはどれか。

　　毒物劇物営業者は、その容器及び被包に、次に掲げる※事項を表示しなければ、
　毒物又は劇物を販売し、又は授与してはならない。
　一　毒物又は劇物の名称
　二　毒物又は劇物の（ a ）
　三　厚生労働省令で定める毒物又は劇物については、それぞれ厚生労働省令で定め
　　るその（ b ）の名称
　四　毒物又は劇物の（ c ）及び使用上特に必要と認めて、厚生労働省令で定める事項

解答番号	a	b	c
1	成分及びその含量	中和剤	取扱
2	成分及びその含量	解毒剤	取扱
3	成分及びその含量	中和剤	廃棄方法
4	保管上の注意	解毒剤	取扱
5	保管上の注意	中和剤	廃棄方法

　　※問題表記の都合により、条文の「左に掲げる」を「次に掲げる」に改変

第18問　毒物劇物販売業者が、毒物劇物営業者以外の者に毒物又は劇物を販売すると
　　　　き、譲受人から提出を受けなければならない書面に関する次の記述のうち、正
　　　　しいものはいくつあるか。

　　a　書面の保存期間は、販売した日から5年間である。
　　b　毒物又は劇物の名称及び数量が記載されていなければならない。
　　c　譲受人が押印をしなければならない。
　　d　販売の年月日及び販売価格が記載されていなければならない。

　　1　1つ　　　2　2つ　　　3　3つ　　　4　4つ　　　5　なし

第 19 問 次の文は、毒物及び劇物取締法の条文の一部である。（　　）の中に入る字句として、正しいものの組合せはどれか。

毒物劇物営業者は、毒物又は劇物を次に掲げる者に交付してはならない。
一　（ a ）歳未満の者
二　心身の障害により毒物又は劇物による（ b ）上の危害の防止の措置を適正に行うことができない者として厚生労働省令で定めるもの
三　（ c ）、大麻、あへん又は覚せい剤の中毒者

解答番号	a	b	c
1	18	公衆衛生	麻薬
2	18	保健衛生	麻薬
3	18	公衆衛生	アルコール
4	16	保健衛生	アルコール
5	16	公衆衛生	麻薬

第 20 問 法令で定められている毒物又は劇物の廃棄の方法に関する次の記述について、（　　）の中に入る字句として、正しいものの組合せはどれか。

毒物又は劇物を廃棄する場合には、中和、（　　）、酸化、還元、（　　）その他の方法により、毒物及び劇物並びに法第 11 条第 2 項に規定する政令で定める物のいずれにも該当しない物とすること。
a 密封　　b 蒸留　　c 加水分解　　d 稀釈　　e 濃縮
1（a、d）　　2（a、e）　　3（b、d）　　4（c、d）　　5（c、e）

第 21 問 登録が失効した場合等の措置に関する次の記述について、（　　）の中に入る字句として、正しいものの組合せはどれか。

毒物劇物営業者、特定毒物研究者又は特定毒物使用者は、その営業の登録若しくは特定毒物研究者の許可が効力を失い、又は特定毒物使用者でなくなったときは、（ a ）以内に、それぞれ現に所有する（ b ）の品名及び（ c ）を届け出なければならない。

解答番号	a	b	c
1	15 日	特定毒物	数量
2	15 日	全ての毒物	廃棄方法
3	50 日	特定毒物	数量
4	50 日	全ての毒物	数量
5	50 日	特定毒物	廃棄方法

第 22 問 硫酸 20 ％を含有する製剤で液体状のものを、車両を使用して 1 回につき 6,000 キログラム運搬する場合の運搬方法等に関する次の記述のうち、正しいものはどれか。

1　0.3 メートル平方の板に地を黒色、文字を白色として「劇」と表示した標識を運搬車両の前後の見やすい箇所に掲げなければならない。
2　車両には、保護手袋と保護長ぐつを 1 人分備えればよい。
3　1 人の運転者による運転時間が 1 日当たり 10 時間以内であれば、交代して運転する者を同乗させなくてよい。
4　毒物劇物業務上取扱者として、事前に都道府県知事の許可を得なければならない。
5　車両には、事故の際に講じなければならない応急の措置の内容を記載した書面を備えなければならない。

第23問　法令で定められている毒物又は劇物の事故の際の措置に関する次の記述の正誤について、正しいものの組合せはどれか。

a　毒物劇物販売業者が取り扱っている毒物が流出し、不特定の者に保健衛生上の危害が生じるおそれがあったため、直ちに、その旨を保健所に届け出た。

b　毒物劇物業務上取扱者である運送業者が、運送中に劇物を紛失したが、毒物劇物営業者ではないので届出はしなかった。

c　毒物劇物製造業者からその製造した劇物が流出し、近隣の多数の住民に保健衛生上の危害が生じるおそれがあったため、危害防止のために必要な応急の措置を講じた。

解答番号	a	b	c
1	正	正	正
2	正	誤	誤
3	正	誤	正
4	誤	正	誤
5	誤	誤	正

第24問　法令で定められている行政上の措置に関する次の記述の正誤について、正しいものの組合せはどれか。

a　都道府県知事は、保健衛生上必要があると認めるときは、毒物劇物監視員に、毒物劇物販売業者の店舗に対し立入検査をさせることができる。

b　都道府県知事は、保健衛生上必要があると認めるときは、特定毒物研究者から必要な報告を徴することができる。

c　都道府県知事は、犯罪捜査上必要があると認めるときは、毒物劇物監視員に、毒物劇物輸入業者が所有する毒物及び劇物を収去させることができる。

解答番号	a	b	c
1	正	正	正
2	正	正	誤
3	正	誤	誤
4	誤	正	正
5	誤	誤	正

第25問　次のうち、業務上取扱者として届け出なければならない者として、法令で定められているものはどれか。

1　シアン化ナトリウムを使用する電気めっき業者
2　ホルムアルデヒドを使用する塗装業者
3　モノフルオール酢酸の塩類を含有する製剤を使用する野ねずみ駆除業者
4　弗化水素酸を含有する製剤を使用するガラス加工業者
5　50％水酸化ナトリウムを使用する検査機関

〔学　科〕

設問中の物質の性状は、特に規定しない限り常温常圧におけるものとする。
なお、mL は「ミリリットル」、mol/L は「モル濃度」、W/V ％は「質量対容量百分率」
を表すこととする。

（一般・農業用品目・特定品目共通）

長野県

第 26 問　物質の状態変化に関する次の記述のうち、誤っているものはどれか。

1　固体が液体になることを融合という。
2　固体が気体になることを昇華という。
3　液体が固体になることを凝固という。
4　液体が気体になることを蒸発という。
5　気体が液体になることを凝縮という。

第 27 問　次のうち、化合物であるものはどれか。

1　ダイヤモンド　　2　二酸化炭素　　3　オゾン　　4　海水　　5　酸素

第 28 問　次の文は、ある法則に関する記述である。該当するものはどれか。

　一定量の理想気体の体積は、圧力に反比例し、絶対温度に比例する。

1　アボガドロの法則　　　2　ファラデーの法則　　　3　ヘスの法則
4　ヘンリーの法則　　　　5　ボイル・シャルルの法則

第 29 問　次のうち、イオン化エネルギーの最も大きい元素はどれか。

1　H　　2　He　　3　Li　　4　C　　5　Ar

第 30 問　次のうち、二重結合を含む炭化水素として正しいものはどれか。

1　メタン　　2　エタン　　3　エチレン　　4　アセチレン
5　シクロペンタン

第 31 問　酸と塩基に関する次の記述のうち、正しいものはどれか。

1　他の物質に O^{2-} を与えるものを酸という。
2　他の物質に H^+ を与えるものを塩基という。
3　塩化水素は、2価の酸である。
4　水酸化カルシウムは2価の塩基である。
5　アンモニア水は、青色リトマス紙を赤変させる。

第 32 問　次のうち、極性がある分子(極性分子)として正しいものの組合せはどれか。

a　CH_3COOH　　b　NH_3　　c　CO_2　　d　CH_4　　e　H_2

1（a、b）　　2（a、d）　　3（b、c）　　4（c、e）　　5（d、e）

第 33 問　次のうち、0.2mol/L の硫酸 500mL を過不足なく中和するのに必要な
0.4mol/L 水酸化ナトリウム水溶液の量として正しいものはどれか。

1　25 mL　　2　50 mL　　3　250 mL　　4　500 mL　　5　1000 mL

第 34 問　次のうち、ヒドロキシ基(－ OH)をもつ有機化合物として、正しいものはどれか。

1　ホルムアルデヒド　　2　アニリン　　3　アセトン
4　ニトロベンゼン　　　5　フェノール

第35問　コロイド溶液に関する次の記述について、（　　）の中に入る字句として、正しいものはどれか。

　コロイド粒子は半透膜を通過しないため、半透膜を用いると、それを通るイオンや分子などの溶質をコロイド溶液から分離できる。このことを（　　）という。

　1　ブラウン運動　　2　凝析　　3　透析　　4　電気泳動　　5　チンダル現象

第36問　毒性に関する次の記述について、（　　）の中に入る字句として、正しいものの組合せはどれか。

　同一母集団に属する動物に薬物を投与したり接触させたりして50％を死に至らしめる薬物の濃度のことを（　a　）という。また、薬物が誤飲、誤食等により消化器から吸収され、生体の機能または組織に障害を与える性質を（　b　）といい、神経系に直接または間接に作用を及ぼすものを（　c　）という。

解答番号	a	b	c
1	LC_{50}	経口毒性	神経毒
2	LC_{50}	吸入毒性	腐食毒
3	LD_{50}	経口毒性	神経毒
4	LD_{50}	吸入毒性	神経毒
5	LD_{50}	経口毒性	腐食毒

第37問　アジ化ナトリウムに関する次の記述のうち、正しいものの組合せはどれか。

　a　芳香性刺激臭を有する。　　b　無色の固体である。
　c　アルコールに難溶である。　　d　化学式はNaN_2である。
　e　吸入すると麻酔性がある。

　1（a、b）　　2（a、d）　　3（b、c）　　4（c、e）　　5（d、e）

（一般・農業用品目共通）

第38問　ジメチルジチオホスリルフェニル酢酸エチル（PAP、フェントエート）に関する次の記述のうち、正しいものの組合せはどれか。

　a　無臭である。　　b　青緑色の液体である。　　c　アルコールに不溶である。
　d　殺虫剤に用いられる。
　e　解毒剤としてPAM製剤（プラリドキシムヨウ化物）が用いられる。

　1（a、c）　　2（a、e）　　3（b、c）　　4（b、d）　　5（d、e）

第39問　シアン化カリウムに関する次の記述のうち、誤っているものはどれか。

　1　青色の固体である。　　　　2　水溶液は強アルカリ性を示す。
　3　酸と反応して有毒なシアン化水素を発生する。
　4　水溶液を煮沸すると、ぎ酸カリウムとアンモニアを生成する。
　5　解毒剤としてヒドロキソコバラミンが用いられる。

（一般・特定品目）

第40問　硝酸に関する次の記述のうち、正しいものの組合せはどれか。

　a　腐食性を有する。　　　　b　無臭である。
　c　空気に接すると刺激性の紫色の霧を発する。
　d　冶金に用いられる。　　　　e　化学式はH_2SO_4である。

　1（a、b）　　2（a、d）　　3（b、e）　　4（c、d）　　5（c、e）

第 41 問　水酸化カリウムに関する次の記述のうち、<u>誤っているもの</u>はどれか。

1　白色の固体である。　　　　2　高濃度の水溶液は腐食性を有する。
3　潮解性を有する。　　　　4　炎色反応で黄色を示す。
5　水溶液はアルカリ性を示す。

（一般）

第 42 問　次の文は、ある物質の毒性に関する記述である。該当するものはどれか。

　致死量に近い量を摂取すると、酩酊状態になり、視神経が侵され、眼がかすみ、失明することがある。中毒の原因は、神経細胞内でぎ酸が生成されることによる。

1　蓚酸（しゅう）　2　メタノール　3　フェノール　4　アクリルアミド
5　ジメチル－2,2－ジクロルビニルホスフェイト（DDVP、ジクロルボス）

第 43 問　次のうち、「毒物及び劇物の廃棄の方法に関する基準」で定めるメチルメルカプタンの廃棄の方法として、正しいものはどれか。

1　そのまま再利用するため蒸留する。
2　セメントを用いて固化し、埋立処分する。
3　ナトリウム塩とした後、活性汚泥で処理する。
4　水に溶かし、消石灰の水溶液を加えて中和し、沈殿ろ過して埋立処分する。
5　水酸化ナトリウム水溶液中へ徐々に吹き込んで処理した後、酸化剤（次亜塩素酸ナトリウム、さらし粉等）の水溶液を加えて酸化分解する。これに硫酸を加えて中和した後、多量の水を用いて希釈し、処理する。

第 44 問　次のうち、「毒物及び劇物の運搬事故時における応急措置に関する基準」で定めるぎ酸の漏えい時の措置として、正しいものはどれか。

1　多量の場合は、土砂等でその流れを止め、多量の活性炭又は消石灰を散布して覆い、至急関係先に連絡し専門家の指示により処理する。
2　少量の場合は、濡れむしろ等で覆い、遠くから多量の水をかけて洗い流す。
3　漏えいした液は土砂等でその流れを止め、安全な場所に導き、密閉可能な空容器にできるだけ回収し、そのあとを水酸化カルシウム等の水溶液で中和した後、多量の水を用いて洗い流す。
4　表面を速やかに土砂または多量の水で覆い、水を満たした空容器に回収する。汚染された土砂、物体は同様の措置を採る。
5　漏えいしたボンベ等を多量の水酸化ナトリウム水溶液（20W/V％以上）に容器ごと投入してガスを吸収させ、更に酸化剤（次亜塩素酸ナトリウム、さらし粉等）の水溶液で酸化処理を行い、多量の水を用いて洗い流す。

第 45 問　次のうち、ピクリン酸の貯蔵方法として、正しいものはどれか。

1　含有成分が揮発しやすいため、密栓して保管する。
2　水中に沈めてビンに入れ、さらに砂を入れた缶中に固定して、冷暗所に保管する。
3　酸素によって分解し、殺虫効力を失うため、空気を遮断して保管する。
4　火気に対し安全で隔離された場所に、硫黄、ヨード、ガソリン、アルコール等と離して保管する。鉄、銅、鉛等の金属容器を使用しない。
5　空気中にそのまま保管できないため、通常石油中に保管する。水分の混入、火気を避ける。

（農業用品目）

第 37 問　N－メチル－1－ナフチルカルバメート(NAC)に関する次の記述のうち、正しいものの組合せはどれか。

a　褐色の液体である。
b　アルカリに安定である。
c　有機溶剤に可溶である。
d　殺虫剤に用いられる。
e　解毒剤としてジメルカプロール(バル)が用いられる。

1 (a、b)　　2 (a、e)　　3 (b、c)　　4 (c、d)　　5 (d、e)

第 40 問　1，1′－ジメチル－4，4′－ジピリジニウムヒドロキシド(パラコート)に関する次の記述のうち、正しいものの組合せはどれか。

a　橙赤色の固体である。　　　　　b　水に不溶である。
c　有機燐化合物に分類される。　d　除草剤に用いられる。
e　酸性下で安定である。

1 (a、b)　　2 (a、c)　　3 (b、e)　　4 (c、d)　　5 (d、e)

第 41 問　硫酸タリウムに関する次の記述のうち、正しいものはどれか。

1　紫色の液体である。
2　強熱するとホスゲンを生成する。
3　3％を含有する製剤は、劇物に該当する。
4　土壌くん蒸剤に用いられる。
5　化学式は TL_2NO_3 である。

第 42 問　次の文は、ある物質の毒性に関する記述である。該当するものはどれか。

　　吸入した場合、倦怠感、頭痛、めまい、嘔吐、多汗などの症状を呈し、重症の場合には、縮瞳、全身けいれんなどを起こすことがある。解毒剤として硫酸アトロピンが用いられる。

1　塩化第二銅
2　2－(1－メチルプロピル)－フェニル－N－メチルカルバメート
　（BPMC、フェノブカルブ）
3　クロム酸亜鉛　　4　シアン化水素　　5　塩素酸カリウム

第 43 問　次のうち、「毒物及び劇物の廃棄の方法に関する基準」で定める硫酸第二銅の廃棄の方法として、正しいものはどれか。

1　そのまま再利用するため蒸留する。
2　木粉(おが屑)等に混ぜて焼却炉で焼却する。
3　多量の水に吸収させ、希釈して活性汚泥で処理する。
4　水に溶かし、消石灰、ソーダ灰等の水溶液を加えて処理し、沈殿ろ過して埋立処分する。
5　水酸化ナトリウム水溶液を加えてアルカリ性(pH11 以上)とし、酸化剤の水溶液を加えて酸化分解する。分解後、硫酸を加え中和し、多量の水で希釈して処理する。

長野県

第 44 問　次のうち、「毒物及び劇物の運搬事故時における応急措置に関する基準」で定めるエチルパラニトロフェニルチオノベンゼンホスホネイト(EPN)の漏えい時の措置として、正しいものはどれか。

1　多量の場合は、土砂等でその流れを止め、多量の活性炭又は消石灰を散布して覆い、至急関係先に連絡し専門家の指示により処理する。
2　少量の場合は、濡れむしろ等で覆い、遠くから多量の水をかけて洗い流す。
3　漏えいした液は土砂等でその流れを止め、安全な場所に導き、空容器にできるだけ回収し、そのあとを消石灰等の水溶液を用いて処理し、多量の水を用いて洗い流す。洗い流す場合には中性洗剤等の分散剤を使用して洗い流す。
4　表面を速やかに土砂または多量の水で覆い、水を満たした空容器に回収する。汚染された土砂、物体は同様の措置を採る。
5　漏えいしたボンベ等を多量の水酸化ナトリウム水溶液(20W/V ％以上)に容器ごと投入してガスを吸収させ、更に酸化剤(次亜塩素酸ナトリウム、さらし粉等)の水溶液で酸化処理を行い、多量の水を用いて洗い流す。

第 45 問　次のうち、ブロムメチルの貯蔵方法として、正しいものはどれか。

1　水中に沈めてビンに入れ、さらに砂を入れた缶中に固定して、冷暗所に保管する。
2　常温では気体なので、圧縮冷却して液化し、圧縮容器に入れ、直射日光その他、温度上昇の原因を避けて冷暗所に保管する。
3　酸素によって分解し、殺虫効力を失うため、空気を遮断して保管する。
4　火気に対し安全で隔離された場所に、硫黄、ヨード、ガソリン、アルコール等と離して保管する。鉄、銅、鉛等の金属容器を使用しない。
5　空気中にそのまま保管できないため、通常石油中に保管する。水分の混入、火気を避ける。

(特定品目)

第 37 問　ホルムアルデヒドに関する次の記述のうち、正しいものの組合せはどれか。

a　褐色の液体である。　　b　水に可溶である。　　c　防腐剤として用いられる。
d　空気中の酸素によって一部酸化されて、酢酸を生じる。
e　化学式は CH_3OH である。

1(a、b)　　2(a、d)　　3(b、c)　　4(c、e)　　5(d、e)

第 38 問　メチルエチルケトンに関する次の記述のうち、正しいものの組合せはどれか。

a　無臭である。　　b　淡黄色の気体である。　　c　水に不溶である。
d　溶剤として用いられる。　　e　引火性を有する。

1(a、c)　　2(a、e)　　3(b、c)　　4(b、d)　　5(d、e)

第 39 問　塩化水素に関する次の記述のうち、誤っているものはどれか。

1　無臭である。　　　2　無色の気体である。　　　3　水に可溶である。
4　エタノールに可溶である。　　　5　塩酸の製造に用いられる。

第 42 問　次の文は、ある物質の毒性に関する記述である。該当するものはどれか。

　　致死量に近い量を摂取すると、酩酊状態になり、視神経が侵され、眼がかすみ、失明することがある。中毒の原因は、神経細胞内でぎ酸が生成されることによる。

1　蓚酸　2　メタノール　3　塩基性酢酸鉛　4　四塩化炭素　5　酸化水銀

第 43 問　次のうち、「毒物及び劇物の廃棄の方法に関する基準」で定めるキシレンの廃棄の方法として、正しいものはどれか。

1　そのまま再利用するため蒸留する。
2　セメントを用いて固化し、埋立処分する。
3　ナトリウム塩とした後、活性汚泥で処理する。
4　水に溶かし、消石灰の水溶液を加えて中和し、沈殿ろ過して埋立処分する。
5　ケイソウ土等に吸収させて開放型の焼却炉で少量ずつ焼却する。

第 44 問　次のうち、「毒物及び劇物の運搬事故時における応急措置に関する基準」で定める重クロム酸ナトリウムの漏えい時の措置として、正しいものはどれか。

1　多量の場合は、土砂等でその流れを止め、多量の活性炭又は消石灰を散布して覆い、至急関係先に連絡し専門家の指示により処理する。
2　少量の場合は、濡れむしろ等で覆い、遠くから多量の水をかけて洗い流す。
3　飛散したものは空容器にできるだけ回収し、そのあとを還元剤(硫酸第一鉄等)の水溶液を散布し、消石灰、ソーダ灰等の水溶液で処理したのち、多量の水を用いて洗い流す。
4　表面を速やかに土砂または多量の水で覆い、水を満たした空容器に回収する。汚染された土砂、物体は同様の措置を採る。
5　漏えいしたボンベ等を多量の水酸化ナトリウム水溶液(20W/V ％以上)に容器ごと投入してガスを吸収させ、更に酸化剤(次亜塩素酸ナトリウム、さらし粉等)の水溶液で酸化処理を行い、多量の水を用いて洗い流す。

第 45 問　次のうち、水酸化ナトリウムの貯蔵方法として、正しいものはどれか。

1　冷暗所に保管する。純品は空気と日光により変質するので、少量のアルコールを加えて分解を防止する。
2　水中に沈めてビンに入れ、さらに砂を入れた缶中に固定して、冷暗所に保管する。
3　酸素によって分解し、殺虫効力を失うため、空気を遮断して保管する。
4　二酸化炭素と水を吸収する性質が強いため、密栓して保管する。
5　空気中にそのまま保管できないため、通常石油中に保管する。水分の混入、火気を避ける。

〔実　地〕

設問中の物質の性状は、特に規定しない限り常温常圧におけるものとする。

(一般)

第 46 問〜第 50 問　次の表の各問に示した性状等にあてはまる物質を、それぞれ下記の物質欄から選びなさい。

問題番号	色	状態	用途	その他
第 46 問	黄緑色	気体	酸化剤	窒息性臭気を有する
第 47 問	無色	液体	有機合成原料	水、酸、塩基と反応する
第 48 問	銀白色	液体	気圧計	金属光沢を有する
第 49 問	無色〜 白色	固体	除草剤	潮解性を有する
第 50 問	黄色〜 赤黄色	固体	顔料	酸、アルカリに可溶である

物 質 欄	1　Hg	2　Cl_2	3　$NaClO_3$	4　$PbCrO_4$	5　$C_4H_7BrO_2$

第51問～第52問　塩化亜鉛の性状及び用途に関する次の記述について、（　）にあてはまる字句を下欄からそれぞれ選び、番号で答えなさい。

【性　状】　（**第51問**）。水、アルコールに可溶。
【用　途】　（**第52問**）。

≪下欄≫
第51問　1　水色の気体　　2　黒色の固体　　3　無色～白色の固体
　　　　　4　黒色の液体　　5　無色の液体

第52問　1　木材防腐剤　　2　界面活性剤　　3　除草剤　　4　殺虫剤　　5　顔料

第53問～第54問　フェノールの性状及び鑑別法に関する次の記述について、（　）にあてはまる字句を下欄からそれぞれ選び、番号で答えなさい。

【性　状】　無色～白色の固体で、特異臭を有する。空気に触れると、（**第53問**）に変色する。
【鑑別法】　水溶液に過クロール鉄液（塩化鉄（Ⅲ）水溶液）を加えると、（**第54問**）を呈する。

≪下欄≫
第53問　1　白色　　　　2　黒色　　　　3　赤色　　　　4　青色　　　　5　緑色
第54問　1　青緑色　　　2　紫色　　　　3　黄色　　　　4　白色　　　　5　朱色

（一般・農業用品目・特定品目共通）

第55問～第57問　硫酸の性状、用途及び鑑別法に関する次の記述について、（　）にあてはまる字句を下欄からそれぞれ選び、番号で答えなさい。

【性　状】　無色透明、油様の液体。濃硫酸は強い（**第55問**）を有する。
【用　途】　（**第56問**）。
【鑑別法】　希釈水溶液に塩化バリウムを加えると、（**第57問**）の沈殿を生じる。この沈殿は塩酸や硝酸に不溶である。

≪下欄≫
第55問　1　爆発性　　　2　吸湿性　　　3　風解性　　　4　塩基性　　　5　引火性

第56問　1　木材・繊維・皮革等の防腐、防カビ、防虫剤
　　　　　2　消毒剤、防腐剤、工業用として漂白剤
　　　　　3　温度計、気圧計、歯科用アマルガム
　　　　　4　肥料、各種化学薬品の製造、バッテリー液、乾燥剤
　　　　　5　工業用としてフィルムの硬化、人造樹脂、色素合成

第57問　1　白色　　　　2　褐色　　　　3　黒色　　　　4　緑色　　　　5　青色

（一般）

第58問　次の文は、ある物質の鑑別法に関する記述である。該当するものはどれか。

　　　希硝酸に溶かすと無色の液となり、これに硫化水素を通すと、黒色の沈殿が生じる。

　　　1　ホルムアルデヒド水溶液（ホルマリン）　　　　2　アンモニア水
　　　3　過酸化水素水　　　　4　ニコチン　　　　5　一酸化鉛

第59問　次のうち、消毒剤に用いられるものはどれか。

　　　1　黄燐　　　2　アクリル酸　　　3　亜硝酸メチル　　　4　クレゾール
　　　5　六弗化タングステン

第60問　次のうち、シアナミド及びモノクロル酢酸が有する性状として、共通するものはどれか。

　1　風解性　　2　揮発性　　3　爆発性　　4　塩基性　　5　潮解性

（農業用品目）

第46問～第50問　次の表の各問に示した性状等にあてはまる物質を、それぞれ下の物質欄から選び、番号で答えなさい。

問題番号	色	状態	用途	その他
第46問	無色	気体	殺虫剤	水に難溶である
第47問	無色	液体	有機合成中間体	エーテル臭を有する
第48問	黄色～褐色	液体	殺虫剤	コリンエステラーゼを阻害する
第49問	無色～白色	固体	除草剤	潮解性を有する
第50問	暗褐色	固体	殺菌剤	80℃以上で分解する

物　質　欄
1　塩素酸ナトリウム 2　エチレンクロルヒドリン（2－クロルエチルアルコール） 3　カルボスルファン（2，3－ジヒドロ－2，2－ジメチル－7－ベンゾ［b］フラニル－N－ ジブチルアミノチオ－N－メチルカルバマート） 4　ジチアノン（2，3－ジシアノ－1，4－ジチアアントラキノン） 5　弗化スルフリル

第51問～第52問　塩化亜鉛の性状及び用途に関する次の記述について、（　）にあてはまる字句を下欄からそれぞれ選び、番号で答えなさい。

【性　状】　（第51問）。水、アルコールに可溶。
【用　途】　（第52問）。

≪下欄≫
第51問　1　水色の気体　　　2　黒色の固体　　　3　無色～白色の固体
　　　　4　黒色の液体　　　5　無色の液体

第52問　1　木材防腐剤　　　2　界面活性剤　　　3　除草剤
　　　　4　殺虫剤　　　　　5　顔料

第53問～第54問　クロルピクリンの性状及び鑑別法に関する次の記述について、（　）にあてはまる字句を下欄からそれぞれ選び、番号で答えなさい。

【性　状】　純品は無色の油状液体。（第53問）を有する。
【鑑別法】　水溶液に金属カルシウムを加えこれにベタナフチルアミン及び硫酸を加えると、（第54問）の沈殿を生成する。

≪下欄≫
第53問　1　引火性　　2　風解性　　3　催涙性　　4　潮解性
　　　　5　水への易溶性

第54問　1　青色　　　2　赤色　　　3　緑色　　　4　白色　　　5　黒色

第55問～第57問は、一般の第55問～第57問を参照。

第58問 次の文は、ある物質の鑑別法に関する記述である。該当するものはどれか。
　　　塩酸を加えて中和した後、塩化白金溶液を加えると、黄色、結晶性の沈殿を生じる。
　　　1　塩化第二銅　　　2　塩素酸カリウム　　　3　ニコチン
　　　4　硫酸亜鉛　　　5　アンモニア水

第59問 次のうち、有機燐系殺虫剤として用いられるものはどれか。
　　　1　燐化亜鉛　　　2　シアン化銀　　　3　塩素酸バリウム
　　　4　3，5－ジメチルフェニル－N－メチルカルバメート(XMC)
　　　5　ジエチル－3，5，6－トリクロル－2－ピリジルチオホスフェイト(クロルピリホス)

第60問 次のうち、ニコチン及び硝酸亜鉛・六水和物が有する性状として、共通するものはどれか。
　　　1　褐色の固体である。　　　2　果実臭を有する。　　　3　芳香族性を有する。
　　　4　水に可溶である。　　　5　アルコールに不溶である。

（特定品目）

第46問～第50問　次の表の各問に示した性状等にあてはまる物質を、それぞれ下の物質欄から選び、番号で答えなさい。

問題番号	色	状態	用途	その他
第46問	黄緑色	気体	酸化剤	窒息性臭気を有する
第47問	無色	液体	爆薬原料	ベンゼン臭を有する
第48問	無色	液体	香料	果実様の香気を有する
第49問	無色～白色	固体	釉薬（うわぐすり）	水に難溶である
第50問	黄色～赤黄色	固体	顔料	酸、アルカリに可溶である

物 質 欄
1　酢酸エチル　　　2　塩素　　　3　硅弗化ナトリウム　　　4　クロム酸鉛 5　トルエン

第51問～第52問　蓚酸の性状及び用途に関する次の記述について、（　）にあてはまる字句を下欄からそれぞれ選び、番号で答えなさい。

【性状】（第51問）。水、アルコールに可溶。
【用途】（第52問）。

≪下欄≫
第51問　1　水色の気体　　　2　黒色の固体　　　3　無色～白色の固体
　　　　4　黒色の液体　　　5　無色～白色の液体

第52問　1　木、コルク、綿製品等の漂白剤、鉄さびによる汚れ落とし
　　　　2　樹脂、可塑剤、界面活性剤、化学中間体
　　　　3　香料、重合防止剤、抗酸化剤、医薬品及び農薬の合成原料
　　　　4　顔料、鉛ガラス原料、ゴム加硫促進剤、管球ガラス
　　　　5　熱硬化性塗料、ラテックス改質剤、共重合によるプラスチック改質

第53問～第54問　クロロホルムの性状及び鑑別法に関する次の記述について、（　）にあ
てはまる字句を下欄からそれぞれ選び、番号で答えなさい。

【性 状】（第53問）の揮発性の液体。特異臭を有する。
【鑑別法】　ベタナフトールと高濃度水酸化カリウム溶液と熱すると藍色を呈し、空気
に触れ
て緑から褐色に変化し、酸を加えると（第54問）の沈殿を生じる。

≪下欄≫
第53問　1　淡青色　　　2　黒色　　　3　無色　　　4　褐色　　　5　緑色
第54問　1　青色　　　　2　赤色　　　3　黒色　　　4　白色　　　5　黄緑色

第55問～第57問は、一般の第55問～第57問を参照。

第58問　次の文は、ある物質の鑑別法に関する記述である。該当するものはどれか。
　　希硝酸に溶かすと無色の液となり、これに硫化水素を通すと、黒色の沈殿が生じる。
　　　1　ホルムアルデヒド水溶液(ホルマリン)　　　2　アンモニア水
　　　3　過酸化水素水　　　4　メタノール　　　5　一酸化鉛

第59問　次のうち、漂白剤、酸化剤及び還元剤として用いられるものはどれか。
　　　1　キシレン　　　　2　塩基性酢酸鉛　　　3　蓚酸ナトリウム
　　　4　過酸化水素水　　　5　クロム酸ナトリウム

第60問　次のうち、アンモニア及びクロム酸カリウムが有する性状として、共通するも
のはどれか。
　　　1　風解性　　　2　潮解性　　　3　爆発性　　　4　強酸性　　　5　水溶性

長野県

岐阜県

令和4年度実施

※特定品目はありません。

〔毒物及び劇物に関する法規〕

※問題文中の用語は次によるものとする。
法：毒物及び劇物取締法　　政令：毒物及び劇物取締法施行令　　規則：毒物及び劇物取締法施行規則
毒物劇物営業者：毒物又は劇物の製造業者、輸入業者又は販売業者
※特定品目はありません。

（一般・農業用品目共通）

問1　法の「目的」、毒物の「定義」及び「毒物又は劇物の取扱」に関する記述について、（　）内に当てはまる語句として、正しいものの組み合わせを①～⑤の中から一つ選びなさい。

<目的>
　第一条　この法律は、毒物及び劇物について、保健衛生上の見地から必要な（　a　）を行うことを目的とする。

<定義>
　第二条　この法律で「毒物」とは、別表第一に掲げる物であつて、医薬品及び（　b　）以外のものをいう。

<毒物又は劇物の取扱>
　第十一条
　4　毒物劇物営業者及び特定毒物研究者は、毒物又は厚生労働省令で定める劇物については、その容器として、（　c　）の容器として通常使用される物を使用してはならない。

	a	b	c
①	対策	化粧品	医薬品
②	対策	医薬部外品	飲食物
③	取締	化粧品	飲食物
④	取締	医薬部外品	飲食物
⑤	取締	化粧品	医薬品

問2　特定毒物に指定されていないものを①～⑤の中から一つ選びなさい。

① 水銀　　　② 四アルキル鉛　　　③ モノフルオール酢酸
④ モノフルオール酢酸アミド
⑤ ジメチルパラニトロフエニルチオホスフエイト

問3　法の「禁止規定」に関する記述について、（　）内に当てはまる語句として、正しいものの組み合わせを①～⑤の中から一つ選びなさい。

<禁止規定>
　第三条
　3　毒物又は劇物の販売業の登録を受けた者でなければ、毒物又は劇物を販売し、（　a　）し、又は販売若しくは（　a　）の目的で（　b　）し、運搬し、若しくは（　c　）してはならない。

	a	b	c
①	譲渡	保管	所持
②	授与	保管	陳列
③	授与	貯蔵	陳列
④	授与	貯蔵	所持
⑤	譲渡	貯蔵	陳列

問4　特定毒物研究者に関する記述の正誤について、正しいものの組み合わせを①～⑤の中から一つ選びなさい。

a　特定毒物研究者は、特定毒物を製造及び輸入することができる。
b　特定毒物研究者は、特定毒物を学術研究以外の用途に供することができる。
c　特定毒物研究者は、特定毒物使用者に対し、その者が使用することができる特定毒物を譲り渡すことができる。

	a	b	c
①	正	正	正
②	正	正	誤
③	正	誤	正
④	誤	正	正
⑤	誤	誤	正

問5　法第3条の3及び政令第32条の2の規定により、興奮、幻覚又は麻酔の作用を有する毒物又は劇物（これらを含有する物を含む。）であって、みだりに摂取し、若しくは吸入し、又はこれらの目的で所持してはならないものとして定められているものを①～⑤の中から一つ選びなさい。

①　クロロホルム　　②　トルエン　　③　キノリン　　④　ピクリン酸
⑤　キシレン

問6　毒物劇物営業者の登録に関する記述の正誤について、正しいものの組み合わせを①～⑤の中から一つ選びなさい。

a　毒物又は劇物の製造業の登録は、5年ごとに更新を受けなければ、その効力を失う。
b　毒物又は劇物の販売業の登録は、5年ごとに更新を受けなければ、その効力を失う。
c　毒物又は劇物の販売業の登録は、一般販売業、農業用品目販売業及び特定品目販売業の3種類がある。

	a	b	c
①	正	正	正
②	正	正	誤
③	正	誤	正
④	誤	正	正
⑤	誤	誤	正

問7　毒物又は劇物の販売業の店舗の設備の基準に関する記述の正誤について、正しいものの組み合わせを①～⑤の中から一つ選びなさい。

a　毒物又は劇物の貯蔵設備は、毒物又は劇物とその他の物とを区分して貯蔵できるものであること。
b　毒物又は劇物を貯蔵する場所にかぎをかける設備があること。ただし、その場所が性質上かぎをかけることができないものであるときは、その周囲に、堅固なさくが設けてあること。
c　毒物又は劇物を陳列する場所にかぎをかける設備があること。

	a	b	c
①	正	正	正
②	正	正	誤
③	正	誤	正
④	誤	正	正
⑤	誤	誤	正

問8　毒物劇物取扱責任者に関する記述の正誤について、正しいものの組み合わせを①～⑤の中から一つ選びなさい。

a　岐阜県知事が行う毒物劇物取扱者試験に合格した者は、すべての都道府県において毒物劇物取扱責任者となることができる。
b　毒物劇物営業者は、毒物劇物取扱責任者を変更したときは、50日以内に、その毒物劇物取扱責任者の氏名を届け出なければならない。
c　農業用品目毒物劇物取扱者試験に合格した者は、特定品目販売業の店舗において、毒物劇物取扱責任者となることができる。

	a	b	c
①	正	正	誤
②	正	誤	誤
③	正	誤	正
④	誤	誤	正
⑤	誤	正	誤

岐阜県

問9　毒物劇物取扱責任者の資格に関する記述の正誤について、正しいものの組み合わせを①～⑤の中から一つ選びなさい。

a　18歳未満の者は、毒物劇物取扱者試験に合格しても、毒物劇物取扱責任者になることができない。
b　厚生労働省令で定める学校で、応用化学に関する学課を修了した者は、毒物劇物取扱責任者になることができる。
c　毒物又は劇物の販売業の店舗において、5年以上毒物又は劇物を取り扱う業務に従事した者は、毒物劇物取扱責任者になることができる。

	a	b	c
①	正	正	誤
②	正	誤	誤
③	正	誤	正
④	誤	誤	正
⑤	誤	正	誤

問10　法第10条の規定により、毒物劇物営業者が30日以内に届け出なければならない事項に関する記述について、正しいものの組み合わせを①～⑤の中から一つ選びなさい。

a　法人である毒物又は劇物の販売業者が、業務を行う役員を変更したとき。
b　毒物又は劇物の輸入業者が、主たる事務所の電話番号を変更したとき。
c　毒物又は劇物の販売業者が、店舗における営業を廃止したとき。
d　毒物の製造業者が、登録に係る毒物の品目の製造を廃止したとき。

①（a、b）　②（a、c）　③（a、d）　④（b、c）　⑤（c、d）

問11　毒物又は劇物の表示に関する記述の正誤について、正しいものの組み合わせを①～⑤の中から一つ選びなさい。

a　毒物又は劇物の容器及び被包には、「医薬用外」の文字を表示しなければならない。
b　毒物の容器及び被包には、黒地に白色をもって「毒物」の文字を表示しなければならない。
c　劇物の容器及び被包には、白地に赤色をもって「劇物」の文字を表示しなければならない。

	a	b	c
①	正	正	誤
②	正	誤	誤
③	正	誤	正
④	誤	誤	正
⑤	誤	正	誤

問12　燐化亜鉛を含有する製剤たる劇物を農業用として販売する場合の着色の方法として、正しいものを①～⑤の中から一つ選びなさい。

①　あせにくい緑色で着色する。　②　あせにくい青色で着色する。
③　あせにくい赤色で着色する。　④　あせにくい黒色で着色する。
⑤　あせにくい黄色で着色する。

問13　法の「毒物又は劇物の譲渡手続」に関する記述について、（　）内に当てはまる語句として、正しいものの組み合わせを①～⑤の中から一つ選びなさい。

＜毒物又は劇物の譲渡手続＞
第十四条　毒物劇物営業者は、毒物又は劇物を他の毒物劇物営業者に販売し、又は授与したときは、その都度、次に掲げる事項を書面に記載しておかなければならない。
一　毒物又は劇物の名称及び（　a　）
二　販売又は授与の（　b　）
三　譲受人の氏名、（　c　）及び住所（法人にあつては、その名称及び主たる事務所の所在地）

```
      a      b      c
①   成分   目的   年齢
②   成分   年月日  年齢
③   数量   年月日  年齢
④   数量   年月日  職業
⑤   数量   目的   職業
```

問14 毒物又は劇物の交付の制限等に関する記述の正誤について、正しいものの組み
合わせを①～⑤の中から一つ選びなさい。

　　a 毒物劇物営業者は、毒物又は劇物を18歳の者に交付しては
　　　ならない。
　　b 毒物劇物営業者は、毒物又は劇物を麻薬、大麻、あへん又
　　　は覚せい剤の中毒者に交付してはならない。
　　c 毒物劇物営業者は、ナトリウムの交付を受ける者の氏名及
　　　び住所を確認したときは、確認に関する事項を記載した帳簿
　　　を、最終の記載をした日から3年間、保存しなければならない。

```
      a  b  c
①   正  正  誤
②   正  誤  誤
③   正  正  正
④   誤  誤  正
⑤   誤  正  誤
```

岐阜県

問15 政令の毒物又は劇物の「廃棄の方法」に関する記述について、（　）内に当ては
まる語句として、正しいものの組み合わせを①～⑤の中から一つ選びなさい。

＜廃棄の方法＞
　　第四十条 法第十五条の二の規定により、毒物若しくは劇物又は法第十一条第二項
　　に規定する政令で定める物の廃棄の方法に関する技術上の基準を次のように定
　　める。
　　一 中和、（ a ）、酸化、（ b ）、（ c ）その他の方法により、毒物及び劇物並び
　　　に法第十一条第二項に規定する政令で定める物のいずれにも該当しない物とす
　　　ること。

```
      a         b       c
①   熱分解     燃焼     放流
②   熱分解     燃焼     稀釈
③   熱分解     還元     分離
④   加水分解    燃焼     分離
⑤   加水分解    還元     稀釈
```

問16 規則第13条の5の規定により、水酸化ナトリウム30％を含有する液体状の製
剤を、車両を使用して1回につき5,000キログラム以上運搬する場合、車両の前
後の見やすい箇所に掲げなければならない標識として、正しいものを①～⑤の中
から一つ選びなさい。

①　0.3メートル平方の板に地を黒色、文字を白色として「毒」と表示
②　0.3メートル平方の板に地を赤色、文字を白色として「毒」と表示
③　0.3メートル平方の板に地を白色、文字を黒色として「毒」と表示
④　0.3メートル平方の板に地を白色、文字を赤色として「毒」と表示
⑤　0.3メートル平方の板に地を黒色、文字を黄色として「毒」と表示

問17 政令第40条の9及び規則第13条の12の規定により、毒物劇物営業者が毒物
又は劇物を販売し、又は授与する時までに、譲受人に対して提供しなければならな
い情報の内容として、正しいものの組み合わせを①～⑤の中から一つ選びなさい。

　　a 応急措置　　b 火災時の措置　　c 有効期限　　d 紛失時の連絡先

①（a、b）　②（a、c）　③（a、d）　④（b、c）　⑤（b、d）

問 18　毒物又は劇物の事故の際の措置に関する記述の正誤について、正しいものの組み合わせを①～⑤の中から一つ選びなさい。

a　毒物劇物営業者は、その取扱いに係る毒物又は劇物が地下に染み込んだ場合において、不特定又は多数の者について保健衛生上の危害が生ずるおそれがあるときは、直ちに、その旨を保健所、警察署又は消防機関に届け出なければならない。

b　毒物劇物営業者は、その取扱いに係る毒物又は劇物が流れ出した場合において、不特定又は多数の者について保健衛生上の危害が生ずるおそれがあるときは、直ちに、保健衛生上の危害を防止するために必要な応急の措置を講じなければならない。

c　毒物劇物営業者は、その取扱いに係る毒物又は劇物が盗難にあい、又は紛失したときは、直ちに、その旨を警察署に届け出なければならない。

	a	b	c
①	正	正	正
②	正	正	誤
③	正	誤	正
④	誤	正	正
⑤	誤	誤	正

問 19　法第 22 条第 1 項並びに政令第 41 条及び第 42 条の規定により、業務上取扱者としての届出が必要な者として、正しいものを①～⑤の中から一つ選びなさい。

① 水酸化ナトリウムを使用する金属熱処理事業者
② 燐化亜鉛を使用する野ねずみの防除を行う事業者
③ 砒素化合物たる毒物を使用するしろありの防除を行う事業者
④ めっき液として硫酸を使用する電気めっき事業者
⑤ クロム酸塩類を使用する金属熱処理事業者

問 20　過酸化水素及びこれを含有する製剤（過酸化水素 6 ％以下を含有するものを除く。）を、車両を使用して、1 回につき 5,000 キログラム以上運搬する場合、車両に備えなければならない保護具として、規則別表第 5 に定められているものを①～⑤の中から一つ選びなさい。

① 保護手袋、保護長ぐつ、保護衣、酸性ガス用防毒マスク
② 保護手袋、保護長ぐつ、保護衣、有機ガス用防毒マスク
③ 保護手袋、保護長ぐつ、保護衣、普通ガス用防毒マスク
④ 保護手袋、保護長ぐつ、保護眼鏡、普通ガス用防毒マスク
⑤ 保護手袋、保護長ぐつ、保護衣、保護眼鏡

〔基礎化学〕
（一般・農業用品目共通）

問 21　0.01 mol/L の水酸化ナトリウム水溶液のｐＨを①～⑤の中から一つ選びなさい。　ただし、水溶液の温度は 25 ℃、電離度は 1 とする。

① 10　　② 11　　③ 12　　④ 13　　⑤ 14

問 22　無極性分子であるものを①～⑤の中から一つ選びなさい。

① H_2O　　② NaCl　　③ NH_3　　④ CO_2　　⑤ SO_2

岐阜県

問23 次の記述について、無色・無臭の気体が発生するものの組み合わせを①～⑤の中から一つ選びなさい。

a　ギ酸に濃硫酸を加えて加熱する。
b　亜硫酸ナトリウムに希硫酸を加える。
c　過酸化水素水に酸化マンガン(IV)を加える。
d　硫化鉄(Ⅱ)に希塩酸を加える。

①（a、b）　　②（a、c）　　③（b、c）　　④（b、d）　　⑤（c、d）

問24　100 kPa の空気2㎥について、温度が一定の状態で200 kPa にしたときの体積を①～⑤の中から一つ選びなさい。

①　0.5㎥　　②　1㎥　　③　2㎥　　④　3㎥　　⑤　4㎥

問25　芳香族化合物でないものを①～⑤の中から一つ選びなさい。

①　アニリン　　②　フェノール　　③　トルエン　　④　アセトン
⑤　キシレン

問26　次の記述の正誤について、正しいものの組み合わせを①～⑤の中から一つ選びなさい。

a　アルミニウムとマグネシウムは、同じ周期の元素である。
b　酸素とリンは、同族元素である。
c　カリウムとナトリウムは、同族元素である。

	a	b	c
①	正	正	正
②	正	誤	正
③	正	誤	誤
④	誤	正	正
⑤	誤	正	誤

問27　水100 g に塩化ナトリウム1.17 g を溶かした水溶液の質量モル濃度を①～⑤の中から一つ選びなさい。
　　ただし、質量数は、H = 1、C = 12、O = 16、Na = 23、S = 32、Cl = 35.5 とする。

①　0.1 mol/kg　　②　0.2 mol/kg　　③　0.5 mol/kg　　④　1.0 mol/kg
⑤　2.0 mol/kg

問28　炭素原子のL殻に含まれる電子の数を①～⑤の中から一つ選びなさい。

①　2　　②　3　　③　4　　④　5　　⑤　6

問29　金属の反応に関する記述について、正しいものの組み合わせを①～⑤の中から一つ選びなさい。

a　亜鉛に塩酸を加えると、水素を発生する。
b　銅に希塩酸を加えると、水素を発生する。
c　カルシウムは、水と反応して水素を発生する。
d　金は、熱濃硫酸と反応して溶ける。

①（a、b）　　②（a、c）　　③（b、c）　　④（b、d）
⑤（c、d）

問30　炎色反応で緑色を呈するものを①～⑤の中から一つ選びなさい。

①　Na　　②　Li　　③　Ca　　④　Sr　　⑤　Cu

〔毒物及び劇物の性質及びその他の取扱方法〕
（一般）

問31 キシレンに関する記述について、正しいものの組み合わせを①～⑤の中から一つ選びなさい。

  a 白色又は無色の固体である。
  b 蒸気は空気と混合して爆発性混合ガスとなり、引火しやすい。
  c 腐食性が強く、皮膚に触れると激しいやけどを起こす。
  d 芳香族炭化水素特有の臭いを有する。

  ① （a、b）　② （a、c）　③ （a、d）　④ （b、d）　⑤ （c、d）

問32 アンモニアに関する記述の正誤について、正しいものの組み合わせを①～⑤の中から一つ選びなさい。

  a 刺激臭のある無色の気体である。
  b 圧縮すると常温でも容易に液化する。
  c 水に可溶であるが、エタノールには不溶である。

	a	b	c
①	正	正	正
②	正	正	誤
③	正	誤	正
④	誤	正	誤
⑤	誤	誤	正

問33 ～問37 次の物質の性状として、最も適当なものを下欄からそれぞれ一つ選びなさい。

  問33 クラーレ　　**問34** 塩化第一銅　　**問35** 硫酸タリウム　　**問36** キノリン
  問37 セレン

［下欄］
  ① 無色の結晶で、水に難溶、熱湯に可溶である。農業用劇物として販売されている製剤は、あせにくい黒色で着色されている。
  ② 白色又は帯灰白色の結晶性粉末である。空気で酸化されやすく緑色となり、光により褐色を呈する。
  ③ 無色又は淡黄色の不快臭の吸湿性の液体である。熱水、アルコール、エーテル、二硫化炭素に溶ける。
  ④ 黒又は黒褐色の塊状あるいは粒状である。猛毒性アルカロイドを含有する。
  ⑤ 灰色の金属光沢を有するペレット又は黒色の粉末で、水に溶けないが、硫酸に溶ける。

問38 ～問41 次の物質の貯蔵方法として、最も適当なものを下欄からそれぞれ一つ選びなさい。

  問38 シアン化カリウム　　**問39** 過酸化水素水　　**問40** 黄燐（りん）
  問41 カリウム

［下欄］
  ① 純品は空気と日光によって変質するので、少量のアルコールを加えて分解を防止し、冷暗所に貯蔵する。
  ② 空気に触れると発火しやすいので、水中に沈めて瓶に入れ、さらに砂を入れた缶中に固定して、冷暗所に保管する。
  ③ 少量ならばガラス瓶、多量ならばブリキ缶又は鉄ドラムを用い、酸類とは離して、風通しのよい乾燥した冷所に密封して保存する。
  ④ 空気中にそのまま貯蔵することはできないので、通常、石油中に貯蔵し、水分の混入、火気を避ける。
  ⑤ 少量ならば褐色ガラス瓶、多量ならばカーボイなどを使用し、三分の一の空間を保って、日光の直射をさけ、冷所に、有機物、金属塩と引き離して貯蔵する。

問 42 〜〜問 45 次の物質の主な用途として、最も適当なものを下欄からそれぞれ一つ
　　選びなさい。

　　　問 42 クロルエチル　　　問 43 サリノマイシンナトリウム　　　問 44 ベタナフトール

　　　問 45 燐化亜鉛
　　　　　　りん

　［下欄］
　　　① 飼料添加剤(抗コクシジウム剤)　　② 染料製造原料、防腐剤
　　　③ 合成化学工業でのアルキル化剤　　④ ロケット燃料　　　⑤ 殺鼠剤
　　　　　　　　　　　　　　　　　　　　　　　　　　　　　　　　　　　そ

問 46 〜問 50　　次の物質の毒性として、最も適当なものを下欄からそれぞれ一つ選び
　　なさい。

　　　問 46 しきみの実
　　　問 47　S—メチル—N—［(メチルカルバモイル)—オキシ］—チオアセトイミデ
　　　　　ート(別名メトミル)
　　　問 48 ジメチル硫酸　　　問 49 メタノール　　　問 50 水銀

　［下欄］
　　　① 経口摂取した場合、腹痛、嘔吐、瞳孔縮小、チアノーゼ、顔面蒼白、発作性の
　　　　痙攣などの症状を呈し、ついで全身の麻痺、昏睡状態におちいる。
　　　② 吸入した場合、倦怠感、頭痛、めまい、吐き気、嘔吐、腹痛、下痢、多汗等の
　　　　　　　　　　　　　　　　　　　　　　　　おうと
　　　　症状を呈し、重症の場合には、縮瞳、意識混濁、全身痙攣等を起こすことがある。
　　　③ 多量に蒸気を吸入した場合の急性中毒の特徴は、呼吸器、粘膜を刺激し、重症
　　　　の場合には、肺炎を起こすことがある。
　　　④ 頭痛、めまい、嘔吐、下痢、腹痛などの症状を呈し、致死量に近ければ麻酔状
　　　　　　　　　　おうと
　　　　態になり、視神経がおかされ、目がかすみ、失明することがある。
　　　⑤ 皮膚に触れた場合、発赤、水ぶくれ、痛覚喪失、やけどを起こす。また、皮膚
　　　　から吸収され全身中毒を起こす。

（農業用品目）

問 31　硫酸タリウムに関する記述について、正しいものの組み合わせを①〜⑤の中か
　　ら選びなさい。

　　a　無色の結晶である。
　　b　水や熱湯にはほとんど溶けないが、アルコールやエーテルによく溶ける。
　　c　農業用殺菌剤として用いられる。
　　d　硫酸タリウム 0.3 ％以下を含有し、黒色に着色され、かつ、トウガラシエキス
　　　を用いて著しく辛く着味されている製剤は、劇物に該当しない。

　　①（a、b）　　②（a、c）　　③（a、d）　　④（b、c）　　⑤（c、d）

問 32　ヨウ化メチルに関する記述の正誤について、正しいものの組み合わせを①〜⑤
　　の中から選びなさい。

　　　　　　　　　　　　　　　　　　　　　　　　　　　　　　a　b　c
　　a　無色又は淡黄色透明の液体である。　　　　　　　　①　正　正　正
　　b　たばこの根瘤線虫、立枯病等のガス殺菌剤として用いられ　②　誤　正　正
　　　　　　ねこぶ
　　　る。　　　　　　　　　　　　　　　　　　　　　　③　正　誤　正
　　c　ヨウ化メチルを含有する製剤は、毒物に指定されている。④　正　正　誤
　　　　　　　　　　　　　　　　　　　　　　　　　　　⑤　正　誤　誤

問33 ジエチル─(５─フエニル─３─イソキサゾリル)─チオホスフエイト(別名イソキサチオン)に関する記述の正誤について、正しいものの組み合わせを①～⑤の中から選びなさい。

a 常温・常圧では、淡黄褐色の液体である。
b 水やアルコールによく溶け、アルカリに安定である。
c みかん、茶等の害虫の駆除に用いられる。

	a	b	c
①	正	正	正
②	誤	正	正
③	正	誤	正
④	正	正	誤
⑤	正	誤	誤

問34～問37 次の物質の貯蔵方法について、最も適当なものを下欄からそれぞれ一つ選びなさい。

問34 アンモニア水　　問35 シアン化ナトリウム　　問36 ロテノン
問37 ブロムメチル

［下欄］
① 酸素によって分解し、殺虫効力を失うため、空気と光線を遮断して保管する。
② 常温では気体なので、圧縮冷却して液化し、圧縮容器に入れ、直射日光その他、温度上昇の原因を避けて、冷暗所に貯蔵する。
③ 潮解性があるので、密栓して遮光下に貯蔵する。
④ 少量ならばガラス瓶、多量ならばブリキ缶又は鉄ドラム缶を用い、酸類とは離して、風通しの良い乾燥した冷所に密封して保存する。
⑤ 揮発しやすいので、密栓して保管する。

問38～問41 次の物質の毒性について、最も適当なものを下欄からそれぞれ一つ選びなさい。

問38 燐化亜鉛　　問39 クロルピクリン
問40 ブラストサイジンSベンジルアミノベンゼンスルホン酸塩
問41 無機銅塩類

［下欄］
① 主な中毒症状は、振戦、呼吸困難である。肝臓には核の膨大及び変性が認められ、腎臓には糸球体、細尿管のうっ血、脾臓には脾炎が認められる。また、眼に対する刺激が特に強いので、散布に際して注意を要する。
② 緑色又は青色のものを吐く。のどが焼けるように熱くなり、よだれが流れ、しばしば痛むことがある。急性の胃腸カタルを起こすとともに、血便を出す。
③ 吸入すると、分解されずに組織内に吸収され、各器官が障害される。血液中でメトヘモグロビンを生成、また中枢神経や心臓、眼結膜を侵し、肺にも障害を与える。
④ 主な中毒症状は、激しい嘔吐、胃の疼痛、意識混濁、てんかん性痙攣、脈拍の緩徐、チアノーゼ、血圧下降、心機能の低下により死亡する場合もある。
⑤ 胃及び肺で胃酸や水と反応してホスフィンを生成することで中毒を起こす。

問42～問46 次の物質の主な用途として、最も適当なものを下欄からそれぞれ一つ選びなさい。

問42 １・１′─イミノジ(オクタメチレン)ジグアニジン(別名イミノクタジン)
問43 ２・２′─ジピリジリウム─１・１′─エチレンジブロミド
　　(別名ジクワット)
問44 エマメクチン安息香酸塩
問45 ２─ジフエニルアセチル─１・３─インダンジオン(別名ダイファシノン)
問46 ２─クロルエチルトリメチルアンモニウムクロリド(別名クロルメコート)

［下欄］
① 除草剤　　② 殺鼠剤　　③ 殺菌剤　　④ 植物成長調整剤　　⑤ 殺虫剤

問47～問50 次の物質を含有する製剤について、劇物として取り扱いを受けなくなる濃度を下欄からそれぞれ一つ選びなさい。なお、同じものを繰り返し選んでもよい。

　　問47　ジエチル―（5―フエニル―3―イソキサゾリル）―チオホスフエイト
　　　　（別名イソキサチオン）
　　問48　1・3―ジカルバモイルチオ―2―（N・N―ジメチルアミノ）―プロパン
　　　　（別名カルタップ）
　　問49　硫酸
　　問50　5―メチル―1・2・4―トリアゾロ［3・4―b］ベンゾチアゾール
　　　　（別名トリシクラゾール）

［下欄］
① 1％以下　　② 2％以下　　③ 5％以下　　④ 8％以下　　⑤ 10％以下

岐阜県

〔毒物及び劇物の識別及び取扱方法〕
（一般）

問51～問53 次の物質の鑑別方法について、最も適当なものを下欄からそれぞれ一つ選びなさい。

　　問51　ニコチン　　問52　塩酸　　問53　アニリン

［下欄］
① この物質のエーテル溶液に、ヨードのエーテル溶液を加えると、褐色の液状沈殿を生じ、これを放置すると赤色針状結晶となる。
② この物質に硝酸銀溶液を加えると、白い沈殿を生じる。沈殿を分取し、この一部に希硝酸を加えても溶けない。また、他の一部に過量のアンモニア試液を加えるとき、溶ける。
③ この物質をアルコール性の水酸化カリウムと銅紛とともに煮沸すると、黄赤色の沈殿を生成する。
④ この物質の水溶液にさらし粉を加えると、紫色を呈する。
⑤ この物質より発生した気体は、5～10％硝酸銀溶液を吸着させた濾紙を黒変させる。

問54～問57 次の物質の廃棄方法について、最も適当なものを下欄からそれぞれ一つ選びなさい。

　　問54　塩素酸ナトリウム　　問55　砒素　　問56　塩化亜鉛　　問57　水酸化ナトリウム

［下欄］
① 水に溶かし、水酸化カルシウム、炭酸カルシウム等の水溶液を加えて処理し、沈殿濾過して埋立処分する。
② セメントを用いて固化し、溶出試験を行い、溶出量が判定基準以下であることを確認して埋立処分する。
③ ナトリウム塩とした後、活性汚泥で処理する。
④ 水を加えて希薄な水溶液とし、酸（希塩酸、希硫酸等）で中和させた後、多量の水で希釈して処理する。
⑤ 還元剤（例えばチオ硫酸ナトリウム等）の水溶液に希硫酸を加えて酸性にし、この中に少量ずつ投入する。反応終了後、反応液を中和し、多量の水で希釈して処理する。

- 231 -

問58 ～ 60　次の物質の漏えい時の措置として、最も適当なものを下欄からそれぞれ
　　一つ選びなさい。

　　問58　塩素　　　　問59　ニトロベンゼン　　　問60　硫酸

［下欄］
　①　少量の場合、漏えいした液は、多量の水を用いて洗い流すか、又は土砂やおが
　　屑等に吸着させて空容器に回収し、安全な場所で焼却する。
　②　少量の場合、漏えいした箇所や漏えいした液には水酸化カルシウムを十分に散
　　布して吸収させる。多量にガスが噴出した場所には、遠くから霧状の水をかけ
　　て吸収させる。
　③　少量の場合、漏えいした液は、土砂等に吸着させて取り除くか、又はある程度
　　水で徐々に希釈した後、水酸化カルシウム、炭酸ナトリウム等で中和し、多量
　　の水で洗い流す。
　④　多量の場合、漏えいした液は、土砂等でその流れを止め、安全な場所に導き、
　　液の表面を泡で覆い、できるだけ空容器に回収する。
　⑤　少量の場合、漏えいした液は、布で拭き取るか、又はそのまま風にさらして蒸
　　発させる。多量の場合、漏えいした液は、土砂等でその流れを止め、多量の活
　　性炭又は水酸化カルシウムを散布して覆い、至急関係先に連絡し専門家の指示
　　により処理する。

（農業用品目）

問51 ～ 問53　次の物質の鑑別方法について、最も適当なものを下欄からそれぞれ一つ
　　選びなさい。

　　問51　硫酸第二銅
　　問52　燐化アルミニウムとその分解促進剤とを含有する製剤
　　問53　ニコチン

［下欄］
　①　水溶液に酒石酸を多量に加えると、白色結晶を生じる。
　②　この物質のエーテル溶液に、ヨードのエーテル溶液を加えると褐色の液状沈殿
　　を生じ、これを放置すると赤色針状結晶となる。
　③　水に溶かして硝酸バリウムを加えると、白色の沈殿を生成する。
　④　大気中の水分に触れると徐々に分解して有害なガスを発生し、そのガスは５～
　　10％硝酸銀溶液を吸着させた濾紙を黒変させる。
　⑤　強い臭気でわかるが、濃塩酸を潤したガラス棒を近づけると、白い霧を生じる。

問54　次の物質のうち、毒物又は劇物の農業用品目販売業の登録を受けた者が販売で
　　きないものを①～⑤の中から一つ選びなさい。
　　①　アジ化ナトリウム　　　②　アバメクチン　　　③　エマメクチン
　　④　シアン酸ナトリウム　　⑤　弗化スルフリル

問55 ～ 問56　次の物質の廃棄方法として、最も適当なものを下欄からそれぞれ一つ
　　選びなさい。

　　問55　クロルピクリン
　　問56　塩素酸ナトリウム

［下欄］
　①　酸化法又はアルカリ法　　②　還元法　　③　中和法　　④　燃焼法　　⑤　分解法

問 57～問 60　次の物質の飛散又は漏えい時の措置について、最も適当なものを下欄からそれぞれ一つ選びなさい。

問 57　アンモニア水
問 58　ブロムメチル
問 59　シアン化ナトリウム
問 60　ジメチルジチオホスホリルフエニル酢酸エチル(別名ＰＡＰ)

［下欄］
① 多量の場合、漏えいした液は、土砂等でその流れを止め安全な場所に導き、できるだけ空容器に回収し、そのあとは多量の水で洗い流す。
② 漏えいした液は土砂等でその流れを止め、安全な場所に導き、空容器にできるだけ回収し、そのあとを水酸化カルシウム等の水溶液を用いて処理し、中性洗剤等の分散剤を使用して多量の水で洗い流す。
③ 少量の場合、漏えい個所を濡れむしろ等で覆い、遠くから多量の水をかけて洗い流す。多量の場合、漏えいした液は土砂等でその流れを止め、安全な場所に導いて、遠くから多量の水をかけて洗い流す。
④ 少量の場合、漏えいした液は、速やかに蒸発するので周辺に近づかないようにする。多量の場合、漏えいした液は、土砂等でその流れを止め、液が広がらないようにして蒸発させる。
⑤ 飛散したものは空容器にできるだけ回収する。砂利等に付着している場合は、砂利等を回収し、そのあとに水酸化ナトリウム、炭酸ナトリウム等の水溶液を散布してアルカリ性(ｐＨ 11 以上)とし、さらに酸化剤(次亜塩素酸ナトリウム、さらし粉等)の水溶液で酸化処理を行い、多量の水で洗い流す。

岐阜県

(注)解答・解説については、この書籍の編者により編集作成しております。これに係わることについては、県への直接のお問い合わせはご容赦下さいます様お願い申し上げます。

〔学科：法　規〕

（一般・農業用品目・特定品目共通）

問1　次は、毒物及び劇物取締法第1条について述べたものであるが、（　）内に入る語句の組合せとして、正しいものはどれか。

　この法律は、毒物及び劇物について、（ア）上の見地から必要な（イ）を行うことを目的とする。

	ア	イ
(1)	公衆衛生	規制
(2)	保健衛生	規制
(3)	公衆衛生	取締
(4)	保健衛生	取締

問2　次のうち、特定毒物について述べたものとして、誤っているものはどれか。

(1)　毒物劇物営業者、特定毒物研究者又は特定毒物使用者でなければ、特定毒物を所持してはならない。
(2)　毒物若しくは劇物の輸入業者又は特定毒物使用者でなければ、特定毒物を輸入してはならない。
(3) 特定毒物研究者は、特定毒物を学術研究以外の用途に供してはならない。
(4)　毒物劇物営業者又は特定毒物研究者は、特定毒物使用者に対し、その者が使用することができる特定毒物以外の特定毒物を譲り渡してはならない。

問3　次の(a)から(d)のうち、毒物及び劇物取締法第3条の4において、業務その他正当な理由による場合を除いては、所持してはならないと規定されている、発火性又は爆発性のある劇物として、正しいものはいくつあるか。

(a) ヒドロキシルアミン
(b) カリウム
(c) ナトリウム
(d) 亜塩素酸ナトリウム25％を含有する製剤

(1)　1つ　　　(2)　2つ　　　(3)　3つ　　　(4)　4つ

問4　次のうち、毒物劇物取扱責任者について述べたものとして、正しいものの組合せはどれか。

(ア)　18歳未満の者は、毒物劇物取扱責任者となることができない。
(イ)　乙種危険物取扱者は、毒物劇物取扱者試験に合格していなくても、毒物劇物取扱責任者となることができる。
(ウ)　毒物劇物営業者は、自ら毒物劇物取扱責任者として毒物又は劇物による保健衛生上の危害の防止に当たることはできない。
(エ)　農業用品目毒物劇物取扱者試験に合格した者は、毒物及び劇物取締法第4条の3第1項の厚生労働省令で定める毒物又は劇物のみを取り扱う輸入業の営業所において、毒物劇物取扱責任者となることができる。

(1)　ア、イ　　(2)　イ、ウ　　(3)　ウ、エ　　(4)　ア、エ

問5　次の(a)から(d)のうち、毒物又は劇物の製造業の登録を受けた者が30日以内に、その製造所の所在地の都道府県知事に届け出なければならない事由として、正しいものはいくつあるか。

(a) 毒物又は劇物を製造し、貯蔵し、又は運搬する設備の重要な部分を変更したとき。
(b) 登録を受けた毒物又は劇物以外の毒物又は劇物を製造したとき。
(c) 製造所の名称を変更したとき。
(d) 登録に係る毒物又は劇物の品目の製造を廃止したとき。

(1) 1つ　　　(2) 2つ　　　(3) 3つ　　　(4) 4つ

問6　次は、毒物及び劇物取締法で定める毒物又は劇物の表示について述べたものであるが、（　）内に入る語句の組合せとして、正しいものはどれか。

　毒物劇物営業者及び特定毒物研究者は、劇物の容器及び被包に、「医薬用外」の文字及び（ ア ）地に（ イ ）色をもって「劇物」の文字を表示しなければならない。
　毒物劇物営業者は、（ ウ ）及びこれを含有する製剤たる毒物又は劇物の容器及び被包に、毒物又は劇物の名称並びにその成分及びその含量並びに厚生労働省令で定めるその解毒剤の名称を表示しなければ、それを販売し、又は授与してはならない。

静岡県

	ア	イ	ウ
(1)	白	赤	有機燐化合物
(2)	白	赤	有機弗素化合物
(3)	赤	白	有機弗素化合物
(4)	赤	白	有機燐化合物

問7　次の(a)から(d)のうち、毒物及び劇物取締法第14条の規定により、毒物劇物営業者が毒物又は劇物を毒物劇物営業者以外の者に販売し、又は授与するときに、譲受人から提出を受ける書面に記載されていなければならない事項として、正しいものはいくつあるか。

(a) 譲受人の氏名
(b) 販売又は授与の年月日
(c) 譲受人の職業
(d) 毒物又は劇物の名称及び数量

(1) 1つ　　　(2) 2つ　　　(3) 3つ　　　(4) 4つ

問8　次のうち、毒物及び劇物取締法第15条に規定する毒物又は劇物の交付の制限等について述べたものとして、正しいものの組合せはどれか。

(ア)　毒物劇物営業者は、麻薬、大麻、あへん又は覚せい剤の中毒者に、毒物又は劇物を交付してはならない。
(イ)　毒物劇物営業者は、20歳未満の者に、毒物又は劇物を交付してはならない。
(ウ)　毒物劇物営業者は、引火性、発火性又は爆発性のある毒物又は劇物であって政令で定めるものの交付を受ける者の確認に関する事項を記載した帳簿を、最終の記載をした日から3年間、保存しなければならない。
(エ)　毒物劇物営業者は、厚生労働省令の定めるところにより、その交付を受ける者の氏名及び住所を確認した後でなければ、引火性、発火性又は爆発性のある毒物又は劇物であって政令で定めるものを交付してはならない。

(1) ア、イ　　　(2) イ、ウ　　　(3) ウ、エ　　　(4) ア、エ

問9　次は、毒物及び劇物取締法第17条に規定する毒物又は劇物の盗難又は紛失の際の措置について述べたものであるが、（　）内に入る語句の組合せとして、正しいものはどれか。

毒物劇物営業者及び（　ア　）は、その取扱いに係る毒物又は劇物が盗難にあい、又は紛失したときは、（　イ　）、その旨を（　ウ　）に届け出なければならない。

	ア	イ	ウ
(1)	特定毒物使用者	直ちに	警察署又は保健所
(2)	特定毒物使用者	7日以内に	警察署
(3)	特定毒物研究者	直ちに	警察署
(4)	特定毒物研究者	7日以内に	警察署又は保健所

問10　次のうち、毒物及び劇物取締法第22条第1項の規定により、その事業場の所在地の都道府県知事(その事業場の所在地が保健所を設置する市又は特別区の区域にある場合においては、市長又は区長。)に業務上取扱者の届出をしなければならない者として、正しいものはどれか。

(1) 内容積が1,000リットルの容器を大型自動車に積載して、アクロレインを運送する事業者
(2) 内容積が100リットルの容器を大型自動車に積載して、四アルキル鉛を含有する製剤を運送する事業者
(3) 発煙硫酸を使用して金属熱処理を行う事業者
(4) モノフルオール酢酸アミドを含有する製剤を使用して、害虫の防除を行う事業者

〔学科：基礎化学〕
（一般・農業用品目・特定品目共通）

問11　次のうち、化合物の名称とその化学式の組合せとして、誤っているものはどれか。

	名称	化学式
(1)	トリクロル酢酸	CCl_3COOH
(2)	ニトロベンゼン	$C_6H_5NO_2$
(3)	フェノール	$C_6H_5CH_3$
(4)	アクリル酸	$CH_2CHCOOH$

問12　次のうち、アセトニトリルの分子量として、正しいものはどれか。
ただし、原子量を、$H = 1$、$C = 12$、$N = 14$、$O = 16$とする。

(1) 32　　(2) 41　　(3) 46　　(4) 60

問13　次のうち、金属元素をイオン化傾向の大きい順に並べたものとして、正しいものはどれか。

	大			小
(1)	Na	> Sn	> Al	> Pt
(2)	Mg	> Ca	> Pb	> Au
(3)	K	> Fe	> Cu	> Pt
(4)	Li	> Ca	> Ag	> Pb

問14　次のうち、0.05mol/Lのアンモニア水のpHとして、正しいものはどれか。
ただし、アンモニア水の電離度は0.02、水溶液の温度は25℃とする。

(1) 5　　(2) 7　　(3) 9　　(4) 11

問 15　35 ％の食塩水 250 g に水を加えたら、25 ％の食塩水ができた。次のうち、加えた水の量として、正しいものはどれか。

(1)　50g　　(2) 100g　　(3) 150g　　(4) 200g

〔学科：性質・貯蔵・取扱〕

（一般）

問 16　次の (a) から (d) のうち、特定毒物に該当するものはいくつあるか。

(a) シアン化水素　　　　(b) 燐化アルミニウムとその分解促進剤とを含有する製剤
(c) 四アルキル鉛　　　　(d) 無水クロム酸

(1)　1 つ　　　(2)　2 つ　　　(3)　3 つ　　　(4)　4 つ

問 17　次のうち、塩化水素について述べたものとして、正しいものの組合せはどれか。

(ア) 常温、常圧下においては、無色の刺激臭を有する気体である。
(イ) 湿った空気中で、激しく発煙する。
(ウ) メタノール、エタノール、エーテルには不溶である。
(エ) 塩化水素と硫酸とを合わせて 10 ％を含有する製剤は、劇物である。

(1)　ア、イ　　　(2)　イ、ウ　　　(3)　ウ、エ　　　(4)　ア、エ

問 18　次のうち、毒物又は劇物の貯蔵方法について述べたものとして、誤っているものはどれか。

(1) ブロムメチルは、常温では気体なので、圧縮冷却して液化し、圧縮容器に入れ、直射日光その他、温度上昇の原因を避けて、冷暗所に貯蔵する。
(2) 水酸化カリウムは、二酸化炭素と水を吸収するため、密栓して貯蔵する。
(3) 二硫化炭素は、反応性に富むため、安定剤を加え、空気を遮断して貯蔵する。
(4) 三酸化二砒素は、少量ならばガラス瓶に密栓し、大量ならば木樽に入れて貯蔵する。

問 19　次のうち、毒物又は劇物とその主な用途の組合せとして、最も適当なものはどれか。

	名称	主な用途
(1)	クレゾール	木材の防腐剤
(2)	弗化水素酸	顔料
(3)	硫化カドミウム	漂白剤
(4)	過酸化水素水	ガラスのつや消し

問 20　次のうち、硝酸の毒性について述べたものとして、最も適当なものはどれか。

(1) 原形質毒であり、脳の節細胞を麻酔させ、赤血球を溶解する。吸収すると、はじめは嘔吐、瞳孔の縮小、運動性不安が現れ、脳及びその他の神経細胞を麻酔させる。筋肉の張力は失われ、反射機能は消失し、瞳孔は散大する。
(2) 蒸気の吸入により頭痛、食欲不振などがみられる。大量の場合、緩和な大赤血球性貧血をきたす。
(3) 嘔吐、めまい、胃腸障害、腹痛、下痢又は便秘などを起こし、運動失調、麻痺、腎臓炎、尿量減退、尿が赤色を呈するポルフィリン尿として現れる。
(4) 蒸気は眼、呼吸器などの粘膜及び皮膚に強い刺激性を有する。高濃度のものが皮膚に触れると、気体を生成して、組織ははじめ白く、次第に深黄色となる。

（農業用品目）

問 16 次のうち、毒物に該当するものの組合せとして、正しいものはどれか。

(ア) 弗化スルフリルを含有する製剤

(イ) 硫酸 20 ％を含有する製剤

(ウ) 2，3－ジシアノ－1，4－ジチアアントラキノン(別名ジチアノン)30 ％を含有する製剤

(エ) アバメクチン 5 ％を含有する製剤

(1) ア、イ　　　(2) イ、ウ　　　(3) ウ、エ　　　(4) ア、エ

問 17 次の(a)から(d)のうち、農業用品目販売業の登録を受けた者が販売できるものはいくつあるか。

(a) 沃化メチル及びこれを含有する製剤

(b) シアン酸ナトリウム

(c) 硝酸 15 ％を含有する製剤

(d) 1，3－ジクロロプロペン及びこれを含有する製剤

(1) 1つ　　　(2) 2つ　　　(3) 3つ　　　(4) 4つ

問 18 次のうち、O －エチル＝ S，S －ジプロピル＝ホスホロジチオアートの別名として、正しいものはどれか。

(1) エトプロホス　　　(2) ダイアジノン　　　(3) ジノカップ　　　(4) メトミル

問 19 次のうち、2－イソプロピルフェニル－N－メチルカルバメートの毒性について述べたものとして、最も適当なものはどれか。

(1) 吸入した場合、麻酔作用が現れる。

(2) 吸入した場合、重症化すると縮瞳、意識混濁や全身痙攣などを起こす。

(3) 皮膚に触れた場合、軽度の紅斑などを起こすが、皮膚から吸収されることはない。

(4) 皮膚に触れた場合、やけど(薬傷)を起こす。

問 20 次のうち、エチルジフェニルジチオホスフェイトの性状として、正しいものはどれか。

(1) 高温では不安定である。

(2) アルカリ性下では安定である。

(3) 水に易溶である。

(4) 常温、常圧下において白色の結晶である。

（特定品目）

問 16 次の(a)から(d)のうち、劇物に該当するものはいくつあるか。

(a) アンモニア 10 ％を含有する製剤

(b) 過酸化水素 5 ％を含有する製剤

(c) 硝酸 10 ％を含有する製剤

(d) ホルムアルデヒド 5 ％を含有する製剤

(1) 1つ　　　(2) 2つ　　　(3) 3つ　　　(4) 4つ

問 17 次の(a)から(d)のうち、特定品目販売業の登録を受けた者が販売できるものはいくつあるか。

(a) 塩素　　　(b) 四塩化炭素　　　(c) 水酸化カリウム　　　(d) 酢酸タリウム

(1) 1つ　　　(2) 2つ　　　(3) 3つ　　　(4) 4つ

静岡県

問 18　次のうち、劇物である水酸化ナトリウム 10 ％を含有する製剤で液体状のものを、車両を使用して 1 回につき 5,000 キログラム以上運搬する場合に、厚生労働省令で定められた車両に備える保護具として、（　）内にあてはまる正しいものはどれか。

　　保護具：保護手袋、保護長ぐつ、保護衣、（　）

　　(1) 普通ガス用防毒マスク　　　(2) 有機ガス用防毒マスク
　　(3) 酸性ガス用防毒マスク　　　(4) 保護眼鏡

問 19　次のうち、蓚酸の用途として、最も適当なものはどれか。

　　(1) 木、コルクの漂白剤　　　　　(2) 土壌燻蒸剤
　　(3) 合成ゴム、合成樹脂の原料　　(4) 医療検体の防腐剤

問 20　次のうち、水酸化ナトリウムの貯蔵方法について述べたものとして、最も適当なものはどれか。

　　(1) 空気中にそのまま貯蔵することはできないため、通常石油中に貯蔵する。
　　(2) 二酸化炭素と水を吸収する性質が強いため、密栓して貯蔵する。
　　(3) 空気や光線に触れると赤変するため、遮光して貯蔵する。
　　(4) 褐色ガラスビンを使用し、3 分の 1 の空間を保って貯蔵する。

〔実　地：識別・取扱〕
（一般・農業用品目・特定品目共通）

問 1　次のうち、アンモニアについて述べたものとして、誤っているものはどれか。

　　(1) アンモニアガスは空気よりも軽い。
　　(2) 湿ったリトマス紙を赤色にする。
　　(3) 酸素の中では黄色の炎をあげて燃焼する。
　　(4) 常温、常圧下では、特有の刺激臭のある無色の気体である。

問 2　次は、硫酸の廃棄方法について述べたものであるが、（　）内に入る語句の組合せとして、正しいものはどれか。
　　（ア）の攪拌溶液に徐々に加え中和させた後、多量の水で希釈する。
　　中和により、（イ）が生成する。
　　　　　　ア　　　　　　イ
　　(1)　生石灰　　　硫酸カルシウム
　　(2)　消石灰　　　硫酸カルシウム
　　(3)　消石灰　　　硫化カルシウム
　　(4)　生石灰　　　硫化カルシウム

問 3　10 ％の水酸化ナトリウム水溶液 800 g を 20 ％の硫酸で中和するために必要な硫酸の量として、正しいものはどれか。
　　ただし、水酸化ナトリウムの分子量を 40、硫酸の分子量を 98 とする。

　　(1) 200g　　　(2) 400g　　　(3) 490g　　　(4) 980g

静岡県

（一般）

問4 次のうち、毒物又は劇物の性状について述べたものとして、正しいものの組合せはどれか。

（ア）ぎ酸は、無色の刺激臭の強い液体で、強い酸化性をもつ。
（イ）硫酸亜鉛七水和物は、白色結晶で、水及びグリセリンに可溶である。
（ウ）クロルピクリンは、純品は無色の油状体であり、催涙性と強い粘膜刺激臭を有する。
（エ）アクリルニトリルは、無臭又は微刺激臭のある無色透明の液体で、引火点が低く、爆発の危険性は低い。

(1) ア、イ　　　(2) イ、ウ　　　(3) ウ、エ　　　(4) ア、エ

問5 次の(a)から(d)のうち、黄燐（りん）について述べたものとして、正しいものはいくつあるか。

(a) 白色又は淡黄色のロウ様半透明の結晶性固体である。
(b) 水に不溶で、ベンゼン、二硫化炭素に可溶である。
(c) 空気中では非常に還元されやすく、放置すると常温で発火して無水燐（りん）酸となる。
(d) 水酸化カリウムと熱すると、ホスフィンを発生する。

(1) 1つ　　　(2) 2つ　　　(3) 3つ　　　(4) 4つ

問6 次のうち、フェノールについて述べたものとして、誤っているものはどれか。

(1) 無色の針状結晶あるいは白色の放射状結晶塊である。
(2) 特異の臭気を有し、空気中で赤変する。
(3) 水に可溶で、アルコール、エーテル、クロロホルムに易溶である。
(4) 容易に燃焼し、青色の炎をあげる。

問7 次は、ある物質の特徴について述べたものであるが、物質名として正しいものはどれか。

刺激性の臭気を放って揮発する赤褐色の重い液体である。引火性、燃焼性はないが、強い腐食作用を有し、濃塩酸と反応すると高熱を発し、また、乾草や繊維類のような有機物と接触すると、火を発する。

(1) 臭素　　　(2) セレン化鉄　　　(3) ホルマリン　　　(4) メチルエチルケトン

問8 次のうち、スルホナールの識別方法について述べたものとして、最も適当なものはどれか。

(1) 水酸化ナトリウム溶液を加えて加熱すると、クロロホルムの臭気を放つ。
(2) ホルマリン1滴を加えた後、濃硝酸1滴を加えるとばら色を呈する。
(3) 硝酸銀溶液を加えると、白い沈殿を生じる。
(4) 木炭とともに加熱すると、メルカプタンの臭気を放つ。

問9 次のうち、硅弗化（けいふつ）ナトリウムの廃棄方法について述べたものとして、最も適当なものはどれか。

(1) 木粉に混ぜて、スクラバーを備えた焼却炉で焼却する。
(2) 水酸化ナトリウム水溶液でアルカリ性とし、高温加圧下で加水分解する。
(3) 水に溶かし、水酸化カルシウム水溶液を加えて処理した後、希硫酸を加えて中和し、沈殿ろ過して埋立処分する。
(4) 徐々に石灰乳の攪拌（かくはん）溶液に加え中和させた後、多量の水で希釈して処理する。

問 10　次のうち、有機燐化合物による中毒の解毒に用いられるものとして、正しいものはどれか。

(1)　2－ピリジルアルドキシムメチオダイド(別名ＰＡＭ)
(2)　アセトアミド　　(3)　亜硝酸ナトリウム　　(4)　カルシウム剤

(農業用品目)

問4　次のうち、トランス－Ｎ－(6－クロロ－3－ピリジルメチル)－Ｎ'－シアノ－Ｎ－メチルアセトアミジン(別名アセタミプリド)について述べたものとして、誤っているものはどれか。

(1)　殺虫剤として用いられる。
(2)　常温、常圧下において暗褐色の固体である。
(3)　クロロホルム、アセトニトリルに可溶である。
(4)　融点は98.9度である。

問5　次のうち、2－イソプロピル－4－メチルピリミジル－6－ジエチルチオホスフェイト(別名ダイアジノン)について述べたものとして、誤っているものはどれか。

(1)　純品は黒色の液体である。
(2)　常温において、比重は水よりも重い。
(3)　水に難溶である。
(4)　引火性である。

問6　次は、5－メチル－1，2，4－トリアゾロ［3，4－ｂ］ベンゾチアゾール(別名トリシクラゾール)について述べたものであるが、(　　)内に入る語句の組合せとして、正しいものはどれか。

　　無色の(　ア　)であり、水や有機溶剤に(　イ　)である。また、農業用(　ウ　)として用いられる。

	ア	イ	ウ
(1)	粉末	易溶	殺菌剤
(2)	粉末	難溶	殺虫剤
(3)	結晶	易溶	殺虫剤
(4)	結晶	難溶	殺菌剤

問7　次のうち、モノフルオール酢酸ナトリウムについて述べたものとして、正しいものはどれか。

(1)　甘い味と酢酸の臭いを有する。
(2)　皮膚から吸収される。
(3)　殺鼠剤として用いられる。
(4)　赤褐色の軽い粉末である。

問8　次のうち、ニコチンの識別方法について述べたものとして、最も適当なものはどれか。

(1)　ニコチンの硫酸酸性水溶液に、ピクリン酸溶液を加えると、黄色結晶を沈殿する。
(2)　濃塩酸を潤したガラス棒を近づけると、白い霧を生じる。
(3)　硝酸銀溶液を加えると白い沈殿を生じる。
(4)　デンプンと反応すると藍色を呈する。

静岡県

問9　次のうち、トリクロルヒドロキシエチルジメチルホスホネイトの廃棄方法について述べたものとして、最も適当なものはどれか。

(1) 多量の次亜塩素酸ナトリウムと水酸化ナトリウムの混合水溶液を攪拌しながら少量ずつ加えて酸化分解する。過剰の次亜塩素酸ナトリウムをチオ硫酸ナトリウム水溶液で分解した後、希硫酸を加えて中和し、沈殿ろ過して埋立処分する。
(2) 少量の界面活性剤を加えた亜硫酸ナトリウムと炭酸ナトリウムの混合溶液中で、攪拌し分解させた後、多量の水で希釈して処理する。
(3) 水酸化ナトリウム水溶液と加温して加水分解する。
(4) 多量の水で希釈して処理する。

問10　次は、クロルピクリンの毒性について述べたものであるが、（　　）内に入る語句の組合せとして、正しいものはどれか。

　　吸入すると、（　ア　）組織内に吸収され、各器官が障害される。血液中で（　イ　）を生成、また中枢神経、心臓、肺などで障害が生じる。

	ア	イ
(1)	分解されずに	血栓
(2)	分解されずに	メトヘモグロビン
(3)	分解されて	メトヘモグロビン
(4)	分解されて	血栓

（特定品目）

問4　次のうち、トルエンについて述べたものとして、誤っているものはどれか。

(1) 無色透明のベンゼン臭を有する液体である。
(2) 不燃性である。
(3) 水に不溶である。
(4) エーテルに可溶である。

問5　次のうち、キシレンについて述べたものとして、正しいものの組合せはどれか。

(ア) 無色透明の気体である。
(イ) 水に易溶である。
(ウ) 芳香族炭化水素特有の臭気を有する。
(エ) 吸入すると、眼、鼻、のどを刺激する。

　(1) ア、イ　　　(2) イ、ウ　　　(3) ウ、エ　　　(4) ア、エ

問6　次は、メタノールについて述べたものであるが、（　　）内に入る語句の組合せとして、正しいものはどれか。

　　無色透明、揮発性の液体で、蒸気は空気より（　ア　）、引火性である。
　　また、あらかじめ熱灼した酸化銅を加えると、（　イ　）が生じ、酸化銅は還元されて（　ウ　）を呈する。

	ア	イ	ウ
(1)	重く	ホルムアルデヒド	金属銅色
(2)	重く	アセトアルデヒド	硫酸銅色
(3)	軽く	ホルムアルデヒド	硫酸銅色
(4)	軽く	アセトアルデヒド	金属銅色

問7 次の(a)から(d)のうち、酢酸エチルについて述べたものとして、正しいものはいくつあるか。

(a) 無色透明の液体である。
(b) 水に可溶である。
(c) 蒸気は空気より重く、引火性である。
(d) 廃棄方法としては、燃焼法や活性汚泥法が適当である。

(1) 1つ　　(2) 2つ　　(3) 3つ　　(4) 4つ

問8 次は、ある物質の識別方法について述べたものであるが、物質名として最も適当なものはどれか。

アルコール性の水酸化カリウムと銅粉とともに煮沸すると、黄赤色の沈殿を生成する。

(1) 四塩化炭素　　(2) 硫酸　　(3) クロロホルム　　(4) ホルマリン

問9 次の(a)から(d)のうち、劇物とその廃棄方法の組合せとして、正しいものはいくつあるか。

	劇物	廃棄方法
(a)	重クロム酸カリウム	還元沈殿法
(b)	キシレン	燃焼法
(c)	塩素	還元法
(d)	アンモニア水	中和法

(1) 1つ　　(2) 2つ　　(3) 3つ　　(4) 4つ

問10 次は、ある物質の漏えい時の措置について述べたものであるが、物質名として最も適当なものはどれか。

・ 風下の人を退避させ、漏えいした場所の周辺にはロープを張るなどして人の立入りを禁止する。
・ 付近の着火源となるものを速やかに取り除く。
・ 作業の際には、必ず保護具を着用し、風下で作業をしない。
・ 漏えいしたものが少量の場合には、土砂に吸着させて空容器に回収する。
・ 漏えいしたものが多量の場合には、土砂でその流れを止め、安全な場所に導き、液の表面を泡で覆い、できるだけ空容器に回収する。

(1) 過酸化水素水　　(2) メチルエチルケトン　　(3) 重クロム酸ナトリウム
(4) 硝酸

愛知県
令和4年度実施

設問中、特に規定しない限り、「法」は「毒物及び劇物取締法」、「政令」は「毒物及び劇物取締法施行令」、「省令」は「毒物及び劇物取締法施行規則」とする。

なお、法令の促音等の記述は、現代仮名遣いとする。(例:「あつて」→「あって」)

また、設問中の物質の性状は、特に規定しない限り常温常圧におけるものとする。

〔毒物及び劇物に関する法規〕
(一般・農業用品目・特定品目共通)

問1　次の記述は、毒物、劇物及び特定毒物の定義に関するものであるが、正誤の組合せとして、正しいものはどれか。

ア　「毒物」とは、医薬品である毒薬を含むものをいう。
イ　「劇物」とは、医薬部外品を含むものをいう。
ウ　「特定毒物」には、医薬品又は医薬部外品のいずれも含まれない。

	ア		イ		ウ
1	正 ——	正 ——	誤
2	誤 ——	正 ——	誤
3	誤 ——	誤 ——	正
4	誤 ——	誤 ——	誤

問2　次の記述は、法第3条の3及び政令第32条の2の条文であるが、　　　　にあてはまる語句として、正しいものはどれか。

＜法第3条の3＞

　　　　であって政令で定めるものは、みだりに摂取し、若しくは吸入し、又はこれらの目的で所持してはならない。

＜政令第32条の2＞

法第3条の3に規定する政令で定める物は、トルエン並びに酢酸エチル、トルエン又はメタノールを含有するシンナー(塗料の粘度を減少させるために使用される有機溶剤をいう。)、接着剤、塗料及び閉そく用又はシーリング用の充てん料とする。

1　興奮、幻覚又は麻酔の作用を有する毒物又は劇物(これらを含有する物を含む。)
2　引火性、発火性又は爆発性のある毒物又は劇物
3　業務上必要ではあるが、催眠作用を有する毒物又は劇物
4　ガス体又は揮発性の粘膜刺激作用用を有する毒物又は劇物

問3　次のうち、特定毒物に該当しないものはどれか。

1　四アルキル鉛
2　シアン化ナトリウム
3　ジエチルパラニトロフェニルチオホスフェイト
4　モノフルオール酢酸アミド

問4　次のうち、毒物又は劇物の営業の登録に関する記述として、正しいものはどれか。

1　毒物又は劇物の製造業の登録を受けようとする者は、その製造所の所在地の都道府県知事を経由して厚生労働大臣に申請書を出さなければならない。
2　毒物又は劇物の輸入業の登録は、5年ごとに更新を受けなければ、その効力を失う。
3　毒物又は劇物を直接に取り扱わない店舗にあっては、毒物又は劇物の販売業の登録を受けることなく、毒物又は劇物を販売することができる。
4　毒物劇物営業者は、登録票の再交付を受けた後、失った登録票を発見したときは、これを直ちに破棄しなければならない。

問5　次の記述は、毒物又は劇物の販売業の登録の種類と販売品目の制限に関するものであるが、正誤の組合せとして、正しいものはどれか。

ア　毒物劇物一般販売業の登録を受けた者は、すべての毒物又は劇物を販売することができる。
イ　毒物劇物農業用品目販売業の登録を受けた者は、農業上必要な毒物又は劇物であって省令で定めるもののみ販売することができる。
ウ　毒物劇物特定品目販売業の登録を受けた者は、法第2条第3項で規定される特定毒物のみ販売することができる。

```
        ア   イ    ウ
1   正 － 正 － 正
2   正 － 正 － 誤
3   正 － 誤 － 正
4   誤 － 正 － 正
```

問6　次のうち、法第4条第1項に基づき毒物劇物営業者の登録を行う場合の登録簿の記載事項として、法第6条又は省令第4条の5のいずれにおいても定められていないものはどれか。

1　登録番号及び登録年月日
2　製造業又は輸入業の登録にあっては、製造し、又は輸入しようとする毒物又は劇物の品目
3　販売業の登録にあっては、販売又は授与しようとする毒物又は劇物の数量
4　毒物劇物取扱責任者の氏名及び住所

問7　次の記述は、法第7条第1項の条文の一部であるが、　　　　にあてはまる語句の組合せとして、正しいものはどれか。

毒物劇物営業者は、　ア　ごとに、専任の毒物劇物取扱責任者を置き、毒物又は劇物による
　　イ　の危害の防止に当たらせなければならない。

```
                ア                              イ
1   毒物劇物営業者 ─────────────────── 公衆衛生上
2   毒物劇物営業者 ─────────────────── 保健衛生上
3   毒物又は劇物を直接に取り扱う製造所、営業所又は店舗── 公衆衛生上
4   毒物又は劇物を直接に取り扱う製造所、営業所又は店舗── 保健衛生上
```

問8　次のうち、毒物劇物取扱責任者となることができる者として、法第8条第1項に掲げられている者はどれか。

1　医師　　　2　薬剤師　　　3　登録販売者　　　4　甲種危険物取扱者

問9 次の記述は、毒物劇物営業者が行う手続きに関するものであるが、正誤の組み合わせとして、正しいものはどれか。

　ア　毒物劇物販売業者は、専任の毒物劇物取扱責任者の週当たりの勤務時間数を変更したときは、変更後 30 日以内に届け出なければならない。
　イ　毒物劇物製造業者は、登録を受けている製造所の名称を変更しようとするときは、あらかじめ、登録の変更を受けなければならない。
　ウ　毒物劇物輸入業者は、登録を受けている営業所において登録を受けた毒物又は劇物以外の毒物又は劇物を新たに輸入しようとするときは、あらかじめ、登録の変更を受けなければならない。

```
　　　　ア　　　イ　　　ウ
1　　正 ― 正 ― 正
2　　正 ― 正 ― 誤
3　　誤 ― 誤 ― 正
4　　誤 ― 誤 ― 誤
```

問10 次のうち、法第 12 条第 2 項及び省令第 11 条の 6 の規定により、毒物又は劇物の販売業者が、毒物又は劇物の直接の容器又は直接の被包を開いて、毒物又は劇物を販売するとき、その容器及び被包に表示しなければ、販売してはならないとされている事項として、定められていないものはどれか。

1　毒物又は劇物の名称
2　毒物又は劇物の販売業者の住所(法人にあっては、その主たる事務所の所在地)
3　直接の容器又は直接の被包を開いた年月日
4　毒物劇物取扱責任者の氏名

問11 次の記述は、法第 12 条第 3 項の条文であるが、[　　　]にあてはまる語句として、正しいものはどれか。
　毒物劇物営業者及び特定毒物研究者は、毒物又は劇物を貯蔵し、又は陳列する場所に、「[　　　]」の文字及び毒物については「毒物」、劇物については「劇物」の文字を表示しなければならない。

1　医薬用外　　　2　医療用外　　　3　危険物　　　4　工業用

問12 次の記述は、法第 13 条、政令第 39 条及び省令第 12 条の条文であるが、[　　　]にあてはまる語句の組合せとして、正しいものはどれか。

＜法第 13 条＞
　毒物劇物営業者は、政令で定める毒物又は劇物については、厚生労働省令で定める方法により着色したものでなければ、これを[　ア　]として販売し、又は授与してはならない。
＜政令第 39 条＞
　法第 13 条に規定する政令で定める劇物は、次のとおりとする。
　一　硫酸タリウムを含有する製剤たる劇物
　二　[　イ　]を含有する製剤たる劇物
＜省令第 12 条＞
　法第 13 条に規定する厚生労働省令で定める方法は、あせにくい黒色で着色する方法とする。

```
　　　　ア　　　　　　イ
1　農業用 ―――― 沃化メチル
2　農業用 ―――― 燐化亜鉛
3　学術研究用 ― 沃化メチル
4　学術研究用 ― 燐化亜鉛
```

愛知県

問 13　次の記述は、法第 14 条第 2 項及び第 4 項に基づく毒物又は劇物の譲渡手続き
　　に関するものであるが、　　　　　にあてはまる語句の組合せとして、正しいものは
　　どれか。

　　　毒物劇物営業者は、譲受人から法第 14 条第 1 項各号に掲げる事項を記載し、譲
　　受人が　　ア　　にした書面の提出を受けなければ、毒物又は劇物を毒物劇物営業
　　者以外の者に販売し、又は授与してはならない。
　　　また、毒物劇物営業者は、販売又は授与の日から　　イ　　、この書面を保存
　　しなければならない。

```
　　　ア　　　　イ
1　署名 ——— 5 年間
2　署名 ——— 6 年間
3　押印 ——— 5 年間
4　押印 ——— 6 年間
```

問 14　次のうち、法第 15 条第 2 項及び第 3 項の規定により、毒物劇物営業者が、政
　　令で定める劇物の交付を受ける者の確認を行った際に、備えている帳簿に記載し
　　なければならない事項として、省令第 12 条の 3 に定められていないものはどれか。

1　交付した劇物の名称
2　交付の年月日
3　譲受人と交付を受けた者の続柄又は関係に関する事項
4　交付を受けた者の氏名及び住所

問 15　次の記述は、政令第 40 条の条文の一部であるが、　　　　　にあてはまる語句の
　　組合せとして、正しいものはどれか。

　　　法第 15 条の 2 の規定により、毒物若しくは劇物又は法第 11 条第 2 項に規定する
　　政令で定める物の廃棄の方法に関する技術上の基準を次のように定める。
　　一　中和、加水分解、酸化、還元、稀釈その他の方法により、毒物及び劇物並びに
　　　　法第 11 条第 2 項に規定する政令で定める物のいずれにも該当しない物とするこ
　　　　と。
　　二　ガス体又は揮発性の毒物又は劇物は、保健衛生上危害を生ずるおそれがない場
　　　　所で、少量ずつ　　ア　　、又は揮発させること。
　　三　可燃性の毒物又は劇物は、保健衛生上危害を生ずるおそれがない場所で、少量
　　　　ずつ　　イ　　させること。

```
　　　ア　　　　　　　イ
1　凝縮、昇華 ——— 燃焼
2　凝縮、昇華 ——— 水又は有機溶媒に溶解
3　放出し ————— 燃焼
4　放出し ————— 水又は有機溶媒に溶解
```

問 16　次のうち、48%水酸化ナトリウム水溶液をタンクローリー車で 1 回につき
　　6,000kg 運搬する場合にその車両の前後の見やすい箇所に掲げなければならない
　　標識として、正しいものはどれか。

1　0.3 メートル平方の板に地を赤色、文字を白色として「劇」と表示
2　0.3 メートル平方の板に地を赤色、文字を白色として「毒」と表示
3　0.3 メートル平方の板に地を黒色、文字を白色として「劇」と表示
4　0.3 メートル平方の板に地を黒色、文字を白色として「毒」と表示

愛知県

問 17　次の記述は、政令第 40 条の 9 第 1 項及び第 2 項の条文の一部であるが、[　　]にあてはまる語句として、正しいものはどれか。

＜政令第 40 条の 9 第 1 項＞
　毒物劇物営業者は、毒物又は劇物を販売し、又は授与するときは、その販売し、又は授与 [　ア　] に、譲受人に対し、当該毒物又は劇物の性状及び取扱いに関する情報を提供しなければならない。
＜政令第 40 条の 9 第 2 項＞
　毒物劇物営業者は、前項の規定により提供した毒物又は劇物の性状及び取扱いに関する情報の内容に変更を行う必要が生じたときは、[　イ　] に、当該譲受人に対し、変更後の当該毒物又は劇物の性状及び取扱いに関する情報を提供するよう努めなければならない。

	ア	イ
1	する時まで	速やか
2	する時まで	30 日以内
3	した日から 30 日以内	速やか
4	した日から 30 日以内	30 日以内

問 18　次の記述は、法第 17 条第 1 項の条文であるが、[　　]にあてはまる語句の組合せとして、正しいものはどれか。

　毒物劇物営業者及び特定毒物研究者は、その取扱いに係る毒物若しくは劇物又は第 11 条第 2 項の政令で定める物が飛散し、漏れ、流れ出し、染み出し、又は地下に染み込んだ場合において、不特定又は多数の者について保健衛生上の危害が生ずるおそれがあるときは、[　ア　] に、その旨を [　イ　]、警察署又は消防機関に届け出るとともに、保健衛生上の危害を防止するために必要な応急の措置を講じなければならない。

	ア	イ
1	72 時間以内	地方厚生局
2	72 時間以内	保健所
3	直ち	地方厚生局
4	直ち	保健所

問 19　次のうち、法第 22 条第 1 項の規定により、業務上取扱者として都道府県知事(その事業場の所在地が、保健所を設置する市又は特別区の区域にある場合においては、市長又は区長。)に届け出なければならない事業場として、正しいものはいくつあるか。

ア　アセトニトリルを使用して、化学実験を行う大学
イ　シアン化ナトリウムを使用して、電気めっきを行う工場
ウ　ホルマリンを使用して、病理組織検査を行う病院

1　1つ　　2　2つ　　3　3つ　　4　正しいものはない

問 20　次のうち、毒物劇物販売業者の対応等を述べたものとして、正しいものはいくつあるか。

ア　父親の代理で劇物を受け取りに来店した 16 歳の高校生に対し、父親の運転免許証の写しで父親の氏名及び住所を確認した上で、劇物を交付した。
イ　劇物の貯蔵設備を店舗内の別の場所に変更する日の 30 日前に、設備の重要な部分の変更として都道府県知事(その店舗の所在地が、保健所を設置する市又は特別区の区域にある場合においては、市長又は区長。)に届け出た。
ウ　取り扱っている劇物の在庫の定期確認の際に、倉庫にある実物の数量が帳簿と合わず、当該劇物を紛失したことが判明したが、当該劇物が他の毒物又は劇物よりも毒性が低いことを考慮し、警察署に届け出なかった。

1　1つ　　2　2つ　　3　3つ　　4　正しいものはない

愛知県

〔基礎化学〕
(一般・農業用品目・特定品目共通)

問21 次のうち、どちらも混合物である組合せとして、正しいものはどれか。

1 牛乳 ──────── ショ糖
2 原油(石油) ── 食塩水
3 ダイヤモンド── 塩酸
4 オゾン ──────── 塩化カリウム水溶液

問22 次のうち、クロマトグフィーの説明として、正しいものはどれか。

1 物質を作る粒子の大きさの違いを利用し、ろ紙などで液体とその液体に溶けない固体との混合物を分離する。
2 目的の物質をよく溶かす溶媒を使い、溶媒に対する溶解度の差を利用して、混合物から目的の成分を分離する。
3 固体が液体の状態を経ずに直接気体になる現象(昇華)を利用して、固体の混合物から昇華しやすい物質を分離する。
4 ろ紙などの吸着剤に対する物質の吸着されやすさの違いを利用して、混合物を分離する。

問23 次のうち、$^{14}_{6}C$ と互いに同位体である原子はどれか。

1 $^{12}_{6}C$　　2 $^{14}_{7}N$　　3 $^{16}_{8}O$　　4 $^{40}_{20}Ca$

問24 次の記述は、原子の電子配置に関するものであるが、正誤の組合せとして正しいものはどれか。

ア 原子核に最も近い電子殻はL殻である。
イ ホウ素($_5B$)の最外殻電子の数は3個である。
ウ ネオン($_{10}Ne$)の価電子の数は8個である。

```
      ア    イ    ウ
1    正 ── 誤 ── 誤
2    誤 ── 正 ── 正
3    正 ── 誤 ── 正
4    誤 ── 正 ── 誤
```

問25 次のうち、イオン式とその名称の組合せとして、誤っているものはどれか。

1 H^+ ──────── 水素イオン
2 NH_4^+ ──────── アンモニウムイオン
3 Cl^- ──────── 塩化物イオン
4 SO_4^{2-} ──────── 硫化物イオン

問26 次のうち、分子の形と極性に関する記述として、正しいものはどれか。

1 水分子は、直線形の無極性分子である。
2 二酸化炭素分子は、折れ線形の無極性分子である。
3 アンモニア分子は、三角錐すい形の極性分子である。
4 メタン分子は、正四面体形の極性分子である。

問 27　次のうち、金属に関する記述として、誤っているものはどれか。

1　固体の金属原子の価電子は、特定の原子に留まらず、金属結晶中のすべての原子に共有されながら、結晶中を自由に移動することができる。
2　すべての金属の中で、最も熱伝導性が大きいのは銀である。
3　金属をたたいて薄く広げることができる性質を弾性という。
4　金属を引っ張って長く延ばすことができる性質を延性という。

問 28　次の記述の　　　　　にあてはまる数値の組合せとして、正しいものはどれか。
　　0.50mol の硝酸マグネシウム($Mg(NO_3)_2$)の質量は　ア　g である。また、この中にマグネシウムイオン(Mg^{2+})は　イ　個含まれる。
　　ただし、各原子の原子量は、窒素(N) = 14、酸素(O) = 16、マグネシウム(Mg) = 24 とする。
　　また、アボガドロ定数は 6.0×10^{23}/mol とする。

	ア	イ
1	74	3.0×10^{23}
2	74	6.0×10^{23}
3	148	3.0×10^{23}
4	148	6.0×10^{23}

問 29　次のうち、酸と塩基に関する記述として、誤っているものはどれか。

1　酸性の水溶液は、フェノールフタレイン溶液を赤色に変える。
2　塩基性の水溶液は、赤色リトマス紙を青色に変える。
3　アレニウスの酸・塩基の定義の中では、塩基とは、「水に溶けると水酸化物イオン(OH^-)を生じる物質」であるとされている。
4　電離度が大きい酸ほど、酸の性質を強く示す。

問 30　次のうち、正塩に分類される塩として、誤っているものはどれか。

1　硫酸ナトリウム(Na_2SO_4)　　　　2　炭酸水素ナトリウム($NaHCO_3$)
3　塩化アンモニウム(NH_4Cl)　　　 4　酢酸ナトリウム(CH_3COONa)

問 31　次のうち、酸化還元に関する記述として、誤っているものはどれか。

1　物質が水素を失ったとき、その物質は酸化されたという。
2　物質が電子を受け取ったとき、その物質は還元されたという。
3　原子の酸化数が減少することを酸化という。
4　還元剤は相手の物質を還元し、自身は酸化される物質である。

問 32　次のうち、金属をイオン化傾向の大きい順に並べたものとして、正しいものはどれか。

1　鉄(Fe) ＞ 金(Au) ＞ 銅(Cu)
2　水銀(Hg) ＞ 亜鉛(Zn) ＞ 鉛(Pb)
3　リチウム(Li) ＞ スズ(Sn) ＞ アルミニウム(Al)
4　カルシウム(Ca) ＞ ニッケル(Ni) ＞ 白金(Pt)

問 33　次の記述の　　　　　にあてはまる語句として正しいものはどれか。

「一定物質量の気体の体積は　　　　　」という法則をボイル・シャルルの法則という。
1　圧力と絶対温度の積に等しい。
2　圧力と絶対温度のそれぞれに比例する。
3　圧力と絶対温度のそれぞれに反比例する。
4　圧力に反比例し、絶対温度に比例する。

問 34　次の記述の□□□□にあてはまる数値として、正しいものはどれか。

　標準状態で 112L のメタン(CH_4)を完全燃焼させるとき、□□□□ kJ の熱量が発生する。
ただし、標準状態での気体 1mol の体積を 22.4L とする。
また、メタンを完全燃焼させたときの熱化学方程式は、次の式で表される。
CH_4(気) + $2O_2$(気) = CO_2(気) + $2H_2O$(液) + 891kJ

　　1　891　　　2　4455　　　3　19958.4　　　4　99792

問 35　次の記述は、電気分解に関するものであるが、□□□□にあてはまる語句の組合せとして、正しいものはどれか。

　硫酸酸性の硫酸銅(II)水溶液中で粗銅板を ア 、純銅板を イ として低電圧をかけると、粗銅板から銅イオン(Cu^{2+})が溶け出し、純銅板上には銅(Cu)が析出する。
　この操作を ウ という。

　　　　ア　　　　　　イ　　　　　　　ウ
　1　陽極　—　　陰極　—　　電解精錬
　2　陰極　—　　陽極　—　　電解精錬
　3　陽極　—　　陰極　—　　溶融塩電解(融解塩電解)
　4　陰極　—　　陽極　—　　溶融塩電解(融解塩電解)

問 36　次の記述は、化学平衡に関するものであるが、以下の溶解平衡が成り立っているとき、□□□□にあてはまる語句の組合せとして、正しいものはどれか。

$NaCl$(固) $\rightleftarrows$ Na^+ + Cl^-

　塩化ナトリウム(NaCl)の飽和水溶液が、塩化ナトリウムの結晶と共存しているとき、飽和水溶液に塩化水素(HCl)を通じると、上記の溶解平衡が ア に動き、塩化ナトリウムの結晶が イ 。

　　　　ア　　　　　　イ
　1　左向き　—　　析出する
　2　左向き　—　　溶け出す
　3　右向き　—　　析出する
　4　右向き　—　　溶け出す

問 37　次の記述の正誤の組合せとして正しいものはどれか。

　ア　水素(H_2)は、水に溶けにくく、すべての気体の中で最も密度が小さい。
　イ　臭素(Br_2)は、黒紫色の固体である。
　ウ　赤リン(P)は、空気中で自然発火するため水中に保存される。

　　　　ア　　　イ　　　ウ
　1　正 — 誤 — 誤
　2　誤 — 正 — 正
　3　正 — 誤 — 正
　4　誤 — 正 — 誤

問 38　次の記述の□□□□にあてはまる語句として正しいものはどれか。
　鎖式炭化水素のうち、不飽和炭化水素で三重結合を 1 つ含むものを□□□□という。

　　1　ベンゼン　　2　アルキン　　3　アルカン　　4　アルケン

愛知県

問 39 次のうち、第二級アルコールに分類されるものはどれか。

1 エタノール(CH_3CH_2OH)
2 エチレングリコール($1,2-$エタンジオール)($CH_2(OH)CH_2(OH)$)
3 $2-$ブタノール($CH_3CH_2CH(OH)CH_3$)
4 $2-$メチル$-2-$プロパノール($(CH_3)_3COH$)

問 40 次のうち、糖類に関する記述として、誤っているものはどれか。

1 糖類は、分子内に多数のヒドロキシ基(-OH)をもつ。
2 グルコース($C_6H_{12}O_6$)水溶液には還元性があり、銀鏡反応を示す。
3 マルトース($C_{12}H_{22}O_{11}$)は、グルコース2分子が脱水縮合をし、両者がエステル結合により、結合した構造をもつ。
4 デンプン($(C_6H_{10}O_5)n$)は、温水に溶けやすいアミロースと、溶けにくいアミロペクチンとで構成されている。

〔取　扱〕
(一般・農業用品目・特定品目共通)

問 41 50%の硫酸 300g に 20%の硫酸を加えて 45%の硫酸を作った。このとき加えた 20%の硫酸の量は、次のうちどれか。
　　　なお、本問中、濃度(%)は質量パーセント濃度である。

1 60g　　2 75g　　3 120g　　4 200g

問 42 20mol/L のアンモニア水 800mL に、6 mol/L のアンモニア水 200 m L を加えた。このアンモニア水の濃度は、次のうちどれか。

1 8.8mol/L　　　2 13.2mol/L　　　3 15.6mol/L　　　4 17.2mol/L

問 43 2.0mol/L のアンモニア水 300mL を中和するのに必要な 6.0mol/L の硫酸の量は、次のうちどれか。

1 25mL　　　2 50mL　　　3 100mL　　　4 200mL

(一般・農業用品目共通)

問 44 次のうち、シアン化水素についての記述として、誤っているものはどれか。

1 焦げたアーモンド臭を帯びている。
2 点火すると青紫色の炎をあげて燃焼する。
3 極めて猛毒で、希薄な蒸気でも吸入すると呼吸中枢を刺激し、次いで麻痺させる。
4 水溶液は極めて強いアルカリ性を示す。

(一般)

問 45 次のうち、ホスゲンについての記述として、誤っているものはどれか。

1 水と徐々に反応して硫化水素ガスを発生する。
2 ベンゼン、トルエンに溶けやすい。
3 無色の窒息性の気体である。
4 吸入すると、鼻、のど、気管支等の粘膜を刺激し、炎症を起こす。

（一般・農業用品目共通）

問 46 次のうち、有機燐製剤、カルバメート系製剤のいずれにも有効な解毒剤として、最も適当なものはどれか。

1　ジメルカプロール〔別名：BAL〕
2　2－ピリジルアルドキシムメチオダイド〔別名：PAM〕
3　硫酸アトロピン
4　チオ硫酸ナトリウム

（一般）

問 47　次のうち、毒物又は劇物とその用途の組合せとして、最も適当なものはどれか。

1　酸化バリウム ──────────────────────── 殺鼠剤
2　エタン－1,2－ジアミン〔別名：エチレンジアミン〕──── キレート剤
3　セレン ──────────────────────── 土壌燻蒸剤
4　2－イソプロピル－4－メチルピリミジル－6－ジエチルチオ
　　ホスフェイト〔別名：ダイアジノン〕──────────── 除草剤

問 48　次のうち、劇物とその貯蔵についての記述の組合せとして、適当でないものはどれか。

1　沃素 ──────── 容器は気密容器を用い、通風の良い冷所に保管する。腐食されやすい金属、濃塩酸、アンモニア水などはなるべく引き離しておく。
2　ベタナフトール ── 空気や光線に触れると赤変するので、遮光して保管する。
3　二硫化炭素 ──── 揮発性、引火性が極めて強いため、開封済みのものは水を加えて保管する。
4　ピクリン酸 ──── ガラスを溶かす性質があるので、鋼鉄製の容器に保管する。

問 49　次のうち、毒物及び劇物とその廃棄方法の組合せとして、適当でないものはどれか。

1　臭素 ───────── アルカリ法
2　三酸化二砒素 ──── 沈殿隔離法
3　塩素酸ナトリウム ── 酸化法
4　塩化亜鉛 ────── 焙焼法

問 50　次のうち、ホルマリンの漏えい時又は出火時の措置として、正しいものはいくつあるか。

ア　漏えいした場所での作業の際の保護具として有機ガス用防毒マスクは有効である。
イ　貯蔵設備の周辺火災の場合、ホルマリンが高温で着火し、燃焼するのを防ぐために周囲に散水して冷却する。
ウ　ホルマリンに着火した場合の消火剤として水は無効である。

　1　1つ　　　2　2つ　　　3　3つ　　　4　正しいものはない

愛知県

（農業用品目）

問 45 次のうち、2－イソプロピル－4－メチルピリミジル－6－ジエチルチオホスフェイト〔別名：ダイアジノン〕についての記述として、<u>誤っているもの</u>はどれか。

1 ヒトが摂取すると血液中のコリンエステラーゼを活性化し、重症の場合には、顕著な散瞳、唾液分泌減少などを起こす。
2 接触性殺虫剤でアブラムシ類やコガネムシの幼虫などの駆除に用いられる。
3 エーテル、アルコール、ベンゼンに可溶である。
4 純品は無色の液体である。

問 47 次のうち、農業用品目販売業の登録を受けた者が販売できる毒物又は劇物の正誤の組合せとして、正しいものはどれか。

ア 弗化スルフリル　　イ 弗化アンモニウム　　ウ 弗化水素酸

```
   ア    イ    ウ
1  正 ― 正 ― 誤
2  正 ― 誤 ― 誤
3  誤 ― 正 ― 正
4  誤 ― 誤 ― 正
```

問 48 次のうち、毒物又は劇物とその用途の組合せとして、最も適当なものはどれか。

1 メチル－N´,N´－ジメチル－N－〔(メチルカルバモイル)オキシ〕－1－チオオキサムイミデート〔別名：オキサミル〕── 土壌燻蒸剤
2 1,3－ジカルバモイルチオ－2－(N,N－ジメチルアミノ)－プロパン〔別名：カルタップ〕── 除草剤
3 2－チオー3,5－ジメチルテトラヒドロー1,3,5－チアジアジン〔別名：ダゾメット〕── 殺虫剤
4 シアナミド ── 植物成長調整剤

問 49 次のうち、劇物であるブロムメチルの廃棄方法として、最も適当なものはどれか。

1 活性汚泥法　　2 希釈法　　3 燃焼法　　4 沈殿法

問 50 次のうち、燐化アルミニウムとその分解促進剤とを含有する製剤の出火時又は漏えい時の措置として、正しいものはいくつあるか。

ア 大規模火災の場合、多量の霧状の水で消火する。
イ 飛散したときは、飛散したものの表面を速やかに土砂等で多い、密閉可能な空容器に回収して密閉する。
ウ 飛散した場合、作業の際には必ず保護具を着用し、風下で作業をする。

1 1つ　　2 2つ　　3 3つ　　4 正しいものはない

（特定品目）

問 44 次のうち、劇物に該当するものの組合せとして、正しいものはどれか。

ア クロム酸鉛7％を含有する製剤
イ 過酸化水素7％を含有する製剤
ウ アンモニア7％を含有する製剤
エ 水酸化ナトリウム7％を含有する製剤

1 (ア、ウ)　　2 (ア、エ)　　3 (イ、ウ)　　4 (イ、エ)

問45 次のうち、酢酸エチルについての記述として、誤っているものはどれか。

1 蒸気は空気より極めて軽い。
2 無色透明の液体で、果実様の芳香がある。
3 引火点は0℃より低く、引火しやすい。
4 蒸気は粘膜を刺激し、持続的に吸入するときは、肺、腎臓及び心臓を障害する。

問46 次のうち、メタノールについての記述として、誤っているものはどれか。

1 無色透明の液体で、特異な香気がある。
2 高濃度の蒸気に長時間暴露された場合、失明することがある。
3 沸点は、100℃より高い。
4 廃棄方法には燃焼法と活性汚泥法がある。

問47 次のうち、劇物とその用途の組合せとして、適当でないものはどれか。

1 一酸化鉛 ――――――――― ゴムの加硫促進剤、顔料
2 トルエン ―――――――――― 除草剤
3 クロム酸亜鉛カリウム ―― さび止め下塗り塗料
4 蓚酸ナトリウム ――――― 分析化学の試薬、染色助剤、漂白助剤

問48 次のうち、特定品目販売業の登録を受けた者が、販売できる劇物はどれか。

1 無水酢酸 　　2 ホスホン酸 　　3 硫化水素ナトリウム 　　4 硝酸

問49 次のうち、劇物であるクロロホルムの廃棄方法として、最も適当なものはどれか。

1 還元法 　　　2 沈殿法 　　　3 燃焼法 　　　4 活性汚泥法

問50 次のうち、ホルマリンの漏えい時又は出火時の措置として、正しいものはいくつあるか。

ア 漏えいした場所での作業の際の保護具として有機ガス用防毒マスクは有効である。
イ 貯蔵設備の周辺火災の場合、ホルマリンが高温で着火し、燃焼するのを防ぐために周囲に散水して冷却する。
ウ ホルマリンに着火した場合の消火剤として水は無効である。

1 1つ 　　　2 2つ 　　　3 3つ 　　　4 正しいものはない

〔実　地〕

設問中の物質の性状は、特に規定しない限り常温常圧におけるものとする。

（一般）

問1～4 次の各問の毒物又は劇物の性状等として、最も適当なものは下の選択肢のうちどれか。

問1 1,1´－ジメチル－4,4´－ジピリジニウムジクロリド〔別名：パラコート〕
問2 水酸化リチウム 　　問3 蓚酸 　　問4 アクリルニトリル

1 無色又は白色の吸湿性結晶で、アルミニウム、スズ、亜鉛を腐食し、引火性・爆発性ガスである水素を生成する。
2 無臭又は微刺激臭のある無色透明の蒸発しやすい液体で、極めて引火しやすく、火災、爆発の危険性が強い。
3 無色の吸湿性結晶で、水に可溶であり、水溶液中では紫外線により分解される。除草剤として使用される。
4 一般に流通しているのは二水和物であり、無色、柱状の結晶で乾燥空気中において風化する。

問5〜8　次の各問の劇物の貯蔵方法等として、最も適当なものは下の選択肢のうち
どれか。

　　問5　カリウムナトリウム合金　　　問6　硝酸銀
　　問7　四塩化炭素　　　　　　　　　問8　メチルエチルケトン

　1　水、二酸化炭素等と激しく反応する液体であるので、保管に際しては、十分に
　　乾燥した鋼製容器に収め、アルゴンガス(微量の酸素も除いておくこと)を封入し
　　密栓する。
　2　亜鉛又はスズメッキをした鋼鉄製容器で保管し、高温に接しない場所に保管す
　　る。蒸気は空気より重く低所に滞留するので、換気の悪い場所には保管しない。
　3　揮発性が大きく引火しやすいため、密栓して冷所に保管する。アセトン様の臭
　　いがある。
　4　光によって分解して黒くなるため、遮光容器に保管する。

問9〜12　次の各問の毒物又は劇物の毒性等として、最も適当なものは下の選択肢の
うちどれか。

　　問9　硫酸　　　問10　フェニレンジアミン　　　問11　二硫化炭素
　　問12　弗化水素酸

　1　神経毒であり、吸入すると、興奮状態を経て麻痺状態に入り、意識が朦朧とし、
　　呼吸麻痺に至ることがある。中毒からの回復期に猛烈な頭痛を伴う。
　2　皮膚に触れると、激しい痛みを感じて、著しく腐食される。組織浸透性が高く、
　　薄い溶液でも指先に触れると爪の間に浸透し、数日後に爪が剥離することがある。
　3　油様の液体で、皮膚に触れると激しいやけど(薬傷)を起こす。
　4　皮膚に触れると皮膚炎(かぶれ)、眼に作用すると角結膜炎、呼吸器に対し気管
　　支喘息を引き起こす。これらの作用は、オルト体、メタ体及びパラ体の3つの異
　　性体のうち、パラ体で最も強い。

問13〜16　次の各問の劇物の廃棄方法として、最も適当なものは下の選択肢のうちど
れか。

　　問13　クロルピクリン　　　問14　酢酸エチル　　　問15　重クロム酸カリウム
　　問16　硅弗化ナトリウム

　1　少量の界面活性剤を加えた亜硫酸ナトリウムと炭酸ナトリウムの混合溶液中で、
　　撹拌し分解させた後、多量の水で希釈して処理する。
　2　希硫酸に溶かし、還元剤の水溶液を過剰に用いて還元した後、水酸化カルシウ
　　ム、炭酸ナトリウム等の水溶液で処理し、沈殿濾過する。溶出試験を行い、溶出
　　量が判定基準以下であることを確認して埋立処分する。
　3　水に溶かし、水酸化カルシウム等の水溶液を加えて処理した後、希硫酸を加え
　　て中和し、沈殿濾過して埋立処分する。
　4　珪藻土等に吸収させて開放型の焼却炉で焼却する。

問17〜20　次の各問の毒物又は劇物の鑑識法として、最も適当なものは下の選択肢の
うちどれか。

　　問17　過酸化水素水　　　問18　メタノール　　　問19　塩化水銀(Ⅱ)　　　問20　ニコチン

　1　エーテルに溶かし、ヨウ素のエーテル溶液を加えると、褐色の液状沈殿が生じ、
　　これを放置すると赤色の針状結晶となる。
　2　水で湿らせたヨウ化カリウムデンプン紙を青色に変色させる。
　3　溶液に水酸化カルシウムを加えると赤い沈殿を生じる。
　4　サリチル酸と濃硫酸とともに加熱すると、芳香のあるエステルを生じる。

愛知県

（農業用品目）

問1〜4　次の各問の毒物又は劇物の性状等として、最も適当なものは下の選択肢のうちどれか。

問1　1,1´－ジメチル－4,4´－ジピリジニウムジクロリド〔別名：パラコート〕

問2　ジエチル－S－（エチルチオエチル）－ジチオホスフェイト
　　〔別名：エチルチオメトン〕

問3　S－メチル－N－[（メチルカルバモイル）－オキシ]－チオアセトイミデート
　　〔別名：メトミル〕

問4　2－ジフェニルアセチル－1,3－インダンジオン〔別名：ダイファシノン〕

1　淡黄色の液体で、硫黄化合物特有の臭気を有し、水に難溶、有機溶剤に易溶である。アルカリ性で加水分解する。

2　黄色の結晶性粉末で、アセトンや酢酸には溶けるが、水にはほとんど溶けない。殺鼠剤として使用される。

3　無色の吸湿性結晶で、水に可溶であり、水溶液中では紫外線により分解される。除草剤として使用される。

4　白色結晶で、水、メタノール、アセトンに溶ける。殺虫剤として使用される。

問5〜8　次の各問の劇物の用途等として、最も適当なものは下の選択肢のうちどれか。

問5　3－（ジフルオロメチル）－1－メチル－N－[（3R）－1,1,3－トリメチル－2,3－ジヒドロ－1H－インデン－4－イル]－1H－ピラゾール－4－カルボキサミド〔別名：インピルフルキサム〕

問6　(S)－2,3,5,6－テトラヒドロ－6－フェニルイミダゾ[2,1－b]チアゾール塩酸塩〔別名：塩酸レバミゾール〕

問7　メチルイソチオシアネート

問8　2－クロルエチルトリメチルアンモニウムクロリド〔別名：クロルメコート〕

1　コハク酸脱水素酵素阻害作用を有し、りんごの黒星病、ねぎのさび病や白絹病などを防除する殺菌剤として用いられる。

2　土壌中のセンチュウ類や病原菌などに効果を発揮する土壌消毒剤として用いられる。

3　植物成長調整剤として用いられる。

4　松枯れを防止する殺虫剤として用いられる。

問9〜12　次の各問の毒物又は劇物の毒性等として、最も適当なものは下の選択肢のうちどれか。

問9　硫酸

問10　N－メチル－1－ナフチルカルバメート〔別名：カルバリル、NAC〕

問11　沃化メチル

問12　モノフルオール酢酸ナトリウム

1　ガス殺菌剤である本品は麻酔性があり、悪心、嘔吐、めまいなどを起こし、重症な場合は意識不明となり、肺水腫を起こす。

2　特定毒物である本品は細胞の糖代謝に関する酵素を阻害する作用がある。摂取すると激しい嘔吐が繰り返され、胃の疼痛を訴え、しだいに意識が混濁し、てんかん性痙攣、脈拍の遅緩がおこり、チアノーゼ、血圧下降をきたす。

3　油様の液体で、皮膚に触れると激しいやけど（薬傷）を起こす。

4　中枢に対する作用が著明であり、摂取5〜20分後より運動が不活発になり、振戦、呼吸の促迫、嘔吐などを生じる。

問13〜16　次の各問の毒物又は劇物の廃棄方法として、最も適当なものは下の選択肢のうちどれか。

　　問13　クロルピクリン
　　問14　2,2´−ジピリジリウム−1,1´−エチレンジブロミド〔別名：ジクワット〕
　　問15　シアン化ナトリウム　　　　問16　硫酸亜鉛

　1　少量の界面活性剤を加えた亜硫酸ナトリウムと炭酸ナトリウムの混合溶液中で、撹拌し分解させた後、多量の水で希釈して処理する。
　2　水酸化ナトリウム水溶液を加えてアルカリ性(pH11以上)とし、次亜塩素酸ナトリウムなどの酸化剤の水溶液を加えて、酸化分解する。分解した後、硫酸を加え中和し、多量の水で希釈して処理する。
　3　水に溶かし、水酸化カルシウム、炭酸カルシウム等の水溶液を加えて処理し、沈殿濾過して埋立処分する。
　4　おが屑等に吸収させてアフターバーナー及びスクラバーを備えた焼却炉で焼却する。

問17〜20　次の各問の毒物又は劇物の鑑識法として、最も適当なものは下の選択肢のうちどれか。

　　問17　アンモニア水　　　　問18　塩素酸ナトリウム
　　問19　無水硫酸銅　　　　　問20　ニコチン

　1　エーテルに溶かし、ヨウ素のエーテル溶液を加えると、褐色の液状沈殿が生じ、これを放置すると赤色の針状結晶となる。
　2　濃塩酸をつけたガラス棒を近づけると、白い霧を生じる。また、塩酸を加えて中和した後、塩化白金溶液を加えると、黄色、結晶性の沈殿を生じる。
　3　水に溶かすと青色になる。水溶液に硝酸バリウムを加えると、白色の沈殿を生成する。
　4　加熱すると酸素を発生して、塩化物に変わる。

（特定品目）

問1〜4　次の各問の劇物の性状等として、最も適当なものは下の選択肢のうちどれか。

　　問1　アンモニア　　　問2　キシレン　　　問3　蓚酸　　　問4　水酸化ナトリウム

　1　無色透明の液体で、芳香族炭化水素特有の臭いがあり、水にほとんど溶けない。
　2　白色、結晶性の固体で、空気中に放置すると潮解する。
　3　特有の刺激臭のある無色の気体で、圧縮することによって、常温でも液化する。
　4　一般に流通しているのは二水和物であり、無色、柱状の結晶で乾燥空気中において風化する。

問5〜8　次の各問の劇物の貯蔵方法等として、最も適当なものは下の選択肢のうちどれか。

　　問5　クロロホルム　　　問6　過酸化水素水　　　問7　四塩化炭素
　　問8　メチルエチルケトン

　1　純品は空気と日光によって変質するため、少量のアルコールを加えて冷暗所に保管する。
　2　亜鉛又はスズメッキをした鋼鉄製容器で保管し、高温に接しない場所に保管する。蒸気は空気より重く低所に滞留するので、換気の悪い場所には保管しない。
　3　揮発性が大きく引火しやすいため、密栓して冷所に保管する。アセトン様の臭いがある。
　4　アルカリ存在下では分解するため、一般に安定剤として少量の酸が添加される。日光を避け、冷所に保管する。

問9〜12　次の各問の劇物の毒性等として、最も適当なものは下の選択肢のうちどれか。

　　問 9 硫酸　　　問 10 トルエン　　　問 11 塩化水素　　　問 12 クロム酸ナトリウム

　1　吸入した場合、喉、気管支、肺などを刺激し粘膜が侵される。多量に吸入すると、喉頭痙攣、肺水腫を起こし、呼吸困難又は呼吸停止に至る。
　2　摂取した場合、口と食道が赤黄色に染まり、後に青緑色となる。腹痛、血便等を引き起こす。
　3　油様の液体で、皮膚に触れると激しいやけど(薬傷)を起こす。
　4　蒸気の吸入により頭痛、食欲不振等がみられる。大量の吸入では緩和な大赤血球性貧血をきたす。麻酔性が強い。

問13〜16　次の各問の劇物の廃棄方法として、最も適当なものは下の選択肢のうちどれか。

　　問 13 一酸化鉛　　　問 14 酢酸エチル　　　問 15 重クロム酸カリウム
　　問 16 硅弗化ナトリウム

　1　セメントを用いて固化し、溶出試験を行い、溶出量が判定基準以下であることを確認して埋立処分する。
　2　希硫酸に溶かし、還元剤の水溶液を過剰に用いて還元した後、水酸化カルシウム、炭酸ナトリウム等の水溶液で処理し、沈殿濾過する。溶出試験を行い、溶出量が判定基準以下であることを確認して埋立処分する。
　3　水に溶かし、水酸化カルシウム等の水溶液を加えて処理した後、希硫酸を加えて中和し、沈殿濾過して埋立処分する。
　4　珪藻土等に吸収させて開放型の焼却炉で焼却する。

問17〜20　次の各問の劇物の鑑識法として、最も適当なものは下の選択肢のうちどれか。

　　問 17 過酸化水素水　　　問 18 塩基性酢酸鉛　　　問 19 ホルマリン
　　問 20 水酸化カリウム

　1　水溶液に酒石酸溶液を過剰に加えると、白色結晶性の沈殿を生じる。また、塩酸を加えて中性にした後、塩化白金溶液を加えると、黄色結晶性の沈殿を生じる。
　2　水で湿らせたヨウ化カリウムデンプン紙を青色に変色させる。
　3　硝酸を加え、さらにフクシン亜硫酸溶液を加えると、藍紫色を呈する。
　4　水溶液に硫化水素を通すと、黒色の沈殿を生じる。

三重県
令和4年度実施

〔法 規〕
（一般・農業用品目・特定品目共通）

問1　次の文は、毒物及び劇物取締法の条文の一部である。条文中の（　）の中に入る語句として正しいものを下欄から選びなさい。

第2条
この法律で「毒物」とは、別表第1に掲げる物であって、医薬品及び（（1））以外のものをいう。

第3条の2
4　特定毒物研究者は、特定毒物を（（2））以外の用途に供してはならない。

第4条
3　製造業又は輸入業の登録は、（（3））ごとに、販売業の登録は、（（4））ごとに、更新を受けなければ、その効力を失う。

下欄

（1）	1　化粧品	2　医薬部外品	3　危険物	4　食品
（2）	1　学校教育	2　物質鑑定	3　学術研究	4　試験検査
（3）	1　3年	2　5年	3　6年	4　10年
（4）	1　3年	2　5年	3　6年	4　10年

問2　次の文は、毒物及び劇物取締法第12条の条文の一部である。条文中の（　）の中に入る語句として正しいものを下欄から選びなさい。

第12条
毒物劇物営業者及び特定毒物研究者は、毒物又は劇物の容器及び被包に、「（（5））」の文字及び毒物については（（6））をもって「毒物」の文字、劇物については（（7））をもって「劇物」の文字を表示しなければならない。

2　毒物劇物営業者は、その容器及び被包に、左に掲げる事項を表示しなければ、毒物又は劇物を販売し、又は授与してはならない。
一　毒物又は劇物の名称
二　毒物又は劇物の（（8））
三　厚生労働省令で定める毒物又は劇物については、それぞれ厚生労働省令で定めるその解毒剤の名称
四　毒物又は劇物の取扱及び使用上特に必要と認めて、厚生労働省令で定める事項

下欄

（5）	1　医薬部外	2　医療用外	3　危険	4　医薬用外
（6）	1　赤地に白色	2　黒地に白色	3　白地に白色	4　白地に黒色
（7）	1　赤地に白色	2　黒地に白色	3　白地に白色	4　白地に黒色
（8）	1　成分		2　成分及びその毒性	
	3　成分及びその毒性		4　成分、毒性及びその含量	

問3　次の(9)～(12)の設問について答えなさい。

(9)　次の文は、毒物及び劇物取締法第3条の3の条文である。条文中の(　　)の中に入る語句として正しい組合せを下欄から選びなさい。

第3条の3
　　(　(a)　)、幻覚又は麻酔の作用を有する毒物又は劇物(これらを含有する物を含む。)であって政令で定めるものは、みだりに(　(b)　)し、若しくは吸入し、又はこれらの目的で(　(c)　)してはならない。

	(a)	(b)	(c)
1	興奮	摂取	所持
2	興奮	使用	販売
3	鎮静	摂取	所持
4	鎮静	使用	販売

(10)　毒物及び劇物取締法第6条に規定される毒物劇物製造業の登録事項のうち、正しいものの組合せを下欄から選びなさい。

　　a　製造に従事する者の数
　　b　製造所の所在地
　　c　製造所の営業時間
　　d　製造しようとする毒物又は劇物の品目

下欄

1 (a、b)　　2 (a、d)　　3 (b、c)　　4 (b、d)

(11)　次の文は、毒物及び劇物取締法施行令第40条の条文である。条文中の(　　)の中に入る語句として正しい組合せを下欄から選びなさい。

第40条
　　法第15条の2の規定により、毒物若しくは劇物又は法第11条第2項に規定する政令で定める物の廃棄の方法に関する技術上の基準を次のように定める。
　　一　(　(a)　)、加水分解、酸化、還元、稀釈その他の方法により、毒物及び劇物並びに法第11条第2項に規定する政令で定める物のいずれにも該当しない物とすること。
　　二　ガス体又は揮発性の毒物又は劇物は、保健衛生上危害を生ずるおそれがない場所で、少量ずつ放出し、又は(　(b)　)させること。
　　三　可燃性の毒物又は劇物は、保健衛生上危害を生ずるおそれがない場所で、少量ずつ燃焼させること。
　　四　前各号により難い場合には、地下(　(c)　)以上で、かつ、地下水を汚染するおそれがない地中に確実に埋め、海面上に引き上げられ、若しくは浮き上がるおそれがない方法で海水中に沈め、又は保健衛生上危害を生ずるおそれがないその他の方法で処理すること。

　　参考：毒物及び劇物取締法第11条第2項
　　　　毒物劇物営業者及び特定毒物研究者は、毒物若しくは劇物又は毒物若しくは劇物を含有する物であって政令で定めるものがその製造所、営業所若しくは店舗又は研究所の外に飛散し、漏れ、流れ出、若しくはしみ出、又はこれらの施設の地下にしみ込むことを防ぐのに必要な措置を講じなければならない。
　　　　毒物及び劇物取締法第15条の2
　　　　毒物若しくは劇物又は第11条第2項に規定する政令で定める物は、廃棄の方法について政令で定める技術上の基準に従わなければ、廃棄してはならない。

三重県

	（a）	（b）	（c）
1	中和	揮発	1メートル
2	加熱	揮発	3メートル
3	中和	燃焼	1メートル
4	加熱	燃焼	3メートル

(12)　次の文は、毒物及び劇物取締法施行令第35条及び第36条の規定に基づく毒物劇物営業者の登録票の書換え交付及び再交付に関する記述である。記述の正誤について、正しい組合せを下欄から選びなさい。

　　a　登録票を破り、汚し、又は失ったときは、登録票の再交付を申請することができる。

　　b　登録票の再交付を受けた後、失った登録票を発見したときは、これを直ちに破棄しなければならない。

　　c　登録票の記載事項に変更を生じたときは、登録票の書換え交付を申請することができる。

下欄

	a	b	c
1	正	誤	正
2	正	誤	誤
3	誤	正	正
4	誤	正	誤

問4　次の(13)〜(16)の設問について答えなさい。

(13)　毒物及び劇物取締法第3条の4に規定する政令で定められている物を下欄から選びなさい。

　　参考：毒物及び劇物取締法第3条の4
　　　　　　引火性、発火性又は爆発性のある毒物又は劇物であって政令で定めるものは、業務その他正当な理由による場合を除いては、所持してはならない。

下欄

1　黄燐　　2　ニトロベンゼン　　3　ピクリン酸　　4　カリウム

(14)　毒物劇物営業者は、毒物又は劇物を他の毒物劇物営業者に販売し、又は授与したときは、その都度、毒物及び劇物取締法第14条に規定されている事項を書面に記載しておかなければならない。

　　この書面に記載が必要な事項として、規定されていないものを下欄から選びなさい。

下欄

1　販売又は授与の年月日 2　毒物又は劇物の名称及び数量 3　解毒剤の名称 4　譲受人の氏名、職業及び住所(法人にあっては、その名称及び主たる事務所の所在地)

(15) 次の文は、毒物及び劇物取締法第7条及び第8条の規定に基づく毒物劇物取扱責任者に関する記述である。正しいものの組合せを下欄から選びなさい。

    a   毒物劇物営業者が毒物又は劇物の製造業及び輸入業を併せて営む場合において、その製造所と営業所が互いに隣接しているときは、毒物劇物取扱責任者はこれらの施設を通じて1人で足りる。

    b   毒物劇物販売業者が、自ら毒物劇物取扱責任者として毒物又は劇物による保健衛生上の危害の防止にあたる店舗については、他に毒物劇物取扱責任者を置く必要はない。

    c   18歳未満であっても、都道府県知事が行う毒物劇物取扱者試験に合格した者は、毒物劇物取扱責任者になることができる。

下欄

1 （a、b）	2 （a、c）	3 （b、c）	4 （a、b、c）

(16) 次の文は、毒物及び劇物取締法施行令第40条の5第2項の規定に基づき、車両（道路交通法（昭和35年法律第105号）第2条第8号に規定する車両をいう。）を使用して、臭素を、1回につき6,000kg運搬する場合の運搬方法に関する記述である。誤っているものの組合せを下欄から選びなさい。

    a   0.3メートル平方の板に地を黒色、文字を黄色として「毒」と表示した標識を、車両の前後の見やすい箇所に掲げなければならない。

    b   運搬の経路、交通事情、自然条件その他の条件から判断して、1人の運転者による連続運転時間（1回が連続10分以上で、かつ、合計が30分以上の運転の中断をすることなく連続して運転する時間をいう。）が4時間を超える場合は、交替して運転する者を同乗させなければならない。

    c   車両には、防毒マスク、ゴム手袋その他事故の際に応急の措置を講ずるために必要な保護具で厚生労働省令で定めるものを最低1人分以上は備えなければならない。

下欄

1 （a、b）	2 （a、c）	3 （b、c）	4 （a、b、c）

問5　次の文は、毒物及び劇物取締法第15条の条文である。条文中の（　）の中に入る語句として正しいものを下欄から選びなさい。

第15条
    毒物劇物営業者は、毒物又は劇物を次に掲げる者に交付してはならない。
    一　（　(17)　）の者
    二　心身の障害により毒物又は劇物による保健衛生上の危害の防止の措置を適正に行うことができない者として厚生労働省令で定めるもの
    三　麻薬、大麻、あへん又は（　(18)　）の中毒者
2　毒物劇物営業者は、厚生労働省令の定めるところにより、その交付を受ける者の氏名及び（　(19)　）を確認した後でなければ、第3条の4に規定する政令で定める物を交付してはならない。
3　毒物劇物営業者は、帳簿を備え、前項の確認をしたときは、厚生労働省令の定めるところにより、その確認に関する事項を記載しなければならない。
4　毒物劇物営業者は、前項の帳簿を、（　(20)　）、保存しなければならない。

下欄

(17)	1 18歳未満	2 18歳以下	3 20歳未満	4 20歳以下
(18)	1 シンナー	2 指定薬物	3 アルコール	4 覚せい剤
(19)	1 住所	2 職業	3 連絡先	4 年齢
(20)	1 営業を廃止した日から2年間 2 営業を廃止した日から5年間 3 最終の記載をした日から2年間 4 最終の記載をした日から5年間			

三重県

〔基礎化学〕
(一般・農業用品目・特定品目共通)

問6 次の各問(21)〜(24)について、最も適当なものを下欄から選びなさい。

(21) ハロゲンに分類され、単体は常温・常圧で液体である元素はどれか。

下欄

1 F	2 S	3 Br	4 Xe

(22) 共有結合の結晶はどれか。

下欄

1 塩化ナトリウム	2 ナトリウム	3 二酸化ケイ素	4 銅

(23) 炎色反応で青緑色を呈する元素はどれか。

下欄

1 Li	2 K	3 Sr	4 Cu

(24) 「一定量の気体の体積は圧力に反比例し、絶対温度に比例する」という法則を( )という。
( )内にあてはまるものはどれか。

下欄

1 ボイル・シャルルの法則	2 ヘンリーの法則
3 ヘスの法則	4 ファラデーの法則

問7 次の各問(25)〜(28)について、最も適当なものを下欄から選びなさい。

(25) 無極性分子はどれか。

下欄

1 H_2O	2 NH_3	3 HCl	4 CH_4

(26) 物質の三態の変化に関する次の3つの記述について、( )に入る語句の正しい組合せはどれか。

○ 固体状態の物質が液体状態の物質になる変化を((a))という。
○ 液体状態の物質が固体状態の物質になる変化を((b))という。
○ 固体状態の物質が気体状態の物質になる変化を((c))という。

	(a)	(b)	(c)
1	融解	凝縮	蒸発
2	溶解	凝固	蒸発
3	溶解	凝縮	昇華
4	融解	凝固	昇華

(27) 原子番号が同じで質量数が異なる原子を互いに何というか。

下欄

1 同位体	2 同族体	3 異性体	4 同素体

(28) 酸性域では無色であるが、pH10付近で赤色を呈する指示薬はどれか。

下欄

1 リトマス	2 フェノールフタレイン
3 メチルオレンジ	4 メチルレッド

問8　次の各問(29)〜(32)について、最も適当なものを下欄から選びなさい。

(29) 0.4 mol/L の水酸化ナトリウム水溶液 300mL を中和するには、3.0mol/L の硫酸は何 mL 必要か。

下欄

1 20mL	2 40mL	3 80mL	4 200mL

(30)　0.50mol/L のスクロース水溶液の 27 ℃における浸透圧として、最も適当なものはどれか。
　　　ただし、気体定数は、8.3×10^3Pa・L/(mol・K)とする。

下欄

1 1.1×10^5Pa	2 1.2×10^6Pa	3 2.5×10^6Pa	4 5.0×10^6Pa

(31) 鉛(Ⅱ)イオン Pb^{2+} を含む水溶液に、銀(Ag)又は亜鉛(Zn)を入れたとき、その金属表面に鉛(Pb)の単体が析出するかどうかについて、正しい組合せのものはどれか。

	銀(Ag)	亜鉛(Zn)
1	析出する	析出する
2	析出する	析出しない
3	析出しない	析出しない
4	析出しない	析出する

(32) 下の図は、塩化ナトリウム水溶液が冷却により凝固する過程の時間と温度の関係を示したグラフ(冷却曲線)である。
　　図中の a から d のうち、凝固点はどれか。

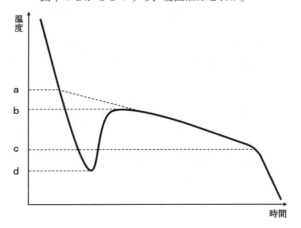

下欄

1 a	2 b	3 c	4 d

問9 次の各問(33)〜(36)について、最も適当なものを下欄から選びなさい。

(33) 化学反応の反応速度に関する記述として、誤っているものはどれか。

下欄

1 温度が 10 K 上昇するごとに反応速度がちょうど3倍になる反応について、温度を 20 ℃から 60 ℃に上げると、反応速度は 81 倍になる。
2 一般に、反応条件が同じ場合、活性化エネルギーが小さい反応ほど、反応速度は小さい。
3 一般に、高温ほど反応速度が大きくなる理由の一つとして、温度が高くなると、分子の熱運動が激しくなり、衝突回数が増加することが挙げられる。
4 反応速度を著しく増加させるが、反応の前後でそれ自身は変化しないような物質を触媒という。

(34) アルコールに関する記述として、正しいものはどれか。

下欄

1 第一級アルコールは、酸化するとエーテルになり、さらに酸化し続けるとカルボン酸になる。
2 第二級アルコールは、酸化するとケトンになる。
3 エチレングリコールは三価アルコールであり、高沸点の油状の液体で、油脂を加水分解することによって得られる。
4 炭素数が少ないアルコールは高級アルコールといい、水に溶けやすい。

(35) 400mL の真空容器に、ある純粋な液体物質 1.0 g を入れてから 127 ℃にしたところ、液体はすべて蒸発して気体となり、8.3×10^4 Pa の圧力を示した。この物質の分子量はいくつか。
ただし、気体定数は、8.3×10^3 Pa・L/(mol・K) とする。

下欄

| 1 | 10 | 2 | 50 | 3 | 100 | 4 | 150 |

(36) 黒鉛の燃焼熱を Qa (kJ/mol)、一酸化炭素の燃焼熱を Qb (kJ/mol) とした場合、一酸化炭素の生成熱を、Qa と Qb を用いて表したものとして、正しいものはどれか。

下欄

| 1 | Qa − Qb | 2 | Qa + Qb | 3 | − Qa + Qb | 4 | − Qa − Qb |

問10 次の各問(37)〜(40)について、最も適当なものを下欄から選びなさい。

(37) 水 660 g に塩化ナトリウムを加えると、質量パーセント濃度が 12 ％の塩化ナトリウム水溶液ができた。このとき加えた塩化ナトリウムの量として正しいものはどれか。

下欄

| 1 | 12g | 2 | 79g | 3 | 90g | 4 | 180g |

(38) Na^+、Al^{3+}、Cu^{2+}、Fe^{3+}を含む混合水溶液に対して、希塩酸を加え、酸性にした後、硫化水素を通じるときに、生じる沈殿はどれか。

下欄

| 1 | Na_2S | 2 | Al_2S_3 | 3 | CuS | 4 | FeS |

(39) 有機化合物に関する記述のうち、正しいものはどれか。

下欄

1　ベンゼン環の炭素原子に、ニトロ基1個が直接結合した化合物をアニリンといい、代表的な芳香族アミンである。
2　ホルムアルデヒドは、ヨードホルム反応を示す。
3　三重結合を有するアセチレンは、付加反応を起こしにくい。
4　ベンゼンは、付加反応よりも置換反応の方が起こりやすい。

(40)　次の糖(糖類)のうち、単糖(単糖類)であるものはどれか。

下欄

| 1　スクロース | 2　セルロース | 3　ラクトース | 4　フルクトース |

〔性状・貯蔵・取扱方法〕

(一般)

問11　次の物質の常温・常圧下における性状として、最も適当なものを下欄から選びなさい。

(41) 重クロム酸アンモニウム　　(42) 四塩化炭素
(43) 三塩化アンチモン　　(44) メチルアミン

下欄

1　潮解性の無色又は淡黄色の結晶で、水および希塩酸に溶けやすい。空気中で発煙する。
2　特有の臭気をもつ無色の液体で、水にほとんど溶けない。不燃性である。
3　無臭の橙赤色の結晶で、水によく溶け、酸性を示す。燃焼性がある。
4　アンモニア臭をもつ気体で、水に溶けやすい。引火性がある。

問12　次の物質の貯蔵方法として、最も適当なものを下欄から選びなさい。

(45) クロロホルム　　(46) ブロムメチル
(47) 硝酸第二水銀　　(48) クロロプレン

下欄

1　重合防止剤を加えて窒素置換し、遮光して冷所に貯蔵する。
2　潮解性があり、密栓・遮光して貯蔵する。
3　常温では気体であるため、圧縮冷却して液化し、圧縮容器に入れ、直射日光、その他温度上昇の原因を避けて、冷暗所に貯蔵する。
4　純品は空気と日光によって分解するため、少量のアルコールを加えて冷暗所に貯蔵する。

問13　次の物質を含有する製剤は、毒物及び劇物取締法令上ある一定濃度以下で劇物から除外される。その除外される上限の濃度として、最も適当なものを下欄からそれぞれ選びなさい。

(49)　モルホリン

下欄

| 1　4% | 2　5% | 3　6% | 4　8% |

三重県

(50) 一水素二弗化アンモニウム

下欄

1 4%	2 5%	3 6%	4 8%

(51) 過酸化ナトリウム

下欄

1 4%	2 5%	3 6%	4 8%

(52) 3-(アミノメチル)ベンジルアミン

下欄

1 4%	2 5%	3 6%	4 8%

問14 次の物質の化学式として、最も適当なものを下欄から選びなさい。

(53) (トリクロロメチル)ベンゼン　　(54) クロロホルム
(55) 2-クロロピリジン　　(56) クロルピクリン

下欄

1 $C_6H_5CCl_3$	2 C_5H_4ClN	3 $CHCl_3$	4 CCl_3NO_2

問15 次の物質の毒性として、最も適当なものを下欄から選びなさい。

(57) メタノール　　(58) 硝酸　　(59) モノフルオール酢酸ナトリウム
(60) アニリン

下欄

1 血液に作用してメトヘモグロビンをつくり、チアノーゼを起こさせる。頭痛、めまい、吐気が起こる。はなはだしい場合にはこん睡、意識不明となる。
2 頭痛、めまい、嘔吐、下痢、腹痛等を起こし、致死量に近ければ麻酔状態になり、視神経が侵され、目がかすみ、ついには失明することがある。
3 生体細胞内の TCA サイクル阻害作用により、嘔吐、胃の疼痛、意識混濁、てんかん性痙攣、脈拍の遅緩が起こり、チアノーゼ、血圧降下が生じる。
4 高濃度の本物質の水溶液が皮膚に触れると、ガスを発生して、組織ははじめ白く、しだいに深黄色となる。

（農業用品目）

問11 次の物質の常温・常圧下における性状として、最も適当なものを下欄から選びなさい。

(41) エチレンクロルヒドリン　　(42) イミダクロプリド
(43) ブロムメチル　　(44) カズサホス

下欄

1 弱い特異臭のある無色～白色の結晶。水に極めて溶けにくい。
2 わずかに甘いクロロホルム様のにおいがある無色の気体。水に溶けにくい。
3 硫黄臭のある淡黄色液体。水に溶けにくい。有機溶媒に溶けやすい。
4 芳香のある無色液体。蒸気は空気より重い。水に任意の割合で混和する。

問12 次の物質の貯蔵方法に関する記述として、最も適当なものを下欄から選びなさい。

(45)ロテノン　　　(46)塩化亜鉛　　　　(47)硫酸第二銅　　　(48)アンモニア水
下欄

1 五水和物は、風解性があるので、密栓して貯蔵する。
2 光や酸素によって分解するため、空気と光線を遮断して貯蔵する。
3 潮解性があるので、密栓して貯蔵する。
4 揮発しやすいため、よく密栓して貯蔵する。

問13 次の物質を含有する製剤は、毒物及び劇物取締法令上ある一定濃度以下で劇物から除外される。その除外される上限の濃度として、最も適当なものを下欄からそれぞれ選びなさい。

(49)　イミシアホス
下欄

| 1　1.5% | 2　2% | 3　6% | 4　10% |

(50)　ベンフラカルブ
下欄

| 1　1.5% | 2　2% | 3　6% | 4　10% |

(51)　硫酸
下欄

| 1　1.5% | 2　2% | 3　6% | 4　10% |

(52)　アセタミプリド
下欄

| 1　1.5% | 2　2% | 3　6% | 4　10% |

問14 次の物質の分類について、最も適当なものを下欄から選びなさい。

(53)メトミル　　　(54)カズサホス　　　(55)フルシトリネート
(56)チアクロプリド

下欄

| 1　有機リン系農薬 | 2　ピレスロイド系農薬 |
| 3　カーバメート系農薬 | 4　ネオニコチノイド系農薬 |

問15 次の物質の化学式として、最も適当なものを下欄からそれぞれ選びなさい。

(57)エチレンクロルヒドリン　　　　　　　(58)ジクロルブチン
(59)ジ(2－クロルイソプロピル)エーテル　(60)1,3－ジクロロプロペン
下欄

| 1　$ClCH_2CH_2OH$ | 2　$ClCH_2C \equiv CCH_2Cl$ |
| 3　$(ClCH_2CH(CH_3))_2O$ | 4　$ClCH = CHCH_2Cl$ |

三重県

(特定品目)

問 11　次の物質の常温・常圧下における性状として、最も適当なものを下欄から選びなさい。

(41)アンモニア水　　(42)一酸化鉛　　(43)トルエン　　　(44)塩素

下欄

```
1　黄緑色の気体で、窒息性の臭気をもつ。
2　黄色又は橙色の粉末又は粒状で、水に極めて溶けにくい。
3　無色透明、揮発性の液体で、息詰まるような刺激臭があり、アルカリ性を
　呈する。
4　無色、可燃性の液体で、ベンゼン様の臭気を有する。水にほとんど溶けない。
```

問 12　次の物質の貯蔵方法として、最も適当なものを下欄から選びなさい。

(45)水酸化カリウム　　　(46)キシレン
(47)クロロホルム　　　　(48)過酸化水素水

下欄

```
1　直射日光を避け、少量ならば褐色ガラス瓶、大量ならばカーボイなどを使
　用し、3分の1の空間を保って冷所に貯蔵する。
2　二酸化炭素と水を吸収するため、密栓して貯蔵する。
3　純品は空気と日光によって分解するため、少量のアルコールを加えて冷暗
　所に貯蔵する。
4　引火しやすく、また、その蒸気は空気と混合して爆発性混合ガスとなるた
　め、火気を遠ざけて貯蔵する。
```

問 13　次の物質を含有する製剤は、毒物及び劇物取締法令上ある一定濃度以下で劇物
　　　から除外される。その除外される上限の濃度として、最も適当なものを下欄から
　　　それぞれ選びなさい。

(49)　過酸化水素

下欄

1　1％	2　5％	3　6％	4　10％

(50)　水酸化カリウム

下欄

1　1％	2　5％	3　6％	4　10％

(51)　水酸化ナトリウム

下欄

1　1％	2　5％	3　6％	4　10％

(52)　硝酸

下欄

1　1％	2　5％	3　6％	4　10％

問 14 次の物質の化学式として、最も適当なものを下欄から選びなさい。

(53) メタノール　　　　　　(54) ホルムアルデヒド

(55) トルエン　　　　　　　(56) 酢酸エチル

下欄

1 CH_3OH	2 $HCHO$	3 $C_6H_5CH_3$	4 $CH_3COOC_2H_5$

問 15 次の物質の毒性として、最も適当なものを下欄から選びなさい。

(57) 四塩化炭素　　(58) 硝酸　　(59) 蓚酸　　(60) メタノール

下欄

1　血液中の石灰分を奪取し、神経系を侵す。急性中毒症状は、胃痛、嘔吐、口腔・咽喉に炎症を起こし、腎臓が侵される。

2　高濃度の本物質の水溶液が皮膚に触れると、ガスを発生して、組織ははじめ白く、しだいに深黄色となる。

3　頭痛、めまい、嘔吐、下痢、腹痛等を起こし、致死量に近ければ麻酔状態になり、視神経が侵され、目がかすみ、ついには失明することがある。

4　蒸気の吸入により、はじめ頭痛、悪心などをきたし、また黄疸のように角膜が黄色となり、しだいに尿毒症様を呈し、はなはだしいときは死ぬことがある。

〔実　地〕

（一般）

問 16 次の物質の用途として、最も適当なものを下欄から選びなさい。

(61) ホスホン酸　　　　　　　(62) 二硫化炭素

(63) 2 －（ジメチルアミノ）エタノール　　(64) ヘキサン－1，6 －ジアミン

下欄

1　ナイロン 66 の原料、ウレタンの原料

2　ビスコース人絹（ビスコースレーヨン）の製造

3　塩化ビニル安定剤、ポリエステルフィルムの表面処理剤

4　水溶性塗料用樹脂可溶化剤、発泡触媒

問 17 次の物質の鑑別方法として、最も適当なものを下欄から選びなさい。

(65) 塩化亜鉛　　(66) ナトリウム　　(67) アニリン　　(68) メチルスルホナール

下欄

1　本物質の水溶液にさらし粉を加えると、紫色になる。

2　木炭とともに熱すると、メルカプタンの臭気を放つ。

3　水に溶かし、硝酸銀を加えると、白色の沈殿を生じる。

4　白金線に試料を付けて、溶融炎で熱すると、炎の色は黄色になる。また、コバルトの色ガラスを通して見れば、この炎は見えなくなる。

問 18　毒物及び劇物の品目ごとの具体的な廃棄方法として厚生労働省が定めた「毒物及び劇物の廃棄の方法に関する基準」に基づき、次の毒物又は劇物の廃棄方法として、最も適当なものを下欄から選びなさい。

(69) 五酸化二砒素　　　　　(70) 四弗化硫黄
(71) 塩化ホスホリル　　　　(72) 亜塩素酸ナトリウム

下欄

| 1　沈殿隔離法 | 2　還元法 | 3　分解沈殿法 | 4　アルカリ法 |

問 19　毒物及び劇物の運搬事故時における応急措置の具体的な方法として厚生労働省が定めた「毒物及び劇物の運搬事故時における応急措置に関する基準」に基づき、次の毒物又は劇物が漏えい又は飛散した際の措置として、最も適当なものを下欄から選びなさい。

(73) クロルピクリン　　　　(74) 過酸化ナトリウム
(75) トルエン　　　　　　　(76) キノリン

下欄

1　多量に漏えいした場合、漏えいした液は、土砂等でその流れを止め、安全な場所に導き、液の表面を泡で覆い、できるだけ空容器に回収する。
2　飛散したものは、空容器にできるだけ回収する。回収したものは、発火のおそれがあるので速やかに多量の水に溶かして処理する。回収したあとは、多量の水を用いて洗い流す。この場合、濃厚な廃液が河川等に排出されないよう注意する。
3　漏えいした液は、土砂等でその流れを止め、安全な場所に導き、密閉可能な空容器にできるだけ回収し、そのあとを多量の水を用いて洗い流す。洗い流す場合には、中性洗剤等の分散剤を使用して洗い流す。この場合、濃厚な廃液が河川等に排出されないよう注意する。
4　多量に漏えいした場合、漏えいした液は、土砂等でその流れを止め、多量の活性炭又は消石灰を散布して覆い、至急関係先に連絡し、専門家の指示により処理する。この場合、漏えいした本物質が、河川等に排出されないように注意する。

問 20　次の物質の毒物及び劇物取締法施行令第 40 条の 5 第 2 項第 3 号に規定する厚生労働省令で定める保護具として、（　　　）内にあてはまる最も適当なものを下欄からそれぞれ選びなさい。

(77) ニトロベンゼン

　　　　保護具：保護手袋、保護長ぐつ、保護衣、（　(77)　）

下欄

| 1　保護眼鏡 | 2　有機ガス用防毒マスク |
| 3　酸性ガス用防毒マスク | 4　普通ガス用防毒マスク |

(78) 黄燐

　　　　保護具：保護手袋、保護長ぐつ、保護衣、（　(78)　）

下欄

| 1　保護眼鏡 | 2　有機ガス用防毒マスク |
| 3　酸性ガス用防毒マスク | 4　普通ガス用防毒マスク |

三重県

(79)　過酸化水素及びこれを含有する製剤(過酸化水素6％以下を含有するものを除く。)

　　　　保護具：保護手袋、保護長ぐつ、保護衣、（　(79)　）

下欄

1　保護眼鏡		2　有機ガス用防毒マスク	
3　酸性ガス用防毒マスク		4　普通ガス用防毒マスク	

(80)　ジメチル硫酸

　　　　保護具：保護手袋、保護長ぐつ、保護衣、（　(80)　）

下欄

1　保護眼鏡		2　有機ガス用防毒マスク	
3　酸性ガス用防毒マスク		4　普通ガス用防毒マスク	

（農業用品目）

問 16　次の物質の主な農薬用の用途として、最も適当なものを下欄から選びなさい。

(61) 2－クロルエチルトリメチルアンモニウムクロリド(別名クロルメコート)
(62) ピリミジフェン
(63) (S)－2,3,5,6－テトラヒドロ－6－フェニルイミダゾ〔2,1－b〕チアゾール塩酸塩(別名塩酸レバミゾール)
(64) トリシクラゾール

下欄

1　松枯れ防止剤	2　植物成長調整剤	3　殺菌剤	4　殺ダニ剤

問 17　次の物質の鑑別方法に関する記述について、（　　　　）内にあてはまる最も適当なものを下欄からそれぞれ選びなさい。

《クロルピクリン》
　クロルピクリンの水溶液に金属カルシウムを加えこれにベタナフチルアミンおよび硫酸を加えると、（(65)）の沈殿を生じる。

《硫酸第二銅》
　硫酸第二銅は、水に溶かして硝酸バリウムを加えると、（(66)）の沈殿を生じる。

《燐化アルミニウムとその分解促進剤とを含有する製剤塩化亜鉛》
　本剤より発生したガスは、5～10％硝酸銀溶液を吸着させたろ紙を（(67)）に変化させる。

《塩化亜鉛》
　水に溶かし、硝酸銀を加えると、（(68)）の沈殿を生じる。

下欄

(65)	1　黒色	2　赤色	3　緑色	4　白色
(66)	1　黒色	2　赤色	3　緑色	4　白色
(67)	1　黒色	2　赤色	3　緑色	4　白色
(68)	1　黒色	2　赤色	3　緑色	4　白色

三重県

問 18　毒物及び劇物の品目ごとの具体的な廃棄方法として厚生労働省が定めた「毒物及び劇物の廃棄の方法に関する基準」に基づき、次の毒物又は劇物の廃棄方法として、最も適当なものを下欄から選びなさい。

(69) クロルピクリン
(70) 硝酸亜鉛
(71) 2，2´－ジピリジリウム－1，1´－エチレンジブロミド(別名ジクワット)
(72) アンモニア

下欄

1 燃焼法	2 中和法	3 分解法	4 沈殿法

問 19　毒物及び劇物の運搬事故時における応急措置の具体的な方法として厚生労働省が定めた「毒物及び劇物の運搬事故時における応急措置に関する基準」に基づき、次の毒物又は劇物が漏えい又は飛散した際の措置として、最も適当なものを下欄から選びなさい。

(73) ブロムメチル　　　(74) 燐化亜鉛
(75) ダイアジノン　　　(76) シアン化カリウム

下欄

1　多量に漏えいした場合、漏えいした液は、土砂等でその流れを止め、液が広がらないようにして蒸発させる。
2　飛散したものは、空容器にできるだけ回収する。砂利等に付着している場合は、砂利等を回収し、そのあとに水酸化ナトリウム、ソーダ灰等の水溶液を散布してアルカリ性(pH11 以上)とし、更に酸化剤(次亜塩素酸ナトリウム、さらし粉等)の水溶液で酸化処理を行い、多量の水を用いて洗い流す。この場合、濃厚な廃液が河川等に排出されないよう注意する。また、前処理なしに直接水で洗い流してはならない。
3　漏えいした液は、土砂等でその流れを止め、安全な場所に導き、空容器にできるだけ回収し、そのあとを消石灰等の水溶液を用いて処理し、多量の水を用いて洗い流す。洗い流す場合には、中性洗剤等の分散剤を使用して洗い流す。この場合、濃厚な廃液が河川等に排出されないよう注意する。
4　飛散した物質の表面を速やかに土砂等で覆い、密閉可能な空容器にできるだけ回収して密閉する。この物質で汚染された土砂等も同様の措置をし、そのあとを多量の水を用いて洗い流す。

問 20　次の各問(77)～(80)について、(　　　)内にあてはまる最も適当なものを下欄からそれぞれ選びなさい。

(77)　(　　　)を含有する製剤たる劇物は、毒物及び劇物取締法第 13 条の規定に基づき着色したものでなければ、農業用として販売することができない。

下欄

1 アバメクチン	2 燐化亜鉛	3 テフルトリン	4 ロテノン

(78)　メトミルを含有する製剤には毒物に該当するものと劇物に該当するものがあり、メトミル(　　　)を上限として、その濃度以下を含有するものについては劇物となる。

下欄

1 15%	2 25%	3 35%	4 45%

(79) （　　　）は特定毒物に該当する。

下欄

```
1   ジメトエート
2   燐化アルミニウムとその分解促進剤とを含有する製剤
3   弗化スルフリル
4   クロルピクリン
```

(80)　イソキサチオンを含有する製剤たる劇物は、毒物及び劇物取締法に基づき
　　解毒剤の名称を記載しなければ販売し、又は授与してはならない。その記載
　　しなければならない解毒剤は、２－ピリジルアルドキシムメチオダイド(別名
　　PAM)の製剤及び(　　　)の製剤である。

下欄

```
1   ジメルカプロール        2   ペニシラミン
3   フルマゼニル            4   硫酸アトロピン
```

（特定品目）

問 16　次の物質の用途として、最も適当なものを下欄から選びなさい。

(61)クロム酸亜鉛カリウム　　　　　(62)硝酸

(63)ホルマリン　　　　　　　　　　(64)過酸化水素水

下欄

```
1   ニトロ化合物の原料、冶金
2   ポリアセタール樹脂の原料、メラミン樹脂の原料
3   さび止め下塗り塗料用
4   漂白剤
```

問 17　次の物質の鑑別方法として、最も適当なものを下欄から選びなさい。

(65)ホルムアルデヒド　　　　　　　(66)一酸化鉛

(67)クロロホルム　　　　　　　　　(68)水酸化ナトリウム

下欄

```
1   希硝酸に溶かすと無色の液となり、これに硫化水素を通じると黒色の沈殿
   を生じる。
2   レゾルシンと 33 ％の水酸化カリウム溶液と熱すると黄赤色を呈し、緑色の
   蛍石彩を放つ。
3   アンモニア水を加え、さらに硝酸銀溶液を加えると、徐々に金属銀を析出す
   る。また、フェーリング溶液とともに熱すると、赤色の沈殿を生じる。
4   本物質の水溶液を白金線につけて無色の火炎中に入れると、火炎は著しく
   黄色に染まり、長時間続く。
```

問 18　毒物及び劇物の品目ごとの具体的な廃棄方法として厚生労働省が定めた「毒物
　　及び劇物の廃棄の方法に関する基準」に基づき、次の毒物又は劇物の廃棄方法と
　　して、最も適当なものを下欄から選びなさい。

(69)塩素　　　(70)硅弗化ナトリウム　　　(71)一酸化鉛　　　(72)蓚酸

下欄

```
1   アルカリ法    2   固化隔離法    3   活性汚泥法    4   分解沈殿法
```

問19 毒物及び劇物の運搬事故時における応急措置の具体的な方法として厚生労働省が定めた「毒物及び劇物の運搬事故時における応急措置に関する基準」に基づき、次の毒物又は劇物が多量に漏えいした際の措置として、最も適当なものを下欄から選びなさい。

(73)液化塩素　　　(74)トルエン　　　(75)硝酸　　　(76)酢酸エチル

下欄

1　漏えいした液は、土砂等でその流れを止め、安全な場所へ導いた後、液の表面を泡等で覆い、できるだけ空容器に回収する。そのあとは多量の水を用いて洗い流す。この場合、濃厚な廃液が河川等に排出されないよう注意する。

2　漏えいした液は、土砂等でその流れを止め、安全な場所に導き、液の表面を泡で覆い、できるだけ空容器に回収する。

3　漏えいした液は、土砂等でその流れを止め、これに吸着させるか、又は安全な場所に導いて、遠くから徐々に注水してある程度希釈したあと、消石灰、ソーダ灰等で中和し、多量の水を用いて洗い流す。この場合、濃厚な廃液が河川等に排出されないよう注意する。

4　漏えい箇所や漏えいした液には、消石灰を十分に散布し、ムシロ、シート等をかぶせ、その上に更に消石灰を散布して吸収させる。漏えい容器には散布しない。多量にガスが噴出した場所には、遠くから霧状の水をかけて吸収させる。

問20 次の物質の毒物及び劇物取締法施行令第40条の5第2項第3号に規定する厚生労働省令で定める保護具として、（　）内にあてはまる最も適当なものを下欄からそれぞれ選びなさい。

(77)　硫酸及びこれを含有する製剤(硫酸10％以下を含有するものを除く。)で液体状のもの

　　　保護具：保護手袋、保護長ぐつ、保護衣、（　(77)　）

下欄

1	保護眼鏡	2	普通ガス用防毒マスク
3	酸性ガス用防毒マスク	4	有機ガス用防毒マスク

(78)　塩素

　　　保護具：保護手袋、保護長ぐつ、保護衣、（　(78)　）

下欄

1	保護眼鏡	2	普通ガス用防毒マスク
3	酸性ガス用防毒マスク	4	有機ガス用防毒マスク

(79)　塩化水素及びこれを含有する製剤(塩化水素10％以下を含有するものを除く。)で液体状のもの

　　　保護具：保護手袋、保護長ぐつ、保護衣、（　(79)　）

下欄

1	保護眼鏡	2	普通ガス用防毒マスク
3	酸性ガス用防毒マスク	4	有機ガス用防毒マスク

(80)　ホルムアルデヒド及びこれを含有する製剤(ホルムアルデヒド1％以下を含有するものを除く。)で液体状のもの

　　　保護具：保護手袋、保護長ぐつ、保護衣、（　(80)　）

下欄

1	保護眼鏡	2	普通ガス用防毒マスク
3	酸性ガス用防毒マスク	4	有機ガス用防毒マスク

関西広域連合統一共通〔滋賀県、京都府、大阪府、和歌山県、兵庫県、徳島県〕

令和4年度実施

〔毒物及び劇物に関する法規〕
(一般・農業用品目・特定品目共通)

問1　次の条文に関する記述の正誤について、正しい組合せを1〜5から一つ選べ。

a 法第1条では、「この法律は、毒物及び劇物について、保健衛生上の見地から必要な取締を行うことを目的とする。」とされている。

b 法第2条別表第一に掲げられている物であっても、別途政令で定める医薬品は毒物から除外される。

c 法第2条別表第二に掲げられている物であっても、医薬品及び医薬部外品は劇物から除外される。

d 毒物であって、法第2条別表第三に掲げられているものを含有する製剤は、すべて特定毒物から除外される。

	a	b	c	d
1	誤	正	正	誤
2	正	正	誤	誤
3	正	誤	正	誤
4	誤	正	誤	正
5	正	誤	正	正

問2　特定毒物の取扱いに関する記述の正誤について、正しい組合せを1〜5から一つ選べ。

a 毒物劇物製造業者は、石油精製業者に、ガソリンへの混入を目的とする四アルキル鉛を含有する製剤を譲渡することができる。

b 特定毒物研究者は、特定毒物を輸入することができる。

c 特定毒物使用者として特定毒物を使用する場合には、品目ごとにその主たる事業所の所在地の都道府県知事(指定都市の区域にある場合においては、指定都市の長)の許可を受けなければならない。

d 毒物劇物営業者、特定毒物研究者又は特定毒物使用者でなければ、特定毒物を所持してはならない。

	a	b	c	d
1	正	正	誤	正
2	正	誤	正	誤
3	正	誤	誤	正
4	正	正	正	誤
5	誤	正	誤	誤

問3　次のうち、法第3条の3に規定する「興奮、幻覚又は麻酔の作用を有する毒物又は劇物(これらを含有する物を含む。)であつて政令で定めるもの」に該当するものの組合せを1〜5から一つ選べ。

a クロロホルム　　　　　　　b メタノールを含有する接着剤
c 酢酸エチルを含有するシンナー　　d トルエン
e キシレンを含有する塗料

1 (a、b、c)　　　2 (a、b、e)　　　3 (a、d、e)　　　4 (b、c、d)
5 (c、d、e)

問4　毒物又は劇物の販売業に関する記述の正誤について、正しい組合せを1〜5から一つ選べ。

a 毒物又は劇物の販売業の登録を受けた者のみが、毒物又は劇物を販売することができる。

b 毒物又は劇物の販売業の登録の有効期間は、販売業の登録の種類に関係なく、6年である。

c 毒物又は劇物の一般販売業の登録を受けた者は、特定品目販売業の登録を受けなくとも、省令第4条の3で定める劇物を販売することができる。

d 毒物又は劇物を直接には取り扱わず、伝票処理のみの方法で販売又は授与しようとする場合でも、毒物又は劇物の販売業の登録を受けなければならない。

	a	b	c	d
1	誤	正	正	正
2	誤	正	誤	正
3	正	正	正	誤
4	正	誤	正	誤
5	正	正	誤	正

問5 毒物又は劇物の製造業に関する記述の正誤について、正しい組合せを1～5から一つ選べ。

a 毒物又は劇物の製造業の登録は、製造所ごとに、その製造所の所在地の都道府県知事が行う。
b 毒物又は劇物の製造業者は、毒物又は劇物の製造のために特定毒物を使用してはならない。
c 毒物又は劇物の製造業者は、毒物又は劇物を自家消費する目的でその毒物又は劇物を輸入しようとするときは、毒物又は劇物の輸入業の登録を受けなくてもよい。
d 毒物の製造業者は、登録を受けた品目以外の毒物を製造したときは、30日以内に登録の変更を受けなければならない。

	a	b	c	d
1	正	誤	正	正
2	正	誤	正	誤
3	誤	正	正	誤
4	誤	誤	誤	正
5	正	正	誤	正

問6 毒物劇物販売業者の登録を受けようとする者の店舗の設備、又はその者の登録基準に関する記述について、正しいものの組合せを1～5から一つ選べ。

a 毒物又は劇物とその他の物とを区分して貯蔵できる設備であること。
b 毒物又は劇物を貯蔵する場所が性質上かぎをかけることができないものであるときは、その周囲を常時監視できる防犯設備があること。
c 設備基準に適合しなくなり、その改善を命ぜられたにもかかわらず従わないで登録の取消しを受けた場合、その取消しの日から起算して2年を経過した者であること。
d 毒物又は劇物を含有する粉じん、蒸気又は廃水の処理に要する設備又は器具を備えていること。

1（a、b）　　2（a、c）　　3（a、d）　　4（b、c）　　5（b、d）

問7 毒物劇物営業者が行う手続きに関する記述の正誤について、正しい組合せを1～5から一つ選べ。

a 法人である毒物又は劇物の販売業者の代表取締役が変更となった場合は、届出が必要である。
b 毒物又は劇物の販売業者が、隣接地に店舗を新築、移転(店舗の所在地の変更)した場合には、新たに登録が必要である。
c 毒物劇物営業者は、登録票を破り、汚し、又は失ったときは、登録票の再交付を申請することができる。

	a	b	c
1	正	正	正
2	正	誤	正
3	正	誤	誤
4	誤	正	正
5	誤	正	誤

問8 次の記述は、政令第36条の5第2項の条文である。（　）の中に入れるべき字句の正しい組合せを1～5から一つ選べ。

毒物劇物営業者は、毒物劇物取扱責任者として厚生労働省令で定める者を置くときは、当該毒物劇物取扱責任者がその製造所、営業所又は店舗において毒物又は劇物による保健衛生上の（a）を確実に（b）するために必要な設備の設置、（c）の配置その他の措置を講じなければならない。

	a	b	c
1	安全対策	実施	補助者
2	安全対策	監視	衛生管理者
3	危害	監視	衛生管理者
4	危害	防止	衛生管理者
5	危害	防止	補助者

問9　都道府県知事が行う毒物劇物取扱者試験に合格した者で、法第8条第2項に規定されている毒物劇物取扱責任者となることができない絶対的欠格事由（その事由に該当する場合、一律に資格が認められないこと）に該当する記述の正誤について、正しい組合せを1〜5から一つ選べ。

a　過去に、麻薬、大麻、あへん又は覚せい剤の中毒者であった者
b　18歳未満の者
c　道路交通法違反で懲役の刑に処せられ、その執行を終り、又は執行を受けることがなくなった日から起算して3年を経過していない者
d　毒物劇物営業者が登録を受けた製造所、営業所又は店舗での実務経験が2年に満たない者

	a	b	c	d
1	正	正	誤	正
2	正	誤	誤	誤
3	正	誤	誤	正
4	誤	正	正	正
5	誤	正	誤	誤

問10　次の記述は、法第10条第1項の条文の一部である。（　）の中に入れるべき字句の正しい組合せを1〜5から一つ選べ。

　毒物劇物営業者は、次の各号のいずれかに該当する場合には、（ a ）以内に、その製造所、営業所又は店舗の所在地の都道府県知事にその旨を届け出なければならない。
一　（省略）
二　毒物又は劇物を製造し、（ b ）し、又は（ c ）する設備の重要な部分を変更したとき。
三　（省略）
四　（省略）

	a	b	c
1	15日	貯蔵	陳列
2	15日	陳列	保管
3	30日	貯蔵	運搬
4	30日	陳列	保管
5	30日	保管	運搬

問11　次の記述は、法第12条第1項の条文である。（　）の中に入れるべき字句の正しい組合せを1〜5から一つ選べ。

　毒物劇物営業者及び特定毒物研究者は、毒物又は劇物の容器及び被包に、「（ a ）」の文字及び毒物については（ b ）をもって「毒物」の文字、劇物については（ c ）をもって「劇物」の文字を表示しなければならない。

	a	b	c
1	医薬用外	赤地に白色	白地に赤色
2	医薬用外	白地に赤色	赤地に白色
3	医薬用外	黒地に白色	赤地に白色
4	医療用外	赤地に白色	白地に赤色
5	医療用外	黒地に白色	赤地に白色

問 12　法第 12 条第 2 項の規定に基づき、毒物又は劇物の製造業者又は輸入業者が有機燐化合物たる毒物又は劇物を販売又は授与するときに、その容器及び被包に表示しなければならない事項の正誤について、正しい組合せを 1 〜 5 から一つ選べ。

a　毒物又は劇物の名称
b　毒物又は劇物の成分及びその含量
c　毒物又は劇物の使用期限及び製造番号
d　毒物又は劇物の解毒剤の名称

	a	b	c	d
1	正	正	誤	正
2	正	誤	正	誤
3	誤	誤	誤	正
4	正	正	誤	誤
5	誤	正	正	誤

問 13　省令第 11 条の 6 の規定に基づき、毒物又は劇物の製造業者が製造したジメチル-2・2-ジクロルビニルホスフエイト(別名 DDVP)を含有する製剤(衣料用の防虫剤に限る。)を販売し、又は授与するとき、その容器及び被包に、取扱及び使用上特に必要な表示事項として定められている事項について、正しいものの組合せを 1 〜 5 から一つ選べ。

a　使用直前に開封し、包装紙等は直ちに処分すべき旨
b　使用の際、手足や皮膚、特に眼にかからないように注意しなければならない旨
c　眼に入った場合は、直ちに流水でよく洗い、医師の診断を受けるべき旨
d　小児の手の届かないところに保管しなければならない旨

1 (a、b)　　　2 (a、c)　　　3 (a、d)　　　4 (b、c)　　　5 (c、d)

問 14　法第 13 条の 2 の規定に基づく、「毒物又は劇物のうち主として一般消費者の生活の用に供されると認められるものであつて政令で定めるもの(劇物たる家庭用品)」の正誤について、正しい組合せを 1 〜 5 から一つ選べ。なお、劇物たる家庭用品は住宅用の洗浄剤で液体状のものに限る。

a　塩化水素を含有する製剤たる劇物
b　水酸化ナトリウムを含有する製剤たる劇物
c　次亜塩素酸ナトリウムを含有する製剤たる劇物
d　硫酸を含有する製剤たる劇物

	a	b	c	d
1	正	誤	正	誤
2	正	誤	誤	正
3	誤	正	正	正
4	正	誤	正	正
5	誤	誤	誤	正

問 15　法第 14 条第 2 項の規定に基づき、毒物劇物営業者が、毒物又は劇物を毒物劇物営業者以外の者に販売し、又は授与するとき、当該譲受人から提出を受けなければならない書面に記載等が必要な事項の正誤について、正しい組合せを 1 〜 5 から一つ選べ。

a　毒物又は劇物の名称及び数量
b　譲受人の氏名、職業及び住所
c　譲受人の押印
d　毒物又は劇物の使用目的

	a	b	c	d
1	正	誤	誤	正
2	誤	誤	正	正
3	正	正	誤	正
4	誤	正	正	誤
5	正	正	正	誤

問 16　法第 15 条に規定されている、毒物又は劇物の交付の制限等に関する記述の正誤について、正しい組合せを 1 ～ 5 から一つ選べ。

　a　父親の委任状を持参し受け取りに来た 16 歳の高校生に対し、学生証等でその住所及び氏名を確認すれば、毒物又は劇物を交付することができる。
　b　薬事に関する罪を犯し、罰金以上の刑に処せられ、その執行を終わり、又は執行を受けることがなくなった日から起算して 3 年を経過していない者に対し、毒物又は劇物を交付することができない。
　c　法第 3 条の 4 に規定されている引火性、発火性又は爆発性のある劇物を交付する場合は、厚生労働省令の定めるところにより、その交付を受ける者の氏名及び住所を確認した後でなければ、交付してはならない。
　d　毒物又は劇物の交付を受ける者の確認に関する事項を記載した帳簿を、最終の記載をした日から 5 年間、保存しなければならない。

	a	b	c	d
1	正	正	正	誤
2	正	正	誤	正
3	正	誤	誤	誤
4	誤	誤	正	正
5	誤	誤	正	誤

問 17　次の記述は、政令第 40 条の条文の一部である。（　）の中に入れるべき字句の正しい組合せを 1 ～ 5 から一つ選べ。

　法第 15 条の 2 の規定により、毒物若しくは劇物又は法第 11 条第 2 項に規定する政令で定める物の廃棄の方法に関する技術上の基準を次のように定める。
　一　中和、（　a　）、酸化、還元、稀釈その他の方法により、毒物及び劇物並びに法第 11 条第 2 項に規定する政令で定める物のいずれにも該当しない物とすること。
　二　ガス体又は揮発性の毒物又は劇物は、保健衛生上危害を生ずるおそれがない場所で、少量ずつ放出し、又は（　b　）させること。
　三　可燃性の毒物又は劇物は、保健衛生上危害を生ずるおそれがない場所で、少量ずつ（　c　）させること。
　（以下、省略）

	a	b	c
1	電気分解	揮発	拡散
2	電気分解	沈殿	拡散
3	電気分解	沈殿	燃焼
4	加水分解	揮発	燃焼
5	加水分解	沈殿	燃焼

問 18　荷送人が、運送人に水酸化ナトリウム 10 ％を含有する製剤(以下、「製剤」という。)の運搬を委託する場合、政令第 40 条の 6 に規定されている荷送人の通知義務に関する記述の正誤について、正しい組合せを 1 ～ 5 から一つ選べ。

　a　車両で運搬する業務を委託した際、製剤の数量が、1 回につき 500 キログラムだったため、事故の際に講じなければならない応急措置の内容を記載した書面の交付を行わなかった。
　b　1 回の運搬につき 1,500 キログラムの製剤を、鉄道を使用して運搬する場合、通知する書面に、劇物の名称、成分及びその含量並びに数量並びに廃棄の方法を記載しなければならない。
　c　1 回の運搬につき 2,000 キログラムの製剤を、車両を使用して運搬する場合、通知する書面に、劇物の名称、成分及びその含量並びに数量並びに事故の際に講じなければならない応急の措置の内容を記載した。
　d　運送人の承諾を得なければ、書面の交付に代えて、当該書面に記載すべき事項を電子情報処理組織を使用する方法により提供しても、書面を交付したものとみなされない。

	a	b	c	d
1	誤	正	誤	誤
2	正	正	誤	誤
3	誤	誤	正	誤
4	正	正	誤	正
5	正	誤	正	正

問 19　法第 18 条に規定されている立入検査等に関する記述の正誤について、正しい組合せを 1 ～ 5 から一つ選べ。ただし、「都道府県知事」は、毒物又は劇物の販売業にあってはその店舗の所在地が保健所を設置する市又は特別区の区域にある場合においては市長又は区長とする。

a　都道府県知事は、保健衛生上必要があると認めるときは、毒物劇物営業者から必要な報告を徴することができる。

b　都道府県知事は、保健衛生上必要があると認めるときは、毒物劇物監視員に、毒物劇物販売業者の店舗に立ち入り、帳簿その他の物件を検査させることができる。

c　都道府県知事は、犯罪捜査上必要があると認めるときは、毒物劇物監視員に、毒物劇物販売業者の店舗に立ち入り、試験のため必要な最小限度の分量に限り、毒物若しくは劇物を収去させることができる。

d　毒物劇物監視員は、その身分を示す証票を携帯し、関係者の請求があるときは、これを提示しなければならない。

	a	b	c	d
1	正	正	正	誤
2	正	正	誤	正
3	正	誤	正	誤
4	誤	誤	誤	正
5	誤	誤	誤	誤

問 20　法第 22 条第 1 項に規定されている届出の必要な業務上取扱者が、都道府県知事(その事業場の所在地が保健所を設置する市又は特別区の区域にある場合においては、市長又は区長。)に届け出る事項の正誤について、正しい組合せを 1 ～ 5 から一つ選べ。

a　氏名又は住所(法人にあつては、その名称及び主たる事務所の所在地)

b　シアン化ナトリウム又は政令で定めるその他の毒物若しくは劇物のうち取り扱う毒物又は劇物の品目

c　シアン化ナトリウム又は政令で定めるその他の毒物若しくは劇物のうち取り扱う毒物又は劇物の数量

d　事業場の所在地

	a	b	c	d
1	正	正	正	正
2	正	誤	正	誤
3	正	正	誤	正
4	誤	正	誤	正
5	誤	誤	正	誤

〔基礎化学〕
(一般・農業用品目・特定品目共通)

問 21　次の原子に関する記述について、( )の中に入れるべき字句の正しい組合せを 1 ～ 5 から一つ選べ。

　原子は、中心にある原子核と、その周りに存在する電子で構成されていて、原子核は陽子と中性子からできている。原子の原子番号は(a)で示され、原子の質量数は(b)となる。原子番号は同じでも、質量数が異なる原子が存在するものもあり、これらを互いに(c)という。

	a	b	c
1	陽子数	陽子数と電子数の和	同素体
2	陽子数	陽子数と中性子数の和	同素体
3	陽子数	陽子数と中性子数の和	同位体
4	中性子数	陽子数と中性子数の和	同素体
5	中性子数	陽子数と電子数の和	同位体

問 22　次の化合物とその結合様式について、正しい組合せを1～5から一つ選べ。

	$MgCl_2$	NH_3	ZnO
1	イオン結合	共有結合	金属結合
2	イオン結合	共有結合	イオン結合
3	金属結合	共有結合	金属結合
4	共有結合	イオン結合	イオン結合
5	共有結合	イオン結合	金属結合

問 23　5.0％の塩化ナトリウム水溶液700gと15％の塩化ナトリウム水溶液300gを混合した溶液は何％になるか。最も近い値を1～5から一つ選べ。
　　　ただし、％は質量パーセント濃度とする。

　1　7.0　　　　2　8.0　　　　3　9.0　　　　4　10　　　　5　11

問 24　塩化ナトリウムを水に溶かして、濃度が 2.00mol/L の水溶液を 500mL つくった。この溶液に用いた塩化ナトリウムは何gか。最も近い値を1～5から一つ選べ。ただし、Na の原子量を23.0、Cl の原子量を35.5とする。

　1　14.6　　　2　23.4　　　3　58.5　　　4　117　　　5　234

問 25　pH 3の酢酸水溶液のモル濃度は何 mol/L になるか。最も近い値を1～5から一つ選べ。ただし、この溶液の温度は 25 ℃、この濃度における酢酸の電離度は0.020とする。

　1　0.50　　　2　0.10　　　3　0.050　　　4　0.010　　　5　0.0010

問 26　次のコロイドに関する記述について、正しいものの組合せを1～5から一つ選べ。

　a　チンダル現象は、コロイド粒子自身の熱運動によるものである。
　b　透析は、コロイド粒子が半透膜を透過できない性質を利用している。
　c　コロイド溶液に直流電圧をかけると、陽極又は陰極に向かってコロイド粒子が移動する現象を電気泳動という。
　d　タンパク質やデンプンなどのコロイドは、疎水コロイドである。

　1 (a、b)　　2 (a、d)　　3 (b、c)　　4 (b、d)　　5 (c、d)

問 27　次の沸点又は沸騰に関する記述について、誤っているものを1～5から一つ選べ。

　1　沸騰は、液体の蒸気圧が外圧(大気圧)と等しくなったときに起こる。
　2　純物質では、液体が沸騰を始めると、すべて気体になるまで温度は沸点のまま一定である。
　3　富士山の山頂では、外圧が低いため、水は100℃より低い温度で沸騰する。
　4　水の沸点は、同族元素の水素化合物の中では、著しく高い。
　5　イオン結合で結ばれた物質は、沸点が低い。

問 28　次の分子結晶に関する記述について、誤っているものを1～5から一つ選べ。

　1　分子が分子間力によって規則的に配列した結晶である。
　2　氷は分子結晶である。
　3　ヨウ素は分子結晶である。
　4　融解すると電気を通す。
　5　昇華性を持つものが多い。

問 29　亜鉛板と銅板を導線で接続して希硫酸に浸した電池（ボルタ電池）に関する記述の正誤について、正しい組合せを 1 ～ 5 から一つ選べ。

a　イオン化傾向の大きい亜鉛が、水溶液中に溶け出す。
b　亜鉛は還元されている。
c　銅板表面では水素が発生する。

	a	b	c
1	正	誤	正
2	誤	正	正
3	正	正	正
4	誤	正	誤
5	正	誤	誤

問 30　次の物質を水に溶かした場合に、酸性を示すものの組合せを 1 ～ 5 から一つ選べ。

a　CH_3COONa　　　　b　NH_4Cl　　　　c　K_2SO_4　　　　d　$CuSO_4$

1（a、b）　　　2（a、c）　　　3（b、c）　　　4（b、d）　　　5（c、d）

問 31　次の金属イオンの反応に関する記述について、誤っているものを 1 ～ 5 から一つ選べ。

1　Pb^{2+}を含む水溶液に希塩酸を加えると、白色の沈殿を生成する。
2　Cu^{2+}を含む水溶液に硫化水素を通じると、黒色の沈殿を生成する。
3　Ba^{2+}を含む水溶液は、黄緑色の炎色反応を呈する。
4　Na^+を含む水溶液に炭酸アンモニウム水溶液を加えると、白色の沈殿を生成する。
5　K^+を含む水溶液は、赤紫色の炎色反応を呈する。

問 32　次の錯イオンに関する記述について、（　）の中に入れるべき字句の正しい組合せを 1 ～ 5 から一つ選べ。なお、複数箇所の（ a ）内には、同じ字句が入る。

金属イオンを中心として、非共有電子対をもつ分子や陰イオンが（ a ）結合してできたイオンを錯イオンという。例えば、硫酸銅（Ⅱ）$CuSO_4$ 水溶液に塩基の水溶液を加えて生じた水酸化銅（Ⅱ）$Cu(OH)_2$ の沈殿に、過剰のアンモニア水 NH_3 を加えると、水酸化銅（Ⅱ）の沈殿は溶け（ b ）の水溶液になるが、これはテトラアンミン銅（Ⅱ）イオン $[Cu(NH_3)_4]^{2+}$ が生じるからである。このとき、非共有電子対を与えて（ a ）結合する分子や陰イオンのことを、（ c ）という。

	a	b	c
1	配位	深青色	配位子
2	配位	深青色	錯塩
3	イオン	深青色	配位子
4	イオン	無色	配位子
5	イオン	無色	錯塩

問 33　次の有機化合物に関する記述について、（　）の中に入れるべき字句の正しい組合せを 1 ～ 5 から一つ選べ。なお、複数箇所の（ a ）内には、同じ字句が入る。

炭素と水素でできた化合物を（ a ）といい、（ a ）を構成する原子は共有結合で結合している。炭素原子間の結合は、単結合だけでなく、二重結合や三重結合を作ることもあり、二重結合と三重結合はまとめて（ b ）と呼ばれている。例えば、アセチレンのようなアルキンは、（ c ）結合を 1 つもっている化合物である。

	a	b	c
1	炭水化物	飽和結合	二重
2	炭水化物	不飽和結合	三重
3	炭化水素	飽和結合	二重
4	炭化水素	飽和結合	三重
5	炭化水素	不飽和結合	三重

問 34　次の有機化合物に関する一般的な記述について、誤っているものを1～5から一つ選べ。

1　ジエチルエーテルは、単にエーテルとも呼ばれ、無色の揮発性の液体で引火性がある。

2　無水酢酸は、酢酸2分子から水1分子が取れてできた化合物であり、酸性を示さない。

3　アセトンは、芳香のある無色の液体で、水にも有機溶剤にもよく溶ける。

4　乳酸は、不斉炭素原子を持つ化合物であるため、鏡像異性体が存在する。

5　アニリンは、不快なにおいを持つ弱酸性の液体である。

問 35　次の化学反応式のうち、酸化還元反応であるものの組合せを1～5から一つ選べ。

a　$2H_2S + O_2 \rightarrow 2S + 2H_2O$
b　$CH_3COOH + C_2H_5OH \rightarrow CH_3COOC_2H_5 + H_2O$
c　$2H_2SO_4 + Cu \rightarrow CuSO_4 + SO_2 + 2H_2O$
d　$CO_2 + 2NaOH \rightarrow Na_2CO_3 + H_2O$

1 (a、b)　　2 (a、c)　　3 (b、c)　　4 (b、d)　　5 (c、d)

〔毒物及び劇物の性質、貯蔵、識別及びその他取扱方法〕

○「毒物及び劇物の廃棄の方法に関する基準」及び「毒物及び劇物の運搬事故時における応急措置に関する基準」は、それぞれ厚生省（現厚生労働省）から通知されたものをいう。

（一般）

問 36　次のa～eのうち、すべての物質が劇物に指定されているものの、正しい組合せを1～5から一つ選べ。ただし、物質はすべて原体とする。

a　ブロムエチル、ブロムメチル、ブロモ酢酸エチル
b　トルエン、ベンゼンチオール、メチルエチルケトン
c　一酸化鉛、二酸化鉛、三弗化燐
d　クロロホルム、メタノール、四塩化炭素
e　クロルスルホン酸、クロルピクリン、トリクロロシラン

1 (a、b)　　2 (a、c)　　3 (b、d)　　4 (c、e)　　5 (d、e)

問 37　次のa～eのうち、すべての物質が毒物に指定されているものの、正しい組合せを1～5から一つ選べ。ただし、物質はすべて原体とする。

a　臭化銀、重クロム酸カリウム、メチルアミン
b　ジボラン、セレン化水素、四弗化硫黄
c　塩化第二水銀（別名　塩化水銀(Ⅱ)）、塩化ホスホリル、酢酸タリウム
d　ジクロル酢酸、2-メルカプトエタノール、モノフルオール酢酸
e　ヒドラジン、弗化スルフリル、ホスゲン

1 (a、b)　　2 (a、d)　　3 (b、e)　　4 (c、d)　　5 (c、e)

問 38　「毒物及び劇物の廃棄の方法に関する基準」に基づく、次の物質の廃棄方法に関する記述の正誤について、正しい組合せを1～5から一つ選べ。

a　アニリンは、可燃性溶剤とともに、焼却炉の火室に噴霧し焼却する。
b　塩素は、多量の酸性水溶液に吹き込んだ後、多量の水で希釈して処理する。
c　過酸化水素は、多量の水で希釈して処理する。
d　酢酸エチルは、アルカリ水溶液で中和した後、多量の水で希釈して処理する。

	a	b	c	d
1	正	正	誤	誤
2	正	誤	正	誤
3	誤	正	正	正
4	正	誤	誤	正
5	誤	正	誤	正

問 39　「毒物及び劇物の廃棄の方法に関する基準」に基づく、次の物質の廃棄方法に関する記述について、該当する物質名との最も適切な組合せを1～5から一つ選べ。

＜物質名＞　過酸化ナトリウム、ぎ酸、硅弗化ナトリウム

a　可燃性溶剤とともにアフターバーナー及びスクラバーを備えた焼却炉で焼却する。
b　水に溶かし、水酸化カルシウム（消石灰）等の水溶液を加えて処理した後、希硫酸を加えて中和し、沈殿ろ過して埋立処分する。
c　水に加えて希薄な水溶液とし、酸で中和した後、多量の水で希釈して処理する。

	a	b	c
1	過酸化ナトリウム	ぎ酸	硅弗化ナトリウム
2	過酸化ナトリウム	硅弗化ナトリウム	ぎ酸
3	ぎ酸	過酸化ナトリウム	硅弗化ナトリウム
4	ぎ酸	硅弗化ナトリウム	過酸化ナトリウム
5	硅弗化ナトリウム	ぎ酸	過酸化ナトリウム

問 40　「毒物及び劇物の運搬事故時における応急措置に関する基準」に基づく、次の物質の飛散又は漏えい時の措置として、該当する物質名との最も適切な組合せを1～5から一つ選べ。
　なお、作業にあたっては、風下の人を避難させる、飛散又は漏えいした場所の周辺にはロープを張るなどして人の立入りを禁止する、作業の際には必ず保護具を着用する、風下で作業をしない、廃液が河川等に排出されないように注意する、付近の着火源となるものは速やかに取り除く、などの基本的な対応を行っているものとする。

＜物質名＞　五塩化燐、硝酸バリウム、四アルキル鉛

a　飛散したものは密閉可能な空容器にできるだけ回収し、そのあとを水酸化カルシウム、無水炭酸ナトリウム等の水溶液を用いて処理し、多量の水を用いて洗い流す。
b　飛散したものは空容器にできるだけ回収し、そのあとを硫酸ナトリウムの水溶液を用いて処理し、多量の水を用いて洗い流す。
c　少量の場合、漏えいした液は過マンガン酸カリウム水溶液（5％）、さらし粉水溶液又は次亜塩素酸ナトリウム水溶液で処理するとともに、至急関係先に連絡し専門家に任せる。

	a	b	c
1	五塩化燐	硝酸バリウム	四アルキル鉛
2	五塩化燐	四アルキル鉛	硝酸バリウム
3	硝酸バリウム	四アルキル鉛	五塩化燐
4	四アルキル鉛	硝酸バリウム	五塩化燐
5	四アルキル鉛	五塩化燐	硝酸バリウム

問41　次の劇物とその用途の正誤について、正しい組合せを下表から一つ選べ。

	物質	用途
a	クレゾール	防腐剤、消毒剤
b	硅弗化水素酸	漂白剤
c	アクリルニトリル	化学合成上の主原料で合成繊維の原料

	a	b	c
1	正	正	誤
2	正	誤	正
3	誤	正	正
4	誤	正	誤
5	誤	誤	正

問42　クロルピクリンの熱への安定性及び用途について、最も適切な組合せを1～5から一つ選べ。

	熱への安定性	用途
1	熱に安定	保冷剤
2	熱に安定	土壌燻蒸剤
3	熱に安定	接着剤
4	熱に不安定で分解	土壌燻蒸剤
5	熱に不安定で分解	保冷剤

問43　次の物質とその毒性に関する記述の正誤について、正しい組合せを1～5から一つ選べ。

	物質	毒性
a	セレン	吸入した場合、のどを刺激する。はなはだしい場合には、肺炎を起こすことがある。
b	酢酸エチル	吸入した場合、短時間の興奮期を経て、麻酔状態に陥ることがある。
c	臭素	吸入した場合、皮膚や粘膜が青黒くなる(チアノーゼ症状)。頭痛、めまい、眠気がおこる。はなはだしい場合には、こん睡、意識不明となる。

	a	b	c
1	誤	正	正
2	誤	正	誤
3	誤	誤	正
4	正	誤	正
5	正	正	誤

問44　次の物質とその中毒の対処に適切な解毒剤・拮抗剤の正誤について、正しい組合せを1～5から一つ選べ。

	物質	解毒剤・拮抗剤
a	蓚酸塩類	アセトアミド
b	シアン化合物	硫酸アトロピン
c	ヨード	澱粉溶液

	a	b	c
1	誤	正	正
2	誤	正	誤
3	誤	誤	正
4	正	正	誤
5	正	誤	正

問 45　次の物質とその貯蔵方法に関する記述の正誤について、正しい組合せを1〜5から一つ選べ。

	物質	貯蔵方法
a	アクロレイン	安定剤を加えて空気を遮断して貯蔵する。
b	過酸化水素	少量ならば褐色ガラス瓶、大量ならばカーボイなどを使用し、3分の1の空間を保ち、日光を避け、有機物、金属粉等と離して、冷所に保管する。
c	ピクリン酸	亜鉛又はスズメッキをほどこした鉄製容器に保管し、高温を避ける。

	a	b	c
1	誤	正	正
2	誤	正	誤
3	誤	誤	正
4	正	正	誤
5	正	誤	正

問 46　次の物質とその性状に関する記述の正誤について、正しい組合せを1〜5から一つ選べ。

	物質	性状
a	ベンゼンチオール	無色または淡黄色の透明な液体。水に難溶、ベンゼン、エーテル、アルコールに可溶。
b	ブロムエチル	無色透明、揮発性の液体。強く光線を屈折し、中性の反応を呈する。エーテル様の香気と、灼くような味を有する。
c	ニトロベンゼン	無色又は微黄色の吸湿性の液体で、強い苦扁桃（アーモンド）様の香気をもち、光線を屈折させる。

	a	b	c
1	正	正	誤
2	正	正	正
3	誤	正	誤
4	正	誤	正
5	誤	誤	誤

問 47　次の物質とその性状に関する記述の正誤について、正しい組合せを1〜5から一つ選べ。

	物質	性状
a	無水クロム酸	暗赤色の結晶。潮解性があり、水に易溶。酸化性、腐食性が大きい。強酸性。
b	アセトニトリル	無色又はわずかに着色した透明の液体で、特有の刺激臭がある。可燃性で、高濃度のものは空気中で白煙を生じる。
c	ホルマリン	無色の催涙性透明液体。刺激臭を有する。空気中の酸素によって一部酸化され、ぎ酸を生じる。

	a	b	c
1	正	誤	正
2	正	正	誤
3	正	正	正
4	誤	正	正
5	誤	誤	誤

問 48　次の物質とその性状に関する記述の正誤について、正しい組合せを1〜5から一つ選べ。

	物質	性状
a	ピクリン酸	淡黄色の光沢ある小葉状あるいは針状結晶。純品は無臭。徐々に熱すると昇華するが、急熱あるいは衝撃により爆発する。
b	ベタナフトール	無色の光沢のある小葉状結晶あるいは白色の結晶性粉末。かすかなフェノール様臭気と、灼くような味を有する。
c	塩化第一銅（別名 塩化銅（Ⅰ））	濃い藍色の結晶で、風解性があり、水に可溶。水溶液は青いリトマス紙を赤くし、酸性反応を呈する。

	a	b	c
1	誤	正	正
2	正	誤	正
3	正	正	正
4	正	正	誤
5	誤	誤	誤

問 49　次の物質とその識別方法に関する記述の正誤について、正しい組合せを1～5から一つ選べ。

	物質	識別方法
a	硝酸銀	鉄屑を加えて熱すると藍色を呈して溶け、その際に赤褐色の蒸気を発生する。
b	硫酸亜鉛	水に溶かして硫化水素を通じると、白色の沈殿を生じる。また、水に溶かして塩化バリウムを加えると白色の沈殿を生じる。
c	トリクロル酢酸	水酸化ナトリウム溶液を加えて熱すれば、クロロホルムの臭気を放つ。

	a	b	c
1	正	正	誤
2	誤	正	正
3	正	正	正
4	正	誤	正
5	誤	誤	誤

問 50　次の物質とその取扱上の注意に関する記述の正誤について、正しい組合せを1～5から一つ選べ。

	物質	取扱上の注意
a	カリウム	水、二酸化炭素、ハロゲン化炭化水素と激しく反応するので、これらと接触させない。
b	メタクリル酸	重合防止剤が添加されているが、加熱、直射日光、過酸化物、鉄錆等により重合が始まり、爆発することがある。
c	沃化水素酸	引火しやすく、また、その蒸気は空気と混合して爆発性混合ガスを形成するので火気には近づけない。

	a	b	c
1	誤	正	正
2	誤	誤	誤
3	正	誤	正
4	正	正	正
5	正	正	誤

（農業用品目）

問 36　次のうち、省令第4条の2に規定する毒物及び劇物に該当するもの(農業用品目)の、正しい組合せを1～5から一つ選べ。ただし、物質はすべて原体とする。

a　クロルメチル　　b　黄燐　　c　燐化亜鉛　　d　アバメクチン

1（a、b）　　　2（a、c）　　　3（b、c）　　　4（b、d）　　　5（c、d）

問 37　次の物質を含有する製剤に関する記述について、（　　）の中に入れるべき字句の正しい組合せを1～5から一つ選べ。なお、市販品の有無は問わない。

a　(RS)-α-シアノ-3-フエノキシベンジル=N-(2-クロロ-α・α・α-トリフルオロ-パラトリル)-D-バリナート(別名　フルバリネート)を含有する製剤が、（　a　）の指定から除外される上限の濃度は5％である。

b　2-ジフエニルアセチル-1・3-インダンジオン(別名　ダイファシノン)を含有する製剤が、（　b　）の指定から除外される上限の濃度は0.005％である。

c　トランス-N-(6-クロロ-3-ピリジルメチル)-N'-シアノ-N-メチルアセトアミジン(別名　アセタミプリド)を含有する製剤が、劇物の指定から除外される上限の濃度は（　c　）％である。

d　2-イソプロピル-4-メチルピリミジル-6-ジエチルチオホスフエイト(別名　ダイアジノン)を含有する製剤が、劇物の指定から除外される上限の濃度は（　d　）％(マイクロカプセル製剤にあっては25％)である。

関西広域連合統一

	a	b	c	d
1	劇物	劇物	2	20
2	劇物	毒物	8	20
3	劇物	毒物	2	5
4	毒物	毒物	8	20
5	毒物	劇物	2	5

問 38　「毒物及び劇物の廃棄の方法に関する基準」に基づく、シアン化水素の廃棄方法の記述について、（　）の中に入れるべき字句の最も適切な組合せを1～5から一つ選べ。なお、複数箇所の（　b　）内は、同じ字句が入る。

多量の（　a　）(20w/v％以上)に吹き込んだのち、次亜塩素酸ナトリウムなどの（　b　）剤の水溶液を加えてシアン成分を（　b　）分解する。
シアン成分を分解したのち（　c　）を加え中和し、多量の水で希釈して処理する。

	a	b	c
1	水酸化ナトリウム水溶液	還元	硫酸
2	水酸化ナトリウム水溶液	酸化	硫酸
3	水酸化ナトリウム水溶液	還元	チオ硫酸ナトリウム
4	希硫酸	還元	水酸化ナトリウム
5	希硫酸	酸化	水酸化ナトリウム

問 39　「毒物及び劇物の廃棄の方法に関する基準」に基づく、次の物質の廃棄方法の記述について、適切なものの組合せを1～5から一つ選べ。

a　1・3-ジカルバモイルチオ-2-(N・N-ジメチルアミノ)-プロパン(別名　カルタップ)は、水酸化ナトリウム水溶液でアルカリ性とし、高温加圧下で加水分解する。
b　塩素酸ナトリウムは、還元剤(チオ硫酸ナトリウム等)の水溶液に希硫酸を加えて酸性にし、この中に少量ずつ投入する。反応終了後、反応液を中和し多量の水で希釈して処理する。
c　S-メチル-N-[(メチルカルバモイル)-オキシ]-チオアセトイミデート(別名　メトミル)は、少量の界面活性剤を加えた亜硫酸ナトリウムと炭酸ナトリウムの混合液中で、撹拌し分解させた後、多量の水で希釈して処理する。
d　N-メチル-1-ナフチルカルバメート(別名　カルバリル、NAC)は、そのまま焼却炉で焼却する。

1 (a、b)　　　2 (a、c)　　　3 (b、c)　　　4 (b、d)　　　5 (c、d)

問 40　「毒物及び劇物の運搬事故時における応急措置に関する基準」に基づく、次の物質の飛散又は漏えい時の措置として、該当する物質名との最も適切な組合せを1～5から一つ選べ。
なお、作業にあたっては、風下の人を避難させる、飛散又は漏えいした場所の周辺にはロープを張るなどして人の立入りを禁止する、作業の際には必ず保護具を着用する、風下で作業しない、廃液が河川等に排出されないように注意する、付近の着火源となるものは速やかに取り除く、などの基本的な対応を行っているものとする。

＜物質名＞　ジメチルジチオホスホリルフエニル酢酸エチル(別名　フェントエート、PAP)、ブロムメチル、硫酸第二銅(別名　硫酸銅(Ⅱ))

a 飛散したものは空容器にできるだけ回収し、そのあとを水酸化カルシウム(消石灰)、炭酸ナトリウム(ソーダ灰)等の水溶液を用いて処理し、多量の水で洗い流す。
b 漏えいした液は土砂等でその流れを止め、安全な場所に導き、空容器にできるだけ回収し、そのあとを水酸化カルシウム(消石灰)等の水溶液を用いて処理し、中性洗剤等の分散剤を使用して多量の水で洗い流す。
c 漏えいした液が多量の場合は、土砂等でその流れを止め、液が広がらないようにして蒸発させる。

	a	b	c
1	硫酸第二銅	フェントエート	ブロムメチル
2	硫酸第二銅	ブロムメチル	フェントエート
3	フェントエート	硫酸第二銅	ブロムメチル
4	ブロムメチル	フェントエート	硫酸第二銅
5	ブロムメチル	硫酸第二銅	フェントエート

問 41 次の物質とその用途の記述が、適切なものの組合せを1〜5から一つ選べ。

	物質名	用途
a	2・2'-ジピリジリウム-1・1'-エチレンジブロミド(別名 ジクワット)	除草剤
b	2'・4-ジクロロ-α・α・α-トリフルオロ-4'-ニトロメタトルエンスルホンアニリド(別名 フルスルフアミド)	殺虫剤
c	トランス-N-(6-クロロ-3-ピリジルメチル)-N'-シアノ-N-メチルアセトアミジン(別名 アセタミプリド)	殺虫剤
d	ジエチル-3・5・6-トリクロル-2-ピリジルチオホスフエイト(別名 クロルピリホス)	殺菌剤

1 (a、b)　　2 (a、c)　　3 (b、c)　　4 (b、d)　　5 (c、d)

問 42 次の物質のうち、土壌燻蒸剤(土壌消毒剤)として用いる物質として適切なものの組合せを1〜5から一つ選べ。

a 5-メチル-1・2・4-トリアゾロ[3・4-b]ベンゾチアゾール(別名 トリシクラゾール)
b クロルピクリン
c N-(4-t-ブチルベンジル)-4-クロロ-3-エチル-1-メチルピラゾール-5-カルボキサミド(別名 テブフェンピラド)
d メチルイソチオシアネート

1 (a、b)　　2 (a、c)　　3 (b、c)　　4 (b、d)　　5 (c、d)

問 43 S-メチル-N-[(メチルカルバモイル)-オキシ]-チオアセトイミデート(別名 メトミル)に関する記述について、(　　)の中に入れるべき字句の最も適切な組合せを1〜5から一つ選べ。

メトミルは野菜等に使用される(a)系の(b)で、水やメタノールに溶ける。中毒時の解毒剤は(c)が有効である。

	a	b	c
1	有機燐	殺虫剤	硫酸アトロピン
2	有機燐	殺菌剤	ジメルカプロール
3	有機燐	殺虫剤	ジメルカプロール
4	カーバメート	殺菌剤	硫酸アトロピン
5	カーバメート	殺虫剤	硫酸アトロピン

問 44　次の物質の毒性に関する記述について、該当する物質名との最も適切な組合せを1～5から一つ選べ。

<物質名>　塩素酸ナトリウム、クロルピクリン、2-イソプロピル-4-メチルピリミジル-6-ジエチルチオホスフエイト(別名　ダイアジノン)

a　コリンエステラーゼの阻害により、倦怠感、頭痛、めまい等の症状を呈し、重症中毒症状として、縮瞳、意識混濁、全身痙攣等を生じる。

b　吸入すると、分解されずに組織内に吸収され、各器官が障害される。血液中でメトヘモグロビンを生成、また中枢神経や心臓、眼粘膜を侵し、肺も強く障害する。

c　血液に対する毒性が強い。腎臓が障害されるため尿に血が混じり、量が少なくなる。重度の場合、気を失い、痙攣を起こして死亡することがある。

	a	b	c
1	塩素酸ナトリウム	クロルピクリン	ダイアジノン
2	塩素酸ナトリウム	ダイアジノン	クロルピクリン
3	ダイアジノン	クロルピクリン	塩素酸ナトリウム
4	ダイアジノン	塩素酸ナトリウム	クロルピクリン
5	クロルピクリン	ダイアジノン	塩素酸ナトリウム

問 45　1・1'-ジメチル-4・4'-ジピリジニウムジクロリド(別名　パラコート)に関する記述の正誤について、正しい組合せを1～5から一つ選べ。

a　生体内でラジカルとなり、酸素に触れて活性酸素を生じることで組織に障害を与える。

b　吸入した場合、鼻やのどなどの粘膜に炎症を起こし、重症の場合には、嘔気、嘔吐、下痢などを起こすことがある。

c　飲み込んだ場合には、消化器障害、ショックのほか、数日遅れて肝臓、腎臓、肺等の機能障害を起こすことがあるので、特に症状がない場合にも至急医師による手当を受ける。

	a	b	c
1	誤	誤	正
2	誤	正	誤
3	正	誤	誤
4	正	正	正
5	誤	正	正

問 46～問 50　次の物質について、最も適切な組合せを1～5から一つ選べ。

問 46　2・3・5・6-テトラフルオロ-4-メチルベンジル=(Z)-(1RS・3RS)-3-(2-クロロ-3・3・3-トリフルオロ-1-プロペニル)-2・2-ジメチルシクロプロパンカルボキシラート(別名　テフルトリン)

	形状	溶解性	分類
1	固体	水に難溶	有機燐系
2	固体	水に難溶	ピレスロイド系
3	固体	水に易溶	有機燐系
4	液体	水に易溶	ピレスロイド系
5	液体	水に易溶	有機燐系

問 47　クロルピクリン

	形状	溶解性	その他特徴
1	液体	水に難溶	催涙性
2	液体	水に易溶	引火性
3	固体	水に難溶	引火性
4	固体	水に難溶	催涙性
5	固体	水に易溶	引火性

問 48　1-(6-クロロ-3-ピリジルメチル)-N-ニトロイミダゾリジン-2-イリデンアミン(別名 イミダクロプリド)

	形状	溶解性	その他特徴
1	液体	水に難溶	弱い特異臭
2	液体	水に難溶	強い刺激臭
3	液体	水に易溶	強い刺激臭
4	固体	水に難溶	弱い特異臭
5	固体	水に易溶	強い刺激臭

問 49　メチル-N'・N'-ジメチル-N-[(メチルカルバモイル)オキシ]-1-チオオキサムイミデート(別名 オキサミル)

	形状	溶解性	その他特徴
1	固体	水に可溶	強い刺激臭
2	固体	水に可溶	わずかな硫黄臭
3	液体	水に不溶	わずかな硫黄臭
4	液体	水に可溶	強い刺激臭
5	液体	水に不溶	強い刺激臭

問 50　塩素酸ナトリウム

	形状	溶解性	その他特徴
1	液体	水に難溶	潮解性
2	液体	液体	風解性
3	固体	水に難溶	潮解性
4	固体	水に易溶	風解性
5	固体	水に易溶	潮解性

(特定品目)

問 36　次のうち、すべてが「毒物劇物特定品目販売業者」が販売できるものである組合せを1〜5から一つ選べ。

1　キシレン、トルエン、ニトロベンゼン
2　亜セレン酸ナトリウム、硅弗化ナトリウム、ナトリウム
3　塩化ホスホリル、クロロホルム、四塩化炭素
4　酢酸エチル、フェノール、メチルエチルケトン
5　クロム酸カリウム、酸化鉛、重クロム酸アンモニウム

問 37　次の物質を含有する製剤で、劇物の指定から除外される上限の濃度について、正しい組合せを1〜5から一つ選べ。

<物質名> アンモニア、塩化水素、クロム酸鉛、水酸化カリウム

	アンモニア	塩化水素	クロム酸鉛	水酸化カリウム
1	10 %	10 %	50 %	10 %
2	10 %	5 %	70 %	10 %
3	10 %	10 %	70 %	5 %
4	5 %	10 %	50 %	5 %
5	5 %	5 %	50 %	10 %

問 38　「毒物及び劇物の廃棄の方法に関する基準」に基づく、次の物質の廃棄方法として、燃焼法による廃棄が適切でないものはいくつあるか。1〜5から一つ選べ。

a　過酸化水素　　　b　酸化第二水銀(酸化水銀(Ⅱ))　c　蓚酸
d　メタノール　　　e　四塩化炭素

1　1つ　　　　2　2つ　　　　3　3つ　　　　4　4つ　　　　5　5つ

問 39　「毒物及び劇物の廃棄の方法に関する基準」に基づく、次の物質の廃棄方法の記述について、適切なものの組合せを1〜5から一つ選べ。

a　アンモニアは、過剰の可燃性溶剤又は重油等の燃料とともに、アフターバーナー及びスクラバーを備えた焼却炉の火室へ噴霧してできるだけ高温で焼却する。
b　塩素は、多量のアルカリ水溶液(石灰乳又は水酸化ナトリウム水溶液等)中に吹き込んだ後、多量の水で希釈して処理する。
c　硅弗化ナトリウムは、希硫酸に溶かし、硫酸鉄(Ⅱ)等の還元剤の水溶液を過剰に用いて還元したのち、水酸化カルシウム(消石灰)、炭酸ナトリウム(ソーダ灰)等の水溶液で処理し、沈殿ろ過する。溶出試験を行い、溶出量が判定基準以下であることを確認して埋立処分する。
d　硫酸は、徐々に石灰乳等の撹拌溶液に加え中和させた後、多量の水で希釈して処理する。

1 (a、b)　　　2 (a、c)　　　3 (a、d)　　　4 (b、d)　　　5 (c、d)

問 40　「毒物及び劇物の運搬事故時における応急措置に関する基準」に基づく、次の物質の飛散又は漏えい時の措置として、該当する物質名との最も適切な組合せを1〜5から一つ選べ。
　　　なお、作業にあたっては、風下の人を避難させる、飛散又は漏えいした場所の周辺にはロープを張るなどして人の立入りを禁止する、作業の際には必ず保護具を着用する、風下で作業しない、廃液が河川等に排出されないように注意する、付近の着火源となるものは速やかに取り除く、などの基本的な対応を行っているものとする。

＜物質名＞　塩酸、キシレン、クロム酸鉛、メタノール

a　少量の場合、土砂等で吸着させて取り除くか、又はある程度水で徐々に希釈した後、水酸化カルシウム(消石灰)、炭酸ナトリウム(ソーダ灰)等で中和し、多量の水を用いて洗い流す。
b　飛散したものは空容器にできるだけ回収し、そのあとを多量の水を用いて洗い流す。
c　多量の場合、土砂等でその流れを止め、安全な場所に導き、液の表面を泡で覆い、できるだけ空容器に回収する。
d　少量の場合、多量の水で十分に希釈して洗い流す。

	a	b	c	d
1	塩酸	クロム酸鉛	キシレン	メタノール
2	塩酸	メタノール	キシレン	クロム酸鉛
3	キシレン	クロム酸鉛	塩酸	メタノール
4	クロム酸鉛	キシレン	メタノール	塩酸
5	クロム酸鉛	メタノール	塩酸	キシレン

問 41　次の劇物とその用途の正誤について、正しい組合せを下表から一つ選べ。

	物質	用途
a	ホルマリン	フィルムの硬化、人造樹脂等の製造
b	重クロム酸ナトリウム	釉薬、防腐剤
c	酢酸エチル	溶剤、香料

	a	b	c
1	正	正	誤
2	正	誤	正
3	正	誤	誤
4	誤	正	誤
5	誤	誤	正

問 42　次の物質の用途について、該当する物質名との最も適切な組合せを 1 ～ 5 から一つ選べ。

＜物質名＞　塩素、二酸化鉛、メチルエチルケトン

　　a　溶剤や有機合成原料　　　b　電池の製造
　　c　乾燥剤、肥料の製造　　　d　紙・パルプの漂白剤、殺菌剤

	塩素	二酸化鉛	メチルエチルケトン
1	a	c	d
2	b	d	c
3	b	c	a
4	d	b	a
5	d	b	c

問 43　次の物質の毒性に関する記述について、誤っているものを 1 ～ 5 から一つ選べ。

　　1　水酸化カリウムは、皮膚に対する腐食性が強い。
　　2　塩酸が直接皮膚に触れると、やけどを起こす。
　　3　硝酸の高濃度の蒸気を吸入すると、肺水腫を起こすことがある。
　　4　硫酸が眼に入った場合、粘膜を激しく刺激し、失明することがある。
　　5　過酸化水素水の蒸気を吸入した場合、深い麻酔状態に陥る。

問 44　次の物質とその毒性に関する記述の正誤について、正しい組合せを 1 ～ 5 から一つ選べ。

	物質	毒性
a	クロロホルム	吸入すると、強い麻酔作用があり、めまい、頭痛、吐き気を感じる。
b	硅弗化ナトリウム	吸入すると、口と食道が赤黄色に染まり、のち青緑色に変化する。腹部が痛くなり、緑色のものを吐き出し、血の混じった便をする。
c	四塩化炭素	吸入すると、酩酊や頭痛、視神経が侵されることから、眼のかすみなどを起こす。

	a	b	c
1	正	正	誤
2	誤	正	正
3	正	誤	誤
4	正	誤	正
5	誤	誤	正

問 45 次の物質の貯蔵方法に関する記述について、該当する物質名との最も適切な組合せを1～5から一つ選べ。

<物質名> アンモニア水、キシレン、クロロホルム、水酸化カリウム

a 引火しやすく、また、その蒸気は空気と混合して爆発性混合ガスとなるので、火気を避けて保管する。
b 二酸化炭素と水を強く吸収するので、密栓をして保管する。
c 少量ならば褐色ガラス瓶、大量ならばカーボイなどを使用し、3分の1の空間を保って貯蔵する。
d 純品は空気と日光によって変質するため、少量のアルコールを加えて、冷暗所に保管する。
e 揮発しやすいので、密栓をして保管する。

	アンモニア水	キシレン	クロロホルム	水酸化カリウム
1	c	a	d	b
2	d	b	c	e
3	d	b	a	e
4	e	a	d	b
5	e	c	a	b

問 46 次の記述について、適切なものの組合せを1～5から一つ選べ。

a 水酸化ナトリウム水溶液は、アルミニウム、スズ、亜鉛などの金属を腐食して水素ガスを発生する。
b 重クロム酸ナトリウムは、風解性をもつ橙色の結晶である。
c 塩化水素は、常温、常圧において刺激臭を有する黄緑色の気体である。
d 一酸化鉛は、黄色から赤色を呈する重い粉末で、水に不溶である。

1 (a、b)　　2 (a、d)　　3 (b、c)　　4 (b、d)　　5 (c、d)

問 47 次の記述について、適切なものの組合せを1～5から一つ選べ。

a クロム酸鉛は、黄色から赤黄色の粉末で、酸、アルカリに可溶であるが、酢酸、アンモニア水には不溶である。
b 塩素は、窒息性臭気を有する不燃性の気体である。
c 過酸化水素は不安定な化合物であり、常温において徐々に酸素と水素に分解する。
d クロロホルムは、無色の揮発性液体で、水とよく混和する。

1 (a、b)　　2 (a、d)　　3 (b、c)　　4 (b、d)　　5 (c、d)

問 48 次の記述について、適切なものの組合せを1～5から一つ選べ。

a 酢酸エチルは、可燃性の液体で、その蒸気は空気より軽い。
b 酸化第二水銀(別名 酸化水銀(Ⅱ))を強熱すると、有毒な煙霧及びガスを生成する。
c 硅弗化ナトリウムは、黄色の粉末で、水に易溶である。
d 硝酸は、金、白金、白金族以外の諸金属を溶解する。

1 (a、b)　　2 (a、c)　　3 (a、d)　　4 (b、d)　　5 (c、d)

問 49　次の記述について、適切なものの組合せを 1 ～ 5 から一つ選べ。

a　トルエンの蒸気は、空気と混合すると爆発性混合気体となる。
b　一酸化鉛を強熱すると、金属鉛を生成する。
c　クロム酸ナトリウムは、水に難溶の酸化剤である。
d　ホルマリンは、刺激臭のある無色透明な液体である。

1 (a、b)　　　2 (a、d)　　　3 (b、c)　　　4 (b、d)　　　5 (c、d)

問 50　次の物質の識別方法に関する記述について、該当する物質名との最も適切な組合せを 1 ～ 5 から一つ選べ。

＜物質名＞　蓚酸、ホルマリン、四塩化炭素、硫酸

a　アンモニア水を加え、さらに硝酸銀溶液を加えると、徐々に金属銀が析出する。
b　水溶液をアンモニア水で弱アルカリ性にして塩化カルシウムを加えると、白色沈殿を生成する。
c　アルコール性の水酸化カリウムと銅粉とともに煮沸すると、黄赤色の沈殿を生成する。
d　希釈水溶液に塩化バリウムを加えると白色の沈殿を生じるが、この沈殿は塩酸や硝酸に不溶である。

	a	b	c	d
1	四塩化炭素	蓚酸	ホルマリン	硫酸
2	四塩化炭素	ホルマリン	硫酸	蓚酸
3	硫酸	四塩化炭素	ホルマリン	蓚酸
4	ホルマリン	硫酸	四塩化炭素	蓚酸
5	ホルマリン	蓚酸	四塩化炭素	硫酸

関西広域連合統一

〔法　規〕

（一般・農業用品目共通）

問１　次のうち、毒物及び劇物取締法第２条の条文として、**正しいものを**１つ選びなさい。

1　この法律は、「毒物」とは、別表第一に掲げる物であつて、医薬品及び医薬部外品であるものをいう。
2　この法律は、「毒物」とは、別表第二に掲げる物であつて、医薬品及び医薬部外品であるものをいう。
3　この法律は、「毒物」とは、別表第一に掲げる物であつて、医薬品及び医薬部外品以外のものをいう。
4　この法律は、「毒物」とは、別表第二に掲げる物であつて、医薬品及び医薬部外品以外のものをいう。

問２　次のうち、毒物又は劇物の販売業に関する記述として、**正しいもの**を１つ選びなさい。

1　登録は、毒物又は劇物の販売を行う店舗ごとに行う。
2　登録は、５年ごとに更新を受けなければ、その効力を失う。
3　登録は、地方厚生局長が行う。
4　一般販売業の登録を受けた者は、農業用品目又は特定品目を販売することができない。

問３　次のうち、毒物及び劇物取締法第３条の４に基づく、引火性、発火性又は爆発性のある毒物又は劇物であって政令で定めるものとして、**正しいもの**を１つ選びなさい。

1　トルエン
2　カリウム
3　黄燐
4　ピクリン酸
5　塩素酸ナトリウム 30 ％を含有する製剤

問４　毒物及び劇物取締法に関する記述の正誤について、**正しい組み合わせ**を１つ選びなさい。

a　特定毒物を輸入することができるのは、特定毒物研究者のみである。
b　特定毒物使用者は、特定毒物を品目ごとに政令で定める用途以外の用途に供してはならない。
c　特定毒物を所持することができるのは、特定毒物研究者又は特定毒物使用者のみである。
d　特定毒物研究者は、特定毒物を学術研究以外の用途に供してはならない。

	a	b	c	d
1	正	誤	誤	誤
2	誤	誤	正	正
3	正	正	正	誤
4	誤	正	誤	正

問5　次のうち、毒物及び劇物の販売業の店舗の設備に関する基準として、**誤ってい**
るものを1つ選びなさい。

1　毒物又は劇物を貯蔵する場所に、換気口を備え、手洗いの設備があること。
2　貯水池その他容器を用いないで毒物又は劇物を貯蔵する設備は、毒物又は劇物
が飛散し、地下に染み込み、又は流れ出るおそれがいないものであること。
3　毒物又は劇物の運搬用具は、毒物又は劇物が飛散し、漏れ、又はしみ出るおそ
れがないものであること。
4　毒物又は劇物を陳列する場所に、かぎをかける設備があること。

問6　毒物と劇物の組み合わせとして、**正しいもの**を1つ選びなさい。

	毒物	劇物
1	クロロホルム	ニコチン
2	四アルキル鉛	硝酸
3	水銀	シアン化ナトリウム
4	水酸化カリウム	ロテノン

問7〜8　次の記述は、毒物及び劇物取締法第8条第2項の条文である。（　　）にあ
てはまる字句として、**正しいもの**を1つ選びなさい。

次に掲げる者は、前条の毒物劇物取扱責任者となることができない。
一　略
二　略
三　麻薬、大麻、（　**問7**　）又は覚せい剤の中毒者
四　毒物若しくは劇物又は薬事に関する罪を犯し、罰金以上の刑に処せられ、その
執行を終り、又は執行を受けることなくなつた日から起算して（　**問8**　）を経過
していない者

問7　1　コカイン　　2　あへん　　3　向精神薬　　4　シンナー
　　　5　指定薬物

問8　1　一年　　　2　二年　　　3　三年　　　4　四年　　　5　五年

問9　毒物又は劇物の譲渡手続に関する記述の正誤について、**正しい組み合わせ**を1
つ選びなさい。

a　毒物劇物営業者は、毒物又は劇物の譲渡手続に係る書面を、販売又は授与の日
から3年間、保存しなければならない。
b　毒物劇物営業者が、毒物又は劇物を毒物劇物営業者以外の者に販売し、又は授
与する場合、毒物又は劇物の譲渡手続に係る書面には、譲受人の押印が必要で
ある。
c　毒物劇物営業者が、毒物又は劇物を毒物劇物営業者以外の者に販売し、又は授
与した後に、譲受人から毒物又は劇物の譲渡手続に係る書面の提出を受けなけ
ればならない。
d　毒物又は劇物の譲渡手続に係る書面には、毒物又は劇物の名称及び数量、販売
又は授与の年月日並びに譲受人の氏名、職業及び住所
（法人にあっては、その名称及び主たる事務所の所在地
住所）を記載しなければならない。

	a	b	c	d
1	正	誤	誤	誤
2	誤	誤	正	正
3	正	正	正	誤
4	誤	正	誤	正

奈良県

問 10　毒物劇物営業者が行う毒物又は劇物の表示に関する記述の正誤について、**正しい組み合わせ**を１つ選びなさい。

a　劇物の容器及び被包には「医薬用外」の文字を必ず記載する必要はないが、毒物の容器及び被包には「医薬用外」の文字を記載する必要がある。
b　劇物の容器及び被包に、白地に赤色をもって「劇物」の文字を表示しなければならない。
c　毒物の容器及び被包に、黒地に白色をもって「毒物」の文字を表示しなければならない。
d　特定毒物の容器及び被包に、白地に黒色をもって「特定毒物」の文字を表示しなければならない。

	a	b	c	d
1	正	誤	正	正
2	誤	正	誤	誤
3	正	正	誤	正
4	誤	誤	正	誤

問 11　次の記述は、毒物及び劇物取締法第 12 条第 2 項の条文である。（　）にあてはまる字句として、**正しいもの**を１つ選びなさい。

毒物劇物営業者は、その容器及び被包に、左に掲げる事項を表示しなければ、毒物又は劇物を販売し、又は授与してはならない。
一　毒物又は劇物の名称
二　（　a　）
三　厚生労働省令で定める毒物又は劇物については、それぞれ厚生労働省令で定めるその（　b　）の名称
四　毒物又は劇物の取扱及び使用上特に必要と認めて、厚生労働省令で定める事項

	a	b
1	毒物又は劇物の成分及びその含量	中和剤
2	使用期限及び製造番号	中和剤
3	毒物又は劇物の成分及びその含量	解毒剤
4	使用期限及び製造番号	解毒剤

問 12　毒物及び劇物の廃棄に関する記述の正誤について、**正しい組み合わせ**を１つ選びなさい。

a　廃棄の方法について政令で定める技術上の基準に従わなければ、廃棄してはならない。
b　ガス体又は揮発性の毒物又は劇物は、技術上の基準として、保健衛生上危害を生ずるおそれがない場所で、少量ずつ放出し、又は揮発させること。
c　可燃性の毒物又は劇物は、技術上の基準として、保健衛生上危害を生ずるおそれがない場所で、少量ずつ燃焼させること。

	a	b	c
1	正	正	正
2	正	正	誤
3	誤	誤	正
4	誤	誤	誤

問 13　次のうち、毒物劇物取扱責任者に関する記述として、**誤っているもの**を１つ選びなさい。

1　毒物劇物販売業者は、毒物又は劇物を直接に取り扱う店舗ごとに、専任の毒物劇物取扱責任者を置かなければならない。
2　毒物又は劇物の製造業と販売業を併せ営む場合に、その製造所と店舗が互いに隣接しているとき、毒物劇物取扱責任者はこれらの施設を通じて１人で足りる。
3　毒物劇物販売業者は、自らが毒物劇物取扱責任者として毒物又は劇物による保健衛生上の危害の防止に当たる店舗には、毒物劇物取扱責任者を置く必要はない。
4　毒物劇物営業者は、毒物劇物取扱責任者を変更するときは、あらかじめその毒物劇物取扱責任者の氏名を届け出なければならない。

問 14　毒物及び劇物取締法第 10 条の規定に基づき、毒物劇物営業者が 30 日以内に届け出なければないこととして、**正しいものの組み合わせ**を 1 つ選びなさい。

　　a　法人の場合、法人の代表取締役を変更したとき
　　b　登録品目である毒物の製造を廃止したとき
　　c　登録品目である劇物の輸入量を変更したとき
　　d　毒物又は劇物を貯蔵設備の重要な部分を変更したとき

　　1（a、b）　　　2（a、c）　　　3（b、d）　　　4（c、d）

問 15 〜 16　毒物劇物営業者が、特定毒物使用者に譲り渡す際に基準が定められている特定毒物の着色として、**正しいもの**を 1 つ選びなさい。

　問 15　モノフルオール酢酸アミドを含有する製剤
　　　1　黒色　　　2　紅色　　　3　青色　　　4　黄色　　　　5　緑色

　問 16　ジメチルエチルメルカプトエチルチオホスフエイトを含有する製剤
　　　1　黒色　　　2　紅色　　　3　青色　　　4　黄色　　　　5　緑色

問 17　1 回に 1,000 キログラムを超えて毒物又は劇物を車両を使用して運搬する場合で、当該運搬を他に委託するとき、荷送人が運送人に対し、あらかじめ交付しなければならない書面の内容の正誤について、**正しい組み合わせ**を 1 つ選びなさい。

	a	b	c	d
a　毒物又は劇物の名称				
b　毒物又は劇物の用途	1　誤	正	誤	正
c　毒物又は劇物の数量	2　正	誤	正	正
d　事故の際に講じなければならない応急の措置の内容	3　正	誤	正	誤
	4　誤	正	誤	誤

問 18 〜 19　次の記述は、毒物及び劇物取締法第 17 条の条文である。（　　）にあてはまる字句として、**正しいもの**を 1 つ選びなさい。

　　毒物劇物営業者及び特定毒物研究者は、その取扱いに係る毒物若しくは劇物又は第十一条第二項の政令で定める物が飛散し、漏れ、流れ出し、染み出し、又は地下に染み込んだ場合において、不特定又は多数の者について保健衛生上の危害が生ずるおそれがあるときは、（　**問 18**　）、その旨を（　**問 19**　）に届け出るとともに、保健衛生上の危害を防止するため必要な応急の措置を講じなければならない。
　　2　略

　問 18　1　直ちに　　　2　速やかに　　　3　遅滞なく
　　　　　4　二十四時間以内　　　5　四十八時間以内

　問 19　1　保健所又は警察署　　　　　　　　2　市町村役場又は警察署
　　　　　3　保健所、警察署又は消防機関　　　4　市町村役場、警察署又は消防機関
　　　　　5　保健所、市町村役場、警察署又は消防機関

奈良県

問 20　次のうち、毒物及び劇物取締法第 18 条に基づく立入検査等に関する記述として、**誤っているもの**を 1 つずつ選びなさい。

　1　都道府県知事は、保健衛生上必要があると認めるときは、毒物劇物監視員に、特定毒物研究者の研究所に立ち入り、帳簿その他の物件をさせることができる。
　2　都道府県知事は、保健衛生上必要があると認めるときは、毒物劇物監視員に、毒物劇物販売業者の店舗に立ち入り、試験のため必要な最小限度の分量に限り、毒物、劇物、毒物及び劇物取締法第 11 条第 2 項の政令で定める物若しくはその疑いのある物を収去させることができる。
　3　都道府県知事は、犯罪捜査のために必要があると認めるときは、毒物劇物製造業者から必要な報告を徴することができる。
　4　毒物劇物監視員は、その身分を示す証票を携帯市、関係者の請求があるときは、これを提示しなければならない。

〔基礎化学〕

（一般・農業用品目共通）

問 21 ～ 31　次の記述について、（　　）の中に入れるべき字句のうち、**正しいもの**を 1 つ選びなさい。

問 21　次のうち、1.7×10^{-4}g に（　　）μ g である。

　1　1.7×10^{-7}　　2　1.7×10^{-6}　　3　1.7×10^{-1}　　4　1.7×10^{2}
　5　1.7×10^{3}

問 22　次のうち、分子式 C_6H_{14} をもつ物質の構造異性体の数は（　　）である。

　1　2つ　　2　3つ　　3　4つ　　4　5つ　　5　6つ

問 23　次のうち、Ag^+、Cd^{2+}、Ba^{2+} の 3 種類の金属イオンを含む混合溶液を下図の順に処理したとき、沈殿物 b の色は（　　）である。

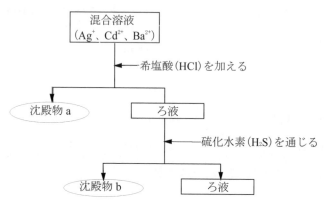

　1　白色　　2　黒色　　3　褐色　　4　灰緑色　　5　黄色

問 24　次のうち、亜鉛に希硫酸を加えると発生する気体は（　　）である。

　1　一酸化炭素　　2　窒素　　3　メタン　　4　水素　　5　二酸化炭素

問25　次のうち、アルカンは(　　)である。

1　アセチレン　　　2　ベンゼン　　　3　ノナン　　4　1－ブテン
5　エチレン

問26　次のうち、NaH(水素化ナトリウム)中のHの酸化数は(　　)である。

1　－2　　　　2　－1　　　　3　0　　　4　+1　　　5　+2

問27　次のうち、塩酸や希硫酸とは反応しないが、酸化力のある濃硝酸には、二酸化窒素を発生して溶ける物質は(　　)である。

1　Cu　　2　Ni　　3　Zn　　4　Al　　　5　K

問28　次のうち、第一イオン化エネルギーが最も大きい原子は(　　)である。

1　F　　　2　H　　　3　He　　4　Ar　　5　K

問29　次のうち、二価アルコールは(　　)である。

1　エタノール　　　　　2　2－プロパノール　　　3　エチレングリコール
4　2－ブタノール　　　5　グリセリン

問30　次のうち、極性分子は(　　)である。

1　二酸化炭素　　2　四塩化炭素　　3　メタン　　　4　塩化水素　　　5　塩素

問31　次のうち、ナトリウム原子($_{11}$Na)の最外殻電子の数は(　　)である。

1　0個　　　2　1個　　3　2個　　4　7個　　5　8個

問32　次の化学反応の速さと平衡に関する記述のうち、**正しいもの**を1つ選びなさい。
1　反応物の濃度は、化学反応の速さに影響をあたえない。
2　温度は、化学反応の速さに影響をあたえない。
3　反応物が、活性化状態に達し、活性錯体1 mol を形成するのに必要な最小のエネルギーのことを活性化エネルギーという。
4　反応の前後において、自身が変化し、他の化学反応の速さを変化させる物質のことを触媒という。

問33　次の法則に関する記述のうち、**正しいもの**を1つ選びなさい。
1　電気分解では、変化する物質の物質量は通じた電気量に反比例する。これをファラデーの法則という。
2　圧力が一定のとき、一定量の気体の体積は絶対温度に反比例する。これをシャルルの法則という。
3　溶解度が小さい気体の場合、一定温度で一定量の溶媒に溶ける気体の物質量は、その気体の圧力に比例する。これをヘンリーの法則という。
4　化学反応の前後において、物質の総質量は変化しない。これをアボガドロの法則という。

奈良県

問34 次のコロイドに関する記述のうち、**正しいもの**を1つ選びなさい。

1 疎水コロイドに少量の電解質を加えたとき、沈殿が生じる現象を塩析という。
2 コロイド溶液の側面から強い光を当てると、光が散乱され、光の通路が輝いて見える現象をブラウン運動という。
3 コロイド溶液に直流電圧をかけると、陽極又は陰極にコロイド粒子が移動する現象を電気泳動という。
4 熱運動によって溶媒分子がコロイド粒子に衝突するために、コロイド粒子が不規則に動く現象をチンダル減少という。

問35 次の酸化還元反応に関する記述のうち、**正しいもの**を1つ選びなさい。

1 酸化と還元は、必ず同時に起こる。
2 物質が反応により酸素と化合したとき、その物質は還元されたという。
3 原子又はイオンが電子を受け取ったとき、その原子又はイオンは酸化されたという。
4 物質が反応により水素を失ったとき、その物質は還元されたという。

問36 次のアニリンに関する記述のうち、**誤っているもの**を1つ選びなさい。

1 アミノ基を有する塩基であるが、塩基性は弱く、赤リトマス紙を青変させることができない。
2 ニトロベンゼンをスズと濃塩酸を作用させて酸化し、アニリン塩酸塩を得た後、続いて強塩基を加えることで得られる。
3 硫酸酸性の二クロム酸カリウム水溶液を加えて加熱し十分に酸化すると、黒色の物質(アニリンブラック)が得られた。
4 希塩酸に溶かして氷冷したもののに、亜硝酸ナトリウム水溶液を加えると、ジアゾ化が起こり、塩化ベンゼンジアゾニウムが得られる。

問37 鉛とその化合物に関する記述のうち、**正しいもの**を1つ選びなさい。

1 鉛は元素記号 Pb で表され、典型元素に分類される金属である。
2 鉛蓄電池の負極には、二酸化鉛が使用される。
3 酢酸鉛(II)三水和物は黄色の結晶であり、少し甘味を持つので鉛糖ともよばれるが、極めて有毒である。
4 鉛(II)イオンを含む水溶液に、塩酸や希硫酸を加えると、いずれも黒色の塩化鉛(II)、硫酸鉛(II)が沈殿する。

問38 水酸化カルシウム($Ca(OH)_2$)222×10^{-3}g を用いて、2 L の水溶液を作った。この水溶液の水酸化カルシウムのモル濃度として**最も近い値**を1つ選びなさい。（水溶液は 20 ℃、原子量：H = 1、O = 16、Ca = 40 とする。）

1 0.167×10^{-3}1mol/L　　2 0.667×10^{-3}1mol/L　　3 1.50×10^{-3}1mol/L
4 1.95×10^{-3}1mol/L　　5 6.00×10^{-3}1mol/L

問39 2.10g の炭酸水素ナトリウムを加熱し、完全に熱分解したときに発生する二酸化炭素は標準状態で何 L か。**正しいもの**を1つ選びなさい。ただし、このとき起こる反応は次の化学反応式で表されるものとして、標準状態での気体1 mol の体積は、22.4L とする。（式量：$NaHCO_3$ = 84.0 とする。）

<化学反応式>

$2\ NaHCO_3\ \rightarrow\ Na_2CO_3\ +\ H_2O\ +\ CO_2$

1 0.140L　　2 0.280L　　3 0.560L　　4 1.12L　　5 2.224L

問 40　ある金属 M の酸化物 M₂O₃ には、質量パーセントで M が 70 ％含まれている。この金属 M の原子量として正しいものを 1 つ選びなさい。
（原子量：O = 16 とする。）

　　1　23　　2　27　　3　40　　4　48　　5　56

〔取扱・実地〕

（一般）

問 41　フェノールに関する記述について、**正しいものの組み合わせ**を 1 つ選びなさい。

　　a　防腐剤として用いられる。
　　b　アルコールに不溶である。
　　c　空気中で容易に赤変する。
　　d　無色又は白色の液体である。

　　1（a、b）　　2（a、c）　　3（b、d）　　4（c、d）

問 42　アニリンに関する記述について、**正しいものの組み合わせ**を 1 つ選びなさい。

　　a　エーテルには溶けにくいが、水にはよく溶ける。
　　b　無色透明の油状の液体で特有の臭気があり、空気に触れて赤褐色を呈する。
　　c　中毒症状としては、呼吸器系を激しく刺激し、粘膜に作用して気管支炎や結膜炎をおこさせる。
　　d　染料等の製造原料である。

　　1（a、b）　　2（a、c）　　3（b、d）　　4（c、d）

問 43 ～ 46　次の物質の性状等について、**最も適当なもの**を 1 つずつ選びなさい。

　　問 43　塩素　　　問 44　シアン化ナトリウム　　　問 45　硫酸　　　問 46　ロテノン

　　1　白色の粉末、粒状またはタブレットの固体。酸と反応すると有毒でかつ引火性のガスを発生する。水溶液は強アルカリ性である。
　　2　斜方六面体結晶。水にほとんど不溶。ベンゼン、アセトンに可溶、クロロホルムに易溶である。
　　3　常温においては窒息性臭気をもつ黄緑色気体。冷却すると黄色溶液を経て黄白色固体となる。
　　4　無色透明、油様の液体であるが、粗製のものは、しばしば有機質が混じって、かすかに褐色を帯びていることがある。濃いものは猛烈に水を吸収する。
　　5　無色、ニンニク臭の気体。空気中では常温でも徐々に分界する。

問 47 ～ 50　次の物質の毒性について、**最も適当なもの**を 1 つずつ選びなさい。

　　問 47　四塩化炭素　　　問 48　メタノール　　　問 49　シアン化水素
　　問 50　ニコチン

　　1　揮発性の蒸気の吸入によることが多く、症状は、はじめ頭痛、悪心等をきたし、また黄疸のように角膜が黄色となり、しだいに尿毒症様を呈し、重症なときは死ぬにいたがある。
　　2　頭痛、めまい、嘔吐、下痢等を起こし、致死量に近ければ麻酔状態になり、視神経が侵され、眼がかすみ、ついには失明することがある。
　　3　希薄な蒸気でも吸入すると、呼吸中枢を刺激し、次いで麻痺させる。
　　4　誤って嚥下はて場合には、消化器障害、ショックのほか、数日遅れて肝臓、腎臓、肺等の機能障害を起こすことがある。
　　5　猛烈な神経毒で、急性中毒では、よだれ、吐き気、悪心、嘔吐があり、次いで脈拍緩徐不整となり、発汗、瞳孔縮小、呼吸困難、痙攣をきたす。

奈良県

問 51 ～ 54　次の物質の用途について、**最も適当なもの**を１つずつ選びなさい。

　　問 51　酢酸エチル
　　問 52　塩化亜鉛
　　問 53　１，１’－ジメチル－４，４’－ジピリジニウムヒドロキシド
　　問 54　１・１’－イミノジ(オクタメチレン)ジグアニジン(別名：イミノクタジン)

　１　脱水剤、木材防腐剤、活性痰の原料、乾電池材料、脱臭剤、染料安定剤として
　　　使用される。
　２　香料、溶剤に使用される。
　３　除草剤に使用される。
　４　冶金、鍍金、写真用、果樹の殺虫剤として使用される。
　５　果樹の腐らん病、芝の葉枯れ病の殺菌に使用される。

問 55 ～ 57　次の物質の貯蔵方法に関する記述について、**最も適当なもの**を１つずつ
　　　選びなさい。

　　問 55　ピクリン酸　　　問 56　過酸化水素水　　　問 57　クロロホルム

　１　少量ならば褐色ガラス瓶を用い、大量ならばカーボイ等を使用し、３分の１の
　　　空間を保って貯蔵する。直射日光を避け、冷所に、有機物、金属塩、樹脂、油類、
　　　その他有機性蒸気を放出する物質と引き離して貯蔵する。
　２　空気に触れると発火しやすいので、水中に沈めて瓶に入れ、さらに砂を入れた
　　　た缶中に固定して、冷暗所に保管する。
　３　純品は空気と日光によって変質するので、少量のアルコールを加えて分解を防
　　　止し、冷暗所に貯える。
　４　火気に対して安全で隔離された場所に、硫黄、ヨード、ガソリン、アルコール
　　　等と離して保管する。金属容器を使用しない。

問 58 ～ 60　次の物質の漏えいした場合の措置として、**最も適当なもの**を１つずつ選
　　　びなさい。

　　問 58　ジメチル硫酸　　　　　　問 59　ニトロベンゼン
　　問 60　ニツケルカルボニル

　１　漏えいした液が少量の場合は、アルカリ水溶液で分解した後、多量の水を用い
　　　て洗い流す。
　２　着火源を速やかに取り除き、漏えいした液は、水で覆った後、土砂等に吸着さ
　　　せ、空容器に回収し、水封後密栓する。
　３　漏えいした液が少量の場合は、多量の水を用いて洗い流すか、土砂、おがくず
　　　等に吸着させて空容器に回収し、安全な場所で焼却する。
　４　漏えいした場所及び漏えいした液には消石灰(水酸化カルシウム)を十分に散布
　　　して吸収させる。

奈良県

(農業用品目)

問 41　次の毒物及び劇物のうち、農業用品目販売業者が販売できるものとして、**正し
　　　いものの組み合わせ**を１つ選びなさい。

　　a　メタノール　　b　ナラシン　　　c　硝酸　　　d　塩素酸ナトリウム

　　１(a、b)　　　２(a、c)　　　３(b、d)　　　４(c、d)

問 42 ～ 44　次の物質を含有する製剤で、劇物としての指定から除外される上限濃度について、**正しいもの**を１つずつ選びなさい。

問 42　４－ブロモ－２－(４－クロロフエニル)－１－エトキシメチル－５－トリフルオロメチルピロール－３－カルボニトリル(別名：クロルフエナピル)

問 43　２・２－ジメチル－２・３－ジヒドロ－１－ベンゾフラン－７－イル＝ N [N －(２－エトキシカルボニルエチル)－ N －イソプロピルスルフエナモイル]－N －メチルカルバマート(別名：ベンフラカルブ)

問 44　トリクロルヒドロキシエチルジメチルホスホネイト

1　0.6 ％　　　2　1.5 ％　　　3　6 ％　　　4　10 ％　　　5　80 ％

問 45 ～ 47　次の物質の鑑別方法について、**最も適当なもの**を１つずつ選びなさい。

問 45　クロルピクリン　　　問 46　アンモニア水　　　問 47　無機銅塩類

1　水溶液に金属カルシウムを加え、これにベタナフチルアミン及び硫酸を加えると、赤色の沈殿を生じる。
2　水に溶かし、硝酸銀を加えると、白色の沈殿を生じる。
3　濃塩酸を潤したガラス棒を近づけると白い霧を生じる。また、塩酸を加えて中和した後、塩化白金溶液を加えると黄色の結晶性の沈殿を生じる。
4　この物質の水溶液は水酸化ナトリウム溶液で、冷時青色の沈殿を生じる。

問 48 ～ 49　次の物質の貯蔵方法として、**最も適当なもの**を１つずつ選びなさい。

問 48　燐化アルミニウムとその分解促進剤とを含有する製剤
問 49　シアン化水素

1　少量ならば褐色ガラス瓶を用い、多量ならば銅製シリンダーを用いる。日光及び加熱を避け、風通しの良い冷所に貯蔵する。
2　空気中の湿気に触れると猛毒のガスを発生するため、密閉した容器を用い、風通しの良い冷暗所に貯蔵する。
3　金属腐食性及び揮発性があるため、耐腐食性容器に入れ、密栓して冷暗所に貯蔵する。

問 50 ～ 52　次の物質の用途について、**最も適当なもの**を１つずつ選びなさい。

問 50　塩化亜鉛
問 51　エチルジフエニルジチオホスフエイト
問 52　２－クロルエチルトリメチルアンモニウムクロリド

1　殺菌剤　　　2　除草剤　　　3　植物成長調整剤　　　4　木材防腐剤

問 53 ～ 55　次の物質の漏えい又は飛散した場合の措置として、**最も適当なもの**を１つずつ選びなさい。

問 53　硫酸
問 54　ブロムメチル
問 55　ジメチル－２・２－ジクロルビニルホスフエイト(別名：DDVP)

奈良県

1　少量の漏えいの場合、液は速やかに蒸発するので、周辺に近寄らないようにする。多量に漏えいした場合は、土砂等でその流れを止め、液が拡がらないようにして蒸発させる。
2　漏えいした液は土砂等でその流れを止め、安全な場所に導き、空容器にできるだけ回収し、その後を水酸化カルシウム等の水溶液を用いて処理した後、多量の水を用いて洗い流す。洗い流す場合には中性洗剤等の分散剤を使用する。
3　漏えいした液は土砂等でその流れを止め、これを吸着させるか、または安全な場所に導いて、遠くから次女に注水して希釈した後、水酸化カルシウム、炭酸ナトリウム等で中和し、多量の水を用いて洗い流す。
4　漏えいした液は土砂等でその流れを止め、安全な場所に導き、空容器にできるだけ回収し、その後を土壌で覆って十分接触させた後、土壌を取り除き、多量の水を用いて洗い流す。

問 56 ～ 57 次の物質及び製剤の廃棄方法について、**最も適当なもの**を 1 つずつ選びなさい。

問 56　ジメチルー４－メチルカプトー３－メチルフエニルチオホスフエイト
問 57　シアン化ナトリウム

1　徐々に石灰乳などの攪拌溶液に加え中和させた後、多量の水で希釈して処理する。
2　水酸化ナトリウム水溶液等でアルカリ性とし、高温加圧下で加水分解する。
3　可燃性溶剤とともに、アフタバーナー及びスクラバーを備えた焼却炉の火室へ噴霧し焼却する。

問 58 ～ 60　次の物質の毒性について、**最も適当なもの**を 1 つずつ選びなさい。

問 58　１，１'－ジメチルー４，４'－ジピリジニウムヒドロキシド
問 59　ジメチルジチオホスホリルフエニル酢酸エチル
問 60　エチレンクロルヒドリン

1　皮膚から容易に吸収され、全身中毒症状を引き起こす。中枢神経系、肝臓、腎臓、肺に顕著な障害を引き起こす。致死量のガスに曝露すると、数時間の後には呼吸困難、激しい頭痛、失神、チアノーゼ、左胸部痛等が生じ、最後には呼吸不全を起こして死亡する。
2　中枢神経系の抑制作用があり、吸入すると嘔気、嘔吐、めまいなどが起こり、重篤な場合は意識不明ちなり、肺水腫を起こす。皮膚との接触時間が長い場合は、発赤や水疱等が生じる。
3　経口直後から２日以内に、激しい嘔吐、粘膜障害及び食道穿孔などが発生し、２～３日で急性肝不全、進行性の糸球体腎炎、尿細管壊死による急性腎不全及び肺水腫、３～ 10 日で間質性肺炎や進行性の肺線維症を起こす。
4　血液中のコリンエステラーゼを阻害し、倦怠感、頭痛、めまい、嘔気、嘔吐、腹痛、多汗等の症状を呈し、重篤な場合縮瞳、意識混濁、全身痙攣等を起こすことがある。解毒剤には２－ピリジルアルドキシムメチオダイド(PAM)製剤を使用する。

中国五県統一共通
〔島根県、鳥取県、岡山県、広島県、山口県〕
令和4年度実施

〔毒物及び劇物に関する法規〕
(一般・農業用品目・特定品目共通)

問1　法第3条の条文に関する以下の記述の正誤について、正しい組み合わせを一つ選びなさい。

ア　毒物又は劇物の製造業の登録を受けた者は、その製造した毒物又は劇物を毒物劇物営業者以外の者に販売することができる。
イ　毒物又は劇物の輸入業の届出をした者は、販売又は授与の目的で毒物又は劇物を輸入することができる。
ウ　毒物又は劇物の製造業の登録を受けた者は、販売又は授与の目的で毒物又は劇物を製造することができる。
エ　毒物又は劇物の販売業の登録を受けた者は、販売又は授与の目的で毒物又は劇物を運搬することができる。

	ア	イ	ウ	エ
1	正	正	誤	正
2	正	誤	正	誤
3	誤	正	正	誤
4	誤	誤	正	正

問2　以下の物質を含有する製剤と法第3条の2第5項の規定により品目ごとに政令で定められている用途に関する組み合わせのうち、誤っているものを一つ選びなさい。

1　四アルキル鉛　　　　　　　－　ガソリンへの混入
2　モノフルオール酢酸の塩類　－　野ねずみの駆除
3　ジメチルエチルメルカプト
　　エチルチオホスフエイト　－　倉庫内、コンテナ内又は船倉内におけるねずみ、昆虫等の駆除
4　モノフルオール酢酸アミド　－　かんきつ類、りんご、なし、桃又はかきの害虫の防除

問3　政令第28条に規定されているりん化アルミニウムとその分解促進剤とを含有する製剤の使用者として、誤っているものを一つ選びなさい。

1　農業協同組合
2　日本たばこ産業株式会社
3　石油精製業者(原油から石油を精製することを業とする者をいう。)
4　船長(船長の職務を行う者を含む。)

問4　毒物又は劇物の販売業に関する以下の記述のうち、誤っているものを一つ選びなさい。

1　毒物又は劇物の販売業の登録は、一般販売業、農業用品目販売業、特定毒物販売業の登録に分けられる。
2　一般販売業の登録を受けた者は、全ての毒物又は劇物を販売することができる。
3　農業用品目販売業の登録を受けた者は、農業上必要な毒物又は劇物であって厚生労働省令で定めるものを販売することができる。

問5 省令第4条の4に規定されている毒物又は劇物の製造所の設備の基準に関する以下の記述の正誤について、正しい組み合わせを一つ選びなさい。

ア 毒物又は劇物の製造作業を行う場所は、コンクリート、板張り又はこれに準ずる構造とする等その外に毒物又は劇物が飛散し、漏れ、しみ出若しくは流れ出、又は地下にしみ込むおそれのない構造であること。
イ 毒物又は劇物の製造作業を行う場所は、毒物又は劇物を含有する粉じん、蒸気又は廃水の処理に要する設備又は器具を備えていること。
ウ 貯水池その他容器を用いないで毒物又は劇物を貯蔵する設備は、毒物又は劇物が飛散し、地下にしみ込み、又は流れ出るおそれがないものであること。
エ 毒物又は劇物を貯蔵する場所にかぎをかける設備があること。ただし、その場所が性質上かぎをかけることができないものであるときは、この限りでない。

	ア	イ	ウ	エ
1	正	正	正	正
2	正	誤	正	誤
3	誤	誤	誤	正
4	誤	正	正	誤

問6 法第8条第1項で規定されている毒物劇物取扱責任者となることができる者として、誤っているものを一つ選びなさい。

1 医師　　　　2 薬剤師
3 厚生労働省令で定める学校で、応用化学に関する学課を修了した者

問7 法第10条第2項の規定により、特定毒物研究者が、30日以内に主たる研究所の所在地の都道府県知事に届け出なければならない場合に関する記述の正誤について、正しい組み合わせを一つ選びなさい。

ア 特定毒物研究者の住所を変更したとき
イ 主たる研究所の所在地を変更したとき
ウ 主たる研究所の長を変更したとき
エ 特定毒物の品目を変更したとき

	ア	イ	ウ	エ
1	正	正	誤	正
2	正	誤	誤	正
3	誤	誤	正	誤
4	誤	正	誤	正

問8 省令第11条の6の規定により、毒物又は劇物の輸入業者が、その輸入した硫酸を含有する製剤たる劇物(住宅用の洗浄剤で液体状のものに限る。)を販売する場合に、その容器及び被包に表示しなければならない事項として、誤っているものを一つ選びなさい。

1 小児の手の届かないところに保管しなければならない旨
2 使用の際、手足や皮膚、特に眼にかからないように注意しなければならない旨
3 皮膚に触れた場合には、石けんを使ってよく洗うべき旨

問9 省令第12条の規定による、硫酸タリウムを含有する製剤たる劇物の着色方法として、正しいものを一つ選びなさい。

1 あせにくい赤色で着色する方法　　　2 あせにくい紫色で着色する方法
3 あせにくい黒色で着色する方法　　　4 あせにくい白色で着色する方法

問10 以下の記述のうち、政令第40条の規定による毒物又は劇物の廃棄の方法に関する技術上の基準について、正しいものを一つ選びなさい。

1 中和、加水分解、酸化、還元、稀釈その他の方法により、毒物及び劇物並びに法第11条第2項に規定する政令で定める物のいずれにも該当しない物とすること。
2 ガス体又は揮発性の毒物又は劇物は、保健衛生上危害を生ずるおそれがない場所で、少量ずつ燃焼させること。
3 可燃性の毒物又は劇物は、保健衛生上危害を生ずるおそれがない場所で、少量ずつ放出し、又は揮発させること。

問 11　車両を使用して 20％のアンモニア水溶液を 1 回につき 5,000 キログラム以上運搬する場合に、省令第 13 条の 6 の規定により、車両に備えなければならない保護具として、誤っているものを一つ選びなさい。

1　保護手袋　　　2　保護眼鏡　　　3　保護衣　　　4　保護長ぐつ

問 12　　以下の記述のうち、政令第 40 条の 9 に規定されている毒物劇物営業者が毒物又は劇物を販売等する場合の情報提供について、誤っているものを一つ選びなさい。

1　毒物劇物営業者は、譲受人に対し、毒物又は劇物の性状及び取扱いに関する情報を提供しなければならない。
2　毒物劇物営業者は、政令第 40 条の 9 第 1 項の規定により提供した毒物又は劇物の性状及び取扱いに関する情報の内容に変更を行う必要が生じたときは、速やかに、譲受人に対し、変更後の当該毒物又は劇物の性状及び取扱いに関する情報を提供しなければならない。
3　提供しなければならない情報の内容には、安定性及び反応性が含まれる。

問 13　　以下の法の条文について、（　　）の中に入れるべき字句の正しい組み合わせを一つ選びなさい。

第 17 条　毒物劇物営業者及び（ ア ）は、その取扱いに係る毒物若しくは劇物又は第 11 条第 2 項の政令で定める物が飛散し、漏れ、流れ出し、染み出し、又は地下に染み込んだ場合において、不特定又は多数の者について保健衛生上の危害が生ずるおそれがあるときは、（ イ ）、その旨を保健所、（ ウ ）又は消防機関に届け出るとともに、保健衛生上の危害を防止するために必要な応急の措置を講じなければならない。

	ア	イ	ウ
1	特定毒物研究者	直ちに	警察署
2	特定毒物研究者	15 日以内に	労働基準監督署
3	特定毒物使用者	15 日以内に	警察署
4	特定毒物使用者	直ちに	労働基準監督署

問 14　　以下の法の条文について、（　　）の中に入れるべき字句の正しい組み合わせを一つ選びなさい（なお、2 箇所の（ ア ）内はいずれも同じ字句が入る）。

第 19 条　都道府県知事は、毒物劇物営業者の有する（ ア ）が第 5 条の厚生労働省令で定める基準に適合しなくなつたと認めるときは、相当の期間を定めて、その（ ア ）を当該基準に適合させるために必要な措置をとるべき旨を命ずることができる。
2　前項の命令を受けた者が、その指定された期間内に必要な措置をとらないときは、都道府県知事は、その者の（ イ ）なければならない。
3　都道府県知事は、毒物若しくは劇物の製造業、輸入業若しくは販売業の毒物劇物取扱責任者にこの法律に違反する行為があつたとき、又はその者が毒物劇物取扱責任者として不適当であると認めるときは、その（ ウ ）に対して、毒物劇物取扱責任者の変更を命ずることができる。

	ア	イ	ウ
1	安全管理計画	業務の停止を命じ	毒物劇物営業者
2	安全管理計画	登録を取り消さ	管理者
3	設備	業務の停止を命じ	管理者
4	設備	登録を取り消さ	毒物劇物営業者

中国五県統一

問 15　以下の記述のうち、法第 21 条に規定されている登録が失効した場合等の措置として、正しい組み合わせを一つ選びなさい。

ア　特定毒物研究者は、その許可が効力を失ったときは、30 日以内に、現に所有する特定毒物の品名及び数量を届け出なければならない。
イ　特定毒物使用者は、特定毒物使用者でなくなった日から起算して 30 日以内であれば、現に所有する特定毒物を他の特定毒物使用者に譲り渡すことができる。
ウ　毒物劇物営業者は、その営業の登録が効力を失ったときは、15 日以内に、現に所有する特定毒物の品名及び数量を届け出なければならない。
エ　毒物劇物営業者は、その営業の登録が効力を失った日から起算して 50 日以内であれば、現に所有する特定毒物を他の毒物劇物営業者に譲り渡すことができる。

	ア	イ	ウ	エ
1	正	正	正	誤
2	正	誤	誤	正
3	誤	誤	正	正
4	誤	正	誤	誤

問 16 〜問 25　以下の記述について、正しいものには 1 を、誤っているものには 2 をそれぞれ選びなさい。

問 16　自家消費の目的であれば、毒物又は劇物の製造業の登録又は特定毒物研究者の許可を受けなくとも特定毒物を製造することができる。

問 17　特定毒物使用者の指定は、6 年ごとに更新を受けなければ、その効力を失う。

問 18　興奮、幻聴又は麻酔の作用を有する毒物又は劇物（これらを含有する物を含む。）であって政令で定めるものは、みだりに摂取し、若しくは吸入し、又はこれらの目的で所持してはならない。

問 19　引火性、発火性又は爆発性のある毒物又は劇物であって政令で定めるものは、業務その他正当な理由による場合を除いては、所持してはならない。

問 20　毒物又は劇物の販売業の登録は、同一都道府県内の同一法人が営業する店舗の場合、主たる店舗（本店）が販売業の登録を受けていれば、他の店舗（支店）は、販売業の登録を受けなくても、毒物又は劇物を販売することができる。

問 21　毒物又は劇物の製造業の登録は、5 年ごとに更新を受けなければ、その効力を失う。

問 22　毒物劇物営業者は、全ての毒物又は劇物の容器及び被包に、その解毒剤の名称を表示しなければ、毒物又は劇物を販売してはならない。

問 23　毒物劇物営業者が他の毒物劇物営業者に劇物を販売するときは、法第 14 条第 2 項の規定による譲渡手続に係る書面の提出を受けなくてもよい。

問 24　都道府県知事等は、毒物劇物営業者の行う毒物の廃棄の方法が政令で定める基準に適合せず、これを放置した場合、不特定又は多数の者について保健衛生上の危害を生ずるおそれがあると認められるか否かに関わらず、その者に対し必要な措置を講じるよう、命令することができる。

問 25　電気めっきを行う事業者が、シアン化ナトリウム製剤を取り扱うこととなった場合、あらかじめ、事業場の所在地の都道府県知事等に業務上取扱者の届出をしなければならない。

中国五県統一

〔基礎化学〕

（一般・農業用品目・特定品目共通）

問26〜問33 以下の記述について、正しいものには1を、誤っているものには2をそれぞれ選びなさい。

問26 銅は、炎色反応で赤紫色を示す。

問27 陽子と中性子の質量は、陽子の方がきわめて小さい。

問28 周期表の17族の元素をハロゲン元素という。

問29 原子が最外殻から電子を放出して陽イオンになるために必要なエネルギーを、原子の電子親和力という。

問30 濃度などの割合を示す場合に使われる ppm は、10万分の1を表す。

問31 水に溶けて酸性を示したり、塩基と反応して塩を生じたりする酸化物を酸性酸化物という。

問32 硫酸をアンモニア水で中和滴定する場合、pH 指示薬としてメチルオレンジを用いることが適当である。

問33 Ｌｉ、Ｍｇ、Ａｌのうち最もイオン化傾向が大きな金属はＬｉである。

問34〜問38 鉛蓄電池に関する以下の記述について、（　　）に入る最も適当な字句を下欄の1〜3の中からそれぞれ一つ選びなさい。

自動車のバッテリー等に利用されている二次電池に、鉛蓄電池がある。
負極には（ 問34 ）が、正極には（ 問35 ）が、電解液には（ 問36 ）が用いられる。
放電時には酸化還元反応が起こり、両極とも水に溶けにくい白色の（ 問37 ）が表面に析出する。
鉛蓄電池の起電力はおよそ（ 問38 ）Ｖ（ボルト）である。

【下欄】

問34	1 Pb	2 Cu	3 Zn
問35	1 ZnO	2 PbO_2	3 CuO
問36	1 希硫酸	2 硫酸銅（Ⅱ）水溶液	3 塩化銅（Ⅱ）水溶液
問37	1 $CuSO_4$	2 $ZnSO_4$	3 $PbSO_4$
問38	1 0.2	2 2	3 20

問39 0.3mol/L の水酸化ナトリウム水溶液 40mL を中和するために必要な硫酸 20mL のモル濃度はいくらか、最も適当なものを一つ選びなさい。

1 0.3mol/L　　2 0.6mol/L　　3 0.9mol/L　　4 1.2mol/L

問40 0.1mol/L のアンモニア水溶液（電離度＝ 0.01）の pH（水素イオン指数）はいくらか、最も適当なものを一つ選びなさい。

1 pH ＝ 10　　2 pH ＝ 11　　3 pH ＝ 12　　4 pH ＝ 13

問41 2 mol のプロパンに酸素を混合し、完全燃焼させたときに発生する二酸化炭素の質量として、最も適当なものを一つ選びなさい。
ただし、原子量はH ＝ 1、C ＝ 12、O ＝ 16 とする。

1 132g　　2 198g　　3 264g　　4 330g

問 42　以下の化学式の（　）の中に入る数字の組み合わせとして、正しいものを一つ
　　　選びなさい。

$2KMnO_4 + 5H_2O_2 + (　ア　)H_2SO_4$
$　　　　→ 2MnSO_4 + (　イ　)H_2O + (　ウ　)O_2 + K_2SO_4$

	ア	イ	ウ
1	3	8	5
2	3	5	8
3	5	5	8
4	5	8	5

問 43　分子式 C_6H_{14} で表される物質の構造異性体の種類として、正しいものを一つ
　　　選びなさい。

　　1　3種類　　2　4種類　　3　5種類　　4　6種類

問 44　以下の官能基とその名称の組み合わせのうち、正しいものを一つ選びなさい。

　　1　-OH　　　―　　ケトン基
　　2　-SO_3H　　―　　フェニル基
　　3　-CHO　　　―　　アルデヒド基
　　4　-NH_2　　　―　　ニトロ基

問 45 ～問 46　以下の現象について、最も適当なものを下欄の1～4の中からそれぞ
　　　れ一つ選びなさい。

　　問 45　室温に放置したドライアイスが小さくなる現象
　　問 46　氷水を入れたコップの表面に水滴がつく現象

【下欄】

1　凝縮　　　2　昇華　　　3　凝固　　　4　融解

問 47　コロイドに関する以下の記述のうち、誤っているものを一つ選びなさい。

　　1　コロイド溶液に横から強い光線を当てると、コロイド粒子が光を散乱させ、光
　　　の通路が輝いて見える現象をチンダル現象という。
　　2　疎水コロイドに少量の電解質を加えたとき、コロイド粒子が沈殿する現象を塩
　　　析という。
　　3　コロイド粒子が不規則に動く現象をブラウン運動という。
　　4　セロハン(半透膜)を用いてコロイド溶液中のコロイド粒子を分離・精製する方
　　　法を透析という。

問 48　反応熱に関する以下の記述のうち、誤っているものを一つ選びなさい。

　　1　1 mol の物質が完全燃焼するときに発生する熱量を燃焼熱という。
　　2　1 mol の物質が多量の溶媒に溶けるときに発生または吸収する熱量を溶解熱と
　　　いう。
　　3　酸と塩基の中和反応によって1 mol の水が生成するときに発生する熱量を中和
　　　熱という。
　　4　1 mol の化合物が構成元素の単体から生成するときに発生または吸収する熱量
　　　を昇華熱という。

問 49　Ag^+、Cu^{2+}、Fe^{3+}、Ca^{2+}のイオンを含む混合水溶液から Ag^+のイオンのみ沈殿させ
　　　る方法として、最も適当なものを一つ選びなさい。

　　1　希塩酸を加える。　　　2　塩酸を加えて酸性とした後、硫化水素を通じる。
　　3　アンモニア水を過剰に加える。　　4　水酸化ナトリウム水溶液を加える。

問 50　以下の化合物のうち、芳香族化合物に該当しないものを一つ選びなさい。

　　1　サリチル酸　　　2　クレゾール　　　3　アニリン　　　4　酢酸エチル

〔毒物及び劇物の性質及び貯蔵、識別及び取扱方法〕

（一般）

問 51　以下のうち、燐化亜鉛に関する記述として、誤っているものを一つ選びなさい。

　　1　暗灰色の結晶または粉末で、乾燥状態では安定しており、水及びアルコールに溶けないが、ベンゼン及び二硫化炭素に可溶である。
　　2　廃棄する場合は、焼却する、または可溶性塩としたのち活性汚泥で処理をする。
　　3　嚥下吸入したときは、胃及び肺で胃酸や水と反応して、有毒ガスを発生することにより中毒症状を呈する。

問 52　以下の物質とその性状及び用途に関する組み合わせのうち、誤っているものを一つ選びなさい。

　　1　モノクロル酢酸　　　　　　　ー　無色潮解性の結晶で、水よりやや重い。酸化、還元の両作用を有しているので、消毒及び防腐の目的で医療用に供される。
　　2　S，S−ビス（1−メチルプロピル）＝O−エチル＝ホスホロジチオアート（別名　カズサホス）　ー　硫黄臭のある淡黄色液体であり、水に溶けにくく、有機溶媒に溶けやすい。野菜等のネコブセンチュウ等を防除する農薬として使用されている。
　　3　キノリン　　　　　　　　　　ー　無色または淡黄色の特有の不快臭をもつ液体で吸湿性があり、界面活性剤として利用される。

問 53 〜問 56　以下の物質の性状について、最も適当なものを下欄の1〜5の中からそれぞれ一つ選びなさい。

　　問 53　クレゾール　　　問 54　水素化砒素　　　問 55　フェノール
　　問 56　鉛酸カルシウム

【下欄】

　　1　淡黄褐色の粉末で、水に溶けないが、硝酸に可溶。
　　2　一般には、異性体の混合物で、無色〜黄褐色〜ピンクの液体であり、光により暗色となる。
　　3　無色で不快なニンニク様臭気をもつ気体。水にわずかに溶け、その溶液は中性である。
　　4　揮発性で、流動性の液体であり、空気中で発煙し、水により分解する。
　　5　無色の針状晶または結晶性の塊りである。空気中では光により、次第に赤色となる。

問 57 ～問 60　以下の物質の注意事項について、最も適当なものを下欄の1～5の中からそれぞれ一つ選びなさい。

　問 57　弗化トリブチル錫　　　問 58　発煙硫酸　　　問 59　無水ヒドラジン
　問 60　重クロム酸アンモニウム

【下欄】

1　200℃付近に加熱するとルミネッセンスを発しながら分解する。
2　空容器の鉄錆さび等との接触により爆発することがあるので、回収容器はステンレス製が望ましい。ステンレス製容器がない場合は、水を張った容器に少量ずつ加えて希釈し、回収する。
3　火災時、加熱されると257℃付近で熔融し、流れ出し、有機物の蒸気を発生する。
4　直接中和剤を散布すると発熱し、酸が飛散することがある。
5　水、二酸化炭素、ハロゲン化炭化水素と激しく反応するので、これらと接触させない。

問 61　以下の物質とその用途に関する組み合わせのうち、誤っているものを一つ選びなさい。

1　酢酸エチル　　　　　　—　　香料、溶剤、有機合成原料として使用される。
2　硫化バリウム　　　　　—　　工業用に発光顔料、リトポン原料として使用される。
3　シアン化銀　　　　　　—　　光電管、半導体に使用される。

問 62 ～問 65　以下の物質の鑑定法について、最も適当なものを下欄の1～5の中からそれぞれ一つ選びなさい。

　問 62　メチルスルホナール　　　問 63　硫酸　　　問 64　一酸化鉛
　問 65　ホルマリン

【下欄】

1　硝酸を加え、さらにフクシン亜硫酸溶液を加えると、藍紫色を呈する。
2　木炭とともに熱すると、メルカプタンの臭気を放つ。
3　希釈水溶液に塩化バリウムを加えると白色の沈殿を生じるが、この沈殿は塩酸や硝酸に溶けない。
4　アルコール性の水酸化カリウムと銅紛とともに煮沸すると、黄赤色の沈殿を生じる。
5　希硝酸に溶かすと無色の液となり、これに硫化水素を通じると黒色の沈殿を生じる。

問 66 ～問 69　以下の物質の貯蔵方法について、最も適当なものを下欄の1～5の中からそれぞれ一つ選びなさい。

　問 66　黄燐　　　問 67　四塩化炭素　　　問 68　アクリルアミド　　　問 69　三酸化二砒素

【下欄】

1　空気に触れると発火しやすいので、水中に沈めて瓶に入れ、さらに砂を入れた缶中に固定して、冷暗所に貯蔵する。
2　少量ならばガラス瓶に密栓し、大量ならば木樽に入れて貯蔵する。
3　純品は空気と日光によって変質するため、少量のアルコールを加えて分解を防止し、冷暗所に貯蔵する。
4　蒸気は空気より重く、低所に滞留するため、地下室等の換気の悪い場所には貯蔵しない。
5　高温または紫外線下では容易に重合するため、冷暗所に貯蔵する。

中国五県統一

問 70　ラベルのはがれた試薬びんに入っている物質を調べたところ、下枠の情報が得られた。
　　　　以下のうち、その物質として最も適当なものを一つ選びなさい。

【情報】

・単斜晶系板状の結晶である。
・水には可溶であるが、アルコールには難溶である。
・水溶液は中性である。
・加熱すると分解して気体を発生する。
・有機物と接触して摩擦すると、爆発する。

【物質】
　1　塩素酸カリウム　　2　蓚酸カリウム　　3　水酸化カリウム

問 71 ～問 74　以下の物質が少量漏えいした場合の応急措置について、最も適当なものを下欄の 1 ～ 5 の中からそれぞれ一つ選びなさい。

　　問 71 硝酸　　　　問 72 クロルスルホン酸　　　問 73 アンモニア水
　　問 74 ジメチル硫酸

【下欄】

1　漏えいした液は、土砂等に吸着させて取り除くか、またはある程度水で徐々に希釈したあと、消石灰、ソーダ灰等で中和し、多量の水を用いて洗い流す。
2　漏えいした液は、布で拭きとるかまたはそのまま風にさらして蒸発させる。
3　漏えいした液は、アルカリ水溶液で分解したあと、多量の水を用いて洗い流す。
4　漏えいした液は、ベントナイト、活性白土、石膏等を振りかけて吸着させ空容器に回収したあと、多量の水で洗い流す。
5　漏えいの箇所は、濡れむしろ等で覆い、遠くから多量の水をかけて洗い流す。

問 75　以下の物質と吸入した際の毒性及び保護マスクに関する組み合わせのうち、誤っているものを一つ選びなさい。

　1　メチルエチルケトン　－　鼻、のどの刺激、めまい、嘔吐が起こり、重症の場合は、昏睡や意識不明となる。有機ガス用防毒マスクを着用する。
　2　塩化チオニル　　　　－　鼻、のど、気管支等の粘膜を激しく刺激し、炎症を起こし、重症の場合は、肺水腫を起こす。酸性ガス用防毒マスクを着用する。
　3　ブロムメチル　　　　－　鼻、のど、気管支等の粘膜を激しく刺激し、重症の場合は、血色素尿を排泄することがある。防塵マスクを着用する。

問 76　以下の物質の毒性とその措置に関する記述として、最も適当なものを一つ選びなさい。

　1　塩化バリウムを経口摂取すると、消化管より吸収され、数分後から数時間以内に高度の低カリウム血症を起こすため、硫酸ナトリウムを経口投与し、胃洗浄を行う。
　2　トルイジンは、コリンエステラーゼの阻害により、アセチルコリンの蓄積を起こし、神経系が過度の刺激状態になるため、特異的拮抗薬として、PAM を投与する。
　3　重クロム酸カリウムは、初期症状としては平滑筋の急激な収縮により血圧が上昇し、長期暴露では不可逆性の腎障害が起こるため、1 ％硫酸ナトリウム液を用いた胃洗浄を行う。

問 77 ～問 80 以下の物質の廃棄方法について、最も適当なものを下欄の1～5の中からそれぞれ一つ選びなさい。

　　問 77 クロルピクリン　　問 78 蓚酸　　問 79 三硫化二砒素　　問 80 燐化水素

【下欄】

1　ナトリウム塩としたあと、活性汚泥で処理する。
2　水に溶かし、硫化ナトリウム水溶液を加えて沈殿させ、さらにセメントを用いて固化し、埋立処分する。
3　多量の次亜塩素酸ナトリウムと水酸化ナトリウムの混合水溶液に吹き込んで吸収させ、酸化分解したあと、多量の水で希釈して処理する。
4　少量の界面活性剤を加えた亜硫酸ナトリウムと炭酸ナトリウムの混合溶液中で、撹拌し分解させたあと、多量の水で希釈して処理する。
5　セメントを用いて固化し、溶出試験を行い、溶出量が判定基準以下であることを確認して埋立処分する。

（農業用品目）

問 51　以下の記述に該当する物質として、正しいものを一つ選びなさい。

　　暗赤色の光沢のある粉末。水、アルコールに不溶。1％以下を含有する製剤で黒色に着色され、かつ、トウガラシエキスを用いて著しくからく着味されているものは劇物の指定から除外される。

　　1　硫酸タリウム　　　　2　燐化亜鉛　　　　3　硫酸第二銅

問 52 ～問 55　以下の物質を含有する製剤と、それらが劇物の指定から除外される上限の濃度として、正しいものを下欄の1～5の中からそれぞれ一つ選びなさい。

　　問 52　L－2－アミノ－4－［(ヒドロキシ)(メチル)ホスフイノイル］ブチリル－L－アラニル－L－アラニン
　　問 53 シアナミド
　　問 54 ロテノン
　　問 55　2－(4－クロル－6－エチルアミノ－S－トリアジン－2－イルアミノ)－2－メチル－プロピオニトリル

【下欄】

1　2％　　　2　4％　　　3　10％　　　4　19％　　　5　50％

問 56　以下の物質を含有する製剤の記述について、正しいものを一つ選びなさい。なお、市販品の有無は問わない。

　　1　2－ジフエニルアセチル－1, 3－インダンジオン(別名　ダイファシノン)0.005％を超えて含有する製剤は、毒物に該当する。
　　2　S, S－ビス(1－メチルプロピル)＝O－エチル＝ホスホロジチオアート(別名　カズサホス)10％を超えて含有する製剤は、劇物に該当する。
　　3　1－(6－クロロ－3－ピリジルメチル)－N－ニトロイミダゾリジン－2－イリデンアミン(別名　イミダクロプリド)2％を含有する製剤(マイクロカプセル製剤は除く)は、劇物に該当する。

問57～問60 以下の物質の性状について、最も適当なものを下欄の1～5の中からそれぞれ一つ選びなさい。

問57 （RS）－α－シアノ－3－フエノキシベンジル＝N－（2－クロロ－α，α，α－トリフルオロ－パラトリル）－D－バリナート(別名 フルバリネート)

問58 O－エチル＝S，S－ジプロピル＝ホスホロジチオアート
（別名 エトプロホス）

問59 ジメチルメチルカルバミルエチルチオエチルチオホスフエイト
（別名 バミドチオン）

問60 硫酸

【下欄】

1 白色ワックス状または脂肪状の固体で、水に可溶。シクロヘキサン、石油、エーテル以外の有機溶媒にも可溶である。熱、アルカリに不安定だが、酸には安定である。

2 淡黄色または黄褐色の粘稠性の液体で、水に難溶。熱、酸性に安定で、太陽光、アルカリに不安定である。

3 純物質は無色、無臭の油状液体で、刺激性の味を有する。水、アルコール、エーテル、石油等に易溶。空気中では速やかに褐変する。

4 無色透明、油様の液体。粗製のものは、しばしば有機質が混じり、かすかに褐色を帯びていることがある。高濃度のものは猛烈に水を吸収する。

5 淡黄色の透明液体で、メルカプタン臭がある。水に難溶だが、有機溶媒には可溶である。

問61 以下の物質とその分類に関する組み合わせのうち、正しいものを一つ選びなさい。

1 2，3，5，6－テトラフルオロ－4－メチルベンジル＝(Z)－(1RS，3RS)－3－(2－クロロ－3，3，3－トリフルオロ－1－プロペニル)－2，2－ジメチルシクロプロパンカルボキシラート(別名 テフルトリン) － カルバメート系農薬

2 S－メチル－N－[(メチルカルバモイル)－オキシ]－チオアセトイミデート(別名 メトミル) － ピレスロイド系農薬

3 ジメチル－(N－メチルカルバミルメチル)－ジチオホスフエイト(別名 ジメトエート) － 有機リン系農薬

問62～問65 以下の物質の貯蔵方法について、最も適当なものを下欄の1～5の中からそれぞれ一つ選びなさい。

問62 ブロムメチル　　問63 ロテノン　　問64 シアン化カリウム

問65 沃化メチル

【下欄】

1 常温で気体であるため、圧縮冷却して液化し、圧縮容器に入れ、冷暗所に貯蔵する。

2 酸素によって分解し、殺虫効力を失うため、空気と光線を遮断して貯蔵する。

3 潮解性があるため、乾燥した冷暗所に密栓保管する。また、可燃性物質と混合すると爆発する危険性があるため、離して貯蔵する。

4 空気中で光により分解するため、容器は遮光し、直射日光を避け、密閉して換気の良い冷暗所に貯蔵する。

5 少量ならばガラス瓶、多量ならばブリキ缶または鉄ドラムを用い、酸類とは離して、風通しのよい乾燥した冷所に密封して貯蔵する。

問66～問69 以下の物質が漏えいまたは飛散した場合の応急措置について、最も適当なものを下欄の1～5の中からそれぞれ一つ選びなさい。

問66 2－イソプロピル－4－メチルピリミジル－6－ジエチルチオホスフエイト（別名 ダイアジノン）

問67 液化アンモニア　　　問68 シアン化亜鉛　　　問69 クロルピクリン

【下欄】

1 飛散したものは空容器にできるだけ回収し、そのあとに水酸化ナトリウム等の水溶液を散布してアルカリ性(pH ＝ 11 以上)とし、さらにさらし粉等の水溶液で酸化処理を行い、多量の水で洗い流す。

2 飛散したものの表面を速やかに土砂等で覆い、密閉可能な空容器にできるだけ回収して密閉する。汚染された土砂等も同様の措置をし、そのあとを多量の水で洗い流す。

3 漏えい箇所を濡れむしろ等で覆い、遠くから霧状の水をかけ吸収させる。高濃度の廃液が河川等に排出されないよう注意する。

4 漏えいした液は土砂等でその流れを止め、安全な場所に導き、空容器にできるだけ回収し、そのあとを水酸化カルシウム等の水溶液を用いて処理し、中性洗剤等の界面活性剤を使用し多量の水で洗い流す。

5 少量に漏えいした液は、布で拭き取るか、またはそのまま風にさらして蒸発させる。多量に漏えいした液は、土砂等でその流れを止め、多量の活性炭または水酸化カルシウムを散布して覆い、至急関係先に連絡し、専門家の指示により処理する。

問70 以下の物質の毒性に関する記述について、誤っているものを一つ選びなさい。

1 有機リン化合物では、神経伝達物質のアセチルコリンを分解する酵素であるコリンエステラーゼと結合し、その働きを阻害するため、神経終末にアセチルコリンが過剰に蓄積することで毒性を示す。

2 無機シアン化合物では、主にミトコンドリアの呼吸酵素（シトクロム酸化酵素）の阻害作用が誘発され、細胞の酸素代謝を直接阻害することで毒性を示す。

3 無機亜鉛塩類では、体内に吸収された塩の強い酸化作用による赤血球の破壊、赤血球外に溶出したヘモグロビンの酸化によるメトヘモグロビンの生成によって毒性を示す。

問71～問74 以下の物質の毒性について、最も適当なものを下欄の1～5の中からそれぞれ一つ選びなさい。

問71 ニコチン　　　　　問72 エチレンクロルヒドリン
問73 アンモニア水　　　問74 ブラストサイジンS

【下欄】

1 皮膚から容易に吸収され、全身中毒症状を引き起こす。中枢神経系、肝臓、腎臓、肺に著明な障害を引き起こす。

2 強い局所刺激作用を示す。内服によって口腔、胸腹部疼とう痛、嘔吐、咳嗽、虚脱を発する。また、腐蝕作用によって直接細胞を損傷し、気道刺激症状、肺浮腫、肺炎を招く。

3 血液に入ってメトヘモグロビンを作り、中枢神経や心臓、眼結膜をおかし、肺にも相当強い障害を与える。

4 人体に対する経口致死量は、成人に対して 0.06g であり、猛烈な神経毒である。慢性中毒では、心臓障害、視力減弱等を来し、時として精神異常を引き起こすことがある。

5 主に振戦、呼吸困難症状を呈する。本毒は肝臓に核の膨大及び変性、腎臓には糸球体、細尿管のうっ血、脾臓には脾炎が認められる。また、眼に対する刺激が特に強い。

中国五県統一

問 75　以下の物質と中毒時に用いられる解毒剤または拮抗剤の組み合わせのうち、正しいものを一つ選びなさい。

 1　シアン酸ナトリウム　　　　　　　　　　　　　－　ジメルカプロール(BAL)
 2　ジメチルフタリルイミドメチルジチオホスフエイ　－　硫酸アトロピン
  ト(別名　ホスメット)
 3　ヘキサクロルヘキサヒドロメタノベンゾジオキサ　－　亜硝酸ナトリウム
  チエピンオキサイド(別名　エンドスルファン、ベ
  ンゾエピン)

問 76　以下のうち、ニコチンの鑑定法に関する組み合わせとして、誤っているものを一つ選びなさい。

 1　ニコチンにホルマリン１滴を加えたのち、濃硝酸１滴を加える。
  　　　　　　　　　　　　　　　　　　　　－　白色を呈する。
 2　ニコチンの硫酸酸性水溶液に、ピクリン酸溶液を加える。
  　　　　　　　　　　　　　　　　　　－　黄色結晶を沈殿する。
 3　ニコチンのエーテル溶液に、ヨードのエーテル溶液を加え、生じた液状沈殿を放置する。　　　　　　　　　　　　　　　　－　赤色針状結晶となる。

問 77 ～問 80　以下の物質の廃棄方法について、最も適当なものを下欄の１～５の中からそれぞれ一つ選びなさい。
 問 77 燐化亜鉛　　　問 78 塩素酸ナトリウム　　　問 79 硫酸
 問 80 クロルピクリン

【下欄】

1　酸化法	2　還元法	3　中和法	4　分解法	5　アルカリ法

(特定品目)

問 51　以下のうち、劇物に該当するものとして、正しいものを一つ選びなさい。

 1　水酸化ナトリウム５％を含有する製剤
 2　メタノール５％を含有する製剤
 3　硫酸 15 ％を含有する製剤

問 52　以下のうち、酸化第二水銀の毒性に関する記述として、最も適当なものを一つ選びなさい。

 1　腎臓への蓄積性が高く、特に近位尿細管に重篤な障害をもたらす。
 2　慢性毒性として、斑状歯等の症状が現れる。
 3　高濃度で興奮、麻酔作用がある。

問 53 ～問 56　以下の物質の性状について、最も適当なものを下欄の１～５の中からそれぞれ一つ選びなさい。

 問 53 塩素
 問 54 メチルエチルケトン
 問 55 ホルマリン
 問 56 水酸化ナトリウム

中国五県統一

【下欄】
1　アセトン様の臭気をもつ無色の液体である。引火性があり、アルコール、ベンゼン、エーテル等に混和する。
2　白色の固体である。動物、植物に対して強い腐食性を示し、水に溶解すると強く発熱する。
3　刺激臭がある無色の液体である。低温では、混濁または沈殿が生じることがある。
4　窒息性の臭気をもつ緑黄色の気体である。多くの元素と化合物を作る。
5　黄色または赤黄色の粉末で、水に不溶であるが、酸、アルカリには可溶である。

問 57 ～問 60　以下の物質の用途について、最も適当なものを下欄の1～5の中からそれぞれ一つ選びなさい。

問 57　蓚酸　　　問 58 酢酸エチル　　　問 59 一酸化鉛
問 60 重クロム酸カリウム

【下欄】

1　ゴムの加硫促進剤、顔料、試薬として用いられる。
2　工業用に酸化剤、製革用、電池調整用等に用いられる。
3　果実様の特徴ある芳香を発するため、香料に用いられる。
4　洗濯剤及び種々の清浄剤の製造に用いられる。
5　綿等の漂白剤、鉄錆による汚れ落とし、真鍮、銅の研磨に用いられる。

問 61 ～問 64　以下の物質の鑑定法について、最も適当なものを下欄の1～5の中からそれぞれ一つ選びなさい。

問 61　一酸化鉛　　　問 62 水酸化カリウム　　　問 63　蓚酸　　　問 64 メタノール

【下欄】

1　水溶液をアンモニア水で弱アルカリ性にして塩化カルシウムを加えると、白色の沈殿を生じる。
2　硫酸及び過マンガン酸カリウムを加え、加熱して発生したガスは、潤したヨウ化カリウムデンプン紙を青変させる。
3　水溶液に酒石酸溶液を過剰に加えると、白色結晶性の沈殿を生じる。また、塩酸を加えて中性にしたのち、塩化白金溶液を加えると、黄色結晶性の沈殿を生じる。
4　サリチル酸と濃硫酸とともに熱すると、芳香のある化合物を生じる。
5　希硝酸に溶かすと無色の液となり、これに硫化水素を通じると黒色の沈殿を生じる。

問 65　以下のうち、塩酸の鑑定法に関する記述として、最も適当なものを一つ選びなさい。

1　塩酸は、赤色のリトマス紙を青色に変える。
2　塩酸に硝酸銀溶液を加えて生じた沈殿に、アンモニア試液を加えても溶けないが、希硝酸を加えると溶ける。
3　塩酸の液面にアンモニア試液で潤したガラス棒を近づけると、濃い白煙を生じる。

問 66 〜問 69　以下の物質の廃棄方法について、最も適当なものを下欄の１〜５の中からそれぞれ一つ選びなさい。

　　問 66 重クロム酸アンモニウム　　　問 67 酸化第二水銀
　　問 68 メチルエチルケトン　　　　　問 69 硫酸

【下欄】

> 1　水酸化ナトリウム水溶液等でアルカリ性とし、過酸化水素水を加えて分解させ多量の水で希釈して処理する。
> 2　希硫酸に溶解し、還元したのち、水酸化カルシウム等の水溶液で処理、沈殿ろ過し、溶出量が判定基準以下であることを確認した上で埋立処分する。
> 3　水に懸濁し、硫化ナトリウムの水溶液を加えて生じた沈殿に、セメントを加えて固化し、溶出量が判定基準以下であることを確認して埋立処分する。
> 4　石灰乳などの撹拌溶液に加え中和させたのち、多量の水で希釈して処理する。
> 5　ケイソウ土等に吸収させて開放型の焼却炉で燃焼する。

問 70　以下のうち、廃棄方法が「多量の水を加えて希薄な水溶液としたあと、次亜塩素酸塩水溶液を加え分解させ廃棄する」とされている物質として、最も適当なものを一つ選びなさい。

　　1　ホルマリン　　2　酢酸鉛　　3　硝酸

問 71 以下のうち、トルエンに関する記述として、最も適当なものを一つ選びなさい。

　　1　３種の構造異性体がある。
　　2　大規模火災の際には、泡消火剤等を用いて空気を遮断することが有効である。
　　3　廃棄方法は、主に酸化法が用いられる。

問 72 〜問 75　以下の物質が漏えいまたは飛散した場合の応急措置について、最も適当なものを下欄の１〜５の中からそれぞれ一つ選びなさい。

　　問 72 蓚酸　　　問 73 硫酸　　　問 74 クロロホルム　　　問 75 酢酸エチル

【下欄】

> 1　土砂等で流れを止め、安全な場所に導き、空容器にできるだけ回収し、そのあとと中性洗剤等の分散剤を使用し、多量の水を用いて洗い流す。
> 2　速やかに掃き集めて空容器に回収し、そのあとを多量の水を用いて洗い流す。
> 3　空容器にできるだけ回収し、そのあとを還元剤の水溶液を散布し、消石灰、ソーダ灰等の水溶液で処理したのち、多量の水を用いて洗い流す。
> 4　多量の場合、安全な場所へ導いて遠くから徐々に注水してある程度希釈したあと、消石灰、ソーダ灰等で中和し、多量の水を用いて洗い流す。
> 5　多量の場合、土砂等でその流れを止め、安全な場所へ導いたあと、液の表面を泡等で覆い、できるだけ空容器に回収する。

問 76　以下のうち、取り扱い上の注意事項について、「火災等で強熱されると有毒ガスが発生する」とされている物質として、最も適当なものを一つ選びなさい。

　　1　過酸化水素　　2　水酸化カリウム　　3　硅弗化ナトリウム

問77～問80 以下の物質の貯蔵方法について、最も適当なものを下欄の1～5の中からそれぞれ一つ選びなさい。

問77 四塩化炭素　　　問78 クロロホルム　　　問79 キシレン
問80 水酸化カリウム

【下欄】

1 引火しやすく、その蒸気は空気と混合して爆発性混合ガスとなるため、火気は絶対に近付けないで、密栓して貯蔵する。
2 二酸化炭素と水を強く吸収するため、密栓をして貯蔵する。
3 冷暗所に貯蔵する。純品は空気と日光によって変質するので、少量のアルコールを加えて分解を防止する。
4 亜鉛または錫メッキをした鋼鉄製容器で保管し、高温に接しない場所に保管する。蒸気は空気より重く、低所に滞留するので、地下室など換気の悪い場所には保管しない。
5 空気中にそのまま貯蔵できないため、石油中に貯蔵する。

〔法　規〕
（一般・農業用品目・特定品目共通）

問1〜問3 次の記述は、毒物及び劇物取締法の条文の一部である。下記の設問に答えなさい。

a この法律は、毒物及び劇物について、（　問1　）上の見地から必要な取締を行うことを目的とする。

b この法律で「毒物」とは、別表第一に掲げる物であつて、医薬品及び（　問2　）以外のものをいう。

c 毒物又は劇物の販売業の（　問3　）を受けた者でなければ、毒物又は劇物を販売し、授与し、又は販売若しくは授与の目的で貯蔵し、運搬し、若しくは陳列してはならない。但し、毒物又は劇物の製造業者又は輸入業者が、その製造し、又は輸入した毒物又は劇物を、他の毒物又は劇物の製造業者、輸入業者又は販売業者（以下「毒物劇物営業者」という。）に販売し、授与し、又はこれらの目的で貯蔵し、運搬し、若しくは陳列するときは、この限りでない。

問1 （　　）内にあてはまる語句として正しいものを下欄から一つ選びなさい。

下欄

1 保健衛生	2 環境衛生	3 薬事衛生	4 公衆衛生

問2 （　　）内にあてはまる語句として正しいものを下欄から一つ選びなさい。

下欄

1 危険物	2 指定薬物	3 医薬部外品	4 劇物

問3 （　　）内にあてはまる語句として正しいものを下欄から一つ選びなさい。

下欄

1 承認	2 登録	3 許可	4 認定

問4〜問6 次の文は、毒物及び劇物取締法第 12 条第1項の記述である。下記の設問に答えなさい。

毒物劇物営業者及び特定毒物研究者は、毒物又は劇物の容器及び被包に、「（問4）」の文字及び毒物については（問5）をもって「毒物」の文字、劇物については（問6）をもって「劇物」の文字を表示しなければならない。

問4 （　　）内にあてはまる語句として正しいものを下欄から一つ選びなさい。

下欄

1 医薬部外品	2 危険物	3 取扱注意	4 医薬用外

問5 （　　）内にあてはまる語句として正しいものを下欄から一つ選びなさい。

下欄

1 白地に赤色	2 赤地に白色	3 黒地に白色	4 白地に黒色

問6 （　）内にあてはまる語句として正しいものを下欄から一つ選びなさい。

下欄

1 白地に赤色	2 赤地に白色	3 黒地に白色	4 白地に黒色

問7 次のうち、毒物及び劇物取締法第3条の3の規定により、興奮、幻覚又は麻酔の作用を有し、みだりに摂取し、若しくは吸入し、又はこれらの目的で所持してはならないものとして毒物及び劇物取締法施行令で定められているものとして正しい組み合わせを下欄から一つ選びなさい。

a ピクリン酸　　　b キシレンを含有する塗料　　　c ナトリウム
d 酢酸エチルを含有する接着剤　　　e トルエン

下欄

1（a、b）	2（a、c）	3（b、c）	4（b、d）	5（d、e）

問8 毒物及び劇物取締法施行規則第4条の4第2項に基づく、毒物又は劇物の販売業の店舗の設備の基準に関する記述について、正誤の正しい組み合わせを下欄から一つ選びなさい。

a 毒物又は劇物とその他の物とを区分して貯蔵できるものであること。
b 毒物又は劇物を貯蔵する場所が性質上かぎをかけることができないものであるときは、その周囲に、関係者以外の立入を禁止する表示があること。
c 毒物又は劇物を陳列する場所にかぎをかける設備があること。ただし、その場所が構造上かぎをかけることができないものであるときは、この限りではない。
d 毒物又は劇物を貯蔵するタンク、ドラムかん、その他の容器は、毒物又は劇物が飛散し、漏れ、又はしみ出るおそれのないものであること。

下欄

	a	b	c	d
1	正	正	正	誤
2	正	誤	正	正
3	正	誤	誤	正
4	誤	正	誤	誤
5	誤	正	正	誤

問9 次のうち、毒物及び劇物取締法第3条の2第9項の規定により、着色の基準が定められているもので、着色の組み合わせとして正しい組み合わせを下欄から一つ選びなさい。

	物質名	着色
a	四アルキル鉛を含有する製剤	赤色、青色、緑色又は紫色
b	モノフルオール酢酸の塩類を含有する製剤	深紅色
c	モノフルオール酢酸アミドを含有する製剤	黄色
d	ジメチルエチルメルカプトエチルチオホスフエイトを含有する製剤	紅色

下欄

1（a、b）	2（a、c）	3（b、c）	4（b、d）	5（c、d）

香川県

問 10　毒物劇物取扱責任者に関する記述について、正誤の正しい組み合わせを下欄から一つ選びなさい。

a　毒物劇物営業者は、毒物劇物取扱責任者を設置するときは、事前に、毒物劇物取扱責任者の氏名を届けなければならない。

b　毒物劇物営業者は、毒物劇物取扱責任者を変更したときは、15 日以内に毒物劇物取扱責任者の氏名を届けなければならない。

c　18 歳未満の者は、毒物劇物取扱責任者になることができない。

d　都道府県知事が行う毒物劇物取扱者試験に合格した者以外に、薬剤師、厚生労働省令で定める学校で、応用化学に関する学課を修了した者も毒物劇物取扱責任者となることができる。

下欄

	a	b	c	d
1	正	正	正	正
2	正	誤	正	誤
3	正	誤	誤	正
4	誤	正	誤	誤
5	誤	誤	正	正

問 11　特定毒物に関する記述について、正誤の正しい組み合わせを下欄から一つ選びなさい。

a　特定毒物研究者は、特定毒物を使用することはできるが、製造することはできない。

b　特定毒物研究者は、毒物又は劇物の一般販売業者に特定毒物を譲り渡すことができる。

c　特定毒物研究者は、特定毒物使用者に対し、その者が使用することができる特定毒物以外の特定毒物を譲り渡すことができる。

d　特定毒物研究者であれば、特定毒物を輸入することができる。

下欄

	a	b	c	d
1	正	正	正	誤
2	正	誤	正	誤
3	誤	誤	誤	正
4	誤	正	誤	正
5	誤	誤	正	正

問 12　次の文は、毒物及び劇物取締法第 3 条の 4 の記述である。
（　　）内にあてはまる語句として、正しい組み合わせを下欄から一つ選びなさい。

　（　a　）、（　b　）又は爆発性のある毒物又は劇物であつて政令で定めるものは、業務その他正当な理由による場合を除いては、（　c　）してはならない。

下欄

	a	b	c
1	揮発性	発火性	所持
2	引火性	発火性	所持
3	拡散性	残留性	販売
4	揮発性	残留性	販売
5	引火性	残留性	所持

問 13　次のうち、毒物又は劇物の製造業者が、その製造した硫酸を含有する製剤たる劇物（住宅用の洗浄剤で液体状のものに限る。）を販売するとき、その容器及び被包に表示しなければならない事項として、毒物及び劇物取締法施行規則で定められていないものの組み合わせを下欄から一つ選びなさい。

a　小児の手の届かないところに保管しなければならない旨

b　使用の際、手足や皮膚、特に眼にかからないように注意しなければならない旨

c　使用の際、十分に換気をしなければならない旨

d　眼に入つた場合は、直ちに流水でよく洗い、医師の診断を受けるべき旨

e　居間等人が常時居住する室内では使用してはならない旨

下欄

1（a、b）　　2（a、c）　　3（b、d）　　4（c、e）　　5（d、e）

香川県

問 14　毒物及び劇物取締法第 22 条の規定により、業務上取扱者の届出が必要な者に関する記述として、正誤の正しい組み合わせを下欄から一つ選びなさい。

a　硫酸を使用して、金属熱処理を行う事業者
b　シアン化ナトリウムを使用して、電気めっきを行う事業者
c　砒素化合物たる毒物を含有する製剤を使用して、ねずみの防除を行う事業者
d　モノフルオール酢酸アミドを含有する製剤を使用して、かんきつ類の害虫の防除を行う事業者

下欄

	a	b	c	d
1	正	正	正	誤
2	正	誤	正	誤
3	誤	正	誤	正
4	誤	正	誤	誤
5	誤	正	正	正

問 15　次の文は、毒物及び劇物取締法施行令第 8 条の記述である。
（　　）内にあてはまる語句として正しいものを下欄から一つ選びなさい。

　加鉛ガソリンの製造業者又は輸入業者は、（ 問 15 ）色（第 7 条の厚生労働省令で定める加鉛ガソリンにあつては、厚生労働省令で定める色）に着色されたものでなければ、加鉛ガソリンを販売し、又は授与してはならない。

下欄

| 1 赤 | 2 オレンジ | 3 青 | 4 緑 | 5 紫 |

問 16　毒物及び劇物取締法施行令及び毒物及び劇物取締法施行規則の規定に照らし、水酸化カリウムを、車両を使用して 1 回につき 5,000 キログラム以上運搬する場合、その運搬方法に関する次の記述について、正誤の正しい組み合わせを下欄から一つ選びなさい。

a　0.3 メートル平方の板に地を黒色、文字を白色として「毒」と表示し、車両の前後の見やすい箇所に掲げなければならない。
b　車両には、防毒マスク、ゴム手袋その他事故の際に応急の措置を講ずるために必要な保護具を 1 人分以上備えること。
c　車両には、運搬する毒物又は劇物の名称、成分及びその含量並びに事故の際に講じなければならない応急の措置の内容を記載した書面を備えること。
d　1 人の運転者による運転時間が 1 日当たり 9 時間を超えて運搬する場合には、車両 1 台について運転者のほか交替して運転する者を同乗させること。

下欄

	a	b	c	d
1	正	正	正	正
2	正	誤	誤	正
3	誤	正	誤	正
4	正	誤	正	正
5	誤	正	正	誤

問 17　次のうち、毒物及び劇物取締法第 10 条の規定により、毒物劇物営業者が行う届出に関する記述として、正しいものを一つ選びなさい。

1　毒物劇物販売業者が、店舗における営業時間を変更したときは、15 日以内に届け出なければならない。
2　毒物劇物販売業者が、店舗の所在地を変更する場合は、事前に届け出なければならない。
3　毒物劇物販売業者が、店舗の名称を変更したときは、30 日以内に届け出なければならない。
4　毒物又は劇物を製造し、貯蔵し、又は運搬する設備の重要な部分を変更したときは、15 日以内に届け出なければならない。
5　法人である毒物劇物販売業者が、代表取締役を変更したときは、30 日以内に届け出なければならない。

香川県

問 18　次のうち、毒物劇物営業者が、毒物又は劇物を販売し、又は授与するとき、原則として、譲受人に対し提供しなければならない情報の内容として、毒物及び劇物取締法施行規則第 13 条の 12 で定められていないものを、一つ選びなさい。

1　毒物又は劇物の別　　　　2　不良品が判明した時の連絡先
3　物理的及び化学的性質　　4　取扱い及び保管上の注意
5　毒性に関する情報

問 19　毒物及び劇物取締法及び毒物及び劇物取締法施行令の規定に照らし、次の毒物及び劇物の廃棄に関する記述として、誤っているものを一つ選びなさい。

1　中和、加水分解、酸化、還元、稀釈その他の方法により、毒物及び劇物並びに法第 11 条第 2 項に規定する政令で定める物のいずれにも該当しない物とすること。
2　ガス体又は揮発性の毒物又は劇物は、保健衛生上危害を生ずるおそれがない場所で、少量ずつ放出し、又は揮発させること。
3　可燃性の毒物又は劇物は、保健衛生上危害を生ずるおそれがない場所で、少量ずつ燃焼させること。
4　地下 0.5 メートル以上で、かつ、地下水を汚染するおそれがない地中に確実に埋め、海面上に引き上げられ、若しくは浮き上がるおそれがない方法で海水中に沈め、又は保健衛生上危害を生ずるおそれがないその他の方法で処理すること。

問 20　次の文は、毒物及び劇物取締法第 15 条の記述である。（　　　）に当てはまる語句として、正しい組み合わせを下欄から一つ選びなさい。

（毒物又は劇物の交付の制限等）
第 15 条　毒物劇物営業者は、毒物又は劇物を次に掲げる者に交付してはならない。
一　（ a ）歳未満の者
二　（ b ）の障害により毒物又は劇物による保健衛生上の危害の防止の措置を適正に行うことができない者として厚生労働省令で定めるもの
三　麻薬、大麻、あへん又は覚せい剤の中毒者
2　毒物劇物営業者は、厚生労働省令の定めるところにより、その交付を受ける者の氏名及び（ c ）を確認した後でなければ、第三条の四に規定する政令で定める物を交付してはならない。
3　毒物劇物営業者は、（ d ）を備え、前項の確認をしたときは、厚生労働省令の定めるところにより、その確認に関する事項を記載しなければならない。
4　毒物劇物営業者は、前項の（ d ）を、最終の記載をした日から（ e ）年間、保存しなければならない。

下欄

	a	b	c	d	e
1	16	身体	年齢	帳簿	2
2	16	身体	職業	台帳	3
3	18	身体	職業	帳簿	5
4	18	心身	住所	帳簿	5
5	20	心身	住所	台帳	5

香川県

〔基礎化学〕
（一般・農業用品目・特定品目共通）

問21〜問25　下の表は原子番号、元素名、元素記号、原子量の表である。
　　　　　　次の設問に答えなさい。

原子番号	元素名	元素記号	原子量	原子番号	元素名	元素記号	原子量
1	水素	H	1	11	ナトリウム	Na	23
2	ヘリウム	He	4	12	マグネシウム	Mg	24
3	リチウム	Li	7	13	アルミニウム	Al	27
4	ベリリウム	Be	9	14	ケイ素	Si	28
5	ホウ素	B	11	15	リン	P	31
6	炭素	C	12	16	イオウ	S	32
7	窒素	N	14	17	塩素	Cl	35.5
8	酸素	O	16	18	アルゴン	Ar	40
9	フッ素	F	19	19	カリウム	K	39
10	ネオン	Ne	20	20	カルシウム	Ca	40

問21　表にある第2周期の元素のうち、二価の陽イオンになりやすい元素は何か。
　　　下欄のうち、あてはまる元素を選びなさい。

　　下欄

1 Li	2 Be	3 Mg	4 Al	5 S

問22　表にある第2周期の元素のうち、一価の陰イオンになりやすい元素は何か。
　　　下欄のうち、あてはまる元素を選びなさい。

　　下欄

1 Cl	2 O	3 F	4 P	5 Na

問23　表にある第2周期の元素のうち、イオン化エネルギーの最も小さい元素は何
　　　か。下欄のうち、あてはまる元素を選びなさい。

　　下欄

1 Li	2 Be	3 B	4 Na	5 Mg

問24　表にある第2周期の元素のうち、電子親和力の最も大きい元素は何か。
　　　下欄のうち、あてはまる元素を選びなさい。

　　下欄

1 O	2 F	3 Na	4 Cl	5 Ne

問25　表にある第2周期の元素のうち、最も化学的に安定な元素は何か。下欄のう
　　　ち、あてはまる元素を選びなさい。

　　下欄

1 F	2 Na	3 S	4 Cl	5 Ne

香川県

問 26 ～問 30　下記の金属元素の塩化物を含む水溶液を白金線の先に付けてバーナーの炎のなかにいれるとき観察される炎の色を下欄から選びなさい。

問 26　カルシウム

下欄

| 1 橙赤 | 2 赤 | 3 青緑 | 4 赤紫 | 5 黄 |

問 27　ナトリウム

下欄

| 1 橙赤 | 2 赤 | 3 青緑 | 4 赤紫 | 5 黄 |

問 28　銅

下欄

| 1 橙赤 | 2 赤 | 3 青緑 | 4 赤紫 | 5 黄 |

問 29　リチウム

下欄

| 1 橙赤 | 2 赤 | 3 青緑 | 4 赤紫 | 5 黄 |

問 30　カリウム

下欄

| 1 橙赤 | 2 赤 | 3 青緑 | 4 赤紫 | 5 黄 |

問 31 ～問 35　次の設問の答えを下欄から選びなさい。ただし、H = 1、O = 16、Na = 23 として計算しなさい。

問 31　0.1mol/L の塩酸水溶液の pH の値はいくらか。

下欄

| 1 pH1 | 2 pH1.5 | 3 pH2 | 4 pH2.5 | 5 pH3 |

問 32　0.005mol/L の硫酸水溶液の pH の値はいくらか。

下欄

| 1 pH1 | 2 pH1.5 | 3 pH2 | 4 pH2.5 | 5 pH3 |

問 33　1.0×10^{-2}mol/L の塩酸 10mL に水を加えて 100mL にした水溶液の pH の値はいくらか。

下欄

| 1 pH1 | 2 pH1.5 | 3 pH2 | 4 pH2.5 | 5 pH3 |

問 34　水酸化ナトリウム 0.8 g を水に溶かして 200mL にした水溶液の pH の値はいくらか。

下欄

| 1 pH10 | 2 pH11 | 3 pH12 | 4 pH13 | 5 pH14 |

問 35　0.05mol/L の水酸化ナトリウム水溶液 40mL を中和するためには、0.10mol/L の硫酸は何 mL 必要か。

下欄

| 1 10mL | 2 20mL | 3 30mL | 4 40mL | 5 50mL |

香川県

問 36 〜問 40　次の記述にあてはまる気体を下欄から選びなさい。

問 36　無色・無臭の気体で、水に溶けにくく、血液中のヘモグロビンと強く結合し、酸素の運搬を妨げるため、有毒である。

下欄

1　一酸化炭素　　　2　オゾン　　　3　硫化水素　　　4　二酸化硫黄
5　一酸化窒素

問 37　無色、腐卵臭のある気体で、有毒である。水に少し溶け、水溶液は弱い酸性を示す。

下欄

1　一酸化炭素　　　2　オゾン　　　3　硫化水素　　　4　二酸化硫黄
5　一酸化窒素

問 38　無色の気体であるが、空気中で速やかに酸化され、赤褐色の気体となる。

下欄

1　一酸化炭素　　　2　オゾン　　　3　硫化水素　　　4　二酸化硫黄
5　一酸化窒素

問 39　無色、刺激臭のある有毒な気体で、水溶液は弱い酸性を示す。ヨウ素溶液中に通じると、ヨウ素の色が消える。

下欄

1　一酸化炭素　　　2　オゾン　　　3　硫化水素　　　4　二酸化硫黄
5　一酸化窒素

問 40　特異臭のある有毒な気体である。酸素中で無声放電を行うと生成される。強い酸化作用を示し、ヨウ化カリウム水溶液中に通じるとヨウ素を生じる。

下欄

1　一酸化炭素　　　2　オゾン　　　3　硫化水素　　　4　二酸化硫黄
5　一酸化窒素

問 41 〜問 45　次の記述にあてはまる化合物を下欄から選びなさい。

問 41　フェーリング液を還元する。

下欄

1　酢酸　　　2　酢酸エチル　　　3　アセトン　　　4　メタノール
5　アセトアルデヒド

問 42　中性の液体で、ナトリウムと反応して水素を発生する。

下欄

1　酢酸　　　2　酢酸エチル　　　3　アセトン　　　4　メタノール
5　アセトアルデヒド

問 43　水には溶けにくい。水酸化ナトリウム水溶液を加えて熱すると、けん化により加水分解される。

下欄

1　酢酸　　　2　酢酸エチル　　　3　アセトン　　　4　メタノール
5　アセトアルデヒド

香川県

問 44　ヨードホルム反応を示すが、還元性はない。

下欄

1 酢酸	2 酢酸エチル	3 アセトン	4 メタノール
5 アセトアルデヒド			

問 45　刺激臭のある無色の液体で、弱酸性を示す。

下欄

1 酢酸	2 酢酸エチル	3 アセトン	4 メタノール
5 アセトアルデヒド			

〔取り扱い〕

（一般）

問 46 ～問 49　次の物質を含有する製剤について、劇物として取り扱いを受けなくなる濃度を下欄から選びなさい。なお、同じ番号を何度選んでもよい。

問 46 ジメチル－４－メチルメルカプト－３－メチルフエニルチオホスフエイト
　　　（別名：MPP、フェンチオン）
問 47 ジメチルアミン　　問 48 ベタナフトール　　問 49 ホルムアルデヒド

下欄

1　1 %以下	2　2 %以下	3　5 %以下	4　10 %以下
5　50 %以下			

問 50 ～問 53　次の物質の貯蔵方法として、最も適するものを、下欄から選びなさい。

問 50 四塩化炭素　　　問 51 ロテノン　　　問 52 シアン化ナトリウム
問 53 二硫化炭素

下欄

1　酸素によって分解し、効力を失うため、空気と光線を遮断して貯蔵する。
2　少量ならばガラス瓶、多量ならばブリキ缶又は鉄ドラム缶を用い、酸類とは離して、風通しの良い乾燥した冷所に密封して貯蔵する。
3　空気中にそのまま貯蔵することはできないため、通常石油中に貯蔵する。水分の混入、火気を避けて貯蔵する。
4　可燃性、発熱性、自然発火性のものからは十分に引き離し、直射日光を受けない冷所で貯蔵する。いったん開封したものは、蒸留水を混ぜておくと安全である。
5　亜鉛又はスズメッキをした鋼鉄製容器で保管し、高温に接しない場所に貯蔵する。蒸気は低所に滞留するので、地下室等の換気の悪い場所には貯蔵しない。

問 54 ～問 57　次の物質の漏えい又は飛散した場合の応急措置として、最も適するものを、下欄から選びなさい。

問 54 硝酸　　　問 55 メチルエチルケトン　　問 56 ピクリン酸
問 57 クロム酸ナトリウム

香川県

下欄

1　飛散したものは空容器にできるだけ回収し、そのあとを還元剤(硫酸第一鉄等)の水溶液を散布し、水酸化カルシウム、炭酸ナトリウム 等の水溶液で処理した後、多量の水で洗い流す。

2　少量では、漏えいした液は亜硫酸水素ナトリウム水溶液(約 10 %)で反応させた後、多量の水で十分に希釈して洗い流す。多量では、漏えいした液は、土砂等でその流れを止め、安全な場所に穴を堀るなどしてためる。これに亜硫酸水素ナトリウム水溶液(約 10 %)を加え、時々撹拌して反応させた後、多量の水で十分に希釈して洗い流す。この際、蒸発したガスが大気中に拡散しないよう霧状の水をかけて吸収させる。

3　多量に漏えいした場合、漏えいした液は土砂等でその流れを止め、これに吸着させるか、又は安全な場所に導いて、遠くから徐々に注水してある程度希釈した後、水酸化カルシウム、炭酸ナトリウム等で中和し多量の水で洗い流す。

4　漏えいした液は、少量では土砂等に吸着させて空容器に回収する。多量では、土砂等でその流れを止め、安全な場所に導き、液の表面を泡で覆い、できるだけ空容器に回収する。

5　飛散したものは空容器にできるだけ回収し、そのあとを多量の水で洗い流す。なお、回収の際は飛散したものが乾燥しないよう、適量の水で散布して行い、また、回収物の保管、輸送に際しても十分に水分を含んだ状態を保つようにする。用具及び容器は金属製のものを使用してはならない。

問 58 ～問 61　次の表に挙げる物質について、人体に対する代表的な中毒症状をＡ欄から、中毒時の解毒・治療に用いる薬剤をＢ欄から、それぞれ最も適するものを選びなさい。

物質名	中毒症状	解毒・治療に用いる薬剤
三酸化二砒素(別名：亜砒酸)	問 58	問 60
トリクロルヒドロキシエチルジメチルホスホネイト(別名：トリクロルホン)	問 59	問 61

Ａ欄(問 58、問 59)

1　猛烈な神経毒がある。急性中毒では、よだれ、吐き気、悪心、嘔吐があり、ついで脈拍緩徐不整となり、発汗、瞳孔縮小、意識喪失、呼吸困難、痙攣をきたす。

2　血液中のカルシウム分を奪取し、神経系を侵す。急性中毒症状は、胃痛、嘔吐、口腔・咽喉の炎症、腎障害を起こす。

3　皮膚や粘膜につくと火傷を起こし、その部分は白色となる。経口摂取した場合には口腔・咽喉、胃に高度の灼熱感を訴え、悪心、嘔吐、めまいを起こし、失神、虚脱、呼吸麻痺で倒れる。尿は暗赤色を呈する。

4　神経伝達物質のアセチルコリンを分解する酵素であるコリンエステラーゼと結合し、その働きを阻害する。吸入した場合、倦怠感、頭痛、めまい、吐き気、嘔吐、腹痛、下痢、多汗などの症状を呈し、重症の場合には、縮瞳、意識混濁、全身痙攣などを起こすことがある。

5　吸入した場合、鼻、のど、気管支等の粘膜を刺激し、頭痛、めまい、悪心、チアノーゼを起こす。重症な場合には血色素尿を排泄し、肺水 腫を生じ、呼吸困難を起こす。

B欄(問60、問61)

```
1  ジメルカプロール(別名：BAL)
2  亜硝酸ナトリウム製剤
3  2－ピリジルアルドキシムメチオダイド(別名：PAM)の製剤
4  グルコン酸カルシウム
5  エデト酸カルシウム二ナトリウム
```

問62～問65　次の物質の廃棄方法として最も適するものを、下欄から選びなさい。

問62 アニリン　　問63 一酸化鉛　　問64 臭素　　問65 弗化水素

下欄

```
1  可溶性溶剤と共に焼却炉の火室へ噴霧し焼却する。
2  水に溶かして水溶液とし、撹拌下のスルファミン酸溶液に徐々に加　えて分解
   させた後中和し、多量の水で希釈して処理する。
3  セメントを用いて固化し、溶出試験を行い、溶出量が判定基準以下であること
   を確認して埋立処分する。
4  アルカリ水溶液(水酸化カルシウムの懸濁液又は水酸化ナトリウム水溶液)中に
   少量ずつ滴下し、多量の水で希釈して処理する。
5  多量の水酸化カルシウム水溶液中に吹き込んで吸収させ、中和し、沈澱濾過し
   て埋立処分する。
```

(農業用品目)

問46～問49　次の物質を含有する製剤について、劇物として取り扱いを受けなくなる濃度を下欄から選びなさい。なお、同じ番号を何度選んでもよい。

問46 ジメチル－4－メチルメルカプト－3－メチルフエニルチオホスフエイト
(別名：MPP、フェンチオン)
問47 トリクロルヒドロキシエチルジメチルホスホネイト
(別名：DEP、トリクロルホン)
問48 エチルパラニトロフエニルチオノベンゼンホスホネイト
(別名：EPN)
問49 5－メチル－1・2・4－トリアゾロ［3・4－b］ベンゾチアゾール
(別名：トリシクラゾール)

下欄

1 1.5％以下	2 2％以下	3 5％以下	4 8％以下	5 10％以下

問50～問53　次の物質の漏えい又は飛散した場合の応急処置として最も適するものを、下欄から選びなさい。

問50 ジメチル－2・2－ジクロルビニルホスフエイト
(別名：DDVP、ジクロルボス)
問51 塩化亜鉛
問52 1・1'－ジメチル－4・4'－ジピリジニウムジクロリド
(別名：パラコート)
問53 液化アンモニア

香川県

1 飛散したものは空容器にできるだけ回収し、そのあとを水酸化カルシウム、炭酸ナトリウム等の水溶液を用いて処理し、多量の水で洗い流す。
2 飛散した物質の表面を速やかに土砂等で覆い、密閉可能な空容器にできるだけ回収して密閉する。物質で汚染された土砂等も同様の措置をし、そのあとを多量の水を用いて洗い流す。
3 付近の着火源となるものを速やかに取り除く。漏えいした液は土砂等でその流れを止め、安全な場所に導き、空容器にできるだけ回収し、そのあとを水酸化カルシウム等の水溶液を用いて処理した後、中性洗剤等の分散剤を使用して多量の水で洗い流す。
4 付近の着火源となるものを速やかに取り除く。少量の場合、漏えい箇所を濡れむしろ等で覆い、遠くから多量の水をかけて洗い流す。
　　多量の場合、漏えい箇所を濡れむしろ等で覆い、ガス状の物質に対しては遠くから霧状の水をかけ吸収させる。この場合、濃厚な廃液が河川等に排出されないように注意する。
5 漏えいした液は土壌等でその流れを止め、安全な場所に導き、空容器にできるだけ回収し、そのあとを土壌で覆って十分に接触させた後、土壌を取り除き、多量の水で洗い流す。

問 54 ～問 57　次の物質の代表的な用途について、最も適するものを下欄から選びなさい。

問 54 アバメクチン　　　問 55 燐化亜鉛
問 56 ２－クロルエチルトリメチルアンモニウムクロリド(別名：クロルメコート)
問 57 エチルジフェニルジチオホスフエイト（別名：EDDP、エジフェンホス）

下欄

| 1 除草剤 | 2 殺鼠剤 | 3 植物成長調整剤 | 4 殺ダニ剤 | 5 殺菌剤 |

問 58 ～問 61　次の物質を人が吸入又は飲み下したときあるいは皮膚に触れた場合の代表的な毒性・中毒症状として、最も適するものを、下欄から選びなさい。

問 58 ジメチル－２，２－ジクロルビニルホスフエイト
　　　（別名：DDVP、ジクロルボス）
問 59 クロルピクリン　　　問 60 モノフルオール酢酸ナトリウム
問 61 ブロムメチル

下欄

1 吸入した場合は、吐き気、、頭痛、歩行困難、痙攣、視力障害、瞳孔拡大等の症状を起こすことがある。低濃度のガスを長時間吸入すると、数日を経て、痙攣、麻痺、視力障害等の症状を起こす。重症の場合には数日後に神経障害を起こす。
2 吸入すると、分解されずに組織内に吸収され、各器官が障害される。
　　血液中でメトヘモグロビンを生成、また中枢神経や心臓、眼結膜を侵し、肺も強く障害する。
3 激しい嘔吐、胃の疼痛、意識混濁、てんかん性痙攣、脈拍の緩徐、チアノーゼ、血圧下降をきたす。心機能の低下により死亡する場合もある。
4 この物質の中毒では、緑色又は青色のものを吐く。のどが焼けるように熱くなり、よだれが流れ、しばしば痛む。
5 吸入した場合、倦怠感、頭痛、めまい、吐き気、嘔吐、腹痛、下痢、多汗等の症状を呈し、重症な場合には、縮瞳、意識混濁、全身痙攣等を起こすことがある。

香川県

問 62 ～問 65　次の物質の廃棄方法として最も適するものを、下欄から選びなさい。

問 62 エチルパラニトロフエニルチオノベンゼンホスホネイト（別名：ＥＰＮ）
問 63 塩化第一銅　　　問 64 シアン化ナトリウム　　　問 65 硫酸亜鉛

下欄

1　木粉（おが屑）等に吸収させてアフターバーナーおよびスクラバーを備えた焼却
　炉で焼却する。
2　セメントを用いて固化し、埋立処分する。
3　水酸化ナトリウム水溶液等でアルカリ性とし、高温加圧下で加水分解する。
4　少量の界面活性剤を加えた亜硫酸ナトリウムと炭酸ナトリウムの混合溶液中
　で、撹拌し分解させた後、多量の水で希釈して処理する。
5　水に溶かし、水酸化カルシウム、炭酸カルシウム等の水溶液を加えて処理し、
　沈殿濾過して埋立処分する。多量の場合には還元焙焼法により処理する。

（特定品目）

問 46 ～問 49　次の物質を含有する製剤について、劇物として取り扱いを受けなくな
　る濃度を下欄から選びなさい。なお、同じ番号を何度選んでもよい。

問 46 過酸化水素　　　問 47 硫酸　　　問 48 クロム酸鉛　　　問 49 アンモニア

下欄

1　1 ％以下　　　2　5 ％以下　　　3　6 ％以下　　　4　10 ％以下
5　70 ％以下

問 50 ～問 53　次の物質の貯蔵方法として、最も適するものを、下欄から選びなさい。

問 50 メチルエチルケトン　　　問 51 アンモニア水　　　問 52 四塩化炭素
問 53 ホルマリン

下欄

1　温度の上昇により空気より軽いガスを生成し、また、揮発しやすいので、密栓
　して貯蔵する。
2　亜鉛又はスズメッキをした鋼鉄製容器で保管し、高温に接しない場所に貯蔵す
　る。蒸気は低所に滞留するので、地下室等の換気の悪い場所には貯蔵しない。
3　少量ならば褐色ガラス瓶、大量ならばカーボイなどを使用し、3 分の 1 の空間
　を保って貯蔵する。日光の直射を避け、冷所に有機物、金属塩、樹脂、油類、
　その他有機性蒸気を放出する物質と引き離して貯蔵する。
4　引火しやすく、また、その蒸気は空気と混合して爆発性の混合ガスとなるため、
　火気を遠ざけて貯蔵する。
5　低温では混濁することがあるので、常温で貯蔵する。

問 54 ～問 57　次の物質の漏えい又は飛散した場合の応急措置として、最も適するも
　のを、下欄から選びなさい。

問 54 塩素　　　問 55 クロロホルム　　　問 56 過酸化水素水　　　問 57 トルエン

香川県

下欄

1 多量の場合、漏えいした液は土砂等でその流れを止め、安全な場所に導き多量の水で十分に希釈して洗い流す。
2 飛散したものは空容器にできるだけ回収し、そのあとを還元剤（硫酸第一鉄等）の水溶液を散布し、水酸化カルシウム、炭酸ナトリウム等の水溶液で処理した後、多量の水で洗い流す。
3 多量の場合、漏えい箇所や漏えいした液には水酸化カルシウムを十分に散布し、シート等を被せ、その上にさらに水酸化カルシウムを散布して吸収させる。漏えい容器には散布しない。多量にガスが噴出した場所には、遠くから霧状の水をかけて吸収させる。
4 漏えいした液は土砂等でその流れを止め、安全な場所に導き、空容器にできるだけ回収し、そのあとを中性洗剤等の分散剤を使用して多量の水を用いて洗い流す。
5 多量の場合、漏えいした液は、土砂等でその流れを止め、安全な場所に導き、液の表面を泡で覆いできるだけ空容器に回収する。

問 58 ～問 61　次の物質を人が吸入又は飲み下したときの代表的な毒性・中毒症状として、最も適するものを、下欄から選びなさい。

　　問 58 四塩化炭素　　問 59 硝酸　　問 60 トルエン　　問 61 硅弗化ナトリウム
　　下欄

1 吸入した場合、はじめ短時間の興奮期を経て、深い麻酔状態に陥ることがある。眼に入った場合、粘膜に対して起炎性を有する。
2 吸入した場合、鼻、喉、気管支、肺などの粘膜を刺激し、炎症を起こすことがある。眼に入ると異物感を与え、粘膜を刺激する。
3 蒸気は眼、呼吸器等の粘膜及び皮膚に強い刺激性を有する。液体を飲んだ場合、口腔以下の消化管に強い腐食性火傷を生じ、重症の場合にはショック状態となり死亡する。
4 揮発性蒸気の吸入などにより、はじめ頭痛、悪心などをきたし、黄疸のように角膜が黄色となり、しだいに尿毒症様を呈し、重症な場合は死亡する。
5 摂取すると血液中のカルシウム分を奪い、神経系を侵す。急性中毒症状は、胃痛、嘔吐、口腔・咽喉の炎症、腎障害である。

問 62 ～問 65　次の物質の廃棄方法として最も適するものを、下欄から選びなさい。

　　問 62 クロム酸鉛　　問 63 酢酸エチル　　問 64 硫酸　　問 65 水酸化カリウム
　　下欄

1 希硫酸を加え、還元剤（硫酸第一鉄等）の水溶液を過剰に用いて還元した後、水酸化カルシウム、炭酸ナトリウム等の水溶液で処理し、沈殿濾過する。溶出試験を行い、溶出量が判定基準以下であることを確認して埋立処分する。
2 焼却炉の火室へ噴霧し、焼却する。
3 セメントを用いて固化して、溶出試験を行い、溶出量が判定基準以下であることを確認して埋立処分する。
4 徐々に石灰乳（水酸化カルシウムの懸濁液）などの撹拌溶液に加え中和させた後、多量の水で希釈して処理する。
5 水を加えて希薄な水溶液とし、酸（希塩酸、希硫酸等）で中和させた後、多量の水で希釈して処理する。

〔実　地〕

(一般)

問 66 〜問 69　次の物質に関する記述について、最も適するものを下欄から選びなさい。
次の物質に関する記述について、最も適するものを下欄から選びなさい。

　　問 66 塩化亜鉛　　問 67 アニリン　　問 68 ホルマリン　　　問 69 クロム酸カルシウム

　　下欄

> 1　淡黄色の光沢のある小葉状あるいは針状の結晶。純品は無臭である。温飽和水
> 　溶液は、シアン化カリウム溶液によって暗赤色を呈する。
> 2　純品は無色透明な油状の液体で、特有の臭気を有する。水溶液にさらし粉を加
> 　えると、紫色を呈する。
> 3　白色の結晶で、潮解性を有する。水に溶かし、硝酸銀を加えると、白色の沈殿
> 　を生成する。
> 4　淡赤黄色の粉末。水溶液に硝酸バリウム又は塩化バリウムを加えると、黄色
> 　の沈殿を生成する。
> 5　無色の催涙性を有する透明な液体。刺激臭を有する。硝酸を加え、更にフクシ
> 　ン亜硫酸溶液を加えると藍紫色を呈する。

問 70 〜問 73　次の物質に関する記述について、最も適するものを下欄から選びなさい。

　　問 70 弗化水素酸　　　問 71 フエノール　　　問 72 トリクロル酢酸　　　問 73 硝酸

　　下欄

> 1　無色の斜方六面形結晶。潮解性で、微弱の刺激臭を有する。水酸化ナトリウム
> 　溶液を加えて熱すれば、クロロホルム臭がする。
> 2　無色の針状結晶あるいは白色の放射状結晶塊で、特異な臭気を有する。空気中
> 　で容易に赤変する。水溶液に過クロール鉄液を加えると、紫色を呈する。
> 3　無色又はわずかに着色した透明の液体で、特有の刺激臭を有する。ロウを塗っ
> 　たガラス板に針で模様を描いたものに塗ると、ロウで覆われていない模様の部
> 　分のみ反応する。
> 4　極めて純粋な、水分を含まないものは、無色の液体で、特有の臭気を有する。
> 　腐食性が激しく、空気に接すると刺激性白霧を発する。銅屑を加えて熱すると、
> 　藍色を呈して溶け、その際赤褐色の蒸気を生成する。
> 5　無色透明、油様の液体。濃い濃度のものは猛烈に水を吸収する。希釈水溶液に
> 　塩化バリウムを加えると白色の沈殿を生成する。

問 74 〜問 77　次に記述する性状に該当する物質として最も適するものを下欄から選
　　びなさい。
　　問 74　重い粉末で黄色から赤色までのものがある。水に不溶であるが、酸、アルカ
　　　リに易溶である。光化学反応を起こす。
　　問 75　無色透明の結晶で、水に易溶である。光によって分解して黒変する。強力な
　　　酸化剤であり、また腐食性がある。
　　問 76　白色、結晶性の硬い固体で、繊維状結晶様の破砕面を現す。水に可溶で、水
　　　溶液はアルカリ性を呈する。水と炭酸を吸収する性質が強く、潮解性を有する。
　　問 77　2モルの結晶水を有する無色、稜柱状の結晶で、乾燥空気中で風化する。
　　　注意して加熱すると昇華するが、急に加熱すると分解する。

　　下欄

> 1　硝酸銀　　　2　蓚酸　　　3　重クロム酸カリウム　　　4　一酸化鉛
> 5　水酸化ナトリウム

問 78 ～問 81　次に記述する性状に該当する物質として最も適するものを下欄から選び
なさい。

　問 78　無色の吸湿性結晶。水に可溶である。中性、酸性下で安定であるが、アルカ
　　　　リ性で不安定である。土壌等に強く吸着されて不活性化する性質がある。除草剤
　　　　として用いる。

　問 79　硫黄臭のある淡黄色の液体。水に難溶であるが、有機溶媒に可溶である。
　　　　野菜等のネコブセンチュウ等の防除に用いる。

　問 80　無色の気体で、わずかに甘いクロロホルム様の臭いを有する。圧縮又は冷却
　　　　すると、無色又は淡黄緑色の液体を生成する。果樹、種子、貯蔵食糧等の病害
　　　　虫の燻蒸に用いる。

　問 81　常温においては窒息性臭気を有する黄緑色の気体。冷却すると、黄色溶液を
　　　　経て黄白色固体となる。

　　下欄

> 1　１・１’－ジメチル－４・４’－ジピリジニウムジクロリド
> 　　（別名：パラコート）
> 2　Ｓ・Ｓ－ビス（１－メチルプロピル）＝Ｏ－エチル＝ホスホロジチオアート
> 　　（別名：カズサホス）
> 3　クロルピクリン
> 4　塩素
> 5　ブロムメチル

問 82 ～問 85　次の文章は、物質に関して記述したものである。（　　）内に最も適する
語句を下欄から選びなさい。

　● ニコチンの純品は無色無臭の油状液体である。空気中では速やかに（問 82）に変
　　化する。ニコチンの硫酸酸性水溶液にピクリン酸溶液を加えると、（問 83）の結
　　晶が沈殿する。

　　問 82　下欄

1　黄色	2　白色	3　黒色	4　褐色	5　緑色

　　問 83　下欄

1　黒色	2　赤色	3　黄色	4　白色	5　青色

　● 燐化水素は、（問 84）の気体で、（問 85）を有する。自然発火性を有し、酸素及び
　　ハロゲンと激しく化合する。

　　問 84　下欄

1　無色	2　淡黄色	3　淡緑色	4　淡青色	5　淡赤色

　　問 85　下欄

1　無臭	2　ニンニク臭	3　カビ臭	4　アンモニア臭	5　腐魚臭

香川県

（農業用品目）

問 66 ～問 69　次の物質に関する記述について、最も適するものを下欄から選びなさい。

　問 66 塩素酸カリウム　　問 67 ニコチン　　問 68 クロルピクリン
　問 69 塩化亜鉛

下欄

> 1　無色の単斜晶系板状の結晶。燃えやすい物質と混合して摩擦すると、爆発する。水溶液に酒石酸を多量に加えると白色の結晶を生成する。
> 2　白色の結晶で、潮解性を有する。水に溶かし硝酸銀を加えると、白色の沈殿を生成する。
> 3　無色透明の揮発性の液体で、鼻をさすような臭気を有する。濃塩酸を潤したガラス棒を近づけると、白い霧を生じる。
> 4　純品は無色の油状体で、市販品は通常微黄色を呈している。水溶液に金属カルシウムを加え、これにベタナフチルアミン及び硫酸を加えると、赤色の沈殿を生成する。
> 5　純品は無色無臭の油状の液体。空気中では速やかに褐変する。ホルマリン 1 滴を加えた後、濃硫酸 1 滴を加えるとバラ色を呈する。

問 70 ～問 73　次の物質に関する記述について、最も適するものを下欄から選びなさい。

次の物質に関する記述について、最も適するものを下欄から選びなさい。

　問 70 燐化亜鉛　　問 71 ブロムメチル　　問 72 シアン化ナトリウム
　問 73 アンモニア

下欄

> 1　暗赤色の光沢のある粉末で、水、アルコールに不溶である。空気中で分解する。
> 2　特有の刺激臭のある無色の気体。圧縮することによって常温でも簡単に液化する。水、エタノール、エーテルに可溶である。
> 3　白色の粉末、粒状又はタブレット状の固体。水に可溶で、水溶液は強アルカリ性である。酸と反応すると有毒かつ引火性の物質を生成する。
> 4　白色の粉末。非常に水を吸いやすく、空気中の水分を吸って次第に青色を呈する。
> 5　無色の気体で、わずかに甘いクロロホルム様の臭いを有する。水に難溶である。圧縮又は冷却すると、無色又は淡黄緑色の液体を生成する。

問 74 ～問 77　次に記述する性状に該当する物質として最も適するものを下欄から選びなさい。

　問 74　無色の吸湿性結晶。水に可溶である。中性、酸性下で安定であるが、アルカリ性で不安定である。工業品は、暗褐色又は暗青色の特異臭のある水溶液である。土壌等に強く吸着されて不活性化する性質がある。除草剤として用いる。

　問 75　淡褐色の固体。水に難溶であるが、有機溶媒に可溶である。野菜等のコガネムシ類、ネキリムシ類等の土壌害虫の防除に用いる。

　問 76　弱いニンニク臭を有する褐色の液体。各種の有機溶媒に易溶であるが、水に不溶である。稲のニカメイチュウ、ツマグロヨコバイ等、豆類のフキノメイガ、マメアブラムシ、マメシンクイガ等の駆除に用いる。

　問 77　白色から淡黄色の粉末で、特異な臭いを有する。水に難溶であるが、アセトン、ベンゼンに可溶である。飼料添加物として用いる。

香川県

下欄

1 ジメチル－４－メチルメルカプト－３－メチルフエニルチオホスフエイト
（別名：MPP、フェンチオン）
2 １・１’－ジメチル－４・４’－ジピリジニウムジクロリド
（別名：パラコート）
3 １－（６－クロロ－３－ピリジルメチル）－Ｎ－ニトロイミダゾリジン－２
－イリデンアミン（別名：イミダクロプリド）
4 ナラシン
5 ２・３・５・６－テトラフルオロ－４－メチルベンジル＝（Ｚ）－（１ＲＳ・３
ＲＳ）－３－（２－クロロ－３・３・３－トリフルオロ－１－プロペニル）－２・
２－ジメチルシクロプロパンカルボキシラート（別名：テフルトリン）

問 78 ～問 81 次に記述する性状に該当する物質として最も適するものを下欄から選
びなさい。

問 78 淡黄色の結晶。水に難溶であるが、有機溶媒に可溶である。pH3 ～ 11 で安定
である。野菜、果樹等のハダニ類の防除に用いる。

問 79 白色から淡黄褐色の粉末。水に難溶であるが、有機溶媒に可溶である。アル
カリに不安定である。稲のツマグロヨコバイ、ウンカ等の殺虫剤、リンゴの摘
果剤として用いる。

問 80 空気より重い無色の気体。水に難溶であるが、アセトン、クロロホルムに可
溶である。殺虫剤として用いる。

問 81 無色の結晶で、無臭である。水、有機溶媒に難溶である。殺菌剤であり、イ
モチ病に用いる。

下欄

1 ５－メチル－１・２・４－トリアゾロ［３・４－b］ベンゾチアゾール
（別名：トリシクラゾール）
2 弗化スルフリル
3 Ｎ－メチル－１－ナフチルカルバメート（別名：NAC、カルバリル）
4 Ｎ－（４－ｔ－ブチルベンジル）－４－クロロ－３－エチル－１－メチルピ
ラゾール－５－カルボキサミド（別名：テブフェンピラド）
5 １・３－ジカルバモイルチオ－２－（Ｎ・Ｎ－ジメチルアミノ）－プロパン塩
酸塩（別名：カルタップ）

問 82 ～問 85 次の文章は、物質に関して記述したものである。（　）内に最も適する
語句を下欄から選びなさい。

● 硫酸亜鉛は、無水物のほか数種類の水和物が知られているが、一般には七水和
物が流通している。七水和物は、**(問 82)** の結晶である。水に溶かして硫化水素
を通じると、**(問 83)** の沈殿を生成する。

問 82 下欄

1 褐色	2 白色	3 青色	4 黒色	5 黄色

問 83 下欄

1 白色	2 黒色	3 淡青色	4 淡黄色	5 赤褐色

● Ｏ－エチル＝Ｓ・Ｓ－ジプロピル＝ホスホロジチオアート（別名：エトプロホ
ス）は、**(問 84)** を有する **(問 85)** の透明な液体である。野菜等のネコブセンチュウ
の防除に用いる。

問 84　下欄

1　カビ臭　　　2　メルカプタン臭　　3　アルコール臭 4　クロロホルム臭　　5　アンモニア臭

問 85　下欄

1　黒色　　2　淡青色　　3　淡黄色　　4　淡赤色　　5　褐色

（特定品目）

問 66 ～問 69　次の物質に関する記述について、最も適するものを下欄から選びなさい。

次の物質に関する記述について、最も適するものを下欄から選びなさい。

問 66 酸化第二水銀　　　問 67 メタノール　　　問 68 ホルマリン
問 69 アンモニア水

下欄

1　赤色又は黄色の粉末で、製法によって色が異なる。小さな試験管に入れて熱すると、始めに黒色に変わり、なお熱すると完全に揮散する。 2　無色透明、揮発性の液体で、鼻をさすような臭気を有する。濃塩酸を潤したガラス棒を近づけると、白い霧を生じる。 3　2モルの結晶水を有する無色の結晶で、乾燥空気中で風化する。水溶液は過マンガン酸カリウムの溶液の赤紫色を消す。 4　無色透明、催涙性の液体で、刺激臭を有する。硝酸を加え、更にフクシン亜硫酸溶液を加えると、藍紫色を呈する。 5　無色透明、揮発性の液体で、特異な香気を有する。蒸気は空気より重く、引火しやすい。サリチル酸と濃硫酸とともに熱すると、芳香のある物質を生成する。

問 70 ～問 73　次の物質に関する記述について、最も適するものを下欄から選びなさい。

問 70 過酸化水素水　　問 71 一酸化鉛　　問 72 塩酸　　問 73 クロム酸カリウム

下欄

1　重い粉末で黄色から赤色までのものがある。水に不溶である。希硝酸に溶かすと、無色の液となり、これに硫化水素を通すと、黒色の沈殿を生成する。 2　無色透明の液体。不安定な化合物であり、アルカリ存在下では、その分解作用が著しい。過マンガン酸カリウムを還元し、クロム酸塩を過クロム酸塩に変える。 3　無色透明な液体。25％以上のものは湿った空気中で発煙し、刺激臭がある。硝酸銀溶液を加えると、白色の沈殿を生じる。 4　無色透明、油様の液体。高濃度のものは猛烈に水を吸収する。希釈した水溶液に塩化バリウムを加えると、白色の沈殿を生じ、この沈殿は硝酸に不溶である。 5　橙黄色の結晶で、水に易溶である。水溶液に硝酸銀水溶液を加えると、赤褐色の沈殿を生じる。

香川県

問 74 〜問 77　次に記述する性状に該当する物質として最も適するものを下欄から選びなさい。

問 74　無色透明の液体で、果実様の芳香がある。蒸気は空気より重く、引火性がある。

問 75　無色透明の液体で、ベンゼン臭を有する。蒸気は空気より重く、引火しやすい。水に不溶である。

問 76　無水物のほか、二水和物が知られている。一般に流通しているのは二水和物で、橙色の結晶である。潮解性を有する。

問 77　白色の結晶。水に難溶である。酸と接触すると有毒なガスを生成する。

下欄

1　重クロム酸ナトリウム	2　水酸化ナトリウム　　3　硅弗化ナトリウム
4　酢酸エチル	5　トルエン

問 78 〜問 81　次に記述する性状に該当する物質として最も適するものを下欄から選びなさい。

問 78　常温、常圧においては無色の刺激臭を有する気体。湿った空気中で激しく発煙する。冷却すると無色の液体及び固体となる。

問 79　揮発性、麻酔性の芳香を有する無色の重い液体。揮発して重い蒸気となり、火炎を包んで空気を遮断するため強い消火力を示す。

問 80　特有の刺激臭を有する無色の気体。圧縮することにより、常温でも簡単に液化する。空気中では燃焼しないが、酸素中では黄色の炎をあげて燃焼する。

問 81　常温においては窒息性臭気を有する黄緑色の気体。冷却すると、黄色溶液を経て黄白色固体となる。

下欄

1　メチルエチルケトン	2　アンモニア	3　塩素	4　四塩化炭素
5　塩化水素			

問 82 〜問 85　次の文章は、物質に関して記述したものである。（　　）内に最も適する語句を下欄から選びなさい。

● 極めて純粋な、水分を含まない硝酸は、(問 82)の液体で、特有の臭気を有する。硝酸に銅屑を加えて熱すると、(問 83)を呈して溶け、その際赤褐色の亜硝酸の蒸気を生成する。

問 82　下欄

1　淡青色	2　無色	3　淡赤色	4　淡緑色	5　淡黄色

問 83　下欄

1　赤色	2　黒色	3　黄色	4　緑色	5　藍色

● クロロホルムは、無色の揮発性液体で、特異臭と(問 84)を有する。レゾルシンと 33 ％の水酸化カリウム溶液と熱すると黄赤色を呈し、(問 85)の蛍石彩を放つ。

問 84 下欄

1　甘味	2　塩味	3　辛味	4　渋味	5　苦味

問 85 下欄

1　紫色	2　黄色	3　橙色	4　緑色	5　赤色

香川県

愛媛県
令和4年度実施

〔法規（選択式問題）〕
（一般・農業用品目・特定品目共通）

1 次の文章は、毒物及び劇物取締法の条文の一部である。（　）に当てはまる正しい字句を下欄から選びなさい。

第一条　この法律は、毒物及び劇物について、(問題1)上の見地から必要な(問題2)を行うことを目的とする。

第二条　この法律で「毒物」とは、別表第1に掲げる物であつて、医薬品及び(問題3)以外のものをいう。

2～3 省略

第三条
1～2 省略
3 毒物又は劇物の販売業の登録を受けた者でなければ、毒物又は劇物を販売し、授与し、又は販売若しくは授与の目的で(問題4)し、運搬し、若しくは(問題5)してはならない。以下、省略。

【下欄】

(問題1)	1	環境衛生	2	公衆衛生	3	食品衛生	4 保健衛生
(問題2)	1	管理	2	取締	3	取扱	4 販売
(問題3)	1	医療機器	2	医薬部外品	3	化粧品	4 食品
(問題4)	1	保管	2	備蓄	3	保存	4 貯蔵
(問題5)	1	陳列	2	出品	3	展示	4 提供

2 次の文章は、毒物及び劇物取締法の条文の一部である。（　）に当てはまる正しい字句を下欄から選びなさい。

第十四条　毒物劇物営業者は、毒物又は劇物を他の毒物劇物営業者に販売し、又は授与したときは、(問題6)、次に掲げる事項を書面に記載しておかなければならない。

一　毒物又は劇物の名称及び(問題7)
二　販売又は授与の(問題8)
三　譲受人の氏名、(問題9)及び住所(法人にあつては、その名称及び(問題10)の所在地)

【下欄】

(問題6)	1	7日以内に	2	初回購入時	3	定期的に	4 その都度
(問題7)	1	数量	2	製造者	3	使用期限	4 容量
(問題8)	1	方法	2	年月日	3	場所	4 頻度
(問題9)	1	年齢	2	職業	3	性別	4 用途
(問題10)	1	本社	2	担当者	3	主たる事務所	4 保管場所

3 次の文章は、毒物及び劇物取締法の条文の一部である。（　　）に当てはまる正しい字句を下欄から選びなさい。

第十五条 毒物劇物営業者は、毒物又は劇物を次に掲げる者に交付してはならない。
一 （**問題11**）歳未満の者
二 省略
三 麻薬、大麻、（**問題12**）又は覚せい剤の中毒者
2 毒物劇物営業者は、厚生労働省令の定めるところにより、その（**問題13**）を受ける者の氏名及び住所を確認した後でなければ、第三条の四に規定する政令で定める物を交付してはならない。
3 毒物劇物営業者は、（**問題14**）を備え、前項の確認をしたときは、厚生労働省令の定めるところにより、その確認に関する事項を記載しなければならない。
4 毒物劇物営業者は、前項の（**問題14**）を、最終の記載をした日から（**問題15**）、保存しなければならない。

【下欄】

	1		2		3		4	
（**問題11**）		十五		十七		十八		二十
（**問題12**）		シンナー		あへん		向精神薬		かぜ薬
（**問題13**）		交付		譲渡		供与		貸付
（**問題14**）		伝票		台帳		個票		帳簿
（**問題15**）		三年間		五年間		七年間		十年間

4 次の文章で正しいものには［1］を、誤っているものには［2］をマークしなさい。
（**問題16**） 18歳未満でも毒物劇物取扱者試験に合格すれば、毒物劇物取扱責任者となることができる。
（**問題17**） 一般毒物劇物取扱者試験に合格しても、農業用品目を販売する店舗の毒物劇物取扱責任者になることはできない。
（**問題18**） 毒物劇物販売業者は、毒物又は劇物を直接に取扱わない場合は、店舗ごとに毒物劇物取扱責任者を置く必要はない。
（**問題19**） 愛媛県で実施された毒物劇物取扱者試験で合格すれば、愛媛県以外でも毒物劇物取扱責任者となることができる。
（**問題20**） 製造業者から委託され、2,000リットル容器に入った40％硫酸水溶液を大型自動車に積載し運送を行う場合、その運送を請け負う者は、事業場ごとに業務上取扱者として届け出なければならない。
（**問題21**） 毒物劇物営業者が個人経営から法人経営になる場合には、新たに登録を受けなければならない。
（**問題22**） 毒物劇物製造業者が、その製造した毒物又は劇物を、他の毒物劇物販売業者に販売する場合、毒物劇物販売業の登録を受けなければならない。
（**問題23**） 製造業又は輸入業の登録は、6年ごとに、販売業の登録は、5年ごとに、更新を受けなければ、その効力を失う。
（**問題24**） 互いに隣接している毒物劇物製造業の製造所と毒物劇物販売業の店舗を同じ営業者が併せて営む場合は、毒物劇物取扱責任者を兼務することができる。
（**問題25**） 毒物劇物営業者は、その営業の登録が効力を失ったときには、30日以内に、その店舗の所在地の都道府県知事に、現に所有する特定毒物の品名及び数量を届け出なければならない。

〔法規（記述式問題）〕

（一般・農業用品目共通）

1 次の文章は、毒物及び劇物取締法の条文の一部である。（　　）に当てはまる正しい字句を記入しなさい。

第三条の三　興奮、（問題1）又は麻酔の作用を有する毒物又は劇物（これらを含有する物を含む。）であつて政令で定めるものは、（問題2）に摂取し、若しくは（問題3）し、又はこれらの目的で（問題4）してはならない。

第三条の四　引火性、発火性又は（問題5）のある毒物又は劇物であつて政令で定めるものは、業務その他正当な理由による場合を除いては、（問題4）してはならない。

第十七条　毒物劇物営業者及び特定毒物研究者は、その取扱いに係る毒物若しくは劇物又は第十一条第二項の政令で定める物が飛散し、漏れ、（問題6）、染み出し、又は地下に染み込んだ場合において、不特定又は（問題7）の者について（問題8）の危害が生ずるおそれがあるときは、直ちに、その旨を保健所、（問題9）又は消防機関に届け出るとともに、（問題8）の危害を防止するために必要な応急の措置を講じなければならない。

2　毒物劇物営業者及び特定毒物研究者は、その取扱いに係る毒物又は劇物が（問題10）にあい、又は紛失したときは、直ちに、その旨を（問題9）に届け出なければならない。

〔基礎化学（選択式問題）〕

（一般・農業用品目・共通）

1　次の（　　）内に当てはまる最も適当な語句を下欄から選びなさい。ただし、同じ選択肢を2度以上使用しても構わない。

物質を構成する最も基本的な粒子が（問題26）であり、その中心には（問題27）がある。（問題27）は、（問題28）の電荷を帯びた陽子と、電気を帯びていない（問題29）からできている。（問題28）の電荷を帯びた（問題27）のまわりを（問題30）の電荷を帯びた電子が取りまくように運動している。陽子の数と電子の数は等しく、（問題26）は電気的に中性である。

（問題27）に含まれる陽子の数は元素によって決まっており、その数を（問題31）という。（問題26）の質量は、陽子と（問題29）からなる（問題27）の質量にほぼ等しく、陽子の数と（問題29）の数の和によってほぼ決まる。これらの数の和を（問題32）という。

（問題26）が結びつき、物質としての性質を備えた最小粒子が（問題33）である。（問題33）は、主に、（問題26）同士が価電子を出し合い、その価電子を互いに共有してできる（問題34）で結びついている。（問題33）をつくっている（問題26）が電子を引き付ける強さの尺度を（問題35）という。

【下欄】

1　原子	2　分子	3　中性子	4　原子番号	5　原子核	6　共有結合
7　電気陰性度	8　質量数	9　正	0　負		

2　次の（　）内に当てはまる最も適当な語句を下欄から選びなさい。

　　周期表の縦の列を「族」と呼び、同じ族の元素は、互いに性質がよく似ているので(問題 36)とよび、1 族元素のうち、H を除く、Li、Na などを(問題 37)という。(問題 37)は、いずれも価電子数は(問題 38)個であり、単体や化合物は特有の炎色反応を示すことが知られている。炎色反応により、Li は(問題 39)を、Na は(問題 40)を呈する。

【下欄】

(問題 36)	1	金属元素	2	遷移元素	3	同族元素
(問題 37)	1	アルカリ金属	2	アルカリ土類金属	3	ハロゲン
(問題 38)	1	1	2	2	3	3
(問題 39)	1	赤色	2	黄色	3	緑色
(問題 40)	1	赤色	2	黄色	3	緑色

3　次の物質について、水溶液が酸性を示すものには［1］を、中性を示すものには［2］を、塩基性を示すものには［3］を選びなさい。

(問題 41) 水酸化カリウム　　　(問題 42) りん酸水素二ナトリウム
(問題 43) 塩化銅(Ⅱ)　　　　　(問題 44) 硝酸　　　　(問題 45) 硫酸バリウム

4　次の 2 つの物質の反応により発生する気体を下欄から選びなさい。

(問題 46) 亜鉛と希硫酸　　　　(問題 47) 過酸化水素と酸化マンガン(Ⅳ)
(問題 48) 銅と濃硝酸　　　　　(問題 49) 水酸化カルシウムと塩化アンモニウム
(問題 50) 硫化鉄と希硫酸

【下欄】

1	酸素	2	二酸化窒素	3	塩化水素	4	硫化水素
5	窒素	6	二酸化炭素	7	水素	8	アンモニア
9	塩素	0	アセチレン				

〔基礎化学（記述式問題）〕
（一般・農業用品目共通）

1　次の問題について、（　）内にあてはまる数値を記入しなさい。ただし、原子量は、水素を 1、炭素を 12、酸素を 16、ナトリウムを 23、塩素を 35.5、硫黄を 32 とする。

(1)　2.0mol/L の硫酸 10mL にフェノールフタレインを加え、2.5mol/L の水酸化ナトリウム水溶液を溶液が薄い赤色になるまで滴下した。この時滴下した水酸化ナトリウム水溶液の体積は(問題 11)mL である。

(2) 0.05mol/L の酢酸水溶液(電離度 0.02)の pH は(問題 12)である。

(3) メタノール 8 g を完全に燃焼させるとき、生じる二酸化炭素と水の質量は、二酸化炭素(問題 13)g、水(問題 14)g である。

(4)　質量パーセント濃度 98 ％硫酸の密度は 1.84g/cm³ である。これを希釈して 6.0mol/L の希硫酸を 200mL つくった。使用した 98 ％硫酸は(問題 15)mL である。(小数第 1 位を四捨五入せよ。)

〔薬物（選択式問題）〕

（一般）

1 次の表に挙げる物質の、「性状」についてはA欄から、「用途」についてはB欄から最も適当なものを選びなさい。

物質名	性 状	用 途
蓚酸（しゅう）	（問題１）	（問題６）
モノフルオール酢酸ナトリウム	（問題２）	（問題７）
メタクリル酸	（問題３）	（問題８）
四エチル鉛	（問題４）	（問題９）
エチジルフェニルジチオホスフェイト（別名 EDDP）	（問題５）	（問題10）

【A欄】（性状）

1　純品は、無色の揮発性液体であるが、特殊な臭気があり比較的不安定で、日光によって徐々に分解、白濁する。引火性があり、金属に対して腐食性もある。
2　重い白色の粉末で、吸湿性がある。冷水にはたやすく溶けるが、有機溶媒には溶けない。
3　刺激臭のある無色柱状結晶で、アルコール、エーテルに任意に溶解。
4　無色、稜柱状（りょう）の結晶で、乾燥空気中で風化する。
5　淡黄色透明の液体で、水にほとんど溶けず、有機溶媒によく溶ける。アルカリ性で不安定、酸性で比較的安定、高温で不安定である。

【B欄】（用途）

1　野鼠（ねずみ）の駆除
2　ガソリンのアンチノック剤
3　殺菌剤
4　熱硬化性塗料、接着剤、ラテックス改質剤、イオン交換樹脂、皮革処理剤
5　捺染剤（なつ）、鉄錆（さび）による汚れ落とし、合成染料、試薬、真鍮（ちゅう）・銅の磨き剤

2　次の薬物の人体に対する作用や中毒症状等について、最も適当なものを下欄から選びなさい。

（問題11）ニコチン
（問題12）クロロホルム

（問題13）クラーレ（ひ）
（問題14）三酸化二砒素
（問題15）２－イソプロピル－４－メチルピリミジル－６－ジエチルチオホスフェイト（別名 ダイアジノン）

【下欄】

1 吸入した場合、鼻、のど、気管支等の粘膜を刺激し、頭痛、めまい、悪心、チアノーゼを起こす。はなはだしい場合には血色素尿を排泄し、肺水腫を起こし、呼吸困難を起こす。

2 四肢の運動麻痺にはじまり、ついで胸腹部、頭部におよび、呼吸麻痺で死にいたる。

3 神経毒であり、急性中毒では、よだれ、吐気、悪心、嘔吐があり、ついで脈拍緩徐不整となり、発汗、瞳孔縮小、人事不省、呼吸困難、痙攣をきたす。

4 原形質毒であり、脳の節細胞を麻酔させ、赤血球を溶解する。吸収すると、はじめは嘔吐、瞳孔の縮小、運動性不安が現れ、ついで脳及びその他の神経細胞を麻酔させる。筋肉の張力は失われ、反射機能は消失し、瞳孔は散大する。

5 体内に吸収されると、血液中のコリンエステラーゼと結合し、アセチルコリン分解能が低下するため、頭痛、めまい、嘔吐、多汗等の症状を呈し、はなはだしい場合には、縮瞳、意識混濁、全身痙攣等を起こすことがある。

3 次の物質の貯蔵方法として最も適当なものを下欄から選びなさい。

(問題 16) アクロレイン　　(問題 17) ブロムメチル　　(問題 18) クロロホルム

(問題 19) ナトリウム　　(問題 20) 弗化水素酸

【下欄】

1 空気中にそのまま貯えることはできないので、通常石油中に貯える。石油も酸素を吸収するから、長時間のうちには、表面に酸化物の白い皮を生じる。

2 常温では気体なので、圧縮冷却して液化し、圧縮容器に入れ、直射日光その他、温度上昇の原因を避けて、冷暗所に保管する。

3 銅、鉄、コンクリート又は木製のタンクにゴム、ポリ塩化ビニルあるいはポリエチレンのライニングをほどこしたものに貯蔵する。火気厳禁。

4 冷暗所に貯える。純品は空気と日光によって変質するので、少量のアルコールを加えて分解を防止する。

5 火気厳禁。非常に反応性に富む物質なので、安定剤を加え、空気を遮断して貯蔵する。

4 次の物質について、特定毒物に該当するものは[1]を、毒物に該当するものであって特定毒物に該当しないものは[2]を、劇物に該当するものは[3]を、毒物にも劇物にも該当しないものは[4]を選びなさい。
　　なお、物質は、すべて原体であるものとする。

(問題 21) マグネシウム　　　　　　　(問題 22) 硝酸カドミウム
(問題 23) 亜セレン酸ナトリウム　　　(問題 24) エタノール
(問題 25) アジ化ナトリウム　　　　　(問題 26) 無水酢酸
(問題 27) 三弗化硼素　　　　　　　　(問題 28) 水素化硼素ナトリウム
(問題 29) 2−ターシャリーブチルフェノール
(問題 30) ジエチルパラニトロフェニルチオホスフェイト(別名 パラチオン)

5 次の物質の化学式及びそれぞれの物質を含有する製剤が劇物から除外される濃度について、正しいものは[1]を、誤っているものは[2]を選びなさい。

物　質　名	化学式	劇物から除外される濃度
メチルアミン	(問題31) $CH_3COC_2H_5$	(問題36) 40％以下
過酸化水素	(問題32) HCHO	(問題37) 10％以下
ヒドラジン一水和物	(問題33) $N_2H_4 \cdot H_2O$	(問題38) 30％以下
ベタナフトール	(問題34) $C_{10}H_7OH$	(問題39) 5％以下
亜塩素酸ナトリウム	(問題35) $NaClO_2$	(問題40) 30％以下

（農業用品目）

1 次の用途に用いるものとして、最も適当なものを下欄から選びなさい。

(問題1) 殺鼠剤（そ）　　(問題2) 殺虫剤　　(問題3) 除草剤

(問題4) 土壌燻蒸剤（くん）　　(問題5) 植物成長調整剤

【下欄】

1 1，3－ジカルバモイルチオ－2－(N，N－ジメチルアミノ)－プロパン塩酸塩（別名　カルタップ）
2 2－クロルエチルトリメチルアンモニウムクロリド(別名　クロルメコート)
3 2－ジフェニルアセチル－1，3－インダンジオン(別名　ダイファシノン)
4 メチルイソチオシアネート
5 塩素酸ナトリウム

2 次の文章の(　)に入る正しい字句をそれぞれ下欄から選びなさい。

　硫酸タリウムは殺鼠剤（そ）であり、(問題6)の結晶で、組成式は(問題7)で表される。硫酸タリウムを含有する製剤は、毒物及び劇物取締法で劇物に指定されているが、0.3％以下を含有し、黒色に着色され、かつ、トウガラシエキスを用いて著しく辛く着味されているものは普通物である。中毒症状が発現した場合の主な処置法は(問題8)の投与である。

　ジメチル－(N－メチルカルバミルメチル)－ジチオホスフェイト(別名　ジメトエート)は殺虫剤であり、(問題9)化合物である、中毒症状が発現した場合の主な処置法は(問題10)の投与である。

【下欄】

(問題6)
　1 茶色　　2 無色　　3 青色　　4 黄色　　5 赤色
(問題7)
　1 $C_2H_3O_2Tl$　　2 $TlClO_3$　　3 Tl_2CO_3　　4 Tl_2SO_4　　5 $TlNO_3$
(問題8)
　1 アトロピン硫酸塩　　2 ビタミンK_1　　3 チオ硫酸ナトリウム
　4 カルシウム剤　　5 不溶性プルシアンブルー
(問題9)
　1 ネオニコチノイド系　　2 ピレスロイド系　　3 オキサジアゾール系
　4 有機リン系　　5 カーバメート系
(問題10)
　1 アトロピン硫酸塩　　2 ビタミンK_1　　3 チオ硫酸ナトリウム
　4 カルシウム剤　　5 不溶性プルシアンブルー

3　次の物質の性状、特徴、用途について、最も適当な説明を下欄から選びなさい。

(問題 11)　テトラエチルメチレンビスジチオホスフェイト(別名　エチオン)
(問題 12)　トリクロルヒドロキシエチルジメチルホスホネイト
　　　　　　(別名　トリクロルホン、DEP)
(問題 13)　α－シアノ－4－フルオロ－3－フェノキシベンジル＝3－(2，2－
　　　　　　ジクロロビニル)－2，2－ジメチルシクロプロパンカルボキシラート
　　　　　　(別名　シフルトリン)
(問題 14)　メチル＝(E)－2－[2－[6－(2－シアノフェノキシ)ピリミジン－
　　　　　　4－イルオキシ]フェニル]－3－メトキシアクリレート
　　　　　　(別名　アゾキシストロビン)
(問題 15)　燐化亜鉛

【下欄】

1　純品は白色の結晶で、弱い特異臭を有する。脂肪族炭化水素以外の有機溶剤
　(クロロホルム、ベンゼン、アルコール)に可溶で、アルカリで分解する。殺
　虫剤に用いられる。
2　暗赤色の光沢のある粉末で、水やアルコールには不溶で、ベンゼンや二酸化
　炭素に可溶である。殺鼠剤に用いられる。
3　白色粉末の固体であり、水、ヘキサンに不溶で、メタノール、トルエン、ア
　セトンに可溶である。殺菌剤に用いられる。
4　不揮発性の液体で、キシレン、アセトン等の有機溶媒に可溶であるが、水に
　は不溶である。果樹のダニ類、クワカイガラムシ等の駆除に用いられる。
5　黄褐色の粘稠性液体又は塊であり、水に極めて溶けにくく、キシレン、ア
　セトンによく溶ける。ピレスロイド系殺虫剤であり、農業用及び園芸用とし
　て広く用いられる。

4　次の物質について、農業用品目販売業者が販売できる毒物又は劇物は[1]を、農
業用品目販売業者が販売できない毒物又は劇物は[2]を、毒物及び劇物に該当し
ないものは[3]を選びなさい。ただし、毒物には特定毒物を含むこととし、「製剤」
と記載のないものは原体とする。

(問題 16)　3－ジメチルジチオホスホリル－S－メチル－5－メトキシ－1，3，
　　　　　　4－チアジアゾリン－2－オン(別名　メチダチオン、DMTP)36％を含有
　　　　　　する製剤
(問題 17)　テトラクロル－メタジシアンベンゼン(別名 TPN)40％を含有する製剤
(問題 18)　ジエチルパラニトロフエニルチオホスフェイト(別名　パラチオン)
(問題 19)　弗化スルフリル99％を含有する製剤
(問題 20)　2－イソプロピル－4－メチルピリミジル－6－ジエチルチオホスフェ
　　　　　　イト(別名　ダイアジノン)3％を含有する製剤
(問題 21)　ジニトロメチルヘプチルフェニルクロトナート(別名　ジノカップ)1％
　　　　　　を含有する製剤
(問題 22)　ジメチル－2，2－ジクロルビニルホスフェイト(別名 DDVP、ジクロ
　　　　　　ルボス)50％を含有する製剤
(問題 23)　4－クロロ－3－エチル－1－メチル－N－[4－(パラトリルオキシ)
　　　　　　ベンジル]ピラゾール－5－カルボキサミド(別名　トルフェンピラド)
(問題 24)　1，1'－ジメチル－4，4'－ジピリジニウムジクロリド(別名　パラ
　　　　　　コート)5％を含有する製剤
(問題 25)　水酸化カリウム

5 次の物質について、その性状及び最も適当な貯蔵方法を下欄から選びなさい。

(問題26) 硫酸 　　(問題27) ロテノン 　　(問題28) チオシアン酸亜鉛
(問題29) 燐化アルミニウムとその分解促進剤とを含有する製剤
(問題30) クロルピクリン

【下欄】

1 金属腐食性が大きいため、ガラス容器に入れ、密栓して冷暗所に貯蔵する。
2 潮解性があるので、密栓して遮光下に貯蔵する。
3 酸素によって分解し、殺虫効力を失うので空気と光線を遮断して貯蔵する。
4 大気中の湿気に触れると、分解して有毒ガスを発生するので、密閉容器で風通しの良い冷暗所に貯蔵する。
5 水を吸収して発熱するので、よく密栓して貯蔵する。

(特定品目)

1 次の物質のうち、毒物劇物特定品目販売業者が取り扱うことができる毒物又は劇物は〔1〕を、取り扱うことができない毒物又は劇物は〔2〕を選びなさい。
　　ただし、「製剤」と記載のないものは原体とする。

(問題1) 過酸化ナトリウムを10％含有する製剤
(問題2) 塩化第一水銀を5％含有する製剤
(問題3) 無水クロム酸を含有する製剤
(問題4) 硅弗化カリウム
(問題5) 塩酸と硫酸とを合わせて20％含有する製剤

2 次の製剤について、劇物から除外される濃度を下欄から選びなさい。ただし、同じ番号を繰り返し選んでもよい。

(問題6) 過酸化水素を含有する製剤
(問題7) 蓚酸を含有する製剤
(問題8) ホルムアルデヒドを含有する製剤
(問題9) 水酸化カリウムを含有する製剤
(問題10) 硫酸を含有する製剤

【下欄】

1 1％以下	2 5％以下	3 6％以下	4 10％以下	5 70％以下

3 次の物質について、化学式とその用途の組み合わせが正しいものは〔1〕を、誤っているものは〔2〕を選びなさい。

	物質	化学式	用途
(問題11)	トルエン	C_8H_{10}	溶剤
(問題12)	四塩化炭素	CCl_4	洗浄剤
(問題13)	アンモニア	NH_3	防腐剤
(問題14)	酸化第二水銀	HgO	塗料
(問題15)	塩素	H_2O_2	漂白剤

4　次の物質の代表的な毒性として、最も適当なものを下欄から選びなさい。

（問題 16）メタノール　　（問題 17）酢酸エチル　　（問題 18）クロム酸カリウム
（問題 19）塩素　　　　　（問題 20）過酸化水素

【下欄】

> 1　溶液、蒸気いずれも刺激性が強い。35 ％以上の溶液は、皮膚に水泡を作りやすい。眼には腐食作用を及ぼす。
> 2　吸入すると、鼻や気管支などの粘膜が激しく刺激され、多量に吸入したときは、喀血、胸の痛み、呼吸困難、チアノーゼなどを引き起こす。
> 3　吸入すると、口と食道が赤黄色に染まり、のち青緑色に変化する。腹痛、血便等を引き起こす。
> 4　蒸気は粘膜を刺激し、持続的に吸入したときは、肺、腎臓及び心臓の障害を引き起こす。
> 5　高濃度の蒸気を吸入すると、頭痛、めまい、嘔吐等の症状を呈し、さらに高濃度の時は、麻酔状態になり、視神経がおかされ、眼がかすみ、失明することがある。

5　次の文章の（　）に入る正しい字句をそれぞれ下欄から選びなさい。

　キシレンは、常温では（問題 21）の液体で、（問題 22）があり、水に（問題 23）である。
　クロム酸鉛は、（問題 24）の粉末であり、水、酢酸、アンモニア水に（問題 25）、酸、アルカリに（問題 26）である。また、劇物から除外される濃度は、（問題 27）以下である。
　硝酸は、純粋で水分を含まない場合、無色の（問題 28）で、（問題 29）がある。主な用途は、（問題 30）である。

【下欄】

（問題 21）	1　無色　　2　淡黄色　　3　橙黄色　　4　淡褐色
（問題 22）	1　特有の刺激臭　　2　果実様の芳香　　　3　芳香族炭化水素特有の臭い
（問題 23）	1　不溶　　2　可溶
（問題 24）	1　白色又は黄色　　2　黄色又は赤黄色　　　3　赤色又は橙赤色 4　赤色又は暗赤色
（問題 25）	1　不溶　　2　可溶
（問題 26）	1　不溶　　2　可溶
（問題 27）	1　1 ％　　2　5 ％　　3　10 ％　　　4　70 ％
（問題 28）	1　固体　　2　液体　　3　油状体　　4　気体
（問題 29）	1　特有の刺激臭　　2　果実様の芳香　　　3　芳香族炭化水素特有の臭い
（問題 30）	1　冶金、ニトロ化合物の原料　　2　漂白剤 3　溶剤、染料中間体などの有機合成原料

〔実地（選択式問題）〕

（一般）

1 次の物質の漏えい時の措置として、最も適当なものを下欄から選びなさい。

（問題41）二硫化炭素　　　（問題42）アクリルニトリル　　　（問題43）臭素

（問題44）重クロム酸ナトリウム　　　（問題45）燐化水素

【下欄】

> 1 多量に漏えいした場合、漏えい箇所や漏えいした液には消石灰を十分散布し、むしろ、シート等をかぶせ、その上に更に消石灰を散布して吸収させる。漏えい容器には散水しない。多量にガスが噴出した場所には遠くから霧状の水をかけ吸収させる。
> 2 多量に漏えいした液は土砂等でその流れを止め、安全な場所に導き、遠くからホース等で多量の水をかけて、濃厚な蒸気が発生しなくなるまで十分に希釈して洗い流す。
> 3 漏えいしたボンベ等を多量の水酸化ナトリウム溶液と酸化剤（次亜塩素酸ナトリウム、さらし粉等）の水溶液の混合溶液に容器ごと投入してガスを吸収させ、酸化処理し、そのあとを多量の水を用いて洗い流す。
> 4 多量に漏えいした液は、土砂等でその流れを止め、安全な場所に導き、水で覆った後、土砂等に吸着させて空容器に回収し、水封後密栓する。そのあとを多量の水を用いて洗い流す。
> 5 飛散したものは空容器にできるだけ回収し、そのあとを還元剤（硫酸第一鉄等）の水溶液を散布し、消石灰、ソーダ灰等の水溶液で処理したのち、多量の水を用いて洗い流す。

2 次の物質の常温常圧における性状について、最も適当なものを下から選びなさい。

（問題46）エチレンオキシド

> 1 無色の液体　　2 淡黄色の液体　　3 無色の固体　　4 黄色の固体
> 5 赤褐色の固体

（問題47）シアン化カリウム

> 1 無色の液体　　2 青色の液体　　3 白色の固体　　4 青色の固体
> 5 赤褐色の固体

（問題48）燐化亜鉛

> 1 無色の液体　　2 淡黄色の液体　　3 暗灰色の固体　　4 緑色の固体
> 5 赤褐色の固体

（問題49）重クロム酸カリウム

> 1 無色の液体　　2 淡黄色の液体　　3 橙赤色の固体　　4 青色の液体
> 5 緑色の固体

（問題50）クロルメチル

> 1 無色の気体　　2 淡黄色の気体　　3 無色の液体　　4 赤褐色の液体
> 5 白色の固体

3　次の物質の廃棄方法として、最も適当なものを下欄から選びなさい。

（問題51）塩化バリウム　　（問題52）クレゾール　　（問題53）ホスゲン
（問題54）ナトリウム　　　（問題55）チメロサール

【下欄】

1　木粉（おが屑）等に吸収させて焼却炉で少量ずつ焼却する。
2　水に溶かし希硫酸を加えて酸性にし、酸化剤（次亜塩素酸ナトリウム、さらし粉等）の水溶液を加えて酸化分解する。酸化分解したのち硫化ナトリウム水溶液を加えて硫化水銀（II）を沈殿させ上澄液を抜水し、セメントを加えて固化し、溶出試験を行い、溶出量が判定基準以下であることを確認して埋立処分する。
3　水に溶かし、硫酸ナトリウムの水溶液を加えて処理し、沈殿ろ過して埋立処分する。
4　多量の水酸化ナトリウム水溶液（10％程度）に攪拌しながら少量ずつガスを吹き込み分解した後、希硫酸を加えて中和する。
5　不活性ガスを通じて酸素濃度を３％以下にしたグローブボックス内で乾燥した鉄製容器を用い、エタノールを徐々に加えて溶かす。溶解後、水を徐々に加えて加水分解し、希硫酸等で中和する。

4　次の物質の鑑別について、最も適当なものを下欄から選びなさい。

（問題56）四塩化炭素　　（問題57）ニコチン　　（問題58）ホルマリン
（問題59）塩素　　　　　（問題60）アンモニア水

【下欄】

1　アルコール性の水酸化カリウムと銅粉とともに煮沸すると、黄赤色の沈殿を生じる。
2　濃塩酸をうるおしたガラス棒を近づけると、白い霧を生じる。
3　硝酸銀水溶液を加えると、白い沈殿を生じる。
4　ホルマリン１滴を加えた後、濃硝酸１滴を加えるとばら色を呈する。
5　フェーリング溶液を加え熱すると、赤色の沈殿を生じる。

5　次の物質を取り扱う際の注意事項について、最も適切なものを下欄から選びなさい。

（問題61）弗化水素酸　　　　　（問題62）ジメチル硫酸
（問題63）エピクロルヒドリン　（問題64）ロテノン
（問題65）塩素酸ナトリウム

【下欄】

1　酸素によって分解し、殺虫効果を失うため、空気と光を遮断して保存する必要がある。
2　酸化剤と混合すると、発火又は爆発することがある。
3　加熱、摩擦、衝撃、火花等により発火又は爆発することがある。
4　湿気および水と反応して生成した物質が、鉄などを腐食する。
5　水と急激に接触すると多量の熱が発生し、酸が飛散することがある。

（農業用品目）

1　次の物質の性状について、最も適当なものを下欄から選びなさい。

（**問題 31**）ジメチルジチオホスホリルフェニル酢酸エチル
　　　　　　（別名　ＰＡＰ、フェントエート）
（**問題 32**）硫酸銅
（**問題 33**）　２，４，６，８－テトラメチル－１，３，５，７－テトラオキソカン
　　　　　　（別名　メタアルデヒド）
（**問題 34**）２，２'－ジピリジリウム－１，１'－エチレンジブロミド
　　　　　　（別名　ジクワット）
（**問題 35**）Ｎ－メチル－１－ナフチルカルバメート（別名　NAC、カルバリル）

【下欄】

> 1　赤褐色、油状の液体で、芳香性刺激臭を有し、水には不溶で、アルコールには
> 　溶ける。
> 2　濃い藍色の結晶。摂氏150度で結晶水を失って、白色の粉末を生成する。水溶
> 　液は酸性反応を呈する。
> 3　淡黄色の吸湿性結晶。摂氏約300度で分解し、水に可溶である。中性、酸性下
> 　で安定だが、アルカリ性で不安定。腐食性がある。
> 4　白色の粉末で、融点は摂氏163度である。水に極めて溶けにくく、酸性で不安
> 　定であるが、アルカリ性で安定である。強酸化剤と接触又は混合すると、激し
> 　い反応が起こりうる。
> 5　ほとんど白色無臭の結晶で、有機溶媒に可溶、水には不溶である。常温で安定
> 　である。融点は摂氏142度であり、アルカリに不安定である。

2　次の文章の（　）に入る正しい字句をそれぞれ下欄から選びなさい。

　　ジメチル－４－メチルメルカプト－３－メチルフエニルチオホスフェイト（別名
フェンチオン、MPP）は、弱い（**問題 36**）臭のある（**問題 37**）の（**問題 38**）であり、水に（**問題 39**）、有機溶媒に（**問題 40**）。

【下欄】

> （**問題 36**）　1　ニンニク　　2　酢酸　　3　アーモンド　　4　硫黄
> 　　　　　　　5　アンモニア
> （**問題 37**）　1　濃青色　　2　褐色　　3　黄色　　4　赤色　　5　白色
> （**問題 38**）　1　結晶　　2　気体　　3　油状体　　4　液体　　5　粉末
> （**問題 39**）　1　ほとんど溶けず　　2　溶けにくい　　　3　よく溶け
> （**問題 40**）　1　ほとんど溶けない　　2　溶けにくい　　　3　よく溶ける

　　２－イソプロピル－４－メチルピリミジル－６－ジエチルチオホスフェイト（別名
ダイアジノン）の純品は（**問題 41**）の（**問題 42**）である。水に（**問題 43**）であり、また、
エーテル、アルコール、ベンゼンに（**問題 44**）である。工業製品は純度 90 ％で、か
すかな（**問題 45**）臭を有している。

【下欄】

> （**問題 41**）　1　青色　　2　褐色　　3　無色　　4　暗赤色　　5　淡黄色
> （**問題 42**）　1　気体　　2　液体　　3　結晶　　4　粉末　　5　油状体
> （**問題 43**）　1　可溶　　2　難溶
> （**問題 44**）　1　可溶　　2　難溶
> （**問題 45**）　1　酢酸　　2　アーモンド　　3　アンモニア　　4　メルカプタン
> 　　　　　　　5　エステル

3 次の表に挙げる物質の「廃棄方法」については【A 欄】から、「漏えい時の措置」については【B 欄】から最も適当なものを選びなさい。

物質名	廃棄方法	漏えい時の措置
エチルジフエニルジチオホスフェイト （別名 エジフェンホス、EDDP）	(問題 46)	(問題 49)
クロルピクリン	(問題 47)	(問題 50)
燐化亜鉛	(問題 48)	

【A 欄】

1 多量の次亜塩素酸ナトリウムと水酸化ナトリウムの混合水溶液を撹拌しながら少量ずつ加えて酸化分解し、過剰の次亜塩素酸ナトリウムをチオ硫酸ナトリウム水溶液で分解した後、希硫酸を加えて中和し、沈殿ろ過して埋立処分する。
2 水に溶かし、水酸化カルシウム水溶液を加えて生じる沈殿をろ過し埋立処分する。
3 セメントを用いて固化し、溶出試験を行い、溶出量が判定以下であることを確認して埋立処分する。
4 おが屑等に吸収させ、アフターバーナー及びスクラバーを備えた焼却炉で焼却する。又は、可燃性溶剤とともにアフターバーナー及びスクラバーを備えた焼却炉の火室に噴霧し、焼却する。スクラバーの洗浄液には水酸化ナトリウム水溶液を用いる。
5 少量の界面活性剤を加えた亜硫酸ナトリウムと炭酸ナトリウムの混合溶液中で、撹拌し分解させた後、多量の水で希釈して処理する。

【B 欄】

1 空容器にできるだけ回収し、そのあとを水酸化カルシウム等の水溶液を用いて処理し、中性洗剤等の分散剤を使用して多量の水で洗い流す。
2 少量の場合、漏えいした液は布でふき取るか又はそのまま風にさらして蒸発させる。多量の場合、漏えいした液は土砂等でその流れを止め、多量の活性炭又は消石灰を散布して覆い、至急関係先に連絡し、専門家の指示により処理する。
3 炭酸ナトリウム水溶液等を散布して pH11 以上とし、さらに酸化剤(次亜塩素酸ナトリウム等)の水溶液で酸化処理を行い、多量の水で洗い流す。
4 着火源を速やかに取り除き、漏えいした液は水で覆った後、土砂等に吸着させ、空容器に回収し、水封後密栓する。

4 次の物質の鑑別について、最も適当なものを下欄から選びなさい。

(問題51) 硫酸銅　(問題52) 燐化アルミニウムとその分解促進剤と含有する製剤
(問題53) クロルピクリン　(問題54) 塩化亜鉛　(問題55) ニコチン

【下欄】

1　アンモニア水で、はじめ青緑色の塩基性塩を沈殿するが、過剰のアンモニア水によって錯体を生じ、濃青色の液となる。

2　水溶液に金属カルシウムを加え、これにベタナフチルアミン及び硫酸を加えると、赤色の沈殿を生成。また、アルコール溶液にジメチルアニリン及びブルシンを加えて溶解し、これにブロムシアン溶液を加えると、緑色ないし赤紫色を呈する。

3　空気中で分解し発生するガスは、5〜10％硝酸銀水溶液を吸着させたろ紙を黒変させる。

4　水に溶かし、硝酸銀を加えると、白色の沈殿を生成する。

5　エーテルに溶かし、沃素のエーテル溶液を加えると、褐色の液状沈殿を生じ、これを放置すると、赤色の針状結晶となる。また、ホルムアルデヒド水溶液1滴を加えた後、濃硝酸1滴を加えるとばら色を呈する。

5 次の物質による中毒症状について、最も適当なものを下欄から選びなさい。

(問題56)　塩素酸ナトリウム
(問題57)　硫酸銅
(問題58)　2−イソプロピル−4−メチルピリミジル−6−ジエチルチオホスフェイト(別名 ダイアジノン)
(問題59)　沃化メチル
(問題60)　1，1'−ジメチル−4，4'−ジピリジニウムクロライド
　　　　　(別名 パラコート)

【下欄】

1　経口直後から2日以内に、激しい嘔吐、粘膜障害及び食道穿孔などが発生し、2〜3日で急性肝不全、進行性の糸球体腎炎、尿細管壊死による急性腎不全及び肺水腫、3〜10日で間質性肺炎や進行性の肺線維症を起こす。

2　中枢神経系の抑制作用があり、吸入すると嘔気、嘔吐、めまいなどが起こり、重篤な場合は意識不明となり、肺水腫を起こす。皮膚との接触時間が長い場合は、発赤や水疱等が生じる。

3　細胞膜のSH基の酸化や脂質の過酸化により、嘔吐、上腹部灼熱感、下痢、黄疸、ヘモグロビン尿症、血尿、乏尿、無尿、血圧低下、昏睡を起こす。

4　吸入した場合、倦怠感、めまい、嘔気、嘔吐、腹痛、下痢、多汗等の症状を呈し、重症の場合には、縮瞳、意識混濁、全身けいれん等を起こす。

5　吸入した場合、鼻、のどの粘膜を刺激し、悪心、嘔吐、下痢、チアノーゼ、呼吸困難などを起こす。

（特定品目）

1 次の物質の性状として、最も適当なものを下欄から選びなさい。

（問題 31）クロロホルム　　（問題 32）重クロム酸カリウム　　（問題 33）硫酸
（問題 34）水酸化ナトリウム　　（問題 35）メチルエチルケトン

【下欄】

1 無色透明、油状の液体であるが、粗製のものは微褐色のものもある。濃い溶液は猛烈に水を吸収し、水で薄めると発熱する。
2 無色の液体。アセトン様の芳香を有する。蒸気は空気より重く引火しやすい。
3 常温では白色の固体で、水溶液はアルカリ性を示す。
4 無色の揮発性液体で、麻酔性の特有の香気とかすかな甘みを有する。水にわずかに溶け、アルコール、エーテル、脂肪酸、揮発油と混和する。
5 橙赤色の結晶で、水に可溶、アルコールに不溶である。水溶液をアルカリ性にすると橙から黄色に変わる。

2 次の方法により鑑定したときに得られる、最も適当な物質を下欄から選びなさい。

（問題 36）水溶液をアンモニア水で弱アルカリ性にして、塩化カルシウムを加えると、白色の沈殿を生じる。
（問題 37）アルコール性の水酸化カリウムと銅粉とともに煮沸すると、黄赤色の沈殿を生じる。
（問題 38）アルコール溶液に、水酸化カリウム溶液と少量のアニリンを加えて熱すると、不快な刺激性臭気を放つ。
（問題 39）希硝酸に溶かすと、無色の液体となり、これに硫化水素を通じると、黒色の沈殿を生じる。
（問題 40）水溶液に酒石酸溶液を過剰に加えると、白色結晶性の沈殿を生じる。また、塩酸を加えて中性にした後、塩化白金溶液を加えると、黄色結晶性の沈殿を生じる。

【下欄】

1 四塩化炭素　　2 蓚酸　　3 一酸化鉛　　4 クロロホルム
5 水酸化カリウム

3 次の物質の廃棄方法として最も適当なものを下欄から選びなさい。

（問題 41）ホルムアルデヒド　　（問題 42）メチルエチルケトン　　（問題 43）塩酸
（問題 44）酸化第二水銀　　（問題 45）硅弗化ナトリウム

【下欄】

1 珪そう土等に吸収させて開放型の焼却炉で焼却する。
2 徐々に石灰乳（消石灰の懸濁液）などの攪拌溶液に加え中和させた後、大量の水で希釈する。
3 水に溶かし、水酸化カルシウム等の水溶液を加えて処理した後、希硫酸を加えて中和し、沈殿ろ過して埋立処分する。
4 水に溶かし、硫化ナトリウム水溶液を加えて沈殿を生成させた後、セメントを加えて固化し、溶出試験を行い、溶出量が判定基準以下であることを確認して埋立処分する。
5 多量の水で希薄な水溶液とした後、次亜塩素酸塩水溶液を加え分解させる。

4　次の物質の貯蔵方法として最も適当なものを下欄から選びなさい。

（**問題** 46）ホルマリン　（**問題** 47）メタノール　（**問題** 48）水酸化カリウム
（**問題** 49）四塩化炭素　（**問題** 50）過酸化水素水

【下欄】

1　亜鉛又は錫メッキをほどこした鋼鉄製容器に入れて、高温を避けて貯蔵する。
2　揮発性液体であり、可燃性があるので、火気を避けて密栓した容器に貯蔵する。
3　分解を防ぐため遮光瓶に入れ、少量のアルコールを加えて貯蔵する。冷所に保存すると懸濁するので、常温で貯蔵する。
4　二酸化炭素と水を吸収する性質が強いので、密栓して貯蔵する。
5　少量なら褐色ガラス瓶、多量ならばポリエチレン容器を使用して、3分の1の空間を保ち、有機物、金属粉等と離して冷暗所に貯蔵する。

5　次の物質が漏えい又は飛散した場合の応急の措置として、最も適当なものを下欄から選びなさい。

（**問題** 51）液化アンモニア　（**問題** 52）トルエン　（**問題** 53）重クロム酸カリウム
（**問題** 54）クロロホルム　　（**問題** 55）塩酸

【下欄】

1　付近の着火源となるものを速やかに取り除く。多量に漏えいした場合は、土砂等でその流れを止め、安全な場所に導いて、液の表面を泡で覆い、できるだけ空容器に回収する。
2　付近の着火源となるものを速やかに取り除く。多量に漏えいし、ガス状となった場合は、遠くから霧状の水をかけて吸収させる。
3　飛散したものは空容器にできるだけ回収し、そのあとを還元剤（硫酸第一鉄等）の水溶液を散布し、水酸化カルシウム、炭酸ナトリウム等の水溶液で処理したのち、多量の水を用いて洗い流す。
4　漏えいした液は、土砂等でその流れを止め、安全な場所に導き、空容器にできるだけ回収し、そのあとを中性洗剤等の分散剤を使用して、多量の水を用いて洗い流す。
5　漏えいした液が少量の場合は、土砂等で吸着させて取り除くか、又はある程度水で徐々に希釈した後、水酸化カルシウム、炭酸ナトリウム等で中和し、多量の水を用いて洗い流す。

高知県
令和4年度実施

法規に関する設問中、特に規定しない限り、「法」は「毒物及び劇物取締法」、「政令」は「毒物及び劇物取締法施行令」、「省令」は「毒物及び劇物取締法施行規則」とする。

〔法　規〕
（一般・農業用品目・特定品目共通）

問1　次の記述は法の条文の一部である。（　　）の中に入る語句として正しい組み合わせを下表から1つ選びなさい。

第十二条（毒物又は劇物の表示）
毒物劇物営業者及び特定毒物研究者は、毒物又は劇物の容器及び被包に、「医薬用外」の文字及び毒物については（　1　）に（　2　）をもって「毒物」の文字、劇物については（　3　）に（　4　）をもって「劇物」の文字を表示しなければならない。

下表

	(1)	(2)	(3)	(4)
ア	黒地	白色	白地	赤色
イ	白地	赤色	黒地	白色
ウ	白地	黒色	白地	赤色
エ	赤地	白色	黒地	白色
オ	赤地	白色	白地	赤色

問2　次の毒物劇物取扱責任者に関する(1)から(5)の記述の正誤について、法令の規定に照らし、正しい組み合わせを下表から1つ選びなさい。

(1) 18歳以下の者は、毒物劇物取扱責任者になることができない。
(2) 毒物劇物営業者が、毒物又は劇物の製造業、輸入業又は販売業のうち二以上併せ営む場合において、その製造所、営業所又は店舗が互いに隣接している場合には、毒物劇物取扱責任者は、これらの施設を通じて一人で足りる。
(3) 毒物劇物販売業者自らが毒物劇物取扱責任者となるときは、毒物劇物取扱責任者設置届を提出する必要はない。
(4) 農業用品目毒物劇物取扱者試験に合格した者は、毒物又は劇物のうち、農業用品目のみを取り扱う輸入業の営業所の毒物劇物取扱責任者となることができる。
(5) 薬事に関する罪を犯し、罰金以上の刑に処せられ、その執行を終わり、又は執行、を受けることがなくなった日から起算して5年を経過していない者は、毒物劇物取扱者試験に合格しても毒物劇物取扱責任者になることができない。

下表

	(1)	(2)	(3)	(4)	(5)
ア	正	正	誤	誤	正
イ	正	誤	正	誤	正
ウ	誤	正	誤	正	誤
エ	誤	誤	正	正	誤
オ	誤	正	誤	正	正

問3　次の記述は法の条文の一部である。（　　）の中に入る語句として正しい組合せを下表から1つ選びなさい。

第二十一条
　　毒物劇物営業者、特定毒物研究者又は特定毒物使用者は、その営業の登録若しくは特定毒物研究者の許可が効力を失い、又は特定毒物使用者でなくなったときは、（　1　）以内に、毒物劇物営業者にあってはその製造所、営業所又は店舗の所在地の都道府県知事(販売業にあってはその店舗の所在地が、保健所を設置する市又は特別区の区域にある場合においては、市長又は区長)に、特定毒物研究者にあってはその主たる研究所の所在地の都道府県知事(その主たる研究所の所在地が指定都市の区域にある場合においては、指定都市の長)に、特定毒物使用者にあっては、都道府県知事に、それぞれ現に所有する（　2　）の（　3　）を届け出なければならない。

下表

	(1)	(2)	(3)
ア	15 日	毒物及び劇物	品名及び数量
イ	30 日	毒物及び劇物	品名及び廃棄方法
ウ	30 日	毒物及び劇物	品名及び数量
エ	15 日	特定毒物	品名及び数量
オ	15 日	特定毒物	品名及び廃棄方法

問4　次の記述のうち、法第3条の4に定める引火性、発火性または爆発性のある毒物又は劇物として正しい組み合わせを下欄から1つ選びなさい。

(1) 塩素酸塩類を35%含有する製剤
(2) ピクリン酸を50%含有する製剤
(3) ニトログリセリン
(4) 亜塩素酸ナトリウムを30%含有する製剤

下欄

ア．（1、2）　　イ．（1、3）　　ウ．（1、4）　　エ．（2、3）
オ．（2、4）　　カ．（3、4）

問5　次の記述は毒物及び劇物取締法施行令第40条の条文である。（　　）の中にあてはまる字句として正しいものを下欄から選びなさい。

第四十条(廃棄の方法)
　　法第十五条の二の規定により、毒物若しくは劇物又は法第十一条第二項に規定する政令で定める物の廃棄の方法に関する技術上の基準を次のように定める。
一　中和、加水分解、酸化、還元、（　1　）その他の方法により、毒物及び劇物並びに法第十一条第二項に規定する政令で定める物のいずれにも該当しない物とすること。
二　ガス体又は（　2　）性の毒物又は劇物は、保健衛生上危害を生ずるおそれがない場所で、少量ずつ放出し、又は（　2　）させること。
三　可燃性の毒物又は劇物は、保健衛生上危害を生ずるおそれがない場所で、少量ずつ（　3　）させること。
四　前各号により難い場合には、地下（　4　）以上で、かつ、（　5　）を汚染するおそれがない地中に確実に埋め、海面上に引き上げられ、若しくは浮き上がるおそれがない方法で海水中に沈め、又は保健衛生上危害を生ずるおそれがないその他の方法で処理すること。

下欄

ア．けん化	イ．沈殿	ウ．電気分解	エ．稀釈	オ．揮発
カ．昇華	キ．融解	ク．燃焼	ケ．蒸発	コ．1メートル
サ．2メートル	シ．3メートル	ス．環境	セ．地下水	ソ．海水

問6 毒物又は劇物の製造業者が製造した毒物又は劇物を販売するとき、下記の4つの表示が全て必要な毒物又は劇物として正しいものを下欄から1つ選びなさい。

【表示事項】
・小児の手が届かないところに保管しなければならない旨
・使用直前に開封し、包装紙等は直ちに処分すべき旨
・居間等人が常時居住する室内では使用してはならない旨
・皮膚に触れた場合には、石けんを使ってよく洗うべき旨

下欄

ア．2－ピリジルアルドキシムメチオダイド(別名 PAM)を含有する製剤
イ．ジメチル－2・2－ジクロルビニルホスフェイト(別名 DDVP)を含有する製剤(衣料用の防虫剤に限る。)
ウ．硫酸を含有する製剤(工業用の洗浄剤で液体状のものに限る。)
エ．塩化水素を含有する製剤(住宅用の洗浄剤で液体状のものに限る。)

問7 毒物劇物営業者が、毒物又は劇物を他の毒物劇物営業者に販売又は授与する際に記載しなければならない書面に関する次の(1)から(4)の記述の正誤について、正しい組み合わせを下表から1つ選びなさい。

(1) 譲受人が個人の場合には、職業が書面に記載されていなければならない。
(2) 譲受人が法人の場合には、その名称及び主たる事務所の所在地が書面に記載されていなければならない。
(3) 書面には、譲受人の押印は必要ない。
(4) 書面は授与の日から5年間保存しなければならない。

下表

	(1)	(2)	(3)	(4)
ア	正	正	正	正
イ	正	誤	正	正
ウ	正	正	正	誤
エ	誤	正	正	誤
オ	誤	誤	誤	正

問8 次の施行令第30条の規定に基づき燐化アルミニウムとその分解促進剤とを含有する製剤を使用して倉庫内、コンテナ内又は船倉内のねずみ、昆虫等を駆除するための燻蒸作業を行う場合の基準に関する(1)から(3)の記述の正誤について、正しい組み合わせを下表から1つ選びなさい。

(1)船倉内の燻蒸作業では、燻蒸中は、当該船倉のとびら及びその附近の見やすい場所に、当該船倉内に立ち入ることが著しく危険である旨を表示しなければならない。
(2)倉庫内の燻蒸作業では、燻蒸中は、当該倉庫のとびら、通風口等を閉鎖しなければならない。
(3)コンテナ内の燻蒸作業は、厚生労働大臣が指定した場所で行わなければならない。

下表

	(1)	(2)	(3)
ア	正	正	正
イ	誤	正	正
ウ	正	正	誤
エ	誤	誤	誤
オ	正	誤	正

問9 次の法等の規定により必要な手続きに関する記述のうち、正しいものを1つ選びなさい。

ア 毒物又は劇物の製造業者は、その製造所における営業を廃止したときは、30日以内に、その旨を届け出なければならない。
イ 毒物劇物営業者は、その製造所、営業所又は店舗の営業時間を変更したときは、30日以内に、その旨を届け出なければならない。
ウ 毒物又は劇物の輸入業者は、毒物又は劇物を貯蔵する設備の重要な部分を変更するときは、あらかじめ、変更する旨を届け出なければならない。
エ 毒物又は劇物の販売業者は、法人の代表者を変更したときは、30日以内に、その旨を届け出なければならない。第四条第二項

問10 次の毒物劇物営業者が譲受人に対して行う販売又は授与する毒物又は劇物の情報提供に関する記述の正誤について、法令の規定に照らし、正しい組み合わせを下表から1つ選びなさい。

(1) 情報提供は邦文で行わなければならない。
(2) 毒物劇物営業者に販売する場合には行わなくてもよい。
(3) 1回につき100mg以上の劇物を販売又は授与する場合には行わなければならない。
(4) 販売等を行う毒物又は劇物の製造所名及び製造年月日を情報提供しなければならない。
(5) 毒物及び劇物の情報が記載されたホームページのホームページアドレス及び当該ホームページの閲覧を求める旨を伝達することをもって、情報提供とすることができる。

下表

	(1)	(2)	(3)	(4)	(5)
ア	正	誤	誤	正	正
イ	正	誤	正	正	正
ウ	正	誤	誤	誤	正
エ	誤	正	正	誤	誤
オ	誤	正	正	正	誤

問11 次の法第40条の5第2項の規定に基づく、車両を使用して、クロルピクリンを1回につき6,000kg運搬する場合の運搬方法に関する(1)から(4)の記述のうち、正しい組み合わせを下欄から1つ選びなさい。

(1) 運搬の経路、交通事情、自然条件、その他の条件から判断して、1人の運転者による運転時間が1日あたり9時間を超えるため、車両1台について運転者のほか交代して運転するものを同乗させた。
(2) 車両には、運搬する毒物又は劇物の名称、成分、その含量並びに事故の際に講じなければならない応急の措置の内容を記載した書面を備えた。
(3) 0.3メートル平方の板に地を赤色、文字を白色として「劇」と表示した標識を、運搬車両の前後の見やすい箇所に掲げた。
(4) 車両には、防毒マスク、ゴム手袋その他事故の際に応急の措置を講ずるために必要な保護具で厚生労働省令で定めるものを1人分備えた。

下欄

ア. (1、2)　　イ. (1、3)　　ウ. (1、4)　　エ. (2、3)
オ. (2、4)　　カ. (3、4)

問 12　次の毒物又は劇物を業務上取扱う際に届出が必要となる事業に関する(1)から(4)の記述の正誤について、法令の規定に照らし、正しい組み合わせを下表から1つ選びなさい。

(1)　最大積載量が 5,000 キログラムの自動車に固定された容器を用いてアセトニトリルを運送する事業
(2)　シアン化ナトリウムを使用して金属熱処理を行う事業
(3)　亜砒酸を使用してしろありの防除を行う事業
(4)　シアン化銅を使用して電気めっきを行う事業

下表

	(1)	(2)	(3)	(4)
ア	誤	正	正	誤
イ	正	正	誤	正
ウ	正	誤	正	正
エ	誤	正	正	正
オ	誤	誤	誤	誤

問 13　次の記述のうち、法令の規定に照らし、毒物劇物営業者の構造設備の基準として正しい記述を1つ選びなさい。

ア　毒物又は劇物の販売業の店舗は、コンクリート、板張り又はこれに準ずる構造とする等その外に毒物又は劇物が飛散し、漏れ、しみ出若しくは流れ出、又は地下に染みこむおそれのない構造であること。
イ　毒物又は劇物の販売業の店舗で毒物又は劇物を陳列する場所には、かぎをかける設備が必要であるが、常時監視できる場所に毒物又は劇物を陳列するときはこの限りでない。
ウ　毒物又は劇物の貯蔵は、かぎをかける設備があれば、その他の物と区別しなくてもよい。
エ　毒物又は劇物を貯蔵する場所が、性質上かぎをかけることができないものであるときは、その周囲に堅固なさくを設ければよい。

問 14　次の(1)から(7)の記述について、正しいものは○、誤っているものは×をつけなさい。

(1)　トルエン並びにキシレンは、興奮、幻覚又は麻酔の作用を有する毒物又は劇物として、政令で定めるものに該当する。
(2)　毒物又は劇物の製造業又は輸入業の登録は、6年ごとに、販売業の登録は、5年ごとに、更新を受けなければ、その効力を失う。
(3)　毒物又は劇物の販売は行うが、伝票操作のみで直接毒物又は劇物を取扱わない店舗は、毒物劇物販売業の登録を受けなくても販売することができる。
(4)　毒物又は劇物を無償で他人に譲り渡す目的で製造する場合であっても、毒物又は劇物の製造業の登録が必要である。
(5)　毒物劇物営業者が劇物を販売先に配送するため車両に積載したところ、倉庫に残った数量が帳簿と合わず、当該劇物を紛失したことが判明したが、盗難の可能性は低いと判断し、警察署に届け出なかった。
(6)　工業高校等で基礎化学に関する学課を修了した者は毒物劇物取扱責任者となることができる。
(7)　毒物又は劇物に該当する農薬を使用する農家には、法第 11 条に規定する毒物又は劇物の盗難又は紛失の防止措置が適用される。

〔基礎化学〕
(一般・農業用品目・特定品目共通)

問1 次のアからソに該当する最も適当なものを下欄からそれぞれ1つ選びなさい。

ア アルカリ土類金属元素

下欄

1 K	2 Li	3 Ba	4 Cr	5 Na

イ ネオン原子と同じ最外殻電子数を持つ原子

下欄

1 O	2 N	3 F	4 Ar	5 He

ウ 同位体の組み合わせ

下欄

1 黒鉛とダイヤモンド　2 水素と重水素　　3 黄リンと赤リン
4 酸素とオゾン　　5 斜方硫黄と単斜硫黄

エ イオン化傾向の大きさを表した次の列で、( )にあてはまる元素
　　K ＞ Ca ＞ Na ＞(　　) ＞ Al

下欄

1 Zn	2 Fe	3 Ni	4 Mg	5 Pb

オ 炎色反応で紫色を呈するもの

下欄

1 Li	2 Na	3 Ca	4 Cu	5 K

カ 水に最も溶けやすいもの

下欄

1 塩化水素　　2 塩素　　3 水素　　4 四塩化炭素
5 二酸化炭素

キ 純物質であるもの

下欄

1 石油	2 銑鉄	3 水	4 空気	5 海水

ク 正四面体構造であるもの

下欄

1 一酸化炭素　　2 二酸化炭素　　3 アンモニア　　4 エチレン
5 メタン

ケ 下線の原子のうち、酸化数が最も大きいもの

下欄

1 $Mg\underline{S}O_4$	2 $K\underline{Mn}O_4$	3 $\underline{Fe}Cl_3$	4 $\underline{Al}_2O_2$	5 $H_3\underline{P}O_4$

コ　0.1 mol/L の塩酸を 1000 倍に希釈したときの pH
　（塩酸の電離度は 1、温度は 25℃ とする。）

下欄

1　pH 1	2　pH 2	3　pH 3	4　pH 4

サ　塩酸水溶液に BTB（ブロモチモールブルー）試薬を加えたときの水溶液の色

下欄

1　無色	2　黄色	3　緑色	4　青色	5　赤色

シ　化学物質の分離操作のうち、沸点の差を利用した方法

下欄

1　昇華法	2　ろ過	3　抽出	4　分留	5　沈殿

ス　タンパク質を変性させる要因とならないもの

下欄

1　強酸	2　水	3　低温	4　高温	5　圧力

セ　コロイド粒子の性質と関連のない現象

下欄

1　凝析	2　コンプトン散乱	3　電気泳動
4　チンダル現象	5　ブラウン運動	

ソ　同圧下で沸点が最も高い物質

下欄

1　HF	2　HCl	3　HBr	4　HI	5　CH_4

問2　0.3mol/L の水酸化カルシウム水溶液 400mL を完全に中和するために塩酸 300mL を加えたとき、この塩酸のモル濃度として正しいものはどれか。
　　最も適当なものを下欄から 1 つ選びなさい。

下欄

1　0.2mol/L	2　0.4mol/L	3　0.8mol/L	4　2.0mol/L
5　4.0mol/L	6　8.0mol/L		

問3　9％の塩化ナトリウム水溶液 10mL を水で希釈して生理食塩水（0.9%塩化ナトリム水溶液）を作るときに必要な水の量として、正しいものはどれか。最も適当なものを下欄から 1 つ選びなさい。ただし、すべての水溶液の比重は、1.0 とする。

下欄

1　1000mL	2　990mL	3　900mL	4　100mL	5　90mL

高知県

問4　遷移元素に関する記述のうち、銅と銀の両方にあてはまるものを下欄から1つ選びなさい。

下欄

1	熱伝導性、電気伝導性が大きい。
2	赤色の金属光沢を示す。
3	希塩酸には溶けないが、希硫酸には溶ける。
4	ハロゲン化合物はフイルム式写真の感光剤に利用される。
5	湿った空気中で酸化されにくい。

高知県

問5　2.7g のアルミニウムを塩酸にすべて溶かしたとき、発生する水素の体積は標準状態で何L となるか。下欄から1つ選びなさい。
　　なお、アルミニウムと塩酸の反応は次の化学反応式で表される。
　　　$2\,Al\ +\ 6\,HCl\ \rightarrow\ 2\,AlCl_3\ +\ 3\,H_2$
　　（ただし、原子量は、Al = 27、Cl = 35.5、H = 1 とし、標準状態での気体 1 mol の体積は 22.4L とする。）

下欄

1　0.67L	2　1.12L	3　2.24L	4　3.36L	5　6.72L

〔毒物及び劇物の性質及び貯蔵その他取扱方法〕

　　問題文中の性状等の記述については、条件等の記載が無い場合は、<u>常温常圧下における性状について記述しているものとする。</u>

（一般）

問1　次の(1)から(5)の性状をもつ物質について、最も適当なものを下欄からそれぞれ1つ選びなさい。

(1) 無色、腐魚臭の気体。水に難溶、酸素及びハロゲンと激しく反応する。

(2) 無色の結晶。水に可溶だが、エーテル、ベンゼンには不溶。

(3) 無色の液体。ハッカ実臭。水に難溶。

(4) 特有の刺激臭のある無色の液体。エタノール、エーテル、アセトンに可溶。高引火性液体。

(5) 刺激性の臭気を放って揮発する赤褐色の重い液体。水に可溶。

下欄

ア．	クロトンアルデヒド
イ．	1・3－ジカルバモイルチオ－2－（N・N－ジメチルアミノ）－プロパン塩酸塩
ウ．	燐化水素
エ．	臭素
オ．	四メチル鉛

問2　次の(1)から(5)の方法で貯蔵する物質として、最も適当なものを下欄からそれぞれ1つ選びなさい。

(1)火気厳禁。非常に反応性に富む物質なので、安定剤を加え、空気を遮断して貯蔵する。

(2)ボンベに貯蔵する。

(3)冷暗所に貯蔵する。純品は空気と日光によって変質するので、少量のアルコールを加えて分解を防止する。

(4)少量ならばガラス瓶、多量ならばブリキ缶または鉄ドラムを用い、酸類とは離して、風通しのよい乾燥した冷所に密封して貯蔵する。

(5)少量ならば褐色ガラス瓶、大量ならばカーボイなどを使用し、3分の1の空間を保って貯蔵する。

下欄

ア．アクロレイン　　イ．過酸化水素水　　ウ．シアン化カリウム
エ．クロロホルム　　オ．水素化砒素

問3　次の(1)から(5)の毒性をもつ物質として、最も適当なものを下欄からそれぞれ1つ選びなさい。

(1)溶液、蒸気いずれも刺激性が強い。35％以上の溶液は皮膚に水疱を作りやすく、眼には腐食作用を及ぼす。

(2)皮膚や粘膜につくと火傷を起こし、その部分は白色となる。経口摂取した場合には口腔、咽喉、胃に高度の灼熱感を訴え、悪心、嘔吐、めまいを起こし、失神、虚脱、呼吸麻痺で倒れる。尿は特有の暗赤色を呈する。

(3)吸入すると、眼、鼻、のどを刺激する。高濃度で興奮、麻酔作用がある。

(4)胃腸障害、神経過敏症、肺炎、低血圧、呼吸の減弱等を引き起こす。

(5)粘膜刺激作用が強く、気道、眼、消化器を刺激して、流涙その他の粘膜よりの分泌を促進。皮膚に接触すると、水疱を生じる。粘膜から吸収しやすく、めまい、頭痛、悪心、嘔吐、腹痛、下痢を訴え、意識喪失し、呼吸麻痺で死亡する。

下欄

ア．アクリルニトリル　　イ．過酸化水素水　　ウ．セレン
エ．フェノール　　　　　オ．キシレン

問4　次の(1)から(5)の用途をもつ物質として、最も適当なものを下欄からそれぞれ1つ選びなさい。

(1)酸化剤、媒染剤、製革用、電気鍍金用、電池調整用、顔料原料

(2)殺鼠剤

(3)飼料添加物

(4)植物成長調整剤

(5)フィルムの硬化、人造樹脂、人造角などの製造

下欄

ア．重クロム酸カリウム
イ．ナラシン
ウ．2－ジフェニルアセチル－1・3－インダンジオン
エ．2－クロルエチルトリメチルアンモニウムクロリド
オ．ホルムアルデヒド

問5　次の(1)から(5)の物質を含有する製剤で、毒物の指定から除外される含有濃度の上限として最も適当なものを下欄からそれぞれ1つ選びなさい。

(1) S・S－ビス(1－メチルプロピル)＝O－エチル＝ホスホロジチオアート
　　(別名：カズサホス)
(2) メチル－N'・N'－ジメチル－N－[(メチルカルバモイル)オキシ]－1－チオオキサムイミデート
(3) 2－ジフエニルアセチル－1・3－インダンジオン
(4) 2・3－ジシアノ－1・4－ジチアアントラキノン(別名：ジチアノン)
(5) S－メチル－N－[(メチルカルバモイル)－オキシ]－チオアセトイミデート
　　(別名：メトミル)

下欄

| ア．0.005% | イ．0.8% | ウ．10% | エ．45% | オ．50% |

（農業用品目）

問1　次の(1)から(5)の性状をもつ物質について、最も適当なものを下欄からそれぞれ1つ選びなさい。

(1) 白色または帯灰白色の結晶性粉末。空気により緑色に、光により褐色を呈する。
(2) 無色の結晶。水およびメタノールに可溶、エーテル、ベンゼンに不溶。
(3) 淡褐色の固体。水に難溶。有機溶媒に可溶。
(4) 白色の固体。水溶液は室温で徐々に加水分解し、アルカリ水溶液中では速やかに加水分解。太陽光線には安定で、熱に対する安定性は低い。
(5) 弱い特異臭のある無色の結晶。水に難榕。pH 5からpH 9で安定。

下欄

```
ア．ジメチル－(N－メチルカルバミルメチル)－ジチオホスフェイト
　　(別名：ジメトエート)
イ．塩化第一銅
ウ．1－(6－クロロ－3－ピリジルメチル)－N－ニトロイミダゾリジン－2－イ
　　リデンアミン(別名：イミダクロプリド)
エ．1・3－ジカルバモイルチオ－2－(N・N－ジメチルアミノ)－プロパン塩酸塩
　　(別名：カルタップ)
オ．2・3・5・6－テトラフルオロ－4－メチルベンジル＝(Z)－(1 RS・3 RS)
　　－3－(2－クロロ3・3・3－トリフルオロ－1－プロペニル)－2・2－ジ
　　メチルシクロプロパンカルボキシラート(別名：テフルトリン)
```

問2　シアン化水素及びベタナフトールに関する記述について、次の(1)から(5)から
　　に当てはまる最も適当なものを下欄からそれぞれ1つ選びなさい。

シアン化水素
　　水を含まないものは無色透明の液体で、（　1　）臭を帯び、水、アルコールによ
く混和し、点火すれば（　2　）色の炎を発し燃焼する。
　　貯蔵方法は、少量ならば褐色ガラス瓶を用い、多量ならば銅製シリンダーを用い
る。日光及び加熱を避け、風通しのよい冷所に置く。

ベタナフトール
　　無色の光沢のある小葉状結晶あるいは白色の結晶性粉末。
　　かすかな（　3　）臭と、灼くような味を有する。
　　水溶液に塩素水を加えると、白濁し、これに過剰のアンモニア水を加えると澄明
となり、液は最初緑色を呈し、のちに（　4　）色に変化する。
　　空気や光線に触れると（　5　）色に変化するため、遮光して貯蔵しなくてはなら
ない。

下欄

| ア．フェノール様ン | イ．青酸(焦げたアーモンド) | ウ．ニンニク |
| エ．青紫 | オ．赤　カ．白　キ．黒　ク．褐　ケ．黄 | |

問3　次の(1)から(5)の毒性をもつ物質として、最も適当なものを下欄からそれぞれ
　　1つ選びなさい。

(1)緑色または青色のものを吐く。のどが焼けるように熱くなり、よだれが流れ、
　また、しばしば痛む。急性の胃腸カタルを起こすとともに、血便を出す。
(2)皮膚から容易に吸収され、全身中毒症状を引き起こす。中枢神経系、肝臓、腎
　臓、肺に著名な障害を引き起こす。
(3)疝痛、嘔吐、振戦、痙攣、麻痺等の症状に伴い、次第に呼吸困難となり、虚脱
　症状となる。
(4)猛烈な神経毒であり、慢性中毒では、咽頭、喉頭等のカタル、心臓障害、視力
　減弱、めまい、動脈硬化等をきたし、ときに精神異常を引き起こすことがある。
(5)摂取後5〜20分後より運動が不活発になり、振戦、呼吸の促迫、嘔吐、流涎
　を生じる。

下欄

| ア．N−メチル−1−ナフチルカルバメート |
| イ．エチレンクロルヒドリン |
| ウ．ニコチン |
| エ．無機銅塩類 |
| オ．硫酸タリウム |

問4　次の(1)から(5)の用途をもつ物質として、最も適当なものを下欄からそれぞれ
　　1つ選びなさい。

　　(1)殺菌剤　　　(2)植物成長調整剤　　　(3)除草剤　　　(4)殺鼠剤　　　(5)土壌燻蒸剤

下欄

| ア．1・1'−イミノジ(オクタメチレン)ジグアニジン(別名：イミノクタジン) |
| イ．1・1'−ジメチル−4・4'−ジピリジニウムジクロリド |
| ウ．2−ジフェニルアセチル−1・3−インダンジオン |
| エ．シアナミド |
| オ．メチルイソチオシアネート |

問5　次の(1)から(5)の物質を含有する製剤で、劇物の指定から除外される含有濃度の上限として最も適当なものを下欄からそれぞれ1つ選びなさい。ただし、必要があれば同じものを繰り返し選んでもよい。

(1)硫酸
(2)(RS)－α－シアノ－3－フェノキシベンジル＝N－(2－クロロ－α・α－トリフルオロ－パラトリル)－D－バリナート(別名：フルバリネート)
(3)トランス－N－(6－クロロ－3－ピリジルメチル)－N'－シアノ－N－メチルアセトアミジン(別名：アセタミプリド)
(4)メチル＝N－[2－[1－(4－クロロフエニル)－1H－ピラゾール－3－イルオキシメチル]フエニル](N－メトキシ)カルバマート
　　(別名：ピラクロストロビン)
(5)エマメクチン

下欄

| ア. 0.8％ | イ. 2％ | ウ. 5％ | エ. 6.8％ | オ. 10％ |

高知県

(特定品目)

問1　次の(1)から(5)の性状をもつ物質について、最も適当なものを下欄からそれぞれ1つ選びなさい。

(1)無色透明な高濃度な液体。強く冷却すると稜柱状の結晶に変化する。少し加熱すると、爆鳴を発して急激に分解する。
(2)極めて純粋な水分を含まない本物質は、無色の液体で、特有の臭気を有する。腐食性が激しく、空気に接すると刺激性白霧を発生し、水を吸収する性質が強い。
(3)揮発性、麻酔性の芳香を有する無色の重い液体。水に難溶。火災などで強熱されると有毒ガスを生成するおそれがある。
(4)無色透明、揮発性の液体。特異な香気を有する。蒸気は空気よりも重く引火しやすい。水、エタノール、エーテル、クロロホルム、脂肪、揮発油と任意の割合で混和する。
(5)無色透明、可燃性のベンゼン臭を有する液体。蒸気は空気よりも重く引火しやすい。水に不溶。エタノール、ベンゼン、エーテルに可溶。

下欄

| ア. 硫酸 | イ. トルエン | ウ. 四塩化炭素 | エ. 過酸化水素水 | オ. メタノール |

問2　次の(1)から(4)の方法で貯蔵する物質として、最も適当なものを下欄からそれぞれ1つ選びなさい。

(1)少量の場合は褐色ガラス瓶、大量の場合はカーボイなどを使用し、3分の1の空間を保って貯蔵する。日光の直射を避け、冷所に有機物、金属塩、樹脂、油類、その他有機性蒸気を放出する物質と引き離して貯蔵する。
(2)水と二酸化炭素を吸収する性質が強いため、密栓して貯蔵する。
(3)引火しやすく、その蒸気は空気と混合して爆発性混合ガスとなるため、火気には絶対に近づけないように貯蔵する。
(4)低温では混濁することがあるため、常温で貯蔵する。

下欄

| ア. キシレン | イ. 水酸化ナトリウム | ウ. ホルムアルデヒド |
| エ. 過酸化水素水 | | |

問 3 次の(1)から(5)の毒性をもつ物質として、最も適当なものを下欄からそれぞれ1つ選びなさい。

(1)血液中のカルシウム分を奪取し、神経系を侵す。胃痛、嘔吐、口腔や咽喉の炎症、腎障害を起こす。

(2)脳の節細胞を麻酔させ、赤血球を溶解する。中毒の際は、呼吸麻痺または心臓停止による死亡が多い。

(3)皮膚を激しく障害する。ダストやミストを吸入すると呼吸器官を障害する。

(4)吸入すると、短時間の興奮期を経て、麻酔状態に陥ることがある。皮膚に触れるとわずかに刺激があり、炎症を起こすことがある。

(5)濃厚な蒸気を吸入すると、酩酊、頭痛、眼のかすみなどの症状を起こす。さらに高濃度の場合、昏睡を起こす。皮膚からも吸収され、吸入した場合と同様の症状を起こすことがある。

下欄

ア．メタノール　　イ．クロロホルム　　ウ．蓚酸　　エ．酢酸エチル
オ．水酸化カリウム

問 4 次の(1)から(6)の用途をもつ物質として、最も適当なものを下欄からそれぞれ1つ選びなさい。

(1)釉薬．試薬

(2)フィルムの硬化、人造樹脂、人造角などの製造

(3)洗浄剤、引火性の少ないベンジンの製造

(4)溶剤、接着剤、香料

(5)漂白剤、消毒剤、化粧品の製造

(6)捺染剤、木、コルク、綿、藁製品等の漂白剤や鉄錆による汚れ落とし

下欄

ア．過酸化水素水　　イ．四塩化炭素　　ウ．酢酸エチル
エ．ホルムアルデヒド　　オ．硅弗化ナトリウム　　カ．蓚酸

問 5 次の(1)から(5)の物質を含有する製剤で、劇物の指定から除外される含有濃度の上限として最も適当なものを下欄からそれぞれ1つ選びなさい。ただし、必要があれば同じものを繰り返し選んでもよい。

(1)ホルムアルデヒド　　(2)アンモニア　　(3)塩化水素
(4)蓚酸　　(5)水酸化ナトリウム

下欄

ア．1％　　イ．5％　　ウ．6％　　エ．10％　　オ．70％

高知県

- 374 -

問題文中の性状等の記述については、条件等の記載が無い場合は、<u>常温常圧下にお</u><u>ける性状について記述しているものとする。</u>

（一般）

問1　次の物質について、該当する性状をＡ欄から、主な用途をＢ欄からそれぞれ最も適当なものを1つ選びなさい。

物質名	性状	主な用途
アニリン	（　1　）	（　6　）
ベタナフトール	（　2　）	（　7　）
ニトロベンゼン	（　3　）	（　8　）
硅弗化ナトリウム	（　4　）	（　9　）
弗化水素酸	（　5　）	（　10　）

A欄

ア．無色の光沢のある小葉状結晶あるいは白色の結晶性粉末。かすかなフェノール様の臭気と、灼くような味を有する。水に難溶、熱湯に可溶。
イ．無色透明な油状の液体。特有の臭気。水に難溶、アルコール、エーテル、ベンゼンに易溶。空気に触れて赤褐色を呈する。
ウ．無色またはわずかに着色した透明の液体。特有の刺激臭。不燃性で高濃度なものは空気中で白煙を生じる。
エ．白色の結晶、水に難溶。アルコールに不溶。
オ．無色または微黄色の吸湿性の液体。強い苦扁桃様の香気を有し、光線を屈折させる。水に可溶で、その溶液は甘味を有する。アルコールに易溶。

B欄

カ．タール中間物の製造原料、医薬品、染料等の製造原料、試薬、写真現像用のハイドロキノン等の原料
キ．染料製造原料、防腐剤
ク．アニリンの製造原料、タール中間物の製造原料、合成化学の酸化剤
ケ．釉薬
コ．ガソリンのアルキル化反応の触媒、ガラスのつや消し、金属の酸洗剤、半導体のエッチング剤

問2　次の記述は、各物質の鑑別法である。(1)から(4)に当てはまる、最も適当なものを下欄からそれぞれ1つ選びなさい。ただし、<u>(2)および(3)は順不同とする。</u>

メタノール
　あらかじめ熱灼した酸化銅を加えると、ホルムアルデヒドができ、酸化銅は還元されて（　1　）を呈する。

クロルピクリン
　アルコール溶液にジメチルアニリンおよびブルシンを加えて溶解し、これにブロムシアン溶液を加えると、（　2　）ないし（　3　）を呈する。

塩酸
　硝酸銀溶液を加えると、塩化銀の（　4　）沈殿を生じる。

下欄

ア．白色	イ．藍色	ウ．赤紫色	エ．緑色	オ．黒色
カ．金属銅色	キ．淡黄色	ク．無色		

問3　次の(1)から(5)の物質の分類として、最も適当なものを下欄からそれぞれ1つ選びなさい。ただし、必要があれば同じものを繰り返し選んでもよい。

(1) Ｏ－エチル＝Ｓ－１－メチルプロピル＝(２－オキソ－３－チアソリジニル)ホスホノチオアート(別名：ホスチアゼート)

(2) α－シアノ－４－フルオロ－３－フェノキシベンジル＝３－(２・２－ジクロロビニル)－２・２－ジメチルシクロプロパンカルボキシラート

(3) Ｓ－メチル－Ｎ－[(メチルカルバモイル)－オキシ]－チオアセトイミデート(別名：メトミル)

(4) トランス－Ｎ－(６－クロロ－３－ピリジルメチル)－Ｎ'－シアノ－Ｎ－メチルアセトアミジン(別名：アセタミプリド)

(5) (RS)－シアノ－(３－フェノキシフェニル)メチル＝２・２・３・３－テトラメチルシクロプロパンカルボキシラート(別名：フェンプロパトリン)

下欄

ア．有機リン剤	イ．カーバメイト剤	ウ．ピレスロイド剤
エ．ネオニコチノイド剤	オ．ネライストキシン剤	

問4　次の(1)から(4)の物質について、それらが飛散した場合又は漏えいした場合の措置として、最も適当なものを下欄からそれぞれ1つ選びなさい。

(1)メタクリル酸　　(2)アンモニア水　　(3)燐化亜鉛　　(4)アクロレイン

下欄

ア．漏えいした液は、土砂等でその流れを止め、安全な場所に穴を掘る等してためる。これに亜硫酸水素ナトリウム水溶液(約10％)を加え、時々攪拌して反応させた後、多量の水で十分に希釈して洗い流す。この際、蒸発したものが大気中に拡散しないよう霧状の水をかけて吸収させる。

イ．飛散したものの表面を速やかに土砂等で覆い、密閉可能な空容器にできるだけ回収して密閉する。汚染された土砂等も同様の措置をし、そのあとを多量の水で洗い流す。

ウ．漏えいした液は、土砂等でその流れを止め、安全な場所に導いて遠くから多量の水を用いて洗い流す。

エ．漏えいした液は、土砂等でその流れを止め、安全な場所に導き、空容器にできるだけ回収し、そのあとを水酸化カルシウム等の水溶液を用いて処理し、多量の水を用いて洗い流す。

(農業用品目)

問1　次の物質について、該当する主な用途をＡ欄から、廃棄方法をＢ欄からそれぞれ最も適当なものを1つ選びなさい。ただし、必要があれば同じものを繰り返し選んでもよい。

物質名	主な用途	廃棄方法
シアン化ナトリウム	(1)	(6)
燐化亜鉛	(2)	(7)
硫酸	(3)	(8)
(RS)－α－シアノ－３－フエノキシベンジル＝(RS)－２－(４－クロロフエニル)－３－メチルブタノアート	(4)	(9)
１・３－ジカルバモイルチオ－２－(Ｎ・Ｎ－ジメチルアミノ)-プロパン塩酸塩	(5)	(10)

A 欄

ア．殺鼠剤
イ．稲のニカメイチュウ、野菜のコナガ、アオムシ等の駆除
ウ．冶金、鍍金、写真用、果樹の殺虫剤
エ．野菜、果樹等のアブラムシ類、コナガ、アオムシ、ヨトウムシ等の駆除
オ．肥料、各種化学薬品の製造、石油の精製、冶金、塗料、顔料等の製造、乾燥剤

B 欄

カ．アルカリ法　　キ．還元法　　ク．中和法　　ケ．燃焼法
コ．沈殿法、焙焼法

問2　次の記述は、各物質の鑑別法である。(1)から(3)に当てはまる、最も適当なものを下欄からそれぞれ1つ選びなさい。ただし、必要があれば同じものを繰り返し選んでもよい。

シアン化合物
　水蒸気蒸留して、その留液に水酸化ナトリウム溶液を数滴加えてアルカリ性とし、次いで硫酸第一鉄溶液及び塩化第二鉄溶液を加えて熱し、塩酸で酸性とすると、（　1　）を呈する。

硫酸
　硫酸の希釈溶液に塩化バリウムを加えると、（　2　）の硫酸バリウムを沈殿するが、この沈殿は塩酸や硝酸に不溶。

蓚酸
　水溶液をアンモニア水で弱アルカリ性にして塩化カルシウムを加えると、シュウ酸カルシウムの（　3　）の沈殿を生成する。

下欄

ア．青色　　イ．赤色　　ウ．黄色　　エ．藍色　　オ．黒色
カ．緑色　　キ．無色　　ク．白色

問3　次の製剤のうち、農業用として国内で販売する際にあせにくい黒色に着色する必要のあるものの組み合わせとして、最も適切なものを下欄から一つ選びなさい。

（a）硫酸銅を含有する製剤
（b）燐化亜鉛を含有する製剤
（c）モノフルオール酢酸アミドを含有する製剤
（d）硫酸タリウムを含有する製剤

下欄

ア．(a , b)　　イ．(a , c)　　ウ．(a , d)　　エ．(b , c)　　オ．(b , d)
カ．(c , d)

問4 次の(1)から(5)の物質の分類として、最も適当なものを下欄からそれぞれ1つ選びなさい。

(1) 2・3－ジヒドロー2・2－ジメチルー7－ベンゾ［b］フラニルーN－ジブチルアミノチオ－N－メチルカルバマート(別名：カルボスルフアン)
(2) O－エチル＝ S － 1 － メチルプロピル＝(2－オキソ－3－チアゾリジニル)ホスホノチオアート(別名：ホスチアゼート)
(3) 5－ジメチルアミノ－1・2・3－トリチアンシュウ酸塩
(4) 1－(6－クロロ－3－ピリジルメチル)－N－ニトロイミダゾリジン－2－イリデンアミン(別名：イミダクロプリド)
(5) (RS)－シアノ－(3－フェノキシフェニル)メチル＝2・2・3・3－テトラメチルシクロプロパンカルボキシラート(別名：フエンプロパトリン)

下欄

ア．有機リン剤	イ．カーバメイト剤	ウ．ピレスロイド剤
エ．ネオニコチノイド剤	オ．ネライストキシン剤	

問5 次の(1)から(4)の物質について、それらが飛散した場合又は漏えいした場合の措置として、最も適当なものを下欄からそれぞれ1つ選びなさい。

(1) ブロムメチル
(2) ジメチルジチオホスホリルフェニル酢酸エチル
(3) シアン化ナトリウム
(4) 重クロム酸ナトリウム

下欄

ア．飛散したものは空容器にできるだけ回収し、そのあとを還元剤(硫酸第一鉄等)の水溶液を散布し、水酸化カルシウム、炭酸ナトリウム等の水溶液で処理した後、多量の水で洗い流す。
イ．作業の際には必ず保護具を着用し、飛散したものは空容器にできるだけ回収する。砂利等に付着している場合は、砂利などを回収し、そのあとに水酸化ナトリウム、炭酸ナトリウム等の水溶液を散布してアルカリ性とし、さらに酸化剤の水溶液で酸化処理を行い、多量の水を用いて洗い流す。また、前処理なしに直接水で洗い流してはならない。
ウ．漏えいした液は、土砂等でその流れを止め、液が拡がらないようにして蒸発させる。
エ．漏えいした液は、土砂等でその流れを止め、安全な場所に導き、空容器にできるだけ回収し、その後を水酸化カルシウム等の水溶液を用いて処理し、中性洗剤等の分散剤を使用して多量の水で洗い流す。

(特定品目)

問1 次の物質について、該当する性状をA欄から、廃棄方法をB欄からそれぞれ最も適当なものを1つ選びなさい。

物質名	性状	廃棄方法
塩素	(1)	(6)
クロロホルム	(2)	(7)
アンモニア水	(3)	(8)
酸化第二水銀	(4)	(9)
硅弗化ナトリウム	(5)	(10)

A 欄

ア．	無色の揮発性液体。特異臭と甘味を有する。水に難溶。空気に触れ、同時に日光の作用を受けると分解する。
イ．	窒息性臭気を有する黄緑色の気体。冷却すると、黄色溶液を経て黄白色固体となる。
ウ．	白色の結晶。水に難溶。アルコールに不溶。
エ．	赤色または黄色の粉末。水に難溶。酸に易溶。
オ．	無色透明、揮発性の液体。鼻をさすような臭気。水と混和する。

B 欄

カ．アルカリ法、還元法
キ．燃焼法
ク．中和法
ケ．沈殿隔離法、焙焼法
コ．分解沈殿法

問2　次の(1)から(5)の方法で鑑別する物質として最も適当なものを下欄からそれぞれ1つ選びなさい。

(1)ヨード亜鉛からヨードを析出する。
(2)水に溶かして塩酸を加えると、白色沈殿を生じる。その液に硫酸と銅粉を加えて熱すると、赤褐色の蒸気を生成する。
(3)塩酸を加えて中和した後、塩化白金溶液を加えると、黄色、結晶性の沈殿を生じる。
(4)希釈水溶液に塩化バリウムを加えると、塩酸や硝酸に不溶の白色の沈殿を生じる。
(5)サリチル酸と濃硫酸とともに熱すると、芳香のある物質を生成する。

下欄

ア．過酸化水素水	イ．硫酸	ウ．アンモニア水	
エ．メタノール	オ．硝酸銀		

問3　次の記述は、各物質の鑑別法である。(1)から(5)に当てはまる、最も適当なものを下欄からそれぞれ1つ選びなさい。

硝酸

銅屑を加えて熱すると、（　1　）を呈して溶け、その際（　2　）の蒸気を生成する。

酸化第二水銀

小さな試験管に入れて熱すると、始めに（　3　）に変わり、後に分解して水銀を残す。

クロロホルム

ベタナフトールと高濃度水酸化カリウム溶液と熱すると藍色を呈し、空気に触れて（　4　）より褐色に変化し、酸を加えると（　5　）の沈殿を生じる。

下欄

ア．赤褐色	イ．緑色	ウ．赤色	エ．黒色	オ．藍色
カ．紫色	キ．白色			

問4　次の(1)から(5)の物質について、それらが飛散した場合又は漏えいした場合の措置として、最も適当なものを下欄からそれぞれ1つ選びなさい。

(1)酢酸エチル　　　(2)硝酸銀　　　　(3)重クロム酸ナトリウム
(4)塩酸　　　　　　(5)硅弗化ナトリウム

下欄

ア．飛散したものは、空容器にできるだけ回収し、そのあとを多量の水を用いて洗い流す。
イ．漏えいした液は、土砂等でその流れを止め、これに吸着させるか、または安全な場所に導いて遠くから徐々に注水してある程度希釈させた後、水酸化カルシウム、炭酸ナトリウム等で中和し多量の水で洗い流す。発生するガスは霧状の水をかけて吸収させる。
ウ．飛散したものは、空容器にできるだけ回収し、そのあとを還元剤（硫酸第一鉄等）の水溶液を散布し、水酸化カルシウム、炭酸ナトリウム等の水溶液で処理した後、多量の水を用いて洗い流す。
エ．飛散したものは、空容器にできるだけ回収し、そのあとを食塩水で処理し、多量の水で洗い流す。
オ．漏えいした液は、土砂等でその流れを止め、安全な場所へ導いた後、液の表面を泡等で覆い、できるだけ空容器に回収する。そのあとは多量の水で洗い流す。

九州全県〔福岡県・佐賀県・長崎県・熊本県・大分県・宮崎県・鹿児島県〕・沖縄県統一共通

令和4年度実施

〔法　規〕
(一般・農業用品目・特定品目共通)

※ 法規に関する以下の設問中、毒物及び劇物取締法を「法律」、毒物及び劇物取締法施行令を「政令」、毒物及び劇物取締法施行規則を「省令」とそれぞれ略称する。

問　1　以下の記述は、法律第1条の条文である。（　　）の中に入れるべき字句の正しい組み合わせを下から一つ選びなさい。

法律第1条
　この法律は、毒物及び劇物について、（　ア　）から（　イ　）を行うことを目的とする。

	ア	イ
1	公衆衛生上の見地	必要な規制
2	公衆衛生上の見地	必要な取締
3	保健衛生上の見地	必要な規制
4	保健衛生上の見地	必要な取締

問　2　毒物及び劇物に関する以下の記述のうち、正しいものの組み合わせを下から一つ選びなさい。

ア　食品添加物に該当するものは、法律別表第一に掲げられている物であっても、毒物から除外される。
イ　医薬部外品に該当するものは、法律別表第二に掲げられている物であっても、劇物から除外される。
ウ　特定毒物とは、毒物であって、法律別表第三に掲げるものをいう。
エ　クロロホルムを含有する製剤は、劇物に該当する。

1（ア、イ）　　2（ア、エ）　　3（イ、ウ）　　4（ウ、エ）

問　3　以下の製剤のうち、劇物に該当するものを一つ選びなさい。

1　アンモニアを10％含有する製剤
2　塩化水素を10％含有する製剤
3　水酸化ナトリウムを10％含有する製剤
4　硫酸を10％含有する製剤

問 4 政令第 22 条及び第 23 条の規定により、モノフルオール酢酸アミドを含有する製剤の用途及び着色の基準として、正しいものの組み合わせを一つ選びなさい。

	用途	着色の基準
1	野ねずみの駆除	深紅色に着色されていること
2	野ねずみの駆除	青色に着色されていること
3	かんきつ類、りんご、なし、桃又はかきの害虫の防除	深紅色に着色されていること
4	かんきつ類、りんご、なし、桃又はかきの害虫の防除	青色に着色されていること

問 5 以下の記述は、法律第３条の３の条文である。（　　）の中に入れるべき字句の正しい組み合わせを下から一つ選びなさい。

法律第３条の３
　興奮、幻覚又は麻酔の作用を有する毒物又は劇物（これらを含有する物を含む。）であって政令で定めるものは、みだりに（　ア　）し、若しくは（　イ　）し、又はこれらの目的で所持してはならない。

```
      ア    イ
1  販売   授与
2  使用   譲渡
3  摂取   吸入
4  製造   輸出
```

問 6 以下の物質のうち、法律第３条の３の規定により、興奮、幻覚又は麻酔の作用を有する毒物又は劇物であって政令で定められているものを一つ選びなさい。

　1 キシレン　　2 四塩化炭素　　3 トルエン　　4 メチルエチルケトン

問 7 以下の物質のうち、法律第３条の４の規定により、引火性、発火性又は爆発性のある毒物又は劇物であって政令で定められているものを一つ選びなさい。

　1 塩素　　2 硅弗化ナトリウム　　3 メタノール　　4 ピクリン酸

問 8 毒物又は劇物の営業の登録に関する以下の記述のうち、誤っているものを一つ選びなさい。

1 毒物又は劇物の製造業の登録は、製造所ごとにその製造所の所在地の都道府県知事が行う。
2 毒物又は劇物の輸入業の登録は、営業所ごとに厚生労働大臣が行う。
3 毒物又は劇物の販売業の登録は、店舗ごとにその店舗の所在地の都道府県知事(その店舗の所在地が、地域保健法第５条第１項の政令で定める市又は特別区の区域にある場合においては、市長又は区長)が行う。
4 毒物又は劇物の販売業の登録は、６年ごとに、更新を受けなければ、その効力を失う。

問 9 　毒物又は劇物の製造所等の設備に関する以下の記述のうち、誤っているものを一つ選びなさい。

1 　毒物又は劇物の製造所は、毒物又は劇物を含有する粉じん、蒸気又は廃水の処理に要する設備又は器具を備えていなければならない。
2 　毒物又は劇物の製造所において、毒物又は劇物を貯蔵する場所が性質上かぎをかけることができないものであるときは、その周囲に、堅固なさくを設けなければならない。
3 　毒物又は劇物の輸入業の営業所は、コンクリート、板張り又はこれに準ずる構造とする等その外に毒物又は劇物が飛散し、漏れ、しみ出若しくは流れ出、又は地下にしみ込むおそれのない構造としなければならない。
4 　毒物又は劇物の販売業の店舗で毒物又は劇物を陳列する場所には、かぎをかける設備が必要である。

問 10 　毒物又は劇物の販売業に関する以下の記述のうち、正しいものの組み合わせを下から一つ選びなさい。

ア 　一般販売業の登録を受けた者は、特定品目を販売することができない。
イ 　販売可能として登録を受けた毒物又は劇物以外の毒物又は劇物を販売しようとするときは、あらかじめ、登録の変更を受けなければならない。
ウ 　登録票の記載事項に変更を生じたときは、登録票の書換え交付を申請することができる。
エ 　登録票を破り、汚し、又は失ったときは、登録票の再交付を申請することができる。

1（ア、イ）　　　2（ア、ウ）　　　3（イ、エ）　　　4（ウ、エ）

問 11 　以下の記述は、法律第 8 条第 1 項の条文である。（　）の中に入れるべき字句の正しい組み合わせを下から一つ選びなさい。

法律第 8 条第 1 項
　次の各号に掲げる者でなければ、前条の毒物劇物取扱責任者となることができない。

一 （　ア　）
二 　厚生労働省令で定める学校で、（　イ　）に関する学課を修了した者
三 　都道府県知事が行う毒物劇物取扱者試験に合格した者

　　　　ア　　　　　イ
1 　医師　　　　毒性学
2 　医師　　　　応用化学
3 　薬剤師　　　毒性学
4 　薬剤師　　　応用化学

問 12 　毒物劇物取扱責任者に関する以下の記述のうち、正しいものの組み合わせを下から一つ選びなさい。

ア 　毒物又は劇物の販売業者は、毒物又は劇物を直接に取り扱わない場合であっても、店舗ごとに専任の毒物劇物取扱責任者を置かなければならない。
イ 　毒物劇物営業者が、毒物又は劇物の製造業、輸入業又は販売業のうち、2 以上を併せて営む場合において、その製造所、営業所又は店舗が互いに隣接しているとき、毒物劇物取扱責任者は、これらの施設を通じて 1 人で足りる。
ウ 　毒物劇物営業者は、毒物劇物取扱責任者を置いたときは、60 日以内に、その毒物劇物取扱責任者の氏名を届け出なければならない。
エ 　18 歳未満の者は、毒物劇物取扱責任者となることはできない。

　1（ア、ウ）　　　2（ア、エ）　　　3（イ、ウ）　　　4（イ、エ）

問 13　登録又は許可の変更等に関する以下の記述の正誤について、正しい組み合わせを下から一つ選びなさい。

ア　毒物劇物営業者は、毒物又は劇物を貯蔵する施設の重要な部分を変更しようとするときは、あらかじめ、登録の変更を受けなければならない。
イ　毒物劇物営業者は、製造所、営業所又は店舗の名称を変更しようとするときは、あらかじめ、登録の変更を受けなければならない。
ウ　毒物劇物営業者が、当該製造所、営業所又は店舗における営業を廃止したとき 60 日以内に、その旨を届け出なければならない。
エ　特定毒物研究者が、主たる研究所の所在地を変更しようとするときは、あらかじめ、許可を受けなければならない。

	ア	イ	ウ	エ
1	正	誤	正	誤
2	誤	正	正	正
3	誤	誤	誤	正
4	誤	誤	誤	誤

問 14　以下の記述は、法律第 11 条第 4 項の条文である。（　）の中に入れるべき字句の正しい組み合わせを下から一つ選びなさい。

法律第 11 条第 4 項
　毒物劇物営業者及び（　ア　）は、毒物又は厚生労働省令で定める劇物については、その容器として、（　イ　）として通常使用される物を使用してはならない。

	ア	イ
1	特定毒物研究者	繰り返し使用できる容器
2	特定毒物研究者	飲食物の容器
3	特定毒物使用者	繰り返し使用できる容器
4	特定毒物使用者	飲食物の容器

問 15　毒物又は劇物の表示に関する以下の記述のうち、正しいものを一つ選びなさい。

1　毒物劇物営業者及び特定毒物研究者は、毒物の容器及び被包に、「医薬用外」の文字及び黒地に白色をもって「毒物」の文字を表示しなければならない。
2　毒物劇物営業者及び特定毒物研究者は、劇物の容器及び被包に、「医薬用外」の文字及び赤地に白色をもって「劇物」の文字を表示しなければならない。
3　毒物劇物営業者及び特定毒物研究者は、特定毒物の容器及び被包に、「医薬用外」の文字及び赤地に白色をもって「特定毒物」の文字を表示しなければならない。
4　毒物劇物営業者及び特定毒物研究者は、毒物又は劇物を貯蔵する場所に、「医薬用外」の文字及び毒物については「毒物」、劇物については「劇物」の文字を表示しなければならない。

問 16　以下の記述は、法律第 12 条第 2 項の条文である。（　）の中に入れるべき字句の正しい組み合わせを下から一つ選びなさい。

法律第 12 条第 2 項
　毒物劇物営業者は、その容器及び被包に、左に掲げる事項を表示しなければ、毒物又は劇物を販売し、又は授与してはならない。
　一　毒物又は劇物の名称
　二　（　ア　）
　三　厚生労働省令で定める毒物又は劇物については、それぞれ厚生労働省令で定めるその（　イ　）の名称
　四　毒物又は劇物の取扱及び使用上特に必要と認めて、厚生労働省令で定める事項

	ア	イ
1	製造業者又は輸入業者の氏名及び住所	中和剤
2	製造業者又は輸入業者の氏名及び住所	解毒剤
3	毒物又は劇物の成分及びその含量	中和剤
4	毒物又は劇物の成分及びその含量	解毒剤

問 17	以下の記述は、法律第 13 条に規定する特定の用途に供される毒物又は劇物の販売等に関するものである。（　）の中に入れるべき字句の正しい組み合わせを下から一つ選びなさい。

毒物劇物営業者は、燐化亜鉛を含有する製剤たる劇物については、あせにくい（　ア　）で着色したものでなければ、これを（　イ　）として販売し、又は授与してはならない。

	ア	イ
1	赤色	農業用
2	赤色	工業用
3	黒色	農業用
4	黒色	工業用

問 18	毒物又は劇物の譲渡手続に関する以下の記述のうち、正しいものの組み合わせを下から一つ選びなさい。

ア　毒物又は劇物の譲渡手続に係る書面には、毒物又は劇物の名称及び数量、販売又は授与の年月日、譲受人の氏名、職業及び住所(法人にあっては、その名称及び主たる事務所の所在地)を記載しなければならない。
イ　毒物劇物営業者は、譲受人から毒物又は劇物の譲渡手続に係る書面の提出を受けなければ、毒物又は劇物を毒物劇物営業者以外の者に販売し、又は授与してはならない。
ウ　毒物劇物営業者が、毒物又は劇物を毒物劇物営業者以外の者に販売し、又は授与する場合、毒物又は劇物の譲渡手続に係る書面には、譲受人の押印は不要である。
エ　毒物劇物営業者は、毒物又は劇物の譲渡手続に係る書面を、販売又は授与の日から 3 年間、保存しなければならない。

1（ア、イ）　　2（ア、エ）　　3（イ、ウ）　　4（ウ、エ）

問 19	毒物又は劇物の交付の制限等に関する以下の記述の正誤について、正しい組み合わせを下から一つ選びなさい。

ア　毒物劇物営業者は、毒物及び劇物を 17 歳の者に交付することができる。
イ　毒物劇物営業者は、毒物及び劇物をあへんの中毒者に交付することができる。
ウ　毒物劇物営業者は、ナトリウムを交付する場合、その交付を受ける者の氏名及び住所を確認した後でなければ、交付してはならない。
エ　毒物劇物営業者は、ナトリウムを交付した場合、帳簿に交付した劇物の名称、交付の年月日、交付を受けた者の氏名及び住所を記載しなければならない。

	ア	イ	ウ	エ
1	正	正	正	誤
2	正	誤	誤	正
3	誤	誤	正	正
4	誤	誤	誤	誤

問 20	以下の記述のうち、車両を使用して 1 回につき、5,000kg の発煙硫酸を運搬する場合における運搬方法について、正しいものの組み合わせを下から一つ選びなさい。

ア　1 人の運転者による連続運転時間（1 回が連続 10 分以上で、かつ、合計が 30 分以上の運転の中断をすることなく連続して運転する時間をいう。）が、4 時間を超える場合は、車両 1 台について、運転者のほか交替して運転する者を同乗させなければならない。
イ　1 人の運転者による運転時間が、1 日当たり 8 時間の場合は、車両 1 台について、運転者のほか交替して運転する者を同乗させなければならない。
ウ　車両には、0.3 メートル平方の板に地を黒色、文字を白色として「毒」と表示した標識を、車両の側面の見やすい箇所に掲げなければならない。
エ　車両には、運搬する毒物又は劇物の名称、成分及びその含量並びに事故の際に講じなければならない応急の措置の内容を記載した書面を備えなければならない。

1（ア、イ）　　2（ア、エ）　　3（イ、ウ）　　4（ウ、エ）

九州全県・沖縄県統一

問 21 政令第 40 条の 6 に規定する荷送人の通知義務に関する以下の記述について、（　）に入れるべき字句を下から一つ選びなさい。

　　毒物又は劇物を車両を使用して、又は鉄道によって運搬する場合で、当該運搬を他に委託するときは、その荷送人は、運送人に対し、あらかじめ、当該毒物又は劇物の名称、成分及びその含量並びに数量並びに事故の際に講じなければならない応急の措置の内容を記載した書面を交付しなければならない。ただし、1 回の運搬につき（　）以下の毒物又は劇物を運搬する場合は、この限りでない。

1　千キログラム　　　2　2千キログラム　　　3　3千キログラム
4　5千キログラム

問 22 以下の記述は、法律第 17 条第 2 項の条文である。（　）の中に入れるべき字句を下から一つ選びなさい。

法律第 17 条第 2 項
　　毒物劇物営業者及び特定毒物研究者は、その取扱いに係る毒物又は劇物が盗難にあい、又は紛失したときは、直ちに、その旨を（　）に届け出なければならない。

1　市町村　　　2　保健所　　　3　警察署　　　4　消防機関

問 23 以下の記述は、法律第 18 条第 1 項の条文である。（　）の中に入れるべき字句の正しい組み合わせを下から一つ選びなさい。

法律第 18 条第 1 項
　　都道府県知事は、保健衛生上必要があると認めるときは、毒物劇物営業者若しくは特定毒物研究者から必要な報告を徴し、又は薬事監視員のうちからあらかじめ指定する者に、これらの者の製造所、営業所、店舗、研究所その他業務上毒物若しくは劇物を取り扱う場所に立ち入り、帳簿その他の物件を（　ア　）させ、関係者に質問させ、若しくは試験のため必要な最小限度の分量に限り、毒物、劇物、第 11 条第 2 項の政令で定める物若しくはその疑いのある物を（　イ　）させることができる。

	ア	イ
1	検査	収去
2	検査	押収
3	捜査	収去
4	捜査	押収

問 24 以下のうち、法律第 22 条第 1 項の規定により、業務上取扱者の届出を要する事業として、定められていないものを一つ選びなさい。

1　無機シアン化合物たる毒物を用いて、電気めっきを行う事業
2　シアン化ナトリウムを用いて、金属熱処理を行う事業
3　内容積が 1,000 L の容器を大型自動車に積載して、ふっ化アンモニウムを運搬する事業
4　砒素化合物たる毒物を用いて、しろありの防除を行う事業

問　25　法律第22条第5項に規定する届出を要しない業務上取扱者に関する以下の記述の正誤について、正しい組み合わせを下から一つ選びなさい。

ア　法律第11条第1項に規定する毒物又は劇物の盗難又は紛失の防止措置が適用される。
イ　法律第12条第3項に規定する毒物又は劇物を貯蔵する場所への表示が適用される。
ウ　法律第17条に規定する事故の際の措置が適用される。
エ　法律第18条に規定する立入検査等が適用される。

	ア	イ	ウ	エ
1	正	正	正	正
2	正	誤	正	誤
3	誤	正	誤	誤
4	誤	誤	誤	正

〔基礎化学〕
（一般・農業用品目・特定品目共通）

問　26　物質の種類に関する以下の記述の正誤について、正しい組み合わせを下から一つ選びなさい。

ア　ダイヤモンドは、単体である。
イ　石油は、混合物である。
ウ　エタノールは、化合物である。
エ　ベンゼンは、化合物である。

	ア	イ	ウ	エ
1	正	正	正	誤
2	正	正	誤	正
3	正	誤	正	誤
4	誤	誤	正	正

問　27　物質の状態変化を表す以下の用語のうち、気体が液体になる変化を表す名称として正しいものを一つ選びなさい。

1　蒸発　　2　融解　　3　凝縮　　4　昇華

問　28　酸・塩基の強弱に関する以下の組み合わせについて、正しいものを一つ選びなさい。

	ア		イ
1	塩酸	－	弱酸
2	臭化水素	－	強塩基
3	ヨウ化水素	－	強塩基
4	フッ化水素	－	弱酸

問　29　以下の物質のうち、一般的に酸化剤として働くものを一つ選びなさい。

1　硝酸　　2　硫化水素　　3　シュウ酸　　4　亜硫酸ナトリウム

問　30　化学結合に関する以下の組み合わせについて、正しいものを一つ選びなさい。

	ア		イ
1	アルミニウム	－	イオン結合
2	ナフタレン	－	共有結合
3	水酸化ナトリウム	－	共有結合
4	塩化ナトリウム	－	金属結合

問　31　以下のうち、0.1mol／L酢酸水溶液のpH（水素イオン指数）として最も適当なものを一つ選びなさい。ただし、この濃度の酢酸の電離度は0.01とする。

1　pH 1　　2　pH 3　　3　pH 5　　4　pH 7

問 32 　以下の単体の金属の原子のうち、イオン化傾向の大きい順に並べたものとして、正しいものを一つ選びなさい。

1 K ＞ Fe ＞ Au　　　　2 K ＞ Au ＞ Fe
3 Au ＞ K ＞ Fe　　　　4 Au ＞ Fe ＞ K

問 33 　以下のうち、0.2mol／L 硫酸 10mL を中和するのに必要な 0.1mol／L 水酸化ナトリウム水溶液の量として、正しいものを一つ選びなさい。

1 10mL　　　2 20mL　　　3 30mL　　　4 40mL

問 34 　以下のうち、質量パーセント濃度 20 ％塩化ナトリウム水溶液 120 g をつくるのに、必要な塩化ナトリウムの量として適当なものを一つ選びなさい。

1 20g　　　2 22g　　　3 24g　　　4 26g

問 35 　以下の化学反応式について、（　）の中に入れるべき係数の正しい組み合わせを下から一つ選びなさい。

3 Cu ＋（ ア ）HNO₃
　　　→ （ イ ）Cu(NO₃)₂ ＋（ ウ ）H₂O ＋（ エ ）NO

	ア	イ	ウ	エ
1	6	4	4	2
2	8	3	4	2
3	8	3	2	4
4	6	4	2	4

問 36 　気体の溶解度に関する以下の記述について、（　）の中に入れるべき字句を下から一つ選びなさい。

　気体の水への溶解度は、温度が高くなると小さくなる。温度が一定の場合は、一定量の溶媒に溶ける気体の質量(又は物質量)は圧力に比例する。これを（　）の法則という。

1 ルシャトリエ　　　2 ヘンリー　　　3 定比例　　　4 ヘス

問 37 　以下のうち、100ppm を％に換算した場合の値として、正しいものを一つ選びなさい。

1 0.0001 ％　　　2 0.001 ％　　　3 0.01 ％　　　4 0.1 ％

問 38 　官能基とその名称に関する以下の組み合わせについて、誤っているものを一つ選びなさい。

	官能基	名称
1	－ COOH	カルボキシ基
2	－ CHO	ビニル基
3	－ NH₂	アミノ基
4	－ SO₃H	スルホ基

問 39 　以下の有機化合物のうち、フェノール類であるものの組み合わせを下から一つ選びなさい。

ア アニリン　　　イ サリチル酸　　　ウ 安息香酸　　　エ ピクリン酸

1（ア、イ）　　　2（ア、ウ）　　　3（イ、エ）　　　4（ウ、エ）

問 40　以下の電池のうち、二次電池であるものを一つ選びなさい。

1　マンガン乾電池　　2　アルカリマンガン乾電池　　3　鉛蓄電池
4　ダニエル電池

〔性質・貯蔵・取扱〕

（一般）

問題　以下の物質の用途として、最も適当なものを下から一つ選びなさい。

物　質　名	用　途
サリノマイシンナトリウム	問　41
ジメチルアミン	問　42
パラフェニレンジアミン	問　43
メチルメルカプタン	問　44

1　界面活性剤原料　　　　2　飼料添加物(抗コクシジウム剤)
3　染料製造、毛皮の染色　4　殺虫剤、香料、付臭剤

問題　以下の物質の性状として、最も適当なものを下から一つ選びなさい。

物　質　名	性　状
沃素	問　45
亜硝酸ナトリウム	問　46
ジメチル－２・２－ジクロルビニルホスフェイト （別名　DDVP、ジクロルボス）	問　47
ヒドラジン	問　48

1　白色又は微黄色の結晶性粉末、粒状又は棒状。水に溶けやすい。潮解性がある。
2　無色の油状の液体で、空気中で発煙する。強い還元剤である。
3　刺激性で、微臭のある比較的揮発性の無色油状の液体。水に溶けにくい。
4　黒灰色、金属様の光沢のある稜板状結晶。水には黄褐色を呈してごくわずかに
溶ける。

問題　以下の物質の廃棄方法として、最も適当なものを下から一つ選びなさい。

物　質　名	廃棄方法
ニッケルカルボニル	問　49
シアン化ナトリウム	問　50
水銀	問　51
エチレンオキシド	問　52

1 水酸化ナトリウム水溶液を加えてアルカリ性(pH11 以上)とし、酸化剤の水溶液を加えて酸化分解する。分解したのち硫酸を加え中和し、多量の水で希釈して処理する。
2 そのまま再利用するため蒸留する。
3 多量のベンゼンに溶解し、スクラバーを備えた焼却炉の火室へ噴霧し、焼却する。
4 多量の水に少量ずつ気体を吹き込み溶解し希釈した後、少量の硫酸を加え、アルカリ水で中和し活性汚泥で処理する。

問題　以下の物質の漏えい時の措置として、最も適当なものを下から一つ選びなさい。

物　質　名	漏えい時の措置
過酸化ナトリウム	問 53
アクロレイン	問 54
硫酸	問 55
砒素	問 56

1 飛散したものは空容器にできるだけ回収し、そのあとを硫酸鉄(Ⅲ)等の水溶液を散布し、水酸化カルシウム(消石灰)、炭酸ナトリウム(ソーダ灰)等の水溶液を用いて処理した後、多量の水で洗い流す。
2 多量の場合、漏えいした液は土砂等でその流れを止め、安全な場所に穴を掘るなどしてためる。これに亜硫酸水素ナトリウム水溶液(約 10 %)を加え、時々撹拌して反応させた後、多量の水で十分に希釈して洗い流す。この際、蒸発したものが大気中に拡散しないよう霧状の水をかけて吸収させる。
3 多量の場合、漏えいした液は土砂等でその流れを止め、これに吸着させるか、又は安全な場所に導いて、遠くから徐々に注水してある程度希釈した後、水酸化カルシウム(消石灰)、炭酸ナトリウム(ソーダ灰)等で中和し、多量の水で洗い流す。
4 飛散したものは、空容器にできるだけ回収する。回収したものは、発火のおそれがあるので速やかに多量の水に溶かして処理する。回収したあとは、多量の水で洗い流す。

問題　以下の物質の貯蔵方法として、最も適当なものを下から一つ選びなさい。

物　質　名	貯蔵方法
二硫化炭素	問 57
弗化水素酸	問 58
臭素	問 59
クロロホルム	問 60

1 銅、鉄、コンクリート又は木製のタンクにゴム、鉛、ポリ塩化ビニルあるいはポリエチレンのライニングを施したものを用いて貯蔵する。
2 少量ならば共栓ガラス瓶、多量ならばカーボイ(硬質容器)、陶製壺などを使用し、冷所に、濃塩酸、アンモニア水、アンモニアガスなどと引き離して貯蔵する。
3 少量ならば共栓ガラス瓶、多量ならば鋼製ドラムなどを使用し、可燃性、発熱性、自然発火性のものから十分に引き離し、直射日光を受けない冷所で貯蔵する。開封したものは、蒸留水を混ぜておくと安全である。
4 冷暗所に貯蔵する。純品は空気と日光によって変質するので、分解を防止するため少量のアルコールを加えて貯蔵する。

（農業用品目）

問題　以下の物質の性状として、最も適当なものを下から一つ選びなさい。

物　質　名	性　状
２－イソプロピルオキシフェニル－Ｎ－メチルカルバメート （別名　PHC）	問　41
ジエチル－Ｓ－（２－オキソ－６－クロルベンゾオキサゾロメチル）－ ジチオホスフェイト　（別名　ホサロン）	問　42
ジメチルジチオホスホリルフェニル酢酸エチル（別名　フェントエート）	問　43
ブラストサイジンＳベンジルアミノベンゼンスルホン酸塩	問　44

1　白色結晶で水に不溶。ネギ様の臭気。
2　純品は白色、針状の結晶。融点250℃以上、徐々に分解する。
3　無臭の白色結晶性粉末。有機溶媒に可溶で、アルカリ溶液中での分解が速い。
4　芳香性刺激臭を有する赤褐色、油状の液体。アルカリに不安定である。

問題　以下の物質の用途として、最も適当なものを下から一つ選びなさい。

物　質　名	用　途
硫酸タリウム	問　45
５－メチル－１・２・４－トリアゾロ［３・４－ｂ］ベンゾチアゾール （別名　トリシクラゾール）	問　46
弗化スルフリル	問　47
塩素酸ナトリウム	問　48

1　除草剤　　2　殺虫剤　　3　殺鼠剤　　4　殺菌剤

問題　以下の物質の毒性として、最も適当なものを下から一つ選びなさい。

物　質　名	毒性
２・２'－ジピリジリウム－１・１'－エチレンジブロミド （別名　ジクワット）	問　49
Ｎ－メチル－１－ナフチルカルバメート（別名　カルバリル）	問　50
モノフルオール酢酸ナトリウム	問　51
沃化メチル（別名　ヨードメタン、ヨードメチル）	問　52

1　吸入した場合、麻酔性があり、悪心、嘔吐などが起こり、重症化すると意識不明となり、肺水腫を起こす。
2　嚥下した場合、消化器障害、ショックのほか、数日遅れて腎臓の機能障害、肺の軽度の障害を起こすことがある。
3　激しい嘔吐、胃の疼痛、てんかん性けいれん、チアノーゼ等を起こし、心機能の低下により、死亡する場合がある。
4　摂取後、5～20分後から運動が不活発になり、振戦、呼吸の促迫、嘔吐を呈する。一時的に、反射運動亢進、強直性けいれんを示す。

問題　以下の物質の貯蔵方法として、最も適当なものを下から一つ選びなさい。

物　質　名	貯蔵方法
シアン化水素	問　53
塩化第一銅	問　54
燐化アルミニウムとその分解促進剤とを含有する製剤	問　55
硫酸銅（Ⅱ）五水和物	問　56

1　空気で酸化されやすく緑色となり、光により褐色となるため、密栓して遮光下に貯蔵する。
2　風解性があるため、密栓して貯蔵する。
3　空気中の湿気に触れると、有毒なガスを発生するため、密封容器に貯蔵する。
4　少量ならば褐色ガラス瓶を、多量ならば銅製シリンダーを用いる。直射日光及び加熱を避け、風通しのよい冷所に貯蔵する。

問題　以下の物質の廃棄方法として、最も適当なものを下から一つ選びなさい。

物　質　名	廃棄方法
塩化第二銅	問　57
クロルピクリン	問　58
１・１'－ジメチル－４・４'－ジピリジニウムジクロリド（別名　パラコート）	問　59
弗化亜鉛	問　60

1　セメントを用いて固化し、埋立処分する。
2　水に溶かし、水酸化カルシウム（消石灰）、炭酸ナトリウム（ソーダ灰）等の水溶液を加えて処理し、沈殿ろ過して埋立処分する。
3　おが屑等に吸収させて、アフターバーナー及びスクラバーを具備した焼却炉で焼却する。
4　少量の界面活性剤を加えた亜硫酸ナトリウムと炭酸ナトリウム（ソーダ灰）の混合溶液中で、撹拌し分解させた後、多量の水で希釈して処理する。

（特定品目）

問題　以下の物質の用途として、最も適当なものを下から一つ選びなさい。

物　質　名	用途
硝酸	問　41
メチルエチルケトン	問　42
ホルマリン	問　43
一酸化鉛	問　44

1　工業用としてフィルムの硬化、人造樹脂、人造角、色素合成などの製造
2　ゴムの加硫促進剤、顔料
3　溶剤、有機合成の原料
4　ニトログリセリン、ピクリン酸などの爆薬の製造、セルロイド工業

問題 以下の物質の毒性として、最も適当なものを下から一つ選びなさい。

物　質　名	毒性
過酸化水素水	問　45
蓚酸（しゅう）	問　46
重クロム酸カリウム	問　47
クロロホルム	問　48

1　血液中の石灰分を奪取し、神経系をおかす。急性中毒症状は、胃痛、嘔吐（おうと）、口腔、咽喉に炎症を起こし、腎臓がおかされる。解毒剤には、石灰水（水酸化カルシウム水溶液）などのカルシウム剤を使用する。
2　35％以上の溶液は皮膚に触れると、水疱を作りやすい。眼には腐食作用を及ぼし、場合によっては失明することもある。
3　脳の節細胞を麻痺させ、赤血球を溶解する。吸入すると、はじめは嘔吐（おうと）、瞳孔縮小、運動性不安が現れ、ついで脳及びその他の神経細胞を麻痺させる。
4　吸入すると、鼻、のど、気管支などの粘膜が侵される。また皮膚に触れると皮膚炎又は潰瘍を起こすことがある。

問題 以下の物質の廃棄方法として、最も適当なものを下から一つ選びなさい。

物　質　名	廃棄方法
硫酸	問　49
水酸化ナトリウム	問　50
一酸化鉛	問　51
四塩化炭素	問　52

1　徐々に石灰乳などの撹拌溶液に加えて中和させた後、多量の水で希釈して処理する。
2　水を加えて希薄な水溶液とし、酸で中和させた後、多量の水で希釈して処理する。
3　セメントを用いて固化し、溶出試験を行い、溶出量が判定基準以下であることを確認して埋立処分する。
4　過剰の可燃性溶剤又は重油等の燃料とともに、アフターバーナー及びスクラバーを備えた焼却炉の火室へ噴霧してできるだけ高温で焼却する。

問題 以下の物質の性状として、最も適当なものを下から一つ選びなさい。

物　質　名	性状
硫酸モリブデン酸クロム酸鉛	問　53
水酸化ナトリウム	問　54
キシレン	問　55
メチルエチルケトン	問　56

1　アセトン様の芳香を有する無色の液体で、水、有機溶媒に溶ける。蒸気は空気より重く引火しやすい。
2　橙色又は赤色の粉末で、水にほとんど溶けない。
3　白色、結晶性の硬い固体で、繊維状結晶様の破砕面を現す。水と炭酸を吸収する性質が強く、空気中に放置すると、潮解して徐々に炭酸塩の皮層を生成する。
4　無色透明の液体。芳香族炭化水素特有の臭いがある。水にほとんど溶けないが、多くの有機溶媒と混合する。

問題　以下の物質の貯蔵方法として、最も適当なものを下から一つ選びなさい。

物　質　名	貯蔵方法
四塩化炭素	問　57
過酸化水素水	問　58
水酸化カリウム	問　59
メタノール	問　60

1　二酸化炭素と水を強く吸収するため、密栓して貯蔵する。
2　少量ならば褐色ガラス瓶、多量ならばカーボイ(硬質容器)などを使用し、3分の1の空間を保って貯蔵する。
3　亜鉛又は錫めっきをした鋼鉄製容器で貯蔵し、高温に接しない場所に貯蔵する。
4　火災の危険性があるため、酸化剤と接触させない。揮発しやすいため密栓して冷暗所に貯蔵する。

〔実　地〕

(一般)

問題　以下の物質について、該当する性状をA欄から、識別方法をB欄から、それぞれ最も適当なものを下から一つ選びなさい。

物　質　名	性状	識別方法
硝酸銀	問　61	問　63
アニリン	問　62	問　64
メチルスルホナール		問　65

【A欄】(性状)
1　無色又は微黄色の吸湿性の液体。強い苦扁桃様の香気を有し、光線を屈折させる。
2　無色の針状結晶あるいは白色の放射状結晶塊。空気中で容易に赤変する。
3　無色又は褐色の油状の液体。特有の臭気があり、空気に触れると赤褐色になる。
4　無色透明の結晶。光によって分解して黒変する。

【B欄】(識別方法)
1　水に溶かして塩酸を加えると、白色の沈殿を生成する。その液に硫酸と銅粉を加えて熱すると、赤褐色の蒸気を発生する。
2　木炭とともに熱すると、メルカプタンの臭気を放つ。
3　水溶液にさらし粉を加えると、紫色を呈する。
4　水溶液に過クロール鉄液を加えると紫色を呈する。

問題　以下の物質について、該当する性状をA欄から、識別方法をB欄から、それぞれ最も適当なものを下から一つ選びなさい。

物　質　名	性状	識別方法
硝酸	問　66	問　68
三硫化燐	問　67	問　69
カリウム		問　70

【A欄】（性状）
1　水分を含まないものは、無色の液体で、特有の臭気を有する。
2　白色の粉末。加熱、衝撃、摩擦により爆発的に分解する。
3　黄色又は淡黄色の斜方晶系針状晶の結晶、あるいは結晶性の粉末。
4　金属光沢をもつ銀白色の軟らかい固体。

【B欄】（識別方法）
1　白金線に試料をつけて溶融炎で熱し、炎の色を見ると青紫色となる。
2　火炎に接すると容易に引火し、沸騰水により徐々に分解してガスが発生する。
3　銅屑を加えて熱すると、藍色を呈して溶け、その際赤褐色の蒸気を発生する。
4　濃塩酸を潤したガラス棒を近づけると、白い霧を生じる。

（農業用品目）

問　61　ジメチル－（N－メチルカルバミルメチル）－ジチオホスフェイト(別名　ジメトエート)に関する以下の記述について、（　　）の中に入れるべき字句の正しい組み合わせを下から一つ選びなさい。

　　ジメトエートは（　ア　）で、（　イ　）の固体である。（　ウ　）として用いられ、太陽光線には（　エ　）である。

	ア	イ	ウ	エ
1	劇物	白色	殺虫剤	安定
2	劇物	黒色	除草剤	不安定
3	毒物	黒色	除草剤	安定
4	毒物	白色	殺虫剤	不安定

問題　以下の物質の原体の色として、最も適当なものを下から一つ選びなさい。

物　質　名	原体の色
2・3－ジシアノ－1・4－ジチアアントラキノン（別名　ジチアノン）	問　62
2－ジフェニルアセチル－1・3－インダンジオン（別名　ダイファシノン）	問　63
2・4・6・8－テトラメチル－1・3・5・7－テトラオキソカン　（別名　メタアルデヒド）	問　64
エチレンクロルヒドリン	問　65

1　無色　　2　白色　　3　黄色　　4　暗褐色

問題 以下の物質について、該当する識別方法をA欄から、その結果沈殿する結晶の色をB欄から、それぞれ最も適当なものを下から一つ選びなさい。

物　質　名	識別方法	沈殿する結晶の色
無機銅塩類	問　66	問　69
アンモニア水	問　67	問　70
硫酸	問　68	

【A欄】（識別方法）
　1　水溶液に金属カルシウムを加え、これにベタナフチルアミン及び硫酸を加えると、沈殿を生成する。
　2　塩酸を加えて中和した後、塩化白金液を加えると結晶性の沈殿を生じる。
　3　硫化水素で沈殿を生成し、この沈殿は熱希硝酸に溶ける。
　4　水で薄めると発熱し、ショ糖、木片等に触れると、それらを炭化して黒変させる。

【B欄】（沈殿する結晶の色）
　1　赤色　　2　青色　　3　黄色　　4　黒色

（特定品目）

問題 以下の物質について、該当する性状をA欄から、識別方法をB欄から、それぞれ最も適当なものを下から一つ選びなさい。

物　質　名	性状	識別方法
アンモニア水	問　61	問　64
ホルマリン	問　62	問　65
トルエン	問　63	

【A欄】（性状）
　1　無色透明の催涙性を有する液体。刺激性の臭気をもち、低温では混濁することがある。
　2　無色透明、揮発性の液体で鼻をさすような臭気があり、アルカリ性を示す。
　3　無色透明の稜柱状結晶で、風解性を有する。水に溶けやすく、エーテルに溶けにくい。
　4　無色透明で、可燃性のベンゼン臭を有する液体である。ベンゼン、エーテルに溶ける。

【B欄】（識別方法）
　1　濃塩酸を潤したガラス棒を近づけると、白霧を生じる。
　2　水溶液に硝酸バリウム又は塩化バリウムを加えると、黄色の沈殿を生じる。
　3　硝酸を加え、さらにフクシン亜硫酸溶液を加えると藍紫色を呈する。
　4　過マンガン酸カリウムを還元し、クロム酸塩を過クロム酸塩に変える。またヨード亜鉛からヨード(沃素)を析出する。

問題　以下の物質について、該当する性状をＡ欄から、識別方法をＢ欄から、それぞれ最も適当なものを下から一つ選びなさい。

物　質　名	性状	識別方法
酸化第二水銀	問 66	問 69
メタノール	問 67	
塩酸	問 68	問 70

【A欄】（性状）
　1　無色透明、揮発性の液体であり、薄青色に炎をあげて燃える。
　2　橙黄色ないし黄色、又は鮮赤色ないし橙赤色の結晶性粉末。希硫酸、硝酸、シアン化アルカリ溶液に溶ける。
　3　無色透明の液体であり、濃度が 25 ％以上のものは湿った空気中で発煙し、刺激臭がある。
　4　白色透明で重い針状結晶であり、水溶液は酸性を示すが、食塩を多量に加えると中性になる。

【B欄】（識別方法）
　1　硝酸銀水溶液を加えると、白い沈殿を生じる。
　2　小さな試験管に入れて熱すると、はじめ黒色に変わり、その後分解して金属を残し、さらに熱すると、完全に揮散する。
　3　銅屑を加えて熱すると、藍色を呈して溶け、その際、赤褐色の蒸気を発生する。羽毛のような有機質を本品の中に浸し、特にアンモニア水でこれを潤すと、黄色を呈する。
　4　サリチル酸と濃硫酸とともに熱すると芳香あるエステル類を生じる。

解答・解説編

北海道
令和4年度実施

〔毒物及び劇物に関する法規〕
（一般・農業用品目・特定品目共通）

問1〜問10	問1 1	問2 2	問3 1	問4 4	問5 2
	問6 3	問7 2	問8 1	問9 2	問10 1

〔解説〕
　　解答のとおり。

問11　4
〔解説〕
　　解答のとおり。

問12　2
〔解説〕
　　この設問の法第22条は業務上取扱者についてで、業務上取扱者の届出を要する事業者とは、次のとおり。業務上取扱者の届出を要する事業者とは、①シアン化ナトリウム又は無機シアン化合物たる毒物及びこれを含有する製剤→電気めっきを行う事業、②シアン化ナトリウム又は無機シアン化合物たる毒物及びこれを含有する製剤→金属熱処理を行う事業、③最大積載量5,000kg以上の運送の事業、④砒素化合物たる毒物及びこれを含有する製剤→しろありの防除を行う事業について使用する者が業務上取扱者である。このことから2が正しい。

問13　4
〔解説〕
　　この設問では、ウとエが正しい。ウは、法第3条第3項ただし書規定のこと。エは、法第3条の2第10項に示されている。なお、アの設問にあね特定品目とは、施行規則別表第二に掲げられている品目のこと。特定毒物とは、毒物よりも毒性の強いもののことをいう。イは法第15条第1項第一号に、18歳未満の者に交付してならないと示されている。

問14　2
〔解説〕
　　この設問は法第10条〔届出〕についてで、アとウが正しい。アは法第10条第1項第二号に示されている。ウは法第10条第1項第三号→施行規則第10条の2第一号に示されている。なお、イとエについては届け出を要しない。

問15　2
〔解説〕
　　この設問は、加鉛ガソリン〔四アルキル鉛を含有する製剤が貧乳しているガソリン〕を毒物又は劇物製造業者又は輸入業者が販売又は授与するときは、オレンジに着色しなければならない。

問16　3
〔解説〕
　　この設問は、毒物又は劇物を1回につき5,000kg以上、車両を運搬するときに、車両の前後に掲げる標識について、施行令第40条の5第2項第二号→施行規則第13条の5に示されている。解答のとおり。

問17　3
〔解説〕
　　この設問は法第12条第2項における容器及び被包についての表示として掲げる事項で、①毒物又は劇物の名称、毒物又は成分及びその含量、③厚生労働省令で定める〔有機燐化合物及びこれを含有する製剤たる毒物又は劇物〕その解毒剤〔2－ピリジルアルドキシム製剤、硫酸アトロピンの製剤〕のこと。このことからイとウが正しい。

問18　4
〔解説〕
　　法第3条の4による施行令第32条の3で定められている品目は、①亜塩素酸ナ

トリウムを含有する製剤 30 ％以上、②塩素酸塩類を含有する製剤 35 ％以上、③ナトリウム、④ピクリン酸である。このことからイとエが正しい。

問 19　1
〔解説〕
　　この設問は法第 4 条〔営業の登録〕についてで、1 が正しい。因みに、製造業及び輸入業の登録については、平成 30 年 6 月 27 日法律第 66 号〔施行は令和 2 年 4 月 1 日〕により、厚生労働大臣から都道府県知事へ委譲がなされた。

問 20　3
〔解説〕
　　この設問は法第 14 条第 4 項に示されている。解答のとおり。

〔基礎化学〕
（一般・農業用品目・特定品目共通）

問 21　3
〔解説〕
　　イオン化傾向（陽イオンへのなりやすさの順）は次の順となる。
　　Li>K>Ca>Na>Mg>Al>Zn>Fe>Ni>Sn>Pb>H>Cu>Hg>Ag>Pt>Au

問 22　1
〔解説〕
　　リトマスは pH4.5 以下で赤色、pH 8.3 以上で青色を呈する指示薬である。

問 23　4
〔解説〕
　　海水、塩酸、空気はいずれも混合物である。

問 24　2
〔解説〕
　　Li は赤、Sr は紅、Cu は青緑色の炎色反応を呈する。

問 25　1
〔解説〕
　　同素体とは同じ元素からなる単体でなくてはならない。

問 26　2
〔解説〕
　　分液ろうとは抽出する際に用いる器具である。

問 27　4
〔解説〕
　　弱酸強塩基から生じる塩の液性は弱塩基性を示す。

問 28 ～問 31　　問 28　4　　　問 29　2　　　問 30　3　　　問 31　1
〔解説〕
　　問 28　$Zn + 2HCl \rightarrow ZnCl_2 + H_2$
　　問 29　$FeS + H_2SO_4 \rightarrow FeSO_4 + H_2S$
　　問 30　$Na_2SO_3 + H_2SO_4 \rightarrow Na_2SO_4 + H_2O + SO_2$
　　問 31　$MnO_2 + 4HCl \rightarrow MnCl_2 + 2H_2O + 2Cl_2$

問 32　3
〔解説〕
　　Na の酸化数を+1、酸素の酸化数を-2 とすると Cl の酸化数は+1 となる。

問 33　
〔解説〕
　　温度を高くすると吸熱方向（左）に平衡は移動する。触媒を加えても平衡状態は変わらない。アンモニアを加えるとアンモニアを減らす方向（左）に平衡は移動する。圧力をかけると総体積が減少する方向、すなわち右側に平衡が移動する。

問 34　1
〔解説〕
　　周期表の 3 族～ 11 族（または 12 族）までの元素を遷移元素という。Ni は遷移元素であるが Al は典型元素である。Ag^+は無色のイオンである。

問 35　1
〔解説〕
　　ペプチドはアミノ酸 2 分子が脱水縮合したもの。ビューレット反応はジペプチド以上のポリペプチドと銅イオンの反応により赤紫色に提唱久する反応である。フェーリング反応はアルデヒドの検出反応である。

問36　2
〔解説〕
　　反応式よりプロパン1 mol が燃焼すると二酸化炭素は3 mol 生成する。よって
プロパン1.0 L が燃焼すると二酸化炭素は3.0 L 生成する。
問37　4
〔解説〕
　　気体が液体になる変化を凝縮という。
問38　1
〔解説〕
　　酸から生じる H^+ の物質量と、塩基から生じる OH^- の物質量が等しくなるように
する。硫酸のモル濃度を x mol/L とすると式は、　x × 2 × 20 = 0.1 × 1 × 40,　x
= 0.10 mol/L 問39　3
〔解説〕
　　エチレン C_2H_4 と酸素 O_2 は二重結合をもち、塩素 Cl_2 は単結合である。
問40　1
〔解説〕
　　60 ℃の飽和溶液 200 g に含まれる溶質の重さは溶解度より、150/(150+100) ×
200 = 120 g である。従って水は 80 g となる。20 ℃で 80 g の水に溶解する硝酸ナ
トリウムを x g とおくと式は、80 × 80/100 = 64 g となる。よって析出する硝酸ナ
トリウムの重さは 120-64 = 56 g となる。

〔毒物及び劇物の性質及び貯蔵その他取扱方法〕
（一般）
問1～問3　問1　4　　問2　2　　問3　4
〔解説〕
　　問1　2-アミノエタノールは 20 ％以下は劇物から除外。　　**問2**　クレゾール
は5 ％以下は劇物から除外。　　**問3**　フェノールは5 ％以下で劇物から除外。
問4　4
〔解説〕
　　ジニトロフェノールは毒物。なお、硼弗化ナトリウムは劇物。モノフルオール
酢酸アミドは特定毒物。硫化カドミウムは、劇物。
問5　4
〔解説〕
　　硫化バリウム BaS は、劇物。白色の結晶性粉末。水により加水分解し、水酸化
バリウムと水硫化バリウムを生成し、アルカリ性を示す。アルコールには溶けな
い。また、空気中で酸化され黄色～オレンジ色になる。
問6　2
〔解説〕
　　この設問のアニリンについては、アが誤り。次のとおり。アニリン $C_6H_5NH_2$ は、
新たに蒸留したものは無色透明油状液体、光、空気に触れて赤褐色を呈する。特
有な臭気。水に溶けにくい。アルコール、ベンゼン、エーテルに可溶。用途はタ
ール中間物の製造原料、医薬品、染料の原料、試薬、写真等。毒性は、血液毒で
あるので、血液に作用してメトヘモグロビンを作り、チアノーゼを起こさせる。
問7　3
〔解説〕
　　この設問は、ギ酸については、イとウが正しい。ギ酸(HCOOH) は劇物。90 ％
以下は劇物から除外。無色の刺激性の強い液体で、腐食性が強く、強酸性。還元
性がある。水、アルコール、エーテルに可溶。還元性のあるカルボン酸で、ホル
ムアルデヒドを酸化することにより合成される。廃棄法は、燃焼法と活性汚泥法
がある。
問8～問10　問8　3　　問9　4　　問10　1
〔解説〕
　　問8　黄リン P_4 は、無色又は白色の蝋様の固体。毒物。別名を白リン。暗所で
空気に触れるとリン光を放つ。水、有機溶媒に溶けないが、二硫化炭素には易溶。
湿った空気中で発火する。空気に触れると発火しやすいので、水中に沈めてビン
に入れ、さらに砂を入れた缶の中に固定し冷暗所で貯蔵する。　　**問9**　カリウ

ム K は、劇物。銀白色の光輝があり、ろう様の高度を持つ金属。カリウムは空気中にそのまま貯蔵することはできないので、石油中に保存する。　　問 10　アクリルニトリルは引火点が低く、火災、爆発の危険性が高いので、火花を生ずるような器具や、強酸とも安全な距離を保つ必要がある。直接空気にふれないよう窒素等の不活性ガスの中に貯蔵する。

問 11 ～問 13　問 11　1　　　問 12　4　　　問 13　3
〔解説〕
　　問 11　重クロム酸カリウム $K_2Cr_2O_7$ は、橙赤色の結晶。融点 398 ℃、分解点 500 ℃、水に溶けやすい。アルコールには溶けない。強力な酸化剤である。で吸湿性も潮解性みない。水に溶け酸性を示す。　　　問 12　トルエン $C_6H_5CH_3$(別名トルオール、メチルベンゼン)は劇物。特有な臭いの無色液体。水に不溶。比重 1 以下。可燃性。蒸気は空気より重い。揮発性有機溶媒。麻酔作用が強い。
　　問 13　クロロホルム $CHCl_3$(別名トリクロロメタン)は劇物。無色、揮発性の液体で、特異の香気と、かすかな甘味を有する。水にはわずかに溶け、グリセリンとは混ざらないが、純アルコール、エーテル、脂肪酸とはよく混ざる。

問 14　1
〔解説〕
　　この設問は全て正しい。カルタップは、劇物。2 ％以下は劇物から除外。無色の結晶。融点 179 ～ 181 ℃。水、メタノールに溶ける。ベンゼン、アセトン、エーテルには溶けない。ネライストキシン系の殺虫剤。吸入した場合、嘔気、振せん、流涎等の症状を呈することがある。また皮膚に触れた場合、軽度の紅斑、浮腫等を起こすことがある。

問 15　1
〔解説〕
　　この設問は、ウが誤り。次のとおり。シペルメトリンは劇物。白色の結晶性粉末。水にほとんど溶けない。メタノール、アセトン、キシレン等有機溶媒に溶ける。酸、中性には安定、アルカリには不安定。用途はピレスロテド系殺虫剤。

問 16　3
〔解説〕
　　この設問のキシレンについては、3 が誤り。次のとおり。キシレン $C_6H_4(CH_3)_2$(別名キシロール、ジメチルベンゼン、メチルトルエン)は、無色透明な液体で o-、m-、p- の 3 種の異性体がある。水にはほとんど溶けず、有機溶媒に溶ける。蒸気は空気より重い。溶剤。揮発性。引火性。吸入すると、目、鼻、のどを刺激する。高濃度では興奮、麻酔作用がある。皮膚に触れた場合、皮膚を刺激し、皮膚から吸収される。

問 17　2
〔解説〕
　　クロム酸ナトリウムは十水和物が一般に流通。十水和物は黄色結晶で潮解性がある。水に溶けやすい。また、酸化性があるので工業用の酸化剤などに用いられる。廃棄方法は還元沈殿法を用いる。

問 18 ～問 20　　　問 18　2　　　問 19　1　　　問 20　3
〔解説〕
　　問 18　ブロムメチル(臭化メチル)は、常温では気体。蒸気は空気より重く、普通の燻蒸濃度では臭気を感じないため吸入により中毒を起こしやすく、吸入した場合は、嘔吐、歩行困難、痙攣、視力障害、瞳孔拡大等の症状を起こす。
　　問 19　モノフルオール酢酸ナトリウム FCH_2COONa は有機フッ素化合物である。これの中毒は TCA サイクルを阻害し、呼吸中枢障害、激しい嘔吐、てんかん様痙攣、チアノーゼ、不整脈など。治療薬はアセトアミド。　　問 20　DEP は、劇物。白色の結晶。有機燐製剤の一種で、中毒症状はパラチオンと類似する。治療法としては、PAM 又は硫酸アトロピン製剤を用いる。中毒症状は吸入した場合は、倦怠感、頭痛、嘔吐めまい、腹痛、下痢等の症状にともない、しだいに呼吸困難、虚脱症状を呈する。

（農業用品目）
問 1 ～問 4　　　問 1　3　　　問 2　4　　　問 3　2　　　問 4　4
〔解説〕
　　問 1　アバメクチンは毒物。1.8 ％以下は毒物から除外。　　問 2　イソフェンホスは 5 ％を超えて含有する製剤は毒物。ただし、5 ％以下は毒物から除外。イソフェンホスは 5 ％以下は劇物。　　問 3　EPN を含有する製剤は毒物。ただ

北海道

し、1.5％以下を含有する毒物から除外。1.5％以下を含有する製剤は劇物。
　　問4　O－エチル＝S,S－ジプロピル＝ホスホロジチオアート(別名エトプロホス)を含有する製剤は5％以下で毒物から除外。
問5〜問7　　問5　1　　問6　4　　問7　2
〔解説〕
　　　問5　メトミルは、毒物(劇物は45％以下は劇物)。白色の結晶。カルバメート系殺虫剤。　　問6　クロルピリホスは、劇物(1％以下は除外、マイクロカプセル製剤においては25％以下が除外)。白色結晶。有機リン系殺虫剤。
　　　問7　フルバリネートは劇物。淡黄色ないし黄褐色の粘稠性液体。ピレスロテド系殺虫剤。
問8〜問9　　問8　4　　問9　2
〔解説〕
　　　問8　カズサホスは、10％を超えて含有する製剤は毒物、10％以下を含有する製剤は劇物。有機リン製剤、硫黄臭のある淡黄色の液体。水に溶けにくい。有機溶媒に溶けやすい。　　　問9　ニコチンは、毒物。アルカロイドであり、純品は無色、無臭の油状液体であるが、空気中では速やかに褐変する。水、アルコール、エーテル等に容易に溶ける。
問10〜問11　　問10　4　　問11　1
〔解説〕
　　イミダクロプリドは劇物。弱い特異臭のある無色結晶。水にきわめて溶けにくい。ただし、2％以下は劇物から除外。又、マイクロカプセル製剤の場合、12％以下を含有するものは劇物から除外。用途は野菜等のアブラムシ等の殺虫剤(クロロニコチニル系農薬)。
問12　1
〔解説〕
　　この設問はすべて正しい。カルタップは、劇物。2％以下は劇物から除外。無色の結晶。水、メタノールに溶ける。用途は農薬の殺虫剤(ネライストキシン系殺虫剤)。吸入した場合、嘔気、振せん、流涎等の症状を呈することがある。また皮膚に触れた場合、軽度の紅斑、浮腫等を起こすことがある。

問13　1
〔解説〕
　　トリシクラゾールは、劇物。8％以下は劇物から除外。無色の結晶で臭いはない。水、有機溶剤にあまり溶けない。農業用殺菌剤でイモチ病に用いる。
問14　1
〔解説〕
　　この設問では、ウが誤り。シペルメトリンは劇物。白色の結晶性粉末。水にほとんど溶けない。メタノール、アセトン、キシレン等有機溶媒に溶ける。酸、中性には安定、アルカリには不安定。用途はピレスロテド系殺虫剤。
問15〜問17　　問15　2　　問16　1　　問17　3
〔解説〕
　　　問15　ブロムメチル(臭化メチル)は、常温では気体。蒸気は空気より重く、普通の燻蒸濃度では臭気を感じないため吸入により中毒を起こしやすく、吸入した場合は、嘔吐、歩行困難、痙攣、視力障害、瞳孔拡大等の症状を起こす。
　　　問16　モノフルオール酢酸ナトリウム FCH_2COONa は重い白色粉末、吸湿性、冷水に易溶、メタノールやエタノールに可溶。野ネズミの駆除に使用。特毒。摂取により毒性発現。皮膚刺激なし、皮膚吸収なし。　モノフルオール酢酸ナトリウムの中毒症状：生体細胞内の TCA サイクル阻害(アコニターゼ阻害)。激しい嘔吐の繰り返し、胃疼痛、意識混濁、てんかん性痙攣、チアノーゼ、血圧下降。
　　　問17　DEP(トリクロルホン)は、劇物。白色の結晶。有機燐製剤の一種で、中毒症状はパラチオンと類似する。治療法としては、PAM 又は硫酸アトロピン製剤を用いる。中毒症状は吸入した場合は、倦怠感、頭痛、嘔吐めまい、腹痛、下痢等の症状にともない、しだいに呼吸困難、虚脱症状を呈する。
問18〜問19　　問18　1　　問19　3
〔解説〕
　　　問18　シアン化ナトリウム NaCN(別名青酸ソーダ、シアンソーダ、青化ソーダ)は毒物。白色の粉末またはタブレット状の固体。酸と反応して有毒な青酸ガス

を発生するため、酸とは隔離して、空気の流通が良い場所冷所に密封して保存する。　　　問19　ブロムメチル CH₃Br は、常温、常圧では気体。圧縮冷却して液化し、圧縮容器に入れ、直射日光その他温度上昇の原因を避けて冷暗所に保管する。

問20　3
〔解説〕
　　農業用品目販売業者の登録が受けた者が販売できる品目については、法第四条の三第一項→施行規則第四条の二→施行規則別表第一に掲げられている品目である。このことから農業用品目販売業の登録を受けた者が、販売できないのは、3のアジ化ナトリウム。

（特定品目）

問1～問4　問1　1　　問2　2　　問3　2　　問4　1
〔解説〕
　　問1　水酸化ナトリウムは5％以下で劇物から除外。　　問2　水酸化カリウム（別名苛性カリ）は5％以下で劇物から除外。　　問3　過酸化水素は6％以下で劇物から除外。　　問4　ホルムアルデヒドは1％以下で劇物から除外。

問5　4
〔解説〕
　　酢酸エチルは、劇物。無色果実臭の可燃性液体で、溶剤として用いられる。蒸気は空気より重い。引火しやすい。水にやや溶けやすい。沸点は水より低い。毒性として、蒸気は粘膜を刺激し、持続的に吸入すると肺、腎臓および心臓の障害をきたすこともある。

問6　1
〔解説〕
　　この設問はすべて正しい。硝酸 HNO₃ は無色の発煙性液体。蒸気は、眼、呼吸器などの粘膜及び皮膚に強い刺激性を持つ。濃い液が皮膚に触れると、ガスを発生して、組織ははじめ白く、しだいに深黄色となる。

問7　3
〔解説〕
　　キシレン C₆H₄(CH₃)₂（別名キシロール、ジメチルベンゼン、メチルトルエン）は、無色透明な液体で o-、m-、p- の 3 種の異性体がある。水にはほとんど溶けず、有機溶媒に溶ける。蒸気は空気より重い。吸入すると、目、鼻、のどを刺激し、高濃度で興奮、麻酔作用がある。

問8　2
〔解説〕
　　クロム酸ナトリウムは十水和物が一般に流通。十水和物は黄色結晶で潮解性がある。水に溶けやすい。また、酸化性があるので工業用の酸化剤などに用いられる。廃棄方法は還元沈殿法を用いる。

問9　3
〔解説〕
　　塩酸 HCl は不燃性の無色透明又は淡黄色の液体で、25％以上のものは、湿った空気中で著しく発煙し、刺激臭がある。腐食性が強く、弱酸性である。種々の金属を溶解し、水素を発生する。

問10　2
〔解説〕
　　この設問では、アとエが正しい。硫酸 H₂SO₄ は、劇物。10％以下で劇物から除外。無色無臭澄明な油状液体、腐食性が強い、比重 1.84 と大きい、水、アルコールと混和するが発熱する。空気中および有機化合物から水を吸収する力が強い。用途は、肥料、石油精製、冶金、試薬など用いられる。水を吸収するとき発熱する。木片に触れるとそれを炭化して黒変させる。硫酸の希釈液に塩化バリウムを加えると白色の硫酸バリウムが生じるが、これは塩酸や硝酸に溶解しない。廃棄方法はアルカリで中和後、水で希釈する中和法。

問11～問13　問11　1　　問12　4　　問13　3
〔解説〕
　　一般の問11～問13を参照。

問14〜問17 問14 3 問15 4 問16 1 問17 2
〔解説〕
　　問14　メチルエチルケトンのガスを吸引すると鼻、のどの刺激、頭痛、めまい、おう吐が起こる。はなはだしい場合は、こん睡、意識不明となる。皮膚に触れた場合には、皮膚を刺激して乾性(鱗状症)を起こす。　問15　クロム酸カリウム K_2CrO_4 は橙黄色の結晶。不燃性である。口と食道が帯赤黄色に染まり、のち青緑色に変化する。緑色のものを吐きだ　し、血のまじった便をする。おもくなると、尿に血がまじり、痙攣をおこしたり、さらに気を失うにいたる。　問16　シュウ酸を摂取すると体内のカルシウムと安定なキレートを形成することで低カルシウム血症を引き起こし、神経系が侵される。　問17　メタノール CH_3OH は特有な臭いの無色液体。水に可溶。可燃性。メタノールの中毒症状：吸入した場合、めまい、頭痛、吐気など、はなはだしい時は嘔吐、意識不明。中枢神経抑制作用。飲用により視神経障害、失明。
問18〜問20 問18 2 問19 1 問20 3
〔解説〕
　　解答のとおり。

〔実　　地〕

（一般）
問21　2
〔解説〕
　　二硫化炭素 CS_2 は、無色透明の麻酔性芳香を有する液体、引火性が大なので水を混ぜておくと安全、蒸留したてはエーテル様の臭気だが通常は悪臭。水に僅かに溶け、有機溶媒には可溶。低温でもきわめて引火性が高いため、可燃性、発熱性、自然発火性のものから十分に引き離し、直射日光の直射が当たらない場所で保存。
問22〜問24 問22 3 問23 1 問24 2
〔解説〕
　　解答のとおり。
問25〜問28 問25 2 問26 4 問27 1 問28 3
〔解説〕
　　問25　トリクロル酢酸 CCl_3CO_2H は、劇物。無色の斜方六面体の結晶。わずかな刺激臭がある。潮解性あり。水、アルコール、エーテルに溶ける。水溶液は強酸性、皮膚、粘膜に腐食性が強い。水酸化ナトリウム溶液を加えて熱するとクロロホルム臭を放つ。　問26　ベタナフトール $C_{10}H_7OH$ は、無色〜白色の結晶、石炭酸臭、水に溶けにくく、熱湯に可溶。有機溶媒に易溶。）水溶液に塩素水を加えると白濁し、これに過剰のアンモニア水を加えると澄明となり、液は最初緑色を呈し、のち褐色に変化する。　問27　臭素は、刺激性の臭気をはなって揮発する赤褐色の重い液体。アルコール、エーテル、水に溶ける。強い腐食作用をもつ。　問28　沃化水素酸は、劇物。無色の液体。ヨード水素の水溶液に硝酸銀溶液を加えると、淡黄色の沃化銀の沈殿を生じる。この沈殿はアンモニア水にはわずかに溶け、硝酸には溶けない。
問29〜問30 問29 2 問30 3
〔解説〕
　　問29　水素化ヒ素 AsH_3 は、無色ニンニク臭を有する気体。別名をアルシン、ヒ化水素。漏えいしたボンベ等を多量の水酸化ナトリウム水溶液と酸化剤(次亜塩素酸ナトリウム、さらし粉等)の水溶液の混合溶液に溶液ごと投入してガスを吸収させ、酸化処理し、この処理液を処理設備に持ち込み、毒物及び劇物の廃棄方法に関する基準従って処理を行う。　問30　ピクリン酸が漏えいした場合、飛散したものは空容器にできるだけ回収し、そのあとを多量の水を用いて洗い流す。なお、回収の際は飛散したものが乾燥しないよう、適量の水を散布して行い、また、回収物の保管、輸送に際しても十分に水分を含んだ状態を保つようにする。用具及び容器は金属製のものを使用してはならない。
問31〜問33 問31 2 問32 4 問33 1
〔解説〕
　　問31　ジメチル－4－メチルメルカプト－3－メチルフェニルチオホスフェイト(別名フェンチオン)は、劇物。褐色の液体。弱いニンニク臭を有する。各種有

機溶媒に溶ける。水には溶けない。廃棄法：木粉（おが屑）等に吸収させてアフターバーナー及びスクラバーを具備した焼却炉で焼却する焼却法。（スクラバーの洗浄液には水酸化ナトリウム水溶液を用いる。）　**問 32**　ピクリン酸は、劇物。淡黄色の針状結晶で、急熱や衝撃で爆発する。廃棄方法は C, H, N, O からなる有機物なので燃焼法、しかし、完全燃焼させるためにアフターバーナーが、また燃焼により NO₂ などの有害な物質が生成するのでスクラバーが必要。

問 33　塩素酸カリウム KClO₃ は、無色の結晶。水に可溶、アルコールに溶けにくい。漏えいの際の措置は、飛散したもの還元剤（例えばチオ硫酸ナトリウム等）の水溶液に希硫酸を加えて酸性にし、この中に少量ずつ投入する。反応終了後、反応液を中和し多量の水で希釈して処理する還元法。

問 34 ～問 35　　問 34　2　　問 35　1
〔解説〕
問 34　ホスチアゼートは、劇物。弱いメルカプタン臭のある淡褐色の液体。水にきわめて溶けにくい。pH6 及び pH8 で安定。用途は野菜等のネコブセンチュウ等の害虫を殺虫剤。　**問 35**　フェンバレレートは劇物。黄褐色の粘調性液体。水にはほとんど溶けない。メタノール、アセトニトリル、酢酸エチルに溶けやすい。熱、酸に安定。アルカリに不安定。また、光で分解。熱、酸に安定。魚毒性が強いので、漏えいした場合は水で洗い流すことできるだけ避ける。廃液を河川等へ流入しないよう注意すること。用途はピレスロテド系殺虫剤（農薬殺虫剤）。

問 36 ～問 39　　問 36　1　　問 37　4　　問 38　2　　問 39　3
〔解説〕
問 36　トルエン C₆H₅CH₃（別名トルオール、メチルベンゼン）は劇物。特有な臭いの無色液体。水に不溶。比重 1 以下。可燃性。揮発性有機溶媒。麻酔作用が強い。その取扱いは引火しやすく、また、その蒸気は空気と混合して爆発性混合ガスとなるので火気は絶対に近づけない。静電気に対する対策を十分に考慮しなければならない。　**問 37**　ホルマリンはホルムアルデヒド HCHO の水溶液。フクシン亜硫酸はアルデヒドと反応して赤紫色になる。アンモニア水を加えて、硝酸銀溶液を加えると、徐々に金属銀を析出する。またフェーリング溶液とともに熱すると、赤色の沈殿を生ずる。　**問 38**　硫酸 H₂SO₄ は、劇物。無色無臭澄明な油状液体、腐食性が強い、比重 1.84、水、アルコールと混和するが発熱する。空気中および有機化合物から水を吸収する力が強い。水で薄めた本剤は、各種の金属を腐食して水素ガスを発生し、これが空気と混合して引火爆発することがある。　**問 39**　酢酸鉛は劇物。無色結晶。水に溶けやすい。希硝酸に溶かすと無色の液体となり、これに硫化水素を通じると黒色の沈殿を生じる。強熱すると煙霧及びガスを発生する。煙霧及びガスは有害なので注意する。

問 40　3
〔解説〕
水酸化カリウム（KOH）は劇物（5 ％以下は劇物から除外）。（別名：苛性カリ）。白色の固体で、水、アルコールには熱を発して溶けるが、アンモニア水には溶けない。空気中に放置すると、水分と二酸炭素を吸収して潮解する。水溶液は強いアルカリ性を示す。また、腐食性が強い。二酸化炭素と水を強く吸収するので、密栓して貯蔵する。

（農業用品目）

問21～問23　　問 21　2　　問 22　4　　問 23　1
〔解説〕
問 21　フェンチオン（MPP）は、劇物。褐色の液体。弱いニンニク臭を有する。各種有機溶媒に溶ける。水には溶けない。廃棄法：木粉（おが屑）等に吸収させてアフターバーナー及びスクラバーを具備した焼却炉で焼却する焼却法。（スクラバーの洗浄液には水酸化ナトリウム水溶液を用いる。）　**問 22**　クロルピクリン CCl₃NO₂ は、無色～淡黄色液体、催涙性、粘膜刺激臭。水に不溶。線虫駆除、燻蒸剤。廃棄方法は少量の界面活性剤を加えた亜硫酸ナトリウムと炭酸ナトリウムの混合溶液中で攪拌分解させた後、多量の水で希釈する。　**問 23**　塩素酸カリウム KClO3 は、無色の結晶。水に可溶、アルコールに溶けにくい。漏えいの際の措置は、飛散したもの還元剤（例えばチオ硫酸ナトリウム等）の水溶液に希硫酸を加えて酸性にし、この中に少量ずつ投入する。反応終了後、反応液を中和し多量の水で希釈して処理する還元法。

問24〜問27　　問 24　2　　問 25　3　　問 26　1　　問 27　4
〔解説〕
　　　問 24　塩化亜鉛 $ZnCl_2$ は、白色の結晶で、空気に触れると水分を吸収して潮解する。水およびアルコールによく溶ける。水に溶かし、硝酸銀を加えると、白色の沈殿が生じる。　　　問 25　硫酸第二銅、五水和物白色濃い藍色の結晶で、水に溶けやすく、水溶液は青色リトマス紙を赤変させる。水に溶かし硝酸バリウムを加えると、白色の沈殿を生じる。　　　問 26　ニコチンは毒物。純ニコチンは無色、無臭の油状液体。ニコチンの確認：1)ニコチン＋ヨウ素エーテル溶液→褐色液状→赤色針状結晶　2)ニコチン＋ホルマリン＋濃硝酸→バラ色。
　　　問 27　アンモニア水は無色透明、刺激臭がある液体。アルカリ性を呈する。アンモニア NH_3 は空気より軽い気体。濃塩酸を近づけると塩化アンモニウムの白い煙を生じる。
問28〜問30　　問 28　1　　問 29　4　　問 30　2
〔解説〕
　　　解答のとおり。
問 31　　4
〔解説〕
　　　パラコートは、毒物で、ジピリジル誘導体で無色結晶性粉末、水によく溶け低級アルコールに僅かに溶ける。廃棄方法は①燃焼法では、おが屑等に吸収させてアフターバーナー及びスクラバーを具備した焼却炉で焼却する。②検定法。解毒剤はないので、徹底的な胃洗浄、小腸洗浄を行う。誤って嚥下した場合には、消化器障害、ショックのほか、数日遅れて肝臓、肺等の機能障害を起こすことがあるので、特に症状がない場合にも至急医師による手当てを受けること。
問 32
〔解説〕
　　　フェノブカルブ(BPMC)は、劇物。無色透明の液体またはプリズム状結晶で、水にほとんど溶けないが、クロロホルムに溶ける。用途は、カーバメイト系の殺虫剤(稲のツマグロヨコバイ、ウンカ類、野菜のミナミキイロアザミウマ等の駆除)
問33〜問35　　問 33　4　　問 34　3　　問 35　1
〔解説〕
　　　問 33　NaClO：次亜塩素酸ナトリウム、$NaClO_2$ 亜塩素酸ナトリウム、$NaClO_3$：塩素酸ナトリウム、$NaClO_4$：過塩素酸ナトリウム
　　　問 34　過塩素酸ナトリウムは無色（白色）の結晶で水によく溶け、潮解性を示す。
　　　問 35　塩素酸ナトリウムを火に入れると酸素を発生して分解する。および究極には硫化水素を通じると白色沈殿を生じる可能性が高い。
問36〜問37　　問 36　1　　問 37　1
〔解説〕
　　　ディプレテックス(DEP)は、有機リン、劇物。白色の結晶。クロロホルム、ベンゼン、アルコールに溶け、水にもかなり溶ける。アルカリで分解する。有機燐製剤である。廃棄方法は燃焼法又はアルカリ法を用いる。用途は花き、樹木類の害虫に対する接触性殺虫剤である。廃棄方法は、燃焼法。又はアルカリ法がある。
問 38　　1
〔解説〕
　　　２−イソプロピルフェニル−Ｎ−メチルカルバメート（別名ｲｿﾌﾟﾛｶﾙﾌﾞ、MIPC)は、劇物。白色結晶性の粉末。アセトンによく溶け、メタノール、エタノール、酢酸エチルにも溶ける。解毒剤は、PAM 製剤又は硫酸アトロピン製剤を用いて解毒する。
問39〜問40　　問 39　2　　問 40　1
〔解説〕
　　　一般の問 34 〜問 35 を参照。

（特定品目）
問 21〜問 24　　問 21　3　　問 22　1　　問 23　2　　問 24　4
〔解説〕
　　　問 21　硅弗化ナトリウムは劇物。無色の結晶。水に溶けにくい。アルコールにも溶けない。水に溶かし、消石灰等の水溶液を加えて処理した後、希硫酸を加えて中和し、沈殿濾過して埋立処分する分解沈殿法。　　　問 22　塩素 Cl_2 は劇物。黄緑色の気体で激しい刺激臭がある。冷却すると、黄色溶液を経て黄白色固体。

水にわずかに溶ける。廃棄方法は、塩素ガスは多量のアルカリに吹き込んだのち、希釈して廃棄するアルカリ法。　　　問 23　クロロホルム CHCl₃ は含ハロゲン有機化合物なので廃棄方法はアフターバーナーとスクラバーを具備した焼却炉で焼却する燃焼法。　　　問 24　硫酸 H₂SO₄ は酸なので廃棄方法はアルカリで中和後、水で希釈する中和法。

問 25 〜問 28　　問 25　4　　問 26　1　　問 27　3　　問 28　2
〔解説〕
　　問 25　シュウ酸は無色の結晶で、水溶液を酢酸で弱酸性にして酢酸カルシウムを加えると、結晶性の沈殿を生ずる。また、水溶液は過マンガン酸カリウム溶液を退色する。　　　問 26　一酸化鉛 PbO は、重い粉末で、黄色から赤色までの間の種々のものがある。希硝酸に溶かすと、無色の液となり、これに硫化水素を通じると、黒色の沈殿を生じる。　　　問 27　四塩化炭素(テトラクロロメタン)CCl₄ は、特有な臭気をもつ不燃性、揮発性無色液体、水に溶けにくく有機溶媒には溶けやすい。洗濯剤、清浄剤の製造などに用いられる。確認方法はアルコール性 KOH と銅粉末とともに煮沸により黄赤色沈殿を生成する。　　　問 28　水酸化カリウム水溶液＋酒石酸水溶液→白色結晶性沈殿(酒石酸カリウムの生成)。不燃性であるが、アルミニウム、鉄、すず等の金属を腐食し、水素ガスを発生。これと混合して引火爆発する。水溶液を白金線につけガスバーナーに入れると、炎が紫色に変化する。

問 29 〜問 31　　問 29　4　　問 30　3　　問 31　1
〔解説〕
　　解答のとおり。

問 32 〜問 34　　問 32　2　　問 33　4　　問 34　1
〔解説〕
　　解答のとおり。

問 35 〜問 38　　問 35　1　　問 36　4　　問 37　2　　問 38　3
〔解説〕
　　一般の問 36 〜問 39 を参照。

問 39　1
〔解説〕
　　この設問では、イのみが正しい。アンモニア水は無色透明、揮発性の液体で、鼻をさすような臭気があり、アルカリ性を呈する。アンモニア NH₃ は空気より軽い気体。濃塩酸を近づけると塩化アンモニウムの白い煙を生じる。廃棄法は、中和法

問 40　3
〔解説〕
　　一般の問 40 を参照。

東北六県統一〔青森県・岩手県・宮城県・秋田県・山形県・福島県〕

令和4年度実施

〔法　規〕
（一般・農業用品目・特定品目共通）

問1　4
　〔解説〕
　　　解答のとおり。
問2　3
　〔解説〕
　　　特定毒物である①四アルキル鉛を含有する製剤、②モノフルオール酢酸の塩類を含有する製剤、③ジメチルエチルメルカプトエチルチオホスフエイトを含有する製剤、③モノフルオール酢酸アミドを含有する製剤、④りん化アルミニウムとその分解を含有する製剤については、使用者・用途・着色について施行令で定められている。このことのとおり。①は、施行令第1条で、使用者は石油精製業者。用途は、ガソリンへの混入。②は、施行令第11条で、使用者は、国、地方公共団体、農業協同組合、農業共済組合、農業共済組合連合会、森林組合及び生産森林組合。用途は、野ねずみの駆除。③は、施行令第16条で、使用者は、国、地方公共団体、農業協同組及び農業者の組織する団体。用途は、かんきつ類、りんご、なし、ぶどう、なし、ぶどう、桃、あんず、梅、ホップ、なたね、桑、しちとうい又は食用に供されることがない鑑賞用植物若しくはその球根その球根の害虫の防除。④は施行令第28条で、使用者は国、地方公共団体、農業協同組合又は日本たばこ産業株式会社。用途は燻蒸による倉庫内、コンテナ、昆虫等の駆除である。以上のことから解答のとおり。
問3　4
　〔解説〕
　　　この設問である四アルキル鉛を含有する製剤の着色は、施行令第3条の2第9項→施行令第2条により着色は、①赤色、②青色、③黄色、④緑色と示されている。このことから、4の黒色が着色規定にしめされていない。
問4　4
　〔解説〕
　　　この設問では、cとdが正しい。この法第3条の3→施行令第32条の2による品目→①トルエン、②酢酸エチル、トルエン又はメタノールを含有する接着剤、塗料及び閉そく用またはシーリングの充てん料は、みだりに摂取、若しくは吸入し、又はこれらの目的で所持してはならい。設問については解答のとおり。
問5　4
　〔解説〕
　　　法第3条の4による施行令第32条の3で定められている品目は、①亜塩素酸ナトリウムを含有する製剤30％以上、②塩素酸塩類を含有する製剤35％以上、③ナトリウム、④ピクリン酸である。このことから4のナトリウムである。
問6　4
　〔解説〕
　　　この設問にある法第4条第1項における登録権者については、平成30年6月27日法律第66号（施行は、令和2年4月1日）により、厚生労働大臣から都道府県知事へ委譲された。解答のとおり。
問7　1
　〔解説〕
　　　この法第8条第2項とは、毒物劇物取扱責任者の不適格者と罪のことが示されている。解答のとおり。
問8　1
　〔解説〕
　　　解答のとおり。

〔解説〕
　　この設問は飲食物容器の使用禁止についてで、法第11条第4項→施行規則第11条の4で、すべての劇物である。解答のとおり。

問10　1
〔解説〕
　　この設問は法第13条における着色する農業用品目のことで、法第13条→施行令第39条において、①硫酸タリウムを含有する製剤たる劇物、②燐化亜鉛を含有する製剤たる劇物→施行規則第12条で、あせにくい黒色に着色しなければならないと示されている。

問11　3
〔解説〕
　　法第14条第1項〔毒物又は劇物の譲渡手続〕についてで、販売し、又は授与したときその都度書面に記載する事項は、①毒物又は劇物の名称及び数量、②販売又は授与の年月日、③譲受人の氏名、職業及び住所(法人にあっては、その名称及び主たる事務所)である。解答のとおり。

問12　4
〔解説〕
　　法第15条第2項は法第3条の4→施行令第32条の3に示されている品目〔①亜塩素酸ナトリウムを含有する製剤 30 ％以上、②塩素酸塩類を含有する製剤 35 ％以上、③ナトリウム、④ピクリン酸〕について確認した後、同法第15条第3項において、施行規第12条の2の6により交付の受ける者の確認〔身分証明書、運転免許証、健康保険証等の交付を受ける者の氏名、住所〕についての確認事項を記載された書面であり、この書面について、5年間保存すると法第15条第4項に示されている。

問13　2
〔解説〕
　　この設問の施行令第40条の6は毒物又は劇物の運搬を他に委託する場合について、その荷送人は運送人に対し、あらかじめ、書面を交付しなければならないと示されている。解答のとおり。

問14　1
〔解説〕
　　この設問の法第17条第2項は盗難紛失の措置について示されている。解答のとおり。

問15　4
〔解説〕
　　この設問では誤っているものはどれかとあるので、4が誤り。4の特定品目販売業の登録を受けた者は、法第4条の3第2項→施行規則第4条の3施行規則別表第二に掲げられている劇物品目のみである。なお、1の一般販売業の登録を受けた者は、すべての毒物劇物を販売又は授与することができる。2の農業用品目販売業の登録を受けた者は法第4条の3第1項→施行規則第4条の2→別表第一に掲げられている品目のみである。この設問にある特定品目〔モノフルオール酢酸〕については販売又は授与することができる。

問16　1
〔解説〕
　　この設問の施行令第38条は、法第11条第2項により、①無機シアン化合物たる毒物を含有する液体状の物、②塩化水素、硝酸若しくは硫酸又は水酸化カリウム若しくは水酸化ナトリウムを含有する製剤液体状の物について、施設以外に対する防止のことが示されている。解答のとおり。

問17　2
〔解説〕
　　この設問は法第12条第2項における容器及び被包についての表示として掲げる事項。解答のとおり。

問18　2
〔解説〕
　　この設問の法第10条における届け出のこと。誤っているものはどれかとあるので、2が誤り。2については届け出を要しないことから誤り。

問 19　4
〔解説〕
　　この設問の法第 22 条は業務上取扱者についてで、業務上取扱者の届出を要する
事業者とは、次のとおり。業務上取扱者の届出を要する事業者とは、①シアン化
ナトリウム又は無機シアン化合物たる毒物及びこれを含有する製剤→電気めっき
を行う事業、②シアン化ナトリウム又は無機シアン化合物たる毒物及びこれを含
有する製剤→金属熱処理を行う事業、③最大積載量 5,000kg 以上の運送の事業、
④砒素化合物たる毒物及びこれを含有する製剤→しろありの防除を行う事業につ
いて使用する者が業務上取扱者である。
問 20　4
〔解説〕
　　この法第 18 条は立入検査等のことが示されている。解答のとおり。

〔基礎化学〕
（一般・農業用品目・特定品目共通）

問 21　3
〔解説〕
　　化学変化とは化学反応を起こして別の物質に代わること。水が水蒸気になるの
は物理変化である。
問 22　1
〔解説〕
　　ナトリウムは黄色の炎色反応を示す。赤はリチウム、赤紫色はカリウム、青緑
色は銅の炎色反応である。
問 23　4
〔解説〕
　　同位体は互いに陽子の数は同じであるが中性子の数が異なるものである。
問 24　1
〔解説〕
　　牛乳や塩水、塩酸はすべて混合物である。
問 25　1
〔解説〕
　　最外殻電子が 2 個ということは 2 族の元素である。
問 26　3
〔解説〕
　　金属元素は比較的陽イオンになりやすいためイオン化エネルギーが小さく、水
銀のように液体の金属もある。また、金属をたたいて薄く広がっていく性質を展
性という。
問 27　2
〔解説〕
　　フッ素は全元素中最も電気陰性度が大きい。
問 28　3
〔解説〕
　　二酸化炭素 CO_2 の分子量は 44 である。よって 11　g の二酸化炭素のモル数は
0.25 mol であり、これに 22.4 L をかけた 5.6 L が答えとなる。
問 29　3
〔解説〕
　　ネオンは原子番号が 10 であるので、電子は 10 個である。酸素は 8 個の電子を
持ち、これに 2 個の電子を受け取った O^{2-} はネオンと同じ電子配置となる。
問 30　3
〔解説〕
　　0.01　mol/L の水酸化ナトリウム水溶液を 100 倍希釈したときの水酸化物イオン
のモル濃度は 1.0×10^{-4} mol/L となる。よって 14 － 4 ＝ 10
問 31　3
〔解説〕
　　メチルオレンジは酸性で赤色、ブロモチモールブルーは塩基性で青色、万能 pH
試験紙ではおおよその pH を知ることができる。

問 32　4
〔解説〕
　　陽極では酸化反応が起こる。硝酸イオンは酸化されずに水が酸化され、酸素を
発生する。$2H_2O \rightarrow 4H^+ + O_2 + 4e^-$

問 33　4
〔解説〕
　　電池では正極で還元反応、負極で酸化反応が起こる。ボルタ電池は素焼き板を
用いず、電解質水溶液は希硫酸を用いる。

問 34　1
〔解説〕
　　炭酸水素ナトリウムは塩基性、硝酸ナトリウムは中性、酢酸ナトリウムは塩基
性を示す。

問 35　3
〔解説〕
　　解答の通り

問 36　2
〔解説〕
　　流動性のあるものをゾル、ないものをゲルという。コロイド粒子は半透膜を通
過できない。疎水コロイドに少量の電解質を加えて沈殿させる操作を凝析という。

問 37　2
〔解説〕
　　枝分かれが多いと分子の形が球形に近づき、ファンデルワールス力の影響が小
さくなるため沸点や融点が低くなる。

問 38　4
〔解説〕
　　メチルケトン構造を持つ化合物がヨードホルム反応陽性となる。エタノールは
それ自身にメチルケトンを持たないが、ヨードホルム反応に用いる試薬により酸
化され、アセトアルデヒドを生じ、これがメチルケトン構造を持つ。

問 39　2
〔解説〕
　　Br は 17 族、Sr は 2 族である。

問 40　1
〔解説〕
　　物質 1 モルが燃焼するときの熱量を燃焼熱という。

〔毒物及び劇物の性質及び貯蔵その他取扱方法〕
（一般）

問 41　1
〔解説〕
　　フェノール（C_6H_5OH は、劇物。無色の針状結晶または白色の放射状結晶性の塊。
空気中で容易に赤変する。特異の臭気と灼くような味がする。アルコール、エー
テル、クロロホルムにはよく溶ける。水にはやや溶けやすい。皮膚や粘膜につく
と火傷を起こし、その部分は白色となる。内服した場合には、尿は特有な暗赤色
を呈する。

問 42　2
〔解説〕
　　亜硝酸カリウム KNO_2 は劇物。白色又は微黄色の固体。潮解性がある。水に溶
けるが、アルコールには溶けない。空気中では徐々に酸化する。用途は、工業用
にジアゾ化合物製造用、写真用に使用される。また試薬として用いられる。

問 43　2
〔解説〕
　　キノリンは劇物。無色または淡黄色の特有の不快臭をもつ液体で吸湿性である。
水、アルコール、エーテル二硫化炭素に可溶。用途は界面活性剤。

〔解説〕
　　カリウム K は、劇物。銀白色の光輝があり、ろう様の高度を持つ金属。カリウムは空気中では酸化され、ときに発火することがある。カリウムやナトリウムなどのアルカリ金属は空気中の酸素、湿気、二酸化炭素と反応する為、石油中に保存する。

問 45　1
〔解説〕
　　ダイアジノンは有機リン系化合物であり、有機リン製剤の中毒はコリンエステラーゼを阻害し、頭痛、めまい、嘔吐、言語障害、意識混濁、縮瞳、痙攣など。治療薬は硫酸アトロピンと PAM。

問 46　3
〔解説〕
　　b、c が正しい。b の燐化亜鉛 Zn_3P_2 は、灰褐色の結晶又は粉末。かすかにリンの臭気がある。ベンゼン、二硫化炭素に溶ける。酸と反応して有毒なホスフィン $PH3$ を発生。劇物。用途は殺鼠剤。c のブロムメチル（臭化メチル）CH_3Br は、常温では気体（有毒な気体）。冷却圧縮すると液化しやすい。クロロホルムに類する臭気がある。液化したものは無色透明で、揮発性がある。用途について沸点が低く、低温ではガス体であるが、引火性がなく、浸透性が強いので果樹、種子等の病害虫の燻蒸剤として用いられる。なお、a のシアン酸ナトリウム $NaOCN$ は、白色の結晶性粉末。用途は、除草剤、有機合成、鋼の熱処理に用いられる。d の 1・1'－ジメチル－ 4.4'－ジピリジニウムジクロリド（別名パラコート）は白色結晶。用途は除草剤。

問 47　3
〔解説〕
　　解答のとおり。

問 48　2
〔解説〕
　　a、c が正しい。塩化水素（HCl）は劇物。常温で無色の刺激臭のある気体である。水、メタノール、エーテルに溶ける。湿った空気中で発煙し塩酸になる。吸湿すると、大部分の金属、コンクリート等を腐食する。爆発性でも引火性でもないが、吸湿すると各種の金属を腐食して水素ガスを発生し、これが空気と混合して引火爆発することがある。

問 49　1
〔解説〕
　　a、b が正しい。過酸化水素水は、無色透明な液体。常温で徐々に水と酸素に分解（光、金属により加速）する。強い酸化力と還元力を有している。貯蔵法は少量なら褐色ガラス瓶（光を遮るため）、多量ならば現在はポリエチレン瓶を使用し、3 分の 1 の空間を保ち、日光を避けて冷暗所保存。

問 50　3
〔解説〕
　　b、c が正しい。一酸化鉛 PbO（別名リサージ）は劇物。赤色～赤黄色結晶。重い粉末で、黄色から赤色の間の様々なものがある。水にはほとんど溶けないが、酸、アルカリにはよく溶ける。酸化鉛は空気中に放置しておくと、徐々に炭酸を吸収して、塩基性炭酸鉛になることもある。光化学反応をおこし、酸素があると四酸化三鉛、酸素がないと金属鉛を遊離する。用途はゴムの加硫促進剤、顔料、試薬等。

（農業用品目）

問 41　4
〔解説〕
　　アセタミプリドは、劇物。白色結晶固体。2％以下は劇物から除外。アセトン、メタノール、エタノール、クロロホルムなどの有機溶媒に溶けやすい。用途はネオニコチノイド系殺虫剤。

問 42 〜問 44　　問 42　2　　問 43　3　　問 44　1
〔解説〕
　　解答のとおり。

問 45　3
〔解説〕
　　ホストキシン（リン化アルミニウム AlP とカルバミン酸アンモニウム $H_2NCOONH_4$ を主成分とする。）は、ネズミ、昆虫駆除に用いられる。リン化アルミニウムは空気中の湿気で分解して、猛毒のリン化水素 PH_3（ホスフィン）を発生する。空気中の湿気に触れると徐々に分解して有毒なガスを発生するので密閉容器に貯蔵する。使用方法については施行令第 30 条で規定され、使用者についても施行令第 18 条で制限されている。

問 46　3
〔解説〕
　　一般の問 46 を参照。

問 47　3
〔解説〕
　　一般の問 47 を参照。

問 48　2
〔解説〕
　　解答のとおり。

問 49　2
〔解説〕
　　この設問劇物に該当するのはどれかとあるので、a のメトミル 45 ％以下を含有する製剤は、劇物。d の塩素酸塩類 50 ％含有する製剤は劇物。なお、b のイミダクロプリドは 2 ％以下は劇物から除外。c のイソキサチオンも 2 ％以下は劇物から除外。

問 50　2
〔解説〕
　　DDVP は有機燐製剤なので、解毒剤は硫酸アトロピン又は PAM（2 −ピリジルアルドキシムメチオダイド）PAM 又は硫酸アトロピンを用いる。

（特定品目）

問 41　2
〔解説〕
　　一般の問 48 を参照。

問 42　1
〔解説〕
　　一般の問 49 を参照。

問 43　3
〔解説〕
　　クロロホルムの中毒は原形質毒、脳の節細胞を麻酔、赤血球を溶解する。吸収するとはじめ嘔吐、瞳孔縮小、運動性不安、次に脳、神経細胞の麻酔が起きる。中毒死は呼吸麻痺、心臓停止による。

問 44　3
〔解説〕
　　b、c が正しい。酢酸エチル $CH_3COOC_2H_5$ は無色で果実臭のある可燃性の液体。その用途は主に溶剤や合成原料、香料に用いられる。

問 45　3
〔解説〕
　　一般の問 50 を参照。

東北六県統一

問46　4
〔解説〕
　　c、d が正しい。ホルマリンは、無色透明な液体を有する液体で、空気と日光により変質するので、遮光したガラス瓶を用いて保存する。また、寒冷により混濁することがあるので、常温で保存する。蒸気は粘膜を刺激し、結膜炎、気管支炎などをおこさせる。高濃度のものは皮膚に対し壊死をおこさせる。
問47　2
〔解説〕
　　硫酸 H₂SO₄ は、劇物。無色透明の油様の液体であるが、粗製のものは、しばしば有機質が混入して、かすかに褐色を帯びていることがある。濃硫酸は、ショ糖、木片にふれると、それらを炭化して黒変させる。濃硫酸を水でうすめると激しく発熱する。
問48　4
〔解説〕
　　アンモニア NH₃ は空気より軽い気体。濃塩酸を近づけると塩化アンモニウムの白い煙を生じる。貯蔵法は、揮発しやすいので、よく密栓して貯蔵する。
問49　2
〔解説〕
　　メタノール CH₃OH は特有の臭いの無色液体。水に可溶。可燃性。染料、有機合成原料、溶剤。　メタノールの中毒症状：頭痛、めまい、嘔吐、下痢、腹痛などをおこし、致死量に近ければ麻酔状態になり、視神経がおかされ、目がかすみ、ついには失明することがある。中毒の原因は、排出が緩慢で蓄積作用によるとともに、神経細胞内で、ぎ酸が発生することによる。
問50　3
〔解説〕
　　メチルエチルケトン CH₃COC₂H₅ は、劇物。アセトン様の臭いのある無色液体。引火性。有機溶媒。用途は接着剤、印刷用インキ、合成樹脂原料、ラッカー用溶剤。吸入すると、眼、鼻、のどなどの粘膜を刺激する。高濃度で麻酔状態となる。

〔毒物及び劇物の識別及び取扱方法 〕

（一般）

問51　3
〔解説〕
　　メタクリル酸は劇物。刺激臭のある無色柱状結晶。アルコール、エーテル、水に可溶。重合防止剤が添加されているが、加熱、直射日光、過酸化物、鉄錆などにより重合が始まり爆発することがある。
問52　1
〔解説〕
　　1の水銀が正しい。水銀 Hg は毒物。常温で唯一の液体の金属である。硝酸には溶けるが、塩酸には溶けない。また、銀とアマルガムを生成するが、鉄とはアマルガムを生成しない。水銀の解毒剤は、重金属中毒の解毒剤（キレート剤）であるメルカプロール（BAL）。メタノール CH₃OH は特有な臭いの無色液体。水に可溶。可燃性。染料、有機合成原料、溶剤。　頭痛、めまい、嘔吐、下痢、腹痛などをおこし、致死量に近ければ麻酔状態になり、視神経がおかされ、目がかすみ、ついには失明することがある。中毒の原因は、代謝によりギ酸が発生することにより起こり、対処療法として炭酸水素ナトリムを投与する方法がある。水酸化トリフェニル錫は、錫中毒自体あまり知られておらず、錫化合物は生体内で速やかに排泄されるため長期の高濃度曝露でない限り錫中毒にはならないのではないか。従って治療方法が確立されているのでしょうか。弗化水素についてはグルコン酸カルシウム。この設問における品目について難しい。
問53　1
〔解説〕
　　ホスゲンは独特の青草臭のある無色の圧縮液化ガス。蒸気は空気より重い。廃棄法は、アルカリ水溶液(石灰乳又は水酸化ナトリウム水溶液等)中に少量ずつ滴下し、多量の水で希釈して処理するアルカリ法。

問54　2
〔解説〕
　　酸化カドミウム CdO は、劇物。 暗褐色の粉末または結晶。水にほとんど溶けない。炭の上に小さな孔をつくり、無水炭酸ナトリウムの粉末とともに試料を入れ吹管炎で熱灼すると褐色の塊となる。

問55 〜問57　　問55　4　　問56　2　　問57　1
〔解説〕
　　問55　シアン化水素 HCN は、無色の気体または液体、特異臭(アーモンド様の臭気)、弱酸、水、アルコールに溶ける。毒物。風下の人を退避させる。作業の際には必ず保護具を着用して、風下で作業をしない。漏えいしたボンベ等の規制多量の水酸化ナトリウム水溶液に容器ごと投入してガスを吸収させ、さらに酸化剤(次亜塩素酸ナトリウム、さらし粉等)の水溶液で酸化処理を行い、多量の水を用いて洗い流す。　　　問56　メソミル(別名メトミル)は、劇物。白色の結晶。水、メタノール、アセトンに溶ける。カルバメート剤なので、解毒剤は硫酸アトロピン(PAM は無効)、SH 系解毒剤の BAL、グルタチオン等。漏えいした場合：飛散したものは空容器にできるだけ回収し、そのあとを消石灰等の水溶液を用いて処理し、多量の水を用いて洗い流す。　　　　問57　　パラコートはジピリジル誘導体。漏えいした液は、空容器にできるだけ回収し、そのあとを土壌で覆って十分接触させたのち、土壌を取り除き、多量の水を用いて洗い流す。

問58　2
〔解説〕
　　硝酸 HNO₃ は純品なものは無色透明で、徐々に淡黄色に変化する。特有の臭気があり腐食性が高い。うすめた水溶液に銅屑を加えて熱すると、藍色を呈して溶け、その際赤褐色の蒸気を発生する。藍(青)色を呈して溶ける。

問59　4
〔解説〕
　　ホルマリンはホルムアルデヒド HCHO の水溶液で劇物。無色あるいはほとんど無色透明な液体。廃棄方法は多量の水を加え希薄な水溶液とした後、次亜塩素酸ナトリウムなどで酸化して廃棄する酸化法。

問60　3
〔解説〕
　　キシレン C₆H₄(CH₃)₂ は、無色透明な液体で o-、m-、p- の 3 種の異性体がある。水にはほとんど溶けず、有機溶媒に溶ける。溶剤、染料中間体などの有機合成原料、試薬等。

（農業用品目）
問51 〜問53　　問51　4　　問52　2　　問53　1
〔解説〕
　　一般の問 55 〜問 57 を参照。
問54 〜問56　　問54　3　　問55　2　　問56　4
〔解説〕
　　問54　硫酸第二銅、五水和物白色濃い藍色の結晶で、水に溶けやすく、水溶液は青色リトマス紙を赤変させる。水に溶かし硝酸バリウムを加えると、白色の沈殿を生じる。　　問55　アンモニア水は無色透明、刺激臭がある液体。アンモニア NH₃ は空気より軽い気体。濃塩酸を近づけると塩化アンモニウムの白い煙を生じる。　　問56　塩素酸カリウムは、単斜晶系板状の無色の結晶で、水に溶けるが、アルコールには溶けにくい。水溶液は中性の反応を示し、大量の酒石酸を加えると、白い結晶性の沈殿を生じる。
問57 〜問59　　問57　4　　問58　2　　問59　1
〔解説〕
　　問57　ロテノン C₂₃H₂₂O₆(植物デリスの根に含まれる。)：斜方六面体結晶で、水にはほとんど溶けない。ベンゼン、アセトンには溶け、クロロホルムに易溶。　　問58　フッ化スルフリル(SO₂F₂)は毒物。無色無臭の気体。沸点-55.38 ℃。水1に 0.75G 溶ける。アルコール、アセトンにも溶ける。　　　問59　チオジカルブ：白色結晶性の粉末。カーバメート系殺虫剤として、かんきつ類、野菜等の害虫の駆除に用いられる。

問60　3
　〔解説〕
　　フェンチオン(MPP)は、劇物。褐色の液体。弱いニンニク臭を有する。各種有
機溶媒に溶ける。水には溶けない。廃棄法：木粉(おが屑)等に吸収させてアフタ
ーバーナー及びスクラバーを具備した焼却炉で焼却する焼却法。(スクラバーの洗
浄液には水酸化ナトリウム水溶液を用いる。)

(特定品目)
問51　3
　〔解説〕
　　四塩化炭素(テトラクロロメタン)CCl_4 は、特有な臭気をもつ不燃性、揮発性無
色液体、水に溶けにくく有機溶媒には溶けやすい。強熱によりホスゲンを発生す。。
揮発性のため蒸気吸入により頭痛、悪心、黄疸ようの角膜黄変、尿毒症等。
問52　3
　〔解説〕
　　キシレン $C_6H_4(CH_3)_2$ は、無色透明な液体で o-、m-、p-の３種の異性体がある。
付近の着火源となるものを速やかに取り除く。漏えいした液は、土砂等でその流
れを止め、安全な場所に導き、液の表面を泡で覆い、できるだけ空容器に回収す
る。
問53　1
　〔解説〕
　　トルエン $C_6H_5CH_3$(別名トルオール、メチルベンゼン)は劇物。無色透明な液体
で、ベンゼン臭がある。蒸気は空気より重く、可燃性である。沸点は水より低い。
水には不溶、エタノール、ベンゼン、エーテルに可溶である。
問54　2
　〔解説〕
　　一般の問58を参照。
問55　3
　〔解説〕
　　塩酸は塩化水素 HCl の水溶液。無色透明の液体 25 ％以上のものは、湿った空
気中で著しく発煙し、刺激臭がある。塩酸は種々の金属を溶解し、水素を発生す
る。硝酸銀溶液を加えると、塩化銀の白い沈殿を生じる。
問56　2
　〔解説〕
　　一般の問59を参照。
問57　2
　〔解説〕
　　トルエン $C_6H_5CH_3$ は、劇物。特有な臭い(ベンゼン様)の無色液体。水に不溶。
比重 1 以下。可燃性。引火性。劇物。用途は爆薬原料、香料、サッカリンなどの
原料、揮発性有機溶媒。
問58　1
　〔解説〕
　　蓚酸は無色の結晶で、水溶液を酢酸で弱酸性にして酢酸カルシウムを加えると、
結晶性の沈殿を生ずる。水溶液は過マンガン酸カリウム溶液を退色する。水溶液
をアンモニア水で弱アルカリ性にして塩化カルシウムを加えると、蓚酸カルシウ
ムの白色の沈殿を生ずる。
問59　3
　〔解説〕
　　一般の問60を参照。
問60　3
　〔解説〕
　　塩素 Cl_2 は劇物。黄緑色の気体で激しい刺激臭がある。冷却すると、黄色溶液
を経て黄白色固体。水にわずかに溶ける。沸点-34.05 ℃。強い酸化力を有する。
極めて反応性が強く、水素又はアセチレンと爆発的に反応する。不燃性を有し、
鉄、アルミニウムなどの燃焼を助ける。水分の存在下では、各種金属を腐食する。
水溶液は酸性を呈する。粘膜接触により、刺激症状を呈する。

茨城県
令和4年度実施

〔法 規〕
（一般・農業用品目・特定品目共通）

問1　1
〔解説〕
　　解答のとおり。

問2　2
〔解説〕
　　この設問は法第3条及び法第3条の2についで、アとウが正しい。アは法第3条第1項に示されている。ウは法第3条の2第4項に示されている。

問3　4
〔解説〕
　　この設問は法第4条及び法第9条についてで正しいのは、イとエである。イは法第4条第3項の登録の更新。因みに、毒物又は劇物製造業又は輸入業は、5年毎に更新。販売業は、6年ごとに登録の更新。エは法第9条第1項に示されている。

問4　5
〔解説〕
　　この設問では誤っているものはどれかとあるので5が誤り。因みに、法第3条の4による施行令第32条の3で定められている品目は、①亜塩素酸ナトリウムを含有する製剤30％以上、②塩素酸塩類を含有する製剤35％以上、③ナトリウム、④ピクリン酸である。このことから5の酢酸エチルが誤り。

問5　3
〔解説〕
　　この設問は法第7条〔毒物劇物取扱責任者〕及び法第8条〔毒物劇物取扱責任者の資格〕のことで、アとイが正しい。アは法第7条第2項に示されている。イは法第8条第2項第一号に示されている。なお、ウは法第7条第3項で、30日以内に届け出なければならないである。エは法第8条第4項により、この設問にある製造業の製造所において、毒物劇物取扱責任者になることはできない。

問6　3
〔解説〕
　　この設問は法第8条第1項における毒物劇物取扱責任者の資格について、①薬剤師、②厚生労働省令で定める学校で、応用化学に関する学課を修了した者、③都道府県知事が行う毒物劇物取扱責任者試験に合格した者。このことからイとウが正しい。

問7　4
〔解説〕
　　この設問は届出についてのことで、アとウが正しい。アは法第10条第1項第二号、又ウは法第10条第1項第四号に示されている。なお、イにおける毒物の廃棄については、法第15条の2〔廃棄〕→施行令第40条〔廃棄の方法〕の規定を遵守であり、この設問にあるような届け出を要しない。

問8　4
〔解説〕
　　この設問は法第11条〔毒物又は劇物の取扱〕についてで、ア、イ、ウが正しい。なお、エは法第11条第4項→施行規則第11条の4により、すべての毒物又は劇物について飲食物容器の使用禁止が示されている。

問9　1
〔解説〕
　　この設問は法第12条第1項の毒物又は劇物の表示のこと。解答のとおり。

問10　1
〔解説〕
　　この設問は法第14条第2項についてで、譲受人から提出を受ける書面の事項とは、①毒物又は劇物の名称及び数量、②販売又は授与の年月日、③譲受人の氏名、職業及び住所(法人にあっては、その名称及び主たる事務所)である。

問 11　2
　〔解説〕
　　　解答のとおり。
問 12　5
　〔解説〕
　　　法第 15 条の 2〔廃棄〕→施行令第 40 条〔廃棄の方法〕のこと。解答のとおり。
問 13　3
　〔解説〕
　　　この設問は毒物又は劇物を運搬を他に委託する場合、1 回の運搬につき 1,000kg
　　超える時は、その荷送人が運送人に対し、あらかじめ、書面を交付する事項とは、
　　①運搬する毒物又は劇物の名称、成分、含量、数量、②事故の際に講じなければ
　　ならない応急措置の内容。このことからアとエが正しい。
問 14　5
　〔解説〕
　　　この設問の法第 17 条第 1 項は事故の際の措置のこと。解答のとおり。
問 15　2
　〔解説〕
　　　この設問で正しいのは、ウのみである。法第 22 条における業務上取扱者の届出
　　を要する事業者とは、次のとおり。業務上取扱者の届出を要する事業者とは、①
　　シアン化ナトリウム又は無機シアン化合物たる毒物及びこれを含有する製剤→電
　　気めっきを行う事業、②シアン化ナトリウム又は無機シアン化合物たる毒物及び
　　これを含有する製剤→金属熱処理を行う事業、③最大積載量 5,000kg 以上の運送
　　の事業、④砒素化合物たる毒物及びこれを含有する製剤→しろありの防除を行う
　　事業である。

〔基礎化学〕
（一般・農業用品目・特定品目共通）

問 16　2
　〔解説〕
　　　炭素と酸素の間の結合は二重結合である。
問 17　1
　〔解説〕
　　　Na は黄色の炎色反応を示す。Li は赤、K は赤紫色、Cu は青緑色 Ba は黄緑色
　　の炎色反応を示す。
問 18　5
　〔解説〕
　　　プロパンは炭素数が 3 のアルカンである。
問 19　4
　〔解説〕
　　　アルミニウムや亜鉛、スズ、鉛は両性元素とよばれている。
問 20　2
　〔解説〕
　　　乾燥剤であるシリカゲルには塩化コバルトを含んでおり、吸湿すると青色から
　　赤色（薄いピンク色）に変化する。
問 21　2
　〔解説〕
　　　中和滴定で用いる。
問 22　3
　〔解説〕
　　　必要な食塩の量を x g とする。$x/(45+x) \times 100 = 10$,　$x = 5$ g
問 23　1
　〔解説〕
　　　0.5 mol/L 水酸化ナトリウム水溶液 0.1 L には水酸化ナトリウムが 0.05 モル溶
　　解している。従って式量 40 に 0.05 をかけると 2 g となる。

茨城県

問 24　4
〔解説〕
　　亜鉛と希塩酸で水素ガスが、アルミニウムと希硫酸で水素ガスが、銅に濃硝酸で二酸化窒素が、炭酸カルシウムに希塩酸で二酸化炭素が発生する。
問 25　5
〔解説〕
　　リチウム電池はボタン電池などである。リチウムイオン電池は充電が可能である。
問 26　3
〔解説〕
　　析出した銀 10.8 g のモル数は、0.1 モルである。イオン反応式より、1 F の電子が流れると、1 モルの銀が析出するから、流れた電気量は 0.1 F となる。よって $9.65 \times 10^4 \times 0.1 = 9.65 \times 10^3$ C の電気量が流れた。
問 27　3
〔解説〕
　　$1.2 \times 10^{23}/6.0 \times 10^{23} \times 27 = 5.4$ g
問 28　5
〔解説〕
　　解答の通り
問 29　4
〔解説〕
　　過酸化水素は強力な酸化剤であるが、過マンガン酸カリウムにより酸化を受ける。
問 30　1
〔解説〕
　　ハロゲンの単体は原子番号が小さくなるほど酸化作用が強くなる。

〔毒物及び劇物の性質及び貯蔵その他取扱方法〕
（一般）
問 31　1
〔解説〕
　　ベタナフトールは劇物。無色の光沢のある小さ葉状結晶あるいは白色の結晶性粉末。水には溶けにくい。アルコール、エーテル、クロロホルムには良く溶ける。熱湯にはやや溶けやすい。
問 32　1
〔解説〕
　　硝酸銀 $AgNO_3$ は、劇物。無色透明結晶。光によって分解して黒変する強力な酸化剤である。また、腐食性がある。水にきわめて溶けやすく、アセトン、クリセリンに溶ける。
問 33　5　　問 34　3
〔解説〕
　　問 33　シアン酸ナトリウム NaOCN は、白色の結晶性粉末。劇物。用途は、除草剤、有機合成、鋼の熱処理に用いられる。　　問 34　無水クロム酸(三酸化クロム、酸化クロム(IV))CrO_3 は、劇物。暗赤色の結晶またはフレーク状。用途は酸化剤。
問 35　2
〔解説〕
　　この設問の臭素については、ウが誤り。次のとおり。臭素 Br_2 は劇物。赤褐色・特異臭のある重い液体。少量ならば共栓ガラス壜、多量ならばカーボイ、陶器製等の症状使用し、冷所に、濃塩酸、アンモニア水、アンモニアガスなどと引き離して貯蔵する。直射日光を避け、通風をよくする。
問 36　5　　問 37　4
〔解説〕
　　問 36　蓚酸は血液中の石灰分を奪取し神経痙攣等をおかす。急性中毒症状は胃痛、嘔吐、口腔咽喉に炎症をおこし腎臓がおかされる。治療方法は、グルコン酸カルシウムの投与。　　問 37　スルホナールは劇物。無色、稜柱状の結晶性粉末。嘔吐、めまい、胃腸障害、腹痛、下痢又は便秘などを起こし、運動失調、麻痺、腎臓炎、尿量減退、ポルフィリン尿(尿が赤色を呈する。)として現れる。

問38　3
〔解説〕
　　ペニシラミンは、鉛中毒、錫中毒。なお、シアン化合物の解毒剤にはチオ硫酸ナトリウムや亜硝酸ナトリウムを使用。沃素の応急手当には澱粉糊液に煆製マグネシア混和したものを飲用。ジメチル－2・2－ジクロルビニルホスフェイト(別名DDVP)の治療薬は、硫酸アトロピンまたはPAM。
問39　3　　問40　1
〔解説〕
　　問39　クロルメチル(CH₃Cl)は、劇物。無色のエータル様の臭いと、甘味を有する気体。水にわずかに溶け、圧縮すれば液体となる。空気中で爆発する恐れがあり、濃厚液の取り扱いに注意。用途は医薬品、農薬、発泡剤の原料、メチル化剤。　　問40　フッ化水素酸はガラスを侵す性質があるので、ガラスの艶消しや半導体のエッチング剤に用いられる。

（農業用品目）

問31　3
〔解説〕
　　この設問は全て誤り。モノフルオール酢酸塩類は特毒。有機弗素系化合物。重い白色粉末、吸湿性、冷水に易溶、有機溶媒には溶けない。水、メタノールやエタノールに可溶。野ネズミの駆除に使用。特毒。施行令第12条により、深紅色に着色されていること。また、トウガラシ末またはトウガラシチンキの購入が義務づけられている。
問32　4
〔解説〕
　　この設問は、ウが誤り。燐化アルミニウムとその分解促進剤とを含有する製剤(ホストキシン)は、は、無色の窒息性ガス。ネズミ、昆虫駆除に用いられる。リン化アルミニウムは空気中の湿気で分解して、猛毒のリン化水素 PH3(ホスフィン)を発生する。特定毒物。用途は、殺鼠剤。
問33　1　　問34　2　　問35　3　　問36　2
〔解説〕
　　問33　アのパラコートが毒物。　　問34　ジクワットは除外濃度規定されていないため、劇物。　　問35　3毒劇法で規定がない。　　問36　2解答のとおり。
問37　4
〔解説〕
　　シアン化水素 HCN は毒物。無色で特異臭(アーモンド様の臭気)のある液体。弱酸、水、アルコールに溶ける。点火すれば青紫色の炎を発し燃焼する。
問38　5
〔解説〕
　　有機燐化合物を含有する製剤は、口や呼吸により体内に摂取されるばかりでなく、皮膚からの呼吸が激しい。血液中のコリンエステラーゼと結合し、その作用を阻害する。解毒・治療薬にはＰＡＭ・硫酸アトロピン。
問39　5　　問40　4
〔解説〕
　　問39　DEP(トリクロルホン)は、劇物。白色の結晶。有機燐製剤の一種で、中毒症状はパラチオンと類似する。治療法としては、PAM 又は硫酸アトロピン製剤を用いる。中毒症状は吸入した場合は、倦怠感、頭痛、嘔吐めまい、腹痛、下痢等の症状にともない、しだいに呼吸困難、虚脱症状を呈する。　　問40　パラコートは、毒物で、ジピリジル誘導体で無色結晶性粉末、水によく溶け低級アルコールに僅かに溶ける。消化器障害、ショックのほか、数日遅れて肝臓、腎臓、肺等の機能障害を起こす。解毒剤はないので、徹底的な胃洗浄、小腸洗浄を行う。誤って嚥下した場合には、消化器障害、ショックのほか、数日遅れて肝臓、肺等の機能障害を起こすことがあるので、特に症状がない場合にも至急医師による手当てを受けること。

（特定品目）

問31　4　　問32　1　　問33　2
〔解説〕
　　　　問31　蓚酸(COOH)₂・2H₂O は無色の柱状結晶、風解性、還元性、漂白剤、鉄さび落とし。無水物は白色粉末。水、アルコールに可溶。エーテルには溶けにくい。また、ベンゼン、クロロホルムにはほとんど溶けない。　　問32　一酸化鉛 PbO（別名リサージ）は劇物。赤色～赤黄色結晶。重い粉末で、黄色から赤色の間の様々なものがある。水にはほとんど溶けないが、酸、アルカリにはよく溶ける。酸化鉛は空気中に放置しておくと、徐々に炭酸を吸収して、塩基性炭酸鉛になることもある。光化学反応をおこし、酸素があると四酸化三鉛、酸素がないと金属鉛を遊離する。　　問33　ホルマリンは無色透明な刺激臭の液体、低温ではパラホルムアルデヒドの生成により白濁または沈澱が生成することがある。水、アルコールとは混和する。エーテルには混和しない。中性又は弱酸性の反応を呈する。

問34　1　　問35　5
〔解説〕
　　　　問34　硝酸 HNO₃ は、劇物。無色の液体。特有な臭気がある。用途は冶(や)金に用いられ、他の酸の製造、あるいは、爆薬の製造、セルロイド工業などで用いられる。また、試薬としても用いられる。
　　　　問35　硅弗化ナトリウム Na₂SiF₆ は劇物。無色の結晶。用途はうわぐすり、試薬。

問36　3　　問37　4　　問38　1
〔解説〕
　　　　問36　クロロホルム CHCl₃ は、無色、揮発性の液体で特有の香気とわずかな甘みをもち、麻酔性がある。空気中で日光により分解し、塩素、塩化水素、ホスゲンを生じるので、少量のアルコールを安定剤として入れて冷暗所に保存。
　　　　問37　水酸化カリウム(KOH)は劇物（5％以下は劇物から除外）。（別名：苛性カリ）。空気中の二酸化炭素と水を吸収する潮解性の白色固体である。二酸化炭素と水を強く吸収するので、密栓して貯蔵する。　　問38　メタノール CH₃OH は特有な臭いの揮発性無色液体。水に可溶。可燃性。引火性。可燃性、揮発性があり、火気を避け、密栓し冷所に貯蔵する。

問39　1　　問40　4
〔解説〕
　　　　問39　四塩化炭素 CCl₄ は特有の臭気をもつ揮発性無色の液体、水に不溶、有機溶媒に易溶。揮発性のため蒸気吸入により頭痛、悪心、黄疸ようの角膜黄変、尿毒症等。　　問40　クロム酸カリウム K₂CrO₄ は橙黄色の結晶。不燃性である。口と食道が帯赤黄色に染まり、のち青緑色に変化する。緑色のものを吐きだ　し、血のまじった便をする。おもくなると、尿に血がまじり、痙攣をおこしたり、さらに気を失うにいたる。

〔毒物及び劇物の識別及び貯蔵その他取扱方法〕

（一般）

問41　2
〔解説〕
　　　　この設問では気体である物質はどれかとあるので、アの燐化水素とエの塩化水素が気体。燐化水素は、無色、腐魚臭の気体。塩化水素(HCl)は劇物。常温で無色の刺激臭のある気体。因みに、ニトロベンゼンは特有な臭いの淡黄色液体。二硫化炭素 CS₂ は、劇物。無色透明の麻酔性芳香をもつ液体。クロロホルム CHCl₃（別名トリクロロメタン）は、無色、揮発性の重い液体で特有の香気とわずかな甘みをもち、麻酔性がある。

問42　5
〔解説〕
　　　　この設問は、ニコチン。ニコチンは毒物。純ニコチンは無色、無臭の油状液体。水、アルコール、エーテルに安易に溶ける。用途は殺虫剤。

問43　3
〔解説〕
　　亜硝酸ナトリウム $NaNO_2$ は、劇物。白色または微黄色の結晶性粉末。水に溶け
やすい。アルコールにはわずかに溶ける。潮解性がある。空気中では徐々に酸化
する。
問44　2　　問45　4　　問46　1
〔解説〕
　問44　クロルピクリンの水溶液に金属カルシウムを加え、これにベタナフチル
アミン及び硫酸を加えると、赤色の沈殿を生じる。　　　**問45**　沃素(別名ヨード、
ヨジウム)(I_2)は劇物。黒灰色、金属様の光沢ある稜板状結晶。常温でも多少不快
な臭気をもつ蒸気をはなって揮散する。水には黄褐色を呈して、ごくわずかに溶
ける。澱粉にあうと藍色(ヨード澱粉)を呈し、これを熱すると退色する。
　問46　一酸化鉛 PbO は、重い粉末で、黄色から赤色までの間の種々のものがあ
る。希硝酸に溶かすと、無色の液となり、これに硫化水素を通じると、黒色の沈
殿を生じる。
問47　5
〔解説〕
　　硝酸バリウムは、劇物。無色の結晶。潮解性がある。水にやや溶けやすい。濃
硫酸によく溶ける。エタノール、アセトンに難溶。廃棄法は水に溶かし、硫酸ナ
トリウムの水溶液を加えて処理し、沈殿ろ過して埋立処分する沈殿法。
問48　2
〔解説〕
　　クロルエチル C_2H_5Cl は、劇物。常温で気体。可燃性である。水にわずかに溶け
る。アルコール、エーテルには容易に溶解する。廃棄法はスクラバーを具備した
焼却炉の火室へ噴霧し焼却する燃焼法。
問49　1
〔解説〕
　　メチルエチルケトン $CH_3COC_2H_5$ は、劇物。アセトン様の臭いのある無色液体。
蒸気は空気より重い。水に可溶。引火性。有機溶媒。用途は溶剤、有機合成原料。
問50　4
〔解説〕
　　解答のとおり。

(農業用品目)
問41　2　　問42　3　　問43　1
〔解説〕
　問41　弗化スルフリル(SO_2F_2)は毒物。無色無臭の気体。水に溶ける。クロロホ
ルム、四塩化炭素に溶けやすい。アルコール、アセトンにも溶ける。水では分解
しないが、水酸化ナトリウム溶液で分解される。　　　**問42**　硫酸銅、硫酸銅(Ⅱ
)$CuSO_4・5H_2O$ は、濃い青色の結晶。風解性。水に易溶、水溶液は酸性。劇物。
　問43　硫酸 H_2SO_4 は、無色無臭澄明な油状液体。腐食性が強い。比重1.84、
水、アルコールと混和するが発熱する。空気中および有機化合物から水を吸収す
る力が強い。なお、アンモニア水は、アンモニアの水溶液。無色透明で、揮発性
の液体。アンモニアガスと同様で鼻をさすような臭気がある。硫酸亜鉛は一水和
物、六水和物、七水和物など種々の結晶水を持つものが知られており、七水和物
は白色の結晶で水によく溶解する。
問44　3　　問45　5　　問46　4
〔解説〕
　問44　N-メチル-1-ナフチルカルバメート(NAC)は、:劇物。白色無臭の結晶。
水に極めて溶にくい。(摂氏30℃で水100mLに12mg溶ける。)アルカリに不安
定。常温では安定。有機溶媒に可溶。用途はカーバーメイト系農業殺虫剤。
　問45　ダイアジノンは劇物。有機リン製剤、接触性殺虫剤、かすかにエステル臭
をもつ無色の液体、水に難溶、エーテル、アルコールに溶解する。有機溶媒に可
溶。用途は接触性殺虫剤。　　　**問46**　ブロムメチル(臭化メチル)CH_3Br は、常温
では気体(有毒な気体)。冷却圧縮すると液化しやすい。クロロホルムに類する臭
気がある。液化したものは無色透明で、揮発性がある。用途について沸点が低く、
低温ではガス体であるが、引火性がなく、浸透性が強いので果樹、種子等の病害
虫の燻蒸剤として用いられる。

問 47　5　　問 48　1
〔解説〕
　　問 47　イソプロカルブは、劇物。1.5％を超えて含有する製剤は劇物から除外。
白色結晶性の粉末。水に溶けない。アセトン、メタノール、酢酸エチルに溶ける。
廃棄法はそのまま焼却炉で焼却する燃焼法と水酸化ナトリウム水溶液等と加温し
て加水分解するアルカリ法がある。　　問 48　硫酸銅 $CuSO_4$ は濃い青色の結晶。
風解性。水に易溶、水溶液は酸性。劇物。廃棄法は、沈殿法或いは多量の場合は、
還元焙焼法。
問 49　1　　問 50　2
〔解説〕
　　解答のとおり。

（特定品目）
問 41　5　　問 42　2
〔解説〕
　　問 41　アンモニア NH_3 は、常温では無色刺激臭の気体、冷却圧縮すると容易に
液化する。水、エタノール、エーテルに可溶。塩化水素(HCl)は劇物。常温で無
色の刺激臭のある気体である。水、メタノール、エーテルに溶ける。
　　問 42　メチルエチルケトン $CH_3COC_2H_5$(2-ブタノン、MEK)は劇物。アセトン様
の臭いのある無色液体。蒸気は空気より重い。引火性。有機溶媒。水に可溶。ト
ルエン $C_6H_5CH_3$(別名トルオール、メチルベンゼン)は劇物。特有な臭いの無色液
体。水に不溶。比重 1 以下。可燃性。蒸気は空気より重い。揮発性有機溶媒。麻
酔作用が強い。
問 43　3
〔解説〕
　　クロム酸カリウム K_2CrO_4 は、橙黄色の結晶。（別名：中性クロム酸カリウム、
クロム酸カリ）。水に溶解する。またアルコールを酸化する作用をもつ。用途は
試薬。
問 44　3　　問 45　2
〔解説〕
　　問 44　酸化第二水銀 HgO は毒物。赤色または黄色の粉末。水にはほとんど溶け
ない。小さな試験管に入れる熱すると、はじめに黒色にかわり、後に分解して水
銀を残し、なお熱すると、まったく揮散してしまう。　　問 45　ホルマリンはホ
ルムアルデヒド HCHO の水溶液。フクシン亜硫酸はアルデヒドと反応して赤紫色
になる。アンモニア水を加えて、硝酸銀溶液を加えると、徐々に金属銀を析出す
る。またフェーリング溶液とともに熱すると、赤色の沈殿を生ずる。
問 46　5　　問 47　3
〔解説〕
　　問 46　酢酸エチルは劇物。強い果実様の香気ある可燃性無色の液体。可燃性で
あるので、珪藻土などに吸収させたのち、燃焼により焼却処理する燃焼法。
　　問 47　クロム酸ナトリウムは十水和物が一般に流通。十水和物は黄色結晶で潮解
性がある。水に溶けやすい。廃棄方法は還元沈殿法を用いる。
問 48　2　　問 49　3　　問 50　4
〔解説〕
　　解答のとおり。

茨城県

〔法規・共通問題〕
（一般・農業用品目・特定品目共通）

問1　1
〔解説〕
　　解答のとおり。

問2　3
〔解説〕
　　解答のとおり。

問3　1
〔解説〕
　　この設問では正しいものはどれかとあるので、1が正しい。1は法第3条第3項ただし書き規定により、毒物劇物営業者間において、販売することができる。解答のとおり。なお、2は法第4条第1項により、店舗（支店）ごとに販売業の登録を受けなければならない。3は法第4条第3項により、製造業又は輸入業の登録は、5年ごとに、販売業の登録は、6年ごとに登録の更新を受けなければ、その効力を失うである。4の設問は法第9条第1項〔登録の変更〕のことで、この設問にある30日以内ではなく、あらかじめである。

問4　3
〔解説〕
　　この設問の法第12条第2項は、容器及び被包に掲げる事項を表示について示されている。解答のとおり。

問5　2
〔解説〕
　　この設問の法第8条第2項は、毒物劇物取扱責任者における不適格者と罪のことが示されている。解答のとおり。

問6　1
〔解説〕
　　この設問は法第13条における着色する農業用品目のことで、法第13条→施行令第39条において、①硫酸タリウムを含有する製剤たる劇物、②燐化亜鉛を含有する製剤たる劇物→施行規則第12条で、あせにくい黒色に着色しなければならないと示されている。

問7　3
〔解説〕
　　この設問で正しいものは、Aが正しい。Aは施行令第35条第1項〔登録票又は許可証の書換え交付〕のこと。解答のとおり。なお、Bについては施行令第36条第2項により、申請書にその登録票又は許可証を添えなければならないである。Cは施行令第36条第3項により、再交付の後、失った登録票が発見された場合は、所在地の都道府県知事に、これを返納しなければならないである。

問8　2
〔解説〕
　　この設問の法第22条で規定されている業務上取扱者として届け出を要するのは、AとBである。なお、業務上取扱者の届出を要する者とは、①シアン化ナトリウム又は無機シアン化合物たる毒物及びこれを含有する製剤→電気めっきを行う事業、②シアン化ナトリウム又は無機シアン化合物たる毒物及びこれを含有する製剤→金属熱処理を行う事業、③最大積載量5,000kg以上の運送の事業、④砒素化合物たる毒物及びこれを含有する製剤→しろありの防除を行う事業について使用する者である。

問9　2
〔解説〕
　　この設問の毒物又は劇物販売業の店舗の設備基準については、施行規則第4条の4第2項に示されている。なお、この設問では該当しないものとあるので、2が該当する。

問10　2
〔解説〕
　　法第 14 条第 2 項〔毒物又は劇物の譲渡手続〕→施行規則第 12 条の 2〔毒物又は劇物の譲渡手続に係る書面〕についてで、販売し、又は授与したときその都度書面に記載する事項として、①毒物又は劇物の名称及び数量、②販売又は授与の年月日、③譲受人の氏名、職業及び住所(法人にあっては、その名称及び主たる事務所)→譲受人の押印〔施行規則第 12 条の 2〕である。解答のとおり。なお、この設問で規定されていないものとあるので、2 が該当する。
問11　1
〔解説〕
　　この設問は施行令第 40 条の 5 第 2 項第二号→施行規則第 13 条の 5〔毒物又は劇物を運搬する車両に掲げる標識〕についてで、1 が正しい。
問12　5
〔解説〕
　　この設問の法第 17 条〔事故の際の措置〕についてで、すべて正しい。
問13　3
〔解説〕
　　この設問は法第 21 条〔登録が失効した場合等の措置〕のことで、15 日以内に現に所有する特定毒物の品名及び数量を届け出なければならないである。解答のとおり。
問14　1
〔解説〕
　　この設問にある情報提供における内容については、施行令第 40 条の 9 第 1 項→施行規則第 13 条の 12 に示されている。解答のとおり。
問15　3
〔解説〕
　　この設問における書面の保存については法第 14 条第 4 項に示されている。

〔基礎化学・共通問題〕
（一般・農業用品目・特定品目共通）
問16　2
〔解説〕
　　原子番号 2 の元素はヘリウムである。

問17　4
〔解説〕
　　原子の重さは原子核の重さにほぼ等しく、原子核は陽子と中性子からなる。

問18　1
〔解説〕
　　解答の通り

問19　2
〔解説〕
　　6　mol/L の水酸化ナトリウム水溶液 50　mL に溶解している水酸化ナトリウムのモル数は、　6 × 50/1000 = 0.3 モルであるから、これに水酸化ナトリウムの式量 40 を乗じると 12 g となる。

問20　4
〔解説〕
　　酸のモル濃度×酸の価数×酸の体積が、塩基のモル濃度×塩基の価数×塩基の体積と等しいときが中和である。よって 0.1 × 2 × 10 = 0.05 × 1 × x となり、x = 40 mL となる。

問21　3
〔解説〕
　　20/(100+20) × 100 = 16.7

問22　3
〔解説〕
　　電離度が 1 に近いと強い酸（塩基）、0 に近いと弱い酸（塩基）である。酢酸は弱酸である。

問 23　2
〔解説〕
　　水、メタン、アンモニアはすべて単結合、窒素は三重結合をもつ。
問 24　1
〔解説〕
　　物質が水素と化合する反応を還元という。
問 25　2
〔解説〕
　　黄色はナトリウム、青緑色は銅の炎色反応である。
問 26　3
〔解説〕
　　硫化水素は無色で腐卵臭の気体で非常に毒性が強い。還元性があり、酢酸鉛を
　加えると硫化鉛の黒色沈殿を生じる。
問 27　3
〔解説〕
　　親水コロイドに多量の電解質を加えて沈殿させる操作を塩析、疎水コロイドに
　少量の電解質を加えて沈殿させる操作を凝析という。
問 28　4
〔解説〕
　　アンモニアは三角錐構造をしている極性分子である。
問 29　1
〔解説〕
　　メタンとブタンはアルカン、エチレンはアルケン、アセチレンはアルキンであ
　る。
問 30　4
〔解説〕
　　フェノールはベンゼンの水素原子が一つヒドロキシ基に置き換わった化合物で
　ある。

栃木県

〔実地試験・選択問題〕

（一般）
問 31 ～ 33　　　問 31　2　　　問 32　1　　　問 33　2
〔解説〕
　　　問 31　この設問の DDVP について誤りはどれかとあるので、2 のコリンエテラ
　ーゼの働きを増強させではなく、活性を阻害するである。DDVP（別名ジクロルボ
　ス）は有機リン製剤で接触性殺虫剤。刺激性で微臭のある比較的揮発性の無色油状
　液体、水に溶けにくく、有機溶媒に易溶。水中では徐々に分解。生体内のコリン
　エステラーゼ活性を阻害し、アセチルコリン分解能が低下することにより、蓄積
　されたアセチルコリンがコリン作動性の神経系を刺激して中毒症状が現れる。
問 32 ～ 34　　　問 32　1　　　問 33　2　　　問 34　4
〔解説〕
　　　問 32　ニコチンは、毒物。アルカロイドであり、純品は無色、無臭の油状液体
　であるが、空気中では速やかに褐変する。水、アルコール、エーテル等に容易に
　溶ける。　　問 33　クレゾールは、オルト、メタ、パラの 3 つの異性体の混合物。
　無色～ピンクの液体、フェノール臭、光により暗色になる。　　　問 34　ナトリウ
　ム Na は、銀白色の柔らかい固体。水と激しく反応し、水酸化ナトリウムと水素
　を発生する。液体アンモニアに溶けて濃青色となる。
問 35 ～ 37　　　問 35　2　　問 36　1　　　問 37　3
〔解説〕
　　　問 35　水酸化ナトリウムは塩基性であるので酸で中和してから希釈して廃棄す
　る中和法。　　　問 36　塩酸 HCl は無色透明の刺激臭を持つ液体。廃棄法は、水に
　溶解し、消石灰 $Ca(OH)_2$ 塩基で中和できるのは酸である塩酸である中和法。
　　　問 37　ピクリン酸（$C_6H_2(NO_2)_3OH$）は、劇物。淡黄色の針状結晶で、急熱や衝撃で
　爆発する。廃棄方法は C, H, N, O からなる有機物なので燃焼法、しかし、完全燃
　焼させるためにアフターバーナーが、また燃焼により NO_2 などの有害な物質が生
　成するのでスクラバーが必要。

問 37 ～ 39　　問 38　3　　　問 39　1
〔解説〕
　　　問 38　アクロレインは、劇物。無色又は帯黄色の液体。刺激臭がある。引火性
である。漏えいした液の少量の場合:漏えいした液は亜硫酸水素ナトリウム(約 10
%)で反応させた後、多量の水を用いてて十分に希釈して洗い流す。
　　　問 39　硝酸が少量漏えいしたとき、漏えいした液は土砂等に吸着させて取り除
くか、又はある程度水で徐々に希釈した後、消石灰、ソーダ灰等で中和し、多量
の水を用いて洗い流す。また多量に漏えいした液は土砂等でその流れを止め、こ
れに吸着させるか、又は安全な場所に導いて、遠くから徐々に注水してある程度
希釈した後、消石灰、ソーダ灰等で中和し多量の水を用いて洗い流す。
問 40 ～ 41　　問 40　3　　　問 41　2
〔解説〕
　　　問 40　パラコートは、毒物で、ジピリジル誘導体で無色結晶性粉末、水によく
溶け低級アルコールに僅かに溶ける。アルカリ性では不安定。金属に腐食する。
不揮発性。用途は除草剤。　　　問 41　EPN は毒物。芳香臭のある淡黄色油状また
は白色結晶で、水には溶けにくい。一般の有機溶媒には溶けやすい。TEPP 及び
パラチオンと同じ有機燐化合物である。用途は遅効性の殺虫剤として使用される。
問 42 ～ 44　　問 42　1　　　問 43　2　　　問 44　3
〔解説〕
　　　問 42　クロルピクリン CCl_3NO_2 の確認方法 : CCl_3NO_2 ＋金属 Ca ＋ベタナフチ
ルアミン＋硫酸→赤色　　　問 43　ベタナフトールの鑑別法 ; 1)水溶液にアンモニ
ア水を加えると、紫色の蛍石彩をはなつ。　2)水溶液に塩素水を加えると白濁し、
これに過剰のアンモニア水を加えると澄明となり、液は最初緑色を呈し、のち褐
色に変化する。　　　問 44　アニリン $C_6H_5NH_2$ は、無色透明な液体で、特有の臭気
があり、空気に触れて赤褐色を呈する。水溶液にさらし粉を加えると、紫色を呈
する。
問 45 ～ 47　　問 45　2　　　問 46　1　　　問 47　3
〔解説〕
　　　問 45　クロム酸カリウム $KCrO_4$ は、橙黄色の結晶。(別名：中性クロム酸カリ
ウム、クロム酸カリ)。クロム酸カリウムの慢性中毒 : 接触性皮膚炎、穿孔性潰
瘍、アレルギー疾患など。クロムは砒素と同様に発がん性を有する。特に肺が
んを誘発する。　　　問 46　トルエンは、劇物。無色、可燃性のベンゼ臭を有す
る液体。麻酔性が強い。蒸気の吸入により頭痛、食欲不振などがみられる。大
量では緩和な大血球性貧血をきたす。常温では容器上部空間の蒸気濃度が爆発
範囲に入っているので取扱いに注意。　　　問 47　メタノール(メチルアルコー
ル)CH_3OH は無色透明、揮発性の液体で水と随意の割合で混合する。火を付け
ると容易に燃える。: 毒性は頭痛、めまい、嘔吐、視神経障害、失明。致死量に
近く摂取すると麻酔状態になり、視神経がおかされ、目がかすみ、ついには失
明することがある。
問 48 ～ 50　　問 48　1　　　問 49　3　　　問 50　2
〔解説〕
　　　問 48　ブロムメチル CH_3Br は常温では気体なので、圧縮冷却して液化し、圧縮
容器に入れ、冷暗所に貯蔵する。　　　問 49　黄燐 P_4 は、無色又は白色の蝋様の
固体。毒物。別名を白リン。暗所で空気に触れるとリン光を放つ。水、有機溶媒
に溶けないが、二硫化炭素には易溶。湿った空気中で発光する。空気に触れると
発火しやすいので、水中に沈めてビンに入れ、さらに砂を入れた缶の中に固定し
冷暗所で貯蔵する。　　　問 50　四塩化炭素(テトラクロロメタン)CCl_4 は、特有な
臭気をもつ不燃性、揮発性無色液体、水に溶けにくく有機溶媒には溶けやすい。
強熱によりホスゲンを発生。亜鉛またはスズメッキした鋼鉄製容器で保管、高温
に接しないような場所で保管。

(農業用品目)

問 31　2
〔解説〕
　　　この設問は、農業用品目販売業者が販売できる品目については、法第四条の三
第一項→施行規則第四条の二→施行規則別表第一に掲げられている品目である。
このことから、販売できるものは、A の 20 ％アンモニア水と C の塩化亜鉛であ
る。

問32　3
〔解説〕
　　10％以下は劇物から除外。
問33　2
〔解説〕
　　一般の問31を参照。
問34　2
〔解説〕
　　ニコチンについては、2が正しい。ニコチンは、毒物。アルカロイドであり、
　純品は無色、無臭の油状液体であるが、空気中では速やかに褐変する。水、アル
　コール、エーテル等に容易に溶ける。用途は殺虫剤。ニコチンには除外される濃
　度規定はない。
問35　4
〔解説〕
　　塩素酸ナトリウム $NaClO_3$ は、無色無臭結晶、酸化剤、水に易溶。有機物や還
　元剤との混合物は加熱、摩擦、衝撃などにより爆発することがある。用途は、除
　草剤、酸化剤、抜染剤。
問36〜38　問36　1　　問37　3　　問38　2
〔解説〕
　　問36　シアン化カリウム KCN（別名　青酸カリ）は、白色、潮解性の粉末また
　は粒状物、空気中では炭酸ガスと湿気を吸って分解する（HCN を発生）。また、酸
　と反応して猛毒の HCN（アーモンド様の臭い）を発生する。したがって、酸から離
　し、通風の良い乾燥した冷所で密栓保存。安定剤は使用しない。　　問37　アン
　モニア水は無色透明、刺激臭がある液体。アンモニア NH_3 は空気より軽い気体。
　濃塩酸を近づけると塩化アンモニウムの白い煙を生じる。NH_3 が揮発し易いので
　密栓。　　問38　ブロムメチル CH_3Br は常温では気体なので、圧縮冷却して液
　化し、圧縮容器に入れ、冷暗所に貯蔵する。
問39〜40　問39　3　問40　2
〔解説〕
　　一般の問40〜問41を参照。
問41〜43　問41　1　　問42　2　　問43　3
〔解説〕
　　問41　塩素酸ナトリウム $NaClO_3$ の中毒症状は初期に顔面蒼白などの貧血症状、
　ついで強い酸化作用により赤血球破壊（溶血）による貧血、チアノーゼ、メトヘモ
　グロビン形成。腎障害、消化器障害（吐気、嘔吐、腹痛）、神経症状（痙攣、昏睡）、
　呼吸器症状（呼吸困難）。　　問42　シアン化ナトリウム $NaCN$（別名青酸ソーダ）
　は、白色、潮解性の粉末または粒状物、空気中では炭酸ガスと湿気を吸って分解
　する（HCN を発生）。また、酸と反応して猛毒の HCN（アーモンド様の臭い）を発
　生する。　　無機シアン化化合物の中毒：猛毒の血液毒、チトクローム酸化酵素系
　に作用し、呼吸中枢麻痺を起こす。治療薬は亜硝酸ナトリウムとチオ硫酸ナトリ
　ウム。　　問43　モノフルオール酢酸ナトリウム FCH_2COONa は重い白色粉末、
　吸湿性、冷水に易溶、メタノールやエタノールに可溶。野ネズミの駆除に使用。
　特毒。摂取により毒性発現。皮膚刺激なし、皮膚吸収なし。　モノフルオール酢
　酸ナトリウムの中毒症状：生体細胞内の TCA サイクル阻害（アコニターゼ阻害）。
　激しい嘔吐の繰り返し、胃疼痛、意識混濁、てんかん性痙攣、チアノーゼ、血圧
　下降。
問44〜46　問44　2　　問45　4　　問46　1
〔解説〕
　　問44　クロルピクリン CCl_3NO_2 の確認方法：CCl_3NO_2 ＋金属 Ca ＋ベタナフチ
　ルアミン＋硫酸→赤色　　問45　ニコチンは、毒物、無色無臭の油状液体だが空
　気中で褐色になる。殺虫剤。ニコチンの確認：1）ニコチン＋ヨウ素エーテル溶液
　→褐色液状→赤色針状結晶　2）ニコチン＋ホルマリン＋濃硝酸→バラ色。猛烈な
　神経毒、急性中毒では、よだれ、吐気、悪心、嘔吐、ついで脈拍緩徐不整、発汗、
　瞳孔縮小、呼吸困難、痙攣が起きる。　　問46　塩化亜鉛 $ZnCl_2$ は、白色の結
　晶で、空気に触れると水分を吸収して潮解する。水およびアルコールによく溶け
　る。水に溶かし、硝酸銀を加えると、白色の沈殿が生じる。

問 47 ～ 48　　　問 47　2　　　問 48　1
〔解説〕
　　　問 47　シアン化ナトリウム NaCN は、酸性だと猛毒のシアン化水素 HCN が発生するのでアルカリ性にしてから酸化剤でシアン酸ナトリウム NaOCN にし、余分なアルカリを酸で中和し多量の水で希釈処理する酸化法。水酸化ナトリウム水溶液等でアルカリ性とし、高温加圧下で加水分解するアルカリ法。
　　　問 48　塩素酸ナトリウム NaClO₃ は酸化剤なので、希硫酸で HClO₃ とした後、これを還元剤中へ加えて酸化還元後、多量の水で希釈処理する還元法。
問 49 ～ 50　　　問 49　1　　　問 50　3
〔解説〕
　　　問 49　硫酸が漏えいした液は土砂等でその流れを止め、これに吸着させるか、又は安全な場所に導いて、遠くから徐々に注水してある程度希釈した後、消石灰、ソーダ灰等で中和し、多量の水を用いて洗い流す。　　　問 50　ブロムメチル(臭化メチル)CH₃Br は、常温では気体(有毒な気体)。冷却圧縮すると液化しやすい。クロロホルムに類する臭気がある。液化したものは無色透明で、揮発性がある。漏えいしたときは、土砂等でその流れを止め、液が拡がらないようにして蒸発させる。

（特定品目）

問 31　3
〔解説〕
　　　特定品目については、施行規則別表第二示されている。このことから特定品目に該当するのは、3 のホルムアルデヒド 5 ％を含有する製剤がである。なお、ホルムアルデヒド 1 ％以下を含有する製剤は劇物から除外。因みに、アンモニアと硫酸を含有する製剤は、10 ％以下劇物から除外。過酸化水素 6 ％以下から劇物から除外。
問 32 ～ 34　　　問 32　2　　　問 33　1　　　問 34　3
〔解説〕
　　　問 32　アンモニア NH₃ は無色刺激臭をもつ空気より軽い気体。水に溶け易い。廃棄法はアルカリなので、水で希釈後に酸で中和し、さらに水で希釈処理する中和法。　　　問 33　酢酸エチル CH₃COOC₂H₅ は劇物。強い果実様の香気ある可燃性無色の液体。可燃性であるので、珪藻土などに吸収させたのち、燃焼により焼却処理する燃焼法。　　　問 34　一酸化鉛 PbO は、水に難溶性の重金属なので、そのままセメント固化し、埋立処理する固化隔離法。
問 35 ～ 36　　　問 35　1　　　問 36　2
〔解説〕
　　　解答のとおり。
問 37 ～ 39　　　問 37　3　　　問 38　2　　　問 39　1
〔解説〕
　　　問 37　硅弗化ナトリウム Na₂SiF₆ は劇物。無色の結晶。水に溶けにくい。アルコールにも溶けない。用途はうわぐすり、試薬。　　　問 38　トルエンは、劇物。特有な臭い(ベンゼン様)の無色液体。水に不溶。比重 1 以下。可燃性。引火性。劇物。用途は爆薬原料、香料、サッカリンなどの原料、揮発性有機溶媒。
　　　問 39　過酸化水素 H₂O₂ は、無色無臭で粘性の少し高い液体。徐々に水と酸素に分解する。酸化力、還元力をもつ。用途は、漂白、医薬品、化粧品の製造。
問 40 ～ 41　　　問 40　1　　　問 41　2
〔解説〕
　　　問 40　塩酸は塩化水素 HCl の水溶液。無色透明の液体 25 ％以上のものは、湿った空気中で著しく発煙し、刺激臭がある。塩酸は種々の金属を溶解し、水素を発生する。硝酸銀溶液を加えると、塩化銀の白い沈殿を生じる。　　　問 41　水酸化ナトリウム NaOH は、白色、結晶性のかたいかたまりで、繊維状結晶様の破砕面を現す。水と炭酸を吸収する性質がある。水溶液を白金線につけて火炎中に入れると、火炎は黄色に染まる。
問 42 ～ 44　　　問 42　1　　　問 43　3　　　問 44　2
〔解説〕
　　　解答のとおり。
問 45 ～ 47　　　問 45　2　　　問 46　1　　　問 47　3
〔解説〕
　　　解答のとおり。

問 48 〜 49 　　問 48 　3 　　問 49 　2
〔解説〕
　　　問 48 　過酸化水素水 H_2O_2 は、少量なら褐色ガラス瓶（光を遮るため）、多量ならば現在はポリエチレン瓶を使用し、3 分の 1 の空間を保ち、日光を避けて冷暗所保存。　　　**問 49** 　クロロホルム $CHCl_3$ は、無色、揮発性の液体で特有の香気とわずかな甘みをもち、麻酔性がある。空気中で日光により分解し、塩素、塩化水素、ホスゲンを生じるので、少量のアルコールを安定剤として入れて冷暗所に保存。
問 50 　2

〔解説〕
　　　塩素 Cl_2 は劇物。黄緑色の気体で激しい刺激臭がある。冷却すると、黄色溶液を経て黄白色固体。水にわずかに溶ける。用途は漂白剤、殺菌剤、消毒剤として使用される（紙パルプの漂白、飲用水の殺菌消毒などに用いられる）。廃棄方法は、塩素ガスは多量のアルカリに吹き込んだのち、希釈して廃棄するアルカリ法。

栃木県

〔法　規〕
（一般・農業用品目・特定品目共通）

問1　4
〔**解説**〕
　　この設問では、イとウが正しい。イとウは、法第4条第1項に示されている。なお、アについては、毒物又は劇物製造業及び輸入業の登録については、平成30年6月27日法律第66号〔施行は令和2年4月1日〕により、厚生労働大臣から都道府県知事へ委譲がなされた。エは登録の更新については法第4条第3項で、製造業又は輸入業の採ろうは、5年ごとに、販売業の登録は、6年ごとに、更新を行わなければ、その効力を失う。

問2　2
〔**解説**〕
　　法第3条の4による施行令第32条の3で定められている品目は、①亜塩素酸ナトリウムを含有する製剤30％以上、②塩素酸塩類を含有する製剤35％以上、③ナトリウム、④ピクリン酸である。このことからアとウが正しい。

問3　3
〔**解説**〕
　　この設問は施行規則第4条の4〔設備の基準〕についてで、ウのみが誤り。ウの毒物又は劇物を陳列する場所には、かぎをかける設備があることである。

問4　3
〔**解説**〕
　　この設問は法第8条〔毒物劇物取扱責任者の資格〕についてで、イのみが正しい。イは法第8条第1項第二号に示されている。なお、アは法第8条第4項のことで、設問にある…製造する製造所ではなく、毒物若しくは劇物の輸入業の営業所若しくは農業用品目販売業の店舗においてのみである。ウは法第8条第2項第一号で、18歳未満の者は毒物劇物取扱責任者になることはできない。これにより、この設問は誤り。エの一般毒物劇物取扱者試験に合格した者は、すべての製造所、営業所、店舗において毒物劇物取扱責任者になることができる。

問5　2
〔**解説**〕
　　この設問は法第10条〔届出〕についてで、アとエが正しい。アは法第10条第1項第一号に示されている。エは法第10条第1項第三号→施行規則第10条の2第一号に示されている。なお、イについては、届出ではなく、新たに登録申請。ウについては届け出を要しない。

問6　3
〔**解説**〕
　　この設問では、アとウが正しい。アは法第17条第2項〔事故の際の措置〕に示されている。ウは法第15条の2〔廃棄〕に示されている。なお、イは法第15条第3項において、法第3条の4→施行令第32条の3で規定されている品目〔①亜塩素酸ナトリウムを含有する製剤30％以上、②塩素酸塩類を含有する製剤35％以上、③ナトリウム、④ピクリン酸〕については、交付を受ける者の氏名及び住所を確認しなければならないである。

問7　1
〔**解説**〕
　　解答のとおり。

問8　3
〔**解説**〕
　　この設問では、アのみが誤り。アは法第18条第4項〔立入検査等〕により、犯罪捜査のために認められたものと解してはならないと示されている。このことから設問は誤り。なお、イとウは法第18条第1項〔立入検査等〕のこと。エは法第18条第3項〔立入検査等〕のこと。

問9　1
〔解説〕
　　この設問は毒物又は劇物の性状及び取扱いについて、販売し、授与するときに、譲受人に対しての情報提供のことで、施行令第40条の9に示されている。この設問では、イとウが正しい。イは施行令第40条の9第1項ただし書→施行規則第13条の10第一号で、1回につき200mg以下の劇物については販売し、授与する際に情報提供をしなくてもよい。設問のとおり。エは施行令第40条の9第1項及び第2項→施行規則第13条の11に示されている。なお、アは施行令第40条の9第2項で、毒物又は劇物の内容が変更が生じたときは、すみやかにである。この設問では30日以内にとあるので誤り。ウは施行令第40条の9第1項ただし書規定により、情報提供をしなくてもよい。

問10　4
〔解説〕
　　この設問で正しいのは、イとエである。法第22条における業務上取扱者の届出を要する事業者とは、次のとおり。業務上取扱者の届出を要する事業者とは、①シアン化ナトリウム又は無機シアン化合物たる毒物及びこれを含有する製剤→電気めっきを行う事業、②シアン化ナトリウム又は無機シアン化合物たる毒物及びこれを含有する製剤→金属熱処理を行う事業、③最大積載量5,000kg以上の運送の事業、④砒素化合物たる毒物及びこれを含有する製剤→しろありの防除を行う事業である。

〔基礎化学〕
（一般・農業用品目・特定品目共通）

問1　3
〔解説〕
　　原子は原子核と電子から成り、原子番号が同じで中性子の数が異なる原子同士を同位体という。

問2　3
〔解説〕
　　解答の通り

問3　2
〔解説〕
　　0.2 mol/L塩酸500 mLには0.1モルの塩化水素が溶解している。塩化水素の分子量は36であるから、この時の塩化水素の重さは3.6 gとなる。また塩化水素と水酸化ナトリウムはモル比1:1で反応する。すなわちこの水産kナトリウム水溶液100 mLには0.1モルの水酸化ナトリウムが溶解しているから、これに水酸化ナトリウムの式量40をかけて、4.0 gと求めることができる。

問4　4
〔解説〕
　　還元剤は相手を還元し自らは酸化される物質である。過酸化水素は酸化剤としても還元剤としても働く。

問5　1
〔解説〕
　　トルエンはベンゼンの水素原子をメチル基に置き換えた芳香族化合物である。

〔性質及び貯蔵その他取扱方法〕

（一般）

問1　3
〔解説〕
　　イのベタナフトールは1％以下は劇物から除外。ウのフェノールは5％以下で劇物から除外。オの過酸化水素は6％以下で劇物から除外であるから、劇物に該当。なお、アンモニアは10%以下で劇物から除外。アクリル酸は10%以下で劇物から除外。

問2　1
〔解説〕
　　この設問の解毒剤又は治療薬の組み合わせで正しいのは、1の水銀。水銀 Hg は
毒物。常温で唯一の液体の金属である。硝酸には溶けるが、塩酸には溶けない。
また、銀とアマルガムを生成するが、鉄とはアマルガムを生成しない。水銀の解
毒剤は、重金属中毒の解毒剤（キレート剤）であるメルカプロール（BAL）。なお、
有機燐化合物の解毒剤には、硫酸アトロピン又は PAM（2－ピリジルアルドキシ
ムメチオダイド）が使用される。砒素中毒には種々の変化があるが、腹痛や膨満
感、悪心や胸やけなどの諸症状が起こり嘔吐やのどの乾燥、痙攣などを引き起こ
す。重篤な場合は多臓器不全・意識混濁・角化症や皮膚癌などを引き起こす。治
療薬はジメルカプロール（別名 BAL）。シアン化合物の解毒剤にはチオ硫酸ナトリ
ウムや亜硝酸ナトリウムを使用される。
問3　4
〔解説〕
　　イのナトリウムとエの二硫化炭素が正しい。ナトリウム Na は、アルカリ金属
なので空気中の水分、炭酸ガス、酸素を遮断するため石油中に保存。二硫化炭素 CS₂
は、無色流動性液体、引火性が大なので水を混ぜておくと安全、蒸留したてはエー
テル様の臭気だが通常は悪臭。水に僅かに溶け、有機溶媒には可溶。日光の直
射が当たらない場所で保存。なお、ヨウ素 I₂ は、黒褐色金属光沢ある稜板状結晶、
昇華性。気密容器を用い、通風のよい冷所に貯蔵する。腐食されやすい金属、濃
硫酸、アンモニア水、アンモニアガス、テレビン油等から引き離しておく。クロ
ロホルム CHCl₃ は、無色、揮発性の液体で特有の甘みをもち、麻
酔性がある。空気中で日光により分解し、塩素、塩化水素、ホスゲンを生じるの
で、少量のアルコールを安定剤として入れて冷暗所に保存。
問4　3
〔解説〕
　　イとエが正しい。スルホナールは劇物。無色、稜柱状の結晶性粉末。無色の斜
方六面形結晶で、潮解性をもち、微弱の刺激性臭気を有する。水、アルコール、
エーテルには溶けやすく、水溶液は強酸性を呈する。木炭とともに加熱すると、
メルカプタンの臭気を放つ。クロロホルム CHCl₃（別名トリクロロメタン）は、無
色、揮発性の液体で特有の香気とわずかな甘みをもち、麻酔性がある。ベタナフ
トールと濃厚水酸化カリウム溶液と熱すると藍色を呈し、空気にふれて緑より褐
色に変じ、酸を加えると赤色の沈殿を生じる。なお、四塩化炭素（テトラクロロメ
タン）CCl₄ は、特有な臭気をもつ不燃性、揮発性無色液体。確認方法はアルコー
ル性 KOH と銅粉末とともに煮沸により黄赤色沈殿を生成する。クロルピクリン
CCl₃NO₂ は、無色～淡黄色液体、催涙性、粘膜刺激臭。本品の水溶液に金属カル
シウムを加え、これにベタナフチルアミン及び硫酸を加えると、赤色の沈殿を生
じる。
問5　2
〔解説〕
　　この設問における物質と用途については、アとウが正しい。シアン酸ナトリウ
ム NaOCN は、白色の結晶性粉末。劇物。用途は、除草剤、有機合成、鋼の熱処
理に用いられる。アクリルアミドは劇物。無色の結晶。用途は土木工事用の土質
安定剤、接着剤、凝集沈殿促進剤などに用いられる。なお、酢酸タリウムは劇物。
無色の結晶。用途は殺鼠剤。蓚酸は無色の柱状結晶。用途は、木・コルク・綿な
どの漂白剤。その他鉄錆びの汚れ落としに用いる。
問6　2
〔解説〕
　　アとエが正しい。メチルアミンは劇物。無色でアンモニア臭のある気体。メタ
ノール、エタノールに溶けやすく、引火しやすい。また、腐食が強い。四メチル
鉛（別名テトラメチル鉛）は、特定毒物。純品は無色の可燃性液体。ハッカ実をも
つ液体。ガソリンに全溶。水にわずかに溶ける。なお、モノクロル酢酸は、劇物。
無色、潮解性の単斜晶系の結晶。水によく溶ける。融点は摂氏 62 ℃、沸点は摂氏 189
℃。硝酸銀 AgNO₃ は、劇物。無色結晶。水に溶して塩酸を加えると、白色の塩化
銀を沈殿する。その硫酸と銅屑を加えて熱すると、赤褐色の蒸気を発生する。
問7　3
〔解説〕
　　解答のとおり。

問8　4
〔解説〕
　イとエが正しい。次のとおり。過酸化水素水は過酸化水素の水溶液で、無色透明の濃厚な液体で、弱い特有のにおいがある。強く冷却すると稜柱状の結晶となる。不安定な化合物であり、常温でも徐々に水と酸素に分解する。酸化力、還元力を併有している。又、強い殺菌力を有している。貯蔵法は、少量なら褐色ガラス瓶(光を遮るため)、多量には現在はポリエチレン瓶を使用し、3分の1の空間を保ち、日光を避けて冷暗所保存。

問9　4
〔解説〕
　ウとエが正しい。メタクリル酸は劇物。刺激臭のある無色柱状結晶。アルコール、エーテル、水に可溶。重合防止剤が添加されているが、加熱、直射日光、過酸化物、鉄錆などにより重合が始まり爆発することがある。ブロムメチル(臭化メチル)CH_3Br は、常温では気体(有毒な気体)。冷却圧縮すると液化しやすい。クロロホルムに類する臭気がある。ガスは空気より重く空気の 3.27 倍である。液化したものは無色透明で、揮発性がある。臭いは極めて弱く蒸気は空気より重いため吸入による中毒を起こしやすいので注意が必要。なお、亜硝酸ナトリウム $NaNO_2$ は、劇物。白色または微黄色の結晶性粉末。水に溶けやすい。アルコールにはわずかに溶ける。潮解性がある。空気中では徐々に酸化する。硝酸銀の中性溶液で白色の沈殿を生ずる。酸類を接触させると有毒な酸化窒素ガスを発生する。トルエン $C_6H_5CH_3$(別名トルオール、メチルベンゼン)は劇物。特有な臭いの無色液体。水に不溶。比重 1 以下。可燃性。揮発性有機溶媒。麻酔作用が強い。その取扱いは引火しやすく、また、その蒸気は空気と混合して爆発性混合ガスとなるので火気は絶対に近づけない。静電気に対する対策を十分に考慮しなければならない。

問10　1
〔解説〕
　イとエが正しい。亜硝酸ナトリウム $NaNO_2$ は、劇物。白色または微黄色の結晶性粉末。水に溶けやすい。アルコールにはわずかに溶ける。潮解性がある。空気中では徐々に酸化する。硝酸銀の中性溶液で白色の沈殿を生ずる。酸類を接触させると有毒な酸化窒素ガスを発生する。トルエン $C_6H_5CH_3$(別名トルオール、メチルベンゼン)は劇物。特有な臭いの無色液体。水に不溶。比重 1 以下。可燃性。揮発性有機溶媒。麻酔作用が強い。その取扱いは引火しやすく、また、その蒸気は空気と混合して爆発性混合ガスとなるので火気は絶対に近づけない。静電気に対する対策を十分に考慮しなければならない。メタクリル酸は劇物。刺激臭のある無色柱状結晶。アルコール、エーテル、水に可溶。重合防止剤が添加されているが、加熱、直射日光、過酸化物、鉄錆などにより重合が始まり爆発することがある。ブロムメチル(臭化メチル)CH_3Br は、常温では気体(有毒な気体)。冷却圧縮すると液化しやすい。クロロホルムに類する臭気がある。ガスは空気より重く空気の 3.27 倍である。液化したものは無色透明で、揮発性がある。臭いは極めて弱く蒸気は空気より重いため吸入による中毒を起こしやすいので注意が必要である。

（農業用品目）

問1　4
〔解説〕
　フルスルファミドは 0.3 ％以下は劇物から除外。

問2　1
〔解説〕
　農業用品目販売業者が販売できる品目については、法第四条の三第一項→施行規則第四条の二→施行規則別表第一に掲げられている品目である。このことから、アのロテノン、ウのシアン酸ナトリウム、エのチオメトンが該当する。

問3　2
〔解説〕
　硫酸は、無色透明の液体。劇物から 10 ％以下のものを除く。皮膚に触れた場合は、激しいやけどを起こす。可燃物、有機物と接触させない。直接中和剤を散布すると発熱し、酸が飛散することがある。眼に入った場合は、粘膜を激しく刺激し、失明することがある。直ちにに付着又は接触部を多量の水で、15 分間以上洗い流す。

問4 3
〔解説〕
　3のクロルピリホスが正しい。なお、燐化アルミニウムとその分解促進剤とを含有する製剤は特定毒物。用途は、殺鼠剤。ナラシンは毒物。用途は飼料添加物。ダゾメットは劇物。用途は芝生等の除草剤。
問5 2
〔解説〕
　解答のとおり。
問6 3
〔解説〕
　イのみが誤り。イミダクロプリドは劇物。弱い特異臭のある無色結晶。水にきわめて溶けにくい。ただし、2％以下は劇物から除外。又、マイクロカプセル製剤の場合、12％以下を含有するものは劇物から除外。用途は野菜等のアブラムシ等の殺虫剤(クロロニコチニル系農薬)。
問7 2
〔解説〕
　法第13条→施行令第39条〔①硫酸タリウムを含有する製剤たる劇物、②燐化亜鉛を含有する製剤たる劇物。〕→施行規則第12条において、着色すべき農業用劇物としてあせにくい黒色と規定されている。解答のとおり。
問8 1
〔解説〕
　ウのニコチンが誤り。次のとおり。ニコチンは、毒物、無色無臭の油状液体だが空気中で褐色になる。殺虫剤。ニコチンの確認：1)ニコチン＋ヨウ素エーテル溶液→褐色液状→赤色針状結晶　2)ニコチン＋ホルマリン＋濃硝酸→バラ色。
問9 1
〔解説〕
　解答のとおり。
問10 4
〔解説〕
　解答のとおり。

（特定品目）

問1 4
〔解説〕
　特定品目販売業者が販売できる品目については、法第四条の三第二項→施行規則第四条の三→施行規則別表第二に掲げられている品目のみである。解答のとおり。
問2 2
〔解説〕
　アとエが正しい。なお、ホルマリンは無色透明な刺激臭の液体。用途はフィルムの硬化、樹脂製造原料、試薬・農薬等。水酸化ナトリウム(別名：苛性ソーダ)NaOH は、は劇物。白色結晶性の固体。用途は化学工業用として、せっけん製造、パルプ工業、染料工業、レイヨン工業、諸種の合成化学などに使用されるほか、試薬、農薬として用いられる。
問3 1
〔解説〕
　四塩化炭素(テトラクロロメタン)CCl₄ は、特有な臭気をもつ不燃性、揮発性無色液体、水に溶けにくく有機溶媒には溶けやすい。強熱によりホスゲンを発生。亜鉛またはスズメッキした鋼鉄製容器で保管、高温に接しないような場所で保管。
問4 4
〔解説〕
　解答のとおり。
問5 2
〔解説〕
　解答のとおり。

問6　4
〔解説〕
　　アとイが正しい。なお、一酸化鉛 PbO は、水に難溶性の重金属なので、そのまま セメント固化し、埋立処理する固化隔離法。メチルエチルケトン $CH_3COC_2H_5$ は、アセトン様の臭いのある無色液体。引火性。有機溶媒。廃棄は C、H、O のみの有機溶媒なので燃焼法（気化し易いので、珪藻土等に吸着させ開放型の焼却炉）。
問7　3
〔解説〕
　　解答のとおり。
問8　2
〔解説〕
　　エのみが誤り。酢酸エチル $CH_3COOC_2H_5$（別名酢酸エチルエステル、酢酸エステル）は、劇物。強い果実様の香気ある可燃性無色の液体。揮発性がある。蒸気は空気より重い。引火しやすい。水にやや溶けやすい。沸点は水より低い。
問9　2
〔解説〕
　　塩化水素(HCl)は劇物。常温で無色の刺激臭のある気体である。水、メタノール、エーテルに溶ける。湿った空気中で発煙し塩酸になる。冷却すると無色の液体および固体となる。吸湿すると、大部分の金属、コンクリート等を腐食する。爆発性でも引火性でもないが、吸湿すると各種の金属を腐食して水素ガスを発生し、これが空気と混合して引火爆発することがある。
問10　1
〔解説〕
　　1が正しい。なお、ホルマリンは無色透明な刺激臭の液体、低温ではパラホルムアルデヒドの生成により白濁または沈澱が生成することがある。多量に漏えいした場合は、漏えいした液はその流れを土砂で止め、安全な場所に導いて遠くからホース等で多量の水をかけ十分に希釈して洗い流す。トルエンが少量漏えいした液は、土砂等に吸着させて空容器に回収する。多量に漏えいした液は、土砂等でその流れを止め、安全な場所に導き、液の表面を泡で覆いできるだけ空容器に回収する。塩酸 HCl は作業の際には保護具を着用し、必ず風下で作業をさせない。土砂等でその流れを止め、これに吸着させるか、又は安全な場所に導いて、遠くから徐々に注水してある程度希釈した後、消石灰、ソーダ灰等で中和し、多量の水を用いて洗い流す。発生するガスは霧状の水をかけ吸収させる。

〔識別及び取扱方法〕

（一般）
問1　7　　　問2　3　　　問3　5　　　問4　2　　　問5　6
〔解説〕
　　解答のとおり。

（農業用品目）
問1　6　　　問2　1　　　問3　5　　　問4　7　　　問5　2
〔解説〕
　　解答のとおり。

（特定品目）
問1　3　　　問2　4　　　問3　2　　　問4　7　　　問5　1
〔解説〕
　　解答のとおり。

〔毒物及び劇物に関する法規〕
（一般・農業用品目・特定品目共通）

問１　1
〔解説〕
　　この設問は法第２条〔定義〕のこと。解答のとおり。

問２　4
〔解説〕
　　この設問は法第２条第１項における毒物はどれかとあるので、4の四アルキル鉛が毒物。なお、メタノール、クロロホルム、シアン酸ナトリウムは劇物。

問３　2
〔解説〕
　　解答のとおり。

問４　2
〔解説〕
　　この設問は法第７条〔毒物劇物取扱責任者〕及び法第８条〔毒物劇物取扱責任者の資格〕について、正しいのは、2である。2は法第７条第１項に示されている。なお、1は法第８条第２項第一号により、18 歳未満の者は毒物劇物取扱責任者になることはできないである。このことから設問は誤り。3は法第７条第３項で、毒物劇物取扱責任者を置いたときは、30 日以内に届け出なければならないである。4は、一般毒物劇物取扱責任者に合格した者は、全ての製造所、営業所、店舗の毒物劇物取扱責任者になることができる。

問５　3
〔解説〕
　　この設問で正しいのは、3である。3は法第６条第二号に示されている。なお、1の毒物劇物販売業の登録は、その所在地の都道府県知事〔政令で定める保健所を設置する市、特別区の区域のある場合においては、市長又は区長〕が行う〔法第４条第１項〕。2は法第４条第３項で、毒物又は劇物製造業及び輸入業の登録は、5 年ごと、販売業の登録は、6 年ごとに、更新を受けなければ、その効力を失うである。4は法第 10 条第１項第三号により、30 日以内に届け出なければならないである。

問６　4
〔解説〕
　　この設問は、飲食物容器の禁止のこと。解答のとおり。

問７　3
〔解説〕
　　この設問は法第 12 条第２項における容器及び被包についての表示として掲げる事項で、①毒物又は劇物の名称、毒物又は成分及びその含量、③厚生労働省令で定める〔有機燐化合物及びこれを含有する製剤たる毒物又は劇物〕その解毒剤〔２－ピリジルアルドキシム製剤、硫酸アトロピンの製剤〕のこと。このことから3が正しい。

問８　1
〔解説〕
　　この設問は法第 15 条の２〔廃棄〕→施行令第 40 条〔廃棄の方法〕のことで、A、Bが正しい。A は法第 15 条の２に示されている。B は施行令第 40 条第二号に示されている。

問９　2
〔解説〕
　　この設問にある情報提供における内容については、施行令第 40 条の９第１項に示されている。設問では誤っているものはどれかとあるので、2が誤り。2の情報の提供は、施行規則第 13 条の 11 において、邦文で行わなければならないと示されている。

問 10　1
〔解説〕
　　この設問の法第 22 条は業務上取扱者についてで、業務上取扱者の届出を要する
事業者とは、次のとおり。業務上取扱者の届出を要する事業者とは、①シアン化
ナトリウム又は無機シアン化合物たる毒物及びこれを含有する製剤→電気めっき
を行う事業、②シアン化ナトリウム又は無機シアン化合物たる毒物及びこれを含
有する製剤→金属熱処理を行う事業、③最大積載量 5,000kg 以上の運送の事業、
④砒素化合物たる毒物及びこれを含有する製剤→しろありの防除を行う事業につ
いて使用する者が業務上取扱者である。このことから 1 が正しい。
※一般は、問 10 まで。

（農業用品目）
問 11　4
〔解説〕
　　この設問は着色する農業品目についてで法第 13 条→施行令第 39 条で①硫酸タ
リウムを含有する製剤たる劇物、②燐化亜鉛を含有する製剤たる劇物については
→施行規則 12 条で、あせにくい黒色で着色する規定されている。解答のとおり。

（特定品目）
問 11　1
〔解説〕
　　この設問は施行規則第 4 条の 4 第 2 項における販売業の店舗の設備基準につい
で、1 が誤り。1 については、毒物又は劇物とその他のものとを区分して貯蔵で
きるものであることである〔施行規則第 4 条の 4 第 1 項第二号イ〕。
問 12　3
〔解説〕
　　法第 14 条第 1 項〔毒物又は劇物の譲渡手続〕において、毒物又は劇物の譲渡手
続に係る書面についてで、販売し、又は授与したときその都度書面に記載する事
項として、①毒物又は劇物の名称及び数量、②販売又は授与の年月日、③譲受人
の氏名、職業及び住所(法人にあっては、その名称及び主たる事務所)である。こ
のことから 3 が正しい。
問 13　4
〔解説〕
　　この設問は法第 15 条第 1 項〔毒物又は劇物の交付の制限等〕における交付の不
適格者のことが示されている。解答のとおり。

〔基礎化学〕
（一般・農業用品目・特定品目共通）
(注)基礎化学の設問には、一般・農業用品目・特定品目に共通の設問があることから
　　編集の都合上、一般の設問番号を通し番号(基本)として、農業用品目・特定品目
　　における設問番号をそれぞれ繰り下げの上、読み替えいただきますようお願い申
　　し上げます。
問 11　1
〔解説〕
　　液体の混合物を分離する操作。
問 12　4
〔解説〕
　　液体の温度を上げると、液体を構成している分子の動きが大きくなる。
問 13　4
〔解説〕
　　同位体と陽子の数は同じだが中性子の数が異なるものである。
問 14　4
〔解説〕
　　メタノールは水分子とよく似ており、極性がある。
問 15　2
〔解説〕
　　$25/(100+25) \times 100 = 20$ ％

問 16　3
〔解説〕
　　解答のとおり
問 17　4
〔解説〕
　　中和点の pH は常に 7 とは限らない。塩酸と水酸化ナトリウム水溶液の中和反応により生じる塩は中性の NaCl である。酢酸と水酸化ナトリウムの中和滴定では中和点が塩基性側になるため、pH 指示薬はフェノールフタレインがよい。
問 18　2
〔解説〕
　　酸化剤は相手の分子を酸化するため自らは還元される。酸化とは電子を失う反応である。
問 19　1
〔解説〕
　　0.1 mol/L 塩酸の水素イオン濃度は 1.0×10^{-1} mol/L である。
問 20　3
〔解説〕
　　セッケンはトリグリセリドに水酸化ナトリウムを加えることで作ることができる。そのため石鹸は弱い塩基性を示す。セッケンが水に溶解すると親水性の部分を外側に、脂溶性の部分を内側にしたミセルを生じる。

（農業用品目）
問 22　1
〔解説〕
　　分子結晶は弱い力で結合した結晶であるため、融点が低いものが多い。2 はイオン結晶、3 は共有結合やイオン結合よりもはるかに弱い。4 は金属結晶の記述である。

（特定品目）
問 24　1
〔解説〕
　　銀鏡反応はアルデヒド基の確認反応である。
問 25　3
〔解説〕
　　Li＞K＞Ca＞Na＞Mg＞Al＞Zn＞Fe＞Ni＞Sn＞Pb＞H＞Cu＞Hg＞Ag＞Pt＞Au の順である。

〔毒物及び劇物の性質及び貯蔵その他取扱方法〕

（一般）
問 21　4
〔解説〕
　　2-アミノエタノールは劇物。アンモニア様の香気臭のある液体。水、アルコール、アセトンと混和する。用途は洗剤、乳化剤、医薬品その他の合成原料等。
問 22　1
〔解説〕
　　重クロム酸ナトリウム $Na_2Cr_2O_7$ は、やや潮解性の赤橙色結晶、酸化剤。水に易溶。有機溶媒には不溶。潮解性があるので、密封して乾燥した場所に貯蔵する。また、可燃物と混合しないように注意する。
問 23　3
〔解説〕
　　一酸化鉛 PbO（別名リサージ）は劇物。赤色〜赤黄色結晶。重い粉末で、黄色から赤色の間の様々なものがある。水にはほとんど溶けないが、酸、アルカリにはよく溶ける。酸化鉛は空気中に放置しておくと、徐々に炭酸を吸収して、塩基性炭酸鉛になることもある。光化学反応をおこし、酸素があると四酸化三鉛、酸素がないと金属鉛を遊離する。

問24　2
〔解説〕
　　DDVP(別名ジクロルボス)は有機リン製剤で接触性殺虫剤。刺激性で微臭のある比較的揮発性の無色油状液体、水に溶けにくく、有機溶媒に易溶。水中では徐々に分解。アルカリで急激に分解すると発熱するため、分解させるときは希薄な消石灰等の水溶液を用いる。

問25　3
〔解説〕
　　アクリルニトリル $CH_2=CHCN$ は、僅かに刺激臭のある無色透明な液体。引火性。有機シアン化合物である。硫酸や硝酸など強酸と激しく反応する。

問26　4
〔解説〕
　　四塩化炭素(テトラクロロメタン) CCl_4 は、劇物。揮発性、麻酔性の芳香を有する無色の重い液体。水に溶けにくく有機溶媒には溶けやすい。高熱下で酸素と水分が共存するとホスゲンを発生。蒸気は空気より重く、低所に滞留する。

問27　1
〔解説〕
　　フェノール C_6H_5OH(別名石炭酸、カルボール)は、劇物。無色の針状晶あるいは結晶性の塊りで特異な臭気があり、空気中で酸化され赤色になる。水に少し溶け、アルコール、エーテル、クロロホルム、二硫化炭素、グリセリンには容易に溶ける。石油ベンゼン、ワセリンには溶けにくい。水溶液に過クロル鉄液を加えると紫色を呈した。

問28　3
〔解説〕
　　クロルメチル(CH_3Cl)は、劇物。無色のエータル様の臭いと、甘味を有する気体。用途は医薬品、農薬、発泡剤の原料、メチル化剤。廃棄法は、アフターバーナー及びスクラバーを具備した焼却炉で火室へ噴霧して焼却する燃焼法。

問29　1
〔解説〕
　　解答のとおり。

問30　4
〔解説〕
　　この設問では、4が誤り。三塩化アンチモンは劇物。無色の潮解性の結晶。空気中で発煙する。アルコール、ベンゼン、アセトン、四塩化炭素に溶ける。用途は、媒染剤。有機合成化学でのしゃく、触媒に用いられる。アンチモン化合物は、砒素と類似しているが砒素より毒性は弱い。吐き気、嘔吐、口唇の膨張、嚥下困難、腹痛、コレラ様下痢。重篤の場合は、皮膚蒼白、めまい、けいれん、失神などを呈し、心臓麻痺で死に至る場合がある。解毒薬としてBAL。廃棄法は、沈殿法。

(農業用品目)

問23　1
〔解説〕
　　ジチアノンは劇物。暗褐色結晶性粉末。融点216℃。用途は殺菌剤(農薬)。

問24　3
〔解説〕
　　燐化アルミニウムは特定毒物。淡黄褐色の固体で、吸湿性が強く空気中の水分によって分解する。倉庫内のねずみ、昆虫等のくん蒸に用いられる。

問25　3
〔解説〕
　　2-(1-メチルプロピル)-フエニル-N-メチルカルバメート(別名フェンカルブ・BPMC)は劇物。無色透明の液体またはプリズム状結晶。水にほとんど溶けない。エーテル、アセトン、クロロホルムなどに可溶。2％以下は劇物から除外。用途は害虫の駆除。

問26　4
〔解説〕
　　アンモニア水はアンモニア NH_3 を水に溶かした水溶液、無色透明、刺激臭がある液体。アルカリ性。水溶液にフェノールフタレイン液を加えると赤色になる。廃棄法は、中和法。揮発性があり、空気より軽いガスを発生するので、よく密栓して貯蔵する。

問27　1
〔解説〕
　　カルタップは、劇物。無色の結晶。水、メタノールに溶ける。用途は農薬の殺虫剤(ネライストキシン系殺虫剤)。廃棄法は：そのままあるいは水に溶解して、スクラバーを具備した焼却炉の火室へ噴霧し、焼却する焼却法。
問28　4
〔解説〕
　　イミダクロプリドは劇物。弱い特異臭のある無色結晶。水にきわめて溶けにくい。ただし、2％以下は劇物から除外。又、マイクロカプセル製剤の場合、12％以下を含有するものは劇物から除外。用途は野菜等のアブラムシ等の殺虫剤(クロロニコチニル系農薬)。
問29　3
〔解説〕
　　カルボスルファンは、劇物。褐色粘稠液体。有機燐化合物なので解毒剤には、硫酸アトロピンを使用される。
問30　2
〔解説〕
　　パラコートは、毒物で、ジピリジル誘導体で無色結晶性粉末、水によく溶け低級アルコールに僅かに溶ける。消化器障害、ショックのほか、数日遅れて肝臓、腎臓、肺等の機能障害を起こす。解毒剤はないので、徹底的な胃洗浄、小腸洗浄を行う。誤って嚥下した場合には、消化器障害、ショックのほか、数日遅れて肝臓、肺等の機能障害を起こすことがあるので、特に症状がない場合にも至急医師による手当てを受けること。

（特定品目）

問26　3
〔解説〕
　　水酸化カリウム KOH(別名苛性カリ)は劇物(5％以下は劇物から除外。)。白色の固体で、水、アルコールには熱を発して溶けるが、アンモニア水には溶けない。空気中に放置すると、水分と二酸化炭素を吸収して潮解する。水溶液は強いアルカリ性を示す。また、腐食性が強い。
問27　2
〔解説〕
　　硝酸 HNO_3 は、劇物。無色の液体。特有な臭気がある。腐食性が激しい。空気に接すると刺激性白霧を発し、水を吸収する性質が強い。硝酸は白金その他白金属の金属を除く。処金属を溶解し、硝酸塩を生じる。10%以下で劇物から除外。貯法は光を透過させない、褐色のビンに入れて保存する。
問28　1
〔解説〕
　　重クロム酸ナトリウム $Na_2Cr_2O_7$ は、やや潮解性の赤橙色結晶、酸化剤。水に易溶。有機溶媒には不溶。潮解性があるので、密封して乾燥した場所に貯蔵する。また、可燃物と混合しないように注意する。皮膚に触れると、キサントプロテイン反応を起こし黄色に変色する。
問29　3
〔解説〕
　　一般問 23 を参照。
問30　4
〔解説〕
　　四塩化炭素(テトラクロロメタン)CCl_4 は、劇物。揮発性、麻酔性の芳香を有する無色の重い液体。水に溶けにくく有機溶媒には溶けやすい。強熱によりホスゲンを発生。蒸気は空気より重く、低所に滞留する。溶剤として用いられる。

〔毒物及び劇物の識別及び取扱方法〕

（一般）

問31　(1) 2　(2) 2

〔解説〕

　ヒドラジンは、毒物。無色の油状の液体。沸点 113.5 ℃、融点 2 ℃、水、低級アルコールと混合。空気中で発煙する。強い還元剤である。用途は、ロケット燃料。

問32　(1) 4　(2) 1

〔解説〕

　ニトロベンゼン $C_6H_5NO_2$ は無色又は微黄色の吸湿性の液体で、強い苦扁桃様の香気をもち、光線を屈折する。水に難溶。比重 1 より少し大。可燃性であるためおが屑に混ぜて燃焼して焼却する燃焼法。

問33　(1) 1　(2) 2

〔解説〕

　パラフェニレンジアミン(別名 1, 4-ジアミノベンゼン)は劇物。白色又は微赤色の板状結晶。水にはやや溶けにくい。アルコール、エーテルにはよく溶ける。用途は染料製造、毛皮の染色、ゴム工業、染毛剤及び試薬。

問34　(1) 5　(2) 1

〔解説〕

　スルホナールは劇物。無色、稜柱状の結晶性粉末。無色の斜方六面形結晶で、潮解性をもち、微弱の刺激性臭気を有する。水、アルコール、エーテルには溶けやすく、水溶液は強酸性を呈する。木炭とともに加熱すると、メルカプタンの臭気を放つ。

問35　(1) 3　(2) 1

〔解説〕

　沃化第二水銀(HgI_2)は毒物。紅色の粉末。水にほとんど溶けない。苛性ソーダの液に沃化第二水銀少量の乳糖を入れ、熱すると水銀となる。

（農業用品目）

問31　(1) 2　(2) 2

〔解説〕

　メソミル(別名メトミル)は、毒物(劇物は 45 ％以下は劇物)。白色の結晶。水、メタノール、アセトンに溶ける。廃棄方法は 1)燃焼法(スクラバー具備)　2)アルカリ法($NaOH$ 水溶液と加温し加水分解)。

問32　(1) 4　(2) 1

〔解説〕

　トリシクラゾールは、劇物、無色無臭の結晶、水、有機溶媒にはあまり溶けない。農業用殺菌剤(イモチ病に用いる。) (メラニン生合成阻害殺菌剤)。8 ％以下は劇物除外。

問33　(1) 3　(2) 2

〔解説〕

　クロルピクリン CCl_3NO_2 は、無色〜淡黄色液体、催涙性、粘膜刺激臭。本品の水溶液に金属カルシウムを加え、これにベタナフチルアミン及び硫酸を加えると、赤色の沈殿を生じる。

問34　(1) 5　(2) 1

〔解説〕

　塩素酸ナトリウム $NaClO_3$ は、劇物。潮解性があり、空気中の水分を吸収する。また強い酸化剤である。炭の中にいれ熱灼すると音をたてて分解する。

問35　(1) 1　(2) 2

〔解説〕

　エチルチオメトンは、毒物。淡黄色の液体。硫黄特有の臭いがある。水に難溶。有機溶媒に可溶。用途は有機燐系殺虫剤。5 ％以下は劇物から除外。

（特定品目）

問 31　(1) 3　(2) 1

〔解説〕
　　塩素 Cl_2 は劇物。黄緑色の気体で激しい刺激臭がある。冷却すると、黄色溶液を経て黄白色固体。水にわずかに溶ける。廃棄方法は、塩素ガスは多量のアルカリに吹き込んだのち、希釈して廃棄するアルカリ法。

問 32　(1) 2　(2) 1

〔解説〕
　　クロム酸ナトリウム(別名クロム酸ソーダ)は劇物。水溶液は硝酸バリウムまたは塩化バリウムで、黄色のクロム酸のバリウム化合物を沈殿する。

問 33　(1) 5　(2) 2

〔解説〕
　　メチルエチルケトンは、アセトン様の臭いのある無色液体。引火性。有機溶媒。廃棄は C、H、O のみの有機溶媒なので燃焼法(気化し易いので、珪藻土等に吸着させ開放型の焼却炉)。

問 34　(1) 4　(2)問題ミス

〔解説〕
　　硅弗化ナトリウムは劇物。無色の結晶。水に溶けにくい。酸と接触すると弗化水素ガス及び四弗化ケイ素ガスを発生する。ガスは有毒なので注意する。

問 35　(1) 1　(2) 1
　　酢酸エチル $CH_3COOC_2H_5$ は無色で果実臭のある可燃性の液体。その用途は主に溶剤や合成原料、香料に用いられる。

埼玉県

〔筆記：毒物及び劇物に関する法規〕
（一般・農業用品目・特定品目共通）

問1　(1)　2　　　(2)　2　　　(3)　4　　　(4)　5　　　(5)　1
　　　(6)　4　　　(7)　1　　　(8)　4　　　(9)　1　　　(10)　5
　　　(11)　2　　　(12)　3　　　(13)　3　　　(14)　4　　　(15)　5
　　　(16)　2　　　(17)　3　　　(18)　4　　　(19)　3　　　(20)　5

〔解説〕
(1)　解答のとおり。
(2)　法第3条の4による施行令第 32 条の3で定められている品目は、①亜塩素酸ナトリウムを含有する製剤 30 ％以上、②塩素酸塩類を含有する製剤 35 ％以上、③ナトリウム、④ピクリン酸である。このことから2である。
(3)　法第4条第3項は登録の更新のこと。
(4)　法第8条〔毒物劇物取扱責任者の資格〕のこと。
(5)　法第11条〔毒物又は劇物の取扱〕のこと。
(6)　法第12条〔毒物又は劇物の表示〕のこと。
(7)　法第 13 条〔特定の用途に供される毒物又は劇物の販売等〕は着色する農業品目について
(8)　法第14条〔毒物又は劇物の譲渡手続〕のこと。
(9)　法第22条〔業務上取扱者の届出等〕のこと。
(10)　施行令第 40 条の9は、毒物劇物営業者が、毒物又は劇物を販売し、授与するときまでに、毒物又は劇物の性状及び取扱いについて情報提供をしなければならないことが示されている。又、施行規則第 13 条の 10 は、同条施行令ただし書で、1回につき、200mg 以下の劇物を販売し、授与するときについて情報提供しなくてもよいことが示されている。
(11)　法第2条第3項における定義で、特定毒物のことが法別表第三に示されている。この設問では、アのモノフルオール酢酸とウのテトラエチルピロホスフェイトは特定毒物。なお、水銀は毒物。又、ペンタクロールフエノールは劇物。
(12)　この設問で正しいのは、アとウである。アは法第 18 条第3項〔立入検査等〕に示されている。ウは法第 21 条第1項〔登録が失効した場合の措置等〕に示されている。なお、イの一般販売業の登録を受けた者は、全ての毒物〔特定毒物も毒物〕又は劇物を販売し、授与することができる。
(13)　この法第3条の3→施行令第 32 条の2による品目→①トルエン、②酢酸エチル、トルエン又はメタノールを含有する接着剤、塗料及び閉そく用またはシーリングの充てん料は、みだりに摂取、若しくは吸入し、又はこれらの目的で所持してはならい。このことにより、アとエが正しい。
(14)　この設問で正しいのは、イのみである。イは法第3条の2第 10 項に示されている。なお、アは法第3条の2第4項により、特定毒物研究者は、学術研究以外の用途に供してはならないである。ウは法第3条第2項で、毒物又は劇物輸入業者と特定毒物研究者のみ、毒物又は劇物を輸入することができる。
(15)　この設問の法第 22 条は業務上取扱者について、業務上取扱者の届出を要する事業者とは、次のとおり。業務上取扱者の届出を要する事業者とは、①シアン化ナトリウム又は無機シアン化合物たる毒物及びこれを含有する製剤→電気めっきを行う事業、②シアン化ナトリウム又は無機シアン化合物たる毒物及びこれを含有する製剤→金属熱処理を行う事業、③最大積載量 5,000kg 以上の運送の事業、④砒素化合物たる毒物及びこれを含有する製剤→しろありの防除を行う事業について使用する者が業務上取扱者である。このことから該当するのは、エのみである。

(16) この設問は毒物又は劇物を1回につき 5,000kg 以上運搬する場合の運搬方法について施行令第 40 条の5〔運搬方法〕で示されている。このことからアとエが正しい。アは施行令第 40 条の5第2項第一号→施行規則第 13 条の4第二号〔交替して運転する者の同乗〕に示されている。エは施行令第 40 条の5第2項第四号に示されている。なお、イは施行令第 40 条の5第2項第二号→施行規則第13条の5〔毒物又は劇物を運搬する車両に掲げる標識〕で、車両の前後見やすい場所に、0.3 メートル平方の板に地を黒色、文字を白色として「毒」と表示しなければならないである。ウは施行令第 40 条の5第2項第三号で、厚生労働省令で定める保護具を2人分以上備えなければならないである。

(17) この設問は法第10条〔届出〕についてで、アとイが正しい。アは法第 10 条第1項第四号に示されている。イは法第 10 条第1項第二号に示されている。なお、ウの営業時間の変更については、何ら届け出を要しない。

(18) この設問は法第 12 条〔毒物又は劇物の表示〕についてで、アとイが正しい。アは法第 12 条第3項に示されている。イは法第 12 条第1項に示されている。なお、ウについては、白地に黒色をもってではなく、赤地に白色をもって「毒物」の文字である。この設問は法第 12 条第1項のこと。

(19) この設問は施行規則第4条の4〔製造所等の設備〕のことで、アとウが正しい。アは施行規則第4条の4第1項第三号に示されている。ウは施行規則第4条の4第1項第二号ホに示されている。なお、イについては毒物又は劇物と、その他の物とを区分して貯蔵しなければならないである。施行規則第4条の4第1項第二号イのこと。

(20) この設問は法第 12 条第2項第四号→施行規則第 11 条の6〔取扱及び使用上特に必要な表示事項〕における住宅用液体状洗浄剤の液体状のものについて販売し、授与するときに、掲げる表示事項のことで、ウ、エ、オが正しい。

〔筆記：基礎化学〕
（一般・農業用品目・特定品目共通）

問2

(21)	5	(22)	1	(23)	2	(24)	1	(25)	3
(26)	3	(27)	2	(28)	2	(29)	4	(30)	5
(31)	3	(32)	2	(33)	4	(34)	5	(35)	5
(36)	3	(37)	2	(38)	1	(39)	4	(40)	1

〔解説〕

(21) 水の沸点は 100 ℃である。また 0 ℃は 273 K であるから、100 ℃は 373 K となる。

(22) エタノール、イソプロパノール、フェノールは1価のアルコール、グリセリンは3価のアルコールである。

(23) メタンは炭素分子を中心とした正四面体構造の無極性分子である。

(24) 単結合の数はそれぞれ、メタノール5本、アセチレン2本、エチレン4本、ギ酸3本、二酸化炭素0本である。

(25) 強酸弱塩基からなる塩は水に溶解すると弱酸性を示す。

(26) pH が1小さくなると、水素イオン濃度は 10 倍増加する。

(27) 窒素の単体は空気の大部分を占めている。窒素は 15 族に位置し、リン、ヒ素と同族である。

(28) グルコースの分子量は 180 である。よってモル濃度は 9.0/180 × 1000/100 = 0.5 mol/L となる。

(29) 17 族元素（ハロゲン）の最外殻には電子が7個収容されている。

(30) リチウム、ナトリウム、カリウムはアルカリ金属、バリウムはアルカリ土類金属である。フッ素と臭素はハロゲンであり、クリプトンやキセノンは貴ガスである。

(31) H_2, Cl_2, CO_2 が無極性分子である。いずれも直線型の構造である。

(32) 100% = 1,000,000 ppm である。

(33) 蒸気圧降下、沸点上昇、凝固点降下が観察される。

(34) プロパンが燃焼するときの化学反応式は $C_3H_8 + 5O_2 → 3CO_2 + 4H_2O$ であるから、プロパン2 mol が燃焼すると二酸化炭素は6 mol 生成する。二酸化炭素の分子量は 44 であるので6 × 44 = 264 g となる。

千葉県

(35) ホルムアルデヒド CH_2O （分子量 30）、フェノール C_6H_6O（94）、硫化水素 H_2S（34）、酢酸エチル $C_4H_8O_2$（88）、硫酸 H_2SO_4（98）

(36) プロピオン酸 CH_3CH_2COOH の COOH 部分をカルボキシ基という。

(37) 単体は、亜鉛・水銀・ヘリウム・銅・アルゴン、化合物は、アンモニア・水・氷・塩化ナトリウム・二酸化炭素である。

(38) すべて正しい。

(39) $Cr_2O_7^{2-}$ の Cr の酸化数を x とおく。$2x+(-2) \times 7 = -2$, $x = +6$

(40) アは分子結晶の記述。ウは金属結晶の記述、エは前半が共有結合の結晶、後半が金属結晶の記述。

〔筆記：毒物及び劇物の性質及び貯蔵その他取扱方法〕

（一般）

問3 (41) 4　(42) 5　(43) 1　(44) 2　(45) 3

〔解説〕

(41) 過酸化水素水は過酸化水素 H_2O_2 の水溶液で、無色無臭で粘性の少し高い液体。徐々に水と酸素に分解(光、金属により加速)する。安定剤として酸を加える。少量なら褐色ガラス瓶(光を遮るため)、多量ならば現在はポリエチレン瓶を使用し、3 分の 1 の空間を保ち、日光を避けて冷暗所保存。　(42) クロロホルム $CHCl_3$ は、無色、揮発性の液体で特有の香気とわずかな甘みをもち、麻酔性がある。空気中で日光により分解し、塩素、塩化水素、ホスゲンを生じるので、少量のアルコールを安定剤として入れて冷暗所に保存。　(43) ベタナフトール $C_{10}H_7OH$ は、無色〜白色の結晶、石炭酸臭、水に溶けにくく、熱湯に可溶。有機溶媒に易溶。遮光保存(フェノール性水酸基をもつ化合物は一般に空気酸化や光に弱い)。　(44) 水酸化ナトリウム(別名：苛性ソーダ)$NaOH$ は、白色結晶性の固体。水と炭酸を吸収する性質が強い。空気中に放置すると、潮解して徐々に炭酸ソーダの皮層を生ずる。貯蔵法については潮解性があり、二酸化炭素と水を吸収する性質が強いので、密栓して貯蔵する。　(45) 黄リン P_4 は、無色又は白色の蝋様の固体。毒物。別名を白リン。暗所で空気に触れるとリン光を放つ。水、有機溶媒に溶けないが、二硫化炭素には易溶。湿った空気中で発火する。空気に触れると発火しやすいので、水中に沈めてビンに入れ、さらに砂を入れた缶の中に固定し冷暗所で貯蔵する。

問4 (46) 2　(47) 4　(48) 5　(49) 3　(50) 1

〔解説〕

(46) 沃素 I_2 は、黒褐色金属光沢ある稜板状結晶、昇華性。水に溶けにくい。ヨードあるいはヨード水素酸を含有する水には溶けやすい。有機溶媒に可溶(エタノールやベンゼンでは褐色、クロロホルムでは紫色)。　(47) アニリン $C_6H_5NH_2$ は、劇物。純品は、無色透明の油状の液体で、特有の臭気があり空気に触れて赤褐色になる。水に溶けにくく、アルコール、エーテル、ベンゼンに可溶。光、空気に触れて赤褐色を呈する。蒸気は空気より重い。水溶液にさらし粉を加えると紫色を呈する。　(48) アンモニア NH_3 は、劇物。10%以下で劇物から除外。特有の刺激臭がある無色の気体で、圧縮することにより、常温でも簡単に液化する。水、エタノール、エーテルに可溶。強いアルカリ性を示し、腐食性は大。水溶液は弱アルカリ性を呈する。空気中では燃焼しないが、酸素中では黄色の炎を上げて燃焼する。　(49) 塩素酸ナトリウム $NaClO_3$ は、劇物。無色無臭結晶で潮解性をもつ。酸化剤、水に易溶。有機物や還元剤との混合物は加熱、摩擦、衝撃などにより爆発することがある。酸性では有害な二酸化塩素を発生する。また、強酸と作用して二酸化炭素を放出する。　(50) 硝酸銀 $AgNO_3$ は、劇物。無色透明結晶。光により分解して黒変する。転移点 159.6 ℃、融点 212 ℃、分解点 444 ℃。強力な酸化剤があり、腐食性がある。水によく溶ける。アセトン、グリセリンに可溶。

問5 (51) 1　(52) 4　(53) 2　(54) 5　(55) 3

〔解説〕

(51) 臭化銀(AgBr)は、劇物。淡黄色無臭の粉末。水に難溶。シアン化水溶液に可溶。光により暗色化する。用途は写真感光材料。　(52) アクリルニトリル $CH_2=CHCN$ は、劇物。僅かに刺激臭のある無色透明な液体。引火性。用途は化学合成上の主原料で、合成繊維、合成ゴム、合成樹脂、塗料、農薬、医薬、染料等の製造の重要な原料である。

(53)　三酸化二砒素は劇物。無色、結晶性の物質で、200度に熱すると、溶融せずに昇華する。水に僅かに溶けて亜砒酸を生ずる。用途は医薬用の原料、殺鼠剤等使用される。　　　(54)　五酸化バナジウムは、黄色～赤褐色の結晶、水に溶けにくい。アルコールに不溶。酸、アルカリに可溶。用途は触媒、塗料、顔料、蓄電池、蛍光体。　　　(55)　アジ化ナトリウムは、毒物。無色板状結晶で無臭。用途は試薬、医療検体の防腐剤、エアバッグのガス発生剤、除草剤としても用いられる。

問6　(56)　5　　(57)　1　　(58)　2　　(59)　4　　(60)　3
〔解説〕
　　(56)　クロルピクリン CCl_3NO_2 は、無色～淡黄色液体、催涙性、粘膜刺激臭。水に不溶。線虫駆除、燻蒸剤。毒性・治療法は、血液に入りメトヘモグロビンを作り、また、中枢神経、心臓、眼結膜を侵し、肺にも強い傷害を与える。治療法は酸素吸入、強心剤、興奮剤。　　　(57)　硝酸 HNO_3 は無色の発煙性液体。蒸気は眼、呼吸器などの粘膜および皮膚に強い刺激性をもつ。高濃度のものが皮膚に触れるとガスを生じ、初めは白く変色し、次第に深黄色になる(キサントプロテイン反応)。　　　(58)　EPN は、有機リン製剤、毒物(1.5%以下は除外で劇物)、芳香臭のある淡黄色油状または融点 36 ℃の結晶。水に不溶、有機溶媒に可溶。遅効性殺虫剤(アカダニ、アブラムシ、ニカメイチュウ等)　有機リン製剤の中毒：コリンエステラーゼを阻害し、頭痛、めまい、嘔吐、言語障害、意識混濁、縮瞳、痙攣など。治療薬は硫酸アトロピンと PAM。　　　(59)　水素化アンチモン SbH_3(別名スチビン、アンチモン化水素)は、劇物。無色、ニンニク臭の気体。空気中では常温でも徐々に水素と金属アンモンに分解。水に難溶。エタノールに可溶。毒性は、ヘモグロビンと結合し急激な赤血球の低下を導き、強い溶血作用が現れる。また、肺水腫や肝臓、腎臓にも影響し、頭痛、吐き気、衰弱、呼吸低下等の兆候が現れる。　　　(60)　メタノール CH_3OH は特有な臭いの無色液体。水に可溶。可燃性。染料、有機合成原料、溶剤。　メタノールの中毒症状：吸入した場合、めまい、頭痛、吐気など、はなはだしい時は嘔吐、意識不明。中枢神経抑制作用。飲用により視神経障害、失明。

(農業用品目)

問3　(41)　4　　(42)　2　　(43)　1
〔解説〕
　　(41)　ヨウ化メチル CH_3I は劇物。無色または淡黄色透明液体、低沸点、光により I_2 が遊離して褐色になる(一般にヨウ素化合物は光により分解し易い)。エタノール、エーテルに任意の割合に混合する。水に可溶である。　　　(42)　塩素酸ナトリウム $NaClO_3$(別名：クロル酸ソーダ、塩素酸ソーダ)は、無色無臭結晶で潮解性をもつ。酸化剤、水に易溶。有機物や還元剤との混合物は加熱、摩擦、衝撃などにより爆発することがある。酸性では有害な二酸化塩素を発生する。　　　(43)　燐化亜鉛 Zn_3P_2 は、暗褐色の結晶又は粉末。かすかにリンの臭気がある。ベンゼン、二硫化炭素に溶ける。酸と反応して有毒なホスフィン PH_3 を発生。

問4　(44)　5　　(45)　1　　(46)　3　　(47)　2
〔解説〕
　　(44)　クロルピクリン CCl_3NO_2 は、無色～淡黄色液体、催涙性、粘膜刺激臭。水に不溶。線虫駆除、燻蒸剤。毒性・治療法は、血液に入りメトヘモグロビンを作り、また、中枢神経、心臓、眼結膜を侵し、肺にも強い傷害を与える。治療法は酸素吸入、強心剤、興奮剤。　　　(45)　パラコートは、毒物で、ジピリジル誘導体。消化器障害、ショックのほか、数日遅れて肝臓、腎臓、肺等の機能障害を起こす。　　　(46)　ジメトエートは劇物。白色の固体。水溶液は室温で徐々に加水分解し、アルカリ溶液中ではすみやかに加水分解する。有機燐製剤の一種である。コリンエステラーゼ活性阻害作用があり、軽症では倦怠感、頭痛、めまい、嘔吐、下痢等。　　　(47)　硫酸は、無色透明の液体。劇物から 10%以下のものを除く。皮膚に触れた場合は、激しいやけどを起こす。眼に入った場合は、粘膜を激しく刺激し、失明することがある。直ちにに付着又は接触部を多量の水で、15分間以上洗い流す。

問5　(48)　5　　(49)　4　　(50)　2　　(51)　3　　(52)　1
〔解説〕
　　(48)　クロロファシノンは、劇物。白～淡黄色の結晶性粉末。用途はのねずみの駆除。　　　(49)　トリシクラゾールは、劇物、無色無臭の結晶、用途は、農業用殺菌剤(イモチ病に用いる。)(メラニン生合成阻害殺菌剤)。

(50)　ジクワットは、劇物。ジピリジル誘導体で淡黄色結晶。用途は、除草剤。
　(51)　フェンプロパトリンは劇物。白色の結晶性粉末。用途は殺虫剤。
　(52)　クロルメコートは、劇物。白色結晶で魚臭、非常に吸湿性の結晶。用途は植物成長調整剤。

問6　(53)　5　　(54)　4　　(55)　3
〔解説〕
　(53)　アンモニア水は無色刺激臭のある揮発性の液体。ガスが揮発しやすいため、よく密栓して貯蔵する。　　(54)　シアン化ナトリウム NaCN(別名青酸ソーダ、シアンソーダ、青化ソーダ)は毒物。白色の粉末またはタブレット状の固体。酸と反応して有毒な青酸ガスを発生するため、酸とは隔離して、空気の流通が良い場所冷所に密封して保存する。　　(55)　ロテノンはデリスの根に含まれる。殺虫剤。酸素、光で分解するので遮光保存。

問7　(56)　3　　(57)　4　　(58)　2　　(59)　1　　(60)　5
〔解説〕
　(56)　硫酸銅、硫酸銅(Ⅱ)$CuSO_4・5H_2O$ は、濃い青色の結晶。風解性。吸入した場合は、鼻、のどの粘膜を炎症を起こすことがある。酵素阻害。解毒薬はジメルカプロール(BAL)の投与。　　(57)　イソキサチオンは有機リン剤、劇物(2％以下除外)、淡黄褐色液体、水に難溶、有機溶剤に易溶、アルカリには不安定。有機リン剤の解毒薬は硫酸アトロピンまたは PAM。　　(58)　クロルピクリン CCl_3NO_2 は、劇物。無色～淡黄色液体、催涙性、粘膜刺激臭。水に不溶。毒性・治療法は、血液に入りメトヘモグロビンを作り、また、中枢神経、心臓、眼結膜を侵し、肺にも強い傷害を与える。治療法は酸素吸入、強心剤、興奮剤。
　(59)　硫酸タリウム Tl_2SO_4 は、白色結晶で、水にやや溶け、熱水に易溶、劇物、殺鼠剤。中毒症状は、疝痛、嘔吐、震せん、けいれん麻痺等の症状に伴い、しだいに呼吸困難、虚脱症状を呈する。治療法は、カルシウム塩、システインの投与。抗けいれん剤(ジアゼパム等)の投与。　　(60)　シアン化ナトリウム NaCN は毒物。白色粉末、粒状またはタブレット状。別名は青酸ソーダという。水に溶けやすく、水溶液は強アルカリ性である。空気中では湿気を吸収し、二酸化炭素と作用して、有毒なシアン化水素を発生する。無機シアン化化合物の中毒は、猛毒の血液毒、チトクローム酸化酵素系に作用し、呼吸中枢麻痺を起こす。治療薬は亜硝酸ナトリウムとチオ硫酸ナトリウム。

(特定品目)

問3　(41)　4　　(42)　2　　(43)　1　　(44)　3　　(45)　5
〔解説〕
　(41)　アンモニア NH_3 は、常温では無色刺激臭の気体、冷却圧縮すると容易に液化する。水、エタノール、エーテルに可溶。強いアルカリ性を示し、腐食性は大。水溶液は弱アルカリ性を呈する。　　(42)　塩素 Cl_2 は劇物。黄緑色の気体で激しい刺激臭がある。冷却すると、黄色溶液を経て黄白色固体。水にわずかに溶ける。　　(43)　トルエン $C_6H_5CH_3$(別名トルオール、メチルベンゼン)は劇物。無色透明な液体で、ベンゼン臭がある。蒸気は空気より重く、可燃性である。沸点は水より低い。水には不溶、エタノール、ベンゼン、エーテルに可溶である。　　(44)　重クロム酸カリウム $K_2Cr_2O_7$ は、橙赤色結晶、酸化剤。水に溶けやすく、有機溶媒に溶けにくい。　　(45)　蓚酸$(COOH)_2・2H_2O$は無色の柱状結晶、風解性、還元性、漂白剤、鉄さび落とし。無水物は白色粉末。水、アルコールに可溶。エーテルには溶けにくい。また、ベンゼン、クロロホルムにはほとんど溶けない。

問4　(46)　2　　(47)　5　　(48)　1　　(49)　3　　(50)　4
〔解説〕
　(46)　ホルマリンは、無色透明な液体を有する液体で、空気と日光により変質するので、遮光したガラス瓶を用いて保存する。また、寒冷により混濁することがあるので、常温で保存する。　　(47)　水酸化カリウム(KOH)は劇物(5％以下は劇物から除外)。(別名：苛性カリ)。空気中の二酸化炭素と水を吸収する潮解性の白色固体である。二酸化炭素と水を強く吸収するので、密栓して貯蔵する。　　(48)　過酸化水素水 H_2O_2 は、少量なら褐色ガラス瓶(光を遮るため)、多量ならば現在はポリエチレン瓶を使用し、3 分の 1 の空間を保ち、有機物等から引き離し日光を避けて冷暗所保存。

(49)　クロロホルム CHCl₃ は、無色、揮発性の液体で特有の香気とわずかな甘みをもち、麻酔性がある。空気中で日光により分解し、塩素、塩化水素、ホスゲンを生じるので、少量のアルコールを安定剤として入れて冷暗所に保存。　　(50)　四塩化炭素(テトラクロロメタン)CCl₄ は、特有な臭気をもつ不燃性、揮発性無色液体、水に溶けにくく有機溶媒には溶けやすい。強熱によりホスゲンを発生。亜鉛またはスズメッキした鋼鉄製容器で保管、高温に接しないような場所で保管。

問5　(51)　3　　(52)　2　　(53)　1　　(54)　4　　(55)　5
〔解説〕
　　(51)　メチルエチルケトンのガスを吸引すると鼻、のどの刺激、頭痛、めまい、おう吐が起こる。はなはだしい場合は、こん睡、意識不明となる。皮膚に触れた場合には、皮膚を刺激して乾性(鱗状症)を起こす。　　(52)　クロム酸ナトリウムは黄色結晶、酸化剤、潮解性。水によく溶ける。吸入した場合は、鼻、のど、気管支等の粘膜が侵され、クロム中毒を起こすことがある。皮膚に触れた場合は皮膚炎又は潰瘍を起こすことがある。　　(53)　過酸化水素 H₂O₂ は、劇物。無色の透明な液体。皮膚に触れた場合は、やけどを起こす。眼に入った場合は、角膜が侵され、場合によっては失明することがある。　　(54)　塩素 Cl₂ は、黄緑色の窒息性の臭気をもつ空気より重い気体。ハロゲンなので反応性大。水に溶ける。中毒症状は、粘膜刺激、目、鼻、咽喉および口腔粘膜に障害を与える。　　(55)　蓚酸は、劇物(10 %以下は除外)、無色稜柱状結晶。血液中のカルシウムを奪取し、神経系を侵す。胃痛、嘔吐、口腔咽喉の炎症、腎臓障害。

問6　(56)　5　　(57)　3　　(58)　1　　(59)　4　　(60)　2
〔解説〕
　　解答のとおり。

〔実地：毒物及び劇物の識別及び取扱方法〕

(一般)

問7　(61)　2　　(62)　3　　(63)　1　　(64)　4　　(65)　5
〔解説〕
　　(61)　沃素(別名ヨード、ヨジウム)(I₂)は劇物。黒灰色、金属様の光沢ある稜板状結晶。常温でも多少不快な臭気をもつ蒸気をはなって揮散する。水には黄褐色を呈し、ごくわずかに溶ける。澱粉にあうと藍色(ヨード澱粉)を呈し、これを熱すると退色する。　　(62)　ニコチンは毒物。純ニコチンは無色、無臭の油状液体。水、アルコール、エーテルに安易に溶ける。用途は殺虫剤。このエーテル溶液に、ヨードのエーテル溶液を加えると、褐色の液状沈殿を生じ、これを放置すると赤色の針状結晶となる。　　(63)　黄燐 P₄ は、白色又は淡黄色の固体であり、水酸化ナトリウムと熱すればホスフィンを発生する。酸素の吸収剤として、ガス分析に使用され、殺鼠剤の原料、また発煙剤の原料として用いられる。暗室内で酒石酸又は硫酸酸性で水蒸気蒸留を行い、その際冷却器あるいは流水管の内部に美しい青白色の光がみられる。　　(64)　クロロホルム CHCl₃ (別名トリクロロメタン)は、無色、揮発性の液体で特有の香気とわずかな甘みをもち、麻酔性がある。ベタナフトールと濃厚水酸化カリウム溶液と熱すると藍色を呈し、空気にふれて緑之味に変じ、酸を加えると赤色の沈殿を生じる。　　(65)　硫酸 H₂SO₄ は無色の粘張性のある液体。強力な酸化力をもち、また水を吸収しやすい。水を吸収するとき発熱する。木片に触れるとそれを炭化して黒変させる。また、銅片を加えて熱すると、無水亜硫酸を発生する。硫酸の希釈液に塩化バリウムを加えると白色の硫酸バリウムが生じるが、これは塩酸や硝酸に溶解しない。

問8　(66)　1　　(67)　5　　(68)　3　　(69)　2　　(70)　4
〔解説〕
　　(66)　四アルキル鉛は特定毒物。純品は無色(市販品は着色してある)、可燃性の揮発性液体。特異臭がある。廃棄法は酸化隔離法。　　(67)　重クロム酸カリウム K₂Cr₂O₇ は重金属を含む酸化剤なので還元沈澱法。　　(68)　過酸化ナトリウム Na₂O₂ は、劇物。純粋なものは白色。一般的には淡黄色。廃棄法：水に加えて希薄な水溶液とし、酸(希塩酸、希硫酸等)で中和下後、多量の水で希釈して処理する中和法である。

（69）　クロルピクリン CCl_3NO_2 は、無色～淡黄色液体、催涙性、粘膜刺激臭。廃棄法は、少量の界面活性剤を加えた亜硫酸ナトリウムと炭酸ナトリウムの混合溶液中で、攪拌し分解させたあと、多量の水で希釈して処理する分解法。　　　（70）　イソプロカルブは、劇物。1.5％を超えて含有する製剤は劇物から除外。白色結晶性の粉末。水に溶けない。アセトン、メタノール、酢酸エチルに溶ける。廃棄法はそのまま焼却炉で焼却する(燃焼法)と水酸化ナトリウム水溶液等と加温して加水分解するアルカリ法がある。

問9　（71）　5　　（72）　1　　（73）　4　　（74）　3　　（75）　2
〔解説〕
　　解答のとおり。
問10　（76）　4　　（77）　5　　（78）　1　　（79）　3
〔解説〕
　　解答のとおり。
問11　（80）　2
〔解説〕
　　アのみが正しい。臭素 Br_2 は、劇物。赤褐色・特異臭のある重い液体。比重3.12(20℃)、沸点58.8℃。強い腐食作用があり、揮発性が強い。引火性、燃焼性はない。水、アルコール、エーテルに溶ける。廃棄方法は、アルカリ水溶液中に少量ずつ多量の水で希釈して処理するアルカリ法。

（農業用品目）

問8　（61）　1　　（62）　3　　（63）　4　　（64）　2　　（65）　5
〔解説〕
　　（61）　アンモニア水は無色透明、刺激臭がある液体。アルカリ性を呈する。アンモニア NH_3 は空気より軽い気体。濃塩酸を近づけると塩化アンモニウムの白い煙を生じる。　　　（62）　無水硫酸銅 $CuSO_4$　無水硫酸銅は灰白色粉末、これに水を加えると五水和物 $CuSO_4・5H_2O$ になる。これは青色ないし群青色の結晶、または顆粒や粉末。水に溶かして硝酸バリウムを加えると、白色の沈殿を生ずる。　　　（63）　ニコチンは毒物。純ニコチンは無色、無臭の油状液体。水、アルコール、エーテルに安易に溶ける。用途は殺虫剤。このエーテル溶液に、ヨードのエーテル溶液を加えると、褐色の液状沈殿を生じ、これを放置すると赤色の針状結晶となる。　　　（64）　硫酸亜鉛 $ZnSO_4・7H_2O$ は、水に溶かして硫化水素を通じると、硫化物の沈殿を生成する。硫酸亜鉛の水溶液に塩化バリウムを加えると硫酸バリウムの白色沈殿を生じる。　　　（65）　AlP の確認方法：湿気により発生するホスフィン $PH3$ により硝酸銀中の銀イオンが還元され銀になる($Ag^+→ Ag$)ため黒変する。
問9　（66）　4　　（67）　2　　（68）　1　　（69）　3　　（70）　5
〔解説〕
　　解答のとおり。
問10　（71）　1　　（72）　2　　（73）　5　　（74）　3　　（75）　4
〔解説〕
　　（71）　塩素酸ナトリウム $NaClO_3$ は酸化剤なので、希硫酸で $HClO_3$ とした後、これを還元剤中へ加えて酸化還元後、多量の水で希釈処理する還元法。
　　（72）　メソミルは、別名メトミル、カルバメート剤、廃棄方法は 1)燃焼法(スクラバー具備)　2)アルカリ法($NaOH$ 水溶液と加温し加水分解)。
　　（73）　硫酸亜鉛 $ZnSO_4$ の廃棄方法は、金属 Zn なので 1)沈澱法；水に溶かし、消石灰、ソーダ灰等の水溶液を加えて生じる沈殿物をろ過してから埋立。2)焙焼法；還元焙焼法により Zn を回収。　　　（74）　クロルピクリン CCl_3NO_2 は、無色～淡黄色液体、催涙性、粘膜刺激臭。水に不溶。廃棄方法は分解法。
　　（75）　アンモニア NH_3(刺激臭無色気体)は水に極めてよく溶けアルカリ性を示すので、廃棄方法は、水に溶かしてから酸で中和後、多量の水で希釈処理する中和法。
問11　（76）　1　　（77）　4　　（78）　3　　（79）　5
〔解説〕
　　解答のとおり。

問12　(80)　2
〔解説〕
　　ウのみが誤り。ジクワットは、劇物で、ジピリジル誘導体で淡黄色結晶、水に溶ける。除草剤。中性または酸性条件下では安定。腐食性があり、紫外線により分解し、除草剤として用いられ、臭素原子を含む化合物。毒性は、経口摂取の場合に初め嘔吐、不快感、粘膜の炎症、意識障害、その後に腎・肝臓障害、黄疸が現れ、さらに呼吸困難、肺浮腫間質性肺炎等。。

（特定品目）

問7　(61)　5　　(62)　1　　(63)　2　　(64)　4　　(65)　3
〔解説〕
　　解答のとおり。
問8　(66)　1　　(67)　2　　(68)　4　　(69)　5　　(70)　3
〔解説〕
　　(66)　硫酸 H_2SO_4 は酸なので廃棄方法はアルカリで中和後、水で希釈する中和法。　　(67)　一酸化鉛 PbO は、水に難溶性の重金属なので、1)固化隔離法：そのままセメント固化し、埋立処理。2)還元焙焼法：還元的燃焼法により金属鉛として回収。　　(68)　硅弗化ナトリウムは劇物。無色の結晶。水に溶けにくい。廃棄法は水に溶かし、消石灰等の水溶液を加えて処理した後、希硫酸を加えて中和し、沈殿濾過して埋立処分する分解沈殿法。　　(69)　ホルマリンはホルムアルデヒド HCHO の水溶液で劇物。無色あるいはほとんど無色透明な液体。廃棄方法は多量の水を加え希薄な水溶液とした後、次亜塩素酸ナトリウムなどで酸化して廃棄する酸化法。　　(70)　酸化第二水銀 HgO は毒物。赤色または黄色の粉末。水にはほとんど溶けない。希塩酸、硝酸、シアン化アルカリ溶液には溶ける。酸には容易に溶ける。廃棄法は焙焼法又は沈殿隔離法。
問9　(71)　5　　(72)　2　　(73)　1　　(74)　3　　(75)　4
〔解説〕
　　解答のとおり。
問10　(76)　1　　(77)　3　　(78)　4　　(79)　5　　(80)　2
〔解説〕
　　解答のとおり。

千葉県

神奈川県
令和4年度実施

〔毒物及び劇物に関する法規〕
（一般・農業用品目・特定品目共通）

問1〜問5　　問1　1　　問2　2　　問3　1　　問4　2　　問5　1
〔解説〕
　　問1　法第2条では、医薬品及び医薬部外品を除くと示されている。設問のとおり。　問2　この様な規定はない。販売し、又は授与できるのは一般販売業の登録を受けた者のみである。又、特定品目販売業の登録を受けた者が販売できる施行規則別表第二に掲げられている品目のみである。　問3　設問のとおり。法第4条第1項に示されている。　問4　2この設問は法第4条第3項における登録の更新についてで、毒物劇物製造業又は輸入業の登録は、5年ごとに、販売業の登録は、6年ごとに更新を、受けなければ、その効力を失うである。
　　問5　設問のとおり。法第6条に示されている。

問6〜問10　　問6　2　　問7　2　　問8　6　　問9　2　　問10　5
〔解説〕
　　解答のとおり。

問11〜問15　　問11　1　　問12　2　　問13　1　　問14　1　　問15　2
〔解説〕
　　問11　設問のとおり。法第11条第1項〔毒物又は劇物の取扱〕に示されている。　問12　この設問にある「どのような容器を使用してもよい。」ではなく、法第11条第4項→施行規則第11条の4において、飲食物容器の使用禁止規定されている。　問13　設問のとおり。法第12条第3項に示されている。
　　問14　設問のとおり。法第14条第1項〔毒物又は劇物の譲渡手続〕についてで、販売し、又は授与したときその都度書面に記載する事項は、①毒物又は劇物の名称及び数量、②販売又は授与の年月日、③譲受人の氏名、職業及び住所(法人にあっては、その名称及び主たる事務所)である。この書面の保存は法第14条第4項に示されている。　問15　2この設問は誤り。法第15条第1項第一号〔毒物又は劇物の交付の制限等〕で、18歳未満の者には交付してはならないと示されている。

問16〜問20　　問16　1　　問17　2　　問18　1　　問19　2　　問20　1
〔解説〕
　　この設問は法第22条は業務上取扱者についてで、業務上取扱者の届出を要する事業者とは、次のとおり。業務上取扱者の届出を要する事業者とは、①シアン化ナトリウム又は無機シアン化合物たる毒物及びこれを含有する製剤→電気めっきを行う事業、②シアン化ナトリウム又は無機シアン化合物たる毒物及びこれを含有する製剤→金属熱処理を行う事業、③最大積載量5,000kg以上の運送の事業、④砒素化合物たる毒物及びこれを含有する製剤→しろありの防除を行う事業について使用する者が業務上取扱者である。このことから業務上取扱者の届出を要しないのは、**問19**の設問である。

問21〜問25　　問21　2　　問22　4　　問23　1　　問24　1　　問25　3
〔解説〕
　　この設問の毒物については法第2条第1項→法別表第一。劇物については法第2条第2項→法別表第二。特定毒物については法第2条第3項→法別表第三に掲げられている。解答のとおり。なお、問22の次亜塩素酸ナトリウムについては、塩素系漂白剤で、毒物及び劇物取締法には規定されていない。

神奈川県

〔基礎化学〕
(一般・農業用品目・特定品目共通)
問 26 ～問 30　問 26　3　　問 27　1　　問 28　2　　　問 29　3　　　問 30　3
〔解説〕
　　問 26　ハロゲン元素は F, Cl, Br, I の 17 族元素である。
　　問 27　19300/96500 = 0.2
　　問 28　中和点が pH 7 とは限らない。
　　問 29　フェノールは水酸化ナトリウムと反応してナトリウムフェノキシドを形成する。
　　問 30　アンモニアは三角錐構造の極性分子である。
問 31 ～問 35　問 31　4　　問 32　6　　問 33　0　　問 34　8　　　問 35　2
〔解説〕
　解答のとおり
問 36 ～問 40　問 36　5　　問 37　2　　問 38　3　　問 39　2　　　問 40　1
〔解説〕
　　問 36　負極では次の反応が起こる。$Pb + SO_4^{2-} \rightarrow PbSO_4 + 2e^-$　すなわち、1 モルの鉛が反応すると 2 モルの電子が流れる。今回 0.5 モルの鉛が反応したのだから 1 モルの電子が流れる。
　　問 37　水酸化ナトリウムの式量は 40 である。モル濃度 M = 4.0/40 × 1000/200,
　　M = 0.5 mol/L
　　問 38　ボイルの法則より、体積を 3 分の 1 にすると圧力は 3 倍になる。
　　問 39　酢酸 CH_3COOH の分子量は 60 である。よって 18 g の酢酸は 18/60 = 0.3 モルとなる。
　　問 40　分子量が小さいほど 10 g 当たりの物質量は多くなる。
問 41 ～問 45　問 41　1　　問 42　2　　問 43　7　　問 44　1　　　問 45　2
〔解説〕
　　問 41　解答のとおり　　　問 42　遷移元素という。
　　問 43　幾何異性体という。　　問 44　解答のとおり
　　問 45　どちらも二糖である。
問 46 ～問 50　問 46　4　　問 47　7　　問 48　6　　問 49　1　　　問 50　3
〔解説〕
　　問 46　酢酸 CH_3COOH　　　　問 47　リノール酸 $C_{17}H_{31}COOH$
　　問 48　シュウ酸 $(COOH)_2$　　　問 49　フマル酸 $HOOCCH=CHCOOH$
　　問 50　酒石酸 $HOOCCH(OH)CH(OH)COOH$

神奈川県

〔毒物及び劇物の性質及び貯蔵その他の取扱方法〕
(一般)
問 51 ～問 55　問 51　4　　　問 52　3　　　問 53　5　　　問 54　1　　　問 55　2
〔解説〕
　　問 51　アクロレイン $CH_2=CHCHO$　刺激臭のある無色液体、引火性。光、酸、アルカリで重合しやすい。貯法は、反応性に富むので安定剤を加え、空気を遮断して貯蔵。火気厳禁。　　問 52　四塩化炭素(テトラクロロメタン)CCl_4 は、特有な臭気をもつ不燃性、揮発性無色液体、水に溶けにくく有機溶媒には溶けやすい。強熱によりホスゲンを発生。亜鉛またはスズメッキした鋼鉄製容器で保管、高温に接しないような場所で保管。　　問 53　黄燐 P_4 は、無色又は白色の蝋様の固体。毒物。別名を白燐。暗所で空気に触れるとリン光を放つ。水、有機溶媒に溶けないが、二硫化炭素には易溶。湿った空気中で発火する。空気に触れると発火しやすいので、水中に沈めてビンに入れ、さらに砂を入れた缶の中に固定し冷暗所で貯蔵する。　　問 54　ベタナフトール $C_{10}H_7OH$ は、無色～白色の結晶、石炭酸臭、水に溶けにくく、熱湯に可溶。有機溶媒に易溶。遮光保存(フェノール性水酸基をもつ化合物は一般に空気酸化や光に弱い)。　　問 55　カリウム K は劇物。金属光沢をもつ銀白色の金属。性質はナトリウムに似ている。水に入れると、水素を生じ、常温では発火する。

問 56 〜問 60　問 56　2　　問 57　1　　問 58　4　　問 59　3　　問 60　5
〔解説〕
　　　問 56　六弗化タングステン WF_6：無色低沸点液体。ベンゼンにに可溶。吸湿性で加水分解を受ける。反応性が強く。ほとんどの金属を侵す。用途は半導体配線の原料として用いられる。　　　問 57　ヒドラジン(N_2H_4)は、毒物。無色の油状の液体。用途は強い還元剤でロケット燃料にも使用される。医薬、農薬等の原料。　　　問 58　塩素酸カリウム $KClO_3$(別名塩素酸カリ)は、無色の結晶。用途はマッチ、花火、爆発物の製造、酸化剤、抜染剤、医療用外用消毒剤。　　　問 59　クロム酸亜鉛カリウムは、劇物。淡黄色の粉末。用途はさび止め下塗り塗料用。
　　　問 60　パラフェニレンジアミン(別名 1,4-ジアミノベンゼン)は劇物。白色又は微赤色の板状結晶。水にはやや溶けにくい。アルコール、エーテルにはよく溶け。用途は染料製造、毛皮の染色、ゴム工業、染毛剤及び試薬。
問 61 〜問 65　問 61　1　　問 62　5　　問 63　3　　問 64　4　　問 65　2
〔解説〕
　　　問 61　三塩化アンチモン $SbCl_3$ は、無色潮解性のある結晶、空気中で発煙する。水、有機溶媒に溶ける。　　　問 62　水銀 Hg は毒物。常温で唯一の液体の金属である。硝酸には溶けるが、塩酸には溶けない。また、銀とアマルガムを生成するが、鉄とはアマルガムを生成しない。　　　問 63　セレン化鉄は毒物。金属光沢ある黒色塊状で、空気中では安定しているが、酸素中で加熱するとすると分解する。水にはほとんど溶けない。用途は、半導体。　　　問 64　リン化水素(別名ホスフィン)は無色、腐魚臭の気体。気体は自然発火する。水にわずかに溶け、酸素及びハロゲンとは激しく結合する。エタノール、エーテルに溶ける。
　　　問 65　メチルメルカプタン CH_3S は、毒物。腐ったキャベツ状の悪臭のある気体。水に可溶。結晶性の水化物をつくる。
問 66 〜問 70　問 66　3　　問 67　1　　問 68　4　　問 69　2　　問 70　5
〔解説〕
　　　問 66　アニリンは、劇物。沸点 184 〜 186 ℃の油状物。アニリンは血液毒である。かつ神経毒であるので血液に作用してメトヘモグロビンを作り、チアノーゼを起こさせる。急性中毒では、顔面、口唇、指先等にはチアノーゼが現れる。さらに脈拍、血圧は最初亢進し、後に下降して、嘔吐、下痢、腎臓炎を起こし、痙攣、意識喪失で、ついに死に至ることがある。　　　問 67　トルエン $C_6H_5CH_3$ は、劇物。特有な臭い(ベンゼン様)の無色液体。水に不溶。比重 1 以下。可燃性。引火性。劇物。用途は爆薬原料、香料、サッカリンなどの原料、揮発性有機溶媒。中毒症状は、蒸気吸入により頭痛、食欲不振、大量で大赤血球性貧血。皮膚に触れた場合、皮膚の炎症を起こすことがある。また、目に入った場合は、直ちに多量の水で十分に洗い流す。　　　問 68　硫酸タリウム Tl_2SO_4 は、白色結晶で、水にやや溶け、熱水に易溶、劇物、殺鼠剤。中毒症状は、疝痛、嘔吐、震せん、けいれん麻痺等の症状に伴い、しだいに呼吸困難、虚脱症状を呈する。治療法は、カルシウム塩、システインの投与。抗けいれん剤(ジアゼパム等)の投与。
　　　問 69　フッ化水素酸が皮膚に付着すると激しい痛みを感じ、皮膚の内部にまで浸透腐食する。薄い溶液でも指先に触れるとつめの間に浸透し、激痛を感じる。数日後につめがはく離することがある。　　　問 70　蓚酸を摂取すると体内のカルシウムと安定なキレートを形成することで低カルシウム血症を引き起こし、神経系が侵される。
問 71 〜問 75　問 71　2　　問 72　1　　問 73　3　　問 74　3　　問 75　1
〔解説〕
　　　解答のとおり。

（農業用品目）
問 51 〜問 55　問 51　2　　問 52　5　　問 53　1　　問 54　3　　問 55　4
〔解説〕
　　　問 51　トリシクラゾールは、劇物、無色無臭の結晶、水、有機溶媒にはあまり溶けない。用途は、農業用殺菌剤(イモチ病に用いる。)(メラニン生合成阻害殺菌剤)。8 ％以下は劇物除外。　　　問 52　イミシアホスは、常温で微かな特異臭のある無色透明な液体。劇物(1.5 ％以下は劇物から除外)。有機燐製剤である。市販製剤は 30 ％液剤と 1.5 ％粒剤がある。用途は、野菜、花き類等のセンチュウ類、ネダニ類を防除する殺虫剤。

問 53　テブフェンピラド(とは、N-(4-tert-ブチルベンジル)-4-クロロ-3-エチル-1-メチルピラゾール-5-カルボキサミドの一般名)は劇物。淡い黄色結晶。水に極めて溶けにくい。有機溶媒に溶けやすい。用途は野菜、果樹等の害虫駆除。　　問 54　テフルトリンは毒物(0.5 %以下を含有する製剤は劇物。淡褐色固体。水にほとんど溶けない。有機溶媒に溶けやすい。用途は野菜等のピレスロイド系殺虫剤。　　　問 55　アセタミプリドは、劇物。白色結晶固体。2 %以下は劇物から除外。アセトン、メタノール、エタノール、クロロホルムなどの有機溶媒に溶けやすい。用途はネオニコチノイド系殺虫剤。

問 56〜問 60　問 56　3　問 57　1　問 58　4　問 59　2　問 60　1
〔解説〕
　　問 56　特定毒物。除外される濃度はない。　　問 57　劇物。除外される濃度はない。　　問 58　本品は 80 %以下は有機シアン化合物としても除外。普通物。　問 59　毒物。除外される濃度はない。　　問 60　劇物。除外される濃度はない。

問 61〜問 65　問 61　2　問 62　1　問 63　2　問 64　1　問 65　1
〔解説〕
　　問 61　メトミルは、毒物(劇物は 45 %以下は劇物)。白色の結晶。水、メタノール、アセトンに溶ける。用途はカルバメート系殺虫剤。　　問 62　イミダクロプリドは劇物。弱い特異臭のある無色結晶。用途は、ネオニコチノイド系野菜等のアブラムシ等の殺虫剤。　　問 63　クロルピリホスは、劇物。白色結晶。有機燐系殺虫剤。　　問 64　チオシクラムは、劇物。無色の結晶で無臭。用途は農業用殺虫剤(ネライスキシン系)。　　問 65　シフルトリンは劇物。黄褐色の粘稠性または塊。無臭。用途は農業用ピレスロイド系殺虫剤(野菜、果樹のアオムシ、コナガやバラ、キクのアブラムシ類に使用)。

問 66〜問 70　問 66　2　問 67　1　問 68　2　問 69　1　問 70　1
〔解説〕
　　解答のとおり。

問 71〜問 75　問 71　2　問 72　1　問 73　1　問 74　2　問 75　1
〔解説〕
　　問 71　フルバリネートは劇物。淡黄色ないし黄褐色の粘稠性液体。水に難溶。熱、酸性には安定。太陽光、アルカリには不安定。　　問 72　クロルフェナピルは劇物。類白色の粉末固体。水にほとんど溶けない。アセトン、ジクロロメタンに溶ける。　　問 73　ジアフェンチウロンは劇物。白〜灰白色結晶固体。　　問 74　ピリダベンは劇物。白色結晶性無臭の粉末。水に極めて溶けにくい。　問 75　カズサホスは、10 %を超えて含有する製剤は毒物、10 %以下を含有する製剤は劇物。硫黄臭のある淡黄色の液体。有機溶媒に溶けやすい。

(特定品目)

問 51〜問 55　問 51　3　問 52　5　問 53　1　問 54　4　問 55　2
〔解説〕
　　解答のとおり。

問 56〜問 60　問 56　5　問 57　4　問 58　2　問 59　3　問 60　1
〔解説〕
　　問 56　アンモニア水は無色透明、刺激臭がある液体。アンモニア NH_3 は空気より軽い気体。濃塩酸を近づけると塩化アンモニウムの白い煙を生じる。NH_3 が揮発し易いので密栓。　　問 57　過酸化水素水は、少量なら褐色ガラス瓶(光を遮るため)、多量ならば現在はポリエチレン瓶を使用、3 分の 1 の空間を保ち、日光を避けて冷暗所保存。　　問 58　水酸化カリウム(KOH)は劇物(5 %以下は劇物から除外)。(別名：苛性カリ)。空気中の二酸化炭素と水を吸収する潮解性の白色固体である。二酸化炭素と水を強く吸収するので、密栓して貯蔵する。
　　問 59　ホルマリンは、容器を密閉して換気の良いところで貯蔵すること。直射日光をさけて保管すること。　　問 60　メチルエチルケトン $CH_3COC_2H_5$ は、アセトン様の臭いのある無色液体。引火性。有機溶媒。貯蔵方法は直射日光を避け、通風のよい冷暗所に保管し、また火気厳禁とする。なお、酸化性物質、有機過酸化物等と同一の場所で保管しないこと。

問 61 ～問 65 　問 61 　2 　　　問 62 　1 　　　問 63 　5 　　　問 64 　4 　　　問 65 　3
〔解説〕
　　　問 61 　メタノール（メチルアルコール）CH₃OH は、劇物。（別名：木精）無色透明。揮発性の可燃性液体である。用途は主として溶剤や合成原料、または燃料など。
　　　問 62 　重クロム酸カリウム K₂Cr₂O₇ は橙赤色結晶、水に易溶。用途は、工業用に酸化剤、媒染剤。　　　問 63 　硝酸 HNO₃ は、劇物。無色の液体。特有な臭気がある。腐食性が激しい。用途は冶金に用いられ、また硫酸、蓚酸などの製造、あるいはニトロベンゾール、ピクリン酸、ニトログリセリンなどの爆薬の製造やセルロイド工業などに用いられる。　　　問 64 　硅弗化ナトリウム Na₂SiF₆ は劇物。無色の結晶。用途は釉薬、試薬。　　　問 65 　　一酸化鉛 PbO（別名密陀僧、リサージ）は劇物。赤色～赤黄色結晶。用途はゴムの加硫促進剤、顔料、試薬等。
問 66 ～問 70 　問 66 　1 　　　問 67 　4 　　　問 68 　3 　　　問 69 　2 　　　問 70 　5
〔解説〕
　　　解答のとおり。。
問 71 ～問 75 　問 71 　1 　　　問 72 　1 　　　問 73 　1 　　　問 74 　2 　　　問 75 　2
〔解説〕
　　　解答のとおり。

〔実　地〕

（一般）
問 76 ～問 80 　問 76 　2 　　　問 77 　1 　　　問 78 　3 　　　問 79 　4 　　　問 80 　5
〔解説〕
　　　問 76 　モノクロル酢酸 ClCH₂COOH は劇物。無色潮解性の結晶。水に易溶。廃棄法は、可燃性溶剤と共にアフターバーナー及びスクラバーを具備した焼却炉の火室へ噴霧し償却する燃焼法。　　　問 77 　過酸化ナトリウム Na₂O₂ は、劇物。純粋なものは白色。一般的には淡黄色。廃棄法は、水に加えて希薄な水溶液とし、酸（希塩酸、希硫酸等）で中和下後、多量の水で希釈して処理する中和法である。問 78 　過酸化尿素は、劇物。白色の結晶又は結晶性粉末。水に溶ける。空気中で尿素、水、酸に分解する。廃棄法は多量の水で希釈して処理する希釈法。　　　問 79 　塩化バリウムは、劇物。無水物もあるが一般的には二水和物で無色の結晶。廃棄法は水に溶かし、硫酸ナトリウムの水溶液を加えて処理し、沈殿ろ過して埋立処分する沈殿法。　　　問 80 　エチレンオキシドは、劇物。快臭のある無色のガス。水、アルコール、エーテルに可溶。可燃性ガス、反応性に富む。廃棄法：多量の水に少量ずつガスを吹き込み溶解し希釈した後、少量の硫酸を加えエチレングリコールに変え、アリカリ水で中和し、活性汚泥で処理する活性汚泥法。
問 81 ～問 85 　問 81 　1 　　　問 82 　2 　　　問 83 　3 　　　問 84 　5 　　　問 85 　4
〔解説〕
　　　問 81 　水酸化ナトリウム NaOH は、白色、結晶性のかたいかたまりで、繊維状結晶様の破砕面を現す。水と炭酸を吸収する性質がある。水溶液を白金線につけて火炎中に入れると、火炎は黄色に染まる。　　　問 82 　臭素は、刺激性の臭気をはなって揮発する赤褐色の重い液体。澱粉糊（でんぷんのり）液を橙黄色に染め、ヨードカリ澱粉（でんぷん）紙を藍変し、フルオレッセン溶液を赤変する。　　　問 83 　硝酸鉛は劇物。無色の結晶。水に溶けやすい。470 ℃で分解すると一酸化鉛になる。ほんの少量を磁製のルツボに入れて熱すると、小爆鳴を発する。赤褐色の蒸気を出して、ついに酸化鉛を残す。　　　問 84 　アンモニア水は無色透明、刺激臭がある液体。アルカリ性を呈する。アンモニア NH₃ は空気より軽い気体。濃塩酸を近づけると塩化アンモニウムの白い煙を生じる。　　　問 85 　セレン Se は毒物。灰色の金属光沢を有するペレットまたは黒色の粉末。水に不溶。鑑別法は炭の上に小さな孔をつくり、脱水炭酸ナトリウムの粉末とともに試料を吹管炎で熱灼すると、特有のニラ臭を出し、冷えると赤色のかたまりとなる。これは濃硫酸に緑色に溶ける。
問 86 ～問 90 　問 86 　4 　　　問 87 　1 　　　問 88 　2 　　　問 89 　5 　　　問 90 　3
〔解説〕
　　　解答のとおり。
問 91 ～問 95 　問 91 　1 　　　問 92 　1 　　　問 93 　2 　　　問 94 　3 　　　問 95 　5
〔解説〕
　　　解答のとおり。

神奈川県

問96～問100　問96　2　　　問97　3　　　問98　3　　　問99　2　　　問100　1
〔解説〕
　　　解答のとおり。

（農業用品目）
問76～問80　問76　1　　　問77　3　　　問78　5　　　問79　4　　　問80　2
〔解説〕
　　　問76　シアン化カリウム KCN（別名青酸カリ）は、毒物で無色の塊状又は粉末。
①酸化法　水酸化ナトリウム水溶液を加えてアルカリ性（pH11 以上）とし、酸化剤
（次亜塩素酸ナトリウム、さらし粉等）等の水溶液を加えて CN 成分を酸化分解す
る。CN 成分を分解したのち硫酸を加え中和し、多量の水で希釈して処理する。
②アルカリ法　水酸化ナトリウム水溶液等でアリカリ性とし、高温加圧下で加水
分解する。　　　　　問77　塩素酸ナトリウム NaClO₃ は酸化剤なので、希硫酸で HClO
₃ とした後、これを還元剤中へ加えて酸化還元後、多量の水で希釈処理する還元法。
　　　問78　イアジノンは、劇物で純品は無色の液体。有機燐系。水に溶けにくい。
有機溶媒に可溶。廃棄方法：燃焼法　廃棄方法はおが屑等に吸収させてアフター
バーナー及びスクラバーを具備した焼却炉で焼却する。（燃焼法）　　　　問79　硫酸
H₂SO₄ は酸なので廃棄方法はアルカリで中和後、水で希釈する中和法。
　　　問80　硫酸第二銅は、濃い青色の結晶。風解性。水に易溶、水溶液は酸性。劇
物。廃棄法は、水に溶かし、消石灰、ソーダ灰等の水溶液を加えて処理し、沈殿
ろ過して埋立処分する沈殿法。
問81～問85　問81　5　　　問82　3　　　問83　1　　　問84　2　　　問85　4
〔解説〕
　　　解答のとおり。
問86～問90　問86　1　　　問87　2　　　問88　2　　　問89　3　　　問90　1
〔解説〕
　　　解答のとおり。
問91～問95　問91　1　　　問92　3　　　問93　2　　　問94　1　　　問95　1
〔解説〕
　　　解答のとおり。
問96～問100　問96　3　　　問97　3　　　問98　1　　　問99　2　　　問100　3
〔解説〕
　　　解答のとおり。

（特定品目）
問76～問80　問76　1　　　問77　2　　　問78　4　　　問79　3　　　問80　5
〔解説〕
　　　問76　クロロホルム CHCl₃（別名トリクロロメタン）は、揮発性の液体で、特異
の香気とかすかな甘みを有する。アルコール溶液に水酸化カリウム溶液と少量の
アニリンを加えて熱すると、不快な刺激性の臭気をはなつ。　　　　問77　塩酸は塩
化水素 HCl の水溶液。無色透明の液体 25 ％以上のものは、湿った空気中で著し
く発煙し、刺激臭がある。塩酸は種々の金属を溶解し、水素を発生する。硝酸銀
溶液を加えると、塩化銀の白い沈殿を生じる。　　　問78　四塩化炭素（テトラク
ロロメタン）CCl₄ は、特有な臭気をもつ不燃性、揮発性無色液体、水に溶けにく
く有機溶媒には溶けやすい。洗濯剤、清浄剤の製造などに用いられる。確認方法
はアルコール性 KOH と銅粉末とともに煮沸により黄赤色沈殿を生成する。
　　　問79　ホルムアルデヒド HCHO は、無色刺激臭の気体で水に良く溶け、これ
をホルマリンという。ホルマリンは無色透明な刺激臭の液体、低温ではパラホル
ムアルデヒドの生成により白濁または沈澱が生成することがある。水、アルコー
ル、エーテルと混和する。アンモニ水を加えて強アルカリ性とし、水浴上で蒸発
すると、水に溶解しにくい白色、無晶形の物質を残す。フェーリング溶液ととも
に熱すると、赤色の沈殿を生ずる。　　　　問80　水酸化ナトリウム NaOH は、白色、
結晶性のかたいかたまりで、繊維状結晶様の破砕面を現す。水と炭酸を吸収する
性質がある。水溶液を白金線につけて火炎中に入れると、火炎は黄色に染まる。

問81～問85　問81　5　　問82　1　　問83　4　　問84　2　　問85　3
〔解説〕
　　問81　クロロホルム CHCl₃ は含ハロゲン有機化合物なので廃棄方法はアフター
バーナーとスクラバーを具備した焼却炉で焼却する燃焼法。　　問82　一酸化鉛
PbO は、水に難溶性の重金属なので、そのままセメント固化し、埋立処理する固
化隔離法。　　問83　硅弗化ナトリウムは劇物。無色の結晶。水に溶けにくい。
廃棄法は水に溶かし、消石灰等の水溶液を加えて処理した後、希硫酸を加えて中
和し、沈殿濾過して埋立処分する分解沈殿法。　　問84　アンモニア NH₃(刺激臭
無色気体)は水に極めてよく溶けアルカリ性を示すので、廃棄方法は、水に溶かし
てから酸で中和後、多量の水で希釈処理する中和法。　　問85　塩素 Cl₂ は劇物。
黄緑色の気体で激しい刺激臭がある。冷却すると、黄色溶液を経て黄白色固体。
水にわずかに溶ける。廃棄方法は、塩素ガスは多量のアルカリに吹き込んだのち、
希釈して廃棄するアルカリ法。
問86～問90　問86　2　　問87　4　　問88　5　　問89　3　　問90　1
〔解説〕
　　問86　メタノール CH₃OH は特有な臭いの無色透明な揮発性の液体。水に可溶。
可燃性。あらかじめ熱灼した酸化銅を加えると、ホルムアルデヒドができ、酸化
銅は還元されて金属銅色を呈する。　　問87　硫酸 H₂SO₄ は無色の粘張性のある
液体。強力な酸化力をもち、また水を吸収しやすい。水を吸収するとき発熱する。
木片に触れるとそれを炭化して黒変させる。硫酸の希釈液に塩化バリウムを加え
ると白色の硫酸バリウムが生じるが、これは塩酸や硝酸に溶解しない。
　　問88　蓚酸は一般に流通しているものは二水和物で無色の結晶である。注意し
て加熱すると昇華するが、急に加熱すると分解する。水溶液は、過マンガン酸カ
リウムの溶液を退色する。水には可溶だがエーテルには溶けにくい。
　　問89　アンモニア水は、無色透明の刺激臭がある液体で揮発性である。リトマ
ス紙につけると赤色を青色に着色する。　　問90　クロム酸ナトリウム(別名ク
ロム酸ソーダ)は劇物。十水和物は、水に溶けやすい黄色の結晶である。本品の水
溶液に硝酸バリウム水溶液又は酢酸鉛を加えると黄色に沈殿、硝酸銀を加えると
赤褐色沈殿をそれぞれ生ずる。
問91～問95　問91　1　　問92　3　　問93　2　　問94　2　　問95　1
〔解説〕
　　解答のとおり。
問96～問100　問96　1　　問97　2　　問98　2　　問99　1　　問100　2
〔解説〕
　　特定品目販売業の登録を受けた者が販売できる品目については、法第四条の三
第二項→施行規則第四条の三→施行規則別表第二に掲げられている品目のみであ
る。問96　塩基酢酸酸鉛は販売出来る。　　問97　酸化水銀5％以下は、特定品
目販売業が販売出来るが、この設問では6％以下とあるので販売できない。
問98　過酸化尿素は販売できない。施行規則別表第二を参照。　　問99　塩化水
素10％以下は販売できないが、この設問では20％含有する製剤なので販売出来
る。　　問100　二硫化炭素は販売できない。

神奈川県

- 459 -

新潟県
令和4年度実施
〔毒物及び劇物に関する法規〕
（一般・農業用品目・特定品目共通）

問1　2
〔解説〕
　　この設問で正しいのは、アとエである。アは法第1条〔目的〕のこと。エは法第3条の2第10項のこと。なお、イは法第2条第2項のことであるが、設問では「医薬品以外のものをいう。」ではなく、「医薬品及び医薬部外品以外のものをいう。」である。ウについては、毒物又は劇物製造業者が自ら製造した毒物又は劇物を一般表皮消費者には販売することはできない。販売業の登録を要する。ただし、毒物劇物営業者には、自ら製造した毒物又は劇物を販売することはできる。

問2　3
〔解説〕
　　この設問では、cとdが正しい。この法第3条の3→施行令第32条の2による品目→①トルエン、②酢酸エチル、トルエン又はメタノールを含有する接着剤、塗料及び閉そく用またはシーリングの充てん料は、みだりに摂取、若しくは吸入し、又はこれらの目的で所持してはならい。このことから正しいのは、3のトルエンである。

問3　3
〔解説〕
　　この設問では、イとウが正しい。イは設問のとおり。法第4条の3第1項に示されている。ウは法第11条第4項に示されている。なお、アは法第4条第3項における登録の更新のことで、製造業又は輸入業は、5年ごとに、販売業は、6年ごとに登録の更新を受けなければ、その効力を失うである。エは法第17条第2項についてでは、その旨を警察署に届け出なければならないである。

問4　3
〔解説〕
　　この設問では、イとウが正しい。イは設問のとおり。施行令第40条の5第2項第二号→施行規則第13条の5〔毒物又は劇物を運搬する車両に掲げる標識〕のこと。ウは法第15条第2項は法第3条の4→施行令第32条の3に示されている品目〔①亜塩素酸ナトリウムを含有する製剤30％以上、②塩素酸塩類を含有する製剤35％以上、③ナトリウム、④ピクリン酸〕について確認した後でなければ販売することはできない。なお、アは法第12条第1項〔毒物又は劇物の表示〕についてで、…「医薬用外」の文字及び毒物については、赤地に白色をもって「毒物」の文字である。エの設問では、毒物又は劇物を直接取り扱わない店舗とあるので、法第7条第1項において、毒物劇物取扱責任者を置かなくてもよい。ただし、販売業の登録は要する。

問5　2
〔解説〕
　　この設問は毒物劇物取扱責任者のことで、2が正しい。2は法第8条第2項第一号で、18歳未満の者は毒物劇物取扱責任者になることはできない。

問6　4
〔解説〕
　　この設問では誤っているものはどれかとあるので、4が誤り。4については届け出を要しない。

問7　2
〔解説〕
　　この設問は法第12条第2項における容器及び被包についての表示として掲げる事項で、①毒物又は劇物の名称、毒物又は劇物の成分及びその含量、③厚生労働省令で定める〔有機燐化合物及びこれを含有する製剤たる毒物又は劇物〕その解毒剤〔2―ピリジルアルドキシム製剤、硫酸アトロピンの製剤〕のこと。この設問ではアとエが正しい。

問8　2
〔解説〕
　この設問は、2 いが正しい。2 は法第 14 条第 4 項に示されている。なお、1 については、押印を要する。法第 14 条第 2 項→施行規則第 12 条の 2〔毒物又は劇物の譲渡手続に係る書面〕のこと。3 は法第 15 条第 1 項第一号において、18 歳未満の者に交付してはならないとあるので、この設問では 15 歳とあるので誤り。4 については、書面に記載事項は、①毒物又は劇物の名称及び数量、②販売又は授与の年月日、③譲受人の氏名、職業及び住所（法人にあっては、その名称及び主たる事務所）であり、設問にある使用目的を記載しない。

問9　1
〔解説〕
　この設問の法第 22 条は業務上取扱者についてで、業務上取扱者の届出を要する事業者とは、次のとおり。業務上取扱者の届出を要する事業者とは、①シアン化ナトリウム又は無機シアン化合物たる毒物及びこれを含有する製剤→電気めっきを行う事業、②シアン化ナトリウム又は無機シアン化合物たる毒物及びこれを含有する製剤→金属熱処理を行う事業、③最大積載量 5,000kg 以上の運送の事業、④砒素化合物たる毒物及びこれを含有する製剤→しろありの防除を行う事業について使用する者が業務上取扱者である。このことから 1 が正しい。

問10　3
〔解説〕
　この設問は法第 13 条における着色する農業用品目のことで、法第 13 条→施行令第 39 条において、①硫酸タリウムを含有する製剤たる劇物、②燐化亜鉛を含有する製剤たる劇物→施行規則第 12 条で、あせにくい黒色に着色しなければならないと示されている。

〔基礎化学〕
（一般・農業用品目・特定品目共通）

問11　3
〔解説〕
　アルカリ土類金属は Be, Mg を除く 2 族の元素である。

問12　4
〔解説〕
　黄色はナトリウム、赤紫はカリウム、赤はリチウムの炎色反応である。

問13　3
〔解説〕
　黒鉛もダイヤモンドもどちらも炭素の単体である。

問14　1
〔解説〕
　$Ag^+ + Cl^- → AgCl$（白色沈殿）

問15　3
〔解説〕
　硝酸 HNO_3 の分子量は 63 である。よって硝酸 0.3　mol の質量は $63 × 0.3 ＝ 18.9$ g である。

問16　1
〔解説〕
　2 の操作は抽出、3 の操作は濾過、4 の操作は再結晶である。

問17　4
〔解説〕
　水酸化鉄はイオン結合と共有結合、塩化カリウムはイオン結合、アルミニウムは金属結合である。

問18　2
〔解説〕
　塩基性の物質は、赤色リトマス紙を青変する。フェノールフタレインの変色域は弱塩基性側にある。塩基性溶液は pH 7 よりも大きくなる。

問19　3
〔解説〕
　酸化数を計算するときは酸素を-2、水素を-1 として計算し、分子全体で 0 となるようにする。

新潟県

問20　1
〔解説〕
　　Li＞K＞Ca＞Na＞Mg＞Al＞Zn＞Fe＞Ni＞Sn＞Pb＞H＞Cu＞Hg＞Ag＞Pt＞Au の順である。

〔毒物及び劇物の性質及び
#　　貯蔵その他取扱方法〕

（一般）
問21　1
〔解説〕
　　1のモノフルオール酢酸アミドが特定毒物。特定毒物は法第2条第3項法別表
第三→指令令第3条に掲げられている品目。トルエン、アセタミプリドは、劇物。
砒素は、毒物。
問22　2
〔解説〕
　　四塩化炭素(テトラクロロメタン)CCl₄ は、特有な臭気をもつ不燃性、揮発性無
色液体、水に溶けにくく有機溶媒には溶けやすい。洗濯剤、清浄剤の製造などに
用いられる。確認方法はアルコール性 KOH と銅粉末とともに煮沸により黄赤色
沈殿を生成する。
問23　3
〔解説〕
　　この設問は貯蔵法についてで、3のカリウムが正しい。カリウム K は、劇物。
銀白色の光輝があり、ろう様の高度を持つ金属。カリウムは空気中では酸化され、
ときに発火することがある。カリウムやナトリウムなどのアルカリ金属は空気中
の酸素、湿気、二酸化炭素と反応する為、石油中に保存する。カリウムの炎色反
応は赤紫色である。なお、ヨウ素 I₂ は、黒褐色金属光沢ある稜板状結晶、昇華性。
貯蔵法は、気密容器を用い、風通しのよい冷所に貯蔵する。腐食されやすい金属
なので、濃塩酸、アンモニア水、アンモニアガス、テレビン油等から引き離して
おく。黄燐 P₄ は、無色又は白色の蝋様の固体。毒物。別名を白燐。貯蔵法は、空
気中の酸素と反応して自然発火するため、水を張ったビンの中に沈め、さらに砂
を入れた缶中に固定して冷暗所に貯蔵する。ピクリン酸は爆発性なので、火気に
対して安全で隔離された場所に、イオウ、ヨード、ガソリン、アルコール等と離
して保管する。鉄、銅、鉛等の金属容器を使用しない。
問24　4
〔解説〕
　　4が正しい。臭素は、刺激性の臭気をはなって揮発する赤褐色の重い液体。ア
ルコール、エーテル、水に溶ける。強い腐食作用をもつ。エーテルに溶ける。な
お、硫酸 H₂SO₄ は無色の粘張性のある液体。強力な酸化力をもち、また水を吸収
しやすい。水を吸収するとき発熱する。木片に触れるとそれを炭化して黒変させ
る。また、銅片を加えて熱すると、無水亜硫酸を発生する。硫酸の希釈液に塩化
バリウムを加えると白色の硫酸バリウムが生じるが、これは塩酸や硝酸に溶解し
ない。アニリン C₆H₅NH₂ は、劇物。新たに蒸留したものは無色透明油状液体、光、
空気に触れて赤褐色を呈する。特有な臭気。水には難溶、有機溶媒には可溶。水
溶液にさらし粉を加えると紫色を呈する。シアン化ナトリウム NaCN は毒物。白
色の粉末、粒状またはタブレット状の固体。水に溶けやすく、水溶液は強アルカ
リ性である。酸と反応すると、有毒でかつ引火性のガスを発生する。
問25　3
〔解説〕
　　液体のものは、3のシメチル鉛。四メチル鉛(CH₃)₄Pb(別名テトラメチル鉛)は、
特定毒物。純品は無色の可燃性液体。ハッカ実をもつ液体。なお、亜硝酸ナトリ
ウム NaNO₂ は、劇物。白色または微黄色の結晶性粉末。イミダクロプリドは、劇
物。弱い特異臭のある無色の結晶。弗化バリウムは、劇物。白色粉末。
問26　1
〔解説〕
　　トリクロル酢酸は、劇物で無色斜方六面体の結晶。廃棄方法は可燃性溶剤とと
もにアフターバーナー及びスクラバーを具備した焼却炉の火室へ噴霧し焼却する
燃焼法。

新潟県

問27　1
〔解説〕
　　キシレン $C_6H_4(CH_3)_2$（別名キシロール、ジメチルベンゼン、メチルトルエン）は、無色透明な液体で o-、m-、p-の 3 種の異性体がある。水にはほとんど溶けず、有機溶媒に溶ける。蒸気は空気より重い。溶剤。揮発性、引火性。なお、クロルピクリン CCl_3NO_2 は、劇物。無色～淡黄色液体、催涙性、粘膜刺激臭。弗化水素酸(HF・aq)は毒物。弗化水素の水溶液で無色またはわずかに着色した透明の液体。ホスゲンは独特の青草臭のある無色の圧縮液化ガス。
問28　2
〔解説〕
　　解答のとおり。
問29　3
〔解説〕
　　この設問のアンモニアについて誤りは、3。アンモニア NH_3 は、劇物。10%以下で劇物から除外。特有の刺激臭がある無色の気体で、圧縮することにより、常温でも簡単に液化する。水、エタノール、エーテルに可溶。強いアルカリ性を示し、腐食性は大。水溶液は弱アルカリ性を呈する。空気中では燃焼しないが、酸素中では黄色の炎を上げて燃焼する。
問30　4
〔解説〕
　　ジエチル―（五―フェニル―三―イソキサゾリル）―チオホスフェイト（別名：イソキサチオン）は有機燐系で淡黄褐色液体。中毒症状が発現した場合は、PAM又は硫酸アトロピンを用いた適切な解毒手当を受ける。

（農業用品目）
問21　3
〔解説〕
　　カルボスルファンは、劇物。有機燐製剤の一種。褐色粘稠液体。有機燐化合物なので、PAM 又は硫酸アトロピンを用いた適切な解毒手当を受ける。
問22　2
〔解説〕
　　解答のとおり。
問23　4
〔解説〕
　　塩素酸ナトリウム $NaClO_3$ は酸化剤なので、希硫酸で $HClO_3$ とした後、これを還元剤中へ加えて酸化還元後、多量の水で希釈処理する還元法。
問24　1
〔解説〕
　　アラニカルブには除外される濃度はないので劇物。なお、イミノクタジンについて、指定令第2条により、本品ただし書で、3.5 ％以下劇物除外。チアクロプリドは3％以下劇物から除外。イソキサチオンは2％以下劇物から除外
問25　2
〔解説〕
　　クロルピクリン CCl_3NO_2 は、無色～淡黄色液体、催涙性、粘膜刺激臭。水に不溶。
問26　4
〔解説〕
　　シペルメトリンは劇物。白色の結晶性粉末。水にほとんど溶けない。メタノール、アセトン、キシレン等有機溶媒に溶ける。酸、中性には安定、アルカリには不安定。用途はピレスロテド系殺虫剤。なお、ベンフラカルブは、劇物。淡黄色粘稠液体。有機溶媒には可溶。水に極めて溶けにくい。酸に不安定である。用途は農業殺虫剤（カーバーメート系化合物）。ホスチアゼートは、劇物。弱いメルカプタン臭いのある淡褐色の液体。水にきわめて溶けにくい。用途は野菜等のネコブセンチュウ等の害虫を殺虫剤（有機燐系農薬）。ダイファシノンは毒物。黄色結晶性粉末。アセトン酢酸に溶ける。水にはほとんど溶けない。0.005 ％以下を含有するものは劇物。用途は殺鼠剤。

問27 3
〔解説〕
　ジメトエートは、白色の固体。水溶液は室温で徐々に加水分解し、アルカリ溶液中ではすみやかに加水分解する。太陽光線に安定で、熱に対する安定性は低い。用途は、稲のツマグロヨコバイ、ウンカ類、果樹のヤノネカイガラムシ、ミカンハモグリガ、ハダニ類、アブラムシ類、ハダニ類の駆除。有機燐製剤の一種である。
問28 3
〔解説〕
　アセタミプリドは、劇物（２％以下は劇物から除外）。<u>白色結晶固体。エタノールクロロホルム、ジクロロメタン等の有機溶媒に溶けやすい。比重1.330。</u>融点98.9℃。ネオニコチノイド製剤。<u>殺虫剤として用いられる。</u>
問29 1
〔解説〕
　テブフェンピラドは劇物。淡黄色結晶。比重1.0214　水にきわめて溶けにくい。有機溶媒に溶けやすい。pH ３～11 で安定。用途は野菜、果樹等のハダニ類の害虫を防除する農薬。なお、ダイアジノンは劇物。有機燐製剤、接触性殺虫剤、かすかにエステル臭をもつ無色の液体、水に難溶、エーテル、アルコールに溶解する。有機溶媒に可溶。トルフェンピラドは劇物。類白色の粉末。水に溶けにくい。用途は殺虫剤。フェンバレレートは劇物。黄褐色の粘調性液体。水にはほとんど溶けない。メタノール、アセトニトリル、酢酸エチルに溶けやすい。熱、酸に安定。アルカリに不安定。また、光で分解。用途はピレスロテド系殺虫剤（農薬殺虫剤）。
問30 1
〔解説〕
　ジメチルジチオホスホリルフェニル酢酸エチル（フェントエート、PAP）は、赤褐色、油状の液体で、芳香性刺激臭を有し、水、プロピレングリコールに溶けない。リグロインにやや溶け、アルコール、エーテル、ベンゼンに溶ける。アルカリには不安定。有機燐系の殺虫剤。

（特定品目）
問21 4
〔解説〕
　4 の酸化水銀５％以下を含有する製剤は劇物である。なお、５％以下は毒物から除外。なお、過酸化水素水は６％以下劇物から除外。水酸化カリウムは5%以下で劇物から除外。クロム酸鉛は 70 ％以下は劇物から除外。
問22 2
〔解説〕
　硫酸 H_2SO_4 は無色の粘張性のある液体。強力な酸化力をもち、また水を吸収しやすい。水を吸収するとき発熱する。木片に触れるとそれを炭化して黒変させる。硫酸の希釈液に塩化バリウムを加えると白色の硫酸バリウムが生じるが、これは塩酸や硝酸に溶解しない。
問23 1
〔解説〕
　クロロホルム $CHCl_3$ は、無色、揮発性の液体で特有の香気とわずかな甘みをもち、麻酔性がある。蒸気は空気より重い。沸点 61 ～ 62 ℃、比重 1.484，不燃性で水にはほとんど溶けない。空気に触れ、同時に日光の作用を受けると分解する。なお、トルエン $C_6H_5CH_3$（別名トルオール、メチルベンゼン）は劇物。無色、可燃性のベンゼン臭を有する液体である。水には不溶、エタノール、ベンゼン、エーテルに可溶である。メタノール（メチルアルコール）CH_3OH は、劇物。（別名：木精）>無色透明の液体で。動揺しやすい揮発性の液体で、水、エタノール、エーテル、クロロホルム、脂肪、揮発油とよく混ぜる。キシレン $C_6H_4(CH_3)_2$（別名キシロール、ジメチルベンゼン、メチルトルエン）は、無色透明な液体で o-, m-, p-の 3 種の異性体がある。水にはほとんど溶けず、有機溶媒に溶ける。蒸気は空気より重い。溶剤。揮発性、引火性。
問24 2
〔解説〕
　解答のとおり。

新潟県

- 464 -

問25　3
　〔解説〕
　　特定品目販売業の登録を受けた者が販売できる品目については、法第四条の三第二項→施行規則第四条の三→施行規則別表第二に掲げられている品目のみである。このことから3のホルマリンが販売できる。
問26　1
　〔解説〕
　　メチルエチルケトンは、アセトン様の臭いのある無色液体。引火性。有機溶媒。廃棄方法は、C, H, O のみからなる有機物なので燃焼法。
問27　4
　〔解説〕
　　クロム酸カリウム KCrO₄ は、橙黄色の結晶。(別名：中性クロム酸カリウム、クロム酸カリ)。クロム酸カリウムの慢性中毒：接触性皮膚炎、穿孔性潰瘍、アレルギー疾患など。クロムは砒素と同様に発がん性を有する。特に肺がんを誘発する。
問28　2
　〔解説〕
　　解答のとおり。
問29　4
　〔解説〕
　　塩化水素 HCl は、劇物。常温で無色の刺激臭のある気体。腐食性を有し、不燃性。湿った空気中で発煙し塩酸になる。白色の結晶。水、メタノール、エーテルに溶ける。
問30　1
　〔解説〕
　　アとイが正しい。なお、濃硫酸は、劇物。無色透明な油様の液体で、粗製のものは微褐色のものもある。濃度の高いものを水で薄めると激しく発熱する。トルエン C₆H₅CH₃(別名トルオール、メチルベンゼン)は劇物。特有な臭いの無色液体。水に不溶。比重 1 以下。可燃性。蒸気は空気より重い。揮発性有機溶媒。麻酔作用が強い。なお、水酸化カリウム KOH(別名苛性カリ)は劇物(5％以下は劇物から除外。)。白色の固体で、水、アルコールには熱を発して溶けるが、アンモニア水には溶けない。空気中に放置すると、水分と二酸化炭素を吸収して潮解する。水溶液は強いアルカリ性を示す。また、腐食性が強い。過酸化水素は、無色透明の濃厚な液体で、弱い特有のにおいがある。強く冷却すると稜柱状の結晶となる。不安定な化合物であり、常温でも徐々に水と酸素に分解する。酸化力、還元力を併有している。

〔毒物及び劇物の識別及び取扱方法〕

(一般)

問31　3
　〔解説〕
　　炭酸バリウム(BaCO₃)は、劇物。白色の粉末。水に溶けにくい。アルコールには溶けない。酸に可溶。
問32　4
　〔解説〕
　　炭酸バリウム(BaCO₃)は、劇物。白色の粉末。用途は陶磁器の釉薬、光学ガラス用、試薬。
問33　3
　〔解説〕
　　カルタップは、劇物。2％以下は劇物から除外。無色の結晶。水、メタノールに溶ける。
問34　3
　〔解説〕
　　カルタップは、劇物。2％以下は劇物から除外。無色の結晶。用途は農薬の殺虫剤(ネライストキシン系殺虫剤)。

問 35　4
〔解説〕
　　アジ化ナトリウム NaN_3（別名ナトリウムアザイド、アジドナトリウム）は、毒物（0.1 ％以下は除外。）、無色板状結晶、水に溶けアルコールに溶け難い。徐々に加熱すると分解し、窒素とナトリウムを発生。酸によりアジ化水素 HN_3 を発生。
問 36　2
〔解説〕
　　アジ化ナトリウム NaN_3 は、毒物。無色板状結晶で無臭。用途は試薬、医療検体の防腐剤、エアバッグのガス発生剤、除草剤としても用いられる。。
問 37　1
〔解説〕
　　塩素 Cl_2 は、常温においては窒息性臭気をもつ黄緑色気体、冷却すると黄色溶液を経て黄白色固体となる。融点はマイナス 100.98 ℃、沸点はマイナス 34 ℃である。
問 38　1
〔解説〕
　　塩素 Cl_2 は、常温においては窒息性臭気をもつ黄緑色気体。用途は酸化剤、紙パルプの漂白剤、殺菌剤、消毒薬。
問 39　2
〔解説〕
　　塩化亜鉛（別名　クロル亜鉛）$ZnCl_2$ は劇物。白色の結晶。空気にふれると水分を吸収して潮解する。用途は脱水剤、木材防臭剤、脱臭剤、試薬。
問 40　3
〔解説〕
　　塩化亜鉛（別名　クロル亜鉛）$ZnCl_2$ は劇物。白色の結晶。用途は脱水剤、木材防臭剤、脱臭剤、試薬。

（農業用品目）
問 31　1
〔解説〕
　　ジクワットは、劇物で、ジピリジル誘導体で淡黄色結晶、水に溶ける。中性又は酸性で安定、アルカリ溶液でうすめる場合には、2～3時間以上貯蔵できない。腐食性を有する。土壌等に強く吸着されて不活性化する性質がある。
問 32　4
〔解説〕
　　ジクワットは、劇物で、ジピリジル誘導体で淡黄色結晶。用途は、除草剤。
問 33　2
〔解説〕
　　燐化亜鉛 Zn_3P_2 は、灰褐色の結晶又は粉末。かすかにリンの臭気がある。ベンゼン、二硫化炭素に溶ける。酸と反応して有毒なホスフィン $PH3$ を発生。
問 34　4
〔解説〕
　　燐化亜鉛 Zn_3P_2 は、灰褐色の結晶又は粉末。用途は、殺鼠剤、倉庫内燻蒸剤。
問 35　1
〔解説〕
　　一般の問 33 を参照。
問 36　3
〔解説〕
　　一般の問 34 を参照。
問 37　1
〔解説〕
　　イミダクロプリドは劇物。弱い特異臭のある無色結晶。水にきわめて溶けにくい。ただし、2 ％以下は劇物から除外。用途は野菜等のアブラムシ等の殺虫剤（クロロニコチニル系農薬）。
問 38　2
〔解説〕
　　イミダクロプリドは劇物。弱い特異臭のある無色結晶。用途は野菜等のアブラムシ等の殺虫剤（クロロニコチニル系農薬）。

新潟県

問 39　1
〔解説〕
　　ジチアノンは劇物。暗褐色結晶性粉末。融点 216 ℃。用途は殺菌剤(農薬)。
問 40　3
〔解説〕
　　ジチアノンは劇物。暗褐色結晶性粉末。用途は殺菌剤(農薬)。

(特定品目)

問 31　2
〔解説〕
　　一般の問 37 を参照。

問 32　4
〔解説〕
　　一般の問 38 を参照。
問 33　4
〔解説〕
　　硅弗化ナトリウム Na_2SiF_6 は劇物。無色の結晶。水に溶けにくい。アルコールにも溶けない。
問 34　3
〔解説〕
　　硅弗化ナトリウム Na_2SiF_6 は劇物。無色の結晶。用途は、釉薬、漂白剤、殺菌剤、消毒剤。
問 35　2
〔解説〕
　　重クロム酸カリウム $K_2Cr_2O_4$ は、劇物。橙赤色の柱状結晶。水に溶けやすい。アルコールには溶けない。強力な酸化剤。
問 36　2
〔解説〕
　　重クロム酸カリウム $K_2Cr_2O_4$ は、劇物。橙赤色の柱状結晶。用途は工業用に酸化剤、媒染剤、電気鍍金、顔料原料等。
問 37　3
〔解説〕
　　硝酸 HNO_3 は、無色の液体。腐食性が激しく、空気に接すると刺激性白霧を発し、水を吸収する性質が強い。
問 38　4
〔解説〕
　　硝酸 HNO_3 は、無色の液体。用途は冶金に用いられ、また硫酸、蓚酸などの製造、あるいはニトロベンゾール、ピクリン酸、ニトログリセリンなどの爆薬の製造やセルロイド工業などに用いられる。
問 39　2
〔解説〕
　　水酸化ナトリウム(別名：苛性ソーダ)$NaOH$ は、白色結晶性の固体。水と炭酸を吸収する性質が強い。水に溶けやすく、水溶液はアルカリ性反応を呈する。
問 40　1
〔解説〕
　　水酸化ナトリウム(別名：苛性ソーダ)$NaOH$ は、白色結晶性の固体。用途は試薬や農薬のほか、石鹸製造などに用いられる。

新潟県

富山県
令和4年度実施

〔法　規〕
（一般・農業用品目・特定品目共通）

問1　1
〔解説〕
　　　解答のとおり。

問2〜問3　　問2　1　　問3　4
〔解説〕
　　　解答のとおり。

問4　4
〔解説〕
　　　解答のとおり。

問5　2
〔解説〕
　　　cのみが正しい。cは法第3条第3項ただし書規定のこと。なお、aについては、自家消費とあることから、販売し、又は授与にあたらないので販売業の登録を要しない。bの薬局の許可については、毒物又は劇物の販売業の登録を要する。cの毒物又は劇物一般販売業の登録の登録を受けた者は、販売品目の制限がないので全ての毒物又は劇物を販売することができる。

問6　5
〔解説〕
　　　この設問は法第10条〔届出〕のことで、bとcが正しい。bは法第10条第1項第四号に示されている。cは法第10条第1項第一号にしめされている。なお、aについては、届け出を要しない。cは法第9条〔登録の変更〕についてで、30日以内ではなく、あらかじめ、毒物又は劇物の登録の変更を受けなければならないである。

問7　5
〔解説〕
　　　この設問は、施行規則第4条の4〔製造所等の設備〕のことで、d飲みが誤り。dは、この設問にあるただし書はない。、施行規則第4条の4第1項第三号に示されている。

問8　2
〔解説〕
　　　解答のとおり。

問9　2
〔解説〕
　　　法第3条の4による施行令第32条の3で定められている品目は、①亜塩素酸ナトリウムを含有する製剤30％以上、②塩素酸塩類を含有する製剤35％以上、③ナトリウム、④ピクリン酸である。このことからascである。。

問10　2
〔解説〕
　　　bとcが正しい。bは法第4条第1項に示されている。cは法第4条第3項〔登録の更新〕に示されている。なお、aについては、毒物又は劇物を直接取り扱わない場合は、法第7条第1項において毒物劇物取扱責任者を置かなくてもよい。ただし、販売し、又は授与する行為があるので販売業の登録を要する。dの特定品目販売業者が販売出来る者は、法第4条の3→施行規則第4条の3→施行規則別表第二に掲げられている劇物品目のみである。

問11　5
〔解説〕
　　　この設問では特定毒物でないものはどれかとあるので、5の酢酸タリウム〔劇物〕である。なお、特定毒物については、法第2条第3項→法別表第三に掲げられている品目。

問 12　4
〔解説〕
　この設問の毒物劇物取扱責任者のことで、bとdが正しい。bは法第7条第1項ただし書規定に示されている。dは法第7条第3項に示されている。なお、aの一般毒物劇物取扱試験に合格した者は、販売品目の制限がなく、全ての製造所、営業所、店舗の毒物劇物取扱責任者になることが出来る。cについては法第7条第2項により、隣接している場合は兼任することができる。

問 13　1
〔解説〕
　この設問は法第8条〔毒物劇物取扱責任者の資格〕のことで、aとbが正しい。aは法第8条第2項第一号に示されている。bは法第8条第1項第二号に示されている。なお、cの設問にあるような業務経験はなく、法第8条第1項に示されている者が毒物劇物取扱責任者なることができる。dについても法第8条第1項に示されている者が毒物劇物取扱責任者なることができるのである。この設問は誤り。

問 14　3
〔解説〕
　この設問では、bとcが正しい。bは法第3条の2第2項に示されている。cは法第3条の2第6項に示されている。なお、aの特定毒物研究者は学術研究であれば、この設問にあるような品目ごとに許可を要しない。dについては法第6条の2において、特定毒物研究者の許可が示されている。

問 15　3
〔解説〕
　法第11条第4項は、飲食物容器使用禁止のこと。解答のとおり。

問 16　4
〔解説〕
　解答のとおり。

問 17　1
〔解説〕
　解答のとおり。

問 18　3
〔解説〕
　この設問は法第13条における着色する農業用品目のことで、法第13条→施行令第39条において、①硫酸タリウムを含有する製剤たる劇物、②燐化亜鉛を含有する製剤たる劇物→施行規則第12条で、あせにくい黒色に着色しなければならないと示されている。

問 19　5
〔解説〕
　法第14条第2項→同条第1項〔毒物又は劇物の譲渡手続〕についてで、販売し、又は授与したときその都度書面に記載する事項は、①毒物又は劇物の名称及び数量、②販売又は授与の年月日、③譲受人の氏名、職業及び住所(法人にあっては、その名称及び主たる事務所)である。解答のとおり。

問 20　1
〔解説〕
　cとdが正しい。なお、aは地下50センチメートルではなく、地下1メートル以上である。dは、大量に放出したではなく、少量ずつ放出し、又は揮発させることである。

問 21　2
〔解説〕
　この設問は法第15条〔毒物又は劇物の交付の制限等〕のことで、bとcが正しい。bは法第15条第1項第三号に示されている。cは法第15条第2項に示されている。なお、aは法第15条第1項第一号で、18歳未満の者は交付してはならないとあるとからこの設問は誤り。dは法第15条第4項で、5年間保存しなければならないである。

問 22　1
〔解説〕
　解答のとおり。

問 23　3

〔解説〕

　この設問は法第 19 条〔登録の取消等〕についてで、c と d が正しい。c は法第 19 条第 3 項に示されている。d は法第 19 条第 4 項に示されている。なお、a については、その指定された期間内に必要な措置をとらないときは、都道府県知事は、その者の登録を取り消さなければならないである。b については法第 18 条第 3 項において、犯罪捜査のために認められたものと解してはならないとあるので、この設問は誤り。

問 24　4

〔解説〕

　この設問は、毒物又は劇物を車両を使用して運搬方法で、この設問では劇物であるアクリルニトリルを 1 回につき 5,000kg 以上運搬とある。このことから b と c が正しい。b は施行令第 40 条の 5 第 2 項第三号に示されている。c は施行令第 40 条の 5 第 2 項第四号に示されている。なお、a は施行令第 40 条の 5 第 2 項第一号→施行規則第 13 条の 4 のことで、…9 時間を超えてではなく、4 時間を超えてである。d は施行令第 40 条の 5 第 2 項第二号→施行規則第 13 条の 5 〔毒物又は劇物を運搬する車両に掲げる標識〕のことで、…「劇」ではなく、「毒」である。

問 25　2

〔解説〕

　この設問の法第 22 条は業務上取扱者についてで、業務上取扱者の届出を要する事業者とは、次のとおり。業務上取扱者の届出を要する事業者とは、①シアン化ナトリウム又は無機シアン化合物たる毒物及びこれを含有する製剤→電気めっきを行う事業、②シアン化ナトリウム又は無機シアン化合物たる毒物及びこれを含有する製剤→金属熱処理を行う事業、③最大積載量 5,000kg 以上の運送の事業、④砒素化合物たる毒物及びこれを含有する製剤→しろありの防除を行う事業について使用する者が業務上取扱者である。このことから b と c が正しい。

〔基礎化学〕
（一般・農業用品目・特定品目共通）

問 26　2

〔解説〕

　石油のように液体の混合物を沸点の差を利用して成分ごとに分離する操作を蒸留（分留）という。

問 27　3

〔解説〕

　リン－ P、ホウ素― B、金― Au、鉛― Pb、ベリリウム－ Be

問 28　5

〔解説〕

　カルシウムイオンは炎色反応におり橙赤色を呈する。$CaCO_3 + 2HCl \rightarrow CaCl_2 + H_2O + CO_2$

問 29　5

〔解説〕

　解答のとおり

問 30　2

〔解説〕

　a, b, e は物理変化である。

問 31　5

〔解説〕

　半減期が 30 年ということは、90 年経過すると初めの量の $1/2^3$ となる。

問 32　4

〔解説〕

　d の電子配置の原子は、7 個の価電子を持つ。

問 33　1

〔解説〕

　二酸化ケイ素は非金属原子の結合であり、共有結合を形成する。

問34　4
〔解説〕
　　酸素とエチレンは二重結合を有し、ヨウ素と水は単結合のみからなる。
問35　3
〔解説〕
　　解答のとおり
問36　2
〔解説〕
　　自由電子をもつのは金属結晶である。ヨウ素は分子結晶であり昇華しやすい固体である。
問37　4
〔解説〕
　　$250 \times 0.15 = 37.5$ g
問38　3
〔解説〕
　　NaOH の式量は 40 である。よってこの溶液のモル濃度 M は M ＝ 2.0/40 × 1000/200、　M = 0.25 mol/L
問39　3
〔解説〕
　　N_2: 28、NH_4^+: 18、H_2O_2: 32、CN^-:26、C_2H_4: 28
問40　5
〔解説〕
　　22.4 L の O_2 に含まれる O 原子は 2 mol。H_2O 18 g に含まれる O 原子は 1 mol。H_2O_2 1 mol に含まれる O 原子は 2 mol。$C + O_2 \rightarrow CO_2$ から 12 g の炭素が燃焼して生じる二酸化炭素に含まれる O 原子は 2 mol。O_3 1 mol に含まれる O 原子のモル数は 3 mol。
問41　1
〔解説〕
　　アンモニア NH_3 22.4 L に含まれる H の個数は $3 \times 6.0 \times 10^{23}$ 個。メタノール CH_3OH 1mol に含まれる C の個数は 6.0×10^{23} 個。He は 2 個の電子をもつから 1 mol では $2 \times 6.0 \times 10^{23}$ 個。1 mol/L $CaCl_2$ 水溶液 1 L に含まれる Cl^- イオンの個数は $2 \times 6.0 \times 10^{23}$ 個、二酸化炭素 CO_2（分子量 44）44 g に含まれる O の個数は $2 \times 6.0 \times 10^{23}$ 個。
問42　3
〔解説〕
　　アルミニウムの原子量は 27 である。よって 5.4 g のアルミニウムの物質量は 5.4/27 ＝ 0.2 mol である。一方反応式より、アルミニウム 2 モルが反応すると 3 モルの水素が発生することから、0.2 mol のアルミニウムから 0.3 mol の水素が発生する。よって発生した水素の体積は $22.4 \times 0.3 = 6.72$ L
問43　1
〔解説〕
　　ブレンステッド・ローリーの酸と塩基の定義から、塩基とは水素イオンを受け取ることができる物質である。
問44　5
〔解説〕
　　0.05 mol/L のアンモニア水の電離度が 0.02 ならば、この時の水酸化物イオン濃度 [OH-] は $0.02 \times 0.05 = 0.001$ mol/L となる。よってこの溶液の pOH は 3 となる。pH + pOH = 14 より、この溶液の pH は 11 となる。
問45　4
〔解説〕
　　$MgCl(OH)$ は塩基性塩、$NaHCO_3$ は酸性塩である。酸性塩だからと言って、その液性が酸性を示すとは限らない。
問46　4
〔解説〕
　　0.1 mol/L の三を使っているのにもかかわらず、pH が 3 からはじまっていることから弱酸だと分かる。中和点が pH 7 よりも大きい位置にあることから、これは弱酸―強塩基の滴定曲線であり、指示薬にフェノールフタレインを用いることが分かる。

問47　5
〔解説〕
　　酸化数は単体では 0 であり、化合物中の酸素は-2 として計算する。
問48　3
〔解説〕
　　1 は乾燥剤として、2 は消毒として（細菌を酸化的に消毒する）、4 は炭酸ガス
を発生させる膨らし粉として、5 はアルコールによる脱水作用から肌を保護する
目的として加える。
問49　2
〔解説〕
　　一般的にイオン化傾向の小さい金属がイオンの状態で、イオン化傾向の大きい
金属が単体の状態で共存するときに反応する。イオン化傾向は次の順となる。
Li>K>Ca>Na>Mg>Al>Zn>Fe>Ni>Sn>Pb>H>Cu>Hg>Ag>Pt>Au
問50　4
〔解説〕
　　問 49 の解説において、Mg と Al は熱水と反応する。Mg よりもイオン化傾向の
大きい金属は常温の水と反応する。Al よりもイオン化傾向が小さく H よりも大き
い金属は酸と反応する。

〔性質及び貯蔵その他取扱方法〕

（一般）
問 1 ～問 5　問1　5　　問2　4　　問3　3　　問4　1　　問5　2
〔解説〕
　　問 1　シアン化水素ガスを吸引したときの中毒は、頭痛、めまい、悪心、意識
不明、呼吸麻痺を起こす。治療薬は亜硝酸ナトリウムとチオ硫酸ナトリウムの投
与。　　問 2　チメロサールは、白色～淡黄色結晶性粉末。水に易溶、アルコー
ルにも溶ける。殺菌消毒薬。吸入した場合、鼻、のど、気管支の粘膜に炎症を起
こし、水銀中毒を起こすことがある。　　問 3　硝酸 HNO_3 が皮膚に触れると、
キサントプロテイン反応を起こし黄色に変色する。粘膜および皮膚に強い刺激性
をもち、濃いものは、皮膚に触れるとガスを発生して、組織ははじめ白く、しだ
いに深黄色となる。　　　　問 4　ニコチンは、毒物、無色無臭の油状液体だが空気
中で褐色になる。殺虫剤。猛烈な神経毒、急性中毒では、よだれ、吐気、悪心、
嘔吐、ついで脈拍緩徐不整、発汗、瞳孔縮小、呼吸困難、痙攣が起きる。
　　　問 5　キシレン $C_6H_4(CH_3)_2$ は、引火性無色液体。吸入すると、目、鼻、のどを
刺激する。高濃度では興奮、麻酔作用がある。皮膚に触れた場合、皮膚を刺激し、
皮膚から吸収される。
問 6 ～問 10　問6　2　　問7　3　　問8　4　　問9　1　　問 10　5
〔解説〕
　　問 6　エチレンオキシド$(CH_2)_2O$ は、劇物。快臭のある無色のガス。用途は有
機合成原料、界面活性剤、殺菌剤。　　　　問 7　メタクリル酸は、無色結晶。用途
は熱硬化性塗料、接着剤など。　　　　問 8　燐化亜鉛 Zn_3P_2 は、灰褐色の結晶又は
粉末。用途は、殺鼠剤、倉庫内燻蒸剤。　　　　問 9　メソミル（別名メトミル）は 45
％以下を含有する製剤は劇物。白色結晶。用途は殺虫剤　　　　問 10　ラコートは、
毒物で、ジピリジル誘導体で無色結晶性粉末。用途は除草剤。5
問 11 ～問 15　問 11　3　　問 12　1　　問 13　4　　問 14　5　　問 15　2
〔解説〕
　　　問 11　黄燐 P_4 は、無色又は白色の蝋様の固体。毒物。別名を白リン。暗所で
空気に触れるとリン光を放つ。水、有機溶媒に溶けないが、二硫化炭素には易溶。
湿った空気中で発火する。空気に触れると発火しやすいので、水中に沈めてビン
に入れ、さらに砂を入れた缶の中に固定し冷暗所で貯蔵する。　　　　問 12　ピクリ
ン酸は爆発性なので、火気に対して安全で隔離された場所に、イオウ、ヨード、
ガソリン、アルコール等と離して保管する。鉄、銅、鉛等の金属容器を使用しな
い。　　　問 13　メチルエチルケトンは、アセトン様の臭いのある無色液体。引火
性。有機溶媒。貯蔵方法は直射日光を避け、通風のよい冷暗所に保管し、また火
気厳禁とする。なお、酸化性物質、有機過酸化物等と同一の場所で保管しないこ
と。　　　問 14　ナトリウム Na は、劇物。銀白色の金属光沢固体。空気中にその
まま貯えることはできないので、通常石油中に貯える。石油も酸素を吸収するか

ら、長時間のうちには、表面に酸化物の白い皮を生じる。冷所で雨水などの漏れがないような場所に保存する。　　問 15　臭素 Br_2 は劇物。赤褐色・特異臭のある重い液体。強い腐食作用を持ち、濃塩酸にふれると高熱を発するので、共栓ガラスビンなどを使用し、冷所に貯蔵する。

問 16〜問 20　問 16　1　　問 17　4　　問 18　5　　問 19　2　　問 20　3
〔解説〕
　　解答のとおり。
問 21〜問 22　問 21　5　　問 22　1
〔解説〕
　　問 21　ギ酸は、90 ％以下は劇物から除外。　　　問 22　過酸化水素は、6 ％以下で劇物から除外。
問 23〜問 25　問 23　2　　問 24　3　　問 25　5
　　解答のとおり。

問 1〜問 5　問 1　5　　問 2　3　　問 3　2　　問 4　1　　問 5　4
〔解説〕
　　問 1　クロルメコートは、劇物、白色結晶で魚臭、非常に吸湿性の結晶。用途は植物成長調整剤。　　問 2　メソミル(別名メトミル)は 45 ％以下を含有する製剤は劇物。白色結晶。用途は殺虫剤。　　問 3　ダイアジノンは毒物。黄色結晶性粉末。用途は殺鼠剤。　　問 4　シアン酸ナトリウム NaOCN は、白色の結晶性粉末。劇物。用途は、除草剤、有機合成、鋼の熱処理に用いられる。
　　問 5　ブロムメチル(臭化メチル)CH_3Br は、常温では気体(有毒な気体)。用途について沸点が低く、低温ではガス体であるが、引火性がなく、浸透性が強いので果樹、種子等の病害虫の燻蒸剤として用いられる。4
問 6〜問 10　問 6　4　　問 7　1　　問 8　3　　問 9　5　　問 10　4
〔解説〕
　　問 6　アンモニア NH_3 は空気より軽い気体。貯蔵法は、揮発しやすいので、よく密栓して貯蔵する。　　問 7　ロテノンはデリスの根に含まれる。殺虫剤。酸素、光で分解するので遮光保存。　　問 8　クロルピクリン CCl_3NO_2 は、無色〜淡黄色液体、催涙性、粘膜刺激臭。水に不溶。貯蔵法については、金属腐食性と揮発性があるため、耐腐食性容器(ガラス容器等)に入れ、密栓して冷暗所に貯蔵する。　　問 9　塩化亜鉛 $ZnCl_2$ は、白色結晶、潮解性、水に易溶。貯蔵法については、潮解性があるので、乾燥した冷所に密栓して貯蔵する。
　　問 10　シアン化ナトリウム NaCN(別名青酸ソーダ、シアンソーダ、青化ソーダ)は毒物。白色の粉末またはタブレット状の固体。酸と反応して有毒な青酸ガスを発生するため、酸とは隔離して、空気の流通が良い場所冷所に密封して保存する。。
問 11〜問 15　問 11　5　　問 12　1　　問 13　2　　問 14　3　　問 15　4
〔解説〕
　　解答のとおり。
問 16〜問 20　問 16　1　　問 17　4　　問 18　5　　問 19　5　　問 20　3
〔解説〕
　　解答のとおり。
問 21〜問 22　問 21　2　　問 22　3
〔解説〕
　　ジメチルジチオホスホリルフェニル酢酸エチル(フェントエート、PAP)は、劇物。3 ％以下は劇物から除外。赤褐色、油状の液体で、芳香性刺激臭を有し、水、プロピレングリコールに溶けない。リグロインにやや溶け、アルコール、エーテル、ベンゼンに溶ける。有機燐系の殺虫剤。
問 23〜問 25　問 23　1　　問 24　5　　問 25　5
〔解説〕
　　ダイアジノンは有機燐系化合物であり、有機リン製剤の中毒はコリンエステラーゼを阻害し、頭痛、めまい、嘔吐、言語障害、意識混濁、縮瞳、痙攣など。治療薬は硫酸アトロピンと PAM。

（特定品目）

富山県

問1〜問5　問1 2　問2 1　問3 4　問4 3　問5 5

〔解説〕
　　問1　トルエン $C_6H_5CH_3$ は、劇物。特有な臭い（ベンゼン様）の無色液体。用途は爆薬原料、香料、サッカリンなどの原料、揮発性有機溶媒。　　問2　蓚酸は無色の柱状結晶。用途は、木・コルク・綿などの漂白剤。その他鉄錆びの汚れ落としに用いる。　　問3　硝酸 HNO_3 は、無色の液体。途は冶金、爆薬製造、セルロイド工業、試薬。　　問4　塩化水素 HCl は、劇物。常温で無色の刺激臭のある気体。用途は塩酸の製造に用いられるほか、無水物は塩化ビニル原料にもちいられる。　　問5　四塩化炭素（テトラクロロメタン）CCl_4 は、特有な臭気をもつ不燃性、揮発性無色液体。用途は洗濯剤、清浄剤の製造などに用いられる。

問6〜問10　問6 5　問7 3　問8 1　問9 2　問10 4

〔解説〕
　　問6　四塩化炭素（テトラクロロメタン）CCl_4 は、特有な臭気をもつ不燃性、揮発性無色液体、水に溶けにくく有機溶媒には溶けやすい。強熱によりホスゲンを発生。亜鉛またはスズメッキした鋼鉄製容器で保管、高温に接しないような場所で保管。　　問7　過酸化水素水 H_2O_2 は過酸化水素の水溶液、少量なら褐色ガラス瓶（光を遮るため）、多量ならば現在はポリエチレン瓶を使用し、3分の1の空間を保ち、有機物等から引き離し日光を避けて冷暗所保存。　　問8　クロロホルム $CHCl_3$ は、無色、揮発性の液体で特有の香気とわずかな甘みをもち、麻酔性がある。空気中で日光により分解し、塩素、塩化水素、ホスゲンを生じるので、少量のアルコールを安定剤として入れて冷暗所に保存。　　問9　水酸化ナトリウム（別名：苛性ソーダ）$NaOH$ は、白色結晶性の固体。水と炭酸を吸収する性質が強い。空気中に放置すると、潮解して徐々に炭酸ソーダの皮層を生ずる。貯蔵法については潮解性があり、二酸化炭素と水を吸収する性質が強いので、密栓して貯蔵する。　　問10　アンモニア水は無色透明、刺激臭がある液体。アンモニア NH_3 は空気より軽い気体。濃塩酸を近づけると塩化アンモニウムの白い煙を生じる。NH_3 が揮発し易いので密栓。

問11〜問15　問11 1　問12 2　問13 3　問14 4　問15 5

〔解説〕
　　解答のとおり。

問16〜問20　問16 4　問17 2　問18 5　問19 3　問20 1

〔解説〕
　　問16　硅弗化ナトリウムは飛散したものは空容器にできるだけ回収し、その後は多量の水を用いて洗い流す。酸と摂食するとフッ化水素ガス及び四弗化ケイ素ガスを発生する。ガスは有毒なので注意する。　　問17　トルエン $C_6H_5CH_3$ は、蒸発し易い液体なので泡で覆い蒸発を防ぐ。　　問18　塩化水素が漏洩した場合は、漏えいガスは多量の水を用いて洗い流す。発生するガスは霧状の水をかけ吸収させる。　　問19　硝酸が少量漏えいしたとき、漏えいした液は土砂等に吸着させて取り除くか、又はある程度水で徐々に希釈した後、消石灰、ソーダ灰等で中和し、多量の水を用いて洗い流す。また多量に漏えいした液は土砂等でその流れを止め、これに吸着させるか、又は安全な場所に導いて、遠くから徐々に注水してある程度希釈した後、消石灰、ソーダ灰等で中和し多量の水を用いて洗い流す。　　問20　重クロム酸カリウム $K_2Cr_2O_7$ は酸化剤なので、回収後、そのあとを還元剤で処理し（$Cr^{6+} \rightarrow Cr^{3+}$）、さらにアルカリで水に難溶性の水酸化クロム（III）$Cr(OH)_3$ として、水で洗浄。

問21〜問25　問21 3　問22 5　問23 1　問24 4　問25 2

〔解説〕
　　解答のとおり。

〔識別及び取扱方法〕

（一般）
問 26 ～ 問 30 　問 26 　6 　　問 27 　3 　　問 28 　5 　　問 29 　4 　　問 30 　1
〔解説〕
　　　問 26 　モノフルオール酢酸ナトリウム FCH₂COONa は特毒。重い白色粉末、吸湿性、冷水に易溶、有機溶媒には溶けない。水、メタノールやエタノールに可溶。からい味と酢酸のにおいを有する。　　問 27 　硫化カドミウム(CdS)は劇物。黄橙色の粉末。硫化亜鉛を含むと青黄色になる。水にほとんど溶けない。熱硝酸、熱濃硫酸に可溶。　　問 28 　ナラシンは毒物(10 ％以下は劇物)。白色～淡黄色の粉末。特異な臭い。融点 98 ～ 100 ℃。水にはほとんど溶けない。酢酸エチル（エステル類）、クロロホルム、アセトン（ケトン）、ベンゼン、ジメチルスルフォキシドに極めて溶けやすい。　ヘキサン、石油エーテルにやや溶けにくい。
　　　問 29 　ジメチル硫酸(CH₃)₂SO₄ は、劇物。常温・常圧では、無色油状の液体である。水に不溶であるが、水と接触すれば徐々に加水分解する。
　　　問 30 　1,3-ジクロロプロペン C₃H₄Cl₂。特異的刺激臭のある淡黄褐色透明の液体。劇物。有機塩素化合物。シス型とトランス型とがある。メタノールなどの有機溶媒によく溶け、水にはあまり溶けない。アルミニウムに対する腐食性がある。1。
問 31 ～ 問 35 　問 31 　1 　　問 32 　5 　　問 33 　2 　　問 34 　4 　　問 35 　3
〔解説〕
　　　問 31 　蓚酸は無色の柱状結晶、風解性、還元性、漂白剤、鉄さび落とし。無水物は白色粉末。水、アルコールに可溶。エーテルには溶けにくい。また、ベンゼン、クロロホルムにはほとんど溶けない。　　問 32 　セレン Se は、毒物。灰色の金属光沢を有するペレット又は黒色の粉末。融点 217 ℃。水に不溶。硫酸、二硫化炭素に可溶。火災等で強熱されると燃焼して有害な煙霧を発生する。
　　　問 33 　ジボランは毒物。無色の特異臭(ビタミン臭)のある可燃性気体。融点-92.5℃、発火点はおよそ 40 ～ 50 ℃。水により分解し水素とホウ酸に分解する。二硫化炭素に溶ける。　　問 34 　エジフェンホス(EDDP)は、黄色～淡褐色透明な液体、特異臭、水に不溶、有機溶媒に可溶、劇物(2 ％以下は除外)。問 35 　ジクワットは、劇物で、ジピリジル誘導体で淡黄色結晶、水に溶ける。土壌等に強く吸着されて不活性化する性質がある。中性又は酸性で安定、アルカリ溶液で薄める場合は、2 ～ 3 時間以上貯蔵できない。
問 36 ～ 問 40 　問 36 　4 　　問 37 　1 　　問 38 　2 　　問 39 　5 　　問 40 　3
〔解説〕
　　　解答のとおり。
問 41 ～ 問 45 　問 41 　5 　　問 42 　1 　　問 43 　2 　　問 44 　4 　　問 45 　3
〔解説〕
　　　問 41 　ニッケルカルボニルは毒物。無色の揮発性液体で空気中で酸化される。60℃位いに加熱すると爆発することがある。多量のベンゼンに溶解し、スクラバーを具備した焼却炉の火室へ噴霧して、焼却する燃焼法と多量の次亜塩素酸ナトリウム水溶液を用いて酸化分解。そののち過剰の塩素を亜硫酸ナトリウム水溶液等で分解させ、その後硫酸を加えて中和し、金属塩を水酸化ニッケルとしてで沈殿濾過して埋立死余分する酸化沈殿法　　問 42 　硅弗化ナトリウムは劇物。無色の結晶。水に溶けにくい。廃棄法は水に溶かし、消石灰等の水溶液を加えて処理した後、希硫酸を加えて中和し、沈殿濾過して埋立処分する分解沈殿法。
　　　問 43 　過酸化尿素は、劇物。白色の結晶又は結晶性粉末。水に溶ける。空気中で尿素、水、酸に分解する。廃棄法は多量の水で希釈して処理する希釈法。
問 44 　シアン化ナトリウム NaCN は、酸性だと猛毒のシアン化水素 HCN が発生するのでアルカリ性にしてから酸化剤でシアン酸ナトリウム NaOCN にし、余分なアルカリを酸で中和し多量の水で希釈処理する酸化法。水酸化ナトリウム水溶液等でアルカリ性とし、高温加圧下で加水分解するアルカリ法。　　問 45 　重クロム酸の廃棄法は、還元沈殿法。

（農業用品目）

問26～問30　問26　4　　問27　3　　問28　5　　問29　1　　問30　2
〔解説〕
　　　問26　ジクワットは、劇物で、ジピリジル誘導体で淡黄色結晶、水に溶ける。土壌等に強く吸着されて不活性化する性質がある。アルカリ溶液で薄める場合は、2～3時間以上貯蔵できない。腐食性を有する。　　　問27　メチダチオンは劇物。灰白色の結晶。水には1％以下しか溶けない。有機溶媒に溶ける。有機燐化合物。　　　問28　イソキサチオンは有機リン剤、劇物(2％以下除外)、淡黄色褐色液体、水に難溶、有機溶剤に易溶、アルカリには不安定。　　　問29　沃化メチル CH_3I(別名ヨードメタン、ヨードメチル)は、エーテル様臭のある無色又は淡黄色透明の液体で、水に溶け、空気中で光により一部分解して褐色になる。　　　問30　ブラストサイジン S ベンジルアミノベンゼンスルホン酸塩は、純品は白色、針状結晶、粗製品は白色ないし微褐色の粉末である。融点 250 ℃以上で徐々に分解。水、氷酢酸にやや可溶、有機溶媒に難溶。pH5～7で安定。

問31～問35　問31　1　　問32　4　　問33　2　　問34　3　　問35　5
〔解説〕
　　　問31　ニコチンは、毒物。アルカロイドであり、純品は無色、無臭の油状液体であるが、空気中では速やかに褐変する。水、アルコール、エーテル等に容易に溶ける。　　　問32　DEP(ディプテレックス)は、劇物。純品は白色の結晶。クロロホルム、ベンゼン、アルコールに溶ける。また、水にも溶ける。有機燐製剤の一種。　　　問33　燐化亜鉛 Zn_3P_2 は、灰褐色の結晶又は粉末。かすかにリンの臭気がある。水、アルコールには溶けないが、ベンゼン、二硫化炭素に溶ける。酸と反応して有毒なホスフィン $PH3$ を発生。劇物、1％以下で、黒色に着色され、トウガラシエキスを用いて著しくからく着味されているものは除かれる。　　　問34　弗化スルフリル(SO_2F_2)は毒物。無色無臭の気体。沸点-55.38 ℃。水に難溶である。アルコール、アセトンにも溶ける。　　　問35　エジフェンホス(EDDP)は、黄色～淡褐色透明な液体、特異臭、水に不溶、有機溶媒に可溶。有機リン製剤、劇物(2％以下は除外)。

問36～問40　問36　1　　問37　5　　問38　3　　問39　4　　問40　5
〔解説〕
　　　問36　クロルピクリン CCl_3NO_2 は、無色～淡黄色液体、催涙性、粘膜刺激臭。本品の水溶液に金属カルシウムを加え、これにベタナフチルアミン及び硫酸を加えると、赤色の沈殿を生じる。　　　問37　無水硫酸銅 $CuSO_4$　無水硫酸銅は灰白色粉末、これに水を加えると五水和物 $CuSO_4・5H_2O$ になる。これは青色ないし群青色の結晶、または顆粒や粉末。水に溶かして硝酸バリウムを加えると、白色の沈殿を生ずる。　　　問38　塩素酸カリウムは、単斜晶系板状の無色の結晶で、水に溶けるが、アルコールには溶けにくい。水溶液は中性の反応を示し、大量の酒石酸を加えると、白い結晶性の沈殿を生じる。　　　問39　硫酸亜鉛 $ZnSO_4・7H_2O$ は、水に溶かして硫化水素を通じると、硫化物の沈殿を生成する。硫酸亜鉛の水溶液に塩化バリウムを加えると硫酸バリウムの白色沈殿を生じる。　　　問40　ニコチンは毒物。純ニコチンは無色、無臭の油状液体。水、アルコール、エーテルに安易に溶ける。用途は殺虫剤。このエーテル溶液に、ヨードのエーテル溶液を加えると、褐色の液状沈殿を生じ、これを放置すると赤色の針状結晶となる。

問41～問45　問41　5　　問42　1　　問43　4　　問44　2　　問45　3
〔解説〕
　　　解答のとおり。

（特定品目）

問26～問30　問26　1　　問27　4　　問28　5　　問29　2　　問30　3
〔解説〕
　　　解答のとおり。
問31～問32　問31　1　　問32　5
〔解説〕
　　　解答のとおり。
問33～問35　問33　1　　問34　2　　問35　2
〔解説〕
　　　解答のとおり。

問 36～問 40　問 36　5　　　問 37　2　　　問 38　4　　　問 39　3　　　問 40　1
〔解説〕
　　問 36　硫酸 H₂SO₄ は無色の粘張性のある液体。強力な酸化力をもち、また水を
吸収しやすい。水を吸収するとき発熱する。木片に触れるとそれを炭化して黒変
させる。また、銅片を加えて熱すると、無水亜硫酸を発生する。硫酸の希釈液に
塩化バリウムを加えると白色の硫酸バリウムが生じるが、これは塩酸や硝酸に溶
解しない。　　　問 37　四塩化炭素(テトラクロロメタン)CCl₄ は、特有な臭気をも
つ不燃性、揮発性無色液体、水に溶けにくく有機溶媒には溶けやすい。洗濯剤、
清浄剤の製造などに用いられる。確認方法はアルコール性 KOH と銅粉末ととも
に煮沸により黄赤色沈殿を生成する。　　　問 38　　一酸化鉛 PbO は、重い粉末で、
黄色から赤色までの間の種々のものがある。希硝酸に溶かすと、無色の液となり、
これに硫化水素を通じると、黒色の沈殿を生じる。　　　問 39　　アンモニア水は無
色透明、刺激臭がある液体。アルカリ性を呈する。アンモニア NH₃ は空気より軽
い気体。濃塩酸を近づけると塩化アンモニウムの白い煙を生じる。
　　問 40　過酸化水素水は、過酸化水素 H₂O₂ の水溶液。劇物。無色透明の濃厚な液
体で、弱い特有のにおいがある。強く冷却すると稜柱状の結晶となる。不安定な
化合物であり、常温でも徐々に水と酸素に分解する。酸化力、還元力を併有して
いる。
問 41～問 45　問 41　3　　　問 42　4　　　問 43　2　　　問 44　5　　　問 45　1
〔解説〕
　　解答のとおり。

富山県

〔法　規〕

（一般・農業用品目共通）

問1　1
〔解説〕
　　解答のとおり。

問2～問3　　問2　2　　問3　4
〔解説〕
　　解答のとおり。

問4　3
〔解説〕
　　法第四条第一項〔営業の登録〕→法第六条〔登録事項〕により、①申請者の氏名又は住所、②製造業又は輸入業の登録にあっては、製造し、又は輸入しようとする毒物又は劇物の品目、③製造所、営業所又は店舗の所在である。これにより、3が誤り。

問5　5
〔解説〕
　　この設問は法第7条〔毒物劇物取扱責任者〕及び法第8条〔毒物劇物取扱責任者の資格〕についてで、bcd が正しい。b は法第7条第3項に示されている。c は法第7条第2項に示されている。d は法第8条第1項第一号に示されている。なお、a は、直接取り扱わないとあるので、毒物劇物取扱責任者を置かなくてみよい。但し、販売業の登録を要する。

問6～問8　　問6　3　　問7　1　　問8　3
〔解説〕
　　解答のとおり。

問9　3
〔解説〕
　　法第 12 条第2項について、毒物劇物営業者が容器及び被包に表示する事項〔ラベル等〕とは、①毒物又は劇物の名称、②毒物又は劇物の成分及びその含量、厚生労働省令で定める毒物又は劇物〔有機燐化合物及びこれを含有する製剤たる毒物又は劇物〕について解毒剤の名称を掲げなければ、販売し、授与することはできない。このことから3が誤り。

問 10　　削除

問 11～問 12　　問 11　2　　問 12　4
〔解説〕
　　この設問は法第 13 条における着色する農業用品目のことで、法第 13 条→施行令第 39 条において、①硫酸タリウムを含有する製剤たる劇物、②燐化亜鉛を含有する製剤たる劇物→施行規則第 12 条で、あせにくい黒色に着色しなければならないと示されている。

問 13　4
〔解説〕
　　法第 14 条第1項〔毒物又は劇物の譲渡手続〕についてで、販売し、又は授与したときその都度書面に記載する事項は、①毒物又は劇物の名称及び数量、②販売又は授与の年月日、③譲受人の氏名、職業及び住所(法人にあっては、その名称及び主たる事務所)である。解答のとおり。

問 14～問 15　　問 14　2　　問 15　1
〔解説〕
　　この設問の施行令第 40 条〔廃棄の方法〕のこと。解答のとおり。

問 16～問 17　　問 16　1　　問 17　2
〔解説〕
　　この設問の法第 17 条〔事故の際の措置〕のこと。解答のとおり。

問18　3
〔解説〕
　この設問では、水酸化ナトリウムを１回につき 5,000kg 以上を車両使用して運搬とある。正しいのは c、d である。c は施行令第 40 条の５第２項第四号に示されている。d は施行令第 40 条の５第２項第一号→施行規則第 13 条の４第二号〔交替して運転する者の同乗〕に示されている。なお、a については、…１人分以上ではなく、２人分以上備えることである。このことは施行令第 40 条の５第２項第三号に示されている。b は毒物又は劇物を運搬する車両に掲げる標識で、地を白色、文字を赤色として「劇」ではなく、地を黒色として、文字を白色として「毒」と表示し、車両の前後の見やすい箇所に掲げなければならないである。
問19　4
〔解説〕
　この設問は、c、d が正しい。c は法第 21 条第２項〔登録が失効した場合等の措置〕に示されている。d は、設問のとおり。特定毒物を製造できるのは、毒物又は劇物製造業者と特定毒物研究者のみである。なお、a の特定毒物研究者は許可制で、特段許可期限が定められていない。
問20　5
〔解説〕
　設問は全て正しい。なお、この設問は届出要業者〔法第 22 条第１項〕について、法第 22 条第４項における法第７条〔毒物劇物取扱責任者〕、法第８条〔毒物劇物取扱責任者の資格〕、法第 11 条〔毒物又は劇物の取扱い〕、法第 12 条第１項及び第３項〔毒物又は劇物の表示〕、法第 15 条の３〔回収等の命令〕、法第 17 条〔事故の際の措置〕、法第 18 条〔立入検査等〕、法第 19 条第３項及び第５項〔登録の取消等〕が準用される。

〔基礎化学〕
（一般・農業用品目共通）
問21　2
〔解説〕
　オゾン、ダイヤモンドは単体である。
問22　4
〔解説〕
　炭酸カルシウムのような金属元素と非金属元素からなる化合物の結晶はイオン結晶となる。
問23　4
〔解説〕
　原子の状態で最も安定な元素は貴ガスであり、Ne がそれに対応する。
問24　1
〔解説〕
　液体から固体への状態変化を凝固という。
問25　3
〔解説〕
　F が最も電気陰性度が大きい元素である。
問26　4
〔解説〕
　水素の酸化数を＋１、酸素の酸化数を－２として計算する。
問27　3
〔解説〕
　酸から出る H^+ の物質量と塩基から出る OH^- の物質量が等しくなるようにする。水酸化ナトリウム水溶液の体積を x と置くと式は、
　$0.1 \times 2 \times 50 = 0.1 \times 1 \times x, \ x = 100$ mL
問28　2
〔解説〕
　6 mol/L 水酸化ナトリウム水溶液 100 mL に含まれる水酸化ナトリウムの物質量は、$6 \times 100/1000 = 0.6$ mol。同様に 3 mol/L 水溶液 200 mL に含まれる物質量は、$3 \times 200/1000 = 0.6$ mol。よってこの溶液のモル濃度は $(0.6+0.6) \times 1000/(100+200) = 4$ mol/L

問29　3
〔解説〕
　0.1 mol/L アンモニア水に含まれる[OH^-]は、　0.1 × 0.01 = 1.0 × 10^{-3} mol/L である。よって 14-3 = pH 11 となる。

問30　2
〔解説〕
　n-ブタン($CH_3CH_2CH_2CH_3$)と 2-メチルプロパン($CH_3CH(CH_3)_2$)である。

問31　1
〔解説〕
　カリウムは紫、銅は青緑、カルシウムは橙、ナトリウムは黄色の炎色反応を呈する。

問32　2
〔解説〕
　ボイルの法則より、1.0 × 10^5 × 100 = 5.0 × 10^5 × x,　x = 20 L

問33　3
〔解説〕
　解答のとおり

問34　3
〔解説〕
　解答のとおり

問35　1
〔解説〕
　リチウムイオン電池は二次電池であるが、リチウム電池は一次電池である。

問36　2
〔解説〕
　$C_3H_8 + 5O_2 \rightarrow 3CO_2 + 4H_2O$

問37　1
〔解説〕
　ヘスの法則は熱に関する法則、ファラデーの法則は電気に関する法則である。

問38　3
〔解説〕
　イオン化傾向は陽イオンになりやすい順に並べたものであり、アルカリ金属が大きい。

問39　2
〔解説〕
　メタノールの分子量は 32 である。

問40　4
〔解説〕
　トルエンとキシレンはメチル基を、アニリンはアミノ基を持つ化合物である。

〔各　論・実　地〕

（一般）

問1～問3　問1　1　　問2　4　　問3　2
〔解説〕
　問1　メタンスルホン酸 0.5 ％以下は劇物から除外。　　問2　レソルシノール 20 ％以下は劇物から除外。　　問3　ヘキサン酸 11 ％以下は劇物から除外。

問4～問7　問4　3　　問5　5　　問6　4　　問7　2
〔解説〕
　問4　三塩化アルミニウムは劇物。無色～白色の潮解性結晶　粉末。ベンゼンに可溶、四塩化炭素、クロロホルム微溶。不燃性。水と激しく反応し、塩化水素を生成。　　問5　ニコチンは、毒物。アルカロイドであり、純品は無色、無臭の油状液体であるが、空気中では速やかに褐変する。水、アルコール、エーテル等に容易に溶ける。　　問6　メチルアミン(CH_3NH_2)は劇物。無色でアンモニア臭のある気体。メタノール、エタノールに溶けやすく、引火しやすい。また、腐食が強い。　　問7　トラロメトリンは劇物。橙黄色の樹脂状固体。トルエン、キシレン等有機溶媒によく溶ける。熱、酸に安定、アルカリ、光に不安定。

問8 4
〔解説〕
　　ジメチル硫酸($(CH_3)_2SO_4$)は、劇物。無色、油状の液体。水には不溶。水と摂食すれば、徐々に分解する。用途は有機合成のメチル化剤。多量に漏えいした液は土砂等でその流れを止め、安全な場所に導いてアルカリ水溶液で分解した後、多量の水を用いて洗い流す。
問9 1
〔解説〕
　　二硫化炭素 CS_2 は、無色透明の麻酔性芳香を有する液体。市販品は不快な臭気をもつ。有毒で長く吸入すると麻酔をおこす。引火性が強い。水に溶けにくく、エーテル、クロロホルムに可溶。蒸気は空気より重い。用途は溶媒、ゴム工業、セルロイド工場、油脂の抽出、倉庫の燻蒸など。
問10 3
〔解説〕
　　メチルエチルケトン $CH_3COC_2H_5$ は、劇物。アセトン様の臭いのある無色液体。引火しやすく、その蒸気は空気と混合して爆発性の混合ガスとなるので、火気には絶対に近づけない。吸入すると眼、鼻、のどなどの粘膜を刺激し、高濃度で麻酔状態となる。有機溶媒。用途は接着剤、印刷用インキ、合成樹脂原料、ラッカー用溶剤。
問11 1
〔解説〕
　　イミダクロプリドは劇物。弱い特異臭のある無色結晶。水にきわめて溶けにくい。ただし、2％以下は劇物から除外。又、マイクロカプセル製剤の場合、12％以下を含有するものは劇物から除外。用途は野菜等のアブラムシ等の殺虫剤(クロロニコチニル系農薬)。
問12 2
〔解説〕
　　水素化アンチモン SbH_3(別名スチビン、アンチモン化水素)は、劇物。無色、ニンニク臭の気体。空気中では常温でも徐々に水素と金属アンモンに分解。水に難溶。エタノールには可溶。
問13 4
〔解説〕
　　アジ化ナトリウム NaN_3 は、毒物。0.1％は毒物から除外。無色板状結晶、水に溶けアルコールに溶け難い。エーテルに不溶。徐々に加熱すると分解し、窒素とナトリウムを発生。酸によりアジ化水素 HN_3 を発生。
問14 4
〔解説〕
　　塩化水素(HCl)は劇物。常温で無色の刺激臭のある気体である。水、メタノール、エーテルに溶ける。湿った空気中で発煙し塩酸になる。吸湿すると、大部分の金属、コンクリート等を腐食する。爆発性でも引火性でもないが、吸湿すると各種の金属を腐食して水素ガスを発生し、これが空気と混合して引火爆発することがある。廃棄法は、中和法。
問15 3
〔解説〕
　　フルスルファミドは、劇物(0.3％以下は劇物から除外)。淡黄色結晶性粉末。水に難溶。有機溶媒に溶けやすい。用途はアブラン科野菜の根こぶ病等の防除する土壌殺菌剤。
問16 4
〔解説〕
　　四アルキル鉛を含有する製剤の保護具については、①保護手袋(白色のものに限る。)、②保護長ぐつ(白色のものに限る。)、③保護衣(白色のものに限る。)、④有機ガス用防毒マスクである。施行規則別表第五に示されている。
問17～問20　問17　4　　問18　3　　問19　5　　問20　1
〔解説〕
　　問17　アクリルアミドは劇物。無色の結晶。用途は土木工事用の土質安定剤、接着剤、凝集沈殿促進剤などに用いられる。　　問18　シアン化水素 HCN は、毒物。無色の気体または液体。特異臭(アーモンド様の臭気)。用途は殺虫剤、船底倉庫の殺鼠剤、化学分析用試薬　　問19　クロム酸鉛 $PbCrO_4$ は黄色または赤黄色粉末、沸点:844℃、水にほとんど溶けず、希硝酸、水酸化アルカリに溶ける。用途は顔料、分析用試薬。吸入した場合、クロム中毒を起こすことがある。

問 20　ジメチルー２・２ージクロルビニルホスフェイト（別名 DDVP, ジクロルボス)は、微臭を有し、揮発性のある無色油状の液体。有機リン製剤で接触性殺虫剤。

問 21 ～問 23　問 21　1　　　問 22　2　　　問 23　3
〔解説〕
　　　解答のとおり。

問 24 ～問 25　問 24　2　　　問 25　3
〔解説〕
　　　問 24　エチレンオキシドは、劇物。快臭のある無色のガス。水、アルコール、エーテルに可溶。可燃性ガス、反応性に富む。廃棄法は、多量の水に少量ずつガスを吹き込み溶解し希釈した後、少量の硫酸を加えエチレングリコールに変え、アリカリ水で中和し、活性汚泥で処理する活性汚泥法。　　　問 25　四塩化炭素(テトラクロロメタン)CCl₄ は、特有な臭気をもつ不燃性、揮発性無色液体。廃棄法は過剰の可燃性溶剤又は重油等の燃料と共にアフターバーナー及びスクラバーを具備した焼却炉の火室へ噴霧し、できるだけ高温で焼却する。

問 26 ～問 28　問 26　4　　　問 27　1　　　問 28　2
〔解説〕
　　　問 26　カリウム K は、劇物。銀白色の光輝があり、ろう様の高度を持つ金属。カリウムは空気中では酸化され、ときに発火することがある。カリウムやナトリウムなどのアルカリ金属は空気中の酸素、湿気、二酸化炭素と反応する為、石油中に保存する。　　　問 27　水酸化カリウム(KOH)は劇物(5 ％以下は劇物から除外)。(別名：苛性カリ)。空気中の二酸化炭素と水を吸収する潮解性の白色固体である。二酸化炭素と水を強く吸収するので、密栓して貯蔵する。　　　問 28　シアン化ナトリウム NaCN(別名青酸ソーダ、シアンソーダ、青化ソーダ)は毒物。白色の粉末またはタブレット状の固体。少量ならばガラスビン、多量ならばブリキ缶あるいは鉄ドラムを用い、酸類とは離して、空気の流通のよい乾燥した冷所に密封して貯蔵する。

問 29 ～問 31　問 29　3　　　問 30　1　　　問 31　2
〔解説〕
　　　問 29　黄燐は、①保護手袋、②保護長ぐつ、③保護衣、④酸性ガス用防毒マスクである。　　　問 30　過酸化水素は、①保護手袋、②保護長ぐつ、③保護衣、④保護眼鏡である。問 31　クロルピクリンは、①保護手袋、②保護長ぐつ、③保護衣、④有機ガス用防毒マスクである。いずれも施行規則別表第五に示されている。

問 32 ～問 34　問 32　2　　　問 33　4　　　問 34　1
〔解説〕
　　　問 32　アニリンは、劇物。沸点 184 ～ 186 ℃の油状物。アニリンは血液毒である。かつ神経毒であるので血液に作用してメトヘモグロビンを作り、チアノーゼを起こさせる。急性中毒では、顔面、口唇、指先等にはチアノーゼが現れる。さらに脈拍、血圧は最初亢進し、後に下降して、嘔吐、下痢、腎臓炎を起こし、痙攣、意識喪失で、ついに死に至ることがある。　　　問 33　蓚酸の中毒症状は、血液中のカルシウムを奪取し、神経系を侵す。胃痛、嘔吐、口腔咽喉の炎症、腎臓障害。　　　問 34　テトラエチルメチレンビスジチオホスフェイト(別名エチオン)は、劇物。不揮発性の液体。キシレン、アセトン等の有機溶媒に可溶。水には不溶。有機燐製剤であるため血圧降下、コリンエステラーゼの阻害等、他の有機燐製剤と同様な中毒作用を呈する。

問 35 ～問 37　問 35　4　　　問 36　3　　　問 37　2
〔解説〕
　　　問 35　ベタナフトール C₁₀H₇OH は、無色～白色の結晶、石炭酸臭、水に溶けにくく、熱湯に可溶。有機溶媒に易溶。水溶液にアンモニア水を加えると、紫色の蛍石彩をはなつ。　　　問 36　水酸化ナトリウム NaOH は、白色、結晶性のかたいかたまりで、繊維状結晶様の破砕面を現す。水と炭酸を吸収する性質がある。水溶液を白金線につけて火炎中に入れると、火炎は黄色に染まる。　　　問 37　硝酸銀 AgNO₃ は、劇物。無色結晶。水に溶して塩酸を加えると、白色の塩化銀を沈殿する。その硫酸と銅屑を加えて熱すると、赤褐色の蒸気を発生する。

問 38 ～問 40　問 38　1　　　問 39　3　　　問 40　4
〔解説〕
　　　問 38　メタクリル酸は劇物。刺激臭のある無色柱状結晶。アルコール、エーテル、水に可溶。重合防止剤が添加されているが、加熱、直射日光、過酸化物、鉄錆などにより重合が始まり爆発することがある。

問39　無水クロム酸(三酸化クロム、酸化クロム(IV))CrO_3 は、劇物。暗赤色の結晶またはフレーク状で、水に易溶、潮解性、用途は酸化剤。劇物。炭酸バリウム $BaCO_3$ は白色粉末。潮解している場合でも可燃物と混合すると常温でも発火することがある。また、潮解し易く直ちに火傷を起こすので、皮膚に触れないように注意する。

問40　弗化水素 HF は毒物。不燃性の無色液化ガス。激しい刺激性がある。水にきわめて溶けやすい。ガスは空気より重い。空気中の水や湿気と作用して白煙を生じる。また、強い腐食性を示す。

(農業用品目)

問1〜問4　問1 2　　問2 2　　　問3 1　　　問4 3

〔解説〕
　解答のとおり。

問5　4

〔解説〕
　農業用品目販売業者の登録が受けた者が販売できる品目については、法第四条の三第一項→施行規則第四条の二→施行規則別表第一に掲げられている品目である。解答のとおり。

問6〜問9　問6 3　　問7 4　　問8 1　　問9 2

〔解説〕
　問6　トラロメトリンは劇物。橙黄色の樹脂状固体。トルエン、キシレン等有機溶媒によく溶ける。熱、酸に安定。光には不安定。　　問7　イソキサチオンは有機リン剤、劇物(2％以下除外)、淡黄褐色液体、水に難溶、有機溶剤に易溶、アルカリには不安定。　　問8　リン化亜鉛 Zn_3P_2 は、灰褐色の結晶又は粉末。かすかにリンの臭気がある。水、アルコールには溶けないが、ベンゼン、二硫化炭素に溶ける。酸と反応して有毒なホスフィン $PH3$ を発生。劇物、1％以下で、黒色に着色され、トウガラシエキスを用いて著しくからく着味されているものは除かれる。　　問9　ロテノン(植物デリスの根に含まれる。)：斜方六面体結晶で、水にはほとんど溶けない。ベンゼン、アセトンには溶け、クロロホルムに易溶。

問10〜問12　問10 2　　問11 1　　問12 3

〔解説〕
　問10　DDVP は有機リン製剤で接触性殺虫剤。無色油状液体、水に溶けにくく、有機溶媒に易溶。水中では徐々に分解。　　問11　ブロムメチル(臭化メチル)CH_3Br は、常温では気体(有毒な気体)。用途は、浸透性が強いので果樹、種子等の病害虫の燻蒸剤として用いられる。　　問12　ナラシンは毒物(1％以上〜 10％以下を含有する製剤は劇物。)アセトン−水から結晶化させたものは白色〜淡黄色。用途は飼料添加物。

問13〜問15　問13 4　　問14 2　　問15 3

〔解説〕
　問13　ロテノンはデリスの根に含まれる。酸素によって分解するため、空気と光線を遮断して貯蔵する。　　問14　硫酸銅(II)は、濃い青色の結晶。風解性。風解性のため密封、冷暗所貯蔵。　　問15　シアン化カリウム KCN は、白色、潮解性の粉末または粒状物。貯蔵法は、少量ならばガラス瓶、多量ならばブリキ缶又は鉄ドラム缶を用い、酸類とは離して風通しの良い乾燥した冷所に密栓して貯蔵する。

問16〜問18　問16 2　　問17 3　　問18 1

〔解説〕
　問16　パラコートは、毒物で、ジピリジル誘導体で無色結晶性粉末。廃棄方法は、では、おが屑等に吸収させてアフターバーナー及びスクラバーを具備した焼却炉で焼却する燃焼法。　　問17　塩素酸ナトリウム $NaClO_3$ は、無色無臭結晶。廃棄方法は、過剰の還元剤の水溶液を希硫酸酸性にした後に、少量ずつ加え還元し、反応液を中和後、大量の水で希釈処理する還元法。　　問18　シアン化カリウム KCN(別名青酸カリ)は、毒物で無色の塊状又は粉末。①酸化法　水酸化ナトリウム水溶液を加えてアルカリ性(pH11 以上)とし、酸化剤(次亜塩素酸ナトリウム、さらし粉等)等の水溶液を加えて CN 成分を酸化分解する。CN 成分を分解したのち硫酸を加え中和し、多量の水で希釈して処理する。②アルカリ法　水酸化ナトリウム水溶液等でアリカリ性とし、高温加圧下で加水分解する。

問19 ～問21　問19　1　　問20　3　　問21　4
〔解説〕
　　　解答のとおり。
問22 ～問24　問22　1　　問23　2　　問24　3
〔解説〕
　　　問22　パラコートは、毒物で、ジピリジル誘導体で無色結晶、水によく溶け低級アルコールに僅かに溶ける。融点300度。金属を腐食する。不揮発性である。消化器障害、ショックのほか、数日遅れて肝臓、腎臓、肺等の機能障害を起こす。
　　　問23　テトラエチルメチレンビスジチオホスフエイト(別名エチオン)は、劇物。不揮発性の液体。キシレン、アセトン等の有機溶媒に可溶。水には不溶。有機燐製剤であるため血圧降下、コリンエステラーゼの阻害等、他の有機燐製剤と同様な中毒作用を呈する。　　　問24　ブロムメチル(臭化メチル)CH₃Br は、常温では気体(有毒な気体)。冷却圧縮すると液化しやすい。クロロホルムに類する臭気がある。液化したものは無色透明で、揮発性がある。蒸気は空気より重く、普通の燻(くん)蒸濃度では臭気を感じないため吸入により中毒を起こしやすく、吸入した場合は、嘔吐(おうと)、歩行困難、痙攣、視力障害、瞳孔拡大等の症状を起こす。
問25 ～問28　問25　4　　問26　2　　問27　3　　問28　1
〔解説〕
　　　解答のとおり。
問29　4
〔解説〕
　　　N-メチル-1-ナフチルカルバメート(NAC)は、:劇物。5％以下は劇物から除外。白色無臭の結晶。水に極めて溶けにくい。(摂氏30℃で水100mL に12mg溶ける。)有機溶媒に可溶。常温では安定であるが、アルカリには不安定である。用途はカーバメート系農業殺虫剤。
問30　3
〔解説〕
　　　解答のとおり。
問31　2
〔解説〕
　　　フェノブカルブ(BPMC)は、劇物で無色透明の液体またはプリズム結晶。2％以下は劇物から除外。用途は害虫の駆除。廃棄方法はそのまま焼却炉で焼却する。あるいは、可燃性溶剤とともに火室へ噴霧し焼却する燃焼法。水酸化ナトリウム水溶液等と加温して加水分解するアルカリ法。
問32　3
〔解説〕
　　　フルスルファミドは、:劇物。淡黄色結晶性粉末。水に難溶。比重1.739(23℃)。融点170.0 ～ 171.5℃。用途は農薬の殺菌剤。
問33　3
〔解説〕
　　　解答のとおり。
問34　2
〔解説〕
　　　クロルピクリンは、①保護手袋、②保護長ぐつ、③保護衣、④有機ガス用防毒マスクである。いずれも施行規則別表第五に示されている。
問35　1
〔解説〕
　　　イミダクロプリドは、劇物。2％は以下は劇物から除外。弱い特異臭のある無色の結晶。水にきわめて溶けにくい。用途は、野菜等のアブラムシ類等の害虫を防除する農薬。(クロロニコチル系殺虫剤)ネオニコチノイド系。
問36　2
〔解説〕
　　　特定毒物は、法第2条第3項→法別表第三に掲げられている。
問37 ～問40　問37　4　　問38　1　　問39　3　　問40　2
〔解説〕
　　　解答のとおり。

石川県

（特定品目）

問1～問5　問1　1　　問2　3　　問3　2　　問4　4　　問5　5

〔解説〕
　　問1　ホルムアルデヒドは 1%以下で劇物から除外。　　問2　過酸化水素は6％以下で劇物から除外。　　問3　水酸化カリウムは 5%以下で劇物から除外。　　問4　アンモニアは 10%以下で除外。　　問5　クロム酸鉛は 70 ％以下は劇物から除外。

問6　3

〔解説〕
　　メチルエチルケトンは、劇物。アセトン様の臭いのある無色液体。引火しやすく、その蒸気は空気と混合して爆発性の混合ガスとなるので、火気には絶対に近づけない。吸入すると眼、鼻、のどなどの粘膜を刺激し、高濃度で麻酔状態となる。有機溶媒。用途は接着剤、印刷用インキ、合成樹脂原料、ラッカー用溶剤。

問7　4

〔解説〕
　　一般の問 14 を参照。

問8～問11　問8　3　　問9　1　　問10　2　　問11　4

〔解説〕
　　解答のとおり。

問12～問16　問12　2　　問13　2　　問14　1　　問15　1　　問16　2

〔解説〕
　　解答のとおり。

問17～問21　問17　3　　問18　4　　問19　5　　問20　1　　問21　2

〔解説〕
　　問 17　キシレン $C_6H_4(CH_3)_2$（別名キシロール、ジメチルベンゼン、メチルトルエン）は、無色透明な液体で o-、m-、p-の3種の異性体がある。水にはほとんど溶けず、有機溶媒に溶ける。蒸気は空気より重い。溶剤。揮発性、引火性。
　　問 18　酢酸エチル（別名酢酸エチルエステル、酢酸エステル）は、劇物。強い果実様の香気ある可燃性無色の液体。揮発性がある。蒸気は空気より重い。引火しやすい。水にやや溶けやすい。沸点は水より低い。　　問 19　硫酸 H_2SO_4 は、劇物。無色無臭澄明な油状液体、腐食性が強い、比重 1.84 と大きい、水、アルコールと混和するが発熱する。空気中および有機化合物から水を吸収する力が強い。
　　問 20　水酸化ナトリウム（別名：苛性ソーダ）NaOH は、劇物。白色の固体で、空気中の水分及び二酸化炭素を吸収する。水に溶解するとき強く発熱する。
　　問 21　ホルマリンはホルムアルデヒド HCHO を水に溶解したもの、無色透明な刺激臭の液体、低温ではパラホルムアルデヒドの生成により白濁または沈澱が生成することがある。

問22～問26　問22　5　　問23　1　　問24　2　　問25　3　　問26　4

〔解説〕
　　解答のとおり。

問27～問30　問27　4　　問28　2　　問29　1　　問30　3

〔解説〕
　　解答のとおり。

問31～問32　問31　1　　問32　2

〔解説〕
　　解答のとおり。

問33～問36　問33　3　　問34　4　　問35　1　　問36　2

〔解説〕
　　解答のとおり。

問37～問40　問37　2　　問38　3　　問39　1　　問40　4

〔解説〕
　　解答のとおり。

石川県

福井県
令和４年度実施

〔法　規〕
（一般・農業用品目・特定品目共通）

問１　５
　〔解説〕
　　　解答のとおり。
問２～問７　　　問２　３　　　問３　３　　　問４　４　　　問５　１
　　　　　　　　問６　２　　　問７　３
　〔解説〕
　　　解答のとおり。
問８～問10　　問８　３　　　問９　２　　　問10　３
　〔解説〕
　　　解答のとおり。
問11　２
　〔解説〕
　　　法第14条は、譲受人から提出から提出を受ける書面の保存期間について、法第
　　14条第４項に、５年間保存しなければならないと示されている。
問12　３
　〔解説〕
　　　この設問は法第７条〔毒物劇物取扱責任者〕、法第８条〔毒物劇物取扱責任者の
　　資格〕について、ａとｃが正しい。ａは法第７条第１項ただし書に示されている。ｃ
　　は設問のとおり。なお、ｂは法第８条第４項で、農業用品目毒物劇物取扱責任者
　　に合格した者は、法第４条の３第１項の厚生労働省令で定める毒物又は劇物のみ
　　を取り扱う輸入業の営業所若しくは農業用品目販売業の店舗おいてのみである。ｄ
　　は法第７条第３項で、毒物劇物取扱責任者を変更したときは、30 日以内に、その
　　毒物劇物取扱責任者の氏名を届け出なければならないである。
問13　４
　〔解説〕
　　　毒物又は劇物の容器及び被包に、表示しなければならないことは法第12条第１
　　項に示されている。解答のとおり。
問14　４
　〔解説〕
　　　この法第３条の３→施行令第32条の２による品目→①トルエン、②酢酸エチル、
　　トルエン又はメタノールを含有する接着剤、塗料及び閉そく用またはシーリング
　　の充てん料は、みだりに摂取、若しくは吸入し、又はこれらの目的で所持しては
　　ならい。設問については解答のとおり。
問15　２
　〔解説〕
　　　この設問では特定毒物ではない品目はどれかとあるので、３のモノクロル酢酸
　　〔劇物〕が該当する。なお、特定毒物は法第２条第３項→法別表第三に掲げられ
　　ている。
問16　１
　〔解説〕
　　　法第３条の４による施行令第32条の３で定められている品目は、①亜塩素酸ナ
　　トリウムを含有する製剤 30 ％以上、②塩素酸塩類を含有する製剤 35 ％以上、③
　　ナトリウム、④ピクリン酸である。
問17　４
　〔解説〕
　　　この設問は法第 13 条における着色する農業用品目のことで、法第 13 条→施行
　　令第 39 条において、①硫酸タリウムを含有する製剤たる劇物、②燐化亜鉛を含有
　　する製剤たる劇物→施行規則第 12 条で、あせにくい黒色に着色しなければならな
　　いと示されている。

問18 1
〔解説〕
　　この設問は法第 12 条第 2 項で、毒物又は劇物の容器及び被包に掲げる表示事項
は、①毒物又は劇物の名称、②毒物又は劇物の成分及びその含量、③厚生労働省
令で定める毒物又は劇物〔有機燐化合物及びこれを含有する製剤たる毒物又は劇
物〕について解毒剤として、①２－ピリジルアルドキシム(別名 PAM)の製剤、②
硫酸アトロピンの製剤。このことから 1 の有機燐化合物である。
問19 1
〔解説〕
　　この設問の法第 22 条は業務上取扱者についてで、業務上取扱者の届出を要する
事業者とは、次のとおり。業務上取扱者の届出を要する事業者とは、①シアン化
ナトリウム又は無機シアン化合物たる毒物及びこれを含有する製剤→電気めっき
を行う事業、②シアン化ナトリウム又は無機シアン化合物たる毒物及びこれを含
有する製剤→金属熱処理を行う事業、③最大積載量 5,000kg 以上の運送の事業、
④砒素化合物たる毒物及びこれを含有する製剤→しろありの防除を行う事業につ
いて使用する者が業務上取扱者である。
問20 4
〔解説〕
　　この設問は法第 12 条第 2 項第四号→施行規則第 11 条の 6 第三号〔取扱及び使用
上特に必要な事項〕で DDVP を販売するときに容器及び被包に掲げる表示が示され
ている。このことから d のみが該当しない。
問21 4
〔解説〕
　　この設問は法第 18 条〔立入検査等〕についてで、誤っているものは、4 である。
4 については法第 18 条第 4 項で、犯罪捜査のために認められたものと解してはなら
ないとあるので誤り。
問22 ～問25　　　　問22 2　　　問23 4　　　問24 2　　　問25 1
〔解説〕
　　この設問は毒物又は劇物を車両を使用して 1 回につき 5,000kg 以上するときの運
搬方法について施行令第 40 条の 5 に示されている。解答のとおり。
問26 3
〔解説〕
　　解答のとおり。
問27 2
〔解説〕
　　この設問は法第 15 条の 2 〔廃棄〕における法第 11 条第 2 項〔毒物又は劇物の
取扱〕について施行令第 40 条〔廃棄方法〕が示されている。
問28 ～問29　　　　問28 2　　　問29 3　　　問30 4
〔解説〕
　　解答のとおり。

〔基礎化学〕
(一般・農業用品目・特定品目共通)
問51 4
〔解説〕
　　サリチル酸はベンゼンの水素原子 2 つがそれぞれカルボキシル基(-COOH)とヒ
ドロキシ基(-OH)になった化合物である。化学式は HOC_6H_4COOH であり、分子
量は 138 となる。
問52 1
〔解説〕
　　A は質量数、Z は原子番号を表す。
問53 1
〔解説〕
　　アルカリ土類金属は Be, Mg を除く 2 族の元素である。
問54 4
〔解説〕
　　アンモニアは三角錐構造をとる。

問 55　2
〔解説〕
　　ボイル－シャルルの法則より、$100 \times 10/(273+10) = 50 \times V/(273+27)$、　V = 20.7 L となる。
問 56　2
〔解説〕
　　ナトリウムは黄色の炎色反応を示す。リチウムは赤、カリウムは赤紫色、カルシウムは橙赤色、Sr は紅色である。
問 57 ～問 59　　問 57　3　　問 58　2　　問 59　1
〔解説〕
　　問 57　①＋②× 3 をすることで問題の化学反応式となる。
　　問 58　問 59　解答のとおり
問 60　1
〔解説〕
　　ナトリウムは 1 族の元素であるので最外殻に 1 個の電子をもつ。
問 61　5
〔解説〕
　　希釈する 30%食塩水の量を x g とおくと式は、$(30 + 0.3x)/(600 + x) \times 100 = 15$, x = 400 g となる。
問 62　2
〔解説〕
　　カルボン酸とアルコールの分子間で脱水して生成する化合物をエステルという。
問 63　4
〔解説〕
　　記載されている化合物にはすべてベンゼン環が含まれている。それ以外の官能基は、1 トルエン：メチル基、2 クレゾール：メチル基とヒドロキシ基、3 スチレン：ビニル基、5 クロロベンゼン：塩素である。
問 64　1
〔解説〕
　　Li＞K＞Ca＞Na＞Mg＞Al＞Zn＞Fe＞Ni＞Sn＞Pb＞H＞Cu＞Hg＞Ag＞Pt＞Au の順となる。
問 65　3
〔解説〕
　　pH が 1 小さいと、水素イオン濃度は 10 倍濃くなる。
問 66　3
〔解説〕
　　メタンの分子量は 16 である。よって 3.2 g のメタンの物質量は 0.2 モルである。反応式より 1 モルのメタンが燃焼して 2 モルの水が生じるから、0.2 モルのメタンが燃焼して生じる水は 0.4 モルである。水の分子量は 18 であるから生じた水の重さは $0.4 \times 18 = 7.2$ g である。
問 67　1
〔解説〕
　　酸のモル濃度×酸の価数×酸の体積が、塩基のモル濃度×塩基の価数×塩基の体積と等しいときが中和である。よって $0.1 \times 1 \times 30 = x \times 2 \times 20$ となり、x = 0.075 mol/L となる。
問 68　1
〔解説〕
　　陽極では酸化反応が起こる。$2Cl^- \rightarrow Cl_2 + 2e^-$
問 69　3
〔解説〕
　　グルコースの分子量は 180 である。よって必要なグルコースの重さは、$1.0 = x/180 \times 1000/400$, x = 72 g
問 70　4
〔解説〕
　　グリシンはアミノ酸であり、等電点では双生イオンの状態で存在する
問 71　2
〔解説〕
　　問 71　親水コロイドに多量の電解質を加えて沈殿させる操作を塩析という。
問 72　3
〔解説〕
　　問 72　触媒は反応の前後でそれ自身は変化しないものである。

問 73　2
〔解説〕
　　問 73　解答のとおり
問 74　4
〔解説〕
　　ダイヤモンドは共有結合の結晶、アルミニウムは金属結晶、ドライアイスは分
　子結晶である。
問 75　3
〔解説〕
　　凝固点と融点は通常同じ値をとるが、今回の場合は過熱しているので融点とな
　る。
問 76　5
〔解説〕
　　気体の水と液体の水が共存している状態である（沸騰）。
問 77 ～問 80　　問 77　1　　問 78　4　　問 79　5　　問 80　2
〔解説〕
　　問 77　解答のとおり
　　問 78　炭素数が 4 以上になると、ブタンと 2-メチルプロパンの 2 つの構造異性
　　　　　体が存在する。
　　問 79　シクロはサイクル（輪）の意味である。
　　問 80　アルケンの語尾のエンは二重結合を指す。

〔毒物及び劇物の性質及び貯蔵
その他取扱方法〕

（一般）

問 31 ～問 35　　問 31　5　　問 32　1　　問 33　3　　問 34　4　　問 35　4
〔解説〕
　　問 31　ギ酸は 90 ％以下は劇物から除外。　　問 32　過酸化ナトリウムは 5 ％
以下は劇物から除外。　　問 33　2-アミノエタノールは 20 ％以下は劇物から除
外。　　問 34　シアナミドは 10 ％以下は劇物から除外。　　問 35　メチルアミン
は 40 ％以下で劇物から除外。
問 36 ～問 40　　問 36　3　　問 37　4　　問 38　1　　問 39　5　　問 40　2
〔解説〕
　　問 36　黄リン P_4 は、無色又は白色の蝋様の固体。毒物。別名を白リン。暗所
で空気に触れるとリン光を放つ。水、有機溶媒に溶けないが、二硫化炭素には易
溶。湿った空気中で発火する。空気に触れると発火しやすいので、水中に沈めて
ビンに入れ、さらに砂を入れた缶の中に固定し冷暗所で貯蔵する。　　問 37　四塩化炭素（テトラクロロメタン）CCl_4 は、特有な臭気をもつ不燃性、揮
発性無色液体、水に溶けにくく有機溶媒には溶けやすい。強熱によりホスゲンを
発生。亜鉛またはスズメッキした鋼鉄製容器で保管、高温に接しないような場所
で保管。　　問 38　沃素は、黒褐色金属光沢ある稜板状結晶、昇華性。水に溶
けにくい。有機溶媒に可溶（エタノールやベンゼンでは褐色、クロロホルムでは紫
色）。気密容器を用い、風通しのよい冷所に貯蔵する。腐食されやすい金属なので、
濃塩酸、アンモニア水、アンモニアガス、テレビン油等から引き離しておく。
　　問 39　水酸化カリウム（KOH）は劇物（5 ％以下は劇物から除外）。（別名：苛性カ
リ）。空気中の二酸化炭素と水を吸収する潮解性の白色固体である。二酸化炭素と
水を強く吸収するので、密栓して貯蔵する。　　問 40　アクロレインは、刺激臭
のある無色液体、引火性。光、酸、アルカリで重合しやすい。医薬品合成原料。
貯法は、非常に反応性に富む物質であるため、安定剤を加え、空気を遮断して貯
蔵する。極めて引火し易く、またその蒸気は空気と混合して爆発性混合ガスとな
るので、火気には絶対に近づけない。
問 41　3
〔解説〕
　　シアン化カリウムは亜硝酸ナトリウムまたはチオ硫酸ナトリウムで解毒する。

問 42 〜問 44　　問 42　2　　問 43　1　　問 44　3
〔解説〕
　　問 42　クロルピクリン CCl₃NO₂ は、無色〜淡黄色液体、催涙性、粘膜刺激臭。水に不溶。線虫駆除、燻蒸剤。廃棄方法は分解法。　　問 43　トルエンは可燃性の溶液であるから、これを珪藻土などに付着して、焼却する燃焼法。
　　問 44　フッ化水素酸の廃棄法は、多量の消石灰水溶液中に吹き込んで吸収させ、中和し、沈殿濾過して埋立処分する沈殿法。
問 45 〜問 47　　問 45　1　　問 46　2　　問 47　3
〔解説〕
　　問 45　クロルメチル(CH3Cl)は、劇物。無色のエータル様の臭いと、甘味を有する気体。水にわずかに溶け、圧縮すれば液体となる。空気中で爆発する恐れがあり、濃厚液の取り扱いに注意。　　問 46　メタクリル酸は劇物。刺激臭のある無色柱状結晶。アルコール、エーテル、水に可溶。多量に漏えいした場合は、漏えいした液は土砂等でその流れを止め、安全な場所に導き、空容器にできるだけ回収し、その後を水酸化カルシウム等の水溶液を用いて処理し、多量の水を用いて洗い流す。　　問 47　硝酸銀 AgNO₃ は、劇物。無色無臭の透明な結晶。水に溶けやすい。アルコールにも可溶。強い酸化剤。飛散したものは空容器にできるだけ回収し、そのあとを食塩水を用いて塩化銀とし、多量の水を用いて洗い流す。この場合、濃厚な廃液が河川等に排出されないよう注意する。
問 48 〜問 50　　問 48　3　　問 49　2　　問 50　1
〔解説〕
　　解答のとおり。

（農業用品目）

問 31 〜問 35　　問 31　4　　問 32　5　　問 33　6　　問 34　1　　問 35　2
〔解説〕
　　問 31　シアナミドは 10 ％以下は劇物から除外。　　問 32　メトミル 45 ％以下を含有する製剤は劇物で、それ以上含有する製剤は毒物。　　問 33　製剤の規定はない。　　問 34　2-ヒドロキシ-4-メチルチオ酪酸は 0.5 ％以下は劇物から除外。　　問 35　エマメクチンは 2 ％以下は劇物から除外。
問 36 〜問 38　　問 36　4　　問 37　3　　問 38　5　　問 39　2　　問 40　1
〔解説〕
　　問 36　ジクワットは、劇物で、ジピリジル誘導体で淡黄色結晶。用途は、除草剤。　　問 37　イミノクタジンは、劇物。白色の粉末(三酢酸塩の場合)。用途は、果樹の腐らん病、晩腐病等、麦の斑葉病、芝の葉枯病殺菌する殺菌剤。　　問 38　ブロムメチル(臭化メチル)CH₃Br は、常温では気体(有毒な気体)。用途について沸点が低く、低温ではガス体であるが、引火性がなく、浸透性が強いので果樹、種子等の病害虫の燻蒸剤として用いられる。　　問 39　燐化亜鉛 Zn₃P₂ は、灰褐色の結晶又は粉末。用途は、殺鼠剤、倉庫内燻蒸剤。　　問 40　アバメクチンは、類白色結晶粉末。用途は農薬・マクロライド系殺虫剤(殺虫・殺ダニ剤。
問 41　4
〔解説〕
　　DDVP(ジクロルボス)は、有機燐製剤で接触性殺虫剤。無色油状、水に溶けにくく、有機溶媒に易溶。水中では徐々に分解。有機燐製剤なのでコリンエステラーゼ阻害。解毒薬は PAM。
問 42 〜問 44　　問 42　3　　問 43　1　　問 44　2
〔解説〕
　　問 42　パラコートは、毒物で、ジピリジル誘導体で無色結晶性粉末、水によく溶け低級アルコールに僅かに溶ける。アルカリ性では不安定。金属に腐食する。不揮発性。用途は除草剤。廃棄方法は①燃焼法では、おが屑等に吸収させてアフターバーナー及びスクラバーを具備した焼却炉で焼却する。②検定法。
　　問 43　硫酸 H₂SO₄ は酸なので廃棄方法はアルカリで中和後、水で希釈する中和法。　　問 44　塩化第一銅 CuCl(あるいは塩化銅(Ⅰ))は、劇物。白色結晶性粉末、湿気があると空気により緑色、光により青色〜褐色になる。水に一部分解しながら僅かに溶け、アルコール、アセトンには溶けない。廃棄方法は、重金属の Cu なので固化隔離法(セメントで固化後、埋立処分)、あるいは焙焼法(還元焙焼法により金属銅として回収)。
問 45 〜問 47　　問 45　2　　問 46　1　　問 47　3
〔解説〕

福井県

問 45　クロルピリンは有機化合物で揮発性があることから、有機ガス用防毒マスクを用いる。　　問 46　フェンチオン（別名 MPP）は、劇物。褐色の液体。弱いニンニク臭を有する。漏えいした場合：飛散したものは空容器にできるだけ回収し、そのあとを消石灰、ソーダ灰等の水溶液で処理したのち、多量の水を用いて洗い流す。洗い流す場合には中性洗剤等の分散剤を使用して洗い流す。
　　問 47　アンモニア水は、弱アルカリ性なので多量の水で希釈処理。
問 48 〜問 50　問 48　1　　問 49　2　　問 50　3
〔解説〕
　　問 48　ダイアジノンは有機燐系化合物であり、有機燐製剤の中毒はコリンエステラーゼを阻害し、頭痛、めまい、嘔吐、言語障害、意識混濁、縮瞳、痙攣など。治療薬は硫酸アトロピンと PAM。　　問 49　ブラストサイジン S は、劇物。白色針状結晶。水、酢酸に溶けるが、メタノール、エタノール、アセトン、ベンゼンにはほとんど溶けない。中毒症状は、振せん、呼吸困難。目に対する刺激特に強い。　　問 50　塩素酸ナトリウム $NaClO_3$ の中毒症状は初期に顔面蒼白などの貧血症状、ついで強い酸化作用により赤血球破壊（溶血）による貧血、チアノーゼ、メトヘモグロビン形成。腎障害、消化器障害（吐気、嘔吐、腹痛）、神経症状（痙攣、昏睡）、呼吸器症状（呼吸困難）。

〔実地試験〕

（一般）

問 81 〜問 85　問 81　1　　問 82　2　　問 83　4　　問 84　5　　問 85　2
〔解説〕
　　問 81　ブロム水素は、無色透明あるいは淡黄色の刺激性の臭気がある気体で、金、白金、タンタル以外の金属を腐食するが、塩化ビニル、ポリエチレンなどの樹脂には作用しない。不燃性。　　問 82　重クロム酸カリウム $K_2Cr_2O_7$ は、橙赤色結晶、酸化剤。水に溶けやすく、有機溶媒には溶けにくい。　　問 83　塩化亜鉛 $ZnCl_2$ は、常温では白色の顆粒または塊であり、水に溶けやすく、空気中ま水分に触れて溶解する。　　問 84　ニトロベンゼン $C_6H_5NO_2$ は、劇物。無色又は微黄色の吸湿性の液体で、強い苦扁桃様の香気を持ち、光線を屈折する。水にわずかに溶け、その溶液は甘味を有し、アルコールには容易に溶ける。
　　問 85　イソキサチオンは有機リン剤、劇物（2 ％以下除外）、淡黄褐色液体、水に難溶、有機溶剤に易溶、アルカリには不安定。用途はミカン、稲、野菜、茶等の害虫駆除。（有機燐系殺虫剤）
問 86 〜問 90　問 86　2　　問 87　1　　問 88　5　　問 89　4　　問 90　3
〔解説〕
　　問 86　アニリン $C_6H_5NH_2$ は、新たに蒸留したものは無色透明油状液体、光、空気に触れて赤褐色を呈する。特有な臭気。水には難溶、有機溶媒に可溶。水溶液にさらし粉を加えると紫色を呈する。劇物。　　問 87　塩化第二水銀（$HgCl_2$）は毒物。白色の透明で重い針状結晶。水、エーテルに溶ける。昇汞の溶液に石灰水を加えると赤い酸化水銀の沈殿をつくる。また、アンモニア水を加えると白色の白降汞をつくる。　　問 88　スルホナールは劇物。無色、稜柱状の結晶性粉末。無色の斜方六面形結晶で、潮解性をもち、微弱の刺激性臭気を有する。水、アルコール、エーテルには溶けやすく、水溶液は強酸性を呈する。木炭とともに加熱すると、メルカプタンの臭気を放つ。　　問 89　ベタナフトール C10H7OH は、無色〜白色の結晶、石炭酸臭、水に溶けにくく、熱湯に可溶。有機溶媒に易溶。水溶液にアンモニア水を加えると、紫色の蛍石彩をはなつ。　　問 90　過酸化水素水は、無色無臭で粘性の少し高い液体。徐々に水と酸素に分解（光、金属により加速）する。安定剤として酸を加える。　ヨード亜鉛からヨウ素を析出する。過酸化水素自体は不燃性。しかし、分解が起こると激しく酸素を発生する。周囲に易燃物があると火災になる恐れがある。

（農業用品目）

問 81 〜問 85　問 81　5　　問 82　1　　問 83　2　　問 84　3　　問 85　4
〔解説〕
　　解答のとおり。
問 86 〜問 90　問 86　1　　問 87　3　　問 88　2　　問 89　5　　問 90　4
〔解説〕
　　解答のとおり。

山梨県
令和４年度実施
※特定品目はありません

〔法　規〕

（一般・農業用品目共通）

問題１　４
〔解説〕
　　解答のとおり。

問題２　３
〔解説〕
　　解答のとおり。

問題３　５
〔解説〕
　　この設問では、特定毒物として誤っているものはどれかとあるので、５の過酸化水素〔劇物〕が該当する。なお、特定毒物については法第２条第３項→法別表第三に品目が示されている。

問題４　４
〔解説〕
　　この設問は法第４条〔営業〕のこと。アとウが正しい。アとウは法第４条第１項に示されている。なお、イについては、地方厚生局長ではなく、都道府県知事が行うである。法第４条第１項のこと。エは登録の更新のことで法第４条第３項で、毒物又は劇物の製造業又は輸入業の登録は、５年ごとに、販売業の登録は、６年ごとに登録の更新を行わなければ、その子雨緑を失うである。

問題５　２
〔解説〕
　　この設問で、アとウが正しい。アは法第７条第３項に示されている。ウは法第10条第１項第二号に示されている。なお、イは、事前にではなく、30 日以内に届け出なければならないである。法第 10 条第１項第一号のこと。エについては毒物劇物営業者〔毒物劇物製造業者、輸入業者、販売業者〕てあるので法第９条〔登録の変更〕にもあたらないが、届け出を要しない。

問題６　１
〔解説〕
　　この設問は法第 12 条第１項における毒物又は劇物の容器及び被包に掲げる表示についてで、２が正しい。

問題７　３
〔解説〕
　　解答のとおり。

問題８　３
〔解説〕
　　この設問は法第 18 条〔立入検査等〕のことで、アとイが正しい。なお、ウについては法第 18 条第３項で、犯罪捜査のために認められたものと解してはならないとあるので、この設問は誤り。

問題９　３
〔解説〕
　　この設問の法第 22 条は業務上取扱者についてで、業務上取扱者の届出を要する事業者とは、次のとおり。業務上取扱者の届出を要する事業者とは、①シアン化ナトリウム又は無機シアン化合物たる毒物及びこれを含有する製剤→電気めっきを行う事業、②シアン化ナトリウム又は無機シアン化合物たる毒物及びこれを含有する製剤→金属熱処理を行う事業、③最大積載量 5,000kg 以上の運送の事業、④砒素化合物たる毒物及びこれを含有する製剤→しろありの防除を行う事業について使用する者が業務上取扱者である。このことからアとエが正しい。なお、エの四アルキル鉛を運搬する場合の容器については、200L と施行規則第 13 条の 13 に示されている。

問題 10　1
〔解説〕
　　法第3条の4による施行令第32条の3で定められている品目は、①亜塩素酸ナトリウムを含有する製剤 30 ％以上、②塩素酸塩類を含有する製剤 35 ％以上、③ナトリウム、④ピクリン酸である。この設問では誤りとあるので、1のシアン化カリウムが誤り。
問題 11　4
〔解説〕
　　この設問は施行規則第4条の4〔製造所の設備等〕についてで、誤りはどれかとあるので、4が誤り。4の設問にあるただし書はない。毒物又は劇物には、かぎをかける設備があることのみである。
問題 12　3
〔解説〕
　　この設問は毒物又は劇物を車両を使用して1回につき 5,000kg 以上運搬するときについてで、車両の前後の見やすい箇所に掲げる標識については、施行令第 40 条の5第2項第二号→施行規則第 13 条の5に示されている。解答のとおり。
問題 13　4
〔解説〕
　　解答のとおり。
問題 14　4
〔解説〕
　　この設問は着色する農業品目についてで法第 13 条→施行令第 39 条で①硫酸タリウムを含有する製剤たる劇物、②燐化亜鉛を含有する製剤たる劇物については→施行規則 12 条で、あせにくい黒色で着色する規定されている。解答のとおり。
問題 15　5
〔解説〕
　　解答のとおり。

〔基礎化学〕
（一般・農業用品目・特定品目共通）
問題 16　1
〔解説〕
　　-COOH カルボキシ基、-NO$_2$ ニトロ基、-SO$_3$H スルホ基、-NH$_2$ アミノ基
問題 17 〜 19　　　問題 17　3　　　　問題 18　4　　　　　問題 19　2
〔解説〕
　　問題 17　亜鉛は単体、空気、石油、食塩水は混合物である。
　　問題 18　酢酸エチル C$_4$H$_8$O$_2$ の分子量は $12 \times 4+8+16 \times 2 = 88$
　　問題 19　グルコースの分子量は 180 である。この溶液のモル濃度 M は、
　　　　　　　$M = 1.8/180 \times 1000/100 = 0.1$ mol/L
問題 20　5
〔解説〕
　　解答のとおり。
問題 21　3
〔解説〕
　　エタノール CH$_3$CH$_2$OH、酢酸 CH$_3$COOH、ホルムアルデヒド HCHO、ジメチルエーテル CH$_3$OCH$_3$
問題 22　4
〔解説〕
　　弱酸強塩基から生じる塩の水溶液の液性は塩基性となる。
問題 23　4
〔解説〕
　　解答のとおり。
問題 24　4
〔解説〕
　　3.0 mol/L NaCl 水溶液 100 mL に含まれる溶質の物質量は $3.0 \times 100/1000 = 0.3$ mol。NaCl の式量は 58.5 であるからこの時の質量は、$58.5 \times 0.3 = 17.55$ g

問題25　4
〔解説〕
　　この溶液の濃度は、　35.8/(100 + 35.8) × 100 = 26.36%
問題26　2
〔解説〕
　　16.8 ÷ 22.4 = 0.750 mol
問題27　3
〔解説〕
　　酸から生じる H^+ の物質量と、塩基から生じる OH^- の物質量が等しくなるようにする。硫酸のモル濃度を x mol/L とすると式は、　x × 2 × 10 = 0.1 × 1 × 4,　x = 0.020 mol/L
問題28　1
〔解説〕
　　解答のとおり。
問題29　4
〔解説〕
　　K は紫、Ba は黄緑、Li は赤、Na は黄色の炎色反応を呈する。
問題30　1
〔解説〕
　　プロパンが燃焼する反応式は、$C_3H_8 + 5O_2 \rightarrow 3CO_2 + 4H_2O$ であることから、プロパン 1 mol が燃焼すると二酸化炭素は 3 mol 生じる。プロパンの分子量は 44 であるから、4.4 g のプロパンの物質量は 0.1 mol である。よって生じる二酸化炭素は 0.3 mol であり、その体積は標準状態で 0.3 × 22.4 = 6.72 L となる。

〔毒物及び劇物の性質及び貯蔵その他取扱方法〕
（一般）
問題31 ～問題35　　問題31　4　　問題32　2　　問題33　3
　　　　　　　　　　問題34　5　　問題35　1

〔解説〕
　　問題31　水素化アンチモン SbH_3（別名スチビン、アンチモン化水素）は、劇物。無色、ニンニク臭の気体。空気中では常温でも徐々に水素と金属アンモンに分解。水に難溶。エタノールには可溶。　問題32　酢酸エチル（別名酢酸エチルエステル、酢酸エステル）は、劇物。強い果実様の香気ある可燃性無色の液体。揮発性がある。蒸気は空気より重い。引火しやすい。水にやや溶けやすい。沸点は水より低い。　問題33　N-ブチルビムジンは、劇物。無色澄明の液体。魚肉腐敗臭がある。水とはまじらない。用途は触媒として使用される。　問題34　メチルメルカプタン CH_3SH は、毒物。メタンチオールとも呼ばれる。腐ったキャベツ様の悪臭を有する引火性無色気体。　問題35　クロルスルホン酸は、劇物。無色、又は淡黄色。発煙性、刺激性の液体。
問題36 ～問題40　　問題36　1　　問題37　3　　問題38　1　　問題39　2
　　　　　　　　　　問題40　5

〔解説〕
　　問題36　硫酸タリウム Tl_2SO_4 は、劇物。白色結晶。用途は殺鼠剤。　問題37　アセトニトリル CH_3CN は劇物。エーテル様の臭気を有する無色の液体。用途は有機合成原料、合成繊維の溶剤など。　問題38　スルホナールは劇物。無色、稜柱状の結晶性粉末。用途は殺鼠剤。　問題39　ヒドラジンは、毒物。無色の油状の液体。用途は強い還元剤でロケット燃料にも使用される。医薬、農薬等の原料。　問題40　ジクロルジニトロメタンは劇物。淡黄色澄明な揮発性液体。用途は土壌殺菌剤。
問題41 ～問題45　　問題41　5　　問題42　1　　問題43　2　　問題44　4
　　　　　　　　　　問題45　3

〔解説〕
　　問題41　シアン化カリウム KCN（別名　青酸カリ）は、白色、潮解性の粉末または粒状物、空気中では炭酸ガスと湿気を吸って分解する（HCN を発生）。また、酸と反応して猛毒の HCN（アーモンド様の臭い）を発生する。したがって、酸から離し、通風の良い乾燥した冷所で密栓保存。安定剤は使用しない。

問題 42　クロロホルム $CHCl_3$ は、無色、揮発性の液体で特有の香気とわずかな甘みをもち、麻酔性がある。空気中で日光により分解し、塩素、塩化水素、ホスゲンを生じるので、少量のアルコールを安定剤として入れて冷暗所に保存。
問題 43　カリウム K は、劇物。銀白色の光輝があり、ろう様の高度を持つ金属。カリウムは空気中にそのまま貯蔵することはできないので、石油中に保存する。

問題 44　臭化メチル(ブロムメチル)　CH_3Br は本来無色無臭の気体だが、クロロホルム様の臭気をもつ。空気より重い。通常は気体、低沸点なので燻蒸剤に使用。貯蔵は液化させて冷暗所。　問題 45　五塩化燐 PCl_5 は毒物。淡黄色の刺激臭と不快臭のある結晶。不燃性で、潮解性がある。眼、粘膜を侵す。貯蔵法は腐食性が強いので密栓して貯蔵。

（農業用品目）
問題 31 ～問題 34　問題 31　4　　問題 32　5　　問題 33　1　　問題 34　2
〔解説〕
　　　問題 31　燐化亜鉛 Zn_3P_2 は、暗褐色の結晶又は粉末。かすかにリンの臭気がある。ベンゼン、二硫化炭素に溶ける。酸と反応して有毒なホスフィン PH3 を発生。　　問題 32　硫酸タリウム Tl_2SO_4 は、劇物。劇物。白色結晶で、水にやや溶け、熱水に易溶、用途は殺鼠剤。ただし 0.3 ％以下を含有し、黒色に着色され、かつ、トウガラシエキスを用いて著しくからく着味されているものは劇物から除外。
　　　問題 33　フェンチオン MPP は、劇物(2 ％以下除外)、有機燐剤、淡褐色のニンニク臭をもつ液体。有機溶媒には溶けるが、水には溶けない。
　　　問題 34　ロテノン $C_{23}H_{22}O_6$(植物デリスの根に含まれる。)は、斜方六面体結晶で、水にはほとんど溶けない。ベンゼン、アセトンには溶け、クロロホルムに易溶。
問題 35 ～問題 37　問題 35　1　　問題 36　4　　問題 37　2
〔解説〕
　　　問題 35　ダイアジノンは劇物。有機燐製剤、かすかにエステル臭をもつ無色の液体。用途は接触性殺虫剤。　　問題 36　ダイファシノンは毒物。黄色結晶性粉末。用途は殺鼠剤。　　問題 37　ジクワットは、劇物で、ジピリジル誘導体で淡黄色結晶。用途は、除草剤。
問題 38 ～問題 39　問題 38　3　　問題 39　5
〔解説〕
　　　問題 38　エマメクチンは 2 ％以下は劇物から除外。　　問題 39　ジノカップは 0.2％以下で劇物から除外。
問題 40 ～問題 42　問題 40　2　　問題 41　5　問題 42　3
〔解説〕
　　　問題 40　ブロムメチル CH_3Br は可燃性・引火性が高いため、火気・熱源から遠ざけ、直射日光の当たらない換気性のよい冷暗所に貯蔵する。耐圧等の容器は錆防止のため床に直置きしない。　　問題 41　燐化アルミニウムは空気中の湿気で分解して、猛毒のリン化水素 PH3(ホスフィン)を発生する。空気中の湿気に触れると徐々に分解して有毒なガスを発生するので密閉容器に貯蔵する。使用方法については施行令第 30 条で規定され、使用者についても施行令第 18 条で制限されている。　　問題 42　アンモニア水は無色透明、刺激臭がある液体。アンモニア NH3 は空気より軽い気体。濃塩酸を近づけると塩化アンモニウムの白い煙を生じる。NH3 が揮発し易いので密栓。
問題 43 ～問題 45　問題 43　1　　問題 44　2　　問題 45　4
〔解説〕
　　　問題 43　モノフルオール酢酸ナトリウムは有機フッ素系である。有機フッ素化合物の中毒：TCA サイクルを阻害し、呼吸中枢障害、激しい嘔吐、てんかん様痙攣、チアノーゼ、不整脈など。治療薬はアセトアミド。　　問題 44　ニコチンは猛烈な神経毒を持ち、急性中毒では、よだれ、吐気、悪心、嘔吐、ついで脈拍緩徐不整、発汗、瞳孔縮小、呼吸困難、痙攣が起きる。　　問題 45　DDVP は、有機リン製剤で接触性殺虫剤。無色油状、水に溶けにくく、有機溶媒に易溶。水中では徐々に分解。有機燐製剤なのでコリンエステラーゼ阻害。

〔実　地〕

（一般）

問題 46 ～問題 55
問題 46　5　　問題 47　3　　問題 48　1　　問題 49　4　問題 50　2
問題 51　3　　問題 52　1　　問題 53　5　　問題 54　4　問題 55　2
〔解説〕
　　解答のとおり。

問題 56 ～問題 59　問題 56　4　　問題 57　2　　問題 58　5
〔解説〕
　　硝酸銀 $AgNO_3$ は、劇物。無色結晶。水に溶して塩酸を加えると、白色の塩化銀を沈殿する。その硫酸と銅屑を加えて熱すると、赤褐色の蒸気を発生する。用途：工業は、銀塩原料、試薬、鍍金、写真用。

問題 59　2
〔解説〕
　　黄燐 P_4 は、無色又は白色の蝋様の固体。毒物。別名を白リン。暗所で空気に触れるとリン光を放つ。水、有機溶媒に溶けないが、二硫化炭素には易溶。湿った空気中で発火する。空気に触れると発火しやすいので、水中に沈めてビンに入れ、さらに砂を入れた缶の中に固定し冷暗所で貯蔵する。廃棄法は廃ガス水洗設備及び必要あればアフターバーナーを具備した焼却設備で焼却する燃焼法。

問題 60　5
〔解説〕
　　ナトリウム Na は、銀白色金属光沢の柔らかい金属、湿気、炭酸ガスから遮断するために石油中に保存。空気中で容易に酸化される。水と激しく反応して水素を発生する（$2Na + 2H_2O \rightarrow 2NaOH + H_2$）。炎色反応で黄色を呈する。水、二酸化炭素、ハロゲン化炭化水素等と激しく反応するのでこれらと接触させない。

（農業用品目）

問題 46　4
〔解説〕
　　農業用品目販売業者の登録が受けた者が販売できる品目については、法第四条の三第一項→施行規則第四条の二→施行規則別表第一に掲げられている品目である。解答のとおり。

問題 47 ～問題 54　問題 47　3　　問題 48　2　　問題 49　5
〔解説〕
　　解答のとおり。

問題 50 ～問題 57　問題 50　4　　問題 51　2　　問題 52　3　　問題 53　5
問題 54　5　　問題 55　1　　問題 56　3　　問題 57　4
〔解説〕
　　硫酸第二銅、五水和物白色濃い藍色の結晶で、水に溶けやすく、水溶液は青色リトマス紙を赤変させる。水に溶かし硝酸バリウムを加えると、白色の沈殿を生じる。
　　クロルピクリン CCl_3NO_2 は、無色～淡黄色液体、催涙性、粘膜刺激臭。本品の水溶液に金属カルシウムを加え、これにベタナフチルアミン及び硫酸を加えると、赤色の沈殿を生じる。
　　塩素酸カリウムは、単斜晶系板状の無色の結晶で、水に溶けるが、アルコールには溶けにくい。水溶液は中性の反応を示し、大量の酒石酸を加えると、白い結晶性の沈殿を生じる。
　　シアン化ナトリウム NaCN は毒物。白色の粉末、粒状またはタブレット状の固体。水に溶けやすく、水溶液は強アルカリ性である。酸と反応すると、有毒でかつ引火性のガスを発生する。水に溶かして硝酸バリウムを加えると、白色の沈殿を生ずる。

問題 58 ～問題 60　問題 58　2　　問題 59　4　　問題 60　3
〔解説〕
　　解答のとおり。

長野県
令和4年度実施

〔法　規〕
（一般・農業用品目・特定品目共通）

第1問　4
〔解説〕
　　この設問は法第一条〔目的〕のこと。解答のとおり。
第2問　5
〔解説〕
　　この設問は法第2条第2項〔定義・劇物〕のこと。解答のとおり。
第3問　5
〔解説〕
　　この設問は法第3条第3項〔禁止規定〕のこと。解答のとおり。
第4問　4
〔解説〕
　　この設問における特定毒物における正しいのは、4である。4は法第3条の2第5項に示されている。なお、1の特定毒物を製造できるものは、①毒物又は劇物製造業者、②特定毒物研究者である。2の特定毒物を所持できる者は、①毒物営業者〔製造業者、輸入業者、販売業者〕、②特定毒物研究者、③特定毒物使用者である〔法第3条の2第10項〕。3の特定毒物研究者は、登録の更新ではなく、都道府県知事による許可である。このことは法第6条の2に示されている。
第5問　1
〔解説〕
　　この設問では特定毒物について、着色基準が定められていない品目は、1のオクタメチルピロホスホルアミドが該当する。なお、特定毒物の着色については施行令に示されている。5にの特定毒物使用者については、法第3条の2第3項において施行令に示されている。
第6問　3
〔解説〕
　　この法第3条の3→施行令第32条の2による品目→①トルエン、②酢酸エチル、トルエン又はメタノールを含有する接着剤、塗料及び閉そく用またはシーリングの充てん料は、みだりに摂取、若しくは吸入し、又はこれらの目的で所持してはならい。設問については解答のとおり。
第7問　2
〔解説〕
　　この設問は法第3条の4のこと。
第8問　3
〔解説〕
　　農業用品目については、法第四条の三第一項→施行規則第四条の二→施行規則別表第一に掲げられている品目である。なお、この設問では該当しないものは3のクロルエチル。
第9問　4
〔解説〕
　　特定品目については、法第四条の三第二項→施行規則第四条の三→施行規則別表第二に掲げられている品目のみである。なお、この設問では該当しないものは4のニトロベンゼン。
第10問　5
〔解説〕
　　この設問では、bのみが正しい。bは法第4条第3項における登録の更新。なお、aについては、自ら製造した毒物又は劇物について、毒物劇物営業者に販売することができる。販売業の登録を要しない。法第3条第3項ただし書規定に示されている。cの販売業の登録の種類は、①一般販売業、②農業用品目販売業、③特定品目販売業である〔法第4条の2〕。設問では、特定毒物販売業とあるので誤り。
第11問　1
〔解説〕
　　この設問は施行規則第4条の4第2項〔販売業の店舗の設備基準〕についてで、該当しないものは、1である。

第 12 問　　3
〔解説〕
　　　この設問の毒物劇物取扱責任者について正しいのは、3が正しい。3は法第7
条第3項に示されている。なお、1における毒物劇物業務上取扱者には、毒劇法
上規定されている者について、毒物劇物取扱責任者において設置を要する。2の
設問にあるような実務経験はない。4は法第8条第4項で、…製造する製造所で
はなく、毒物若しくは劇物のみを取り扱う輸入業の営業所若しくは農業用品目販
売業の店舗である。5は法第8条第2項第一号で、18 歳未満の者は毒物劇物取扱
責任者になることはできない。このことからこの設問は誤り。

第 13 問　　2
〔解説〕
　　　この設問は法第8条第一項〔毒物劇物取扱責任者の資格〕のこと。

第 14 問　　2
〔解説〕
　　　この設問は法第 10 条〔届出〕についてで、　a と d が正しい。a は法第 10 条第
1項第二号に示されている。d は法第 10 条第1項第四号に示されている。なお、b
と c については、届け出を要しない。

第 15 問　　1
〔解説〕
　　　この設問は飲食物容器使用禁止のことについて、法第 11 条第4項→施行規則第
11 条の4のこと。解答のとおり。

第 16 問　　3
〔解説〕
　　　この設問は法第 12 条第1項〔毒物又は劇物の表示〕のことで、3が正しい。

第 17 問　　2
〔解説〕
　　　この設問は法第 12 条第2項についてである。解答のとおり。

第 18 問　　3
〔解説〕
　　　この設問では、a、b、c が正しい。このことは法第 12 条第2項に示されている。

第 19 問　　2
〔解説〕
　　　この設問は法第 15 条第1項〔毒物又は劇物の交付の制限等〕のこと。

第 20 問　　4
〔解説〕
　　　毒物又は劇物の廃棄方法の基準について施行令第 40 条〔廃棄方法〕に示されて
いる。c、d が正しい。

第 21 問　　1
〔解説〕
　　　この設問は法第 21 条第1項〔登録が失効した場合等の措置〕のこと。

第 22 問　　5
〔解説〕
　　　この設問は毒物又は劇物を車両を使用して1回につき 5,000kg 以上運搬すると
きの方法について施行令第 40 条の5のことである。5が正しい。5は施行令第 40
条の5第2項第四号に示されている。なお、1は施行規則第 13 条の5〔毒物又は
劇物を運搬する車両に掲げる標識〕のことで、…「劇」でなく、「毒」である。2
は恒例第 40 条の5第2項第三号で、保護具を2人分以上備えることである。3は
…1日当たり9時間を超える場合には交替して運転する者を同乗させなければな
らないである。施行令第 40 条の5第2項第一号→施行規則第 13 条の4のこと。
4のような規定はない。

第 23 問　　3
〔解説〕
　　　この設問は a と c が正しい。a と c は法第 17 条第1項に示されている。なお、b
については、法第 22 条第5項において、非届出者であっても、この設問にある劇
物を紛失した場合は、法第 17 条第2項により、その旨を直ちに警察署に届け出な
ければならないである。

第 24 問　2
〔解説〕
　　この設問は法第 18 条〔立入検査等〕についてで、a と b が正しい。a と b は法第 18 条第 1 項に示されている。なお、c は法第 18 条第 4 項で、犯罪捜査のために解してはならないとあるので、この設問は誤り。
第 25 問　1
〔解説〕
　　この設問の法第 22 条は業務上取扱者についてで、業務上取扱者の届出を要する事業者とは、次のとおり。業務上取扱者の届出を要する事業者とは、①シアン化ナトリウム又は無機シアン化合物たる毒物及びこれを含有する製剤→電気めっきを行う事業、②シアン化ナトリウム又は無機シアン化合物たる毒物及びこれを含有する製剤→金属熱処理を行う事業、③最大積載量 5,000kg 以上の運送の事業、④砒素化合物たる毒物及びこれを含有する製剤→しろありの防除を行う事業について使用する者が業務上取扱者である。このことから 1 が正しい。

〔学　科〕
（一般・農業用品目・特定品目共通）

第 26 問　1
〔解説〕
　　固体が液体になる状態変化を融解という。
第 27 問　2
〔解説〕
　　ダイヤモンド、オゾン、酸素は単体であり、海水は混合物である。
第 28 問　5
〔解説〕
　　解答のとおり
第 29 問　2
〔解説〕
　　ヘリウムは全元素の中でもっともイオン化エネルギーが大きい。
第 30 問　3
〔解説〕
　　メタン、エタン、シクロペンタンは単結合のみ、アセチレンは分子内に三重結合をもつ。
第 31 問　4
〔解説〕
　　ほかの物質に H^+ を与える物質を酸と言い、OH^- を与えるものを塩基という（アレニウスの定義）。
第 32 問　1
〔解説〕
　　酢酸やアンモニアは極性分子であり、水素結合を形成する。
第 33 問　4
〔解説〕
　　酸のモル濃度×酸の価数×酸の体積が、塩基のモル濃度×塩基の価数×塩基の体積と等しいときが中和である。よって $0.2 \times 2 \times 500 = 0.4 \times 1 \times x$ となり、x =500 mL となる。
第 34 問　5
〔解説〕
　　ホルムアルデヒドはアルデヒド基、アニリンはアミノ基、アセトンはケトン基（カルボニル基）、ニトロベンゼンはニトロ基を有する。
第 35 問　3
〔解説〕
　　コロイド粒子はセロハン膜や膀胱膜などの半透膜を通過できない。これにより分離する操作を透析という。

第36問　1
〔解説〕
　　LC$_{50}$ の C は Concentration（濃度）の C、LD$_{50}$ の D は Dose（量）の D である。
第37問　3
〔解説〕
　　アジ化ナトリウム NaN$_3$ は無色無臭の結晶でアルコールに溶けにくくエーテルには溶けない。

（一般・農業用品目共通）
第38問　5
〔解説〕
　　フェントエートは有機リン系殺虫剤であり、赤褐色油状の芳香性刺激臭を有する水に不溶な物質である。
第39問　1
〔解説〕
　　シアン化カリウムは無色の結晶である。色のシアンとは異なる。

（一般・特定品目共通）
第40問　2
〔解説〕
　　硝酸 HNO$_3$ は刺激臭を有する腐食性の液体である。
第41問　4
〔解説〕
　　カリウム塩は炎色反応で赤紫色を呈する。

（一般）
第42問　2
〔解説〕
　　エタノールと同様の酩酊状態となるが体内でホルムアルデヒドおよびギ酸を生じる。
第43問　5
〔解説〕
　　メチルメルカプタンは、毒物。腐ったキャベツのような臭いがある引火性の気体。廃棄法は①水酸化ナトリウム水溶液中へ徐々に吹き込んで処理した後、酸化剤(次亜塩素酸ナトリウム、さらし粉等)の水溶液を加えて酸化分解し、これに硫酸を加えて中和した後、多量の水で希釈して処理する酸化法。②スクラバーを具備した焼却炉の火室へ噴霧して焼却する燃焼法。
第44問　3
〔解説〕
　　ギ酸は劇物。刺激臭のある無色の液体。漏えいした液は土砂等でその流れ止め、安全な場所に導き、密閉加納な空容器でできるだけ回収し、その後水酸化カルシウム等の水溶液で中和した後、多量の水を用いて洗い流す。濃厚な廃液が河川等に排出されないよう注意する。
第45問　4
〔解説〕
　　ピクリン酸は爆発性なので、火気に対して安全で隔離された場所に、イオウ、ヨード、ガソリン、アルコール等と離して保管する。鉄、銅、鉛等の金属容器を使用しない。

（農業用品目）
第37問　4
〔解説〕
　　NAC はカーバメート系殺虫剤であり、無色無臭の結晶である。水には溶けず、有機溶媒に溶け、アルカリに不安定である。
第40問　5
〔解説〕
　　パラコートはジピリジル系の除草剤で、水によく溶ける無色の固体である。アルカリには不安定。

第 41 問　3
〔解説〕
　　硫酸タリウム Tl₂SO₄ は無色の固体で殺鼠剤に用いる。黒色に着色され、唐辛子エキスで着味されているものは液剤ならば普通物となる。
第 42 問　2
〔解説〕
　　2-(1-メチルプロピル)-フエニル-N-メチルカルバメート(別名フェンカルブ・BPMC)は劇物。無色透明の液体またはプリズム状結晶。水にほとんど溶けない。エーテル、アセトン、クロロホルムなどに可溶。2％以下は劇物から除外。用途は害虫の駆除。中毒症状が発現した場合は、硫酸アトロピン製剤を用いた適切な解毒手当を受ける。
第 43 問　4
〔解説〕
　　硫酸第二銅は、濃い青色の結晶。風解性。水に易溶、水溶液は酸性。劇物。廃棄法は、水に溶かし、消石灰、ソーダ灰等の水溶液を加えて処理し、沈殿ろ過して埋立処分する沈殿法。
第 44 問　3
〔解説〕
　　EPN は有機リン剤。漏えいした液は、空容器にできるだけ回収し、そのあとを消石灰等の水溶液を用いて処理し、多量の水を用いて流す。洗い流す場合には、中性洗剤等の分散剤を使用して洗い流す。
第 45 問　2
〔解説〕
　　ブロムメチル CH₃Br は常温では気体なので、圧縮冷却して液化し、圧縮容器に入れ、直射日光その他、温度上昇の原因を避けて、冷暗所に貯蔵する。

（特定品目）

第 37 問　3
〔解説〕
　　ホルムアルデヒドは気体であり、水に混合するとホルマリンとなる。防腐剤として用いられる。
第 38 問　5
〔解説〕
　　メチルエチルケトンはアセトン臭を有する無色の液体である。引火性があり水に可溶である。
第 39 問　1
〔解説〕
　　塩化水素は刺激臭のある気体である。
第 42 問　2
〔解説〕
　　メタノール CH₃OH は特有な臭いの無色液体。水に可溶。可燃性。染料、有機合成原料、溶剤。メタノールの中毒症状：吸入した場合、めまい、頭痛、吐気など、はなはだしい時は嘔吐、意識不明。中枢神経抑制作用。飲用により視神経障害、失明。
第 43 問　5
〔解説〕
　　キシレン C₆H₄(CH₃)₂ は、C、H のみからなる炭化水素で揮発性なので珪藻土に吸着後、焼却炉で焼却(燃焼法)。
第 44 問　3
〔解説〕
　　解答のとおり。
第 45 問　4
〔解説〕
　　水酸化ナトリウム(別名：苛性ソーダ)NaOH は、白色結晶性の固体。水と炭酸を吸収する性質が強い。空気中に放置すると、潮解して徐々に炭酸ソーダの皮層を生ずる。貯蔵法については潮解性があり、二酸化炭素と水を吸収する性質が強いので、密栓して貯蔵する。

長野県

〔実　地〕

（一般）

第46問～第50問　第46問　2　　第47問　5　　第48問　1
　　　　　　　　　第49問　3　　第50問　4

〔解説〕

　第46問　塩素 Cl_2 は、常温においては窒息性臭気をもつ黄緑色気体。冷却すると黄色溶液を経て黄白色固体となる。融点はマイナス 100.98 ℃、沸点はマイナス 34 ℃である。用途は酸化剤、紙パルプの漂白剤、殺菌剤、消毒薬。
　第47問　5　　第48問　水銀 Hg は常温で唯一の液体の金属である。銀白色の重い流動性がある。常温でも僅かに揮発する。毒物。比重 13.6。用途は工業用として寒暖計、気圧計、水銀ランプ、歯科用アマルガムなど。
　第49問　塩素酸ナトリウム $NaClO_3$ は、無色無臭結晶、酸化剤、水に易溶。有機物や還元剤との混合物は加熱、摩擦、衝撃などにより爆発することがある。用途は除草剤、酸化剤、抜染剤。　　第50問　クロム酸鉛 $PbCrO_4$ は黄色または赤黄色粉末、沸点:844 ℃、水にほとんど溶けず、希硝酸、水酸化アルカリに溶ける。酢酸、アンモニア水には不溶。別名はクロムイエロー。用途は顔料、分析用試薬。吸入した場合、クロム中毒を起こすことがある。

第51問～第52問　第51問　3　　第52問　1

〔解説〕

　解答のとおり。

第53問～第54問　第53問　3　　第54問　2

〔解説〕

　フェノール C_6H_5OH はフェノール性水酸基をもつので過クロール鉄（あるいは塩化鉄（Ⅲ）$FeCl_3$）により紫色を呈する。

（一般・農業用品目・特定品目共通）

第55問～第57問　第55問　2　　第56問　4　　第57問　1

〔解説〕

　解答のとおり。

（一般）

第58問　5

〔解説〕

　一酸化鉛 PbO は、重い粉末で、黄色から赤色までの間の種々のものがある。希硝酸に溶かすと、無色の液となり、これに硫化水素を通じると、黒色の沈殿を生じる。

第59問　4

〔解説〕

　クレゾール $C_6H_4(CH_3)OH$ は、オルト、メタ、パラの 3 つの異性体の混合物。消毒力がメタ体が最も強い。無色～ピンクの液体、フェノール臭、光により暗色になる。殺菌消毒薬、木材の防腐剤。

第60問　5

〔解説〕

　シアナミド CH_2N_2 は劇物。無色又は白色の結晶。潮解性。水によく溶ける。エーテル、アセトン、ベンゼンに可溶。モノクロル酢酸 CH_2ClCO_2H は、劇物。無色、潮解性の単斜晶系の結晶。水によく溶ける。

（農業用品目）

第46問～第50問　第46問　5　　第47問　2　　第48問　3
　　　　　　　　　第49問　1　　第50問　4

〔解説〕

　第46問　弗化スルフリルは毒物。無色無臭の気体。水に溶ける。クロロホルム、四塩化炭素に溶けやすい。アルコール、アセトンにも溶ける。水では分解しないが、水酸化ナトリウム溶液で分解される。用途は殺虫剤、　　第47問　エチレンクロルヒドリンは劇物。無色液体で芳香がある。水、アルコールに溶ける。用途は有機合成中間体、溶剤等。　　第48問　カルボスルファンは、劇物。有機燐製剤の一種。褐色粘稠液体。用途はカーバメイト系殺虫剤。

第 49 問　塩素酸ナトリウム NaClO₃ は、無色無臭結晶、酸化剤、水に易溶。有機物や還元剤との混合物は加熱、摩擦、衝撃などにより爆発することがある。用途は除草剤、酸化剤、抜染剤。　　第 50 問　ジチアノンは劇物。暗褐色結晶性粉末。融点 216 ℃。用途は殺菌剤(農薬)。
第 51 問～第 52 問　第 51 問　3　　第 52 問　1
〔解説〕
　　解答のとおり。
第 53 問～第 54 問　第 53 問　3　　第 54 問　2
〔解説〕
　　解答のとおり。
第 58 問　5
〔解説〕
　　アンモニア水は無色透明、刺激臭がある液体。アルカリ性を呈する。アンモニア NH₃ は空気より軽い気体。濃塩酸を近づけると塩化アンモニウムの白い煙を生じる。
第 59 問　5
〔解説〕
　　ジエチル-3・5・6-トリクロル-2-ピリジルチオホスフエイト(クロルピリホス)は、白色結晶、水に溶けにくく、有機溶媒に可溶。有機燐剤で、劇物(1 ％以下は除外、マイクロカプセル製剤においては 25 ％以下が除外)果樹の害虫防除、シロアリ防除。シックハウス症候群の原因物質の一つである。
第 60 問　4
〔解説〕
　　ニコチンは毒物。純ニコチンは無色、無臭の油状液体。水、アルコール、エーテルに安易に溶ける。硝酸亜鉛は劇物。無水物もあるが一般には六水和物が流通。六水和物は、白色結晶。水にきわめて溶けやすい。潮解性がある。用途は工業用捺染剤。

（特定品目）
第 46 問～第 50 問　第 46 問　2　　第 47 問　5　　第 48 問　1
　　　　　　　　　　第 49 問　3　　第 50 問　4
〔解説〕
　　解答のとおり。
第 51 問～第 52 問　第 51 問　3　　第 52 問　1
〔解説〕
　　解答のとおり。
第 53 問～第 54 問　第 53 問　3　　第 54 問　2
〔解説〕
　　解答のとおり。
第 55 問～第 57 問　5
〔解説〕
　　解答のとおり。
第 58 問　5
〔解説〕
　　一酸化鉛は劇物。黄色又は橙色。粉末又は粒状。水に極めて溶けにくい。硝酸、酢酸、アルカリに可溶。硫化水素で黒色の硫化鉛を沈殿する。これは希塩酸、希硝酸に溶ける。
第 59 問　4
〔解説〕
　　解答のとおり。
第 60 問　5
〔解説〕
　　アンモニア NH₃ は、常温では無色刺激臭の気体、冷却圧縮すると容易に液化する。水溶液は弱アルカリ性を呈する。クロム酸カリウム K₂CrO₄ は、橙黄色の結晶。(別名：中性クロム酸カリウム、クロム酸カリ)。水に溶解する。またアルコールを酸化する作用をもつ。用途は試薬。

長野県

岐阜県

令和4年度実施
※特定品目はありません。

〔毒物及び劇物に関する法規〕
(一般・農業用品目共通)

問1　4
〔解説〕
　　解答のとおり。

問2　1
〔解説〕
　　この設問では特定毒物に指定されていないものとあるので、1の水銀〔毒物〕である。なお、特定毒物については法第2条第3項→法別表第三に掲げられている。

問3　3
〔解説〕
　　解答のとおり。

問4　3
〔解説〕
　　この設問はaとcが正しい。aは設問のとおり。製造は法第3条の2第1項〔製造〕、同条第2項〔輸入〕のこと。cは法第3条の2第6項のこと。なお、bは法第3条の2第4項で、学術研究以外の用途に供してはならないとあるので、この設問は誤り。

問5　2
〔解説〕
　　この法第3条の3→施行令第32条の2による品目→①トルエン、②酢酸エチル、トルエン又はメタノールを含有する接着剤、塗料及び閉そく用またはシーリングの充てん料は、みだりに摂取、若しくは吸入し、又はこれらの目的で所持してはならい。②のトルエンが正しい。

問6　3
〔解説〕
　　この設問はaとcが正しい。aは法第4条第3項の登録の更新のこと。cは法第4条の2〔販売業の登録の種類〕に示されている。なお、bはaと同様に法第4条第3項における登録の更新で、販売業の登録は、6年ごとに、登録の更新を受けなければ、その効力を失うである。

問7　1
〔解説〕
　　この設問は施行規則第4条の4第2項における販売業の店舗の設備基準についてで、この設問は全て正しい。

問8　2
〔解説〕
　　この設問はaのみ正しい。aは設問のとおり。なお、bは法第7条第3項により、毒物劇物取扱責任者を置いたときは、30日以内に届け出なければならないである。cは法第8条第4項により、特定品目販売業の店舗ではなく、農業用品目販売業の店舗においてのみである。

問9　1
〔解説〕
　　この設問はaとbが正しい。aは法第8条第2項第一号に示されている。bは法第8条第1項第二号に示されている。なお、cの設問にあるような実務経験は毒物及び劇物取締法上に規定はない。

問10　5
〔解説〕
　　この設問は法第10条〔届出〕についてで、　cとdが正しい。cは法第10条第1項第四号に示されている。dは法第10条第1項第三号→施行規則第規則第10条の2第二号〔営業者の届出〕に示されている。なお、aとbは届け出を要しない。

問11　3
〔解説〕
　　この設問は法第 12 条第 1 項〔毒物又は劇物の表示〕のことで、この設問は a と c が正しい。a は設問のとおり。c は法第 12 条第 1 項で、医薬用外の文字及び劇物については、白地に赤色をもって「劇物」の文字を表示しなければならないである。なお、b は黒地に白色ではなく、赤地に白色である。

問12　4
〔解説〕
　　この設問は法第 13 条における着色する農業用品目のことで、法第 13 条→施行令第 39 条において、①硫酸タリウムを含有する製剤たる劇物、②燐化亜鉛を含有する製剤たる劇物→施行規則第 12 条で、あせにくい黒色に着色しなければならないと示されている。

問13　4
〔解説〕
　　設問のとおり。

問14　5
〔解説〕
　　この設問は法第 15 条〔毒物又は劇物の交付の制限等〕についてで、a と b が正しい。a は法第 15 条第 1 項一号に示されている。b は法第 15 条第 1 項第三号に示されている。なお、c は法第 15 条第 4 項で、確認に関する事項を記載した書類はも 5 年間保存しなければならないである。

問15　5
〔解説〕
　　解答のとおり。

問16　1
〔解説〕
　　この設問は施行令第 40 条の 5 第 2 項第二号→施行規則第 13 条の 5 に示されている。解答のとおり。

問17　1
〔解説〕
　　この設問は、毒物及び劇物を販売し、又は授与するときまでに、譲受人対して情報提供の内容が施行令第 40 条の 9 第 1 項→施行規則第 13 条の 12 において、情報提供の内容が示されている。このことから a の応急措置と b の火災時の措置が該当する。

問18　1
〔解説〕
　　この設問は全て正しい。法第 17 条〔事故の際の措置〕のこと。

問19　3
〔解説〕
　　この設問の法第 22 条は業務上取扱者についてで、業務上取扱者の届出を要する事業者とは、次のとおり。業務上取扱者の届出を要する事業者とは、①シアン化ナトリウム又は無機シアン化合物たる毒物及びこれを含有する製剤→電気めっきを行う事業、②シアン化ナトリウム又は無機シアン化合物たる毒物及びこれを含有する製剤→金属熱処理を行う事業、③最大積載量 5,000kg 以上の運送の事業、④砒素化合物たる毒物及びこれを含有する製剤→しろありの防除を行う事業について使用する者が業務上取扱者である。解答のとおり。

問20　5
〔解説〕
　　この設問では、過酸化水素を 1 回につき 5,000kg 以上を車両使用して運搬とある。その保護具については施行令第 40 条の 5 第 2 項第三号〔注　施行令別表第二に掲げられている品目のとき〕→施行規則第 13 条の 6 →施行規則別表第五に示されている。

〔基礎化学〕
（一般・農業用品目共通）

問 21　3
〔解説〕
　　0.01　mol/L の水酸化ナトリウム水溶液に含まれる水酸化物イオン濃度[OH⁻]は
　　1.0×10^{-2} mol/L である。よって pOH は 2 となる。pH + pOH = 14 より、pH = 12。

問 22　4
〔解説〕
　　H_2O と SO_2 は折れ線構造を持つ極性分子。NH_3 は三角錐構造を持つ極性分子、
　　NaCl はイオン結合なので分子の概念がない。

問 23　2
〔解説〕
　　a では無色無臭の CO が、b では無色刺激臭の SO_2 が、c では無色無臭の O_2 が、d
　　では無色腐卵臭の H_2S が発生する。

問 24　2
〔解説〕
　　ボイルの法則より、圧力が 2 倍になると体積は 1/2 になる。

問 25　4
〔解説〕
　　アセトン$(CH_3)_2CO$ は芳香環であるベンゼン環を持たない。

問 26　2
〔解説〕
　　酸素は 16 族、リンは 15 族の元素である。

問 27　2
〔解説〕
　　質量モル濃度 M = 1.17/58.5 × 1000/100,　M = 0.2 mol/kg

問 28　3
〔解説〕
　　炭素原子の最外殻は L 殻であり、4 つの価電子を持つ。

問 29　2
〔解説〕
　　反応 b と d はこの条件では反応しない。

問 30　5
〔解説〕
　　Cu は青緑色の炎色反応を呈する。Na は黄、Li は赤、Ca は橙、Sr は紅。

〔毒物及び劇物の性質及びその他の取扱方法〕
（一般）

問 31　4
〔解説〕
　　キシレン $C_6H_4(CH_3)_2$（別名キシロール、ジメチルベンゼン、メチルトルエン）は、
　　無色透明な液体で o-、m-、p-の 3 種の異性体がある。また、芳香族炭化水素特有
　　の臭いがある。水にはほとんど溶けず、有機溶媒に溶ける。蒸気は空気より重い。
　　引火しやすく、その蒸気は空気と混合して爆発性混合ガスとなるので火気には絶
　　対に近づけない。

問 32　2
〔解説〕
　　アンモニア NH_3 は、常温では無色刺激臭の気体、冷却圧縮すると容易に液化
　　する。水、エタノール、エーテルに可溶。強いアルカリ性を示し、腐食性は大。
　　水溶液は弱アルカリ性を呈する。

問 33 ～問 37　　問 33　4　　問 34　2　　問 35　1　　問 36　3　　問 37　5
〔解説〕
　　問 33　クラーレは、毒物。猛毒性のアルカロイドである。植物の樹皮から抽出
　　される。黒または黒褐色の塊状あるいは粒状をなしている。

岐阜県

問34 塩化第一銅 CuCl は劇物。白色又は帯灰白色の結晶性粉末。空気で酸化されやすく緑色の塩基性塩化銅(II)となり、光により褐色を呈する。水に極めて溶けにくい。塩酸、アンモニア水に可溶。 問35 硫酸タリウム $\mathrm{Tl_2SO_4}$ は、劇物。無色の結晶で、水にやや溶け、熱湯には溶けやすい。殺鼠(そ)剤として用いられる。含有率が 0.3％以下で、黒色に着色され、かつ、トウガラシエキスを用いて著しくからく着味されているものは、劇物から除かれる。 問36 キノリン($\mathrm{C_9H_7N}$)は劇物。無色または淡黄色の特有の不快臭をもつ液体で吸湿性である。水、アルコール、エーテル二硫化炭素に可溶。 問37 セレン Se は、毒物。灰色の金属光沢を有するペレット又は黒色の粉末。融点217℃。水に不溶。硫酸、二硫化炭素に可溶。火災等で強熱されると燃焼して有害な煙霧を発生する。

問38～問41 問38 3 問39 5 問40 2 問41 4
〔解説〕
問38 シアン化カリウム KCN(別名 青酸カリ)は、白色、潮解性の粉末または粒状物、空気中では炭酸ガスと湿気を吸って分解する(HCN を発生)。また、酸と反応して猛毒の HCN(アーモンド様の臭い)を発生する。したがって、酸から離し、通風の良い乾燥した冷所で密栓保存。安定剤は使用しない。
問39 過酸化水素水は過酸化水素の水溶液、少量なら褐色ガラス瓶(光を遮るため)、多量ならば現在はポリエチレン瓶を使用し、3分の1の空間を保ち、有機物等から引き離し日光を避けて冷暗所保存。 問40 黄燐 $\mathrm{P_4}$ は、無色又は白色の蝋様の固体。毒物。別名を白リン。暗所で空気に触れるとリン光を放つ。水、有機溶媒に溶けないが、二硫化炭素には易溶。湿った空気中で発火する。空気に触れると発火しやすいので、水中に沈めてビンに入れ、さらに砂を入れた缶の中に固定し冷暗所で貯蔵する。 問41 カリウム K は、劇物。銀白色の光輝があり、ろう様の高度を持つ金属。カリウムは空気中では酸化され、ときに発火することがある。カリウムやナトリウムなどのアルカリ金属は空気中の酸素、湿気、二酸化炭素と反応する為、石油中に保存する。

問42～問45 問42 3 問43 1 問44 2 問45 5
〔解説〕
問42 クロルエチル $\mathrm{C_2H_5Cl}$ は、劇物。常温で気体。用途はアルキル化剤。と燐酸を生成する。用途は特殊材料ガス、各種塩化物の製造。 問43 サリノマイシンナトリウムは劇物。白色～淡黄色の結晶性粉末。用途は飼料添加物。
問44 ベタナフトール $\mathrm{C_{10}H_7OH}$ は、劇物。無色～白色の結晶。用途は工業用として染料製造原料に使用される。防腐剤、試薬等。 問45 燐化亜鉛 $\mathrm{Zn_3P_2}$ は、灰褐色の結晶又は粉末。用途は、殺鼠剤、倉庫内燻蒸剤。

問46～問50 問46 1 問47 2 問48 4 問49 1 問50 3
〔解説〕
問46 しきみの実は、しきみの果実。有毒成分のシキミンを含んでいる。用途は、主に線香用原料として使用される。誤って食用又は薬用に供し、中毒となる。腹痛、嘔吐、瞳孔縮小、チアノーゼ、顔面蒼白、発作性の痙攣等の症状を呈する。ついで全身麻痺、昏睡状態におちいる。 問47 メソミル(別名メトミル)は、劇物。白色の結晶。水、メタノール、アセトンに溶ける。カルバメート剤なので、解毒剤は硫酸アトロピン(PAM は無効)、SH 解毒剤の BAL、グルタチオン等。皮膚に触れた場合、放置すると皮膚より吸収された中毒を起こすことがある。
問48 ジメチル硫酸は劇物。わずかに臭いがある。水と反応して硫酸水素メチルとメタノールを生ずる。のど、気管支、肺などが激しく侵される。また、皮膚から吸収された全身中毒を起こし、致命的となる。疲労、痙攣、麻痺、昏睡を起こして死亡する。 問49 メタノール(メチルアルコール)CH3OH は無色透明、揮発性の液体で水と随意の割合で混合する。火を付けると容易に燃える。：毒性は頭痛、めまい、嘔吐、視神経障害、失明。致死量に近く摂取すると麻酔状態になり、視神経がおかされ、目がかすみ、ついには失明することがある。
問50 水銀の慢性中毒(水銀中毒)の主な症状は、内分泌系・神経系・腎臓などを侵し、その他口腔・歯茎・歯などにも影響を与える。また、脳障害等も引き起こす。

（農業用品目）

問31　3
〔解説〕
　硫酸タリウム Tl_2SO_4 は、劇物。白色結晶で、水にやや溶け、熱水に易溶、用途は殺鼠剤。硫酸タリウム 0.3％以下を含有し、黒色に着色され、かつ、<u>トウガラシエキスを用いて著しくからく着味されているものは劇物から除外。</u>

問32　4
〔解説〕
　ヨウ化メチル CH_3I は、劇物。無色または淡黄色透明液体、低沸点、光により I2 が遊離して褐色になる(一般にヨウ素化合物は光により分解し易い)。エタノール、エーテルに任意の割合に混合する。水に不溶。<u>Ｉｉｙeガス殺菌剤としてたばこの根瘤線虫、立枯病に使用する。</u>

問33　3
〔解説〕
　イソキサチオンは有機リン剤、劇物(2％以下除外)、淡黄褐色液体、水に難溶、有機溶剤に易溶、アルカリには不安定。用途はミカン、稲、野菜、茶等の害虫駆除。(有機燐系殺虫剤)

問34〜問37　問34　5　問35　4　問36　1　問37　2
〔解説〕
　問34　アンモニア水は、アンモニア NH_3 の水溶液。空気より軽い気体。貯蔵法は、揮発しやすいので、よく密栓して貯蔵する。　**問35**　シアン化ナトリウム $NaCN$(別名青酸ソーダ、シアンソーダ、青化ソーダ)は毒物。白色の粉末またはタブレット状の固体。酸と反応して有毒な青酸ガスを発生するため、酸とは隔離して、空気の流通が良い場所冷所に密封して保存する。　**問36**　ロテノンはデリスの根に含まれる。殺虫剤。酸素、光で分解するので遮光保存。2％以下は劇物から除外。　**問37**　ブロムメチル CH_3Br は常温では気体なので、圧縮冷却して液化し、圧縮容器に入れ、直射日光その他、温度上昇の原因を避けて、冷暗所に貯蔵する。

問38〜問41　問38　5　問39　3　問40　1　問41　2
〔解説〕
　問38　燐化亜鉛 Zn_3P_2 は、灰褐色の結晶又は粉末。かすかにリンの臭気がある。ベンゼン、二硫化炭素に溶ける。酸と反応して有毒なホスフィン PH_3 を発生。ホスフィンにより嘔吐、めまい、呼吸困難などが起こる。　**問39**　クロルピクリン CCl_3NO_2 は、無色〜淡黄色液体、催涙性、粘膜刺激臭。毒性・治療法は、血液に入りメトヘモグロビンを作り、また、中枢神経、心臓、眼結膜を侵し、肺にも強い傷害を与える。治療法は酸素吸入、強心剤、興奮剤。
　問40　ブラストサイジン S ベンジルアミノベンゼンスルホン酸塩は、劇物。白色針状結晶。水、酢酸に溶けるが、メタノール、エタノール、アセトン、ベンゼンにはほとんど溶けない。中毒症状は、振せん、呼吸困難。目に対する刺激特に強い。　**問41**　無機銅塩類(硫酸銅等。ただし、雷銅を除く)の毒性は、亜鉛塩類と非常によく似ており、同じような中毒症状をおこす。緑色、または青色のものを吐く。のどが焼けるように熱くなり、よだれがながれ、しばしば痛むことがある。急性の胃腸カタルをおこすとともに血便を出す。

問42〜問46　問42　3　問43　1　問44　5　問45　2　問46　4
〔解説〕
　問42　イミノクタジンは、劇物。白色の粉末(三酢酸塩の場合)。用途は、果樹の腐らん病、晩腐病等、麦の斑葉病、芝の葉枯病殺菌する殺菌剤。
　問43　ジクワットは、劇物で、ジピリジル誘導体で淡黄色結晶。用途は、除草剤。　**問44**　エマメクチン安息香酸塩(別名アフフーム)は、劇物。類白色結晶粉末。用途は鱗翅目及びアザミウマ目害虫の殺虫剤。　**問45**　ダイファシノンは毒物。黄色結晶性粉末。0.005％以下を含有するものは劇物。用途は殺鼠剤。
　問46　クロルメコートは、劇物、白色結晶で魚臭、非常に吸湿性の結晶。用途は植物成長調整剤。

問47〜問50　問47　2　問48　2　問49　5　問50　4
〔解説〕
　問47　イソキサチオンは2％以下は劇物から除外。　**問48**　カルタップは2％以下は劇物から除外。　**問49**　硫酸は 10％以下で劇物から除外。
　問50　トリシクラゾールは8％以下で劇物から除外。

岐阜県

〔毒物及び劇物の識別及び取扱方法〕

(一般)

問 51〜問 53　問 51　1　　問 52　2　　問 53　4

〔解説〕
　　問 51　ニコチンは毒物。純ニコチンは無色、無臭の油状液体。水、アルコール、エーテルに安易に溶ける。用途は殺虫剤。このエーテル溶液に、ヨードのエーテル溶液を加えると、褐色の液状沈殿を生じ、これを放置すると赤色の針状結晶となる。　　問 52　塩酸は塩化水素 HCl の水溶液。無色透明の液体 25 ％以上のものは、湿った空気中で著しく発煙し、刺激臭がある。塩酸は種々の金属を溶解し、水素を発生する。硝酸銀溶液を加えると、塩化銀の白い沈殿を生じる。　　問 53　アニリン $C_6H_5NH_2$ は、劇物。新たに蒸留したものは無色透明油状液体、光、空気に触れて赤褐色を呈する。特有な臭気。水には難溶、有機溶媒には可溶。水溶液にさらし粉を加えると紫色を呈する。

問 54〜問 57　問 54　5　　問 55　2　　問 56　1　　問 57　4

〔解説〕
　　問 54　塩素酸ナトリウム $NaClO_3$ は、無色無臭結晶、酸化剤、水に易溶。廃棄方法は、過剰の還元剤の水溶液を希硫酸酸性にした後に、少量ずつ加え還元し、反応液を中和後、大量の水で希釈処理する還元法。　　問 55　砒素は金属光沢のある灰色の単体である。セメントを用いて固化し、溶出試験を行い溶出量が判定基準以下であることを確認して埋立処分する固化隔離法。　　問 56　塩化亜鉛 $ZnCl_2$ は水に易溶なので、水に溶かして消石灰などのアルカリで水に溶けにくい水酸化物にして沈殿ろ過して埋立処分する沈殿法。　　問 57　水酸化ナトリウムは塩基性であるので酸で中和してから希釈して廃棄する中和法。

問 60　3

〔解説〕
　　解答のとおり。

(農業用品目)

問 51〜問 53　問 51　3　　問 52　4　　問 53　2

〔解説〕
　　問 51　硫酸第二銅、五水和物白色濃い藍色の結晶で、水に溶けやすく、水溶液は青色リトマス紙を赤変させる。水に溶かし硝酸バリウムを加えると、白色の沈殿を生じる。　　問 52　燐化アルミニウムは、大気中の湿気にふれると、徐々に分解して有毒なガスを発生し、共存する分解促進剤からは炭酸ガスとアンモニアガスが生ずるとともに、カーバイト様の臭気にかわる。　　問 53　ニコチンは毒物。純ニコチンは無色、無臭の油状液体。水、アルコール、エーテルに安易に溶ける。このエーテル溶液に、ヨードのエーテル溶液を加えると、褐色の液状沈殿を生じ、これを放置すると赤色の針状結晶となる。

問 54　1

〔解説〕
　　農業用品目販売業者の登録が受けた者が販売できる品目については、法第四条の三第一項→施行規則第四条の二→施行規則別表第一に掲げられている品目である。このことから販売出来ない品目は、①アジ化ナトリウム。

問 55〜問 56　問 55　5　　問 56　2

〔解説〕
　　問 55　クロルピクリン CCl_3NO_2 は、無色〜淡黄色液体、催涙性、粘膜刺激臭。廃棄方法は少量の界面活性剤を加えた亜硫酸ナトリウムと炭酸ナトリウムの混合溶液中で、攪拌し分解させた後、多量の水で希釈して処理する分解法。　　問 56　塩素酸ナトリウム $NaClO_3$ は酸化剤なので、希硫酸で $HClO_3$ とした後、これを還元剤中へ加えて酸化還元後、多量の水で希釈処理する還元法。

問 57〜問 60　問 57　3　　問 58　4　　問 59　5　　問 60　2

〔解説〕
　　解答のとおり。

岐阜県

静岡県
令和４年度実施

(注)解答・解説については、この書籍の編者により編集作成しております。これに係わることについては、県への直接のお問い合わせはご容赦下さいます様お願い申し上げます。

〔学科：法　規〕
（一般・農業用品目・特定品目共通）

問１　４
〔解説〕
　　解答のとおり。

問２　２
〔解説〕
　　この設問では誤っているものはどれかとあるので、２が誤り。２の特定毒物を輸入できるのは、①毒物又は劇物輸入業者、②特定毒物研究者のみである。法第３条の２第２のこと。なお、１は法第３条の２第10項に示されている。３４は法第３条の２第４項に示されている。４は法第３条の２第７項に示されている。

問３　１
〔解説〕
　　法第３条の４による施行令第32条の３で定められている品目は、①亜塩素酸ナトリウムを含有する製剤30％以上、②塩素酸塩類を含有する製剤35％以上、③ナトリウム、④ピクリン酸である。このことからｃのナトリウムのみである。

問４　４
〔解説〕
　　この設問では、アとエが正しい。アは法第８条第１項第一号に示されている。エは法第８条第４項に示されている。なお、イの毒物劇物取扱責任者になることが出来る者は、①薬剤師、②厚生労働省令で定める学校で、応用化学に関する学課を修了した者、③都道府県知事が行う毒物劇物取扱者試験に合格した者のみである。ウは法第７条第１項ただし書規定により、自ら毒物劇物取扱責任者になることができる。

問５　３
〔解説〕
　　この設問は法第10条〔届出〕のことで、ａ、ｃ、ｄが正しい。ａは法第10条第１項第二号に示されている。ｃは法第10条第１項第一号に示されている。ｄは法第10条第１項第三号→施行規則第10条の２〔営業者の届出事項〕第二号に示されている。なお、ｂについては届出ではなく、法第９条第１項により、あらかじめ、登録の変更を受けなければならないである。

問６　１
〔解説〕
　　この設問は法第12第２項のこと。解答のとおり。

問７　４
〔解説〕
　　法第14条第２項〔毒物又は劇物の譲渡手続〕についてで、販売し、又は授与したときその都度書面に記載する事項は、①毒物又は劇物の名称及び数量、②販売又は授与の年月日、③譲受人の氏名、職業及び住所(法人にあっては、その名称及び主たる事務所)である。このことから全て該当する。

問８　４
〔解説〕
　　この設問では、アとエが正しい。アは法第15条第１項第三号に示されている。エは法第15条第２項に示されている。なお、イは法第15条第１項第一号により、18歳未満の者に交付してはならないである。ウは法第15条第４項で、帳簿の保存期間は、５年間である。

問９　３
〔解説〕
　　この設問は法第17条第２項における盗難紛失の措置のこと。解答のとおり。

問 10　1
〔解説〕
　　この設問の法第 22 条は業務上取扱者についてで、業務上取扱者の届出を要する事業者とは、次のとおり。業務上取扱者の届出を要する事業者とは、①シアン化ナトリウム又は無機シアン化合物たる毒物及びこれを含有する製剤→電気めっきを行う事業、②シアン化ナトリウム又は無機シアン化合物たる毒物及びこれを含有する製剤→金属熱処理を行う事業、③最大積載量 5,000kg 以上の運送の事業、④砒素化合物たる毒物及びこれを含有する製剤→しろありの防除を行う事業について使用する者が業務上取扱者である。このことから 1 が該当。なお、2 については、施行令第 41 条第三号→施行規則第 13 条の 13 条において、200L 以上が業務上取扱者に該当する。3 は発煙硫酸とあるので業務上取扱者に該当しない。4 も該当しない。

〔学科：基礎化学〕

（一般・農業用品目・特定品目共通）

問 11　3
〔解説〕
　　化学式はトルエンを指している。フェノールは C_6H_5OH

問 12　2
〔解説〕
　　アセトニトリルの化学式は CH_3CN であり、分子量は 41 となる。

問 13　3
〔解説〕
　　イオン化傾向は次の順となる。
　　Li>K>Ca>Na>Mg>Al>Zn>Fe>Ni>Sn>Pb>H>Cu>Hg>Ag>Pt>Au

問 14　4
〔解説〕
　　0.05 mol/L アンモニア水の電離度が 0.02 であるから、この溶液の水酸化物イオン濃度[OH]は、$0.05 \times 0.02 = 1.0 \times 10^{-3}$ となる。よってこの溶液の pOH は 3 であり、pH + pOH = 14 より、pH は 11 となる。

問 15　2
〔解説〕
　　35%食塩水 250 g に含まれる溶質の重さは $250 \times 0.35 = 87.5$ g である。この溶液に加える水の重さを x と置くと式は、$87.5/(250+x) \times 100 = 25$, x = 100 g となる。

〔学科：性質・貯蔵・取扱〕

（一般）

問 16　2
〔解説〕
　　この設問では特定毒物に該当するものは、b の燐化アルミニウムとその分解促進剤とを含有する製剤と c の四アルキル鉛が該当。なお、特定毒物は法第 2 条第 3 項→法別表第三に示されている。

問 17　1
〔解説〕
　　塩化水素(HCl)は劇物。常温で無色の刺激臭のある気体である。水、メタノール、エーテルに溶ける。湿った空気中で発煙し塩酸になる。吸湿すると、大部分の金属、コンクリート等を腐食する。爆発性でも引火性でもないが、吸湿すると各種の金属を腐食して水素ガスを発生し、これが空気と混合して引火爆発することがある。塩化水素は 10 % 以下は劇物から除外。

問 18
〔解説〕
　　この設問では貯蔵法で誤っているものは、3 の二硫化炭素。次のとおり。少量ならば共栓ガラス壜、多量ならば鋼製ドラム缶などを使用する。日光の直射を受けない冷所で保管し、可燃性、発熱性、自然発火性のものからは、十分に引き離しておく。

静岡県

問 19　1
〔解説〕
　　この設問の用途については、1のクレゾールが該当する。用途は、消毒、殺菌、木材の防腐剤。なお、弗化水素酸はガラスを侵す性質があるので、ガラスの艶消しや半導体のエッチング剤に用いられる。硫化カドミウム(カドミウムイエロー)CdS は、劇物。黄橙色粉末または結晶。水に難溶。用途は顔料、電池製造。過酸化水素水は、過酸化水素水は過酸化水素の水溶液で、無色無臭で粘性の少し高い液体。用途は漂白、医薬品、化粧品の製造。

問 20　4
〔解説〕
　　硝酸 HNO_3 は無色の発煙性液体。蒸気は眼、呼吸器などの粘膜および皮膚に強い刺激性をもつ。高濃度のものが皮膚に触れるとガスを生じ、初めは白く変色し、次第に深黄色になる(キサントプロテイン反応)。

(農業用品目)

問 16　4
〔解説〕
　　この設問では毒物に該当するものは、アの弗化スルフリルを含有する製剤とエのアバメクチン5％を含有する製剤(1.8 ％以下は毒物から除外)。なお、毒物については法第2条第1項→法別表第一に示されている。

問 17　3
〔解説〕
　　農業用品目販売業者の登録が受けた者が販売できる品目については、法第四条の三第一項→施行規則第四条の二→施行規則別表第一に掲げられている品目である。このことから c の硝酸 15 ％を含有する製剤については農業品目として販売することは出来ない。

問 18　1
〔解説〕
　　エトプロホスは、毒物(5 ％以下は除外、5 ％以下で3 ％以上は劇物)、有機燐製剤、メルカプタン臭のある淡黄色透明液体。用途は野菜等のネコブセンチュウの防除。

問 19　2
〔解説〕
　　2－イソプロピルフェニル－ N －メチルカルバメートは、劇物。白色結晶性の粉末。用途は、殺虫剤。吸入した場合は、倦怠感、頭痛、めまい、吐き気、嘔吐、腹痛、下痢多汗等、甚だしい場合は、縮瞳、意識混濁、全身痙攣等を起こす。

問 20　1
〔解説〕
　　エチルジフェニルジチオホスフェイト (別名　エジフェンホス、EDDP)は劇物。黄色～淡褐色透明な液体、特異臭、水に不溶、有機溶媒に可溶。高温では不安定。有機燐製剤、劇物(2 ％以下は除外)、殺菌剤。

(特定品目)

問 16　1
〔解説〕
　　この設問では劇物に該当するものは、d のホルムアルデヒド5 ％以下を含有する製剤。なお、ホルムアルデヒドは1 ％以下は劇物から除外。他の品目は全て劇物から除外される。

問 17　3
〔解説〕
　　特定品目販売業の登録を受けた者が販売できる品目については、法第四条の三第二項→施行規則第四条の三→施行規則別表第二に掲げられている品目のみである。このことから d の酢酸タリウムは販売出来ない。

問 18　4
〔解説〕
　　この設問は施行令第40条の5第2項第三号〔施行令別表第二に掲げられている品目〕→施行規則第13条の6→施行規則別表第五に保護具について示されている。このことから水酸化ナトリウムにおける備える保護具は、①保護手袋、②保護長ぐつ、③保護衣、④保護眼鏡である。

静岡県

問19　1
〔解説〕
　　蓚酸は無色の柱状結晶。用途は、木・コルク・綿などの漂白剤。その他鉄錆の汚れ落としに用いる。
問20　2
〔解説〕
　　水酸化ナトリウム(別名：苛性ソーダ)NaOH は、白色結晶性の固体。水と炭酸を吸収する性質が強い。空気中に放置すると、潮解して徐々に炭酸ソーダの皮層を生ずる。貯蔵法については潮解性があり、二酸化炭素と水を吸収する性質が強いので、密栓して貯蔵する。

〔実地：識別・取扱〕

(一般・農業用品目・特定品目共通)

問1　2
〔解説〕
　　アンモニア NH_3 は、常温では無色刺激臭の気体、冷却圧縮すると容易に液化する。水、エタノール、エーテルに可溶。強いアルカリ性を示し、腐食性は大。水溶液は弱アルカリ性を呈する。リトマス紙につけると赤色を青色に着色する。
問2　2
〔解説〕
　　硫酸 H_2SO_4 は酸なので廃棄方法はアルカリで中和後、水で希釈する中和法。
問3
〔解説〕
　　10%水酸化ナトリウム水溶液 800　g には、溶質である水酸化ナトリウムは 80　g 溶けていることになる。水酸化ナトリウムの式量は 40 であるから 80　g では 2.0 mol の水酸化ナトリウムが存在する。一方、水酸化ナトリウムと硫酸の中和反応の式は、$2NaOH + H_2SO_4 \rightarrow Na_2SO_4 + 2H_2O$ であるから、反応式より 2 mol の水酸化ナトリウムを中和するのに必要な硫酸は 1　mol(98　g)となる。必要な 20%硫酸の量を x g とすると式は、　98/x × 100 = 20、　x = 490 g となる。

(一般)
問4　2
〔解説〕
　　イとウが正しい。硫酸亜鉛七水和物は、一般的には七水和物が流通しており、それは白色の結晶で、水にきわめて溶けやすい。クロルピクリン CCl_3NO_2 は、劇物。無色～淡黄色液体、催涙性、粘膜刺激臭。水に不溶。なお、ギ酸(HCOOH)は劇物。90％以下は劇物から除外。無色の刺激性の強い液体で、腐食性が強く、強酸性。還元性がある。水、アルコール、エーテルに可溶。還元性のあるカルボン酸で、ホルムアルデヒドを酸化することにより合成される。アクリルニトリル $CH_2=CHCN$ は、無臭透明の蒸発しやすい液体で、無臭又は微刺激臭がある。極めて引火しやすく、火災、爆発の危険性が強い。
問5　3
〔解説〕
　　黄燐 P_4 は、白色又は淡黄色のロウ様半透明の結晶性固体。ニンニク臭を有し、水には不溶である。湿った空気に触れ、徐々に酸化され、また、暗所では光を発する。水酸化ナトリウムと熱すればホスフィンを発生する。
問6　4
〔解説〕
　　フェノール C_6H_5OH(別名石炭酸、カルボール)は、劇物。無色の針状晶あるいは結晶性の塊りで特異な臭気があり、空気中で酸化され赤色になる。水に少し溶け、アルコール、エーテル、クロロホルム、二硫化炭素、グリセリンには容易に溶ける。石油ベンゼン、ワセリンには溶けにくい。
問7　1
〔解説〕
　　解答のとおり。

問8　4
〔解説〕
　スルホナールは劇物。無色、稜柱状の結晶性粉末。無色の斜方六面形結晶で、潮解性をもち、微弱の刺激性臭気を有する。水、アルコール、エーテルには溶けやすく、水溶液は強酸性を呈する。木炭とともに加熱すると、メルカプタンの臭気を放つ。

問9　3
〔解説〕
　硅弗化ナトリウムは劇物。無色の結晶。水に溶けにくい。アルコールにも溶けない。　水に溶かし、消石灰等の水溶液を加えて処理した後、希硫酸を加えて中和し、沈殿濾過して埋立処分する分解沈殿法。

問10　1
〔解説〕
　有機燐化合物の解毒剤には、硫酸アトロピンや PAM を使用。有機燐化合物では、神経伝達物質のアセチルコリンを分解する酵素であるコリンエステラーゼと結合し、その働きを阻害するため、神経終末にアセチルコリンが過剰に蓄積することで毒性を示す。

（農業用品目）

問4　2
〔解説〕
　アセタミプリドは、劇物。白色結晶固体。2％以下は劇物から除外。アセトン、メタノール、エタノール、クロロホルムなどの有機溶媒に溶けやすい。用途はネオニコチノイド系殺虫剤。

問5　1
〔解説〕
　ダイアジノンは劇物。純品は無色液体である。溶解度は水に難溶であるが、エーテル、アルコールに溶解する。有機燐系農薬で接触性殺虫剤である。ニカメイチュウ等広範囲の害虫に使用する。

問6　4
〔解説〕
　トリシクラゾールは、劇物、無色無臭の結晶、水、有機溶媒にはあまり溶けない。農業用殺菌剤（イモチ病に用いる。）（メラニン生合成阻害殺菌剤）。8％以下は劇物除外。

問7　2
〔解説〕
　モノフルオール酢酸ナトリウム $CH_2FCOONa$ は重い白色粉末、吸湿性、冷水に易溶、メタノールやエタノールに可溶。粉末で水、アルコールに溶けない。野ネズミの駆除に使用。特毒。摂取により毒性発現。皮膚刺激なし、皮膚吸収なし。

問8　1
〔解説〕
　ニコチンは、毒物、無色無臭の油状液体だが空気中で褐色になる。殺虫剤。硫酸酸性水溶液に、ピクリン酸溶液を加えると黄色結晶を沈殿する。

問9　3
〔解説〕
　トリクロルヒドロキシエチルジメチルホスホネイト(DEP)は、劇物。白色の結晶で廃棄方法は焼却。すなわち、そのままスクラバーを具備した焼却炉で焼却する燃焼法。また、水酸化ナトリウム水溶液等と加温して加水分解するアルカリ法がある。（加水分解する際、反応後の pH を 13 以上に、また反応後の温度を摂氏 50℃以上とする。）。

問10　2
〔解説〕
　クロルピクリン CCl_3NO_2 は、無色～淡黄色液体で催涙性、粘膜刺激臭を持つことから、気管支を刺激してせきや鼻汁が出る。多量に吸入すると、胃腸炎、肺炎、尿に血が混じる。悪心、呼吸困難、肺水腫を起こす。手当は酸素吸入をし、強心剤、興奮剤を与える。

（特定品目）

問4　2

〔解説〕

　　トルエン $C_6H_5CH_3$ は、劇物。特有な臭い(ベンゼン様)の無色液体。無色、可燃性のベンゼン臭を有する液体である。水には不溶、エタノール、ベンゼン、エーテルに可溶である。

問5　3

〔解説〕

　　キシレン $C_6H_4(CH_3)_2$ は劇物。無色透明の液体で芳香族炭化水素特有の臭いがある。水にはほとんど溶けず、有機溶媒に溶ける。蒸気は空気より重い。吸入すると、目、鼻、のどを刺激し、高濃度で興奮、麻酔作用がある。溶剤、染料中間体などの有機合成原料や試薬として用いられる。

問6　1

〔解説〕

　　メタノール CH_3OH は特有な臭いの無色透明な揮発性の液体。水に可溶。可燃性。あらかじめ熱灼した酸化銅を加えると、ホルムアルデヒドができ、酸化銅は還元されて金属銅色を呈する。

問7　4

〔解説〕

　　酢酸エチル $CH_3COOC_2H_5$ は劇物。強い果実様の香気ある可燃性無色の液体。揮発性がある。蒸気は空気より重い。引火しやすい。水にやや溶けやすい。可燃性であるので、珪藻土などに吸収させたのち、燃焼により焼却処理する燃焼法。

問8　1

〔解説〕

　　四塩化炭素(テトラクロロメタン)CCl_4 は、特有な臭気をもつ不燃性、揮発性無色液体、水に溶けにくく有機溶媒には溶けやすい。洗濯剤、清浄剤の製造などに用いられる。確認方法はアルコール性 KOH と銅粉末とともに煮沸により黄赤色沈殿を生成する。

問9　4

〔解説〕

　　解答のとおり。

問10　2

〔解説〕

　　解答のとおり。

静岡県

愛知県
令和４年度実施

〔毒物及び劇物に関する法規〕
（一般・農業用品目・特定品目共通）

問１　３
〔解説〕
　　この設問は法第２条〔定義〕のこと。解答のとおり。

問２　１
〔解説〕
　　解答のとおり。

問３　２
〔解説〕
　　この設問は特定毒物に含まれないものは。２のシアン化ナトリウム〔毒物〕。なお、特定毒物は法第２条第３項→法別表第三に示されている。

問４　２
〔解説〕
　　この設問で正しいのは、２である。２は法第４条第３項〔登録の更新〕に示されている。なお、１は、法第４条第１項のことで、この設問にある経由して厚生労働大臣ではなく、都道府県知事である。法第４条第１項のこと。３については毒物又は劇物を販売し、授与していることが伺えることから法第３条第３項により、法第４条第１項における登録を要する。４は、登録票の再交付を受けた後、失った登録票を発見したときは、施行令第36条第３項により、所在地の都道府県知事へ返納しなければならないである。

問５　２
〔解説〕
　　この設問は販売品目の制限についてで、アとイが正しい。なお、ウの毒物劇物特定品目販売業の登録を受けた者は、法第４条の３第２項→施行規則第４条の３における施行規則別表第二に掲げられている品目のみである。この設問にある特定毒物は販売できない。

問６　３
〔解説〕
　　この設問にある登録簿の記載事項とは、法第６条〔登録事項〕に掲げる事項、①申請者の氏名及び住所〔法人にあっては、その名称及び主たる事務所の所在地〕、②製造業又は輸入業の登録にあっては、製造し、又は輸入しようとする毒物又は劇物の品目、③製造所、営業所又は店舗の所在地の他に、施行規則第４条の５に、①登録番号及び登録年月日、②製造所、営業所又は店舗の名称、③毒物劇物取扱責任者の氏名及び住所が記載する事項。

問７　４
〔解説〕
　　解答のとおり。

問８　２
〔解説〕
　　毒物劇物取扱責任者になることができる者は、①薬剤師、②厚生労働省令で定める学校で、応用化学に関する学課を修了した者、③都道府県知事が行う毒物劇物取扱者試験に合格した者である。〔法第８条第１項〕

問９　３
〔解説〕
　　この設問で正しいのは、ウのみである。ウは法第９条第１項のこと。なお、アは届け出を要しない。イは法第 10 条第１項第一号で、30 日以内届け出なければならないである。

問10　３
〔解説〕
　　この設問は法第 12 条第 2 項→施行規則第 11 条の６第四号に次のように示されている。いわゆる省令小分けのこと。解答のとおり。

問11　1
〔解説〕
　　この設問の法第 12 条第 3 項は、毒物又は劇物を貯蔵し、陳列する場所に表示しなければならない。解答のとおり。
問12　2
〔解説〕
　　この設問は法第 13 条における着色する農業用品目のことで、法第 13 条→施行令第 39 条において、①硫酸タリウムを含有する製剤たる劇物、②燐化亜鉛を含有する製剤たる劇物→施行規則第 12 条で、あせにくい黒色に着色しなければならないと示されている。
問13　3
〔解説〕
　　解答のとおり。
問14　3
〔解説〕
　　法第 15 条第 3 項で、同条第 2 項におけるその交付を受ける者の氏名及び住所を確認した後は、施行規則第 12 条の 3 に示されている事項、①交付した劇物の名称、②交付の年月日、③交付を受けた者の氏名及び住所を記載しなければならない。このことから定められていないものは、3 である。
問15　3
〔解説〕
　　この設問の施行令第 40 条〔廃棄の方法〕のこと。解答のとおり。
問16　4
〔解説〕
　　この設問は車両を使用して毒物又は劇物を 1 回につき 5,000kg 以上運搬する場合に、その車両の前後の見やすい箇所に掲げなければならない標識についてで、施行規則第 13 条の 5 に示されている。解答のとおり。
問17　1
〔解説〕
　　この設問は毒物又は劇物の性状及び取扱についての情報提供のことが施行令第 40 条の 9 に示されている。解答のとおり。
問18　4
〔解説〕
　　法第 17 条〔事故の際の措置〕のこと。解答のとおり。
問19　1
〔解説〕
　　この設問の法第 22 条は業務上取扱者についてで、業務上取扱者の届出を要する事業者とは、次のとおり。業務上取扱者の届出を要する事業者とは、①シアン化ナトリウム又は無機シアン化合物たる毒物及びこれを含有する製剤→電気めっきを行う事業、②シアン化ナトリウム又は無機シアン化合物たる毒物及びこれを含有する製剤→金属熱処理を行う事業、③最大積載量 5,000kg 以上の運送の事業、④砒素化合物たる毒物及びこれを含有する製剤→しろありの防除を行う事業について使用する者が業務上取扱者である。このことから正しいのは、イのみである。
問20　4
〔解説〕
　　この設問は全て誤り。アは法第 15 条第 1 項第一号に、18 歳未満の者に交付してはならないとある。イは別の場所に変更とあるので、新たに登録申請を要する。ウは法第 17 条第 2 項により、直ちに、その旨を警察署に届け出なければならないである。この設問にあるような毒性が低い、又は微量であっても警察署に届け出なければならないである。

〔基礎化学〕
（一般・農業用品目・特定品目共通）
問21　2
〔解説〕
　　牛乳、原油、食塩水、塩酸、塩化カリウム水溶液は混合物、ショ糖、ダイヤモンド、オゾンは純物質である。

問 22　4
　〔解説〕
　　　1 はろ過、2 は抽出、3 は昇華の記述である。
問 23　1
　〔解説〕
　　　同位体とは、元素記号（原子番号）は同じで質量数の異なるものである。
問 24　4
　〔解説〕
　　　原子核に最も近い殻は K 殻である。Ne は最外殻に 8 個の電子をもつが、この
　　電子は安定で反応性がないため、価電子とは言わない。すなわち Ne の価電子は 0
　　個である。
問 25　4
　〔解説〕
　　　硫酸イオンである。硫化物イオンは S^{2-} である。
問 26　3
　〔解説〕
　　　水分子は折れ線型、二酸化炭素は直線型、メタンは正四面体型の無極性分子で
　　ある。
問 27　3
　〔解説〕
　　　金属をたたき、薄く伸びる性質を展性という。
問 28　1
　〔解説〕
　　　$Mg(NO_3)_2$ の式量は、24+(14+16 × 3)× 2 = 148，よって 0.50 mol の重さは 148
　　× 0.5 = 74 g。
問 29　1
　〔解説〕
　　　フェノールフタレインは酸性で無色、塩基性で赤色を示す指示薬である。
問 30　2
　〔解説〕
　　　炭酸水素ナトリウムは水溶液は塩基性を示すが酸性塩に分類される。
問 31　3
　〔解説〕
　　　酸化数が増加することを酸化されたという。
問 32　4
　〔解説〕
　　　イオン化傾向（陽イオンへのなりやすさの順）は次の順となる。
　　Li>K>Ca>Na>Mg>Al>Zn>Fe>Ni>Sn>Pb>H>Cu>Hg>Ag>Pt>Au
問 33　4
　〔解説〕
　　　解答のとおり
問 34　2
　〔解説〕
　　　112 L のメタンの物質量は 112 ÷ 22.4 = 5.0 mol である。よってメタン 5 mol
　　が燃焼したときに発生する熱は、5 × 891 = 4455 kJ である。
問 35　1
　〔解説〕
　　　陽極では酸化反応が起こり、陰極では還元反応が起こる。溶融塩電解はアルミ
　　ニウムの精錬で用いる。
問 36　1
　〔解説〕
　　　塩化物イオンが増えるので、塩化物イオンが減少する方向、すなわち塩化ナト
　　リウムが析出する方向に平衡は移動する。
問 37　1
　〔解説〕
　　　臭素は赤褐色液体、赤燐は自然発火しないが黄燐は自然発火するので水中で保
　　存する。

問38　2
〔解説〕
　　アルカンは単結合のみ、アルケンは二重結合をもち、アルキンは三重結合をも
　つ炭化水素である。
問39　3
〔解説〕
　　エタノール、エチレングリコールは第一級アルコール、2-メチル-2-プロパノー
　ルは第三級アルコールである。
問40　3
〔解説〕
　　マルトースはグルコース2分子が脱水縮合した二糖であり、エーテル結合をもつ。

〔取　扱〕
（一般・農業用品目・特定品目共通）
問41　1
〔解説〕
　　20%硫酸の量を x g とおく。50%硫酸 300 g に含まれる硫酸分子の重さは、150 g
　である。同様に 20%硫酸 x g に含まれる硫酸分子の重さは 0.2 xg である。この
　混合溶液の濃度が 45%であることから式は
　　$(150 + 0.2x)/(300 + x) \times 100 = 45$, 　$x = 60$ g
問42　4
〔解説〕
　　20 mol/L のアンモニア水 800 mL に含まれるアンモニア分子の物質量は 20 ×
　800/1000 = 16 mol。同様に 6 mol/L のアンモニア水 200 mL に含まれるアンモニア
　の質量は 6 × 200/1000 = 1.2 mol。よってこの混合溶液のモル濃度は、M =
　(16+1.2) × 1000/(800 + 200)，M = 17.2 mol/L
問43　2
〔解説〕
　　硫酸の体積を x とおく。6.0 × 2 × x = 2.0 × 1 × 300, x = 50 mL

（一般・農業用品目共通）
問44　4
〔解説〕
　　シアン化水素 HCN は毒物。無色で特異臭(アーモンド様の臭気)のある液体。
　水溶液は極めて弱い酸性である。水、アルコールに溶ける。点火すれば青紫色の
　炎を発し燃焼する。重症中毒症状には意識混濁、縮瞳、全身痙攣などがある。

（一般）
問45　1
〔解説〕
　　ホスゲンは独特の青草臭のある無色の圧縮液化ガス。蒸気は空気より重い。ト
　ルエン、エーテルに極めて溶けやすい。酢酸に対してはやや溶けにくい。水によ
　り加水分解し、二酸化炭素と塩化水素を生成する。不燃性。水分が存在すると加
　水分解して塩化水素を生じるために金属を腐食する。加熱されると塩素と一酸化
　炭素への分解が促進される。
問46　3
〔解説〕
　　有機燐剤の解毒薬は硫酸アトロピンまたは PAM。カルバメート剤の解毒剤は硫
　酸アトロピン(PAM は無効)。
問47　2
〔解説〕
　　なお、酸化バリウム(BaO)は劇物。無色透明の結晶。用途は釉薬、試薬、乾燥
　剤等。エタン―1，2―ジアミン(エチレンジアミン)は、劇物。無色～黄色の液
　体。有機塩素系化合物。用途は、キレート剤、エポキシ樹脂硬化剤、殺菌剤。
　　セレン Se は、毒物。灰色の金属光沢を有するペレット又は黒色の粉末。用途は
　ガラスの脱色、釉薬、整流器等。ダイアジノンは劇物。かすかにエステル臭をも
　つ無色の液体。有機燐製剤。用途は、接触性殺虫剤。

問48　4
〔解説〕
　貯蔵法で適当でないものは、4のピクリン酸。次のとおり。ピクリン酸は爆発性なので、火気に対して安全で隔離された場所に、イオウ、ヨード、ガソリン、アルコール等と離して保管する。鉄、銅、鉛等の金属容器を使用しない。
問49　3
〔解説〕
　廃棄方法で適当でないものは、3の塩素酸ナトリウム。次のとおり。塩素酸ナトリウム $NaClO_3$ は酸化剤なので、還元剤（例えばチオ硫酸ナトリウム等）の水溶液に希硫酸を加えて酸性にし、この中に少量ずつ投入する。反応終了後、反応液を中和し、多量の水で希釈して処理する還元法。
問50　2
〔解説〕
　ホルマリンは無色透明な刺激臭の液体、低温ではパラホルムアルデヒドの生成により白濁または沈澱が生成することがある。多量に漏えいした場合は、漏えいした液はその流れを土砂で止め、安全な場所に導いて遠くからホース等で多量の水をかけ十分に希釈して洗い流す。ホルマリンの保護具は、①保護手袋、②保護長ぐつ、③保護衣、④有機ガス用防毒マスク。このことからアとイが正しい。

（農業用品目）
問45　1
〔解説〕
　ダイアジノンは劇物。有機燐製剤、接触性殺虫剤、かすかにエステル臭をもつ無色の液体、水に難溶、エーテル、アルコールに溶解する。有機溶媒に可溶。体内に吸収されるとコリンエステラーゼの作用を阻害し、縮瞳、頭痛、めまい、意識の混濁等の症状を引き起こす。
問47　2
〔解説〕
　農業用品目販売業者の登録が受けた者が販売できる品目については、法第四条の三第一項→施行規則第四条の二→施行規則別表第一に掲げられている品目である。アの弗化スルフリルのみ販売できる。
問48　4
〔解説〕
　シアナミドは劇物。無色又は白色の結晶。用途は合成ゴム、燻蒸剤、殺虫剤、除草剤、医薬品の中間体等に用いられる。なお、オキサミルは、毒物。白色針状結晶。用途はカーバメイト系殺虫、殺線剤。カルタップは、劇物。無色の結晶。用途は農薬の殺虫剤(ネライストキシン系殺虫剤)。ダゾメットは劇物。白色の結晶性粉末。用途は芝生等の除草剤。
問49　3
〔解説〕
　ブロムメチル(臭化メチル) CH_3Br は、燃焼させると C は炭酸ガス、H は水、ところが Br は HBr(強酸性物質、気体)などになるのでスクラバーを具備した焼却炉が必要となる燃焼法。
問50　2
〔解説〕
　燐化アルミニウムとその分解促進剤とを含有する製剤(ホストキシン)は、特定毒物。無色の窒息性ガス。大気中の湿気に触れると、徐々に分解して有毒な燐化水素ガスを発生する。分解すると有毒ガスを発生する。飛散したものの表面を速やかに土砂等で覆い、燐化アルミニウムで汚染された土砂等も同様な措置をし、そのあとを多量の水を用いて洗い流す。飛散した場合は、作業の際には必ず保護具を着用し、風下で作業をしない。　アとイが正しい。

（特定品目）
問44　4
〔解説〕
　イとエが正しい。イの過酸化水素水は6％以下で劇物から除外。エの水酸化ナトリウムは5％以下で劇物から除外。なお、クロム酸鉛は70％以下は劇物から除外。アンモニアは10％以下で劇物から除外。

問45　1
〔解説〕
　　酢酸エチル(別名酢酸エチルエステル、酢酸エステル)は、劇物。強い果実様の香気ある可燃性無色の液体。揮発性がある。蒸気は空気より重い。引火しやすい。水にやや溶けやすい。沸点は水より低い。毒性として、蒸気は粘膜を刺激し、持続的に吸入すると肺、腎臓および心臓の障害をきたすこともある。用

問46　3
〔解説〕
　　メタノール(メチルアルコール)CH_3OH は、劇物。(別名：木精)＞無色透明の液体で。特異な香気がある。沸点は、64.1 ℃。蒸気は空気より重く引火しやすい。水と任意の割合で混和する。経口的に摂取すると体内の神経細胞内で蟻酸となり、酸中毒症を起こし、頭痛、めまい、嘔吐、下痢、腹痛などを呈する。致死量に近ければ麻酔状態になり、視神経がおかされ、目がかすみ、ついには失明することがある。硅藻土等に吸収させ開放型の焼却炉で焼却する。また、焼却炉の火室へ噴霧し焼却する焼却法。

問47　2
〔解説〕
　　この設問では品目における用途についてで適当でないものは、2のトルエン。次のとおり。トルエン $C_6H_5CH_3$ は、劇物。特有な臭い(ベンゼン様)の無色液体。用途は爆薬原料、香料、サッカリンなどの原料、揮発性有機溶媒。

問48　4
〔解説〕
　　特定品目販売業の登録を受けた者が販売できる品目については、法第四条の三第二項→施行規則第四条の三→施行規則別表第二に掲げられている品目のみである。このことから4の硝酸が販売できる。

問49　3
〔解説〕
　　クロロホルム $CHCl_3$ は含ハロゲン有機化合物なので廃棄方法はアフターバーナーとスクラバーを具備した焼却炉で焼却する燃焼法。

問50　2
〔解説〕
　　一般の問50を参照。

〔実　地〕

(一般)

問1～4　問1　3　　問2　1　　問3　4　　問4　2
〔解説〕
　　問1　パラコートは、毒物で、ジピリジル誘導体で無色結晶、水によく溶け低級アルコールに僅かに溶ける。融点 300 度。金属を腐食する。不揮発性である。除草剤。　　**問2**　水酸化リチウムは、劇物。無色～白色の吸湿性の結晶。アルミニウム、錫、亜鉛を腐食する。引火性、爆発性ガスで、水素を生成する。用途は水和物はリチウムイオン電池に使用される。他、ステアリン酸リチウムなどのリチウム石けんの製造に使われる。また、グリスや炭酸ガス吸収剤の製造にも使用される。　　**問3**　蓚酸は無色の柱状結晶、風解性、還元性、漂白剤、鉄さび落とし。無水物は白色粉末。水、アルコールに可溶。エーテルには溶けにくい。また、ベンゼン、クロロホルムにはほとんど溶けない。　　**問4**　アクリルニトリル $CH_2=CHCN$ は、僅かに刺激臭のある無色透明な液体。引火性。有機シアン化合物である。硫酸や硝酸など強酸と激しく反応する。アクリル繊維、プラスチック、塗料、接着剤などの製造原料。

問5～8　問5　1　　問6　4　　問7　2　　問8　3
〔解説〕
　　問5　カリウムナトリウム合金は、劇物。銀白色の液体。激しい反応性と腐食性をもつ。用途は、原子炉の冷却用に用いられる。皮膚についたときは強い腐食作用を呈する。貯蔵法は保管に際しては、十分乾燥した鋼製容器に収め、アルゴンガス(微量の酸素も除いておくこと)を封入し、密栓する。

問6　硝酸銀 AgNO₃ は、劇物。無色透明結晶。光により分解して黒変する。強力な酸化剤があり、腐食性がある。水によく溶ける。アセトン、グリセリンに可溶。用途は鍍金、試薬等。貯蔵法は、二酸化炭素と水を吸収する性質が強いため、密栓して貯蔵する。　　　　問7　四塩化炭素(テトラクロロメタン)CCl₄ は、特有の臭気をもつ不燃性、揮発性無色液体、水に溶けにくく有機溶媒には溶けやすい。強熱によりホスゲンを発生。亜鉛またはスズメッキした鋼鉄製容器で保管、高温に接しないような場所で保管。　　　　問8　メチルエチルケトン CH₃COC₂H₅ は、アセトン様の臭いのある無色液体。引火性。有機溶媒。貯蔵方法は直射日光を避け、通風のよい冷暗所に保管し、また火気厳禁とする。なお、酸化性物質、有機過酸化物等と同一の場所で保管しないこと。

問9～12　問9　3　　問10　4　　問11　1　　問12　2
〔解説〕
　　問9　硫酸について、濃硫酸が人体に触れると、激しいやけどを起こす。眼に入った場合は、粘膜を激しく刺激し、失明することがある。　　　　問10　フェニレンジアミンにはオルト、メタ、パラの3種の異性体がある。いずれも結晶。皮膚に触れると皮膚炎(かぶれ)、眼に作用すると角結膜炎、呼吸器に対し気管支喘息を引き起こす。これらの作用は、オルト体、メタ体及びパラ体の3つの異性体のうち、パラ体出最も強い。　　　問11　二硫化炭素 CS₂ は、劇物。無色透明の麻酔性芳香をもつ液体。ただし、市場にあるものは不快な臭気がある。有毒であり、ながく吸入すると麻酔をおこす。　　　　問12　弗化水素酸(HF・aq)は毒物。弗化水素の水溶液で無色またはわずかに着色した透明の液体。特有の刺激臭がある。不燃性。濃厚なものは空気中で白煙を生ずる。皮膚に触れた場合、激しい痛みを感じ、皮膚の内部にまで浸透腐食する。薄い溶液でも指先に触れると爪の間に浸透し、激痛を感じる、数日後に爪がはく離することもある。

問13～16　問13　1　　問14　4　　問15　2　　問16　3
〔解説〕
　　問13　クロルピクリン CCl₃NO₂ は、無色～淡黄色液体、催涙性、粘膜刺激臭。廃棄方法は少量の界面活性剤を加えた亜硫酸ナトリウムと炭酸ナトリウムの混合溶液中で、撹拌し分解させた後、多量の水で希釈して処理する分解法。
　　問14　酢酸エチルは劇物。強い果実様の香気ある可燃性無色の液体。揮発性がある。蒸気は空気より重い。引火しやすい。水にやや溶けやすい。可燃性であるので、珪藻土などに吸収させたのち、燃焼により焼却処理する燃焼法。
　　問15　重クロム酸カリウム K₂Cr₂O₇ は、橙赤色結晶、酸化剤。水に溶けやすく、有機溶媒には溶けにくい。希硫酸に溶かし、還元剤の水溶液を過剰に用いて還元した後、消石灰、ソーダ灰等の水溶液で処理して沈殿濾過させる。溶出試験を行い、溶出量が判定基準以下であることを確認して埋立処分する還元沈殿法。
　　問16　硅弗化ナトリウムは劇物。無色の結晶。水に溶けにくい。廃棄法は水に溶かし、消石灰等の水溶液を加えて処理した後、希硫酸を加えて中和し、沈殿濾過して埋立処分する分解沈殿法。

問17～20　問17　2　　問18　4　　問19　3　　問20　1
〔解説〕
　　解答のとおり。

(農業用品目)

問1～4　問1　3　　問2　1　　問3　4　　問4　2
〔解説〕
　　問1　パラコートは、毒物で、ジピリジル誘導体で無色結晶、水によく溶け低級アルコールに僅かに溶ける。融点 300 度。金属を腐食する。不揮発性である。除草剤。4 級アンモニウム塩なので強アルカリでは分解。　　　問2　エチルチオメトンは、毒物。無色～淡黄色の特異臭(硫黄化合物特有)のある液体。水にほとんど溶けない。有機溶媒に溶けやすい。アルカリ性で加水分解する。
　　問3　メソミル(別名メトミル)は、毒物(劇物は 45 ％以下は劇物)。白色の結晶。弱い硫黄臭がある。水、メタノール、アセトンに溶ける。融点 78 ～ 79 ℃。カルバメート剤なので、解毒剤は硫酸アトロピン(PAM は無効)、SH 系解毒剤の BAL、グルタチオン等。　　　問4　ダイファシノンは毒物。黄色結晶性粉末。アセトン酢酸に溶ける。水にはほとんど溶けない。0.005 ％以下を含有するものは劇物。用途は殺鼠剤。

問5～8　問5　1　　問6　4　　問7　2　　問8　3
〔解説〕
　　問5　インピルフルキサムは、劇物。白色粉末。用途は、殺菌剤(農薬)。
　問6　塩酸レバミゾールは劇物。白色の結晶性粉末。用途は松枯れ防止剤。
　問7　メチルイソチオシアネートは劇物。無色結晶。土壌中のセンチュウ類や病
原菌などに効果を発揮する土壌消毒剤。　　問8　クロルメコートは、劇物、白
色結晶で臭臭、非常に吸湿性の結晶。エーテルに不溶。水、アルコールに可溶。
用途は植物成長調整剤。
問9～12　問9　3　　問10　4　　問11　1　　問12　2
〔解説〕
　　問9　硫酸について、濃硫酸が人体に触れると、激しいやけどを起こす。眼に
入った場合は、粘膜を激しく刺激し、失明することがある。　　問10　カルバリ
ール(NAC)は、劇物(5％以下除外)、カルバメート剤、吸引したときの症状は、
倦怠感、頭痛、嘔吐、腹痛がありはなはだしい場合は縮瞳、意識混濁、全身けい
れんを引き起こす。　　問11　沃化メチルは、無色又は淡黄色透明の液体。劇物。
中枢神経系の抑制作用および肺の刺激症状が現れる。皮膚に付着して蒸発が阻害
された場合には発赤、水疱形成をみる。　　問12　モノフルオール酢酸ナトリウ
ムは重い白色粉末、吸湿性、冷水に易溶、メタノールやエタノールに可溶。野ネ
ズミの駆除に使用。特毒。摂取により毒性発現。皮膚刺激なし、皮膚吸収なし。
　モノフルオール酢酸ナトリウムの中毒症状：生体細胞内の TCA サイクル阻害
(アコニターゼ阻害)。激しい嘔吐の繰り返し、胃疼痛、意識混濁、てんかん性痙
攣、チアノーゼ、血圧下降。
問13～16　問13　1　　問14　4　　問15　2　　問16　3
〔解説〕
　　問13　クロルピクリン CCl_3NO_2 は、無色～淡黄色液体、催涙性、粘膜刺激臭。
廃棄方法は少量の界面活性剤を加えた亜硫酸ナトリウムと炭酸ナトリウムの混合
溶液中で、撹拌し分解させた後、多量の水で希釈して処理する分解法。
　　問14　ジクワットは、劇物で、ジピリジル誘導体で淡黄色結晶、水に溶ける。
除草剤。4 級アンモニウム塩なので中性あるいは酸性で安定。廃棄方法は、有機
物なので燃焼法、但しアフターバーナーとスクラバーを具備した焼却炉で焼却。
　　問15　シアン化ナトリウム $NaCN$ は、酸性だと猛毒のシアン化水素 HCN が
発生するのでアルカリ性にしてから酸化剤でシアン酸ナトリウム $NaOCN$ にし、
余分なアルカリを酸で中和し多量の水で希釈処理する酸化法。　　問16　硫酸亜
鉛 $ZnSO_4$ の廃棄方法は、金属 Zn なので 1)沈澱法；水に溶かし、消石灰、ソーダ
灰等の水溶液を加えて生じる沈殿物をろ過してから埋立。2)焙焼法；還元焙焼法
により Zn を回収。
問17～20　問17　2　　問18　4　　問19　3　　問20　1
〔解説〕
　　問17　アンモニア水は無色透明、刺激臭がある液体。濃塩酸をうるおしたガラ
ス棒を近づけると、白い霧を生ずる。また、塩酸を加えて中和したのち、塩化白
金溶液を加えると、黄色、結晶性の沈殿を生ずる。　　問18　塩素酸ナトリウム
$NaClO_3$ は、劇物。潮解性があり、空気中の水分を吸収する。また強い酸化剤であ
る。炭の中にいれ熱灼すると音をたてて分解する。　　問19　無水硫酸銅は灰白
色粉末、これに水を加えると五水和物 $CuSO_4 \cdot 5H_2O$ になる。これは青色ないし群
青色の結晶、または顆粒や粉末。水に溶かして硝酸バリウムを加えると、白色の
沈殿を生ずる。　　問20　ニコチンは毒物。純ニコチンは無色、無臭の油状液体。
水、アルコール、エーテルに安易に溶ける。用途は殺虫剤。このエーテル溶液に、
ヨードのエーテル溶液を加えると、褐色の液状沈殿を生じ、これを放置すると赤
色の針状結晶となる。

愛知県

（特定品目）
問1～4　問1　3　　問2　1　　問3　4　　問4　2
〔解説〕
　　　解答のとおり。
問5～8　問5　1　　問6　4　　問7　2　　問8　3
〔解説〕
　　問5　クロロホルム CHCl₃ は、無色、揮発性の液体で特有の香気とわずかな甘みをもち、麻酔性がある。空気中で日光により分解し、塩素、塩化水素、ホスゲンを生じるので、少量のアルコールを安定剤として入れて冷暗所に保存。　　問6　過酸化水素水は過酸化水素の水溶液で、無色無臭で粘性の少し高い液体。徐々に水と酸素に分解（光、金属により加速）する。安定剤として酸を加える。少量なら褐色ガラス瓶（光を遮るため）、多量ならば現在はポリエチレン瓶を使用し、3 分の 1 の空間を保ち、日光を避けて冷暗所保存。　　問7　四塩化炭素（テトラクロロメタン）CCl₄ は、特有な臭気をもつ不燃性、揮発性無色液体、水に溶けにくく有機溶媒には溶けやすい。強熱によりホスゲンを発生。亜鉛またはスズメッキした鋼鉄製容器で保管、高温に接しないような場所で保管。　　問8　メチルエチルケトンは、アセトン様の臭いのある無色液体。引火性。有機溶媒。貯蔵方法は直射日光を避け、通風のよい冷暗所に保管し、また火気厳禁とする。なお、酸化性物質、有機過酸化物等と同一の場所で保管しないこと。
問9～12　問9　3　　問10　4　　問11　1　　問12　2
〔解説〕
　　　解答のとおり。
問13～16　問13　1　　問14　4　　問15　2　　問16　3
〔解説〕
　　問13　一酸化鉛 PbO は、水に難溶性の重金属なので、そのままセメント固化し、埋立処理する固化隔離法。　　問14　酢酸エチルは劇物。強い果実様の香気ある可燃性無色の液体。揮発性がある。蒸気は空気より重い。引火しやすい。水にやや溶けやすい。可燃性であるので、珪藻土などに吸収させたのち、燃焼により焼却処理する燃焼法。　　問15　重クロム酸ナトリウムは、やや潮解性の赤橙色結晶、酸化剤。水に易溶。有機溶媒には不溶。希硫酸に溶かし、硫酸第一鉄水溶液を過剰に加える。次に、消石灰の水溶液を加えてできる沈殿物を濾過する。沈殿物に対して溶出試験を行い、溶出量が゛判定基準以下であることを確認して埋立処分する還元沈殿法。　　問16　硅弗化ナトリウムは劇物。無色の結晶。水に溶けにくい。廃棄法は水に溶かし、消石灰等の水溶液を加えて処理した後、希硫酸を加えて中和し、沈殿濾過して埋立処分する分解沈殿法。
問17～20　問17　2　　問18　4　　問19　3　　問20　1
〔解説〕
　　　解答のとおり。

愛知県

三重県
令和4年度実施

〔法 規〕
（一般・農業用品目・特定品目共通）

問1 （1）2 （2）3 （3）2 （4）3
〔解説〕
　　解答のとおり。
問2 （5）4 （6）1 （7）3 （8）3
〔解説〕
　　解答のとおり。
問3 （9）1 （10）4 （11）1 （12）1
〔解説〕
　　（9）解答のとおり。（10）法第6条〔登録事項〕における法第4条第1項の登録に掲げる事項は、①申請者の氏名及び住所〔法人にあっては、その名称及び主たる事務所の所在地〕、②製造業又は輸入業の登録にあっては、製造し、又は輸入しようとする毒物又は劇物の品目、③製造所、営業所又は店舗の所在地である。このことからbとdが正しい。（11）施行令第40条〔廃棄の方法〕のこと。解答のとおり。（12）この設問はaとcが正しい。aは施行令第36条第1項に示されている。cは施行令第35条第1項に示されている。なお、bは施行令第36条第3項により、失った登録票が発見されたときは、所在地の都道府県知事に返納しなければならないである。
問4 （13）3 （14）3 （15）1 （16）2
〔解説〕
　　（13）法第3条の4による施行令第32条の3で定められている品目は、①亜塩素酸ナトリウムを含有する製剤30％以上、②塩素酸塩類を含有する製剤35％以上、③ナトリウム、④ピクリン酸である。このことから3のピクリン酸である。（14）法第14条第1項〔毒物又は劇物の譲渡手続〕についてで、販売し、又は授与したときその都度書面に記載する事項は、①毒物又は劇物の名称及び数量、②販売又は授与の年月日、③譲受人の氏名、職業及び住所（法人にあっては、その名称及び主たる事務所）である。この設問では規定されていないものとあるので、3が該当する。（15）この設問は法第7条〔毒物劇物取扱責任者〕及び法第8条〔毒物劇物取扱責任者の資格〕のことで、aとbが正しい。aは法第7条第2項に示されている。bは法第7条第1項ただし書規定のこと。なお、cは法第8条第1項第一号で、18歳未満の者に交付してはならないとなっている。（16）この設問は、毒物又は劇物を車両を使用して1回につき5,000kg以上運搬する場合することについてで、誤っているものはどれかとあるので、acが誤る。a は…文字を「黄色」ではなく、文字を「白色」である。このことは施行令第40条の5第2項第三号のこと。bは施行令第40条の5第2項第三号により、保護具を2人分以上備えることである。なお、bは施行規則第13条の4第一号に示されている。
問5 （17）1 （18）4 （19）1 （20）4
〔解説〕
　　法第15条〔毒物又は劇物の交付の制限等〕のこと。解答のとおり。

〔基礎化学〕
（一般・農業用品目・特定品目共通）

問6 （21）3 （22）3 （23）4 （24）1
〔解説〕
　　（21）　臭素は常温常圧で赤褐色の液体である。
　　（22）　共有結合の結晶は非金属元素同士からなる化合物の結晶である。
　　（23）　Liは赤、Kは紫、Srは紅、Cuは青緑色である。
　　（24）　気体の体積と圧力、温度の関係をボイルシャルルの法則という。
問7 （25）4 （26）4 （27）1 （28）2
〔解説〕
　　（25）　メタンは正四面体分子であり、無極性分子となる。
　　（26）　溶解は溶媒に溶質が溶けること。

(27)　同素体とは同じ元素からなる単体で、性質が異なるもの。異性体は同じ分子式からなる化合物で、構造や立体が異なるものである。
(28)　フェノールフタレインは酸性で無色、塩基性側で赤色を呈する中和指示薬である。
問8　(29) 1　　(30) 2　　(31) 4　　(32) 1
〔解説〕
(29)　正解1　酸から出るH^+の物質量と塩基から出るOH^-の物質量が等しくなるようにする。硫酸の体積を x と置くと式は、　$3.0 \times 2 \times x = 0.4 \times 1 \times 300$, x = 20 mL
(30)　正解2　$\pi V = nRT$ より、　$\pi = 0.5 \times 8.3 \times 10^3 \times (273+27)$,　$\pi = 1.24 \times 10^6$ Pa
(31)　正解4　イオン化傾向を比べると高い順に、Zn>Pb>Ag となる。
(32)　正解1　凝固する点は凝固点降下により実際の凝固点よりも下がる。
問9　(33) 2　　(34) 2　　(35) 3　　(36) 1
〔解説〕
(33)　活性化エネルギーが小さいほど反応は進行しやすい。
(34)　第一級アルコールを酸化するとアルデヒドになる。エチレングリコールは2価アルコールである。炭素数が少ないアルコールを定級アルコールという。
(35)　$PV = w/M \cdot RT$ より、$8.3 \times 10^4 \times 400/1000 = 1.0/M \cdot 8.3 \times 10^3 \times (273+127)$、　M = 100
(36)　$C + O_2 = CO_2 + Qa$ …式①　$C + 1/2O_2 = CO + Qb$ …式②より、$CO + 1/2O_2 = CO_2 + Qc$ …式③、　式③＝式①－式②であるから、Qc = Qa － Qb

問10　(37) 3　　(38) 3　　(39) 4　　(40) 4
〔解説〕
(37)　加える塩化ナトリウムの量を x g とする。$x/(660 + x) \times 100 = 12$, x = 90 g
(38)　酸性条件下でH_2Sを通じて沈殿するものはCu^{2+}, Zn^{2+}, Mn^{2+}である。
(39)　ベンゼン環にニトロ基が結合した化合物をニトロベンゼンという。ホルムアルデヒドはメチルケトンが無いためヨードホルム反応陰性となる。
(40)　スクロース、ラクトースは二糖、セルロースは多糖である。

〔性状・貯蔵・取扱方法〕

(一般)

問11　(41) 3　　(42) 2　　(43) 1　　(44) 4
〔解説〕
(41)重クロム酸アンモニウム$(Na_4)_2Cr_2O_7$は、橙赤色結晶。無臭で、燃焼性がある。水に溶けやすい。用途は試薬、触媒、媒染剤などに用いられる。
(42)四塩化炭素(テトラクロロメタン)CCl_4は、劇物。揮発性、麻酔性の芳香を有する無色の重い液体。水に溶けにくく有機溶媒には溶けやすい。強熱によりホスゲンを発生。蒸気は空気より重く、低所に滞留する。溶剤として用いられる。
(43)三塩化アンチモンは劇物。無色の潮解性の結晶。空気中で発煙する。アルコール、ベンゼン、アセトン、四塩化炭素に溶ける。用途は、媒染剤。有機合成化学でのしゃく、触媒に用いられる。　　(44)メチルアミン(CH_3NH_2)は劇物。無色でアンモニア臭のある気体。メタノール、エタノールに溶けやすく、引火しやすい。また、腐食が強い。用途は医薬、農薬の原料、染料。
問12　(45) 4　　(46) 3　　(47) 4　　(48) 1
〔解説〕
(45)クロロホルム $CHCl_3$ は、無色、揮発性の液体で特有の香気とわずかな甘みをもち、麻酔性がある。空気中で日光により分解し、塩素、塩化水素、ホスゲンを生じるので、少量のアルコールを安定剤として入れて冷暗所に保存。
(46)ブロムメチル CH_3Br は可燃性・引火性が高いため、火気・熱源から遠ざけ、直射日光の当たらない換気性のよい冷暗所に貯蔵する。耐圧等の容器は錆防止のため床に直置きしない。　　(47)硝酸第二水銀は毒物。無色又は白色結晶、水に溶けやすい。空気中の水分を吸って、べとべとに潮解する。アルコールには溶けない。貯蔵法は、密栓・遮光して保存。　　(48)クロロプレンは、重合防止剤(フェノチアジン等)を加えて窒素置換し遮光して冷所に貯える。合成ゴムの原料等。

三重県

問 13　(49) 3　　(50) 1　　(51) 2　　(52) 4
〔解説〕
　　(49)モルホリン6％以下は劇物から除外。　　(50)一水素二弗化アンモニウム4％以下は劇物から除外。　(51)過酸化ナトリウムは5％以下は劇物から除外。(52)3－(アミノメチル)ベンジルアミン8％以下は劇物から除外。
問 14　(53) 1　　(54) 3　　(55) 2　　(56) 4
〔解説〕
　　(53)(トリクロロメチル)ベンゼン $C_6H_5CCl_3$ は毒物。刺激臭のある無色～黄色の液体。用途は、塩化ベンゾイル、弗化ベンゾイル等の工業中間体の製造における中間体、これらの中間体は、医薬品、農薬、染料並びに紫外線吸収剤の合成に使用。　　(54)クロロホルム $CHCl_3$(別名トリクロロメタン)は劇物。無色、揮発性の液体で、特異の香臭と、かすかな甘味を有する。水にはわずかに溶け、グリセリンとは混ざらないが、純アルコール、エーテル、脂肪酸とはよく混ざる。
　　(55) 2－クロロピリジン C_5H_4ClN は毒物。ピリジン臭の無色の液体。水、エタノール、エーテルに可溶。用途は、ピリチオン(殺菌剤)の製造、ピリプロキシフェン等の殺虫剤。　(56)クロルピクリン CCl_3NO_2 は、無色～淡黄色液体、催涙性、粘膜刺激臭。水に不溶。ハロゲン化合物。線虫駆除、燻蒸剤。　4
問 15　(57) 2　　(58) 4　　(59) 3　　(60) 1
〔解説〕
　　(57)メタノール CH_3OH は特有の臭いの無色液体。中毒症状：吸入した場合、めまい、頭痛、吐気など、はなはだしい時は嘔吐、意識不明。中枢神経抑制作用。飲用により視神経障害、失明。　(58)硝酸 HNO_3 は無色の発煙性液体。蒸気は眼、呼吸器などの粘膜および皮膚に強い刺激性をもつ。高濃度のものが皮膚に触れるとガスを生じ、初めは白く変色し、次第に深黄色になる(キサントプロテイン反応)。
　　(59)モノフルオール酢酸ナトリウムは有機フッ素系である。有機弗素化合物の中毒：TCA サイクルを阻害し、呼吸中枢障害、激しい嘔吐、てんかん様痙攣、チアノーゼ、不整脈など。治療薬はアセトアミド。　(60)アニリン $C_6H_5NH_2$ は、劇物。アニリンは血液毒である。かつ神経毒であるので血液に作用してメトヘモグロビンを作り、チアノーゼを起こさせる。急性中毒では、顔面、口唇、指先等にはチアノーゼが現れる。さらに脈拍、血圧は最初亢進し、後に下降して、嘔吐、下痢、腎臓炎を起こし、痙攣、意識喪失で、ついに死に至ることがある。

(農業用品目)

問 11　(41) 4　　(42) 1　　(43) 2　　(44) 3
〔解説〕
　　(41)エチレンクロルヒドリン(別名グリコールクロルヒドリン)は劇物。無色液体で芳香がある。水、アルコールに溶ける。蒸気は空気より重い。
　　(42)イミダクロプリドは、劇物。弱い特異臭のある無色の結晶。水にきわめて溶けにくい。用途は、野菜等のアブラムシ類等の害虫を防除する農薬。(クロロニコチル系殺虫剤)ネオニコチノイド系　(43)ブロムメチル(臭化メチル)CH_3Br は、常温では気体(有毒な気体)。冷却圧縮すると液化しやすい。クロロホルムに類する臭気がある。液化したものは無色透明で、揮発性がある。用途について沸点が低く、低温ではガス体であるが、引火性がなく、浸透性が強いので果樹、種子等の病害虫の燻蒸剤として用いられる。　　(44)カズサホスは、10％を超えて含有する製剤は毒物、10％以下を含有する製剤は劇物。有機燐製剤、硫黄臭のある淡黄色の液体。水に溶けにくい。有機溶媒に溶けやすい。用途は殺虫剤。
問 12　(45) 2　　(46) 3　　(47) 1　　(48) 4
〔解説〕
　　(45)ロテノンを含有する製剤は空気中の酸素により有効成分が分解して殺虫効力を失い、日光によって酸化が著しく進行することから、密栓及び遮光して貯蔵する。　　(46)塩化亜鉛 $ZnCl_2$ は、白色結晶、潮解性、水に易溶。貯蔵法については、潮解性があるので、乾燥した冷所に密栓して貯蔵する。　(47)硫酸銅(Ⅱ)$CuSO_4 \cdot 5H_2O$ は、濃い青色の結晶。風解性。風解性のため密封、冷暗所貯蔵。
　　(48)アンモニア水は無色透明、刺激臭がある液体。アンモニアは空気より軽い気体。濃塩酸を近づけると塩化アンモニウムの白い煙を生じる。アンモニアが揮発し易いので密栓。
問 13　(49) 1　　(50) 3　　(51) 4　　(52) 2
〔解説〕
　　(49)イミシアホスは1.5％以下は劇物から除外。　　(50)ベンフラカルブは6

－ 527 －

三重県

%以下で劇物から除外。 　　(51)硫酸は 10%以下で劇物から除外。 　　(52)アセタ
ミプリドは２％以下は劇物から除外。
問14 (53) 3 　　(54) 1 　　(55) 2 　　(56) 4
〔解説〕
　　(53)メトミルは、毒物(劇物は 45 ％以下は劇物)。白色の結晶。弱い硫黄臭があ
る。水、メタノール、アセトンに溶ける。カルバメート系農薬。 　　(54)カズサ
ホスは、10 ％を超えて含有する製剤は毒物、10 ％以下を含有する製剤は劇物。有
機燐製剤、硫黄臭のある淡黄色の液体。用途は殺虫剤。 　　(55)フルシトリネート
は、淡黄色、粘稠液体、微かなかび臭。ピレスロイドの殺虫剤。 　　(56)チアクロ
プリドは、有機塩素化合物、無臭の黄色粉末結晶。劇物(３％以下は除外)。シン
クイムシに類等の殺虫剤(ネオニコチノイド系殺虫剤)。
問15 (57) 1 　　(58) 2 　　(59) 3 　　(60) 4
〔解説〕
　　(57)エチレンクロルヒドリン CH₂ClCH₂OH(別名グリコールクロルヒドリン)は劇
物。無色液体で芳香がある。水、アルコールに溶ける。 　　(58)ジクロルブチン
ClCH₂ ≡ CCH₂Cl は劇物。無色の液体。水に難溶。有機溶媒に易溶。常温では安
定。 　　(59)ジ(2-クロルイソプロピル)エーテル(ClCH₂CH(CH₃))₂O は、劇物。
淡黄褐色、粘稠な透明液体。水にきわめて溶けにくい。沸点は 187 ℃。引火点は 85
℃である。 　　(60)1,3-ジクロロプロペン C₃H₄Cl₂。特異的刺激臭のある淡黄褐色
透明の液体。劇物。有機塩素化合物。シス型とトランス型とがある。メタノール
などの有機溶媒によく溶け、水にはあまり溶けない。

(特定品目)

問11 (41) 3 　　(42) 2 　　(43) 4 　　(44) 1
〔解説〕
　　(41)アンモニア水はアンモニアを水に溶かした水溶液、無色透明、刺激臭があ
る液体。アルカリ性。水溶液にフェノールフタレイン液を加えると赤色になる。
　　(42)一酸化鉛 PbO(別名リサージ)は劇物。赤色〜赤黄色結晶。重い粉末で、黄
色から赤色の間の様々なものがある。水にはほとんど溶けないが、酸、アルカリ
にはよく溶ける。酸化鉛は空気中に放置しておくと、徐々に炭酸を吸収して、塩
基性炭酸鉛になることもある。 　　(43)トルエン C₆H₅CH₃(別名トルオール、メチ
ルベンゼン)は劇物。特有の臭いの無色液体。水に不溶。 　　(44)塩素 Cl₂ は劇物。
黄緑色の気体で激しい刺激臭がある。冷却すると、黄色溶液を経て黄白色固体。
水にわずかに溶ける。沸点-34．05 ℃。強い酸化力を有する。極めて反応性が強く、
水素又はアセチレンと爆発的に反応する。不燃性を有し、鉄、アルミニウムなど
の燃焼を助ける。
問12 (45) 2 　　(46) 4 　　(47) 3 　　(48) 1
〔解説〕
　　(45)水酸化カリウム(KOH)は劇物(5 ％以下は劇物から除外)。(別名：苛性カ
リ)。空気中の二酸化炭素と水を吸収する潮解性の白色固体である。二酸化炭素と
水を強く吸収するので、密栓して貯蔵する。 　　(46)キシレン C₆H₄(CH₃)₂ は、無
色透明な液体で o-、m-、p-の３種の異性体がある。水にはほとんど溶けず、有機
溶媒に溶ける。引火しやすく、また蒸気は空気と混合して爆発性混合ガスとなる
ので、火気を避けて冷所に貯蔵する。 　　(47)クロロホルム CHCl₃ は、無色、揮
発性の液体で特有の香気とわずかな甘みをもち、麻酔性がある。空気中で日光に
より分解し、塩素、塩化水素、ホスゲンを生じるので、少量のアルコールを安定
剤として入れて冷暗所に保存。 　　(48)過酸化水素水は過酸化水素 H₂O₂ の水溶液
で、無色無臭で粘性の少し高い液体。徐々に水と酸素に分解(光、金属により加速)
する。安定剤として酸を加える。 少量なら褐色ガラス瓶(光を遮るため)、多量
ならば現在はポリエチレン瓶を使用し、３分の１の空間を保ち、日光を避けて冷
暗所保存。
問13 (49) 3 　　(50) 2 　　(51) 2 　　(52) 4
〔解説〕
　　(49)過酸化水素水は６％以下で劇物から除外。 　　(50)水酸化カリウム KOH(別
名苛性カリ)は 5%以下で劇物から除外。 　　(51)水酸化ナトリウムは５％以下で
劇物から除外。 　　(52)硝酸は 10%以下で劇物から除外。
問14 (53) 1 　　(54) 2 　　(55) 3 　　(56) 4
〔解説〕
　　(53)メタノール(メチルアルコール)CH₃OH は、劇物。(別名：木精)＞無色透明の

三重県

液体で。特異な香気がある。沸点は、64.1 ℃。蒸気は空気より重く引火しやすい。 (54)ホルムアルデヒド HCHO は、無色刺激臭の気体で水に良く溶け、これをホルマリンという。ホルマリンは無色透明の刺激臭の液体、低温ではパラホルムアルデヒドの生成により白濁または沈澱が生成することがある。水、アルコールとは混和する。エーテルには混和しない。中性又は弱酸性の反応を呈する劇物。 (55)トルエン $C_6H_5CH_3$(別名トルオール、メチルベンゼン)は劇物。特有な臭いの無色液体。水に不溶。比重1以下。可燃性。蒸気は空気より重い。揮発性有機溶媒。麻酔作用が強い。 (56)酢酸エチル $CH_3COOC_2H_5$ は無色で果実臭のある可燃性の液体。

問15 (57) 4 (58) 2 (59) 1 (60) 3
〔解説〕
(57)四塩化炭素 CCl_4 は特有の臭気をもつ揮発性無色の液体、水に不溶、有機溶媒に易溶。揮発性のため蒸気吸入により頭痛、悪心、黄疸ようの角膜黄変、尿毒症等。 (58)硝酸 HNO_3 は無色の発煙性液体。蒸気は眼、呼吸器などの粘膜および皮膚に強い刺激性をもつ。高濃度のものが皮膚に触れるとガスを生じ、初めは白く変色し、次第に深黄色になる(キサントプロテイン反応)。 (59)シュウ酸の中毒症状:血液中のカルシウムを奪取し、神経系を侵す。胃痛、嘔吐、口腔咽喉の炎症、腎臓障害。 (60)メタノール CH_3OH は特有な臭いの無色液体。水に可溶。可燃性。染料、有機合成原料、溶剤。 メタノールの中毒症状:吸入した場合、めまい、頭痛、吐気など、はなはだしい時は嘔吐、意識不明。中枢神経抑制作用。飲用により視神経障害、失明。

〔実 地〕

(一般)

問16 (61) 3 (62) 2 (63) 4 (64) 1
(61)ホスホン酸は、劇物。白色の高吸湿性・潮解性塊。用途は、塩化ビニル安定剤ポリエステルフィルムの表面処理剤、還元剤。 (62)二硫化炭素 CS_2 は、無色透明の麻酔性芳香を有する液体。用途は溶媒、ゴム工業、セルロイド工場、油脂の抽出、倉庫の燻蒸など。 (63)2－(ジメチルアミノ)エタノールは、劇物。無色透明の液体。用途は、水溶性塗料用樹脂可溶化剤、発泡触媒。 (64)ヘキサン-1・6－ジアミンは劇物。ピペリジン様の臭気を発生する結晶。空気中から二酸化炭素を吸収する。用途はナイロンの製造原料。

問17 (65) 3 (66) 4 (67) 1 (68) 2
〔解説〕
(65)塩化亜鉛 $ZnCl_2$ は、白色の結晶で、空気に触れると水分を吸収して潮解する。水およびアルコールによく溶ける。水に溶かし、硝酸銀を加えると、白色の沈澱が生じる。 (66)ナトリウム Na は、銀白色金属光沢の柔らかい金属、湿気、炭酸ガスから遮断するために石油中に保存。空気中で容易に酸化される。水と激しく反応して水素を発生する。炎色反応で黄色を呈する。 (67)アニリン $C_6H_5NH_2$ は、劇物。新たに蒸留したものは無色透明油状液体、光、空気に触れて赤褐色を呈する。特有な臭気。水には難溶、有機溶媒には可溶。水溶液にさらし粉を加えると紫色を呈する。 (68)メチルスルホナールは、劇物。無色の葉状結晶。臭気がない。水に可溶。木炭とともに熱すると、メルカプタンの臭気をはなつ。

問18 (69) 1 (70) 3 (71) 4 (72) 2
〔解説〕
(69)五酸化二ヒ素は、毒物。空気中では無定形の白色粉末。水、アルコールには易溶。用途は、試薬として用いられる。廃棄法は、沈殿隔離法。
(70)四弗化硫黄は、毒物。無色の気体。ベンゼンに溶け、水とは激しく反応する。腐食性が強い。用途は、特殊材料ガラス。廃棄法は、分解沈殿法。
(71)塩化ホスホリル $POCl_3$ は、毒物。無色澄明な液体。刺激臭がある。不燃性で腐食性が強い。水と発熱して反応して、塩化水素とリン酸を生成する。廃棄方法は多量の水酸化ナトリウム水溶液に撹拌しながら少量ずつ加えて可溶性とした後、希硫酸を加えて中和するアルカリ法。 (72)亜塩素酸ナトリウム(別名亜塩素酸ソーダは劇物。白色の粉末。水に溶けやすい。酸化力がある。加熱、衝撃、摩擦により爆発的に分解を起こす。用途は木材、繊維、食品等の漂白にもちいられる。廃棄法は、還元剤(例えばチオ硫酸ナトリウム等)の水溶液に希硫酸を加え

て酸性にし、この中に少量ずつ投入する。反応終了後、反応液を中和し、多量の水で希釈して処理する還元法。

問19 (73) 4　　(74) 2　　(75) 1　　(76) 3

〔解説〕
　　解答のとおり。

問20 (77) 2　　(78) 3　　(79) 1　　(80) 3

〔解説〕
　　保護具については、施行令第 40 条の 5 第 2 項第三号→施行規則第 13 条の 6 →施行規則別表第五に示されている。解答のとおり。

（農業用品目）

問16 (61) 2　　(62) 4　　(63) 1　　(64) 3

〔解説〕
　　(61)クロルメコートは、劇物、白色結晶で魚臭、非常に吸湿性の結晶。エーテルに不溶。水、アルコールに可溶。用途は植物成長調整剤。　　(62)ピリミジフェンは劇物。白色の結晶または結晶性の粉末。用途はかんきつのミカンハダニ、りんごのナミハダニなどのハダニ類やキャベツのコナガ等に有効な殺ダニ剤、殺虫剤。　　(63)レバミゾールは劇物。白色の結晶性粉末。用途は松枯れ防止剤。　　(64)トリシクラゾールは、劇物、無色無臭の結晶。用途は、農業用殺菌剤（イモチ病に用いる。）（メラニン生合成阻害殺菌剤）。

問17 (65) 2　　(66) 3　　(67) 1　　(68) 4

〔解説〕
　　解答のとおり。

問18 (69) 3　　(70) 4　　(71) 1　　(72) 2

〔解説〕
　　(69)クロルピクリン CCl_3NO_2 は、無色～淡黄色液体、催涙性、粘膜刺激臭。廃棄方法は少量の界面活性剤を加えた亜硫酸ナトリウムと炭酸ナトリウムの混合溶液中で、攪拌し分解させた後、多量の水で希釈して処理する分解法。　　(70)硝酸亜鉛 $Zn(NO_3)_2$ は、白色固体、潮解性。廃棄法は水に溶かし、消石灰、ソーダ灰等の水溶液を加えて処理し、沈殿ろ過して埋立処分する沈殿法。　　(71)ジクワットは、劇物で、ジピリジル誘導体で淡黄色結晶。廃棄方法は、有機物なので燃焼法、但しアフターバーナーとスクラバーを具備した焼却炉で焼却。　　(72)アンモニア NH_3 は無色刺激臭をもつ空気より軽い気体。廃棄法はアルカリなので、水で希釈後に酸で中和し、さらに水で希釈処理する中和法。

問19 (73) 1　　(74) 4　　(75) 3　　(76) 2

〔解説〕
　　解答のとおり。

問20 (77) 2　　(78) 4　　(79) 2　　(80) 4

〔解説〕
　　(77)法第 13 条→施行令第 39 条→施行規則第 12 条において、着色すべき農業用劇物としてあせにくい黒色と規定されている。　　(78)メトミル 45 ％以下を含有する製剤は劇物で、それ以上含有する製剤は毒物。　　(79)特定毒物は法第 2 条第 3 項→法別表第三に示されている。解答のとおり。　　(80)イソキサチオンは有機燐剤なので、解毒剤には、硫酸アトロピンや PAM を使用。

（特定品目）

問16 (61) 3　　(62) 1　　(63) 2　　(64) 4

〔解説〕
　　(61)クロム酸亜鉛カリウムは、劇物。淡黄色の粉末。用途はさび止め下塗り塗料用。　　(62)硝酸 HNO_3 は、劇物。無色の液体。用途は冶金に用いられ、また硫酸、蓚酸などの製造、あるいはニトロベンゾール、ピクリン酸、ニトログリセリンなどの爆薬の製造やセルロイド工業などに用いられる。　　(63)ホルマリンは無色透明な刺激臭の液体。用途はフィルムの硬化、樹脂製造原料、試薬・農薬等。　　(64)過酸化水素水は、無色無臭で粘性の少し高い液体。用途は、漂白、医薬品、化粧品の製造。

問17 (65) 3　　(66) 1　　(67) 2　　(68) 4

〔解説〕
　　解答のとおり。

問18 (69) 1　　(70) 4　　(71) 2　　(72) 3
　　〔解説〕
　　　　解答のとおり。
問19 (73) 4　　(74) 2　　(75) 3　　(76) 1
　　〔解説〕
　　　　解答のとおり。
問20 (77) 1　　(78) 2　　(79) 3　　(80) 4
　　〔解説〕
　　　　保護具については、施行令第40条の5第2項第三号→施行規則第13条の6→
　　施行規則別表第五に示されている。解答のとおり。

三重県

〔毒物及び劇物に関する法規〕
（一般・農業用品目・特定品目共通）

【問1】 3
〔解説〕
　　この設問は法第1条〔目的〕、法第2条〔定義〕のことで、aとcは正しい。なお、bは法第2条第1項のことで、「毒物」とは、別表第一に掲げられている物であつて、医薬品及び医薬部外品以外のものをいうである。dは法第2条第3項〔特定毒物〕のことで、毒物であつて別表第三に掲げられるものをいうである。

【問2】 1
〔解説〕
　　この設問は法第3条の2における特定毒物のことについてで、cのみが誤り。cの特定毒物使用者については法第3条の2第3項において、政令で指定する者のことで、都道府県知事の指定。aは法第3条の2第5項→施行令第1条。bは法第3条の第2項に示されている。dは設問のとおり。法第3条の2第10項に示されている。

【問3】 4
〔解説〕
　　この法第3条の3→施行令第32条の2による品目→①トルエン、②酢酸エチル、トルエン又はメタノールを含有する接着剤、塗料及び閉そく用またはシーリングの充てん料は、みだりに摂取、若しくは吸入し、又はこれらの目的で所持してはならい。このことから4のb、c、dが正しい。

【問4】 1
〔解説〕
　　この設問では1が正しい。aのみが誤り。aについて毒物又は劇物を販売することができるのは、毒物又は劇物製造業及び輸入業の者も毒物劇物営業者間において販売することができる。このことについては法第3条第3項ただし書規定に示されている。bのことについては法第4条第3項に示されている。cは設問のとおり。毒物又は劇物の一般販売業の登録を受けた者は、すべての販売又は授与することができる。dについては法第3条第3項により、販売業の登録を受けなければならないである。設問のとおり。

【問5】 2
〔解説〕
　　この設問は2が正しい。a、cが正しい。aは法第4条第1項に示されている。このことについては平成30年6月27法律第66号、施行は令和2年4月1日より厚生労働大臣から都道府県知事へ権限の移譲がなされた。cの設問について、自家消費の目的とあることから法第3条における販売又は授与の目的に該当しないので業の登録を受けなくてもよい。設問のとおり。なお、b、dは誤り。bについては毒物又は劇物製造業者が自ら製造するために特定毒物を使用することができる。法第3条の2第1項による。この設問は誤り。dは法第9条第1項〔登録の変更〕で、あらかじめ登録の変更を受けなければならないである。よってこの設問は誤り。

【問6】 2
〔解説〕
　　この設問は施行規則第4条第4項第2項における店舗の設備基準についてで、aとcが正しい。

【問7】 4
〔解説〕
　　この設問は、b、cが正しい。bについては届出はなく、新たな登録を要する。設問のとおり。cは施行令第36条第1項に示されている。なお、aの代表取締役の変更は、毒物劇物営業者でないことから届出を要しない。

【問8】　5
〔解説〕
　　解答のとおり。
【問9】　5
〔解説〕
　　この設問の法第8条第2項については不適格者と罪のことで、b のみ正しい。b は法第8条第2項第一号に示されている。なお、a は法第8条第2項第四号で、毒物又は劇物若しくは薬事に関する罪において、その執行を受けることがなくなった日から起算して3年を経過していない者とある。このことから設問では、過去にとあることから毒物劇物取扱責任者になることができることになる。c は、道路交通法違反とあることから法第8条第2項第四号には該当しない。d については法第8条第2項には該当しない。
【問10】　3
〔解説〕
　　この設問は法第10条〔届出〕のことで、解答のとおり。
【問11】　1
〔解説〕
　　この設問は法第12条第1項〔毒物又は劇物の表示〕のことで、解答のとおり。
【問12】　1
〔解説〕
　　この設問では有機燐化合物たる毒物又は劇物を販売又は授与する場合、その容器及び被包に表示しなければならない事項は、①毒物又は劇物の名称、②毒物又は劇物の成分及びその含量、③厚生労働省令で定めるその解毒剤の名称を掲げなければならない〔法第12条第2項第三号→施行規則第11条の5〕。このことから c のみが誤り。
【問13】　3
〔解説〕
　　この設問は法第12条第2項第四号→施行規則第11条の6第三号における衣料用防虫剤について示されている。解答のとおり。
【問14】　2
〔解説〕
　　この設問は法第13条の2→施行令第32条の2〔劇物たる家庭用品〕→施行令別表第一に示されている。なお、この設問では劇物たる家庭用品で住宅用洗剤の液体状のものとあるので、a の塩化水素を含有する製剤たる劇物と d の硫酸を含有する製剤たる劇物が該当する。
【問15】　5
〔解説〕
　　この設問は法第14条第2項〔毒物又は劇物の譲渡手続〕における毒物劇物営業者以外の者に、販売し、又は授与したときその都度書面に記載する事項は、①毒物又は劇物の名称及び数量、②販売又は授与の年月日、③譲受人の氏名、職業及び住所(法人にあっては、その名称及び主たる事務所)、④譲受人の押印である。このことから d のみが誤り。
【問16】　4
〔解説〕
　　この設問は法第15条〔毒物又は劇物の交付の制限等〕についてで、c と d が正しい。c は法第15条第2項に示されている。d は法第15条第4項に示されている。なお、a については、父親の委任状持参とあるが法第15条第1項第一号により、18歳未満の者に交付することはできないので誤り。b の設問については法第15条規定がないので適用されない。
【問17】　4
〔解説〕
　　この設問は法第15条の2〔廃棄〕→施行令第40条〔廃棄の方法〕のこと。解答のとおり。

【問 18】　　5
〔解説〕
　　この設問は毒物又は劇物の運搬を他に委託する場合のことで、施行令第 40 条の
6〔荷送人の通知義務〕のことで、b のみが誤り。b は荷送人が運送人に対して、
あらかじめ、毒物又は劇物の①名称、②成分、③含量、④数量、⑤事故の際に講
じなければならない応急の措置を書面に記載する内容である。このことから設問
では、廃棄の方法とあるので誤り。なお、a は施行令第 40 条の 6 第 1 項ただし書
規定→施行規則 13 条の 7 において、1,000kg 以下については交付を行わなくても
よい。設問は正しい。c は設問のとおり。施行令第 40 条の 6 第 1 項に示されてい
る。d は施行令第 40 条の 6 第 2 項において、運送人の承認を得てとあることから、
この設問は正しい。
【問 19】　　2
〔解説〕
　　この設問の法第 18 条〔立入検査等〕のことで、c のみが誤り。c は法第 18 条第
4 項に示されているとおり、同法第 1 項の規定は犯罪捜査のために認められてい
るものと解してはならないとあるので、設問は誤り。なお、a、b は法第 18 条第
1 項に示されている。d は法第 18 条第 3 項に示されている。
【問 20】　　3
〔解説〕
　　この設問は法第 22 条〔業務上取扱者の届出等〕についてで、a、b、d が正しい。a
は法第 22 条第 1 項第一号に示されている。b は法第 22 条第 1 項第二号に示され
ている。d は法第 22 条第 1 項第三号に示されている。なお、c は b と同様の設問
であるが、毒物又は劇物の数量ではなく、毒物又は劇物の品目である。

〔基礎化学〕
（一般・農業用品目・特定品目共通）

【問 21】　　3
〔解説〕
　　解答のとおり
【問 22】　　2
〔解説〕
　　一般的に非金属元素同士の結合は共有結合、金属原子と非金属原子の結合はイ
オン結合となる。
【問 23】　　2
〔解説〕
　　5.0%塩化ナトリウム水溶液 700 g に含まれる溶質の重さは 700 × 0.05 = 35 g。
同様に 15%塩化ナトリウム水溶液 300 g に含まれる溶質の重さは 300 × 0.15 = 45
g。よってこの混合溶液の濃度は (35 + 45)/(700 + 300) × 100 = 8.0 %
【問 24】　　3
〔解説〕
　　濃度 2.00 mol/L の塩化ナトリウム水溶液 500 mL に含まれる塩化ナトリウムの
物質量は 1.00 mol である。塩化ナトリウムの式量は 58.5 であるから 58.5 g とな
る。
【問 25】　　3
〔解説〕
　　pH 3 ということは水素イオン濃度[H^+]は $1.0 × 10^{-3}$ となる。モル濃度×電離度
＝水素イオン濃度であるので、x × 0.020 = $1.0 × 10^{-3}$, x = 0.05 mol/L
【問 26】　　3
〔解説〕
　　チンダル現象はコロイド粒子の溶液に光を当てると、光の筋がみえる現象であ
る。タンパク質やでんぷんは親水コロイドに分類される。
【問 27】　　5
〔解説〕
　　イオン結合結晶の融点および沸点は非常に高い。
【問 28】　　4
〔解説〕
　　分子結晶は金属や電解質ではないため、融解しても電気を流さない。

【問 29】　1
〔解説〕
　　亜鉛は電子を失うので酸化される。$Zn \rightarrow Zn^{2+} + 2e^-$
【問 30】　4
〔解説〕
　　一般的に酸性を示す塩は強酸弱塩基からなる塩である。
【問 31】　4
〔解説〕
　　Na^+を含む溶液にどのような陰イオンを加えても沈殿することはない。
【問 32】　1
〔解説〕
　　非共有電子対が別の分子や原子、イオンと結合することを配位結合という。
【問 33】　5
〔解説〕
　　炭化水素は炭素原子と水素原子のみからなる化合物の総称であり、鎖状ではアルカン・アルケン・アルキンがある。アルカンは単結合のみで構成され、アルケンは二重結合をもち、アルキンは三重結合をもつ。
【問 34】　5
〔解説〕
　　アニリンはアミノ基があるため弱塩基性物質になる。
【問 35】　2
〔解説〕
　　単体が反応に関与するものはすべて酸化還元反応である。

〔毒物及び劇物の性質及び貯蔵
その他取扱方法、識別〕

（一般）
【問 36】　5
〔解説〕
　　この設問では、劇物に指定されているものはどれかとあるので、d、e がすべて劇物に該当する。なお、a では、ブロモ酢酸エチルは毒物。b は、ベンゼンチオールが毒物。c は三弗化燐は毒物。
【問 37】　3
〔解説〕
　　この設問では、毒物に指定されているものはどれかとあるので、b、e がすべて毒物に該当する。なお、a はすべて劇物。c は酢酸タリウムが劇物。d はジクロル酢酸が劇物。
【問 38】　2
〔解説〕
　　この設問の廃棄の方法については、a、c が正しい。a のアニリンは燃焼法。c の過酸化水素は希釈法。なお、b の塩素の廃棄法は、塩素ガスは多量のアルカリに吹き込んだのち、希釈して廃棄するアルカリ法。d の酢酸エチルの廃棄法は、可燃性であるので、珪藻土などに吸収させたのち、燃焼により焼却処理する燃焼法。
【問 39】　4
〔解説〕
　　解答のとおり。
【問 40】　1
〔解説〕
　　解答のとおり。
【問 41】　2
〔解説〕
　　この設問における用途について、b の硅弗化水素酸の用途は、セメントの硬化促進剤、メッキの電解液。鉄製容器に貯蔵。

【問 42】　4
〔解説〕
　　クロルピクリン CCl_3NO_2 は、無色〜淡黄色液体、催涙性、粘膜刺激臭。水に不溶。アルコール、エーテルなどには溶ける。熱に不安定で分解。用途は線虫駆除、土壌燻蒸剤(土壌病原菌、センチュウ等の駆除)。
【問 43】　5
〔解説〕
　　c の臭素の毒性が誤り。次のとおり。臭素 Br_2 は劇物。刺激性の臭気をはなって揮発する赤褐色の重い液体。臭素は揮発性が強く、かつ腐食作用が激しく、目や上気道の粘膜を強く刺激する。蒸気の吸入により咳、鼻出血、めまい、頭痛等をおこし、眼球結膜の着色、発生異常、気管支炎、気管支喘息様発作等がみられる。
【問 44】　3
〔解説〕
　　この設問では解毒剤・拮抗剤についてで、b のシアン化合物が誤り。次のとおり。シアン化合物の解毒剤にはチオ硫酸ナトリウム $Na_2S_2O_3$ や亜硝酸ナトリウム $NaNO_2$ を使用。
【問 45】　4
〔解説〕
　　この設問では貯蔵方法で、c のピクリン酸が誤り。次のとおり。ピクリン酸は爆発性なので、火気に対して安全で隔離された場所に、イオウ、ヨード、ガソリン、アルコール等と離して保管する。鉄、銅、鉛等の金属容器を使用しない。
【問 46】　2
〔解説〕
　　この設問における物質の性状はすべて正しい。解答のとおり。
【問 47】　1
〔解説〕
　　この設問における物質の性状では、b のアセトニトリルが誤り。次のとおり。アクリルニトリル $CH_2=CHCN$ は、僅かに刺激臭のある無色透明な液体。引火性。有機シアン化合物である。硫酸や硝酸など強酸と激しく反応する。
【問 48】
〔解説〕
　　この設問における物質の性状では、c の塩化第一銅が誤り。次のとおり。塩化第一銅 $CuCl$(あるいは塩化銅(Ⅰ))は、劇物。白色結晶性粉末、湿気があると空気により緑色、光により青色〜褐色になる。水に一部分解しながら僅かに溶け、アルコール、アセトンには溶けない。
【問 49】　2
〔解説〕
　　この設問における識別方法では、a の硝酸銀が誤り。次のとおり。硝酸銀 $AgNO_3$ は、劇物。無色結晶。水に溶かして塩酸を加えると、白色の沈殿を生ずる。その液に硫酸と銅屑を加えて熱すると、赤褐色の蒸気を発生する。
【問 50】　5
〔解説〕
　　この設問における取扱上の注意では、c の沃化水素酸が誤り。次のとおり。沃化水素酸は、劇物。無色の液体。爆発性でも引火性でもないが、各種の金属と反応して水素ガスを発生し、これが空気と混合して引火爆発するおそれがある。

(農業用品目)

【問 36】　5
〔解説〕
　　法第4条の3第1項→施行規則第4条の2→施行規則別表第一に掲げられているものが農業用品目販売業者の取り扱う毒物及び劇物。このことから c の燐化亜鉛と d のアバメクチンが該当する。
【問 37】　3
〔解説〕
　　解答のとおり。
【問 38】　2
〔解説〕
　　解答のとおり。

【問 39】　　4
〔解説〕
　　b、d が該当する。b の塩素酸ナトリウムの廃棄法は、還元法。d のカルバリルの廃棄法は、そのまま焼却炉で焼却するか、可燃性溶剤とともに焼却炉の火室へ噴霧し焼却する焼却法。又は、水酸化カリウム水溶液等と加温して加水分解するアルカリ法。なお、a、c については次のとおり。a のカルタップの廃棄法は、そのままあるいは水に溶解して、スクラバーを具備した焼却炉の火室へ噴霧し、焼却する焼却法。c のメトミルの廃棄法は、1)燃焼法(スクラバー具備)　2)アルカリ法(NaOH 水溶液と加温し加水分解)。
【問 40】　　1
〔解説〕
　　解答のとおり。
【問 41】　　2
〔解説〕
　　この設問における物質と用途については、a、c が正しい。a のジクワットは、劇物で、ジピリジル誘導体で淡黄色結晶。用途は、除草剤。c のアセタミプリドは、劇物。白色結晶固体。用途はネオニコチノイド系殺虫剤。なお、b のフルスルファミドは、劇物(0.3 %以下は劇物から除外)。淡黄色結晶性粉末。用途はアブラナ科野菜の根こぶ病等の防除する土壌殺菌剤。d のクロルピリホスは、白色結晶。用途は、果樹の害虫防除、白アリ防除に用いられる。
【問 42】　　4
〔解説〕
　　この設問では土壌燻蒸剤〔土壌消毒〕の物質はどれかとあるので、b、d が該当する。b のクロルピクリン CCl_3NO_2 は、無色〜淡黄色液体。用途は線虫駆除、土壌燻蒸剤(土壌病原菌、センチュウ等の駆除)。d のメチルイソチオシアネートは劇物。無色結晶。用途は土壌中のセンチュウ類や病原菌などに効果を発揮する土壌消毒剤。なお、a のトリシクラゾールは、劇物。無色無臭の結晶。用途は、農業用殺菌剤(イモチ病に用いる。)(メラニン生合成阻害殺菌剤)。c のテブフェンピラドは劇物。淡い黄色結晶。用途は野菜、果樹等の害虫駆除。
【問 43】　　5
〔解説〕
　　メソミル(別名メトミル)は 45 %以下を含有する製剤は劇物。白色結晶。水、メタノール、アルコールに溶ける。有機燐系化合物。カルバメート剤なので、解毒剤は硫酸アトロピン(PAM は無効)、SH 系解毒剤の BAL、グルタチオン等。用途は殺虫剤。
【問 44】　　3
〔解説〕
　　解答のとおり。
【問 45】　　4
〔解説〕
　　解答のとおり。
問 46 〜問 50
【問 46】　　2　　【問 47】　　1　　【問 48】　　4　　【問 49】　　2　　【問 50】　　5
〔解説〕
　　【問 46】テフルトリンは毒物(0.5 %以下を含有する製剤は劇物。淡褐色固体。水にほとんど溶けない。有機溶媒に溶けやすい。用途は野菜等のピレスロイド系殺虫剤。【問 47】　クロルピクリン CCl_3NO_2 は、無色〜淡黄色液体、催涙性、粘膜刺激臭。水に不溶。線虫駆除、燻蒸剤。　【問 48】　イミダクロプリドは、劇物。弱い特異臭のある無色の結晶。水にきわめて溶けにくい。用途は、野菜等のアブラムシ類等の害虫を防除する農薬。(クロロニコチル系殺虫剤)ネオニコチノイド系　【問 49】　オキサミルは毒物。白色粉末または結晶、かすかに硫黄臭を有する。加熱分解して有毒な酸化窒素及び酸化硫黄ガスを発生するので、熱源から離れた風通しの良い冷所に保管する。殺虫剤、製剤はバイデート粒剤。カーバメイト系農薬。　【問 50】　塩素酸ナトリウム $NaClO_3$ は、劇物。無色無臭結晶で潮解性をもつ。酸化剤、水に易溶。有機物や還元剤との混合物は加熱、摩擦、衝撃などにより爆発することがある。酸性では有害な二酸化塩素を発生する。また、強酸と作用して二酸化炭素を放出する。除草剤。

（特定品目）

【問36】 5

〔解説〕

　　特定品目販売業者が販売できるものについては、法第四条の三第二項→施行規則第四条の三→施行規則別表第二に掲げられている品目のみである。解答のとおり。

【問37】 3

〔解説〕

　　施行規則別表第二に示されている。

【問38】 2

〔解説〕

　　この設問では燃焼法による廃棄法について適切でないものについてで、a の過酸化水素は、希釈法。b の酸化第二水銀は、焙焼法又は沈殿隔離法。c の蓚酸は、燃焼法と活性汚泥法がある。d のメタノールは、焼却法。e の四塩化炭素は、燃焼法。このことから過酸化水素と酸化第二水銀が燃焼法ではない。

【問39】 4

〔解説〕

　　b、d が該当する。b の塩素 Cl_2 は劇物。黄緑色の気体で激しい刺激臭がある。冷却すると、黄色溶液を経て黄白色固体。水にわずかに溶ける。廃棄方法は、塩素ガスは多量のアルカリに吹き込んだのち、希釈して廃棄するアルカリ法。d の硫酸は酸なので石灰乳などのアルカリで中和し、水に難溶な $CaSO_4$ とした後、多量の水で希釈処理。なお、a のアンモニア NH_3（刺激臭無色気体）は水に極めてよく溶けアルカリ性を示すので、廃棄方法は、水に溶かしてから酸で中和後、多量の水で希釈処理する中和法。c の硅弗化ナトリウムは劇物。無色の結晶。廃棄法は水に溶かし、消石灰等の水溶液を加えて処理した後、希硫酸を加えて中和し、沈殿濾過して埋立処分する分解沈殿法。

【問40】 1

〔解説〕

　　解答のとおり。

【問41】 2

〔解説〕

　　この設問の用途については、a、c が正しい。なお、b の重クロム酸ナトリウムは、やや潮解性の赤橙色結晶、酸化剤。水に易溶。有機溶媒には不溶。用途は試薬、酸化剤。

【問42】 4

〔解説〕

　　解答のとおり。

【問43】 5

〔解説〕

　　この設問では毒性について誤っているものは、5 の過酸化水素水が該当する。次のとおり。無色無臭で粘性の少し高い液体。徐々に水と酸素に分解（光、金属により加速）する。安定剤として酸を加える。35 ％以上の溶液が皮膚に付くと水泡を生じる。目に対しては腐食作用、蒸気は低濃度でも刺激盛大。

【問44】 3

〔解説〕

　　a のクロロホルムのみが正しい。なお、b の硅弗化ナトリウムは劇物。無色の結晶。水に溶けにくい。アルコールに溶けない。吸入すると、鼻、のど、気管支、肺等の粘膜を刺激し、炎症を起こすことがある。c の四塩化炭素は劇物。蒸気の吸入により、はじめ頭痛、悪心などをきたし、また黄疸のように角膜が黄色となり、しだいに尿毒症様をきたす。

【問45】 4

〔解説〕

　　解答のとおり。

【問46】 2

〔解説〕

　　a、d が正しい。なお、b の重クロム酸ナトリウム $Na_2Cr_2O_7$ は、やや潮解性の赤橙色結晶、酸化剤。水に易溶。有機溶媒には不溶。潮解性があるので、密封して乾燥した場所に貯蔵する。また、可燃物と混合しないように注意する。c の塩化水素（HCl）は劇物。常温、常圧においては無色の刺激臭を持つ気体で、湿った空気中で激しく発煙する。冷却すると無色の液体および固体となる。

関西広域連合統一

【問 47】　　1
〔解説〕
　　a、b が正しい。なお、c の過酸化水素 H_2O_2 は、無色透明の濃厚な液体で、弱い特有のにおいがある。強く冷却すると稜柱状の結晶となる。不安定な化合物であり、常温でも徐々に水と酸素に分解する。酸化力、還元力を併有している。又、強い殺菌力を有している。d のクロロホルム $CHCl_3$ は、無色揮発性の液体で、特有の臭気と、かすかな甘みを有する。水にはわずかに溶ける。アルコール、エーテルと良く混和する。

【問 48】　　4
〔解説〕
　　c、d が正しい。なお、a の酢酸エチル $CH_3COOC_2H_5$ は、劇物。強い果実様の香気ある可燃性無色の液体。揮発性がある。蒸気は空気より重い。引火しやすい。水にやや溶けやすい。b の酸化第二水銀は毒物。赤色又は黄色の粉末。製法によって色が異なる。小さな試験管に入れ熱すると、黒色にかわり、その後分解し水銀を残す。更に熱すると揮散する。

【問 49】　　2
〔解説〕
　　a、d が正しい。なお、b の一酸化鉛 PbO は、強熱すると煙霧を発生する。煙霧は有害なので注意する。c のクロム酸ナトリウムは十水和物が一般に流通。十水和物は黄色結晶で潮解性がある。水に溶けやすい。その液は、アルカリ性を示す。また、酸化性があるので工業用の酸化剤などに用いられる。

【問 50】　　5
〔解説〕
　　解答のとおり。

奈良県

令和４年度実施
※特定品目はありません。

〔法　規〕
（一般・農業用品目・特定品目共通）

問１　３
〔解説〕
　　この設問は法第二条第一項〔定義・毒物〕のこと。解答のとおり。

問２　１
〔解説〕
　　この設問は法第４条〔営業の登録〕についてで、１が正しい。１は法第４条第１項に示されている。なお、２は法第４条第３項〔登録の更新〕についてで、販売業の登録は、６年ごとに更新を受けなければ、その効力を失う。３は法第４条第１項により、その店舗の所在地の都道府県知事〔政令で定める保健所を設置する市、特別区の区域にある市長又は区長〕である。４の一般販売業の登録を受けた者は、販売品目の制限はない。

問３　４
〔解説〕
　　法第３条の４による施行令第32条の３で定められている品目は、①亜塩素酸ナトリウムを含有する製剤 30 ％以上、②塩素酸塩類を含有する製剤 35 ％以上、③ナトリウム、④ピクリン酸である。このことから４のピクリン酸である。

問４　４
〔解説〕
　　この設問は法第３条の２における特定毒物についてで、b、d が正しい。b は法第３条の２第５項に示されている。d は法第３条の２第４項に示されている。なお、a の特定毒物を輸入することができる者は、毒物又は劇物輸入業者と特定毒物研究者である〔法第３条の２第２項〕。c の特定毒物を所持できるのは、毒物劇物営業者〔毒物又は劇物製造業者、輸入業者、販売業者〕、特定毒物研究者、特定毒物使用者である〔法第３条の２第10項〕。

問５　１
〔解説〕
　　この設問は施行規則第４条の４第２項における販売業の店舗の設備基準のこと。設問では誤っているものはどれかとあるので、１が誤り。１についてはかぎをかける設備があることである。

問６　２
〔解説〕
　　この設問では毒物と劇物の組み合わせについてで、２が正しい。なお、１はニコチンは劇物ではなく、毒物。３のシアン化ナトリウムは劇物ではなく、毒物。４の水酸化カリウムは毒物ではなく、劇物。

問７～問８　問７　２　問８　３
〔解説〕
　　この設問の法第８条第２項は毒物劇物取扱責任者における不適格者と罪のことが示されている。解答のとおり。

問９　４
〔解説〕
　　この設問は法第14条〔毒物又は劇物の譲渡手続〕についてで、b、d が正しい。b は法第14条第２項→施行規則第12条の２に示されている。d の毒物又は劇物における譲渡手続に係る書面に記載する事項は、法第 14 条第１項に示されている。なお、a の毒物又は劇物の譲渡手続に係る書面の保存期間は、法第 14 条第４項で、５年間保存と規定されている。c の設問にある…販売し、又は授与した後とあるが、その都度、作成した書面を受けなければならないである。

問10　2
〔解説〕
　この設問は法第 12 条〔毒物又は劇物の表示〕のことで、b のみが正しい。b は法第 12 条第 1 項に示されている。なお、a については、毒物及び劇物のいずれについても法第 12 条第 1 項における容器及び被包についての表示として、「医薬用外」の文字及び毒物については赤地に白色をもって「毒物」の文字、劇物については白地に赤色をもって「劇物」の文字を表示しなければならないである。c については、「医薬用外」の文字及び毒物については赤地に白色をもって「毒物」の文字を表示しなければならないである。d の設問の特定毒物とあるが、特定毒物も毒物に含まれるので、「医薬用外」の文字及び毒物については赤地に白色をもって「毒物」の文字を表示しなければならないである。

問11　3
〔解説〕
　解答のとおり。

問12　1
〔解説〕
　この設問はすべて正しい。廃棄については法第 15 条〔廃棄〕→施行令第 40 条〔廃棄の方法〕に示されている。

問13　4
〔解説〕
　この設問は法第 7 条〔毒物劇物取扱責任者〕についてで誤っているものはどれかとあるので、4 が誤り。4 については、あらかじめではなく、30 日以内に届け出をしなければならないである〔法第 7 条第 3 項〕。なお、1 は法第 7 条第 1 項のこと。2 は法第 7 条第 2 項のこと。3 は法第 7 条第 1 項ただし書規定のこと。

問14　3
〔解説〕
　この設問は法第 10 条〔届出〕については、b、d が正しい。b は法第 10 条第 1 項第四号→施行規則第 10 条の 2 第二号に示されている。d 法第 10 条第 1 項第二号に示されている。なお、a、c については、届け出を要しない。

問15 ～ 16　　問15　3　　問16　2
〔解説〕
　この設問は特定毒物の着色規定のことである。問 15　モノフルオール酢酸アミドを含有する製剤については法第 3 条の 2 第 9 項→施行令第 23 条第一号で、青色に着色。問 16　シメチルエチルメルカプトエチルチオホスフエイトを含有する製剤は法第 3 条の 2 第 9 項→施行令第 17 条第一号で、紅色に着色。

問17　2
〔解説〕
　この設問は毒物又は劇物の運搬を他に委託する場合、荷送人が運送人対して、あらかじめ交付しなければならない書面の内容は、毒物又は劇物①名称、②成分、③含量、④数量、⑤事故の際に講じなければならない応急の措置の内容である。このことから B のみが誤り。〔施行令第 40 条の 6〕

問18 ～ 19　　問18　1　　問19　3
〔解説〕
　この設問の法第 17 条〔事故の際の措置〕のこと。解答のとおり。

問20　3
〔解説〕
　この設問の法第 18 条〔立入検査等〕のことで、誤っているものはどれかとあるので、3 が誤り。3 は法第 18 条第 4 項により、犯罪捜査のために認められたものと解してならないとあるので、誤り。

〔基礎化学〕
(一般・農業用品目・特定品目共通)

問21～31　問21　4　問22　4　問23　5　問24　4　問25　3　問26　2
　　　　　問27　1　問28　3　問29　5　問30　4　問31　2

〔解説〕
問21　1 g = 1.0 × 10^6 μg である。
問22　ヘキサン、2-メチルペンタン、3-メチルペンタン、2,3-ジメチルブタン、2,2-ジメチルブタンの5種類である。
問23　沈殿物 b には硫化カドミウムが含まれる。硫化カドミウムは黄色である。
問24　Zn + H$_2$SO$_4$ → ZnSO$_4$ + H$_2$
問25　アルカンの語尾はアン (ane) で終わるものである。ノナン (nonane) は C$_9$H$_{20}$ のアルカンである。
問26　Na の酸化数は+1 なので水素は-1 となる。通常水素の酸化数は+1 であるが、金属と結合している水素の場合は異なる。
問27　Cu + 4HNO$_3$ → Cu(NO$_3$)$_2$ + 2H$_2$O + 2NO$_2$
問28　周期表の右上に行くほどイオン化エネルギーは大きくなる。
問29　エタノール・ブタノール・2-ブタノールは1価のアルコール、グリセリンは3価のアルコールである。
問30　塩化水素のみ極性分子、他は無極性分子。
問31　ナトリウムは M 殻に1個の電子を有する。

問32　3
〔解説〕
濃度や温度は反応速度に影響を与える。触媒はそれ自身は変化しない物質である。

問33　3
〔解説〕
電気分解では通じた電気量に比例する。シャルルの法則では体積は絶対温度に比例して増加する。化学反応の前後で総質量が変化しない法則を質量保存の法則という。

問34　3
〔解説〕
疎水コロイドに少量の電解質を加えて沈殿させる操作を凝析という。コロイド溶液に光を当てて光路が見える現象をチンダル現象という。コロイド粒子に溶媒分子がぶつかり不規則な動きをする現象をブラウン運動という。

問35　1
〔解説〕
酸素と化合する反応を酸化という。電子を受け取る変化を還元という。水素を失う変化を酸化という。

問36　2
〔解説〕
ニトロベンゼンをスズと塩酸で還元して得られる。

問37　1
〔解説〕
鉛蓄電池の正極に酸化鉛を用いる。酢酸鉛は無色の結晶である。塩化鉛、硫酸鉛はいずれも白色固体である。

問38　3
〔解説〕
水酸化カルシウムの式量は 74 である。222 × 10^{-3} g の水酸化カルシウムの物質量は 0.003 mol である。これを溶解して 2 L の溶液にした時のモル濃度は 1.5 × 10^{-3} mol/L となる。

問39　2
〔解説〕
2.10 g の炭酸水素ナトリウムの物質量は 0.025 mol である。反応式から炭酸水素ナトリウムの半分量の二酸化炭素が発生するから、0.0125 mol の二酸化炭素が生じる。0.0125 × 22.4 = 0.280 L である。

問40　5
〔解説〕
　　ある金属 M_2O_3 における M の原子量を x とおく。この分子の分子量は 2x+48 となる。また M_2O_3 のうち、M_2 の割合が 70%であるので、次の比例関係が成り立つ。2x : 48 = 70 : 30,　x = 56

〔取扱・実地〕

（一般）
問41　2
〔解説〕
　　この設問のフェノールについては、a、c が正しい。フェノール C_6H_5OH（別名石炭酸、カルボール）は、劇物。無色の針状晶あるいは結晶性の塊りで特異な臭気があり、空気中で酸化され赤色になる。水に少し溶け、アルコール、エーテル、クロロホルム、二硫化炭素、グリセリンには容易に溶ける。石油ベンゼン、ワセリンには溶けにくい。用途は防腐剤、医薬品及び染料の製造原料。
問42　3
〔解説〕
　　この設問のアニリンについては、b、d が正しい。アニリン $C_6H_5NH_2$ は、劇物。純品は、無色透明な油状の液体で、特有の臭気があり空気に触れて赤褐色になる。水に溶けにくく、アルコール、エーテル、ベンゼンに可溶。光、空気に触れて赤褐色を呈する。蒸気は空気より重い。水溶液にさらし粉を加えると紫色を呈する。用途はタール中間物の製造原料、医薬品、染料、樹脂、香料等の原料。アニリンは血液毒である。かつ神経毒であるので血液に作用してメトヘモグロビンを作り、チアノーゼを起こさせる。急性中毒では、顔面、口唇、指先等にはチアノーゼが現れる。さらに脈拍、血圧は最初亢進し、後に下降して、嘔吐、下痢、腎臓炎を起こし、痙攣、意識喪失で、ついに死に至ることがある。
問43～47　問43　3　　　問44　1　　　問45　4　　　問46　2
〔解説〕
　　問43　塩素 Cl_2 は劇物。黄緑色の気体で激しい刺激臭がある。冷却すると、黄色溶液を経て黄白色固体。水にわずかに溶ける。沸点-34．05℃。強い酸化力を有する。極めて反応性が強く、水素又はアセチレンと爆発的に反応する。不燃性を有し、鉄、アルミニウムなどの燃焼を助ける。水分の存在下では、各種金属を腐食する。水溶液は酸性を呈する。粘膜接触により、刺激症状を呈する。　　問44　シアン化ナトリウム NaCN は毒物。白色粉末、粒状またはタブレット状。融点は 564 ℃で水に易溶。アルコール、アンモニア水に可溶。空気中で湿気を吸収し、二酸化炭素と反応して有毒な HCN ガスを発生する。水溶液は強アルカリ性である。　　問45　硫酸 H_2SO_4 は、劇物。無色透明、油様の液体であるが、粗製のものは、しばしば有機質が混じて、かすかに褐色を帯びていることがある。濃いものは猛烈に水を吸収する。　　問46　ロテノン $C_{23}H_{22}O_6$（植物デリスの根に含まれる。）：斜方六面体結晶で、水にはほとんど溶けない。ベンゼン、アセトンには溶け、クロロホルムに易溶。
問47～50　問47　1　　　問48　2　　　問49　3　　　問50　5
〔解説〕
　　問47　四塩化炭素 CCl_4 は特有の臭気をもつ揮発性無色の液体、水に不溶、有機溶媒に易溶。吸引した場合、めまい、頭痛、吐き気をおぼえ、はなはだしい場合は、嘔吐、意識不明などを起こす。肝臓に影響を与え黄疸が出る時もある。
　　問48　メタノール CH_3OH は特有な臭いの無色液体。水に可溶。可燃性。吸入した場合、めまい、頭痛、吐気など、はなはだしい時は嘔吐、意識不明。中枢神経抑制作用。飲用により視神経障害、失明。　　問49　シアン化水素ガスを吸引したときの中毒は、頭痛、めまい、悪心、意識不明、呼吸麻痺を起こす。治療薬は亜硝酸ナトリウムとチオ硫酸ナトリウムの投与。　　問50　ニコチンは猛烈な神経毒を持ち、急性中毒では、よだれ、吐気、悪心、嘔吐、ついで脈拍緩徐不整、発汗、瞳孔縮小、呼吸困難、痙攣が起きる。

問 51 ～ 54　問 51　2　　問 52　1　　問 53　3　　問 54　5

〔解説〕
　　　問 51　酢酸エチル $CH_3COOC_2H_5$ は無色で果実臭のある可燃性の液体。その用途は主に溶剤や合成原料、香料に用いられる。　　　問 52　塩化亜鉛（別名　クロル亜鉛）$ZnCl_2$ は劇物。白色の結晶。空気にふれると水分を吸収して潮解する。用途は脱水剤、木材防臭剤、脱臭剤、試薬。　　　問 53　1・1'－ジメチル－4.4'－ジピリジニウムジクロリド（別名パラコート）は白色結晶で、水、メタノール、アセトンに溶ける。水に非常に溶けやすい。強アルカリ性で分解する。不揮発性。用途は除草剤。　　　問 54　イミノクタジンは、劇物。白色の粉末（三酢酸塩の場合）。果樹の腐らん病、晩腐病等、麦の斑葉病、芝の葉枯病殺菌する殺菌剤。

問 55 ～ 57　問 55　4　　問 56　1　　問 57　3

〔解説〕
　　　問 55　ピクリン酸$(C_6H_2(NO_2)_3OH)$は爆発性なので、火気に対して安全で隔離された場所に、イオウ、ヨード、ガソリン、アルコール等と離して保管する。鉄、銅、鉛等の金属容器を使用しない。　　　問 56　過酸化水素水 H_2O_2 は、少量なら褐色ガラス瓶（光を遮るため）、多量ならば現在はポリエチレン瓶を使用し、3 分の 1 の空間を保ち、日光を避けて冷暗所保存。　　　問 57　クロロホルム $CHCl_3$ は、無色、揮発性の液体で特有の香気とわずかな甘みをもち、麻酔性がある。空気中で日光により分解し、塩素、塩化水素、ホスゲンを生じるので、少量のアルコールを安定剤として入れて冷暗所に保存。

問 58 ～ 60　問 58　1　　問 59　3　　問 60　2

〔解説〕
　　　解答のとおり。

（農業用品目）

問 41　3

〔解説〕
　　　農業用品目販売業者の登録が受けた者が販売できる品目については、法第四条の三第一項→施行規則第四条の二→施行規則別表第一に掲げられている品目である。解答のとおり。

問 42 ～ 44　問 42　1　　問 43　3　　問 44　4

〔解説〕
　　　除外濃度については指定令第 2 条に示されている。解答のとおり。

問 45 ～ 47　問 45　1　　問 46　3　　問 47　4

〔解説〕
　　　問 45　クロルピクリン CCl_3NO_2 の確認方法：CCl_3NO_2 ＋金属 Ca ＋ベタナフチルアミン＋硫酸→赤色　　　問 46　アンモニア水は無色透明、刺激臭がある液体。アルカリ性を呈する。アンモニア NH_3 は空気より軽い気体。濃塩酸を近づけると塩化アンモニウムの白い煙を生じる。　　　問 47　無機銅塩類水溶液に水酸化ナトリウム溶液で冷時青色の水酸化第二銅を沈殿する。

問 48 ～ 49　問 48　2　　問 49　1

〔解説〕
　　　問 48　ホストキシン（リン化アルミニウム AlP とカルバミン酸アンモニウム $H_2NCOONH_4$ を主成分とする。）は、ネズミ、昆虫駆除に用いられる。リン化アルミニウムは空気中の湿気で分解して、猛毒のリン化水素 PH3（ホスフィン）を発生する。空気中の湿気に触れると徐々に分解して有毒なガスを発生するので密閉容器に貯蔵する。使用方法については施行令第 30 条で規定され、使用者についても施行令第 18 条で制限されている。　　　問 49　シアン化水素 HCN は、無色の気体または液体（b. p. 25.6 ℃）、特異臭（アーモンド様の臭気）、弱酸、水、アルコールに溶ける。毒物。貯法は少量なら褐色ガラス瓶、多量なら銅製シリンダーを用い日光、加熱を避け、通風の良い冷所に保存。

奈良県

問 50 〜 52　問 50　4　　問 51　1　　問 52　3
〔解説〕
　　問 50　塩化亜鉛（別名　クロル亜鉛）$ZnCl_2$ は劇物。白色の結晶。空気にふれると水分を吸収して潮解する。用途は脱水剤、木材防臭剤、脱臭剤、試薬。
　　問 51　エチルジフェニルジチオホスフェイト（別名　エジフェンホス、EDDP）は劇物。黄色〜淡褐色透明な液体、特異臭、水に不溶、有機溶媒に可溶。有機リン製剤、劇物（2 ％以下は除外）、殺菌剤。　　問 52　2-クロルエチルトリメチルアンモニウムクロリド（クロルメコート）は、劇物。白色結晶。魚臭い。エーテルには溶けない。水、低級アルコールには溶ける。用途は農薬の植物成長調整剤。
問 53 〜 55　問 53　3　　問 54　1　　問 55　2
〔解説〕
　　問 53　硫酸が漏えいした液は土砂等でその流れを止め、これに吸着させるか、又は安全な場所に導いて、遠くから徐々に注水してある程度希釈した後、消石灰、ソーダ灰等で中和し、多量の水を用いて洗い流す。　　問 54　ブロムメチル（臭化メチル）CH_3Br は、常温では気体（有毒な気体）。冷却圧縮すると液化しやすい。クロロホルムに類する臭気がある。液化したものは無色透明で、揮発性がある。漏えいしたときは、土砂等でその流れを止め、液が拡がらないようにして蒸発させる。
　　問 55　DDVP（別名ジクロルボス）は有機リン製剤。刺激性で微臭のある比較的揮発性の無色油状、水に溶けにくく、有機溶媒に易溶。水中では徐々に分解。漏えいした液は土砂等でその流れを止め、安全な場所に導き、空容器にできるだけ回収し、その後を消石灰等の水溶液を用いて処理した後、多量の水を用いて洗い流す。洗い流す場合には中性洗剤等の分散剤を使用して洗い流す。
問 56 〜 57　問 56　3　　問 57　2
〔解説〕
　　問 56　ジメチル−４−メチルメルカプト−３−メチルフェニルチオホスフェイト（別名フェンチオン）は、劇物。褐色の液体。弱いニンニク臭を有する。各種有機溶媒に溶ける。水には溶けない。廃棄法：木粉（おが屑）等に吸収させてアフターバーナー及びスクラバーを具備した焼却炉で焼却する焼却法。（スクラバーの洗浄液には水酸化ナトリウム水溶液を用いる。）　　問 57　シアン化ナトリウム NaCN は、酸性だと猛毒のシアン化水素 HCN が発生するのでアルカリ性にしてから酸化剤でシアン酸ナトリウム NaOCN にし、余分なアルカリを酸で中和し多量の水で希釈処理する酸化法。水酸化ナトリウム水溶液等でアルカリ性とし、高温加圧下で加水分解するアルカリ法。
問 58 〜 60　問 58　3　　問 59　4　　問 60　1
〔解説〕
　　解答のとおり。

中国五県統一
〔島根県、鳥取県、岡山県、広島県、山口県〕
令和4年度実施

〔毒物及び劇物に関する法規〕
（一般・農業用品目・特定品目共通）

問1　4
〔解説〕
　　この設問は、ウとエが正しい。ウは法第3条第1項に示されている。エは設問のとおり。なお、アについては法第3条第3項ただし書規定により、毒物劇物営業者〔毒物又は劇物①製造業、②輸入業、③販売業〕間において販売することは出来るが、設問は毒物劇物営業者以外とあるので販売は出来ない。イは法第3条第2項により、販売又は授与の目的で輸入することは出来ない。

問2　3
〔解説〕
　　法第3条の2第5項とは、特定毒物を品目ごとに政令で使用する用途が定められている。この設問では誤りはどれかとあるので、3のジメチルエチルメルカプトエチルチオホスフエイトの用途は施行令第16条により、かんきつ類、りんご、なし、ぶどう、桃、あんず、梅、ホップ、なたね、桑、しちとうい又は食用に供されることがない観賞用植物若しくはその球根の害虫の防除である。なお、1の四アルキル鉛の用途は、施行令第1条に示されている。2のモノフルオール酢酸塩類の用途は、施行令第11条に示されている。4のモノフルオール酢酸アミドの用途は、施行令第22条に示されている。

問3　3
〔解説〕
　　特定品目である「りん化アルミニウムとその分解促進剤とを含有する製剤」の使用者は、①国、地方公共団体、農業協同組合又は日本たばこ産業株式会社、②くん蒸により倉庫内若しくはコンテナ内のねずみ、昆虫等を駆除することを業とする者又は営業のために倉庫を有する者→都道府県知事指定、③船長(船長の職務を含む者)である。このことから3が誤り。

問4　1
〔解説〕
　　この設問における毒物又は劇物の販売業について誤っているものはどれかとあるので、1が誤り。1は法第4条の2〔販売業の登録の種類〕に示されている。このことから設問にある特定毒物販売業ではなく、特定品目販売業である。2は設問のとおり。3は法第4条の3第1項で示されている。

問5　1
〔解説〕
　　この設問は施行規則第4条の4〔製造所等の設備〕についてで、設問はすべて正しい。

問6　1
〔解説〕
　　この設問の法第8条第1項は、毒物劇物取扱責任者における資格者のことで、①薬剤師、②厚生労働省令で定める学校で応用化学に関する学課を修了した者、③都道府県知事が行う毒物劇物取扱者試験に合格した者である。このことから1の医師が誤り。

問7　1
〔解説〕
　　この設問は法第10条第2項における特定毒物研究者の届出についてで、ア、イ、エが正しい。なお、ウの主たる研究所の長については届け出を要しない。

問8　3
〔解説〕
　　この設問は法第12条第2項第四号→施行規則第11条の6〔取扱及び使用上特に必要な表示事項〕第1項第二号に示されていて設問では、3が誤り。

問9　3
〔解説〕
　この設問は法第 13 条における着色する農業用品目のことで、法第 13 条→施行令第 39 条において、①硫酸タリウムを含有する製剤たる劇物、②燐化亜鉛を含有する製剤たる劇物→施行規則第 12 条で、あせにくい黒色に着色しなければならないと示されている。
問10　1
〔解説〕
　この設問は毒物又は劇物の廃棄についてのことで、法第 15 条の 2 〔廃棄〕→施行令第 40 条〔廃棄の方法〕の規定に示されている。この設問では、1 が正しい。なお、2 は、少量ずつ燃焼させることではなく、少量ずつ放出し、又は揮発させることである。3は、少量ずつ放出し、又は揮発させることではなく、少量ずつ燃焼させることである。
問11　2
〔解説〕
　この設問は毒物又は劇物を運搬する場合で、20 ％のアンモニア水溶液 1 回につき 5,000kg 以上運搬について備えなければならない保護具は、①保護手袋、②保護長ぐつ、③保護衣、④アンモニア用防毒マスクである。このことから誤りは、2 の保護眼鏡。このことは施行令第 40 条の 5 第 2 項第三号・施行令別表第二→施行規則第 13 条の 6 →施行規則別表第五に示されている。
問12　2
〔解説〕
　この設問における毒物又は劇物を販売する場合等、毒物劇物営業者は譲受人に対し、その毒物又は劇物の性状及び取扱いに関する情報提供しなければならないと規定されている。設問では誤りはどれかとあるので、2 が誤り。2 は、提供しなければならないではなく、提供するよう努めなければならないである。
問13　1
〔解説〕
　この設問は法第 17 条第 1 項〔事故の際の措置〕のこと。解答のとおり。
問14　4
〔解説〕
　この設問法第 19 条〔登録の取消等〕のこと。解答のとおり。
問15　3
〔解説〕
　この設問の法第 21 条〔登録が失効した場合等の措置〕についてで、アとイが誤り。アは法第 21 条第 1 項により、30 日以内ではなく、15 日以内に、現に所有する特定毒物の品名及び数量を届け出なければならないである。イは法第 21 条第 2 項により、30 日以内ではなく、50 日以内である。なお、ウは法第 21 条第 1 項に示されている。エは法第 21 条第 2 項に示されている。

問16 ～問25　問16　2　　問17　2　　問18　2　　問19　1　　問20　2
　　　　　　　問21　1　　問22　2　　問23　1　　問24　2　　問25　2

〔解説〕
　問16　2自家消費の目的であっても法第 3 条の 2 第 1 項に示されている毒物劇物製造業者又は特定毒物研究者における許可を受けた者のみ、特定毒物を製造することができる。このことからこの設問は誤り。　　問17　この設問にある特定毒物使用者については更新ではなく、法第 3 条の 2 第 2 項において、施行令〔政令〕で使用することができる者が指定されてい。　問18　法第 3 条の 3 のことで、この設問には幻聴とあるが幻覚である。　問19　設問のとおり。法第 3 条の 4 のこと。　　問20　2この設問は法第 4 条第 1 項〔営業の登録〕のことで、店舗ごとに登録を受けなければならない。　問21　設問のとおり。法第 4 条第 3 項に示されている。　　　問22　2この設問にある解毒剤の名称を表示しなければならないのは、有機燐化合物及びこれを含有する製剤たる毒物及び劇物について、解毒剤の表示をしなければならないである。法第 12 条第 2 項第三号→施行規則第 11 条の 5 に示されている。　　　問23　1　問24　この設問は法第 15 条の 3 〔回収等の命令〕のことで設問中に、…認められるか否かに関わらずとあるが、同法では、認められるときは、とあるのでこの設問は誤り。　　　問25　2この設問は法第 22 条第 2 項により、30 日以内に届け出をしなければならないである。

〔基礎化学〕
（一般・農業用品目・特定品目共通）

問26～問33　問26　2　　問27　2　　問28　1　　問29　2　　問30　2　　問31　1
　　　　　　問32　1　　問33　1
〔解説〕
　　問26　Cu の炎色反応は青緑色である。
　　問27　陽子と中性子の重さはほとんど同じである。
　　問28　解答のとおり
　　問29　原子から電子１個を奪い去るのに必要な力をイオン化エネルギーという。
　　問30　ppm は百万分率である。
　　問31　解答のとおり
　　問32　中和点が酸性側になるので変色域が酸性側にあるメチルオレンジやメチ
　　　　ルレッドが適当である。
　　問33　リチウムはイオン化傾向が一番大きい。
問34～問38　問34　1　問35　2　　問36　1　　問37　3　　問38　2
〔解説〕
　　解答のとおり
問39　1
〔解説〕
　　酸のモル濃度×酸の価数×酸の体積が、塩基のモル濃度×塩基の価数×塩基の
　　体積と等しいときが中和である。よって x × 2 × 20 = 0.3 × 1 × 40 となり、x =
　　0.3 mol/L となる。
問40　2
〔解説〕
　　0.1 mol/L アンモニア水の電離度が 0.01 であるから、この溶液の水酸化物イオ
　　ン濃度[OH⁻]は、0.05 × 0.02 ＝ 1.0 × 10⁻³ となる。よってこの溶液の pOH は 3
　　であり、pH + pOH = 14 より、pH は 11 となる。
問41　3
〔解説〕
　　プロパンの燃焼の反応式は、$C_3H_8 + O_2 \rightarrow 3CO_2 + 4H_2O$ であるから、2 モルのプ
　　ロパンが燃焼すると 4 モルの二酸化炭素が生じる。二酸化炭素の分子量は 44 であ
　　るので 4 モルの重さは 264 g となる。
問42　1
〔解説〕
　　解答のとおり
問43　3
〔解説〕
　　C_6H_{14} の異性体は、ヘキサン、2-メチルペンタン、3-メチルペンタン、2,3-ジメ
　　チルブタン、2,2-ジメチルブタンの 5 種類である。
問44　3
〔解説〕
　　-OH はヒドロキシ基、$-SO_3H$ はスルホ基、$-NH_2$ はアミノ基
問45～問46　問45　2　　問46　1
　　問45　固体が液体を経ずに気体に変わる状態変化を昇華という。
　　問46　気体の水が液体の水に変化する状態変化を凝縮という。
問47　2
〔解説〕
　　疎水コロイドに少量の電解質を加えて沈殿させる操作を凝析という。
問48　4
〔解説〕
　　4 は生成熱の記述である。
問49　1
〔解説〕
　　Ag^+ は塩化物イオンと反応して白色の AgCl の沈殿を生じる。Cl⁻と反応するイオ
　　ンは他に Pb^{2+} が知られている。

問50　4
〔解説〕
　　サリチル酸、クレゾール、アニリンはいずれもベンゼン環を有する芳香族化合物である。

〔毒物及び劇物の性質及び貯蔵、識別及び取扱方法〕

（一般）
問51　2
〔解説〕
　　この設問では、誤りはどれかとあるので、2の廃棄方法が誤り。廃棄方法は、1) 燃焼法（スクラバーを具備した焼却炉、可燃物と混ぜ燃やすと Zn は ZnO、ところが P は $P2O5$ などになるのでスクラバーを具備する必要がある。）、あるいは 2) 酸化法（多量の次亜塩素酸ナトリウム $NaClO$ と水酸化ナトリウム $NaOH$ の混合溶液中へ少量ずつ加えて酸化分解する。過剰の $NaClO$ はチオ硫酸ナトリウムで、過剰の $NaOH$ は希硫酸で中和し、沈殿ろ過し、埋立。）。なお、性状等は次のとおり。燐化亜鉛 Zn_3P_2 は、灰褐色の結晶又は粉末。かすかにリンの臭気がある。ベンゼン、二硫化炭素に溶ける。酸と反応して有毒なホスフィン $PH3$ を発生。劇物。
問52　1
〔解説〕
　　この設問では誤っているものはどれかとあるので、1が誤り。次の通り。モノクロル酢酸 CH_2ClCO_2H は、劇物。無色、潮解性の単斜晶系の結晶。水によく溶ける。用途は合成染料の製造原料人造樹脂工業、膠製造など。
問53〜問56　問53　2　問54　3　問55　5　問56　1
〔解説〕
　　問53　クレゾール $C_6H_4(CH_3)OH$（別名メチルフェノール、オキシトルエン）は劇物：オルト、メタ、パラの 3 つの異性体の混合物。無色〜ピンクの液体、フェノール臭、光により暗色になる。　　問54　水素化ヒ素 AsH_3 は、無色ニンニク臭を有する気体。別名をアルシン、ヒ化水素。　　問55　フェノール C_6H_5OH（別名石炭酸、カルボール）は、劇物。無色の針状晶あるいは結晶性の塊りで特異な臭気があり、空気中で酸化され赤色になる。水に少し溶け、有機溶媒に溶ける。　　問56　鉛酸カルシウムは、劇物。鉛化合物。淡黄色の粉末。水には溶けないが硝酸に可溶。
問57〜問60　問57　3　問58　4　問59　2　問60　1
〔解説〕
　　解答のとおり。
問61　3
〔解説〕
　　この設問で誤っているものは、3である。次のとおり。シアン化銀 $AgCN$ は毒物。白色または帯黄白色の粉末あるいは粉末。水にほとんど溶けない。用途は鍍金用、写真用及び試薬に用いられる。
問62〜問65　問62　2　問63　1　問64　5　問65　1
〔解説〕
　　問62　メチルスルホナールは、劇物。無色の葉状結晶。臭気がない。水に可溶。木炭とともに熱すると、メルカプタンの臭気をはなつ。　　問63　硫酸 H_2SO_4 は無色の粘張性のある液体。強力な酸化力をもち、また水を吸収しやすい。水を吸収するとき発熱する。木片に触れるとそれを炭化して黒変させる。硫酸の希釈液に塩化バリウムを加えると白色の硫酸バリウムが生じるが、これは塩酸や硝酸に溶解しない。　　問64　一酸化鉛 PbO は、重い粉末で、黄色から赤色までの間の種々のものがある。希硝酸に溶かすと、無色の液となり、これに硫化水素を通じると、黒色の沈殿を生じる。　　問65　ホルマリンはホルムアルデヒド $HCHO$ の水溶液。フクシン亜硫酸はアルデヒドと反応して赤紫色になる。アンモニア水を加えて、硝酸銀溶液を加えると、徐々に金属銀を析出する。またフェーリング溶液とともに熱すると、赤色の沈殿を生ずる。

問 66 ～問 69　問 66　1　　問 67　4　　問 68　5　　問 69　2
〔解説〕
　　問 66　黄燐 P_4 は、無色又は白色の蝋様の固体。毒物。別名を白リン。暗所で空気に触れるとリン光を放つ。水、有機溶媒に溶けないが、二硫化炭素には易溶。湿った空気中で発火する。空気に触れると発火しやすいので、水中に沈めてビンに入れ、さらに砂を入れた缶の中に固定し冷暗所で貯蔵する。　　問 67　四塩化炭素は加熱により有毒なホスゲンを発生するので、高温にならない所に保管する。蒸気は空気よりも重いので地下室などの換気が悪い場所では保管しない。　　問 68　アクリルアミド $CH_2=CH-CONH_2$ は劇物。無色の結晶。水、エタノール、エーテル、クロロホルムに可溶。高温又は紫外線下では容易に重合するので、冷暗所に貯蔵する。　　問 69　三酸化二砒素(亜砒酸)は、毒物。無色、結晶性の物質。200℃に熱すると、溶解せずに昇華する。水にわずかに溶けて亜砒酸を生ずる。貯蔵法は少量ならばガラス壜に密栓し、大量ならば木樽に入れる。

問 70　1
〔解説〕
　　塩素酸カリウム $KClO_3$ (別名塩素酸カリ)は、無色単斜晶系の結晶。水に可溶。アルコールに溶けにくい。熱すると酸素を発生する。そして、塩化カリとなり、これに塩酸を加えて熱すると塩素を発生する。用途はマッチ、花火、爆発物の製造、酸化剤、抜染剤、医療用。なお、2の蓚酸カリウム($K_2C_2O_4・H_2O$)は劇物。白色の結晶。水に溶ける。熱すれば分解。また、風解性で加熱すると無水塩になる。3の水酸化カリウム KOH (別名苛性カリ)は劇物(5％以下は劇物から除外)。白色の固体で、水、アルコールには熱を発して溶けるが、アンモニア水には溶けない。空気中に放置すると、水分と二酸炭素を吸収して潮解する。水溶液は強いアルカリ性を示す。また、腐食性が強い。

問 71 ～問 74　問 71　1　　問 72　4　　問 73　5　　問 74　3
〔解説〕
　　解答のとおり。

問 75　3
〔解説〕
　　この設問では誤っているものは、3である。次のとおり。ブロムメチル(臭化メチル)は、常温では気体。蒸気は空気より重く、普通の燻蒸濃度では臭気を感じないため吸入により中毒を起こしやすく、吸入した場合は、嘔吐、歩行困難、痙攣、視力障害、瞳孔拡大等の症状を起こす。臭化メチル燻蒸用防毒マスク。

問 76　1
〔解説〕
　　この設問では1が該当する。1の塩化バリウム $BaCl_2・2H_2O$ は、劇物。無水物もあるが一般的には二水和物で無色の結晶。経口摂取後、消火管より吸収され、数分から数時間後以内に高度の低カリウム血症を惹起する。なお、メタトルイジンは、無色の液体。　　パラトルイジンは、光沢のある無色結晶。メトヘモグロビン形成能があり、チアノーゼを起こす。頭痛、疲労感、呼吸困難や、腎臓、膀胱の刺激を起こし血尿をきたす。重クロム酸カリウム $K_2Cr_2O_7$ は、橙赤色結晶、酸化剤。水に溶けやすく、有機溶媒には溶けにくい。慢性中毒として、鼻中隔穿孔等の穿孔性潰瘍を起こす。

問 77 ～問 80　問 77　4　　問 78　1　　問 79　5　　問 80　3
〔解説〕
　　問 77　クロルピクリン CCl_3NO_2 は、無色～淡黄色液体、催涙性、粘膜刺激臭。廃棄法は少量の界面活性剤を加えた亜硫酸ナトリウムと炭酸ナトリウムの混合溶液中で、攪拌し分解させたあと、多量の水で希釈して処理する分解法。　　問 78　酸は無色の柱状結晶、風解性、還元性、漂白剤、鉄さび落とし。無水物は白色粉末。廃棄方法は、①焼却炉で焼却する燃焼法。または、②ナトリウム塩とした後、活性汚泥で処理する活性汚泥法がある。　　問 79　三硫化二砒素は、毒物。黄色の粉末または赤色の結晶。廃棄方法はセメントを用いて固化し、溶出試験を行い、溶出量が判定基準以下であることを確認して埋立処分する固化隔離法。問 80　燐化水素は、腐魚臭がある有毒なガスである。廃棄法は、燃焼法と酸化法がある。

問 51　2
　〔解説〕
　　燐化亜鉛 Zn_3P_2 は、灰褐色の結晶又は粉末。かすかにリンの臭気がある。水、アルコールには溶けないが、ベンゼン、二硫化炭素に溶ける。酸と反応して有毒なホスフィン PH3 を発生。劇物、1％以下で、黒色に着色され、トウガラシエキスを用いて著しくからく着味されているものは除かれる。用途は、殺鼠剤。
問 52 ～問 55　問 52　4　　　問 53　3　　　問 54　1　　　問 55　5
　〔解説〕
　　解答のとおり。
問 56　1
　〔解説〕
　　ダイファシノンについては、0.005％以下を含有するものは劇物であることから 0.005％を超えているものは毒物に該当する。設問のとおり。なお、2のカズサホスは、10％を超えて含有する製剤は毒物、10％以下を含有する製剤は劇物。3の イミダクロプリドは劇物。弱い特異臭のある無色結晶。ただし、2％以下は劇物から除外。
問 57 ～問 60　問 57　2　　　問 58　5　　　問 59　1　　　問 60　4
　〔解説〕
　　問 57　ルバリネートは劇物。淡黄色ないし黄褐色の粘稠性液体。水に難溶。熱、酸性には安定。太陽光、アルカリには不安定。　　　問 58　エトプロホスは、毒物（5％以下は除外、5％以下で 3％以上は劇物）、有機リン製剤、メルカプタン臭のある淡黄色透明液体、水に難溶、有機溶媒に易溶。　　　問 59　ジメチルメチルカルパミルチオエチルチオホスフエイトは、劇物。白色ワックス状または脂肪状の固体。水に可溶。シクロヘキサン、石油、エーテル以外の有機溶媒にも可溶。熱、アルカリには不安定だが、酸には安定。用途は、果樹のハダニ、アブラムシマグロヨコバイのハダニ、アブラムシの防除。　　　問 60　硫酸 H_2SO_4 は、劇物。無色透明、油様の液体であるが、粗製のものは、しばしば有機質が混じて、かすかに褐色を帯びていることがある。濃い液体は猛烈に水を吸収する。
問 61　3
　〔解説〕
　　この設問の物質とその分類についての組み合わせでは、3が正しい。3のジメトエートは、劇物。有機リン製剤であり、白色固体で水で徐々に加水分解し、用途は殺虫剤。なお、1のテフルトリンは、5％を超えて含有する製剤は毒物。0.5％以下を含有する製剤は劇物。淡褐色固体。水にほとんど溶けない。用途は野菜等のコガネムシ類等の土壌害虫を防除する農薬（ピレスロイド系農薬）。2のメソミル（別名メトミル）は、毒物（劇物は 45％以下は劇物）。白色の結晶。弱い硫黄臭がある。水、メタノール、アセトンに溶ける。カルバメート剤なので、解毒剤は硫酸アトロピン（PAM は無効）、SH 系解毒剤の BAL、グルタチオン等。
問 62 ～問 65　問 62　1　　　問 63　2　　　問 64　5　　　問 65　4
　〔解説〕
　　問 62　ブロムメチル CH3Br は可燃性・引火性が高いため、火気・熱源から遠ざけ、直射日光の当たらない換気性のよい冷暗所に貯蔵する。耐圧等の容器は錆防止のため床に直置きしない。　　　問 63　ロテノンはデリスの根に含まれる。殺虫剤。酸素、光で分解するので遮光保存。2％以下は劇物から除外。　　　問 64　シアン化カリウム KCN は、白色、潮解性の粉末または粒状物、空気中では炭酸ガスと湿気を吸って分解する（HCN を発生）。また、酸と反応して猛毒の HCN（アーモンド様の臭い）を発生する。貯蔵法は、少量ならばガラス瓶、多量ならばブリキ缶又は鉄ドラム缶を用い、酸類とは離して風通しの良い乾燥した冷所に密栓して貯蔵する。　　　問 65　ヨウ化メチル CH3I は、無色または淡黄色透明液体、低沸点、光により I2 が遊離して褐色になる（一般にヨウ素化合物は光により分解し易い）。エタノール、エーテルに任意の割合に混合する。水に不溶。貯蔵法は暗所に保存。
問 66 ～問 69　問 66　4　　　問 67　3　　　問 68　1　　　問 69　5
　〔解説〕
　　解答のとおり。

〔解説〕
　　この設問では誤っているものは、3が該当する。3の無機シアン化合物の毒性については、大量のガスを吸入した場合、2，3回の呼吸と痙攣のもとに倒れ、ほぼ即死する。少量のガスを吸入した場合は、呼吸困難、呼吸痙攣などの刺激症状の後、呼吸麻痺で倒れる。毒物及び劇物取締法で毒物に指定されている。

問71〜問74　問71　4　　問72　1　　問73　2　　問74　5
〔解説〕
　　問71　ニコチンは、毒物、無色無臭の油状液体だが空気中で褐色になる。猛烈な神経毒、急性中毒では、よだれ、吐気、悪心、嘔吐、ついで脈拍緩徐不整、発汗、瞳孔縮小、呼吸困難、痙攣が起きる。　　問72　エチレンクロルヒドリンは劇物。エーテル臭がある無色の液体。水に、有機溶媒によく溶ける。皮膚から容易に吸収される。全身中毒症状をひきおこす。　　問73　アンモニア水を吸入した場合、激しく鼻やのどを刺激し、長時間吸入すると肺や気管支に炎症を起こす。高濃度のガスを吸うと喉頭けいれんを起こすので極めて危険である。皮膚に触れた場合やけど（薬傷）を起こし眼に入った場合は結膜や角膜に炎症を起こし、失明する危険性が高い。　　問74　ブラストサイジンSは、劇物。白色針状結晶。中毒症状は、振せん、呼吸困難。目に対する刺激特に強い。

問75　2
〔解説〕
　　解答のとおり。なお、1のシアン酸ナトリウムは無機シアン化合物で、シアンの急性中毒症状は、ミトコンドリアの呼吸酵素を阻害する。解毒剤は硫酸アトロピン。3のベンゾエピン（またはエンドスルファン）は有機塩素剤なので、バルビタールあるいはジアゼパムが治療薬。

問76　1
〔解説〕
　　ニコチンの鑑定法については、次のとおり。ニコチンの確認：1)ニコチン＋ヨウ素エーテル溶液→褐色液状→赤色針状結晶　2)ニコチン＋ホルマリン＋濃硝酸→バラ色。

問77〜問80　　問77　リン化亜鉛 Zn_3P_2 の廃棄方法は、1)燃焼法（木粉（おが屑）等の可燃物を混ぜて、スクラバーを具備した焼却炉で焼却する）　あるいは 2)酸化法（多量の次亜塩素酸ナトリウム NaClO と水酸化ナトリウム NaOH の混合溶液中へ少量ずつ加えて酸化分解する。過剰の NaClO はチオ硫酸ナトリウムで、過剰の NaOH は希硫酸で中和し、沈殿ろ過し、埋立。　　問78　塩素酸ナトリウム $NaClO_3$ は、無色無臭結晶、酸化剤、水に易溶。廃棄方法は、過剰の還元剤の水溶液を希硫酸酸性にした後に、少量ずつ加え還元し、反応液を中和後、大量の水で希釈処理する還元法。　　問79　硫酸 H_2SO_4 は酸なので廃棄方法はアルカリで中和後、水で希釈する中和法。　　問80　クロルピクリン CCl_3NO_2 は、無色〜淡黄色液体、催涙性、粘膜刺激臭。廃棄法は少量の界面活性剤を加えた亜硫酸ナトリウムと炭酸ナトリウムの混合溶液中で、攪拌し分解させたあと、多量の水で希釈して処理する分解法。

（特定品目）

問51　3
〔解説〕
　　この設問では劇物に該当するものはどれかとあるので、硫酸については 10％以下は劇物から除外。設問では、硫酸 15％を含有する製剤とあるので劇物。なお、1 の水酸化ナトリウム 5％以下で劇物から除外。2 のメタノールは原体のみ劇物。

問52　1
〔解説〕
　　酸化第二水銀 HgO は毒物。赤色または黄色の粉末。主な毒性は、腎臓機能障害である。又特に近位尿細管に重篤な障害をもたらす。。

問53〜問56　問53　4　　問54　1　　問55　3　　問56　2
〔解説〕
　　問53　塩素 Cl_2 は劇物。常温では、窒息性臭気をもち黄緑色気体である。冷却すると黄色溶液を経て黄白色固体となる。　　問54　メチルエチルケトン $CH_3COC_2H_5$（2-ブタノン、MEK）は劇物。アセトン様の臭いのある無色液体。蒸気は空気より重い。引火性。有機溶媒。水に可溶。

問 55　ホルムアルデヒド HCHO は、無色刺激臭の気体で水に良く溶け、これをホルマリンという。ホルマリンは無色透明な刺激臭の液体、低温ではパラホルムアルデヒドの生成により白濁または沈澱が生成することがある。水、アルコールとは混和する。エーテルには混和しない。中性又は弱酸性の反応を呈する。
問 56　水酸化ナトリウム(別名：苛性ソーダ)NaOH は、劇物。白色結晶性の固体。水と炭酸を吸収する性質が強い。空気中に放置すると、潮解して徐々に炭酸ソーダの皮層を生ずる。

問 57～問 60　問 57　5　　問 58　3　　問 59　1　　問 60　2
〔解説〕
　　問 57　蓚酸(COOH)₂・2H₂O は無色の柱状結晶、風解性、還元性、漂白剤、鉄さび落とし。無水物は白色粉末。水、アルコールに可溶。エーテルには溶けにくい。また、ベンゼン、クロロホルムにはほとんど溶けない。用途は、木・コルク・綿などの漂白剤。その他鉄錆びの汚れ落としに用いる。　　問 58　酢酸エチル CH₃COOC₂H₅ は無色で果実臭のある可燃性の液体。その用途は主に溶剤や合成原料、香料に用いられる。　　問 59　一酸化鉛 PbO(別名密陀僧、リサージ)は劇物。赤色～赤黄色結晶。重い粉末で、黄色から赤色の間の様々なものがある。水にはほとんど溶けない。用途はゴムの加硫促進剤、顔料、試薬等。　　問 60　重クロム酸カリウム K₂Cr₂O₇ は、劇物。橙赤色の柱状結晶。水に溶けやすい。アルコールには溶けない。強力な酸化剤。用途は試薬、製革用、顔料原料などに使用される。

問 61～問 64　問 61　5　　問 62　3　　問 63　1　　問 64　4
〔解説〕
　　問 61　一酸化鉛 PbO は、重い粉末で、黄色から赤色までの間の種々のものがある。希硝酸に溶かすと、無色の液となり、これに硫化水素を通じると、黒色の沈殿を生じる。　　問 62　水酸化カリウムの水溶液は強いアルカリ性を示し、水溶液に酒石酸溶液を過剰に加えると、白色結晶性の沈殿を生ずる。また、中性にした後、塩化白金溶液を加えると、黄色結晶性の沈殿を生ずる。　　問 63　蓚酸(COOH)₂・2H₂O は、劇物(10 ％以下は除外)、無色稜柱状結晶。水溶液を酢酸で弱酸性にして、酢酸カルシウムを加えると、結晶性の白色沈殿を生じる。同じく、水溶液をアンモニア水で弱アルカリ性にして、塩化カルシウムを加えても、白色沈殿を生じる。　　問 64　メタノール CH₃OH は、触媒量の濃硫酸存在下にサリチル酸と加熱するとエステル化が起こり、芳香をもつサリチル酸メチルを生じる。

問 65　3
〔解説〕
　　塩酸は塩化水素 HCl の水溶液。無色透明の液体 25 ％以上のものは、湿った空気中で著しく発煙し、刺激臭がある。塩酸は種々の金属を溶解し、水素を発生する。硝酸銀溶液を加えると、塩化銀の白い沈殿を生じる。

問 66～問 69　問 66　2　　問 67　3　　問 68　5　　問 69　4
〔解説〕
　　問 66　重クロム酸塩なので橙赤色で水に易溶だが、重クロム酸アンモニウム (NH₄)₂Cr₂O₇ は自己燃焼性がある。廃棄法は希硫酸に溶かし、遊離させ還元剤の水溶液を過剰に用いて還元したのち、消石灰、ソーダ灰等の水溶液で処理し沈殿濾過する還元沈殿法。　　問 67　酢酸第二水銀は、毒物。白色の結晶または結晶性粉末。水に溶けやすい。エーテルに可溶。廃棄法は水に懸濁し硫化ナトリウムの水溶液を加えて硫化物の沈殿を生成後、セメントを加えて固化し、溶出試験を行い、溶出量が判定基準以下であることを確認して埋立処分する沈殿隔離法である。　　問 68　メチルエチルケトン CH₃COC₂H₅ は、アセトン様の臭いのある無色液体。引火性。有機溶媒。廃棄方法は、C,H,O のみからなる有機物なので燃焼法。　　問 69　硫酸 H₂SO₄ は酸なので廃棄方法はアルカリで中和後、水で希釈する中和法。

問 70　1
〔解説〕
　　ホルマリンはホルムアルデヒド HCHO の水溶液で劇物。無色あるいはほとんど無色透明な液体。廃棄方法は多量の水を加え希薄な水溶液とした後、次亜塩素酸ナトリウムなどで酸化して廃棄する酸化法。

問 71　2
〔解説〕
　　この設問のトルエンについては、2 が正しい。トルエン C₆H₅CH₃ は、蒸発し易い液体なので泡で覆い蒸発を防ぐ。　なお、トルエンの性状は、無色透明でベンゼン様の臭気がある液体。沸点は 110.6 ℃で、エーテル、アセトンに混和する。廃棄法は、揮発性有機溶媒なので燃焼法。

問72〜問75　問72　2　　　問73　4　　　問74　1　　　問75　5
〔解説〕
　　　解答のとおり。
問76　3
〔解説〕
　　　水酸化カリウム KOH（別名苛性カリ）は劇物（5％以下は劇物から除外。）。白色
　　の固体で、水、アルコールには熱を発して溶けるが、アンモニア水には溶けない。
　　空気中に放置すると、水分と二酸炭素を吸収して潮解する。水溶液は強いアルカ
　　リ性を示す。また、腐食性が強い。
問77〜問80　問77　4　　　問78　3　　　　問79　1　　　問80　2
〔解説〕
　　　解答のとおり。

香川県
令和4年度実施

〔法　規〕
（一般・農業用品目・特定品目共通）

問1〜問3　問1　1　　問2　3　　問3　2
〔解説〕
　　問1　1法第1条〔目的〕のこと。　問2　3法第2条第1項〔定義〕における毒物のこと。　問3　法第3条第3項のこと。

問4〜問6　問4　4　　問5　2　　問6　1
〔解説〕
　　法第12条第1項〔毒物又は劇物の表示〕は、毒物又は劇物の容器及び被包に掲げる表示のこと。

問7　5
〔解説〕
　　この設問では、cとdが正しい。この法第3条の3→施行令第32条の2による品目→①トルエン、②酢酸エチル、トルエン又はメタノールを含有する接着剤、塗料及び閉そく用材またはシーリングの充てん料は、みだりに摂取、若しくは吸入し、又はこれらの目的で所持してはならい。このことから d の酢酸エチルを含有する接着剤、e のトルエンが該当する。

問8　3
〔解説〕
　　この設問は施行規則第4条の4第2項は、毒物又は劇物販売業の店舗の設備基準についてで、ad が正しい。a は施行規則第4条の4第1項第二号イに示されている。　d は施行規則第4条の4第1項第二号ロに示されている。なお、b は毒物又は劇物を貯蔵する場所に性質上かぎをかけることができないときは、その周囲に堅固なさくがもうけてあることである。c の毒物又は劇物を陳列する場所にかぎをかける設備があることである。

問9　4
〔解説〕
　　法第3条の2第9項で特定毒物について、着色基準が定められている。この設問では、bとdが正しい。bのモノフルオール酢酸の塩類を含有する製剤は、施行令第12条で、深紅色と定められている。d のジメチルエチルチオホスフェイトを含有する製剤は、施行令第17条で、紅色と定められている。なお、a の四アルキル鉛を含有する製剤は、赤色、青色、黄色又は緑色に着色と定められている。施行令第2条のこと。cのモノフルオール酢酸アミドを含有する製剤は、青色に着色と定められている。施行令第23条のこと。

問10　5
〔解説〕
　　この設問は法第7条〔毒物劇物取扱責任者〕及び法第8条〔毒物劇物取扱責任者の資格〕のことで、c と d が正しい。c は法第8条第2項第一号に示されている。d は法第8条第1項に示されている。なお、a は毒物劇物取扱責任者を設置したときは、30日以内に、毒物劇物取扱責任者の氏名を届け出なければならないである。法第7条第3項のこと。b も a と同様に毒物劇物取扱責任者を変更したときは、30日以内に、届け出なければならないである。

問11　4
〔解説〕
　　この設問は法第3条の2における特定毒物のことで、b と d が正しい。b は法第3条の2第6項のことで、一般販売業者とあるので設問のとおり。d は特定毒物を輸入することができる者は、毒物又は劇物輸入業者と特定毒物研究者のみが輸入することができる。法第3条の2第2項のこと。なお、a の特定毒物研究者は法第3条の2第1項において、特定毒物を製造することができる。c は法第3条の2第8項により、特定毒物使用者が使用するもの以外の特定毒物を譲り渡すことはできない。

問12　2
　〔解説〕
　　　解答のとおり。
問13　4
　〔解説〕
　　　この設問は法第 12 条第 2 項第四号→施行規則第 11 条の 6 第二号で示されている。c と e が正しい。
問14　4
　〔解説〕
　　　この設問の法第 22 条は業務上取扱者についてで、業務上取扱者の届出を要する事業者とは、次のとおり。業務上取扱者の届出を要する事業者とは、①シアン化ナトリウム又は無機シアン化合物たる毒物及びこれを含有する製剤→電気めっきを行う事業、②シアン化ナトリウム又は無機シアン化合物たる毒物及びこれを含有する製剤→金属熱処理を行う事業、③最大積載量 5,000kg 以上の運送の事業、④砒素化合物たる毒物及びこれを含有する製剤→しろありの防除を行う事業について使用する者が業務上取扱者である。このことから正しいのは、b のみである。
問15　2
　〔解説〕
　　　この設問は施行令第 8 条〔加鉛ガソリン〕で、加鉛ガソリンの製造業者又は輸入業者については、オレンジ色に着色されたものでなければ販売し、又は授与してはならないと規定されている。
問16　1
　〔解説〕
　　　この設問は、毒物又は劇物を車両を使用して 1 回につき 5,000kg 以上運搬する場合することについてで、a と c と d が正しい。a は施行令第 40 条の 5 第 2 項第二号→施行規則第 13 条の 5 〔毒物又は劇物を運搬する車両に掲げる標識〕に示されている。c は施行令第 40 条の 5 第 2 項第四号に示されている。d は施行令第 40 条の 5 第 2 項第一号→施行規則第 13 条の 4 〔交替して運転する者の同乗〕第一号に示されている。なお、b は車両に備える保護具は、施行令第 40 条の 5 第 2 項第三号で、2 人分以上備えること定められている。
問17　3
　〔解説〕
　　　この設問の法第 10 条〔届出〕のことで、3 が正しい。なお、1 と 5 は何ら届け出を要しない。2 の所在地の変更は、新たに登録申請。4 は法第 10 条第 1 項第二号のことで、30 日以内に届け出なければならないである。
問18　2
　〔解説〕
　　　この設問における情報提供の内容については施行規則第 13 条の 12 に示されている。解答のとおり。
問19　4
　〔解説〕
　　　この設問は法第 15 条の 2 〔廃棄〕については施行令第 40 条〔廃棄の方法〕が示されている。誤っているものはどれかとあるので、4 が誤り。
問20　4
　〔解説〕
　　　この設問の法第 15 条〔毒物又は劇物の交付の制限等〕のこと。解答のとおり。

〔基礎化学〕
（一般・農業用品目・特定品目共通）
問21～問25　問21　2　　問22　3　　問23　1　　問24　2　　問25　5
　〔解説〕
　　　問21　第二周期は原子番号 2 ～ 10 の元素であり、2 価の陽イオンになりやすいのは 2 族の Be である。
　　　問22　1 価の陰イオンになりやすいのはハロゲンであり、第二周期では F になる。
　　　問23　同一周期でイオン化エネルギーが最も小さいのは 1 族元素である。

問 24　電子親和力は一価の陰イオンになるときに放出するエネルギーであり、同一周期ではハロゲンがもっとも大きい。

問 25　化学的に安定な元素は貴ガスであり、第二周期では Ne となる。

問 26 ～問 30　問 26　1　　問 27　5　　問 28　3　　問 29　2　　問 30　4

〔解説〕

問 26　Na は黄色、Li は赤、K は赤紫色、Ca は橙赤色、Sr は紅、Cu は青緑色、Ba は黄緑色の炎色反応を示す。

問 27　問 28　問 29　問 30　解答のとおり。

問 31 ～問 35　問 31　1　　問 32　2　　問 33　5　　問 34　4　　問 35　1

〔解説〕

問 31　1.0×10^{-1} mol/L の塩酸の pH は 1 である。

問 32　0.005 mol/L の硫酸の水素イオン濃度は $0.005 \times 2 = 0.01$ mol/L である。よってこの溶液の pH は 1.0×10^{-2} mol/L より、pH = 2

問 33　1.0×10^{-2} mol/L の塩酸 10 mL に水を加えて 100 mL にした時の水素イオン濃度は、$1.0 \times 10^{-2} \times 10/100 = 1.0 \times 10^{-3}$ mol/L である。よって pH は 3 となる。

問 34　水酸化ナトリウムの式量は 40 である。この溶液のモル濃度は、$0.8/40 \times 1000/200 = 1.0 \times 10^{-1}$ mol/L であるから、この溶液の pH は 14-1 = 13

問 35　H^+ のモル濃度 ＝ OH^- のモル濃度が中和であるから、必要な硫酸の体積を x mL とすると式は、$0.10 \times 2 \times x = 0.05 \times 1 \times 40$, 　x = 10 mL

問 36 ～問 40　問 36　1　　問 37　3　　問 38　5　　問 39　4　　問 40　2

〔解説〕

問 36　一酸化炭素やシアン化水素はヘモグロビンと強く結合し、酸素の運搬を妨げる。

問 37　正解 3　硫化水素は腐卵臭のある気体で毒性があり、還元性もある。

問 38　一酸化窒素は空気中で速やかに酸化され褐色の二酸化窒素となる。そのため、一酸化窒素を捕集する際は、水上置換法で集める。

問 39　二酸化硫黄は無色で刺激臭のある気体であり、酸化作用と還元作用を併せ持つ。ヨウ素との反応では還元剤として働く。

問 40　オゾンは強い酸化作用を示し、ヨウ化カリウムでんぷん紙を青紫色に変色させる。

問 41 ～問 45　問 41　5　　問 42　4　　問 43　2　　問 44　3　　問 45　1

〔解説〕

問 41　フェーリング液を還元する作用を持つのはアルデヒド基である。

問 42　メタノールはナトリウムと反応してナトリウムメトキシドを生じる。

問 43　酢酸、アセトン、メタノール、アセトアルデヒドは水に溶けやすい物質である。酢酸エチルは水には溶解せずアルカリで加水分解される。

問 44　ヨードホルム反応はメチルケトンの確認反応であり、ここではアセトンとアセトアルデヒドが陽性となる。アセトアルデヒドは還元性を有する。

問 45　弱酸性を示すのはカルボキシル基を有する酢酸である。

〔取り扱い〕

（一般）

問 46 ～問 49　問 46　2　　問 47　5　　問 48　1　　問 49　1

〔解説〕

問 46　フェンチオンは 2 ％以下は劇物から除外。　　問 47　ジメチルアミン 50 ％以下を含有する劇物から除外。　　問 48　ベタナフトールは 1 ％以下は劇物から除外。　　問 49　ホルムアルデヒド HCHO は 1％以下で劇物から除外。

問 50 ～問 53　問 50　5　　問 51　1　　問 52　2　　問 53　4

〔解説〕

問 50　四塩化炭素（テトラクロロメタン）CCl_4 は、特有の臭気をもつ不燃性、揮発性無色液体、水に溶けにくく有機溶媒には溶けやすい。強熱によりホスゲンを発生。亜鉛またはスズメッキした鋼鉄製容器で保管、高温に接しないような場所で保管。　　問 51　ロテノンを含有する製剤は空気中の酸素により有効成分が分解して殺虫効力を失い、日光によって酸化が著しく進行することから、密栓及び遮光して貯蔵する。

縦書き：香川県

問 52　　シアン化ナトリウム NaCN（別名青酸ソーダ、シアンソーダ、青化ソーダ）は毒物。白色の粉末またはタブレット状の固体。酸と反応して有毒な青酸ガスを発生するため、酸とは隔離して、空気の流通が良い場所冷所に密封して保存する。
　　問 53　　二硫化炭素 CS₂ は、無色流動性液体、引火性が大なので水を混ぜておくと安全、蒸留したてはエーテル様の臭気だが通常は悪臭。水に僅かに溶け、有機溶媒には可溶。日光の直射が当たらない場所で保存。

問 54 ～問 57　問 54　3　　　問 55　4　　　問 56　5　　　問 57　1
〔解説〕
　　問 54　　硝酸が少量漏えいしたとき、漏えいした液は土砂等に吸着させて取り除くか、又はある程度水で徐々に希釈した後、消石灰、ソーダ灰等で中和し、多量の水を用いて洗い流す。また多量に漏えいした液は土砂等でその流れを止め、これに吸着させるか、又は安全な場所に導いて、遠くから徐々に注水してある程度希釈した後、消石灰、ソーダ灰等で中和し多量の水を用いて洗い流す。
　　問 55　　メチルエチルケトンが少量漏えいした場合は、漏えいした液は、土砂等に吸着させて空容器に回収する。多量に漏えいした液は、土砂等でその流れを止め、安全な場所に導き、液の表面を泡で覆い、できるだけ空容器に回収する。
　　問 56　　ピクリン酸が漏えいした場合、飛散したものは空容器にできるだけ回収し、そのあとを多量の水を用いて洗い流す。なお、回収の際は飛散したものが乾燥しないよう、適量の水を散布して行い、また、回収物の保管、輸送に際しても十分に水分を含んだ状態を保つようにする。用具及び容器は金属製のものを使用してはならない。　　　問 57　　クロム酸ナトリウムが漏えいしたときは、飛散したものは空容器にできるだけ回収し、そのあとを還元剤（硫酸第一鉄等）の水溶液を散布し、消石灰、ソーダ灰等の水溶液で処理したのち、多量の水を用いて洗い流す。この場合、濃厚な廃液が河川等に排出されないよう注意する。

問 58 ～問 61　　　問 58　5　　　問 59　4　　　問 60　1　　　問 61　3
〔解説〕
　　問 58、問 60　三酸化二砒素 AS₂O₃（別名亜砒酸）は、毒物。無色で、結晶性の物質。200度に熱すると溶解せずに昇華する。水にわずかに溶けて、亜砒酸を生ずる。苛性アルカリには容易に溶け、亜砒酸のアルカリ塩を生ずる。用途は医薬用、工業用、砒酸塩の原料。殺虫剤、殺鼠剤、除草剤等。吸入した場合は、鼻、のど、気管支等の粘膜を刺激し、頭痛、めまい、悪心、チアノーゼを起こす。はなはだしい場合には血色素尿を排泄し、肺水腫を起こし、呼吸困難を起こす。治療薬は、亜硝酸ナトリウム、チオ硫酸ナトリウム。
　　問 59、問 61　　トリククロルヒドロキシエチルジメチルホスホネイト（別名 DEP）は劇物。純品は白色の結晶。クロロホルム、ベンゼン、アルコールに溶け、水にもかなり溶ける。血液中のアセチルコリンエステラーゼと結合し、その作用を止める。PAM による治療が非常に効果が高い。

問 62 ～問 65　問 62　1　　　問 63　3　　　問 64　4　　　問 65　5
〔解説〕
　　問 62　　アニリンの廃棄は、C、H、N からなる有機物なので燃焼法。
　　問 63　　一酸化鉛 PbO は、水に難溶性の重金属なので、そのままセメント固化し、埋立処理する固化隔離法。　　　問 64　　臭素 Br₂ の廃棄方法は、酸化法（還元法）、過剰の還元剤（亜硫酸ナトリウムの水溶液）に加えて還元し（Br₂ → 2Br⁻）、余分の還元剤を酸化剤（次亜塩素酸ナトリウム等）で酸化し、水で希釈処理する。アルカリ法は、アルカリ水溶液中に少量ずつ多量の水で希釈して処理する。
　　問 65　　フッ化水素の廃棄方法は、消石灰で 2HF + Ca(OH)₂ → CaF₂ + 2H₂O　中和し、沈殿するフッ化カルシウムを埋立。

（農業用品目）

問 46 ～問 49　問 46　2　　　問 47　5　　　問 48　1　　　問 49　1
〔解説〕
　　問 46　　フェンチオンは 2 ％以下は劇物から除外。　　　問 47　　DEP は 10 ％以下で劇物から除外。　　　問 48　　EPN を含有する製剤は毒物。ただし、1.5 ％以下を含有する毒物から除外。1.5 ％以下を含有する製剤は劇物。　　　問 49　　トリシクラゾールは 8 ％以下で劇物から除外。

問50〜問53　問50　3　　問51　1　　問52　5　　問53　4
〔解説〕
　　問50　DDVP(別名ジクロルボス)は有機リン製剤。刺激性で微臭のある比較的揮発性の無色油状、水に溶けにくく、有機溶媒に易溶。水中では徐々に分解。漏えいした液は土砂等でその流れを止め、安全な場所に導き、空容器にできるだけ回収し、その後を消石灰等の水溶液を用いて処理した後、多量の水を用いて洗い流す。洗い流す場合には中性洗剤等の分散剤を使用して洗い流す。
　　問51　塩化亜鉛 $ZnCl_2$ は、常温では白色の顆粒または塊であり、水に溶けやすく、空気中ま水分に触れて溶解する。潮解性。飛散したものは空容器にできるだけ回収し、その後を水酸化カルシウム、炭酸ナトリウム等の水溶液を用いて処理し、多量の水で荒い流す。　　問52　パラコートはジピリジル誘導体。漏えいした液は、空容器にできるだけ回収し、そのあとを土壌で覆って十分接触させたのち、土壌を取り除き、多量の水を用いて洗い流す。　　問53　液化アンモニアについて、液化アンモニアは直ちに気体のアンモニアになるので、風下の人を退避させ、付近の着火源になるものを除き、水に良く溶けるので濡れむしろで覆い水に吸収させ、水溶液は弱アルカリ性なので水で大量に希釈する。
問54〜問57　問54　4　　問55　2　　問56　3　　問57　5
〔解説〕
　　問54　アバメクチンは、毒物。類白色結晶粉末。用途は農薬・マクロライド系殺虫剤(殺虫・殺ダニ剤)1.8％以下は劇物。　　問55　燐化亜鉛 Zn_3P_2 は、灰褐色の結晶又は粉末。用途は、殺鼠剤、倉庫内燻蒸剤。　　問56　クロルメコートは、劇物、白色結晶で魚臭、非常に吸湿性の結晶。用途は植物成長調整剤。
　　問57　エジフェンホスは、劇物。黄色〜淡褐色澄明な液体。用途は有機燐殺菌剤。
問58〜問61　問58　5　　問59　2　　問60　3　　問61　1
〔解説〕
　　問58　DDVP：有機燐製剤で接触性殺虫剤。無色油状、水に溶けにくく、有機溶媒に易溶。水中では徐々に分解。有機燐製剤なのでコリンエステラーゼ阻害。
　　問59　クロルピクリン CCl_3NO_2 は、無色〜淡黄色液体、催涙性、粘膜刺激臭。気管支を刺激してせきや鼻汁が出る。多量に吸入すると、胃腸炎、肺炎、尿に血が混じる。悪心、呼吸困難、肺水腫を起こす。　　問60　モノフルオール酢酸ナトリウムは有機フッ素系である。有機フッ素化合物の中毒：TCA サイクルを阻害し、呼吸中枢障害、激しい嘔吐、てんかん様痙攣、チアノーゼ、不整脈など。治療薬はアセトアミド。　　問61　ブロムメチル CH_3Br (臭化メチル)は、常温では気体であるが、冷却圧縮すると液化しやすく、クロロホルムに類する臭気がある。ガスは重く、空気の 3.27 倍である。液化したものは無色透明で、揮発性がある。吸入した場合は、吐き気、頭痛、歩行困難、痙攣、視力障害、瞳孔拡大等の症状を起こすことがある。低濃度のガスを長時間吸入すると、数日を経て、痙攣、麻痺、視力障害等の症状を起こす。重症の場合は、数日後に神経障害を起こす。
問62〜問65　問62　1　　問63　2　　問64　3　　問65　5
〔解説〕
　　問62　EPN は毒物。芳香臭のある淡黄色油状または白色結晶で、水には溶けにくい。一般の有機溶媒には溶けやすい。廃棄法は、可燃性溶剤とともにアフターバーナー及びスクラバーを具備した焼却炉の火室へ噴霧し、焼却する燃焼法。
　　問63　塩化第一銅 $CuCl$(あるいは塩化銅(Ⅰ))は、劇物。白色結晶性粉末、湿気があると空気により緑色、光により青色〜褐色になる。水に一部分解しながら僅かに溶け、アルコール、アセトンには溶けない。廃棄方法は、重金属の Cu なので固化隔離法(セメントで固化後埋、埋立処分)、あるいは焙焼法(還元焙焼法により金属銅として回収)。　　問64　シアン化ナトリウム NaCN は、酸性だと猛毒のシアン化水素 HCN が発生するのでアルカリ性にしてから酸化剤でシアン酸ナトリウム NaOCN にし、余分なアルカリを酸で中和し多量の水で希釈処理する酸化法。水酸化ナトリウム水溶液等でアルカリ性とし、高温加圧下で加水分解するアルカリ法。　　問65　硫酸亜鉛 $ZnSO_4$ の廃棄方法は、金属 Zn なので 1)沈澱法；水に溶かし、消石灰、ソーダ灰等の水溶液を加えて生じる沈殿物をろ過してから埋立。2)焙焼法；還元焙焼法により Zn を回収。

香川県

（特定品目）
問46 ～問49　問46　3　　　問47　4　　　問48　5　　　問49　4
〔解説〕
　　　問46　過酸化水素水は6％以下で劇物から除外。　　　問47　硫酸は10%以下で
劇物から除外。　　　問48　クロム酸鉛は70％以下は劇物から除外。
　　　問49　アンモニアは10%以下で劇物から除外。。
問50 ～問53　問50　4　　　問51　1　　　問52　2　　　問53　5
〔解説〕
　　　問50　メチルエチルケトン CH₃COC₂H₅ は、アセトン様の臭いのある無色液体。
引火性。有機溶媒。貯蔵方法は直射日光を避け、通風のよい冷暗所に保管し、ま
た火気厳禁とする。なお、酸化性物質、有機過酸化物等と同一の場所で保管しな
いこと。　　　問51　　　アンモニア水は無色透明、刺激臭がある液体。アンモニアは
空気より軽い気体。濃塩酸を近づけると塩化アンモニウムの白い煙を生じる。ア
ンモニアが揮発し易いので密栓。　　　問52　四塩化炭素(テトラクロロメタン)CCl₄
は、特有な臭気をもつ不燃性、揮発性無色液体、水に溶けにくく有機溶媒には溶
けやすい。強熱によりホスゲンを発生。亜鉛またはスズメッキした鋼鉄製容器で
保管、高温に接しないような場所で保管。　　　問53　　　ホルマリンは、容器を密
閉して換気の良いところで貯蔵すること。直射日光をさけて保管すること。
問54 ～問57　問54　3　　　問55　4　　　問56　1　　　問57　5
〔解説〕
　　　解答のとおり。
問58 ～問61　問58　4　　　問59　3　　　問60　1　　　問61　2
〔解説〕
　　　解答のとおり。
問62 ～問65　問62　1　　　問63　2　　　問64　4　　　問65　5
〔解説〕
　　　解答のとおり。

〔実　　地〕

（一般）
問66 ～問69　問66　3　　　問67　2　　　問68　5　　　問69　4
〔解説〕
　　　問66　塩化亜鉛 ZnCl₂ は、白色の結晶で、空気に触れると水分を吸収して潮解
する。水およびアルコールによく溶ける。水に溶かし、硝酸銀を加えると、白色
の沈殿が生じる。　　　問67　アニリンは、劇物。新たに蒸留したものは無色透明
油状液体、光、空気に触れて赤褐色を呈する。特有な臭気。水には難溶、有機溶
媒には可溶。水溶液にさらし粉を加えると紫色を呈する。
　　　問68　ホルマリンはホルムアルデヒド HCHO の水溶液。フクシン亜硫酸はアル
デヒドと反応して赤紫色になる。アンモニア水を加えて、硝酸銀溶液を加えると、
徐々に金属銀を析出する。またフェーリング溶液とともに熱すると、赤色の沈殿
を生ずる。　　　問69　クロム酸カルシウム CaCrO₄・2H₂O は、淡赤黄色の粉末で
水に溶けやすく、酸、アルカリにも可溶。無水物は黄色結晶。水溶液は硝酸バリ
ウムまたは塩化バリウムで、黄色のバリウム化合物を沈殿する。または、酢酸鉛
で黄色の鉛化合物を沈殿する。

香川県

問 70～問 73　問 70　3　　　問 71　2　　　問 72　1　　　問 73　4
〔解説〕
　　　問 70　　弗化水素酸(HF・aq)は毒物。弗化水素の水溶液で無色またはわずかに着色した透明の液体。特有の刺激臭がある。不燃性。濃厚なものは空気中で白煙を生ずる。ガラスを腐食する作用がある。用途はフロンガスの原料。半導体のエッチング剤等。鑞を塗ったガラス板に針で任意の模様を描いたものに、弗化水素酸をぬると鑞をかぶらない模様の部分を腐食される。　　　問 71　　フェノール C_6H_5OH はフェノール性水酸基をもつので過クロール鉄(あるいは塩化鉄(Ⅲ) $FeCl_3$)により紫色を呈する。　　　問 72　　トリクロル酢酸 CCl_3CO_2H は、劇物。無色の斜方六面体の結晶。わずかな刺激臭がある。潮解性あり。水、アルコール、エーテルに溶ける。水溶液は強酸性、皮膚、粘膜に腐食性が強い。水酸化ナトリウム溶液を加えて熱するとクロロホルム臭を放つ。　　　問 73　　硝酸 HNO_3 は、劇物。無色の液体。特有な臭気がある。腐食性が激しい。空気に接すると刺激性白霧を発し、水を吸収する性質が強い。硝酸は白金その他白金族の金属を除く。処金属を溶解し、硝酸塩を生じる。
問 74～問 77　問 74　4　　　問 75　1　　　問 76　5　　　問 77　2
〔解説〕
　　　解答のとおり。
問 78～問 81　問 78　1　　　問 79　2　　　問 80　5　　　問 81　4
〔解説〕
　　　問 78　　パラコートは、毒物で、ジピリジル誘導体で無色結晶性粉末、水によく溶け低級アルコールに僅かに溶ける。アルカリ性では不安定。金属に腐食する。不揮発性。用途は除草剤。　　　問 79　　カズサホスは、10 ％を超えて含有する製剤は毒物、10 ％以下を含有する製剤は劇物。硫黄臭のある淡黄色の液体。有機溶媒に溶けやすい。用途は殺虫剤(野菜等のネコブセンチュウ等の防除に用いられる。)。　　　問 80　　ブロムメチル(臭化メチル) CH_3Br は、常温では気体(有毒な気体)。冷却圧縮すると液化しやすい。クロロホルムに類する臭気がある。液化したものは無色透明で、揮発性がある。用途について沸点が低く、低温ではガス体であるが、引火性がなく、浸透性が強いので果樹、種子等の病害虫の燻蒸剤として用いられる。　　　問 81　　塩素 Cl_2 は、黄緑色の刺激臭の空気より重い気体で、酸化力があるので酸化剤、漂白剤、殺菌剤消毒剤として使用される。不燃性を有して、鉄、アルミニウム等の金属の燃焼を助ける。また、極めて、反応性が強い。水素又は炭化水素と爆発的に反応。
問 82～問 85　問 82　4　　　問 83　3　　　問 84　1　　　問 85　5
〔解説〕
　　　解答のとおり。

（農業用品目）
問 66～問 69　問 66　1　　　問 67　5　　　問 68　4　　　問 69　2
〔解説〕
　　　問 66　　塩素酸カリウムは、単斜晶系板状の無色の結晶で、水に溶けるが、アルコールには溶けにくい。水溶液は中性の反応を示し、大量の酒石酸を加えると、白い結晶性の沈殿を生じる。　　　問 67　ニコチンは、毒物。アルカロイドであり、純品は無色、無臭の油状液体であるが、空気中では速やかに褐変する。水、アルコール、エーテル等に容易に溶ける。ニコチンの確認：1)ニコチン＋ヨウ素エーテル溶液→褐色液状→赤色針状結晶　2)ニコチン＋ホルマリン＋濃硝酸→バラ色。
　　　問 68　　クロルピクリン CCl_3NO_2 は、無色～淡黄色液体、催涙性、粘膜刺激臭。本品の水溶液に金属カルシウムを加え、これにベタナフチルアミン及び硫酸を加えると、赤色の沈殿を生じる。　　　問 69　　塩化亜鉛 $ZnCl_2$ は、白色の結晶で、空気に触れると水分を吸収して潮解する。水およびアルコールによく溶ける。水に溶かし、硝酸銀を加えると、白色の沈殿が生じる。
問 70～問 73　問 70　1　　　問 71　5　　　問 72　3　　　問 73　2
〔解説〕
　　　解答のとおり。

問 74 ～問 77　問 74　2　　　問 75　5　　　問 76　1　　　問 77　4
〔解説〕
　　問 74　　パラコートは、毒物で、ジピリジル誘導体で無色結晶性粉末、水によく溶け低級アルコールに僅かに溶ける。アルカリ性では不安定。金属に腐食する。不揮発性。用途は除草剤。　　　問 75　テフルトリンは毒物(0.5 ％以下を含有する製剤は劇物。淡褐色固体。水にほとんど溶けない。有機溶媒に溶けやすい。用途は野菜等のピレスロイド系殺虫剤。　　　問 76　　フェンチオン MPP は、劇物(2 ％以下除外)、有機リン剤, 淡褐色のニンニク臭をもつ液体。有機溶媒には溶けるが、水には溶けない。稲のニカメイチュウ、ツマグロヨコバイなどの殺虫に用いる(有機リン系殺虫剤)。　　　問 77　ナラシンは毒物(1 ％以上～ 10%以下を含有する製剤は劇物。)白色から淡黄色の粉末。特異な臭い。常温で固体。水に難溶。酢酸エチル、クロロホルム、アセトン、ベンゼンに可溶。融点は 98 ～ 100 ℃。用途は飼料添加物。

問 78 ～問 81　問 78　4　　　問 79　3　　　問 80　2　　　問 81　1
〔解説〕
　　解答のとおり。
問 82 ～問 85　問 82　2　　　問 83　1　　　問 84　2　　　問 85　3
〔解説〕
　　解答のとおり。

（特定品目）

問 66 ～問 69　問 66　1　　　問 67　5　　　問 68　4　　　問 69　2
〔解説〕
　　解答のとおり。
問 70 ～問 73　問 70　2　　　問 71　1　　　問 72　3　　　問 73　5
〔解説〕
　　問 70　　過酸化水素水は劇物。無色透明の濃厚な液体で、弱い特有のにおいがある。強く冷却すると稜柱状の結晶となる。不安定な化合物であり、常温でも徐々に水と酸素に分解する。酸化力、還元力を併有している。過マンガン酸カリウム水溶液(硫酸酸性)を還元し、クロム酸塩に変える。また、沃化亜鉛から要素を析出する。　　　問 71　　一酸化鉛 PbO は、硝酸により(PbO ＋ 2HNO3 → Pb (NO3) 2 ＋ H2O) Pb2 ＋となり硫化水素で黒色の硫化鉛になる(Pb2 ＋＋ S2 －→ PbS)。 (酸化鉛を希硝酸に溶かすと、無色の液となる。これに硫化水素を通じると、黒色の沈殿の酸化鉛を生ずる。)　　　問 72　　塩酸は塩化水素 HCl の水溶液。無色透明の液体 25 ％以上のものは、湿った空気中で著しく発煙し、刺激臭がある。塩酸は種々の金属を溶解し、水素を発生する。硝酸銀溶液を加えると、塩化銀の白い沈殿を生じる。　　　問 73　クロム酸カリウム K₂CrO₄ は、橙黄色結晶、酸化剤。水に溶けやすく、有機溶媒には溶けにくい。　水溶液に塩化バリウムを加えると、黄色の沈殿を生ずる。
問 74 ～問 77　問 74　4　　　問 75　5　　　問 76　1　　　問 77　3
〔解説〕
　　解答のとおり。
問 78 ～問 81　問 78　5　　　問 79　4　　　問 80　2　　　問 81　3
〔解説〕
　　解答のとおり。
問 82 ～問 85　問 82　2　　　問 83　5　　　問 84　1　　　問 85　4
〔解説〕
　　解答のとおり。

香川県

愛媛県
令和4年度実施

〔法規（選択式問題）〕
（一般・農業用品目・特定品目共通）

1　問題1　4　　　問題2　2　　　問題3　2　　　問題4　4　　　問題5　1
〔解説〕
　　解答のとおり。
2　問題6　4　　　問題7　1　　　問題8　2　　　問題9　2　　　問題10　3
〔解説〕
　　解答のとおり。
3　問題11　3　　　問題12　2　　　問題13　1　　　問題14　4　　　問題15　2
〔解説〕
　　解答のとおり。
4　問題16　2　　　問題17　2　　　問題18　1　　　問題19　1　　　問題20　1
　　問題21　1　　　問題22　2　　　問題23　2　　　問題24　1　　　問題25　2
〔解説〕
　　問題16　法第8条第2項第一号で、18歳未満の者は、毒物劇物取扱責任者になることはできない。この設問は誤り。　　問題17　一般毒物劇物取扱責任者試験に合格した者は全ての製造所、営業所、店舗の毒物劇物取扱責任者になることができる。　　問題18　設問のとおり。法第7条第1項のこと。　　問題19　設問のとおり。　　問題20　1設問のとおり。施行令第41条第三号→施行規則第13条の13に示されている。この設問では2,000リットルとあるので業務上取扱者として届け出なければならない。　　問題21　個人経営から法人経営とあるので、その業態自体が変わるので新たな登録申請を要する。　　問題22　毒物又は劇物製造業者が自ら製造した毒物及び劇物について毒物劇物営業者間においては販売業の登録を要しない。このことは法第3条第3項ただし書規定のこと。
　　問題23　2この設問は法第4条第3項における登録の更新についてで、毒物又は劇物製造業又は輸入業の登録は、5年ごとに、販売業の登録は、6年ごとに更新を受けなければ、その効力を失う。　　問題24　設問のとおり。法第7条第2項に示されている。　　問題25　2この設問は法第21条第1項〔登録が執行した場合等の措置〕で、30日以内ではなく、15日以内に届け出なければならないである。

〔法規（記述式問題）〕
（一般・農業用品目・特定品目共通）

1　問題1　幻覚　　　問題2　みだり　　　問題3　吸入
　　問題4　所持　　　問題5　爆発性　　　問題6　流れ出し　　　問題7　多数
　　問題8　保健衛生上　　　問題9　警察署　　　問題10　盗難
〔解説〕
　　解答のとおり。

〔基礎化学（選択式問題）〕
（一般・農業用品目・特定品目共通）

1　問題26　1　　　問題27　5　　　問題28　9　　　問題29　3　　　問題30　0
　　問題31　4　　　問題32　8　　　問題33　2　　　問題34　6　　　問題35　7
〔解説〕
　　問題26　物質を構成する最小の粒子を原子という。
　　問題27　原子は原子核と負の電荷をもつ電子からなり、原子核はさらに正電荷の陽子と電荷をもたない中性子からなる。
　　問題31　正解4　陽子の数を原子番号といい、陽子の数と中性子の数の和を質量数という。
　　問題33　原子同士が結びついたものを分子という。

問題 34　価電子を互いに共有して結合電子対を形成する結合を共有結合という。

問題 35　電子を引き付ける尺度を電気陰性度と言い、貴ガスをのぞく周期表の右上に行くほど大きくなる。

問題 28　問題 29　問題 30　問題 32　解答のとおり

2　問題 36　3　　問題 37　1　　問題 38　1　　問題 39　1　　問題 40　2
〔解説〕
　　問題 36　同じ族の元素を同族元素という。
　　問題 37　1 族元素をアルカリ金属という。
　　問題 38　1 族元素は 1 個の価電子をもち、1 個の電子を失って 1 価の陽イオンになりやすい。
　　問題 39　Na は黄色、Li は赤、K は赤紫色、Ca は橙赤色、Sr は紅、Cu は青緑色、Ba は黄緑色の炎色反応を示す。
　　問題 40　解答のとおり

3　問題 41　3　　問題 42　3　　問題 43　1　　問題 44　1　　問題 45　2
〔解説〕
　　問題 41　リン酸水素二ナトリウムは塩基性を示すが、リン酸に水素ナトリウムは酸性を示す。　　問題 42　解答のとおり
　　問題 43　一般的に銅の塩は酸性を示す（水酸化銅を除く）。
　　問題 44　解答のとおり　　問題 45　硫酸バリウムは水に極めて溶けにくい。

4　問題 46　7　　問題 47　1　　問題 48　2　　問題 49　8　　問題 50　4
〔解説〕
　　問題 46　$Zn + H_2SO_4 \rightarrow ZnSO_4 + H_2$
　　問題 47　$2H_2O_2 \rightarrow 2H_2O + O_2$
　　問題 48　$Cu + 4HNO_3 \rightarrow Cu(NO_3)_2 + 2NO_2 + 2H_2O$
　　問題 49　$Ca(OH)_2 + 2NH_4Cl \rightarrow CaCl_2 + 2H_2O + 2NH_3$
　　問題 50　$FeS + H_2SO_4 \rightarrow FeSO_4 + H_2S$

〔基礎化学（記述式問題）〕

（一般・農業用品目・特定品目共通）
1　問題 11　16　　問題 12　3　　問題 13　11　　問題 14　9　　問題 15　65
〔解説〕
　　問題 11　H^+のモル濃度 ＝ OH^-のモル濃度が中和であるから、必要な水酸化ナトリウム水溶液の体積を x mL とすると式は、$2.0 \times 2 \times 10 = 2.5 \times 1 \times x$, x = 16 mL
　　問題 12　電離度 0.02 である 0.05 mol/L 酢酸水溶液の水素イオン濃度は $0.02 \times 0.05 = 1.0 \times 10^{-3}$ mol/L である。
　　問題 13　反応式は $CH_3OH + 2O_2 \rightarrow CO_2 + 2H_2O$ である。メタノールの分子量は 32 であるから、8 g のメタノールは 0.25 mol である。すなわち二酸化炭素は 0.25 mol、水は 0.5 mol 生じる。
　　問題 14　解答のとおり
　　問題 15　6.0 mol/L の硫酸 200 mL に含まれる硫酸分子の物質量は、$6.0 \times 200/1000 = 1.2$ mol である。この時の重さは 1.2×98 g となる。この重さの硫酸分子が含まれる 98%硫酸溶液の重さは $1.2 \times 98 \times 100/98 = 120$ g である。この溶液の密度が 1.84 であるから、120/1.84 = 65.21 mL となる。

〔薬物（選択式問題）〕

（一般）
1　問題 1　4　　問題 2　2　　問題 3　3　　問題 4　1　　問題 5　5
　　問題 6　5　　問題 7　1　　問題 8　4　　問題 9　2　　問題 10　3
〔解説〕
　　問題 10　エジフェンホスともいう。全身性殺菌剤である。
2　問題 11　3　　問題 12　4　　問題 13　2　　問題 14　1　　問題 15　5
〔解説〕
　　問題 13　筋弛緩作用が強い毒物である。

3　問題16　5　　　問題17　2　　　問題18　4　　　問題19　1　　　問題20　3
〔解説〕
　　　問題16　アクロレインは重合しやすい物質である。
　　　問題17　常温では気体である。
　　　問題18　光により分解をするのでアルコールを少量加えて保管する。
　　　問題19　ナトリウムは空気中の水分と反応するので石油中で保管する。
　　　問題20　ガラスを侵す性質がある。
4　問題21　4　　　問題22　3　　　問題23　2　　　問題24　4　　　問題25　2
　　問題26　3　　　問題27　2　　　問題28　4　　　問題29　3　　　問題30　1
〔解説〕
　　　問題21　マグネシウムは普通物である。
5　問題31　2　　　問題32　3　　　問題33　1　　　問題34　1　　　問題35　1
　　問題36　1　　　問題37　2　　　問題38　1　　　問題39　2　　　問題40　2
〔解説〕
　　　問題31　CH_3NH_2　　　問題32　H_2O_2　　　問題37　6％以下で除外
　　　問題39　1％以下で除外　　　問題40　25％以下で除外

（農業用品目）

1　問題1　3　　　問題2　1　　　問題3　5　　　問題4　4　　　問題5　2
〔解説〕
　　　問題1　ダイファシノンはインダンジオン系殺鼠剤である。
　　　問題2　カルタップはカーバメート系殺虫剤である。
　　　問題3　塩素酸ナトリウムは除草剤のほか抜染剤としても用いられる。
　　　問題4　メチルチオイソシアネートは土壌病害菌に効果を示す。
　　　問題5　クロルメコートは植物の成長抑制作用を有する。
2　問題6　2　　　問題7　4　　　問題8　5　　　問題9　4　　　問題10　1
〔解説〕
　　　問題6　硫酸タリウムは無色の結晶で水にやや溶ける。
　　　問題7　SO_4^{2-}との塩を硫酸〇〇という。
　　　問題8　ヘキサシアニド鉄(III)酸イオンを含んだプルシアンブルーを用
　　　　いる。これは顔料などに用いるプルシアンブルーとは異なる。
　　　問題9　ホスホあるいはホスフェートはリンを含んだ化合物である。
　　　問題10　有機リン系の中毒には硫酸アトロピンあるいは2-PAMを用いる。
3　問題11　4　　　問題12　1　　　問題13　5　　　問題14　3　　　問題15　2
〔解説〕
　　　問題13　ピレスロイド系はシクロプロパン骨格を有する。
　　　問題14　アゾキシストロビンは抗菌剤として使用する。
　　　問題15　燐化亜鉛は殺鼠剤である。
4　問題16　1　　　問題17　3　　　問題18　2　　　問題19　1　　　問題20　3
　　問題21　1　　　問題22　1　　　問題23　1　　　問題24　1　　　問題25　2
〔解説〕
　　　問題20　ダイアジノンは5％以下の含有で劇物から除外される。
　　　問題25　農業用品目では販売できない。
5　問題26　5　　　問題27　3　　　問題28　2　　　問題29　4　　　問題30　1
〔解説〕
　　　解答のとおり

（特定品目）

1　問題1　2　　　問題2　2　　　問題3　2　　　問題4　2　　　問題5　1
〔解説〕
　　　問題1　過酸化ナトリウムは特定品目の品目に含まれない。
　　　問題2　塩化水銀(I)は特定品目の品目に含まれない。
　　　問題3　無水クロム酸は特定品目の品目に含まれない（クロム酸塩は含まれる）。
　　　問題4　硅フッ化カリウムは特定品目の品目に含まれない（硅フッ化ナトリウ
　　　　ムは含まれる）。
　　　問題5　塩酸、硫酸のどちらも品目に含まれる。
2　問題6　3　　　問題7　4　　　問題8　1　　　問題9　2　　　問題10　4
〔解説〕
　　　解答のとおり

愛媛県

3　問題11　2　　　問題12　1　　　問題13　2　　　問題14　1　　　問題15　2
〔解説〕
　　問題11　トルエンの化学式は C_7H_8 である。
　　問題13　アンモニアに防腐剤の用途は無い。
　　問題15　塩素の化学式は Cl_2 である。
4　問題16　5　　　問題17　4　　　問題18　3　　　問題19　2　　　問題20　1
〔解説〕
　　解答のとおり
5　問題21　1　　　問題22　3　　　問題23　1　　　問題24　2　　　問題25　1
　　問題26　2　　　問題27　4　　　問題28　2　　　問題29　1　　　問題30　1
〔解説〕
　　問題22　キシレンは芳香族である。
　　問題23　キシレンは水に溶解しない。

〔実地（選択式問題）〕

（一般）

1　問題41　4　　問題42　2　　問題43　1　　問題44　5　　問題45　3
〔解説〕
　　問題41　二硫化炭素 CS_2 は、低沸点、揮発性の特異臭の液体。比重は水より大きい。漏えい時の措置は、揮発性なので土砂等に吸着させて回収し、水封後密栓。あとを大量の水で洗浄。　　問題42　アクリルニトリル $CH_2=CHCN$ は、僅かに刺激臭のある無色透明な液体。引火性。アクリル繊維、プラスチック、塗料、接着剤などの製造原料。強酸と反応する。濃いアルカリの存在下では重合する。漏えい時の措置は、多量の水をかけて希釈し洗い流す。2　問題43　臭素 Br_2 は赤褐色の刺激臭がある揮発性液体。漏えい時の措置は、ハロゲンなので消石灰と反応させ次亜臭素酸塩にし、また揮発性なのでムシロ等で覆い、さらにその上から消石灰を散布して反応させる。多量の場合は霧状の水をかけ吸収させる。
　　問題44　重クロム酸ナトリウム $Na_2Cr_2O_7$ は、やや潮解性の赤橙色結晶、酸化剤。飛散したものは空容器にできるだけ回収し、そのあとを還元剤（硫酸第一鉄等）の水溶液を散布し、消石灰、ソーダ灰等の水溶液で処理したのち、多量の水を用いて洗い流す。　　問題45　燐化水素 PH_3（ホスフィン）は、毒物、腐魚臭様の臭気のある気体、水に僅かに溶け、酸素およびハロゲンと反応する。有毒、自然発火性。還元性。漏えい時の措置は、ボンベごと過剰のアルカリと酸化剤の混合溶液中へ投入して酸化分解した後、多量の水で希釈処理。
2　問題46　1　問題47　3　問題48　3　問題49　3　問題50　1
〔解説〕
　　問題46　エチレンオキシドは劇物。無色のある液体。水、アルコール、エーテルに可溶。可燃性ガス、反応性に富む。蒸気は空気より重い。　　問題47　シアン化ナトリウム $NaCN$ は毒物。白色の粉末、粒状またはタブレット状の固体。水に溶けやすく、水溶液は強アルカリ性である。酸と反応すると、有毒でかつ引火性のガスを発生する。　　問題48　燐化亜鉛 Zn3P2 は、暗褐色の結晶又は粉末。かすかに燐の臭気を有する。ベンゼン、二硫化炭素に溶ける。酸と反応して有毒なホスフィン PH3 を発生。　　問題49　重クロム酸カリウム $K_2Cr_2O_7$ は、橙赤色結晶、酸化剤。水に溶けやすく、有機溶媒には溶けにくい。　　問題50　クロルメチル（CH_3Cl）は、劇物。無色のエータル様の臭いと、甘味を有する気体。水にわずかに溶け、圧縮すれば液体となる。空気中で爆発する恐れがあり、濃厚液の取り扱いに注意。
3　問題51　3　　問題52　1　　問題53　4　　問題54　5　　問題55　2
〔解説〕
　　問題51　塩化バリウム BaCi2・2H2O は、劇物。無水物もあるが一般的には二水和物で無色の結晶。廃棄法は水に溶かし、硫酸ナトリウムの水溶液を加えて処理し、沈殿ろ過して埋立処分する沈殿法。　　問題52　クレゾール $C_6H_4(OH)CH_3$ o, m, p － の構造異性体がある。廃棄法は①木粉（おが屑）等に吸収させて焼却炉の火室へ噴霧し、焼却する。②可燃性溶剤と共に焼却炉の火室へ噴霧し焼却する②活性汚泥で処理する活性汚泥法である。　　問題53　ホスゲンは独特の青草臭のある無色の圧縮液化ガス。蒸気は空気より重い。廃棄法はアルカリ法：アルカリ水溶液（石灰乳又は水酸化ナトリウム水溶液等）中に少量ずつ滴下し、多量の水で希釈して処理するアルカリ法。

問題 54　ナトリウムは銀白色の光輝をもつ金属である。常温ではロウのような硬度を持っており、空気中では容易に酸化される。冷水中に入れると浮かび上がり、すぐに爆発的に発火する。廃棄法はスクラバーを具備した焼却炉の中で乾燥した鉄製溶液を用い、油又は油を浸した布等を加えて点火し、完全に燃焼させる燃焼法。　　問題 55　チメロサールは毒物。白色あるいは淡黄色結晶性粉末。水に溶けやすい。廃棄法は①焙焼法　還元焙焼法により、金属水銀として回収する。②沈殿隔離法。

4　問題 56　1　問題 57　4　問題 58　5　問題 59　3　問題 60　2
〔解説〕
　　　解答のとおり。
5　問題 61　5　問題 62　4　問題 63　2　問題 64　1　問題 65　3
〔解説〕
　　　解答のとおり。

（農業用品目）

1　問題 31　1　問題 32　2　問題 33　4　問題 34　3　問題 35　5
〔解説〕
　　　問題 31　フェントエートは、劇物。赤褐色、油状の液体で、芳香性刺激臭を有し、水、プロピレングリコールに溶けない。リグロインにやや溶け、アルコール、エーテル、ベンゼンに溶ける。　　問題 32　硫酸銅（Ⅱ）CuSO₄・5H₂O は、無水物は灰色ないし緑色を帯びた白色の結晶又は粉末。五水和物は青色ないし群青色の大きい結晶、顆粒又は白色の結晶又は粉末である。空気中でゆるやかに風解する。水に易溶、メタノールに可溶。農薬として使用されるほか、試薬としても用いられる。　　問題 33　硫酸銅（Ⅱ）CuSO₄・5H₂O は、濃い青色の結晶。風解性。水に易溶、水溶液は酸性。劇物。　　問題 34　ジクワットは、劇物で、ジピリジル誘導体で淡黄色結晶、水に溶ける。土壌等に強く吸着されて不活性化する性質がある。アルカリ溶液で薄める場合は、2～3時間以上貯蔵できない。腐食性を有する。　　問題 35　N-メチル-1-ナフチルカルバメート（NAC）は、劇物。5％以下は劇物から除外。白色無臭の結晶。水に極めて溶けにくい。（摂氏 30 ℃で水 100mLに 12mg 溶ける。）有機溶媒に可溶。常温では安定であるが、アルカリには不安定である。

2　問題 36　1　問題 37　2　問題 38　4　問題 39　1　問題 40　3
　　問題 41　3　問題 42　2　問題 43　2　問題 44　1　問題 45　5
〔解説〕
　　　解答のとおり。
3　問題 46　4　問題 47　1　問題 48　3
　　問題 49　5　問題 50　2
〔解説〕
　　　エジフェンホス（EDDP）は、劇物（2％以下は除外）。黄色～淡褐色透明な液体、特異臭、水に不溶、有機溶媒に可溶。有機燐製剤。廃棄法は木粉（おが屑）等に吸収させてアフタバーナー及びスクラバーを具備した焼却炉で焼却する燃焼法。漏えいした場合：飛散したものは空容器にできるだけ回収し、そのあとを消石灰等の水溶液を用いて処理し、多量の水を用いて洗い流す。
　　　クロルピクリン CCl₃NO₂ は、無色～淡黄色液体、催涙性、粘膜刺激臭。廃棄方法は分解法。少量の場合、漏洩した液は布でふきとるか又はそのまま風にさらとて蒸発させる。
　　　燐酸亜鉛は、劇物。四水和物は、白色結晶。水に極めて溶けにくい。廃棄法はセメントを用いて固化し、埋立処分する固化隔離法。
4　問題 51　1　問題 52　3　問題 53　2　問題 54　4　問題 55　5
〔解説〕
　　　問題 51　硫酸銅（Ⅱ）CuSO₄・5H₂O は、濃い青色の結晶。風解性。水に易溶、水溶液は酸性。劇物。この物質の水溶液に硝酸バリウムを加えると、白色の沈殿を生じる。　　問題 52　AlP の確認方法：湿気により発生するホスフィン PH3により硝酸銀中の銀イオンが還元され銀になる（Ag⁺→ Ag）ため黒変する。
　　問題 53　　クロルピクリン CCl₃NO₂ は、無色～淡黄色液体、催涙性、粘膜刺激臭。本品の水溶液に金属カルシウムを加え、これにベタナフチルアミン及び硫酸を加えると、赤色の沈殿を生じる。　　問題 54　塩化亜鉛 ZnCl₂ は、白色の結晶で、空気に触れると水分を吸収して潮解する。水およびアルコールによく溶ける。水に溶かし、硝酸銀を加えると、白色の沈殿が生じる。

愛媛県

問題 55　ニコチンは、毒物。アルカロイドであり、純品は無色、無臭の油状液体であるが、空気中では速やかに褐変する。水、アルコール、エーテル等に容易に溶ける。ニコチンの確認：1）ニコチン＋ヨウ素エーテル溶液→褐色液状→赤色針状結晶　2）ニコチン＋ホルマリン＋濃硝酸→バラ色。

5　問題 56　5　　　問題 57　3　　　問題 58　4　　　問題 59　2
　問題 60　1
〔解説〕
　　　解答のとおり。

（特定品目）

1　問題 31　4　　問題 32　5　　問題 33　1　　問題 34　3　　問題 35　2
〔解説〕
　　　解答のとおり。

2　問題 36　2　　問題 37　1　　問題 38　4　　問題 39　3　　問題 40　5
〔解説〕
　　　問題 36　蓚酸は無色の結晶で、水溶液を酢酸で弱酸性にして酢酸カルシウムを加えると、結晶性の沈殿を生ずる。水溶液は過マンガン酸カリウム溶液を退色する。水溶液をアンモニア水で弱アルカリ性にして塩化カルシウムを加えると、蓚酸カルシウムの白色の沈殿を生ずる。　　　問題 37　四塩化炭素（テトラクロロメタン）CCl_4 は、特有な臭気をもつ不燃性、揮発性無色液体、水に溶けにくく有機溶媒には溶けやすい。洗濯剤、清浄剤の製造に用いられる。確認方法はアルコール性 KOH と銅粉末とともに煮沸により黄赤色沈殿を生成する。
　　　問題 38　クロロホルム $CHCl_3$（別名トリクロロメタン）は、無色、揮発性の液体で特有の香気とわずかな甘みをもち、麻酔性がある。アルコール溶液に、水酸化カリウム溶液と少量のアニリンを加えて　熱すると、不快な刺激性の臭気を放つ。
　　　問題 39　一酸化鉛 PbO は、重い粉末で、黄色から赤色までの間の種々のものがある。希硝酸に溶かすと、無色の液となり、これに硫化水素を通じると、黒色の沈殿を生じる。　　　問題 40　水酸化カリウム水溶液＋酒石酸水溶液→白色結晶性沈澱（酒石酸カリウムの生成）。不燃性であるが、アルミニウム、鉄、すず等の金属を腐食し、水素ガスを発生。これと混合して引火爆発する。水溶液を白金線につけガスバーナーに入れると、炎が紫色に変化する。

3　問題 41　5　　問題 42　1　　問題 43　2　　問題 44　4　　問題 45　3
〔解説〕
　　　問題 41　ホルムアルデヒド HCHO は還元性なので、廃棄はアルカリ性下で酸化剤で酸化した後、水で希釈処理する酸化法。　　　問題 42　メチルエチルケトン $CH_3COC_2H_5$ は、アセトン様の臭いのある無色液体。引火性。有機溶媒。廃棄方法は、C, H, O のみからなる有機物なので燃焼法。　　　問題 43　塩酸 HCl は無色透明の刺激臭を持つ液体で、これの濃度が濃いものは空気中で発煙する。（湿った空気中では濃度が 25 ％以上の塩酸は発煙性がある。）種々の金属やコンクリートを腐食する。用途は化学工業用としての諸種の塩化物の製造に使用。廃棄法は、水に溶解し、消石灰 $Ca(OH)_2$ 塩基で中和できるのは酸である塩酸である中和法。　　　問題 44　酸化第二水銀 HgO は毒物。赤色または黄色の粉末。水にはほとんど溶けない。希塩酸、硝酸、シアン化アルカリ溶液には溶ける。酸には容易に溶ける。廃棄法は焙焼法又は沈殿隔離法。　　　問題 45　硅弗化ナトリウムは劇物。無色の結晶。水に溶けにくい。アルコールにも溶けない。水に溶かし、消石灰等の水溶液を加えて処理した後、希硫酸を加えて中和し、沈殿濾過して埋立処分する分解沈殿法。

4　問題 46　3　　問題 47　2　　問題 48　4　　問題 49　1　　問題 50　5
〔解説〕
　　　解答のとおり。

5　問題 51　2　　問題 52　1　　問題 53　3　　問題 54　4　　問題 55　5
〔解説〕
　　　解答のとおり。

高知県
令和４年度実施

〔法　規〕
（一般・農業用品目・特定品目共通）

問１　オ
〔解説〕
　　　解答のとおり。

問２　ウ
〔解説〕
　　　(1)誤り。この設問では18歳以下の者とあるので、法第８条第２項第一号では、18歳未満の者とあるので、18歳以下の者とあることから18歳は毒物劇物取扱責任者になることができる。　(2)設問のとおり。法第７条第２項に示されている。　(3)この設問では法第７条第３項→施行規則第５条により、別記様式第８号「毒物劇物取扱責任者設置届」を提出しなければならない。(4)設問のとおり。法第８条第４項に示されている。　(5)この設問は法第８条第２項第四号で、５年を経過していない者ではなく、３年を経過していない者である。

問３　エ
〔解説〕
　　　法第21条〔登録が執行した場合等の措置〕のこと。解答のとおり。

問４　ウ
〔解説〕
　　　法第３条の４による施行令第32条の３で定められている品目は、①亜塩素酸ナトリウムを含有する製剤30％以上、②塩素酸塩類を含有する製剤35％以上、③ナトリウム、④ピクリン酸である。このことから１と４が正しい。

問５　(1)エ　　　(2)オ　　　(3)ク　　　(4)コ　　　(5)セ
〔解説〕
　　　解答のとおり。

問６　イ
〔解説〕
　　　この設問は法第12条第２項第四号→施行規則第11条の６第三号〔取扱及び使用上特に必要な表示事項〕における毒物又は劇物製造業者又は輸入業者が販売し、又は授与するときに、氏名及び住所(法人にあっては、その名称及び主たる事務所の所在地)と衣料用防虫剤であるジクロルビニルホスフエイト(DDVP)についての掲げる事項である。このことからイが正しい。

問７　ア
〔解説〕
　　　この設問は法第14条第１項についてのことで、設問は全て正しい。なお、３の譲受人の押印は、毒物劇物営業者以外のときには、押印を要する。

問８　ウ
〔解説〕
　　　この設問の施行令第30条〔使用方法〕についてその基準が示されている。の設問では、３のみが、誤り。燻蒸作業については、厚生労働大臣ではなく、都道府県知事が指定場所で行うこととなっている。このことは施行令第30条第二号イに示されている。

問９　ア
〔解説〕
　　　この設問は法第10条〔届出〕のことで、アが正しい。あは法第10条第１項第四号に示されている。なお、イとエについては何ら届け出を要しない。ウは、あらかじめではなく、30日以内に、その旨を届け出なければならないである。このことは法第10条第１項第二号のこと。

問10　ウ
〔解説〕
　　　この設問の毒物又は劇物の性状及び取扱いについて、販売し、授与するときまでに、譲受人に対し情報提供しなければならないと施行令第40条の９に示されている。このことから１と５が正しい。１は施行規則第13条の11に示されている。５は施行規則第13条の11第二号に示されている。

なお、2については、施行令第40条の9第1項ただし書→施行規則第13条の10第一号で、1回につき200mg以下の場合は、この設問に係わる情報提供をしなくてもよいとされている。4の情報提供の内容については、施行令第40条の9第1項→施行規則第13条の12に情報提供の内容が示されている。このことから5は誤り。

問11　ア
〔解説〕
　この設問は毒物又は劇物を1回につき5,000kg以上、車両を使用しての運搬方法のことで、1と2が正しい。1は施行令第40条の5第2項第一号→施行規則第13条の4〔交替して運転する者の同乗〕に示されている。2は施行令第40条の5第四号に示されている。なお、3は車両の前後の見やすい箇所に掲げる標識で、…地を赤色ではなく、地を黒色である。施行規則第13条の5のこと。4は保護具についてで、施行令第40条の5第2項第三号で、2人以上備えること示されている。

問12　エ
〔解説〕
　この設問の法第22条は業務上取扱者についてで、業務上取扱者の届出を要する事業者とは、次のとおり。業務上取扱者の届出を要する事業者とは、①シアン化ナトリウム又は無機シアン化合物たる毒物及びこれを含有する製剤→電気めっきを行う事業、②シアン化ナトリウム又は無機シアン化合物たる毒物及びこれを含有する製剤→金属熱処理を行う事業、③最大積載量5,000kg以上の運送の事業、④砒素化合物たる毒物及びこれを含有する製剤→しろありの防除を行う事業について使用する者が業務上取扱者である。このことからアのみが誤り。この運送事業者については、アセトニトリルとあるが施行令別表第二に掲げられている品目に該当しないので業務上取扱届出を要しないん。

問13　エ
〔解説〕
　この設問は施行規則第4条の4についてで、エが正しい。エは施行規則第4条の4第1項第二号ホに示されている。

問14　(1)　×　　(2)　×　　(3)　×　　(4)　○　　(5)　×　　(6)　×
　　　(7)　○
〔解説〕
　(1)　この設問は法第3条の3におけることで、設問にあるキシレンは該当しない。次のとおり。法第3条の3→施行令第32条の2による品目→①トルエン、②酢酸エチル、トルエン又はメタノールを含有する接着剤、塗料及び閉そく用またはシーリングの充てん料は、みだりに摂取、若しくは吸入し、又はこれらの目的で所持してはならい。　(2)　この設問は法第4条第3項における登録の更新で、毒物又は劇物製造業又は輸入業のと登録は、5年ごとに、販売業の登録は、6年ごとに更新をうけなければ、その効力を失うである。　(3)　毒物又は劇物の販売業を行うとあるので、法第3条第3項により、販売業の登録を要する。　(4)　設問のとおり。法第3条第1項に示されている。　(5)　この設問にある紛失したとき、その量の多少に係わらず、その旨を直ちに、警察署に届け出るである。法第17条第2項のこと。　(6)　この設問は法第8条第1項第二号のことで、応用化学を修了した者の確認を要し、ただ単に基礎化学は該当しない。　(7)　設問のとおり。法第22条第5項に示されている。

〔基礎化学〕
(一般・農業用品目・特定品目共通)

問1　ア　3　イ　4　ウ　2　エ　4　オ　5　カ　1　キ　3
　　　ク　5　ケ　2　コ　4　サ　2　シ　4　ス　2　セ　2
　　　ソ　1
〔解説〕
　ア　アルカリ土類金属は2族の元素である。
　イ　ネオンは18族の貴ガスであり、Arも18族である。
　ウ　同位体とは同じ元素記号であるが質量数が異なるものである。
　エ　イオン化傾向とは陽イオンになりやすさの順序である。
　オ　カリウムは紫色である。Li赤、Na黄、Ca橙、Cu青緑

カ　この中で最も溶解しやすいのは塩化水素である。塩
キ　石油、銑鉄、空気、海水は混合物である。
ク　一酸化炭素や二酸化炭素は直線、アンモニアは三角錐、エチレンは長方形
　　である。
ケ　2 の $KMnO_4$ 中の Mn は+7 の酸化数を持つ。
コ　$0.1 \times 10^{-3} = 1.0 \times 10^{-4}$ である。
サ　BTB は酸性で黄色、塩基性で青色を呈する指示薬である。
シ　蒸留や分留は液体の混合物を精製する方法である。
ス　タンパク質は熱や酸塩基、重金属などにより変性する。また、圧力変性、
　　低温変性なども知られている。
セ　コンプトン散乱は X 線が結晶を通過するときに散乱する現象である。
ソ　HF は分子間水素結合により沸点が上昇する。

問2　3
〔解説〕
　酸から生じる H^+ の物質量と、塩基から生じる OH^- の物質量が等しくなるように
する。塩酸のモル濃度を x mol/L とすると式は、　$x \times 1 \times 300 = 0.3 \times 2 \times 400$,
　x = 0.80 mol/L

問3　5
〔解説〕
　$10 \times 9/100 = 0.9$ g の NaCl が溶解しているから、0.9%に希釈するときに用いる
水の量を x mL とすると、$0.9/(10+x) \times 100 = 0.9$,　x = 90 mL

問4　1
〔解説〕
　銅は湿った空気中で酸化され、緑青を生じる。

問5　4
〔解説〕
　2.7 g のアルミニウムの物質量は 0.1 mol である。反応式より、2 モルのアルミ
ニウムが反応して 3 モルの水素が生じるから、0.1 モルのアルミニウムからは 0.15
モルの水素が発生する。$0.15 \times 22.4 = 3.36$ L

〔毒物及び劇物の性質及び貯蔵その他取扱方法〕

（一般）

問1　(1)　ウ　　(2)　イ　　(3)　オ　　(4)　ア　　(5)　エ
〔解説〕
　(1)　燐化水素(別名ホスフィン)は無色、腐魚臭の気体。気体は自然発火する。
水にわずかに溶け、酸素及びハロゲンとは激しく結合する。エタノール、エーテ
ルに溶ける。　　(2)　カルタップ(1・3-ジカルバモイルチオ-2-(N・N-ジメチルア
ミノ)-プロパン塩酸塩は、劇物。2％以下は劇物から除外。無色の結晶。水、メ
タノールに溶ける。ベンゼン、アセトン、エーテルにはほとんど溶けない。ネラ
イストキシン系の殺虫剤。　　(3)　四メチル鉛(CH_3)4Pb(別名テトラメチル鉛)
は、特定毒物。純品は無色の可燃性液体。ハッカ実をもつ液体。ガソリンに全溶。
水にわずかに溶ける。　　(4)　クロトンアルデヒドは、劇物。特有の刺激臭のあ
る無色の液体。エタノール、エーテル、アセトンに可溶。高引火性液体。
　(5)　臭素 Br_2 は、劇物。赤褐色・特異臭のある重い液体。強い腐食作用があり、
揮発性が強い。引火性、燃焼性はない。水、アルコール、エーテルに溶ける。

問2　(1)　ア　　(2)　オ　　(3)　エ　　(4)　ウ　　(5)　イ
〔解説〕
　(1)　アクロレイン CH_2=CHCHO は、刺激臭のある無色の可燃性液体。貯法は、
非常に反応性に富む物質であるため、安定剤を加え、空気を遮断して貯蔵する。
極めて引火し易く、またその蒸気は空気と混合して爆発性混合ガスとなるので、
火気には絶対に近づけない。　　(2)　水素化砒素 AsH_3 は毒物。無色のニンニク
臭を有するガス体。貯蔵法はボンベに貯蔵する。　　(3)　クロロホルム CHCl3
は、無色、揮発性の液体で特有の香気とわずかな甘みをもち、麻酔性がある。空
気中で日光により分解し、塩素、塩化水素、ホスゲンを生じるので、少量のアル
コールを安定剤として入れて冷暗所に保存。　　(4)　シアン化カリウム KCN(別
名　青酸カリ)は、白色、潮解性の粉末または粒状物、空気中では炭酸ガスと湿気
を吸って分解する(HCN を発生)。

また、酸と反応して猛毒の HCN(アーモンド様の臭い)を発生する。したがって、酸から離し、通風の良い乾燥した冷所で密栓保存。安定剤は使用しない。

(5)　過酸化水素水は過酸化水素の水溶液、少量なら褐色ガラス瓶(光を遮るため)、多量ならば現在はポリエチレン瓶を使用し、3 分の 1 の空間を保ち、有機物等から引き離し日光を避けて冷暗所保存。

問3　(1)　イ　　(2)　エ　　(3)　オ　　(4)　ウ　　(5)　ア
〔解説〕
　　解答のとおり。
問4　(1)　ア　　(2)　ウ　　(3)　イ　　(4)　エ　　(5)　オ
〔解説〕
(1)　重クロム酸カリウム K₂Cr₂O₄ は、劇物。橙赤色の柱状結晶。用途は試薬、製革用、顔料原料などに使用される。　　(2)　ダイファシノン(2-ジフェニルアセチル-1,3-インダジオン)は毒物。黄色結晶性粉末。アセトン酢酸に溶ける。水にはほとんど溶けない。0.005 %以下を含有するものは劇物。用途は殺鼠剤。
(3)　ナラシンは毒物(1%以上～ 10%以下を含有する製剤は劇物。)白色から淡黄色の粉末。特異な臭い。常温で固体。水に難溶。酢酸エチル、クロロホルム、アセトン、ベンゼンに可溶。融点は 98 ～ 100 ℃。用途は飼料添加物。
(4)　2-クロルエチルトリメチルアンモニウムクロリド(別名クロルメコート)は、劇物。白色結晶で魚臭、非常に吸湿性の結晶。用途は植物成長調整剤。
(5)　ホルムアルデヒドは農薬や工業用の人造樹脂原料、フィルムの硬化剤に用いられる。
問5　(1)　ウ　　(2)　イ　　(3)　ア　　(4)　オ　　(5)　エ
〔解説〕
(1)　カズサホス 10 %以下を含有する製剤は劇物で、それ以上含有する製剤は毒物。　　(2)　オキサミル(メチル-N・N-ジメチル-N-[(メチルカルバモイル)]オキシト-1-チオオキサムイミデート)は、は 0.8 %を超えて含有する製剤は毒物。ただし、0.8 %以下を含有する毒物から除外。0.8 %以下を含有する製剤は劇物。
(3)　ダイファシノン(2-ジフエニルアセチル-1・3-インダジオン)は毒物。0.005 %以下は劇物から除外。　　(4)　ジチアノン 50 %以下は毒物から除外。
(5)　メトミル 45 %以下を含有する製剤は劇物で、それ以上含有する製剤は毒物。

(農業用品目)

問1　(1)　イ　　(2)　エ　　(3)　オ　　(4)　ア　　(5)　ウ
〔解説〕
(1)　塩化第一銅 CuCl は劇物。白色又は帯灰白色の結晶性粉末。空気で酸化されやすく緑色の塩基性塩化銅(Ⅱ)となり、光により褐色を呈する。水に極めて溶けにくい。塩酸、アンモニア水に可溶。　　(2)　カルタップは、:劇物。2 %以下は劇物から除外。無色の結晶。融点 179 ～ 181 ℃。水、メタノールに溶ける。ベンゼン、アセトン、エーテルにはほとんど溶けない。ネライストキシン系の殺虫剤。　　(3)　テフルトリンは、5 %を超えて含有する製剤は毒物。0.5 %以下を含有する製剤は劇物。淡褐色固体。水にほとんど溶けない。有機溶媒に溶けやすい。　　(4)　ジメチル－ (N－メチルカルバミルメチル－ジチオホスフェイト(別名ジメトエート)は、白色の固体。水溶液は室温で徐々に加水分解し、アルカリ溶液中ではすみやかに加水分解する。　　(5)　イミダクロプリドは、劇物。弱い特異臭のある無色の結晶。水にきわめて溶けにくい。
問2　(1)　イ　　(2)　エ　　(3)　ア　　(4)　ク　　(5)　オ
〔解説〕
　　シアン化水素 HCN は、毒物。無色の気体または液体。点火すると紫色の炎を発し燃焼する。用途は殺虫剤、船底倉庫の殺鼠剤、化学分析用試薬。貯法は少量なら褐色ガラス瓶、多量なら銅製シリンダーを用いる。日光及び加熱を避け、通風の良い冷所に保存。きわめて猛毒であるから、爆発性、燃焼性のものと隔離すべきである。
　　ベタナフトール C₁₀H₇OH は、無色～白色の結晶、石炭酸臭、水に溶けにくく、熱湯に可溶。有機溶媒に易溶。遮光保存(フェノール性水酸基をもつ化合物は一般に空気酸化や光に弱い)。用途は、染料製造原料、試薬。過クロル鉄(あるいは塩化鉄(Ⅲ)FeCl₃)により類緑色を呈する。鑑別法；1)水溶液にアンモニア水を加えると、紫色の蛍石彩を呈する。　2)水溶液に塩素水を加えると白濁し、これに過剰のアンモニア水を加えると澄明となり、液は最初緑色を呈し、のち褐色に変化する。貯蔵法は、空気や光線に触れると赤変するため、遮光して貯蔵する。

問3　(1)　エ　　(2)　イ　　(3)　オ　　(4)　ウ　　(5)　ア
〔解説〕
　　解答のとおり。
問4　(1)　ア　　(2)　エ　　(3)　イ　　(4)　ウ　　(5)　オ
〔解説〕
　　(1)　イミノクタジンは、劇物。白色の粉末(三酢酸塩の場合)。用途は、果樹の腐らん病、晩腐病等、麦の斑葉病、芝の葉枯病殺菌する殺菌剤。　　(2)　シアナミドは劇物。無色又は白色の結晶。用途は合成ゴム、燻蒸剤、殺虫剤、除草剤、医薬品の中間体等に用いられる。　　(3)　パラコート(1・1-ジメチル-4・4-ジピリジニウムジクロリド)　は、毒物。ジピリジル誘導体で無色結晶性粉末。属に腐食する。不揮発性。用途は除草剤。　　(4)　ダイファシノン(2-ジフェニルアセチル-1,3-インダジオン)は毒物。黄色結晶性粉末。アセトン酢酸に溶ける。水にはほとんど溶けない。0.005 ％以下を含有するものは劇物。用途は殺鼠剤。　　(5)　メチルイソチオシアネートは、劇物。無色結晶。用途は土壌中のセンチュウ類や病原菌などに効果を発揮する土壌消毒剤。
問5　(1)　オ　　(2)　ウ　　(3)　イ　　(4)　エ　　(5)　イ
〔解説〕
　　(1)　硫酸は 10％以下で劇物から除外。　　(2)　フルバリネートは５％以下で劇物から除外。　　(3)　アセタミプリドは２％以下は劇物から除外。　　(4)　ピラクロストロビンは 6.8 ％以下は劇物から除外。　　(5)　エマメクチンは２％以下は劇物から除外。

（特定品目）
問1　(1)　エ　　(2)　ア　　(3)　ウ　　(4)　オ　　(5)　イ
〔解説〕
　　解答のとおり。
問2　(1)　エ　　(2)　イ　　(3)　ア　　(4)　ウ
〔解説〕
　　(1)　過酸化水素水は過酸化水素の水溶液、少量なら褐色ガラス瓶(光を遮るため)、多量ならば現在はポリエチレン瓶を使用し、3 分の 1 の空間を保ち、有機物等から引き離し日光を避けて冷暗所保存。　　(2)　水酸化ナトリウム(別名：苛性ソーダ)$NaOH$ は、白色結晶性の固体。水と炭酸を吸収する性質が強い。空気中に放置すると、潮解して徐々に炭酸ソーダの皮層を生ずる。貯蔵法については潮解性があり、二酸化炭素と水を吸収する性質が強いので、密栓して貯蔵する。　　(3)　キシレン $C_6H_4(CH_3)_2$ は、無色透明な液体で o-、m-、p-の 3 種の異性体がある。水にはほとんど溶けず、有機溶媒に溶ける。溶剤。揮発性、引火性があるので火気を避けて冷所に保存する。　　(4)　ホルムアルデヒド $HCHO$ は、　無色透明な液体で刺激臭を有し、寒冷地では白濁する場合がある。中性または弱酸性の反応を呈し、水、アルコールに混和するが、エーテルには混和しない。低温では析出することがあるので常温で保存する。
問3　(1)　ウ　　(2)　イ　　(3)　オ　　(4)　エ　　(5)　ア
〔解説〕
　　解答のとおり。
問4　(1)　オ　　(2)　エ　　(3)　イ　　(4)　ウ　　(5)　ア　　(6)　カ
〔解説〕
　　(1)　硅弗化ナトリウム Na_2SiF_6 は劇物。無色の結晶。用途はうわぐすり、試薬。　　(2)　ホルムアルデヒド $HCHO$ は、無色刺激臭の気体。用途はフィルムの硬化、樹脂製造原料、試薬・農薬等。　　(3)　四塩化炭素(テトラクロロメタン)CCl_4 は、特有な臭気をもつ不燃性、揮発性無色液体。用途は洗濯剤、清浄剤の製造などに用いられる。　　(4)　酢酸エチル $CH_3COOC_2H_5$ は無色で果実臭のある可燃性の液体。その用途は主に溶剤や合成原料、香料に用いられる。　　(5)　過酸化水素水は、無色透明な液体。用途は漂白剤、医薬品、化粧品の製造。　　(6)　蓚酸は、無色の柱状結晶。用途は、木・コルク・綿などの漂白剤。その他鉄錆の汚れ落としに用いる。
問5　(1)　ア　　(2)　エ　　(3)　エ　　(4)　エ　　(5)　イ
〔解説〕
　　(1)　ホルムアルデヒドは 1％以下で劇物から除外。　　(2)　アンモニアは 10%以下で劇物から除外。　　(3)　塩化水素は 10 ％以下は劇物から除外。　　(4)　蓚酸は 10 ％以下で劇物から除外。　　(5)　水酸化ナトリウムは５％以下で劇物から除外。

〔実　地〕

（一般）

問1 (1)　イ　　(2)　ア　　(3)　オ　　(4)　エ　　(5)　ウ
　　　(6)　カ　　(7)　キ　　(8)　ク　　(9)　ケ　　(10)　コ

〔解説〕

　　解答のとおり。

問2 (1)　カ　　(2)、(3)　エ、ウ(順不同)　　(4)　ア

〔解説〕

　　メタノール CH₃OH は特有な臭いの無色透明な揮発性の液体。水に可溶。可燃性。あらかじめ熱灼した酸化銅を加えると、ホルムアルデヒドができ、酸化銅は還元されて金属銅色を呈する。
　　クロルピクリン CCl₃NO₂ は、無色～淡黄色液体、催涙性、粘膜刺激臭。アルコール溶液にジメチルアニリン及びブルシンを加えて溶解し、これにブロムシアン溶液を加えると、緑色ないし赤紫色を呈した。

問3 (1)　ア　　(2)　ウ　　(3)　イ　　(4)　エ　　(5)　ウ

〔解説〕

　　(1)　ホスチアゼートは、劇物。弱いメルカプタン臭いのある淡褐色の液体。有機燐剤。水にきわめて溶けにくい。　　(2)　シフルトリンは劇物。黄褐色の粘稠性または塊。無臭。水に極めて溶けにくい。キシレン、アセトンによく溶ける。0.5％以下は劇物から除外。用途は農業用ピレスロイド系殺虫剤(野菜、果樹のアオムシ、コナガやバラ、キクのアブラムシ類に使用)。　　(3)　メソミル(別名メトミル)は、毒物(劇物は 45 ％以下は劇物)。白色の結晶。弱い硫黄臭がある。水、メタノール、アセトンに溶ける。融点 78 ～ 79 ℃。カルバメート剤なので、解毒剤は硫酸アトロピン(PAM は無効)、SH 系解毒剤の BAL、グルタチオン等。　　(4)　アセタミプリドは、劇物(2 ％以下は劇物から除外)。白色結晶固体。エタノールクロロホルム、ジクロロメタン等の有機溶媒に溶けやすい。比重 1.330。融点 98.9 ℃。ネオニコチノイド製剤。殺虫剤として用いられる。　　(5)　フェンプロパトリンは劇物。 1 ％以下は劇物から除外。白色の結晶性粉末。水にほとんど溶けない。キシレン、アセトン、ジメチルスルホキシドに溶ける。用途は殺虫剤、ピレスロイド系農薬。

問4 (1)　エ　　(2)　ウ　　(3)　イ　　(4)　ア

〔解説〕

　　解答のとおり。

（農業用品目）

問1 (1)　ウ　　(2)　ア　　(3)　オ　　(4)　エ　　(5)　イ
　　　(6)　カ　　(7)　ケ　　(8)　ク　　(9)　ケ　　(10)　ケ

〔解説〕

　　解答のとおり。

問2 (1)　エ　　(2)　ク　　(3)　ク

〔解説〕

　　(1)　シアン化合物を水蒸気蒸留して、その留液に、水酸化ナトリウム溶液数滴を加えてアルカリ性とし、ついで、硫酸第一鉄溶液及び塩化第二鉄溶液を加えて熱し、塩酸で酸性とするとき、藍色を呈する。　　(2)　硫酸 H₂SO₄ は無色の粘張性のある液体。強力な酸化力をもち、また水を吸収しやすい。水を吸収するとき発熱する。木片に触れるとそれを炭化して黒変させる。また、銅片を加えて熱すると、無水亜硫酸を発生する。硫酸の希釈液に塩化バリウムを加えると白色の硫酸バリウムが生じるが、これは塩酸や硝酸に溶解しない。　　(3)　蓚酸は一般に流通しているものは二水和物で無色の結晶である。水溶液を酢酸で弱酸性にして、酢酸カルシウムを加えると、結晶性の白色沈殿を生じる。同じく、水溶液をアンモニア水で弱アルカリ性にして、塩化カルシウムを加えても、白色沈殿を生じる。

問3　オ

〔解説〕

　　法第 13 条における着色する農業用品目のことで、法第 13 条→施行令第 39 条において、①硫酸タリウムを含有する製剤たる劇物、②燐化亜鉛を含有する製剤たる劇物→施行規則第 12 条で、あせにくい黒色に着色しなければならないと示されている。

高知県

- 574 -

問4　(1)　イ　　(2)　ア　　(3)　オ　　(4)　エ　　(5)　ウ
〔解説〕
　　　(1)　カルボスルファンは、劇物。有機燐製剤の一種。褐色粘稠液体。用途は
カーバメイト系殺虫剤。　　　(2)　ホスチアゼートは、劇物。弱いメルカプタン臭
いのある淡褐色の液体。有機燐剤。水にきわめて溶けにくい。pH6 及び pH8 で安
定。用途は野菜等のネコブセンチュウ等の害虫を殺虫剤(有機燐系農薬)。
　　　(3)　5-ジメチルアミノ-1, 2, 3-トリアチン蓚酸塩(チオシクラム)は、劇物。無色
の結晶で無臭。メタノール、アセトニトリル、水に可溶。クロロホルム、トルエ
ンに不溶。用途は殺虫剤(ネライストキシン剤)。3％以下は劇物から除外。
　　　(4)　イミダクロプリドは、劇物。弱い特異臭のある無色の結晶。水にきわめて
溶けにくい。用途は、野菜等のアブラムシ類等の害虫を防除する農薬。(クロロニ
コチル系殺虫剤)ネオニコチノイド系　　　(5)　フェンプロパトリンは劇物。1％
以下は劇物から除外。白色の結晶性粉末。水にほとんど溶けない。キシレン、ア
セトン、ジメチルスルホキシドに溶ける。用途は殺虫剤、ピレスロイド系農薬。
問5　(1)　ウ　　(2)　エ　　(3)　イ　　(4)　ア
〔解説〕
　　　解答のとおり。

(特定品目)
問1　(1)　イ　　(2)　ア　　(3)　オ　　(4)　エ　　(5)　ウ
　　　(6)　カ　　(7)　キ　　(8)　ク　　(9)　ケ　　(10)　コ
〔解説〕
　　　解答のとおり。
問2　(1)　ア　　(2)　オ　　(3)　ウ　　(4)　イ　　(5)　エ
〔解説〕
　　　(1)　過酸化水素水は過酸化水素の水溶液で、無色無臭で粘性の少し高い液体。
ヨード亜鉛からヨウ素を析出する。過酸化水素自体は不燃性。しかし、分解が起
こると激しく酸素を発生する。周囲に易燃物があると火災になる恐れがある。
　　　(2)　硝酸銀 $AgNO_3$ は、劇物。無色結晶。水に溶けて塩酸を加えると、白色の
塩化銀を沈殿する。その硫酸と銅屑を加えて熱すると、赤褐色の蒸気を発生する。
　　　(3)　アンモニア水はアンモニアを水に溶かした水溶液。無色透明、刺激臭が
ある液体。アルカリ性。水溶液にフェノールフタレイン液を加えると赤色になる。
　　　(4)　硫酸 H_2SO_4 は無色の粘張性のある液体。強力な酸化力をもち、また水を吸
収しやすい。水を吸収するとき発熱する。木片に触れるとそれを炭化して黒変さ
せる。硫酸の希釈液に塩化バリウムを加えると白色の硫酸バリウムが生じるが、
これは塩酸や硝酸に溶解しない。　　　(5)　メタノール CH_3OH は特有な臭いの無
色透明な揮発性の液体。水に可溶。可燃性。あらかじめ熱灼した酸化銅を加える
と、ホルムアルデヒドができ、酸化銅は還元されて金属銅色を呈する。
問3　(1)　オ　　(2)　ア　　(3)　エ　　(4)　イ　　(5)　ウ
〔解説〕
　　　硝酸 HNO_3 は純品なものは無色透明で、徐々に淡黄色に変化する。特有の臭気
があり腐食性が高い。うすめた水溶液に銅屑を加えて熱すると、藍色を呈して溶
け、その際赤褐色の蒸気を発生する。藍(青)色を呈して溶ける。
　　　酸化第二水銀(HgO_2)は毒物。赤色又は黄色の粉末。製法によって色が異なる。
小さな試験管に入れ熱すると、黒色にかわり、その後分解し水銀を残す。更に熱
すると揮散する。
　　　クロロホルム $CHCl_3$(別名トリクロロメタン)は、無色、揮発性の液体で特有の
香気とわずかな甘みをもち、麻酔性がある。ベタナフトールと濃厚水酸化カリウ
ム溶液と熱すると藍色を呈し、空気にふれて緑より褐色に変じ、酸を加えると赤
色の沈殿を生じる。
問4　(1)　オ　　(2)　エ　　(3)　ウ　　(4)　イ　　(5)　ア
〔解説〕
　　　解答のとおり。

高知県

九州全県〔福岡県・佐賀県・長崎県・熊本県・大分県・宮崎県・鹿児島県〕・沖縄県統一共通

令和4年度実施

〔法　規〕
（一般・農業用品目・特定品目共通）

問1　4
〔解説〕
　　解答のとおり。

問2　3
〔解説〕
　　この設問は法第2条の定義のことで、イとウが正しい。イは法第2条第2項のことで、医薬品及び医薬部外品は以外のもの規定されている。よってこの設問は正しい。ウは法第2条第3項の特定毒物のこと。解答のとおり。なお、アの食品添加物は毒物及び劇物には該当しない。エのクロロホルムを含有する製剤は劇物とあるが、クロロホルムは原体のみ劇物に指定されている。このことから誤り。

問3　3
〔解説〕
　　この設問は、含有する製剤における除外濃度のことで、3の水酸化ナトリウムを10％含有する製剤は劇物。なお、1のアンモニア、2の塩化水素、3の硫酸は10％以下は劇物から除外。

問4　4
〔解説〕
　　この設問は特定毒物であるモノフルオール酢酸アミドを含有する製剤についての用途及び着色規定のことで、施行令第22条〔使用者及び用途〕に用途は、かんきつ類、りんご、なし、桃又はかきの害虫の防除。施行令第23条〔着色及び表示〕で、青色に着色すること示されている。解答のとおり。

問5　3
〔解説〕
　　解答のとおり。

問6　3
〔解説〕
　　この法第3条の3→施行令第32条の2による品目→①トルエン、②酢酸エチル、トルエン又はメタノールを含有する接着剤、塗料及び閉そく用またはシーリングの充てん料は、みだりに摂取、若しくは吸入し、又はこれらの目的で所持してはならい。解答のとおり。

問7　4
〔解説〕
　　法第3条の4による施行令第32条の3で定められている品目は、①亜塩素酸ナトリウムを含有する製剤30％以上、②塩素酸塩類を含有する製剤35％以上、③ナトリウム、④ピクリン酸である。このことから4が正しい。

問8
〔解説〕
　　この設問では誤っているものはどれかとあるので、2が誤り。2は厚生労働大臣ではなく、都道府県知事である。この設問は法第4条〔営業の登録〕にしめされている。

問9　3
〔解説〕
　　この設問は施行規則第4条の4〔製造所等の設備〕のことであり、誤っているものはどれかとあるので、3が誤り。なお、3の設問について、毒物又は輸入業の営業所については、施行規則第4条の4第2項により該当しない。

問 28　4
〔解説〕
　　一般的にハロゲン酸(H-X,　X はハロゲン元素)は、ハロゲンの原子番号が大きいほど強い酸となる。従って H-F が弱い酸となり、H-I が強い酸となる。
問 29　1
〔解説〕
　　硝酸の窒素原子は酸化数が+5 と高く、相手を酸化する能力が高い。特に濃硝酸あるいは発煙硝酸などは強力な酸化剤である。
問 30　2
〔解説〕
　　原子間結合では、アルミニウムは金属結合、ナフタレン($C_{10}H_{10}$)は共有結合、水酸化ナトリウム(NaOH)はイオン結合(Na^+OH)と共有結合(NaO-H)、塩化ナトリウムはイオン結合で結ばれている。分子間結合となると、ナフタレンはファンデルワールス力、水酸化ナトリウムと塩化ナトリウムではイオン結合で結ばれる。
問 31　2
〔解説〕
　　0.1　mol/L の酢酸水溶液の電離度が 0.01 であることから、この溶液の水素イオン濃度[H^+]は $0.1 × 0.01 = 1.0 × 10^{-3}$ mol/L　となる。よって pH は 3 となる。
問 32　1
〔解説〕
　　カリウム K、金 Au、鉄 Fe をイオン化傾向の順に並べると、K>Fe>Au の順となる。
問 33　4
〔解説〕
　　中和は、酸のモル濃度×酸の価数×酸の体積＝塩基のモル濃度×塩基の価数×塩基の体積、であるから、この式に代入すると、$0.2 × 2 × 10 = 0.1 × 1 × x$,　x = 40 mL
問 34　3
〔解説〕
　　120 g × 20/100 = 24 g
問 35　2
〔解説〕
　　銅と希硝酸が反応すると一酸化窒素が、濃硝酸と反応させると二酸化窒素が得られる。
問 36　2
〔解説〕
　　気体の水への溶解度に関する法則をヘンリーの法則という。
問 37　3
〔解説〕
　　100% = 1,000,000 ppm である。よって 100 ppm は 0.01 %である。
問 38　2
〔解説〕
　　-CHO はアルデヒド基である。ビニル基は$-CH=CH_2$ である。
問 39　3
〔解説〕
　　フェノール類とはベンゼン環(C_6H_6)の-H が-OH に置き換わったものである。アニリン $C_6H_5NH_2$、サリチル酸 HOC_6H_4COOH、安息香酸 C_6H_5COOH、ピクリン酸 $HOC_6H_2(NO_2)_3$
問 40　3
〔解説〕
　　二次電池は充電できる電池である。鉛蓄電池は車のバッテリーなどで用いられている。

〔性質・貯蔵・取扱い〕

（一般）

問 41　2　　問 42　1　　問 43　3　　問 44　4
〔解説〕
　　問 41　サリノマイシンナトリウムは劇物。白色～淡黄色の結晶性粉末。用途は飼料添加物。　　問 42　ジメチルアミン(CH₃)₂NH は、劇物。無色で魚臭様(強アンモニア臭)の臭気のある気体。用途は界面活性剤の原料等。　　問 43　パラフェニレンジアミン(別名 1,4-ジアミノベンゼン)は劇物。白色又は微赤色の板状結晶。用途は染料製造、毛皮の染色、ゴム工業、染毛剤及び試薬。　　問 44　メチルメルカプタン CH₃SH は、毒物。メタンチオールとも呼ばれる。腐ったキャベツ様の悪臭を有する引火性無色気体。用途は殺虫剤、付臭剤、香料、反応促進剤など。

問 45　4　　問 46　1　　問 47　3　　問 48　2
〔解説〕
　　問 45　ヨウ素 I₂ は、劇物。黒褐色金属光沢ある稜板状結晶、昇華性。水に溶けにくい(しかし、KI 水溶液には良く溶ける KI + I2 → KI3)。有機溶媒に可溶(エタノールやベンゼンでは褐色、クロロホルムでは紫色)。　　問 46　亜硝酸ナトリウム NaNO₂ は、劇物。白色または微黄色の結晶性粉末。水に溶けやすい。アルコールにはわずかに溶ける。潮解性がある。空気中では徐々に酸化する。　　問 47　ジメチル－２・２－ジクロルビニルホスフェイト（別名 DDVP, ジクロルボス）は刺激性で、微臭のある比較的揮発性の無色油状の液体である。一般の有機溶媒に溶ける。水には溶けにくい。　　問 48　ヒドラジン NH₂NH₂ は、毒物。無色の油状の液体で空気中で発煙する。燃やすと紫色の焔を上げる。アンモニア様の強い臭気をもつ。

問 49　3　　問 50　1　　問 51　2　　問 52　4
〔解説〕
　　問 49　ニッケルカルボニルは毒物。無色の揮発性液体で空気中で酸化される。60℃位いに加熱すると爆発することがある。多量のベンゼンに溶解し、スクラバーを具備した焼却炉の火室へ噴霧して、焼却する燃焼法と多量の次亜塩素酸ナトリウム水溶液を用いて酸化分解。そののち過剰の塩素を亜硫酸ナトリウム水溶液等で分解させ、その後硫酸を加えて中和し、金属塩を水酸化ニッケルとしてで沈殿濾過して埋立死余分する酸化沈殿法。　　問 50　シアン化ナトリウム NaCN は、酸性だと猛毒のシアン化水素 HCN が発生するのでアルカリ性にしてから酸化剤でシアン酸ナトリウム NaOCN にし、余分なアルカリを酸で中和し多量の水で希釈処理する酸化法。水酸化ナトリウム水溶液等でアルカリ性とし、高温加圧下で加水分解するアルカリ法。　　問 51　水銀 Hg は、回収法により、そのまま再利用するため蒸留する。なお、回収を行う場合は専門業者に処理を委託することが望ましい。　　問 52　エチレンオキシドは、劇物。快臭のある無色のガス。水、アルコール、エーテルに可溶。可燃性ガス、反応性に富む。廃棄法：多量の水に少量ずつガスを吹き込み溶解し希釈した後、少量の硫酸を加えエチレングリコールに変え、アリカリ水で中和し、活性汚泥で処理する活性汚泥法。

問 53　4　　問 54　2　　問 55　3　　問 56　1
〔解説〕
　　解答のとおり。

問 57　3　　問 58　1　　問 59　2　　問 60　4
〔解説〕
　　問 57　二硫化炭素 CS₂ は、無色流動性液体、引火性が大なので水を混ぜておくと安全、蒸留したてはエーテル様の臭気だが通常は悪臭。少量ならば共栓ガラス壜、多量ならば鋼製ドラム缶などを使用する。日光の直射を受けない冷所で保管し、可燃性、発熱性、自然発火性のものからは、十分に引き離しておく。　　問 58　フッ化水素酸は、HF を水に溶かした刺激臭のする無色透明液体。ガラスと反応。大部分の金属やコンクリートも激しく腐食する。　フロンガスの原料、ガラスのつやけしなどに使用。　保存方法は、銅、鉄、コンクリートまたは木製のタンクにゴム、鉛、ポリ塩化ビニルあるいはポリエチレンのライニングを施したものを使用。　　問 59　臭素 Br₂ は劇物。赤褐色・特異臭のある重い液体。少量ならば共栓ガラス壜、多量ならばカーボイ、陶器製等の症状使用し、冷所に、濃塩酸、アンモニア水、アンモニアガスなどと引き離して貯蔵する。直射日光を避け、痛風をよくする。

問 60　クロロホルム $CHCl_3$：無色、揮発性の液体で特有の香気とわずかな甘みをもち。麻酔性がある。空気中で日光により分解し、塩素 Cl_2、塩化水素 HCl、ホスゲン $COCl_2$、四塩化炭素 CCl_4 を生じるので、少量のアルコールを安定剤として入れて冷暗所に保存。

（農業用品目）

問 41　3　　問 42　1　　問 43　4　　問 44　2
〔解説〕
　問 41　2－イソプロピルフェニル－ N －メチルカルバメートは、劇物(1.5 ％は劇物から除外)。白色結晶性の粉末。アセトンによく溶け、メタノール、エタノール、酢酸エチルにも溶ける。水に不溶。　　問 42　ホサロンは劇物。白色結晶。ネギ様の臭気がある。水に不溶。メタノール、アセトン、クロロホルム等に溶ける。　　問 43　フェントエートは、劇物。赤褐色、油状の液体で、芳香性刺激臭を有し、水、プロピレングリコールに溶けない。リグロインにやや溶け、アルコール、エーテル、ベンゼンに溶ける。　　問 44　ブラストサイジン S ベンジルアミノベンゼンスルホン酸塩は、純品は白色、針状結晶、粗製品は白色ないし微褐色の粉末である。融点 250 ℃以上で徐々に分解。水、氷酢酸にやや可溶、有機溶媒に難溶。pH5 ～ 7 で安定。

問 45　3　　問 46　4　　問 47　2　　問 48　1
〔解説〕
　問 45　硫酸タリウム Tl_2SO_4 は、劇物。白色結晶で、水にやや溶け、熱水に易溶、用途は殺鼠剤。硫酸タリウム 0.3 ％以下を含有し、黒色に着色され、かつ、トウガラシエキスを用いて著しくからく着味されているものは劇物から除外。
　問 46　5－メチル－1・2・4－トリアゾロ[3・4－b]ベンゾチアゾール(別名トリシクラゾール)は、劇物、無色無臭の結晶、農業用殺菌剤(イモチ病に用いる。)。8％以下は劇物除外。　　問 47　弗化スルフリル(SO_2F_2)は毒物。無色無臭の気体。用途は殺虫剤、燻蒸剤。　　問 48　塩素酸ナトリウム $NaClO_3$ は、無色無臭結晶。用途は除草剤。

問 49　2　　問 50　4　　問 51　3　　問 52　1
〔解説〕
　解答のとおり。

問 53　4　　問 54　1　　問 55　3　　問 56　2
〔解説〕
　問 53　シアン化水素 HCN は、無色の気体または液体(b. p. 25.6 ℃)、特異臭(アーモンド様の臭気)、弱酸、水、アルコールに溶ける。毒物。貯法は少量なら褐色ガラス瓶、多量なら銅製シリンダーを用い日光、加熱を避け、通風の良い冷所に保存。　　問 54　クロルピクリン CCl_3NO_2 は、無色～淡黄色液体、催涙性、粘膜刺激臭。水に不溶。貯蔵法については、金属腐食性と揮発性があるため、耐腐食性容器(ガラス容器等)に入れ、密栓して冷暗所に貯蔵する。
　問 55　リン化アルミニウムは空気中の湿気で分解して、猛毒のリン化水素 PH3(ホスフィン)を発生する。空気中の湿気に触れると徐々に分解して有毒なガスを発生するので密閉容器に貯蔵する。使用方法については施行令第 30 条で規定され、使用者についても施行令第 18 条で制限されている。問 56　硫酸銅(Ⅱ)$CuSO_4・5H_2O$ は、濃い青色の結晶。風解性。風解性のため密封、冷暗所貯蔵。

問 57　2　　問 58　4　　問 59　3　　問 60　1
〔解説〕
　問 57　塩化第二銅は、劇物。無水物のほか二水和物が知られている。二水和物は緑色結晶で潮解性がある。廃棄方法は水に溶かし、消石灰、ソーダ灰等の水溶液を加えて、処理し、沈殿ろ過して埋立処分する沈殿法と多量の場合には還元焙焼法により無金属銅として回収する焙焼法。　　問 58　クロルピクリン CCl_3NO_2 は、無色～淡黄色液体、催涙性、粘膜刺激臭。廃棄方法は少量の界面活性剤を加えた亜硫酸ナトリウムと炭酸ナトリウムの混合溶液中で、攪拌し分解させたあと、多量の水で希釈して処理する分解法。　　問 59　パラコートは、毒物で、ジピリジル誘導体で無色結晶性粉末。廃棄方法は①燃焼法では、おが屑等に吸収させてアフターバーナー及びスクラバーを具備した焼却炉で焼却する。②検定法。
　問 60　弗化亜鉛は劇物。無水物もあるが、一般には四水和物が流通。四水和物は、白色結晶。水にやや溶けにくい。アンモニア水には可溶。廃棄方法は、セメントを用いて固化し、埋立処分する固化隔離法。

（特定品目）

問41　4　　　問42　3　　　問43　1　　　問44　2

〔解説〕
　　　問41　硝酸 HNO_3 は、無色の液体。腐食性が激しく、空気に接すると刺激性白霧を発し、水を吸収する性質が強い。用途は冶金に用いられる。また、ニトロベンゾール、ニトログリセリンなどの爆薬の　製造などに用いられる。　　　問42　メチルエチルケトン $CH_3COC_2H_5$ は、劇物。アセトン様の臭いのある無色液体。引火性。有機溶媒。用途は接着剤、印刷用インキ、合成樹脂原料、ラッカー用溶剤。　　　問43　ホルマリンは無色透明な刺激臭の液体。用途はフィルムの硬化、樹脂製造原料、試薬・農薬等。　　　問44　一酸化鉛 PbO(別名密陀僧、リサージ)は劇物。赤色～赤黄色結晶。重い粉末で、黄色から赤色の間の様々なものがある。用途はゴムの加硫促進剤、顔料、試薬等。

問45　2　　　問46　1　　　問47　4　　　問48　3

〔解説〕
　　　問45　過酸化水素 H_2O_2 は、無色無臭で粘性の少し高い液体。徐々に水と酸素に分解する。酸化力、還元力をもつ。皮膚に触れた場合、やけど(腐食性損傷)を起こす。　　　問46　蓚酸$(COOH)_2 \cdot 2H_2O$ は無色の柱状結晶。血液中の石灰分を奪い、神経系をおかす。急性中毒症状は、胃痛、嘔吐、口腔、咽喉に炎症をおこし、腎臓がおかされる。　　　問47　重クロム酸カリウム $K_2Cr_2O_7$ は、劇物。橙赤色柱状結晶。吸入した場合は鼻、のど，気管支等の粘膜が侵される。また、眼に入った場合は、粘膜を刺激して結膜炎を起こす。　　　問48　クロロホルム無色揮発性の液体で、特有の臭気と、かすかな甘みを有する。中毒症状は、原形質毒、脳の節細胞を麻酔、赤血球を溶解する。吸収するとはじめ嘔吐、瞳孔縮小、運動性不安、次に脳、神経細胞の麻酔が起きる。中毒死は呼吸麻痺、心臓停止による。

問49　1　　　問50　2　　　問51　3　　　問52　4

〔解説〕
　　　問49　硫酸 H_2SO_4 は酸なので廃棄方法はアルカリで中和後、水で希釈する中和法。　　　問50　水酸化ナトリウムは塩基性であるので酸で中和してから希釈して廃棄する中和法。　　　問51　一酸化鉛 PbO は、水に難溶性の重金属なので、そのままセメント固化し、埋立処理する固化隔離法。　　　問52　四塩化炭素(テトラクロロメタン)CCl_4 は、特有な臭気をもつ不燃性、揮発性無色液体、水に溶けにくく有機溶媒には溶けやすい。強熱によりホスゲンを発生。廃棄方法は液体の含塩素有機化合物なので燃焼法(溶剤や重油とともにアフターバーナー＋スクラバーをもつ焼却炉。)

問53　2　　　問54　3　　　問55　4　　　問56　1

〔解説〕
　　　問53　硫酸モリブデン酸クロム酸鉛(別名モリブデン赤、クロムバーミリオン)は、劇物。橙色又は赤色粉末。水にほとんど溶けない。酸、アルカリに可溶。　　　問54　水酸化ナトリウム(別名：苛性ソーダ)$NaOH$ は、劇物。白色結晶性の固体、潮解性(空気中の水分を吸って溶解する現象)および空気中の炭酸ガス CO_2 と反応して炭酸ナトリウム Na_2CO_3 になる。水溶液は強アルカリ性なので、水に溶解後、酸で中和し、水で希釈処理。　　　問55　キシレン $C_6H_4(CH_3)_2$ は劇物。無色透明の液体で芳香族炭化水素特有の臭いを有する。蒸気は空気より重い。水に不溶、有機溶媒に可溶である。　　　問56　メチルエチルケトン $CH_3COC_2H_5$ は、アセトン様の臭いのある無色液体。引火性。有機溶媒。水に可溶。

問57　3　　　問58　2　　　問59　1　　　問60　4

〔解説〕
　　　問57　四塩化炭素(テトラクロロメタン)CCl_4 は、特有な臭気をもつ不燃性、揮発性無色液体、水に溶けにくく有機溶媒には溶けやすい。強熱によりホスゲンを発生。亜鉛またはスズメッキした鋼鉄製容器で保管、高温に接しないような場所で保管。　　　問58　過酸化水素水 H_2O_2 は、無色無臭で粘性の少し高い液体。少量なら褐色ガラス瓶(光を遮るため)、多量ならば現在はポリエチレン瓶を使用し、3分の1の空間を保ち、有機物等から引き離し日光を避けて冷暗所保存。　　　問59　水酸化カリウム(KOH)は劇物(5％以下は劇物から除外)。(別名：苛性カリ)。空気中の二酸化炭素と水を吸収する潮解性の白色固体である。二酸化炭素と水を強く吸収するので、密栓して貯蔵する。　　　問60　メタノール CH_3OH は特有な臭いの揮発性無色液体。水に可溶。可燃性。引火性。可燃性、揮発性があり、火気を避け、密栓し冷所に貯蔵する。

〔実　地〕

（一般）

問 61　4　　　問 62　3　　　問 65　2
問 63　1　　　問 64　3

〔解説〕

　　　問 61、問 63　硝酸銀 $AgNO_3$ は、劇物。無色結晶。水に溶して塩酸を加えると、白色の塩化銀を沈殿する。その硫酸と銅屑を加えて熱すると、赤褐色の蒸気を発生する。　　　　問 62、問 64　アニリン $C_6H_5NH_2$ は、劇物。新たに蒸留したものは無色透明油状液体、光、空気に触れて赤褐色を呈する。特有な臭気。水には難溶、有機溶媒には可溶。水溶液にさらし粉を加えると紫色を呈する。
　　　問 65　メチルスルホナールは、劇物。無色の針状結晶。臭気がない。水に可溶。

問 66　1　　　問 67　3
問 68　3　　　問 69　2　　　問 70　1

〔解説〕

　　　問 66、問 68　硝酸 HNO_3 は、劇物。無色の液体。特有な臭気がある。腐食性が激しい。銅屑を加えて熱すると、藍色を呈して溶け、その際赤褐色の蒸気を発生する。　　　問 67、問 69　三硫化燐（P_4S_3）は毒物。斜方晶系針状結晶の黄色又は淡黄色または結晶性の粉末。火炎に接すると容易に引火し、沸騰水により徐々に分解して、硫化水素を発生し、燐酸を生ずる。　　　問 70　カリウム K は、炎色反応が紫色。

（農業用品目）

問 61　1

〔解説〕

　　　ジメトエートは、白色の固体。水溶液は室温で徐々に加水分解し、アルカリ溶液中ではすみやかに加水分解する。太陽光線に安定で、熱に対する安定性は低い。用途は、稲のツマグロヨコバイ、ウンカ類、果樹のヤノネカイガラムシ、ミカンハモグリガ、ハダニ類、アブラムシ類、ハダニ類の駆除。有機燐製剤の一種である。

問 62　4　　　問 63　3　　　問 64　2　　　問 65　1

〔解説〕

　　　問 62　2・3-ジシアノ-1・4－ジチアアントラキノン（別名ジチアノン）は劇物。褐色の粉末。水にほとんど溶けない。　　　問 63　ダイファシノンは毒物。黄色結晶性粉末。アセトン酢酸に溶ける。水にはほとんど溶けない。　　　問 64　2,4,6,8-テトラメチル-1,3,5,7-テトラオキソカン（別名メタアルデヒド）は、劇物。白色粉末（結晶）。アルデヒド臭がある。酸性で不安定、アルカリに安定。
　　　問 65　エチレンクロルヒドリン CH_2ClCH_2OH（別名グリコールクロルヒドリン）は劇物。無色液体で芳香がある。水、アルコールに溶ける。蒸気は空気より重い。

問 66　3　　　問 67　2　　　問 68　4
問 69　4　　　問 70　3

〔解説〕

　　　問 66、問 67　無機銅塩類水溶液に水酸化ナトリウム溶液で冷時青色の水酸化第二銅を沈殿する。　　　問 67、問 70　アンモニア水は無色透明、刺激臭がある液体。濃塩酸をうるおしたガラス棒を近づけると、白い霧を生ずる。また、塩酸を加えて中和したのち、塩化白金溶液を加えると、黄色、結晶性の沈殿を生ずる。
　　　問 68　硫酸 H_2SO_4 は無色の粘張性のある液体。強力な酸化力をもち、また水を吸収しやすい。水を吸収するとき発熱する。木片に触れるとそれを炭化して黒変させる。また、銅片を加えて熱すると、無水亜硫酸を発生する。硫酸の希釈液に塩化バリウムを加えると白色の硫酸バリウムが生じるが、これは塩酸や硝酸に溶解しない。

（特定品目）

問61　2　　問62　1　　　問63　　4
問64　1　　問65　3
〔解説〕
　　問61、問64　アンモニア水はアンモニア NH_3 を水に溶かした水溶液、無色透明、刺激臭がある液体。濃塩酸をうるおしたガラス棒を近づけると、白い霧を生ずる。また、塩酸を加えて中和したのち、塩化白金溶液を加えると、黄色、結晶性の沈殿を生ずる。
　　問62、問65　ホルマリンは、ホルムアルデヒド $HCHO$ を水に溶かしたもの。無色透明な液体で刺激臭を有し、寒冷地では白濁する場合がある。水、アルコールに混和するが、エーテルには混和しない。硝酸を加え、さらにフクシン亜硫酸液を加えると、藍紫色を呈した。　　　　　問63　　トルエン $C_6H_5CH_3$（別名トルオール、メチルベンゼン）は劇物。無色透明な液体で、ベンゼン臭がある。蒸気は空気より重く、可燃性である。沸点は水より低い。水には不溶、エタノール、ベンゼン、エーテルに可溶である。
問66　2　　問67　1　　　問68　3
問69　2　　問70　1
〔解説〕
　　問66、問69　酸化第二水銀 HgO は毒物。赤色または黄色の粉末。水にはほとんど溶けない。小さな試験管に入れる熱すると、ばしめに黒色にかわり、後に分解して水銀を残し、なお熱すると、まったく揮散してしまう。　　　問67　メタノール（メチルアルコール）CH_3OH は、劇物。（別名：木精）無色透明。揮発性の可燃性液体である。沸点64.7℃。蒸気は空気より重く引火しやすい。水とよく混和する。　　　問68、問70　塩酸は塩化水素 HCl の水溶液。無色透明の液体25％以上のものは、湿った空気中で著しく発煙し、刺激臭がある。塩酸は種々の金属を溶解し、水素を発生する。硝酸銀溶液を加えると、塩化銀の白い沈殿を生じる。

九州全県・沖縄県統一

毒物劇物取扱者試験問題集 全国版 23

ISBN978-4-89647-302-5　C3043　￥3000E

令和5年7月18日発行　　　　　　　　　　　定価 3,300円（税込）

編　集　　毒物劇物安全性研究会

発　行　　薬務公報社

〒166-0003　東京都杉並区高円寺南2-7-1　拓都ビル
電話　03(3315)3821
ＦＡＸ　03(5377)7275

薬務公報社の毒劇物図書

毒物及び劇物取締法令集　令和五年版

監修　毒物劇物安全対策研究会　定価二、九七〇円（税込）

法律、政令、省令、告示、通知を収録。

毒物劇物取締法事項別例規集　第13版

編集　毒物劇物安全対策研究会　定価七、一五〇円（税込）

法令を製造、輸入、販売、取扱責任者、取扱等の項目別に分類し、例規（疑義照会）と毒劇物略説（化学名、構造式、性状、用途等）を収録

毒物及び劇物取締法解説　第四十六版

編集　毒劇物安全性研究会　　定価　四、一八〇円（税込）

法律の逐条解説、法別表毒劇物全品目解説、基礎化学概説、法律・基礎化学の取扱者試験対策用の収録。例題と解説を解説を収録。

毒劇物基準関係通知集

監修　毒物劇物関係法令研究会　定価五、五〇〇円（税込）

毒物及び劇物の運搬事故時における応急措置に関する基準①②③④⑤⑥⑦⑧は、漏えい時、出火時、暴露・接触時（急性中毒と刺激性、医師の処置を受けるまでの救急法）の措置、毒物及び劇物の廃棄方法に関する基準①②③④⑤⑥⑦⑧⑨⑩は、廃棄方法、生成物、検定法を収録。

毒物及び劇物の運搬容器に関する基準の手引き

監修　毒物劇物安全性研究会　　定価四、八四〇円（税込）

毒物及び劇物の運搬容器に関する基準について、液体状のものを車両を用いて運搬する固定容器の基準（その1）、積載式容器（タンクコンテナ）の基準（その2、3）、又は参考法令として毒物及び劇物取締法、消防法、高圧ガス取締法（抜粋）で収録。